Win-Q

전자캐드 기능사 실기

편·저·자·약·력

박정열

現 구미전자공업고등학교 전자회로설계 전공부 교사

동신대학교 전자공학과 학사
전자기기기능사, 전자기기기능장, 정보통신기사, 정보처리기사, 무선설비산업기사 자격 취득

▶ YouTube '박쌤의 전기전자기능사' 저자 직강 무료 특강

[특강 목록 17.2]

- 전자캐드기능사(OrCAD17.2) 1. VIA 만들기
- 전자캐드기능사(OrCAD17.2) 2. TQFP32 리퍼런스 입력 및 1번 핀 원 그리기
- 전자캐드기능사(OrCAD17.2) 3. pad 및 psm 파일 라이브러리 등록
- 전자캐드기능사(OrCAD17.2) 4. ADM101E PAD 및 Footprint 만들기
- 전자캐드기능사(OrCAD17.2) 5. D55 PAD 및 Footprint 만들기
- 전자캐드기능사(OrCAD17.2) 6. HEADER10 PAD 및 Footprint 만들기
- 전자캐드기능사(OrCAD17.2) 7. CRYSTAL PAD 및 Footprint 만들기
- 전자캐드기능사(OrCAD17.2) 8. OrCAD Capture 시작, 타이틀 블록 작성, 라이브러리 등록
- 전자캐드기능사(OrCAD17.2) 9. OrCAD Capture 새로운 Part 만들기 1(ATMEGA8)
- 전자캐드기능사(OrCAD17.2) 10. 새로운 Part 만들기 2(MIC811, ADM101E), Part 수정(LM2902, LM7805)
- 전자캐드기능사(OrCAD17.2) 11. OrCAD Capture 부품 배치 및 배선작업
- 전자캐드기능사(OrCAD17.2) 12. OrCAD Capture Value 값 입력, net 이름 설정, DRC, 풋프린트 입력 및 netlist
- 전자캐드기능사(OrCAD17.2) 13. PCB Editor 초기 설정 및 보드 아웃라인 그리기
- 전자캐드기능사(OrCAD17.2) 14. PCB Editor 부품 배치, 배선, 실크데이터 정리
- 전자캐드기능사(OrCAD17.2) 15. PCB Editor 치수보조선, NC 드릴, 거버파일 생성 및 출력 설정

기술의 생성과 소멸 주기가 빠른 21세기에 소멸되지 않고 끊임없이 발전해 온 기술 중의 하나가 바로 PCB(Printed Circuit Board) 설계기술이다. PCB 설계기술은 전기·전자뿐만 아니라 다양한 산업 분야에서 널리 활용되고 있어 그 필요성이 더욱 강조되고 있다. 전자캐드기능사는 산업 분야의 핵심이 되는 PCB 설계 인력을 양성하기 위해 개설된 자격증이다. 전자캐드기능사를 취득하기 위해서는 OrCAD, PADS, Altium Designer 중 하나를 이용하여 PCB를 설계할 수 있어야 한다.

본 도서는 OrCAD(버전 : 17.2, 24.1)를 이용한 전자캐드기능사 공개문제에 제시된 회로도 작성(OrCAD Capture) 및 PCB 설계(OrCAD PCB Editor)방법과 학생들을 지도하면서 자주 겪었던 에러와 에러 해결방법들이 수록되어 있다. 또한 이해를 돕기 위해 본 도서의 내용을 동영상으로도 제작하여 유튜브에 업로드하였다. 유튜브에서 '박쌤의 전기전자기능사'를 검색하여 재생 목록에 있는 [전자캐드기능사] 공개문제 풀이 1부터 차례대로 시청할 것을 권장한다.

처음은 누구나 어렵다. 저자 역시 PCB를 처음 설계할 때 많은 실수를 하였다. 이런 실수들을 해결하기 위해 여러 사람들에게 조언을 구하고 인터넷 검색을 통해 지금은 학생들을 가르칠 정도의 수준이 되었다. 누구에게나 처음은 있고 그 처음이 많이 생소하고 어렵지만, 참아내고 꾸준히 학습하면 실력은 향상된다. 아무쪼록 본 도서와 저자 유튜브 영상으로 공부하시는 모든 수험생에게 좋은 결과가 있기를 기원한다.

끝으로 본 도서를 위해 불철주야로 노력해 주신 시대에듀 임직원분들께 감사의 말씀을 드리며, 늘 곁에서 격려해 주고 힘이 되어 준 사랑하는 아내와 아들, 저를 믿고 지켜봐 주신 모든 가족 구성원들, 그리고 구미전자공업고등학교 전 교직원 및 학생들, 제 유튜브 채널 구독자분들께도 감사의 말씀을 드린다.

편저자 씀

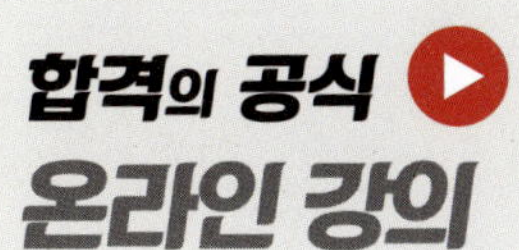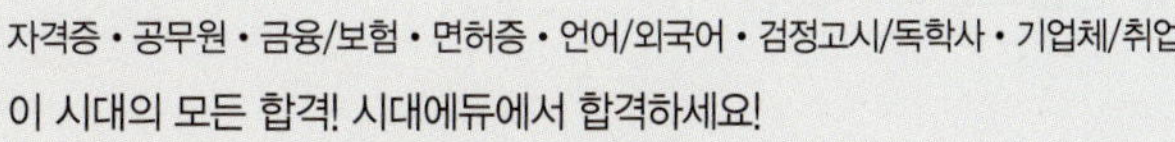

시험안내

개 요

전자 관련 분야(컴퓨터, 통신 등) 기기 및 제품의 설계와 제작을 위하여 회로설계 및 분석하여 전자캐드 프로그램을 활용하여 PCB Artwork 작업(부품 배치, 배선 연결) 및 부품목록표(BOM) 작성 등 향후 계속적으로 사용되는 기술인력 개발을 위해 자격을 신설하였다.

진로 및 전망

현재 모든 전자기기 관련 제품은 PCB를 사용하여 제작된다. 전자기기 관련업체 및 PCB 전문업체 등 향후 계속적으로 사용되는 기술이므로 자격증 취득 후 전자기기 관련업체, PCB 전문업체(PCB 제작업체) 등 설계 및 제작 담당 기술자로 활동할 수 있다.

시험일정

구 분	필기원서접수 (인터넷)	필기시험	필기합격 (예정자)발표	실기원서접수	실기시험	최종 합격자 발표일
제2회	3.16~3.20	4.4~4.9	4.22	4.27~4.30	5.30~6.14	7.3
제3회	6.8~6.11	6.27~7.2	7.15	7.27~7.30	8.29~9.16	10.8
제4회	8.24~8.27	9.16~9.21	10.7	10.12~10.15	11.14~12.2	12.18

※ 상기 시험일정은 시행처의 사정에 따라 변경될 수 있으니, www.q-net.or.kr에서 확인하시기 바랍니다.

시험요강

❶ 시행처 : 한국산업인력공단

❷ 시험과목
 ㉠ 필기 : 1. 전기전자공학 2. 전자계산기일반 3. 전자제도(CAD) 이론
 ㉡ 실기 : 전자제도 CAD 작업

❸ 검정방법
 ㉠ 필기 : 객관식 4지 택일형 60문항(60분)
 ㉡ 실기 : 작업형(4시간 30분 정도)

❹ 합격기준
 ㉠ 필기 : 100점을 만점으로 하여 60점 이상
 ㉡ 실기 : 100점을 만점으로 하여 60점 이상

출제기준

실기과목명	주요항목	세부항목	세세항목
전자제도 CAD 작업	하드웨어 기초회로 설계	블록별 회로 설계하기	• 기초회로의 시뮬레이션을 통하여 상세 단위회로를 설계할 수 있다. • 설계된 단위회로를 조합하여 각 블록별 회로를 설계할 수 있다.
		하드웨어 전체 설계도 작성하기	• 검증된 기초회로를 조합하여 전체 회로를 구성할 수 있다. • 구성된 단위회로를 시뮬레이션을 통하여 성능을 검증할 수 있다. • 검증된 회로를 바탕으로 하드웨어 전체 설계도를 작성할 수 있다.
	하드웨어 회로 설계	부품 규격 선정하기	• 제품 개발전략을 바탕으로 적용 가능한 주요 부품의 라인업을 파악할 수 있다. • 파악된 라인업에 따라 개발계획서의 요구 기능을 구현할 수 있는 주요 부품의 목록을 작성할 수 있다. • 작성된 주요 부품의 목록에 따라 부품규격서를 수집할 수 있다.
		블록 설계하기	• 제품규격서에서 제시하는 제품 기능에 따라 블록도를 작성할 수 있다. • 작성된 블록도를 활용하여 블록별 회로를 설계할 수 있다. • 설계된 회로를 시뮬레이션을 진행한 후 이론적인 검토내용과 시뮬레이션 결과를 비교·검토할 수 있다.
		회로도 설계하기	• 검토된 블록별 회로를 신호와 타이밍을 고려하여 회로를 구성할 수 있다. • 구성된 회로를 분석하여 부품의 규격, 납기, 단가, 제조사 등에 따라 사용 부품을 확정할 수 있다. • 확정된 부품을 바탕으로 회로를 설계할 수 있다.
	하드웨어 기능별 설계	하드웨어 구성하기	• 분석된 하드웨어 자료를 바탕으로 하드웨어 요소를 작성할 수 있다. • 작성된 하드웨어 요소를 기반으로 구성도를 작성할 수 있다. • 작성된 구성도와 기구 도면을 바탕으로 하드웨어를 배치할 수 있다.
		블록도 작성하기	• 제품 기능안과 하드웨어 구성도를 바탕으로 동작 순서를 작성할 수 있다. • 작성된 동작 순서를 바탕으로 주요 부품을 중심으로 하드웨어 연결도면을 그릴 수 있다. • 전체 블록도, 상세 블록도를 나누어 작성할 수 있다.

시험안내

실기과목명	주요항목	세부항목	세세항목
전자제도 CAD 작업	하드웨어 회로 구현 설계	상세 회로도 작성하기	• 기초회로 설계도를 기반으로 상세 회로도를 그릴 수 있는 설계 프로그램을 사용할 수 있다. • 설계 프로그램을 이용하여 하드웨어 전체 설계도를 작성할 수 있다. • 작성된 하드웨어 전체 설계도에 대해 오류를 검증할 수 있다.
		전자파 대응 설계하기	• 작성된 전체 설계도에 대해서 전자파 유해성 관련 규격을 조사할 수 있다.
		회로 검증하기	• 회로 시뮬레이션 프로그램을 통하여 회로의 성능을 검증할 수 있다. • 전문가 집단이 작성한 하드웨어 체크리스트를 기반으로 전체 회로 설계도에 대한 적합 여부를 확인할 수 있다.
	하드웨어 부품 선정	부품의 특성 분석하기	• 기초회로에 적용된 부품에 대한 특성을 분석할 수 있다. • 기초회로에 적용된 부품에 대한 동작조건을 확인할 수 있다. • 기초회로에 적용된 부품에 대한 사용환경의 적합성을 판단할 수 있다.
		부품의 검사항목 결정하기	• 제품의 종류와 사용환경에 따른 부품의 사양을 정할 수 있다. • 정해진 사양에 대한 부품의 필요기능을 설정할 수 있다. • 정해진 필요기능에 따라 검사항목을 결정할 수 있다.
		부품 선정하기	• 전기적 성능검사 결과를 바탕으로 부품 사용 가부를 결정할 수 있다. • 부품사양서를 확인하여 유해성분이 없는 부품을 선정할 수 있다. • 환경안전규격을 검토하여 해당 부품의 적용 가능 여부를 판단할 수 있다.
	하드웨어 양산 이관	관계 부서 지원하기	• 관련 부서 간 협의를 통하여 생산에 필요한 개발내용을 해당 부서에 이관할 수 있다. • 관련 부서가 양산 체재를 구축할 수 있도록 제품 개발에 대한 정보 및 문서를 공유할 수 있다. • 양산 이관 시 문제점에 대한 관련 부서의 개선 요구사항을 검토, 분석, 개선할 수 있다.
		문제점 개선하기	• 양산 시 발생 가능한 문제점을 파악하여 설계에 반영, 개선할 수 있다.
		양산 이관문서 작성하기	• 기술 문서 및 문제점 개선 이력을 작성할 수 있다. • 최종적으로 개선한 견본품을 이관할 수 있다.

수험자 유의사항

❶ 미리 작성된 라이브러리 또는 회로도 등은 일체 사용을 금합니다.

❷ 감독위원의 지시에 따라 실행 순서를 준수하고, 감독위원의 지시가 있기 전에 전원을 ON-OFF시키거나 검정시스템을 임의로 조작해서는 안 됩니다.

❸ 시험 중 이동식 저장장치 등을 주고받는 행위나 시험 관련 대화는 부정행위자로 실격처리하며 시험 종료 후 수험자의 PC에서 진행한 작업내용을 삭제해야 합니다.

❹ 출력물을 확인하여 동일 작품이 발견될 경우 모두 부정행위자로 간주하여 실격처리됩니다.

❺ 만일의 장비 고장 또는 정전으로 인한 자료 손실을 방지하기 위하여 수시로 저장(Save)합니다.

❻ 도면에서 표시되지 않은 규격은 데이터 북에서 가장 적당한 것을 선정하여 해당 규격으로 생성하고, 라이브러리의 이름은 자신의 비밀번호로 명명하여 저장합니다.

❼ 수험자의 회로설계, PCB 설계작업 폴더명은 자신의 비밀번호로 설정해서 작업을 진행합니다.

❽ 회로 설계, PCB 설계작업 시 ERC 또는 DRC 검사는 감독위원에게 반드시 확인을 받습니다(각 과제에 해당하는 검사를 받지 아니한 경우 또는 통과하지 못한 경우 실격처리되고, 검사한 로그 파일은 디스크에 저장하여 최종 제출 시 함께 저장하여 제출합니다).

❾ 시험과 관련된 파일 및 폴더는 이동식 저장장치에 저장하고, 감독위원 입회하에 본인이 출력한 출력물과 함께 제출합니다(단, 작업의 인쇄 출력물(가로 인쇄 기준)마다 수험번호와 성명을 좌측 하단에 기재한 후 감독위원의 확인(날인)을 꼭 받습니다).

❿ 이동식 저장장치에 작업파일을 제출한 후에는 작품의 수정이 불가능하니 신중하게 작업 후 최종 제출바랍니다(파일 제출 후의 작품 수정 시에는 부정행위자로 간주하여 실격처리됩니다).

⓫ 답안 출력이 완료되면 '수험진행사항 점검표'의 답안지 매수란에 수험자가 매수를 확인하여 기록하고, 감독위원의 확인을 꼭 받습니다.

⓬ 수험진행사항 점검표 작성은 검은색 필기구만 사용해야 하며, 그 외 연필류, 유색 필기구 등을 사용한 답안은 채점하지 않으며 0점 처리됩니다.

⓭ 수험진행사항 점검표 정정 시에는 정정하고자 하는 단어에 두 줄(=)을 긋고 다시 작성하거나 수정테이프(수정액 제외)를 사용하여 정정하시기 바랍니다.

⓮ 요구한 작업을 완료한 후 이동식 저장장치에 작업파일을 제출하고, 인쇄 출력물을 지정한 순서(회로 도면, 실크면, TOP면, BOTTOM면, Solder Mask TOP면, Solder Mask BOTTOM면, Drill Draw)에 의거 편철하여 제출한 경우에만 채점 대상에 해당됩니다.

⓯ 출력물의 답안 편철을 위하여 회로 도면(가로 기준) 좌측 하단의 모서리 부분은 설계하지 않습니다.

⓰ 이동식 저장장치에 작업한 폴더의 저장시간과 작품의 출력시간은 시험시간에 포함되지 않습니다.

⓱ 수험자는 작업 전에 간단한 몸 풀기 운동을 실시한 후에 시험에 임합니다.

⓲ 시험 과제의 회로도는 정상 동작과는 무관함을 알려드립니다(패턴 설계의 수행능력을 판단하기 위해서 회로도를 임의로 구성한 것입니다).

시험안내

❶ 다음 '채점 제외(불합격 처리) 대상'에 해당하는 작품은 채점하지 않고 불합격 처리합니다.

㉠ 과제 진행 중 수험자 스스로 작업에 대한 포기의사를 표현한 경우

㉡ 수험자가 기계 조작 미숙 등으로 계속 작업 진행 시 본인 또는 타인의 인명이나 재산에 큰 피해를 가져올 수 있다고
  감독위원이 판단할 경우

㉢ 부정행위의 작품일 경우

㉣ ERC(Electronic Rule Check) 또는 DRC(Design Rule Check) 검사를 받지 않은 경우 또는 통과하지 못한 경우

㉤ PCB 설계 시 자동 배선을 한 경우

㉥ 시험시간 내에 미완성된 작품일 경우

㉦ 설계 완성도가 0인 경우

  • 회로 설계(Schematic)에서 부품 배치 및 네트 연결이 미완성인 경우

  • PCB 설계에서 부품 배치 및 배선이 미완성인 경우

㉧ 출력하지 못한 경우

  • 회로도를 출력하지 못한 경우

  • PCB 제조에 필요한 거버 데이터(Gerber Data)를 1개 이상 출력하지 못한 경우

㉨ 회로 설계(Schematic) 요구조건과 다른 경우

  • 접점이 누락된 경우

  • 네트가 누락된 경우

  • 네트 연결이 잘못된 경우

  • 부품이 누락된 경우

㉩ PCB 설계(Layout) 요구조건과 다른 경우

  • 설계 레이어(2-LAYER)가 다른 경우

  • 보드 크기가 다른 경우

  • 부품이 초과하거나 누락된 경우

  • 고정 부품 배치가 정확하지 않는 경우

  • 카퍼(동박)가 누락된 경우

  • 보드 사이즈를 지정된 레이어에 생성하지 않은 경우

  • 실크 데이터를 지정된 레이어에 생성하지 않은 경우

  • 거버 데이터(Gerber Data)를 실물(1 : 1)로 출력하지 않은 경우

㉪ 출력 결과물(데이터)을 이용하여 PCB 및 제품의 제조 시 불량의 원인이 되는 경우

  • PCB 외곽선 정보가 누락된 경우

  • 각종 실크 데이터(Silk Data)와 패드가 겹치는 경우

  • 부품 데이터와 핀의 배열이 다른 경우

  • 부품 또는 PCB에 전원 공급이 되지 않는 경우

수험자 준비물

❶ 신분증 : 주민등록증, 유효기간 내 여권, 재외동포 국내거소증, 운전면허증, 청소년증, 외국인등록증, 공무원증, 학생증(사진 및 주민등록번호가 개재된 경우만 인정)
❷ 수험표
❸ 필기구(검은색 볼펜)
❹ 수정테이프

검정현황

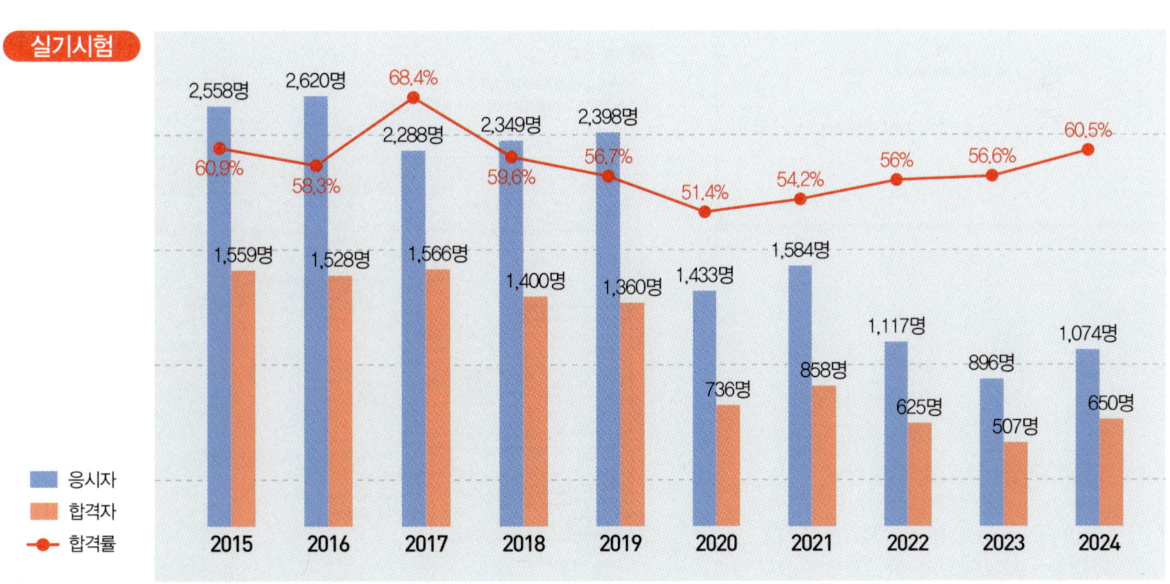

구성 및 특징

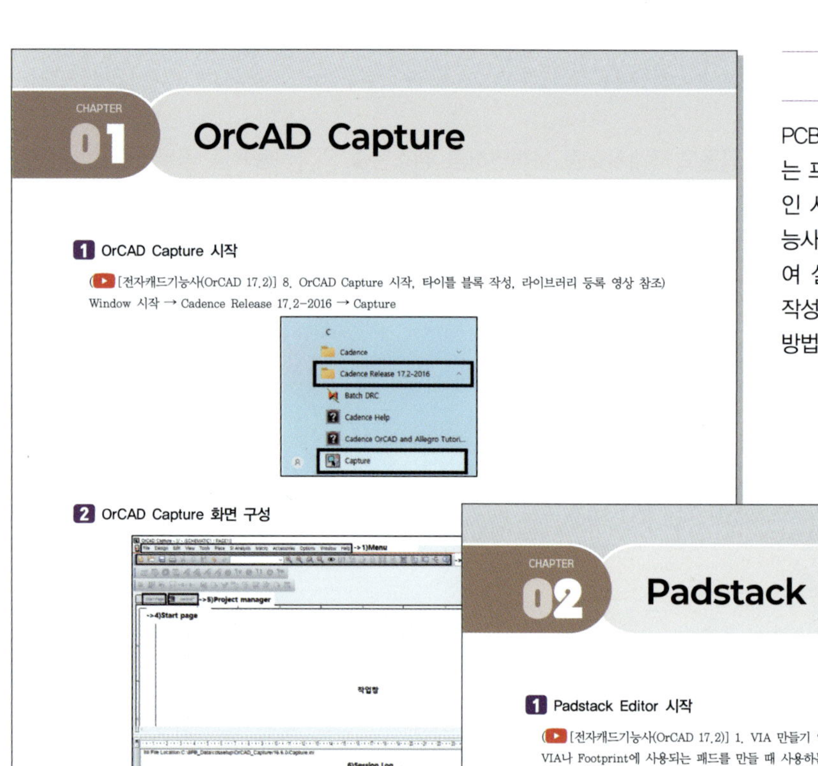

CHAPTER 01 OrCAD Capture

1 OrCAD Capture 시작

▶ [전자캐드기능사(OrCAD 17.2)] 8. OrCAD Capture 시작, 타이틀 블록 작성, 라이브러리 등록 영상 참조)
Window 시작 → Cadence Release 17.2-2016 → Capture

2 OrCAD Capture 화면 구성

1) Menu
프로그램 실행 및 설정에 관한 메뉴로 구성되어 있다.

2) Capture Toolbar
회로 도면 저장 및 출력, 검토에 관련된 아이콘으로 구성되어 있다.

2 ■ PART 01 OrCAD 17.2 기본 사용법

OrCAD Capture

PCB 설계 시 필요한 회로 도면을 작성하는 프로그램입니다. 이 프로그램의 기본적인 사용방법을 수록하였으며, 전자캐드기능사 공개문제에 제시된 회로도를 이용하여 설명하였습니다. 그리고 회로 도면을 작성할 때 발생하는 에러의 유형 및 해결방법을 수록하였습니다.

Padstack Editor

VIA나 FOOTPRINT 제작 시 필요한 PAD를 제작하는 프로그램으로, 이 프로그램의 구성과 기능에 대한 설명과 전자캐드기능사 공개문제를 해결하는 데 필요한 PAD의 제작방법을 수록하였습니다.

CHAPTER 02 Padstack Editor

1 Padstack Editor 시작

▶ [전자캐드기능사(OrCAD 17.2)] 1. VIA 만들기 영상 참조)
VIA나 Footprint에 사용되는 패드를 만들 때 사용하는 프로그램이다.

Window 시작 → Cadence Release 17.2-2016 → Padstack Editor

2 VIA 만들기

VIA는 PCB에 있는 Hole의 일종으로, 내부는 금속으로 도금이 되어 있어 Layer와 Layer가 연결된다. VIA의 이런 특성을 이용하여 서로 다른 Layer에 있는 패턴을 연결한다.

[공개문제 요구사항]		
10) 비아(VIA)의 설정		

비아의 종류	속 성	
	드릴 홀 크기(Hole Size)	패드 크기(Pad Size)
Power VIA(전원선 연결)	0.4mm	0.8mm
Standard VIA(그 외 연결)	0.3mm	0.6mm

1) Standard VIA 만들기

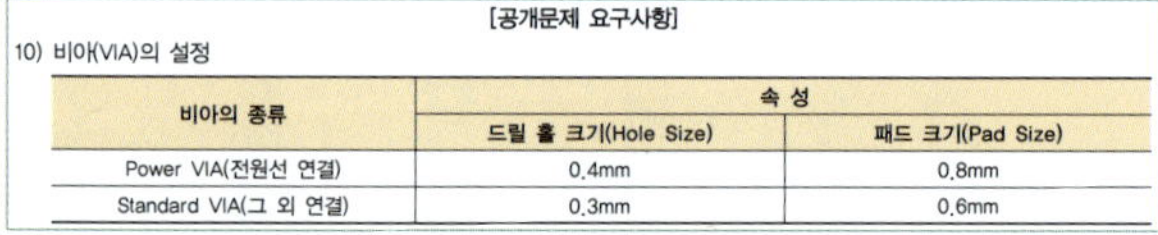

① Padstack Editor 를 실행한다.
② File → New

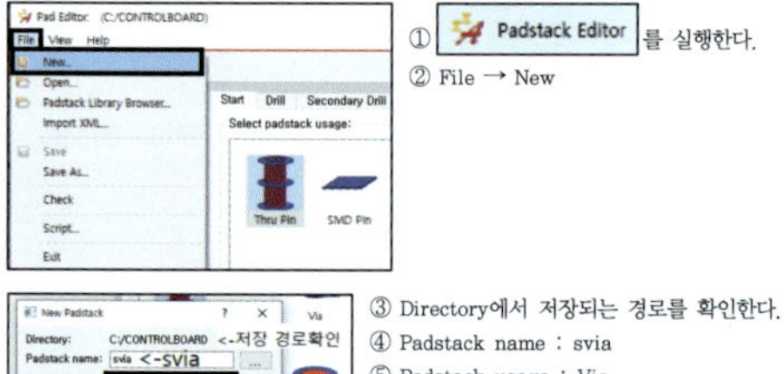

③ Directory에서 저장되는 경로를 확인한다.
④ Padstack name : svia
⑤ Padstack usage : Via
⑥ OK를 클릭한다.

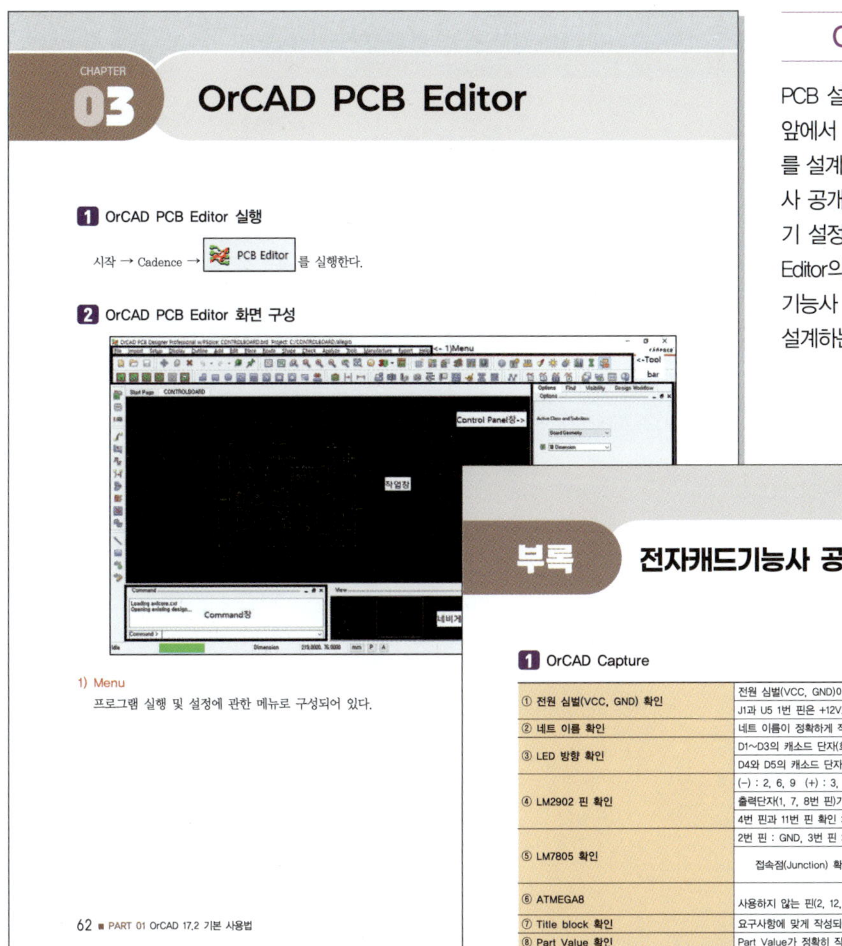

CHAPTER 03 OrCAD PCB Editor

1 OrCAD PCB Editor 실행

시작 → Cadence → [PCB Editor] 를 실행한다.

2 OrCAD PCB Editor 화면 구성

1) Menu

프로그램 실행 및 설정에 관한 메뉴로 구성되어 있다.

OrCAD PCB Editor

PCB 설계 시 필요한 FOOTPRINT 제작 및 앞에서 작성한 회로 도면을 바탕으로 PCB를 설계하는 프로그램입니다. 전자캐드기능사 공개문제에 제시된 요구사항에 맞게 초기 설정방법을 설명하였으며, OrCAD PCB Editor의 여러 기능들을 이용하여 전자캐드기능사 공개문제에 제시된 회로를 PCB로 설계하는 과정을 자세히 수록하였습니다.

부록 전자캐드기능사 공개문제 합격 체크리스트

1 OrCAD Capture

항목	내용	
① 전원 심벌(VCC, GND) 확인	전원 심벌(VCC, GND)이 누락된 곳은 없는가?(GND : 28개, +12V : 2개, +5V : 10개)	
	J1과 U5 1번 핀은 +12V로 되어 있는가?	
② 네트 이름 확인	네트 이름이 정확하게 작성되어 있는가?	
③ LED 방향 확인	D1~D3의 캐소드 단자(화살표 있는 부분)가 ATMEGA8에 연결되어 있는가?	
	D4와 D5의 캐소드 단자(화살표 있는 부분)가 접지로 연결되어 있는가?	
④ LM2902 핀 확인	(−) : 2, 6, 9 (+) : 3, 5, 10	
	출력단자(1, 7, 8번 핀)가 (−)단자에 연결되어 있는가?	
	4번 핀과 11번 핀 확인 : 4번 핀(위), 11번 핀(아래)	
⑤ LM7805 확인	2번 핀 : GND, 3번 핀 : VOUT	
	접속점(Junction) 확인	+12V, 1번 핀, C14 ,R15
		+5V, 3번 핀, C15, R16
⑥ ATMEGA8	사용하지 않는 핀(2, 12, 13, 14, 20)은 [image] (Place no connect)하였는가?	
⑦ Title block 확인	요구사항에 맞게 작성되어 있는가?	
⑧ Part Value 확인	Part Value가 정확히 작성되어 있는가?	

※ ①~⑤를 수정하였을 경우 PCB → Update Layout...을 수행하여 PCB에서 해당 부분이 수정되었는지 확인해야 한다.

1) 전원 심벌(VCC, GND) 확인

전원 심벌(VCC, GND)이 누락되거나 연결이 잘못되어 있으면, 네트 연결이 미완성인 경우 또는 네트 연결이 잘못된 경우에 해당되므로 채점 제외 대상에 해당된다.

2) 네트 이름 확인

네트 이름이 잘못되면 네트가 누락된 경우에 해당되므로 채점 제외 대상에 해당된다. 다음과 같이 형광펜으로 체크하여 확인하면 실수를 줄일 수 있다.

부품의 지정 핀	네트의 이름	부품의 지정 핀	네트의 이름
U1의 1번 연결부	#COMP2	U1의 27번 연결부	PC4
U1의 7번 연결부	X1	U1의 28번 연결부	#TEMP
U1의 8번 연결부	X2	U1의 30번 연결부	RXD
U1의 15번 연결부	MOSI	U1의 31번 연결부	TXD
U1의 16번 연결부	MISO	U1의 32번 연결부	#COMP1
U1의 17번 연결부	SCK	U2의 2번 연결부	RESET
U1의 19번 연결부, U4의 1번, 2번 연결부	#ADC1	U3의 4번 연결부	RXD

부록(합격 체크리스트)

공개문제 합격 체크리스트를 통해 수험생들이 자주 겪는 에러와 해결방법을 알아보고, 직무수행 능력도 향상시킬 수 있도록 구성하였습니다.

이 책의 목차

OrCAD 17.2 기본 사용법

OrCAD Capture

1 OrCAD Capture 시작

(▶ [전자캐드기능사(OrCAD 17.2)] 8. OrCAD Capture 시작, 타이틀 블록 작성, 라이브러리 등록 영상 참조)
Window 시작 → Cadence Release 17.2-2016 → Capture

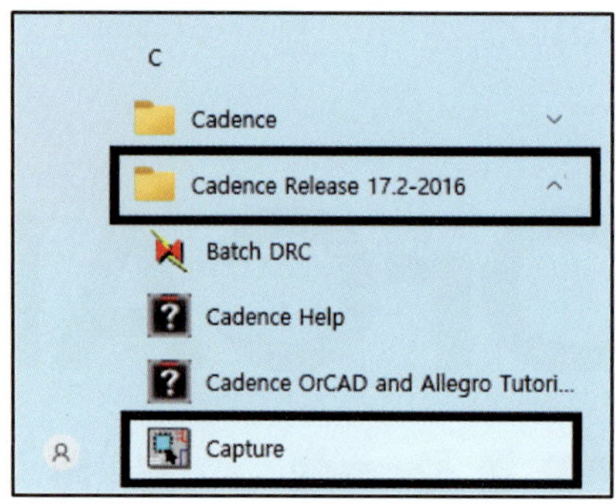

2 OrCAD Capture 화면 구성

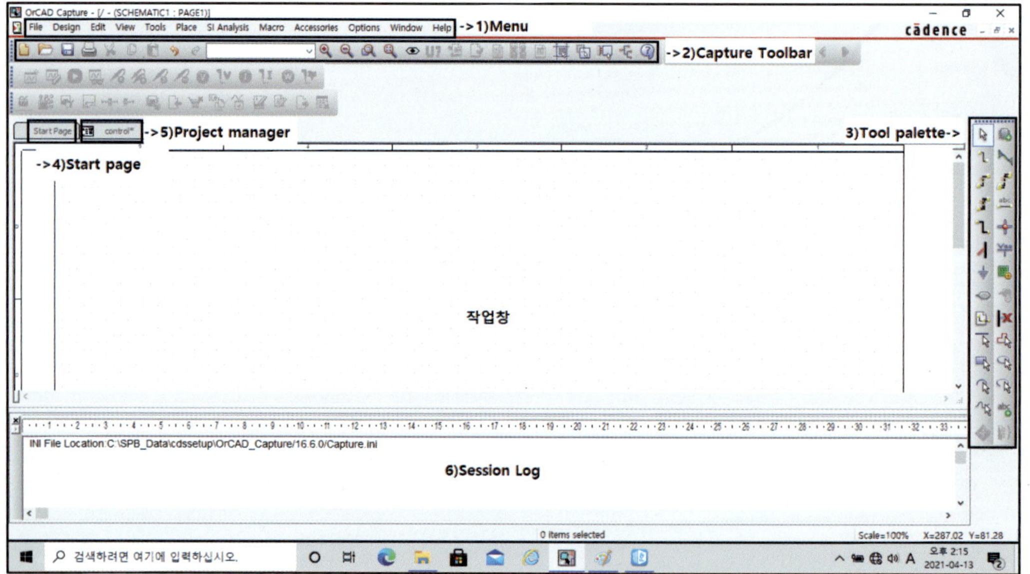

1) Menu

프로그램 실행 및 설정에 관한 메뉴로 구성되어 있다.

2) Capture Toolbar

회로 도면 저장 및 출력, 검토에 관련된 아이콘으로 구성되어 있다.

3) Tool Palette

회로 도면 작성에 필요한 아이콘으로 구성되어 있다.

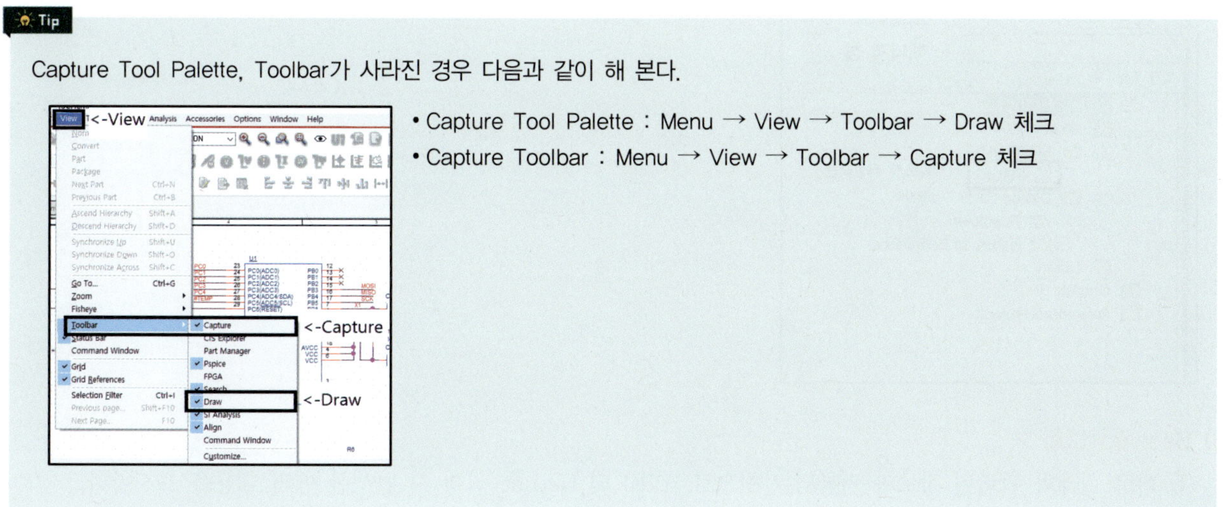

4) Start Page

(1) 인터넷이 연결되어 있으면 자동으로 열리는 페이지(ⓐ)로, 새로운 디자인이나 프로젝트를 실행시킬 수 있으며(ⓑ) 기존에 작업했던 내역이 표시(ⓒ)되어 이어서 작업할 수 있다.

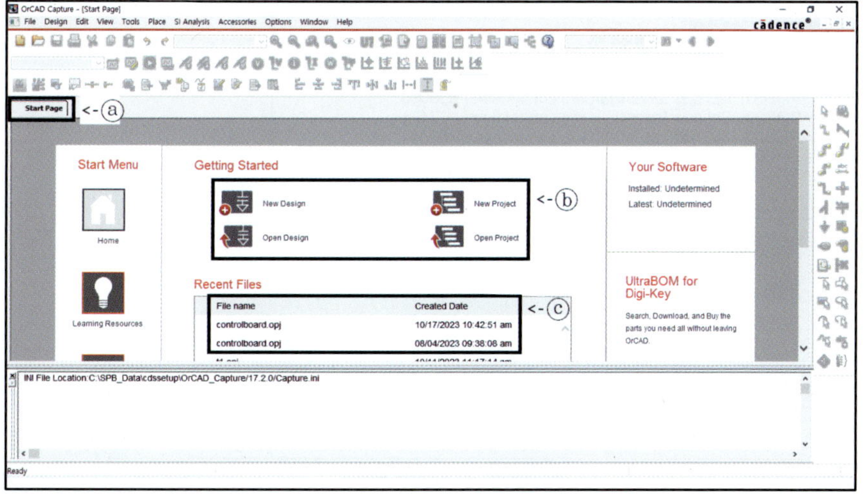

(2) Start Page를 닫을 때

Start Page 탭으로 커서를 이동한 후 마우스 우측 버튼을 클릭한 후 Close를 클릭한다.

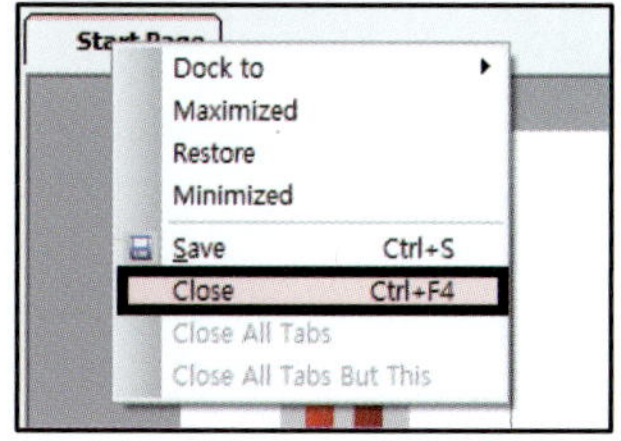

5) Project Manager

작업의 전체적인 과정과 각종 출력 파일을 관리하는 창이다.

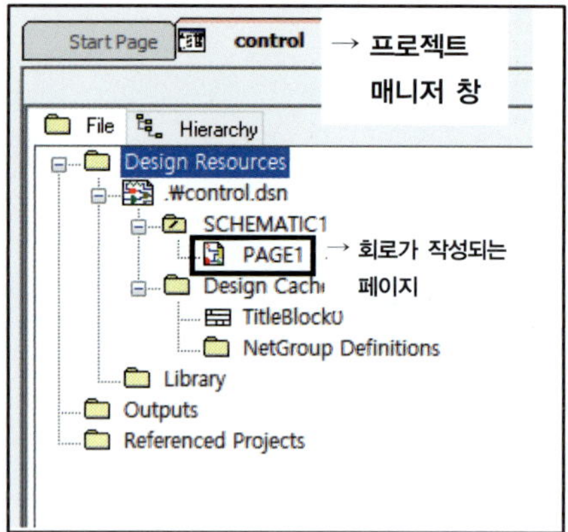

6) Session Log

① 회로 설계와 관련된 정보가 기록되는 창으로, DRC 및 Netlist 실행 시 발생한 에러 내용을 표시한다.

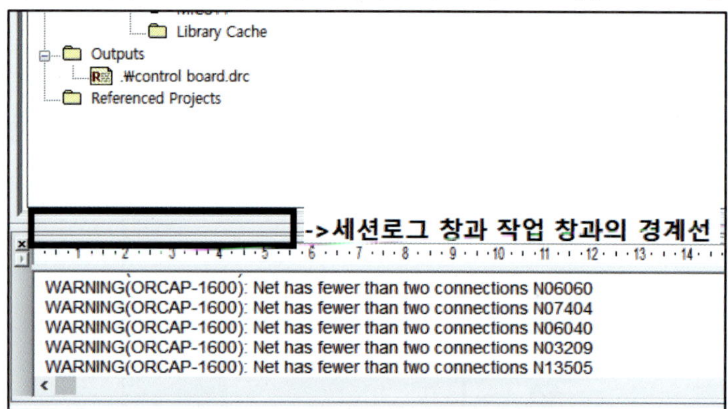

② 위의 그림에 표시된 부분(세션 로그창과 작업창과의 경계선)에 커서를 위치시키면 커서가 변한다. 이 상태에서 드래그하면 세션 로그창을 더 크게 할 수 있다.

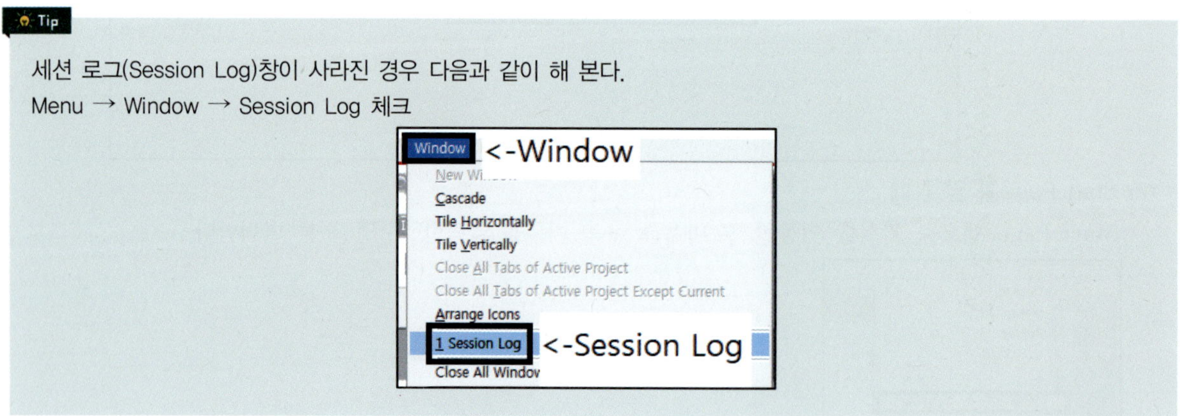

3 New Project 생성

① Menu → File → New → Project 또는 Start Page에서 New Project를 클릭한다.

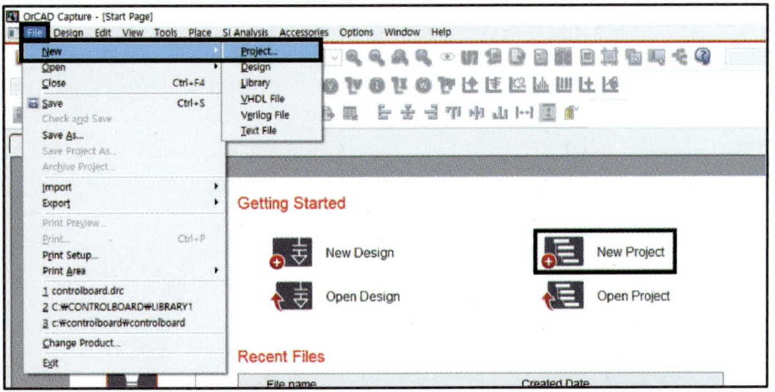

② 새로운 프로젝트가 생성되면 프로젝트 이름과 유형, 저장할 위치를 지정한다.

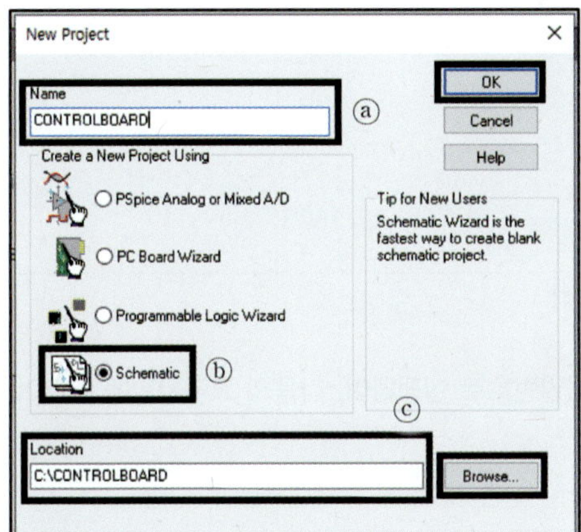

ⓐ Project Name : 반드시 영문과 숫자의 조합으로 설정한다(한글 사용 안 됨).
ⓑ Create New Project Using : Schematic
ⓒ Location : 프로젝트가 저장될 폴더를 설정한다.
ⓐ, ⓑ, ⓒ가 완료되면 OK를 클릭한다.

> **Tip**
>
> **저장 경로 설정**
>
> Browse... → 프로젝트를 저장할 드라이브(C: 또는 D:) 설정 → 마우스 우측 버튼 클릭 → 새 폴더

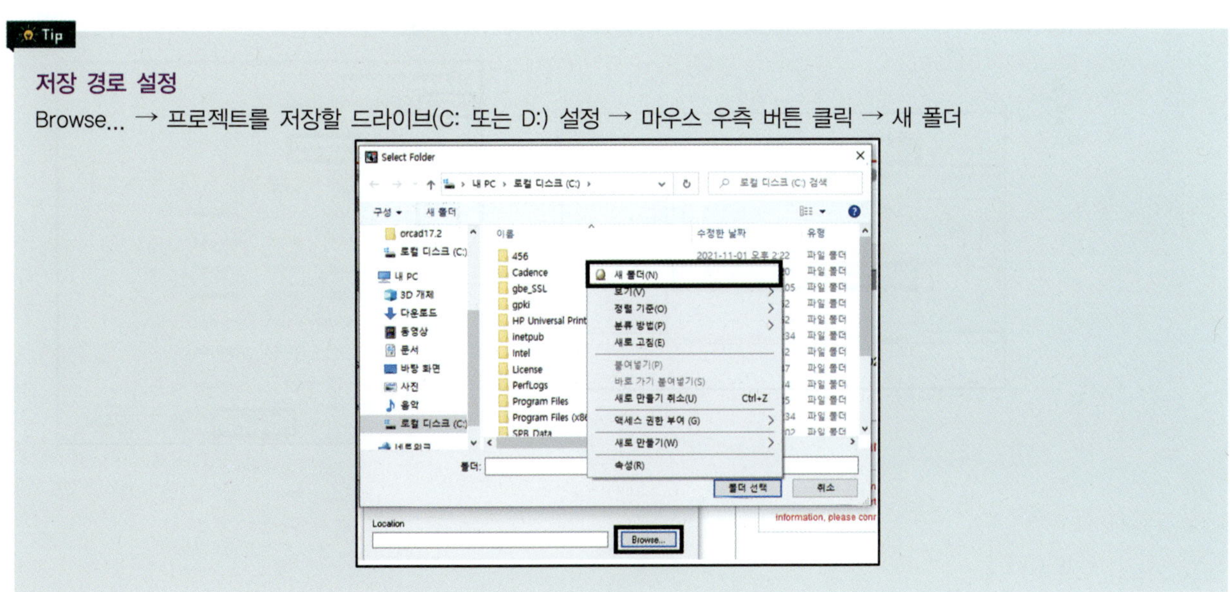

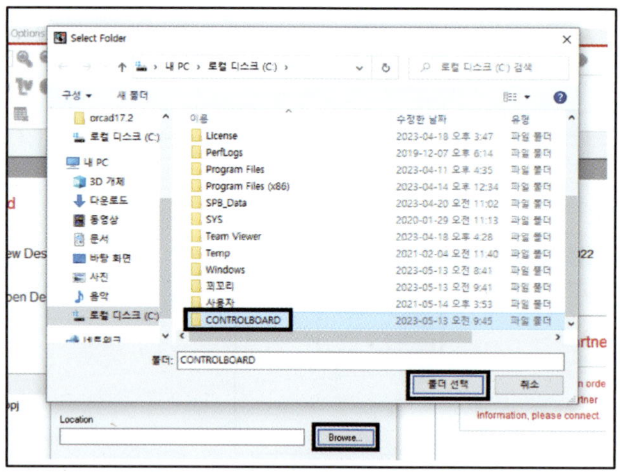

③ 폴더가 생성되면 폴더 이름을 바꿔 준다(영어나 영어·숫자의 조합으로 변경한다).

④ 프로젝트를 저장할 폴더를 지정한 후 폴더 선택을 클릭한다.

※ 이후부터 생성되는 모든 파일은 이 폴더에 저장된다.

4 회로도 작성

1) Page Size 지정 및 Title Block 작성

(1) Page Size 지정

[공개문제 요구사항]
과제 1 : 회로 설계(Schematic) 다. 수험자의 회로 설계 작업 파일 폴더 및 파일명은 자신의 비밀번호로 설정하며, 다음의 요구사항에 준하여 회로를 설계한다. 1) Page Size는 A4(297×210mm)로 균형 있게 작성한다.

① Menu → Options → Schematic Page Properties

② Page Size → Units : Millimeters → New Page Size : A4 체크 → 확인

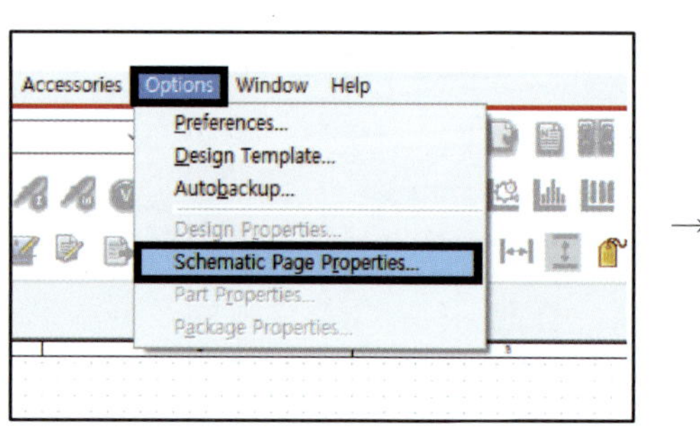

→

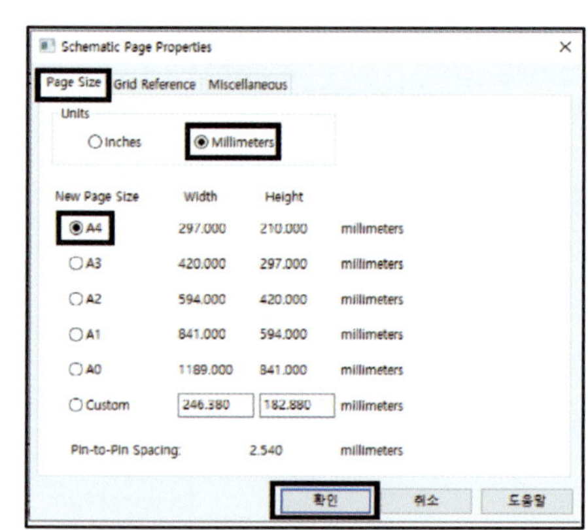

③ Title Block의 Size가 A4로 변경된다.

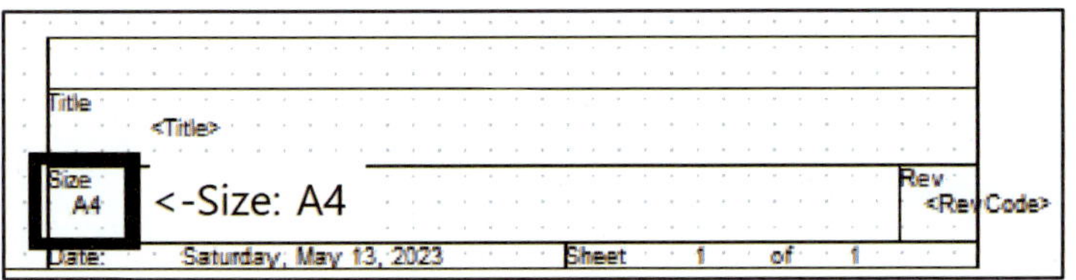

(2) 타이틀 블록(Title Block) 작성

[공개문제 요구사항]

과제 1 : 회로 설계(Schematic)

　　　　다. 수험자의 회로 설계 작업 파일 폴더 및 파일명은 자신의 비밀번호로 설정하며, 다음의 요구사항에 준하여 회로를
　　　　　　설계한다.

　　　　2) 타이틀 블록(Title block) 작성

　　　　　가) Ttile : 작품명 기재(크기 14)

　　　　　　　예 CONTROL BOARD

　　　　　나) Document Number : ELECTRONIC CAD와 시행 일자 기입(크기 12)

　　　　　　　예 ELECTRONIC CAD. 20XX. XX. XX

　　　　　다) Revision : 1.0(크기 7)

① Title란의 〈Title〉을 더블클릭한다.

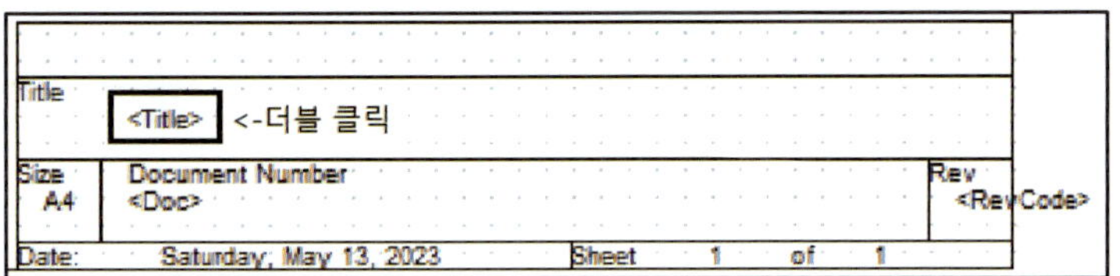

② Value에 'CONTROL BOARD' 입력 → Font의 Change... → 크기 : 14→ 확인

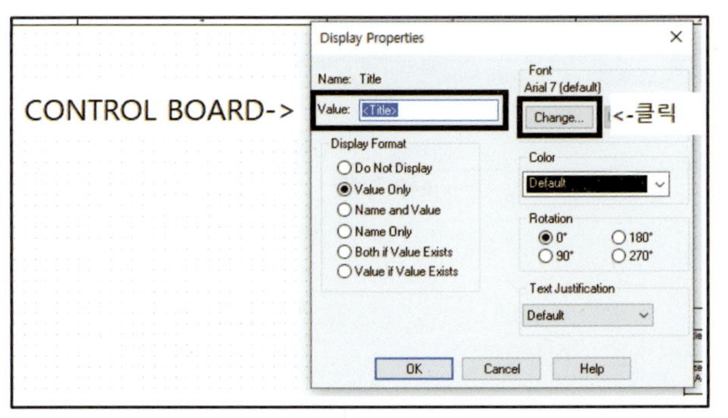

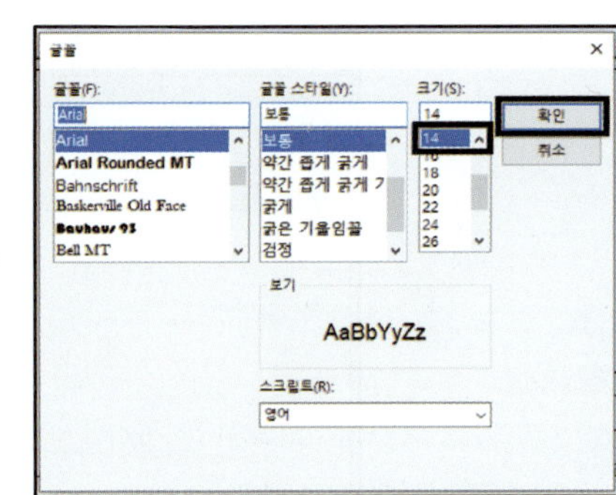

③ Font의 Arial이 14가 되어 OK를 클릭하면 입력한 CONTROL BOARD의 크기가 다음과 같이 변경된다.

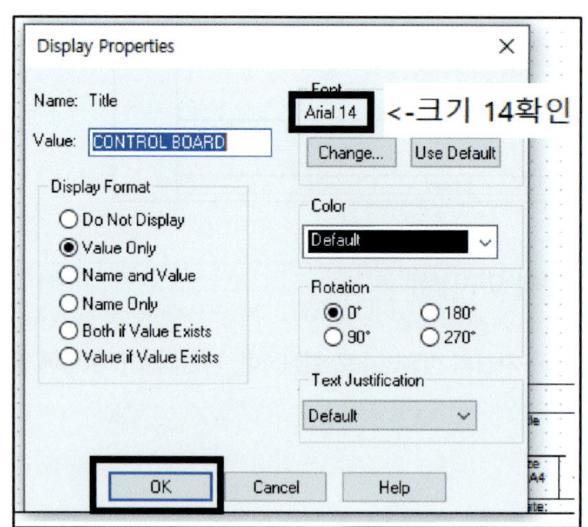

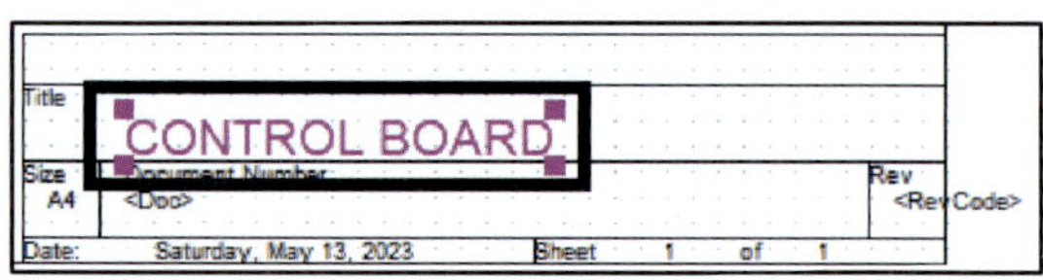

④ 위와 같은 방법으로 Document Number와 Rev도 요구사항에 맞게 작성한다.

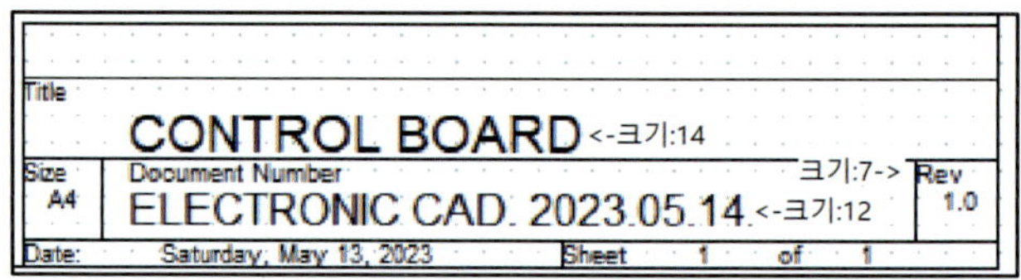

2) 부품 배치 및 배선

(1) 부품 불러오기

① Capture Tool Palette에서 (Place Part)를 클릭하면 화면이 다음과 같이 변한다.

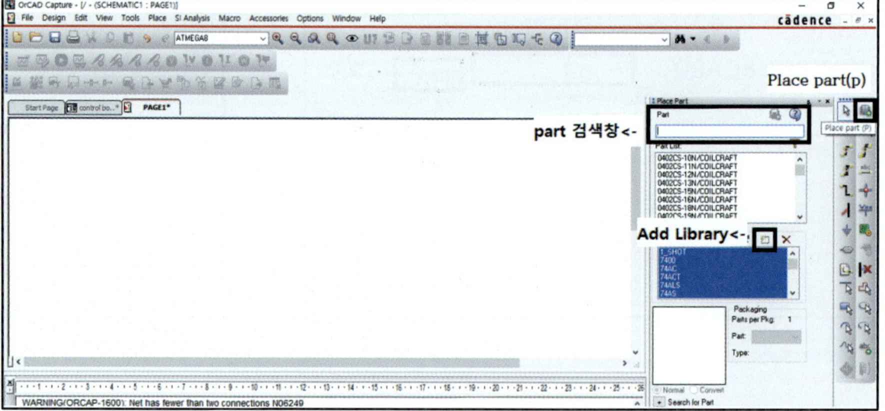

② Part 검색창에 불러오고자 하는 부품명을 입력한다.

③ 부품이 검색되지 않으면 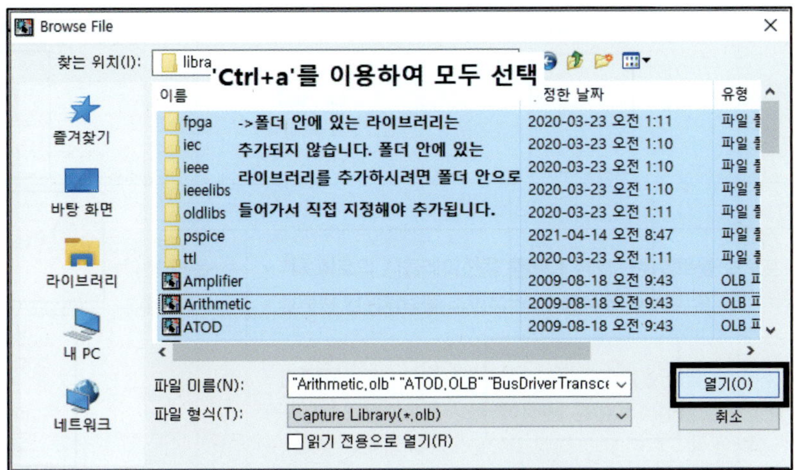 (Add Library)를 클릭하여 다음과 같이 Library를 추가한다.

※ OrCAD Capture에서 사용하는 라이브러리 경로

내 PC → 로컬디스크(C:) → Cadence → SPB_17.2 → Tools → Capture → Library

④ 그림 (a)처럼 특정 라이브러리만 선택되어 있으면 그 라이브러리 안에 있는 부품만 검색한다. 반드시 그림 (b)처럼 모든 라이브러리가 선택되어야 한다(Ctrl+a).

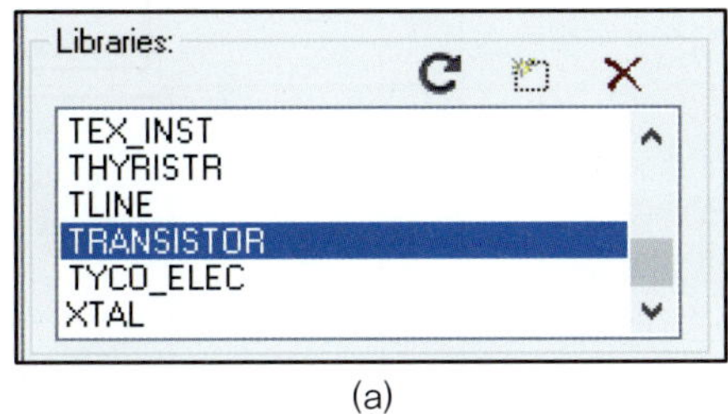

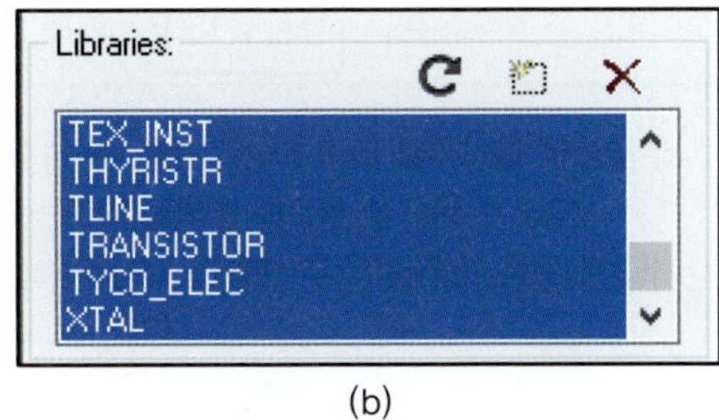

(a)　　　　　　　　　　　　　(b)

전자캐드기능사 실기 공개문제(CONTROL BOARD) 회로도 작성 시 사용되는 Part 및 전원 심벌은 다음과 같다.

Part명	Part 심벌	Part명	Part 심벌
R		LM2902 (수정)	
CAP		LM7805 (수정)	
CAD NP		MIC811 (제작)	
HEADER10		ADM101E (제작)	
LED		ATMEGA8 (제작)	
CRYSTAL		VCC	VCC_BAR (VCC/BAR) VCC (VCC/CAPSYM)
		GND	(GND/CAPSYM)

GND 심벌은 (GND/CAPSYM)으로 통일해서 작성한다. 여러 가지를 혼용해서 사용할 경우 에러가 발생할 수 있다.

(2) 새로운 부품 만들기(Atmega8, ADM101E, MIC811)

(▶ [전자캐드기능사(OrCAD 17.2)] 9. OrCAD Capture 새로운 Part 만들기 1(ATMEGA8) 영상 참조)

새로운 라이브러리를 생성한다.

Menu → File → New → Library

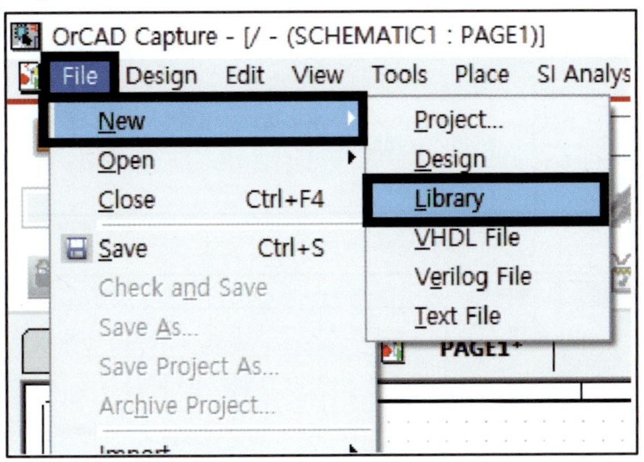

① Atmega8

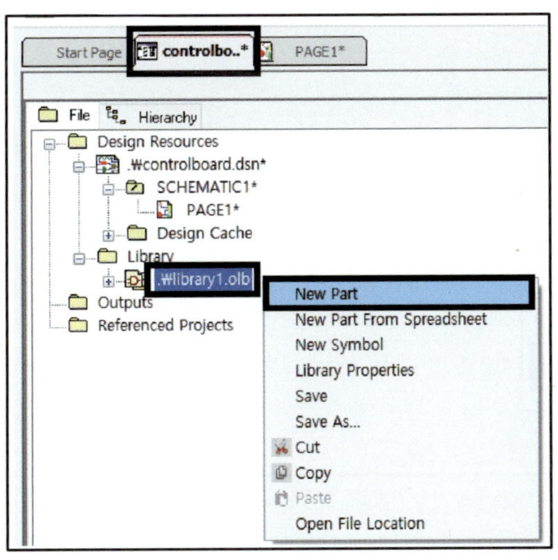

- 프로젝트 매니저 탭으로 이동하여 library1.olb 파일이 생성되었는지 확인한다.
- library1.olb를 선택한 후 마우스 우측 버튼을 클릭한다.
- New Part를 클릭한다.

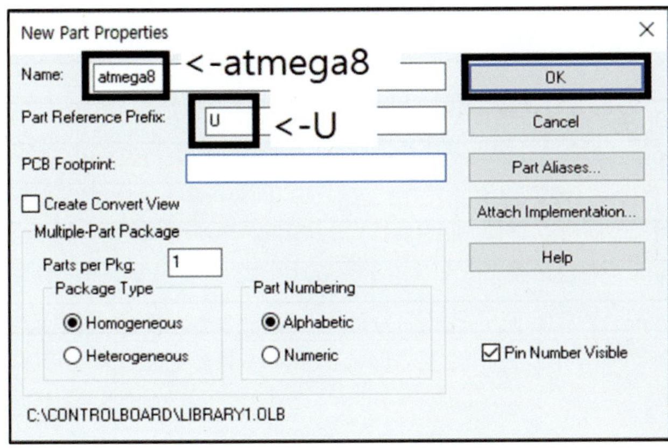

- Name : atmega8
- Part Reference Prefix가 U로 되어 있는지 확인 후 OK를 클릭한다.

• 작업창이 생성되면 파트의 크기를 조정한다(a 부분을 클릭하여 드래그한다).

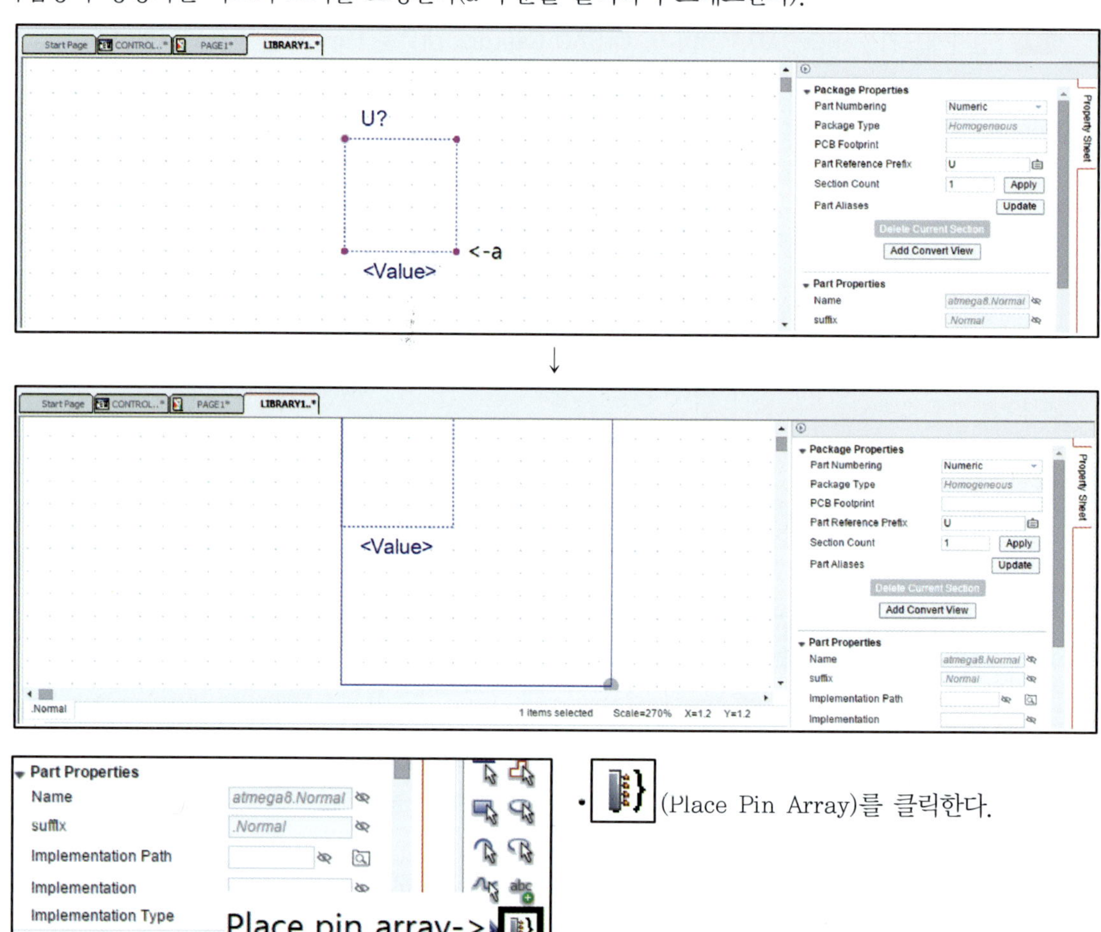

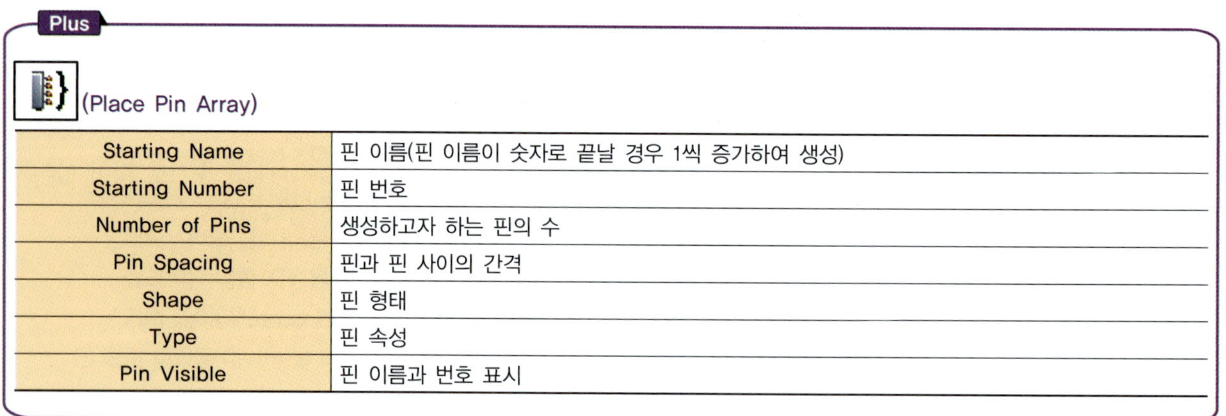

• (Place Pin Array)를 클릭한다.

Plus

(Place Pin Array)

Starting Name	핀 이름(핀 이름이 숫자로 끝날 경우 1씩 증가하여 생성)
Starting Number	핀 번호
Number of Pins	생성하고자 하는 핀의 수
Pin Spacing	핀과 핀 사이의 간격
Shape	핀 형태
Type	핀 속성
Pin Visible	핀 이름과 번호 표시

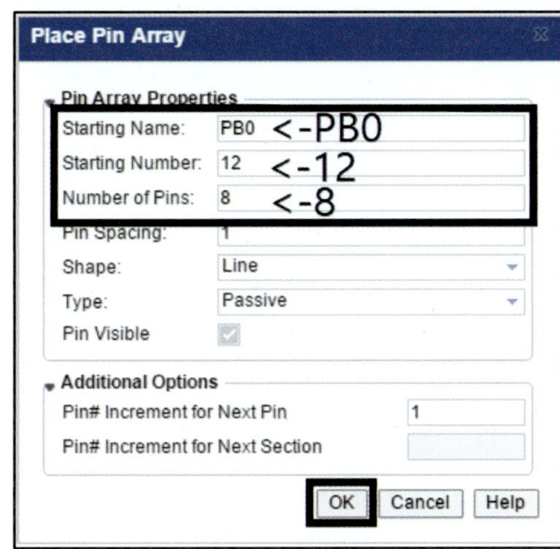

- Starting Name : PB0
- Starting Number : 12
- Number of Pins : 8
- OK를 클릭한다.

※ Shape는 Short를 사용해도 무방하다.

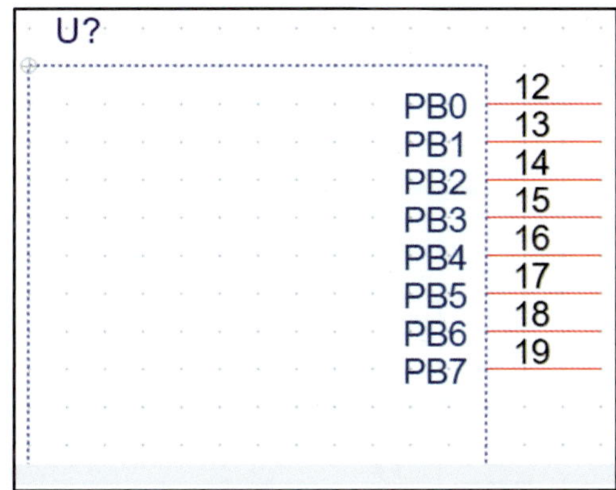

- 해당 위치를 클릭하면 핀이 생성된다.

- 18번 핀을 더블클릭하여 Part Properties를 실행한 후 Number에 '7'을 입력하여 핀 번호를 수정한다.

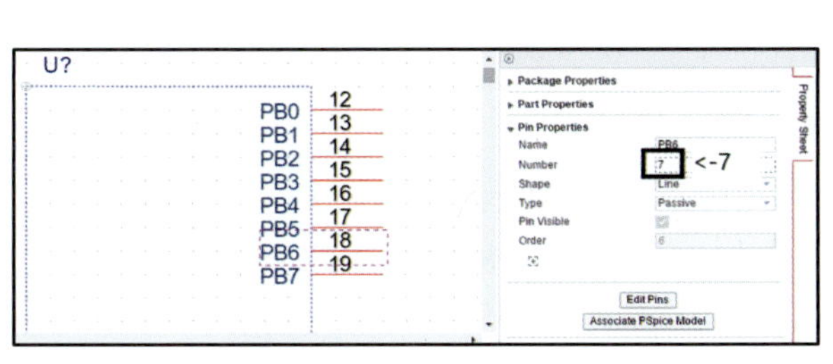

→

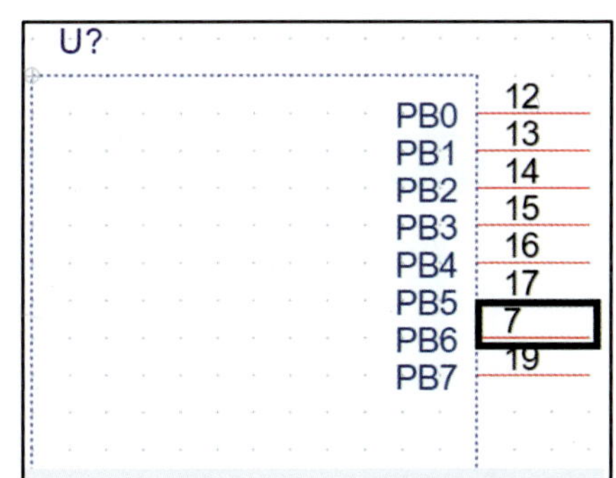

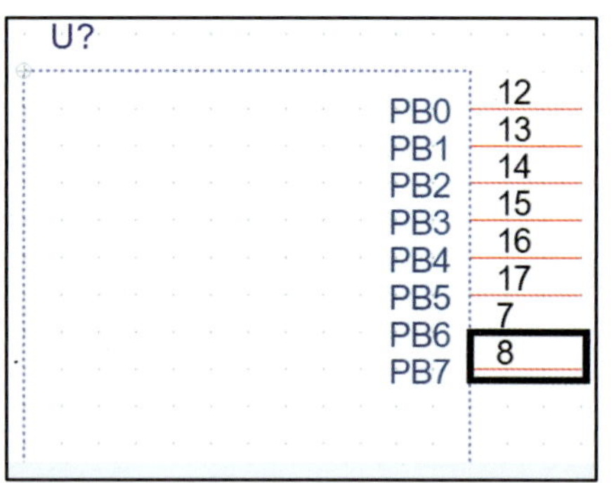

• 같은 방법으로 19번을 8번으로 수정한다.

Tip

핀 배치 시 주의점

반드시 핀과 도트가 일치해야 한다. 핀과 도트가 일치하지 않으면 배선이 연결되지 않기 때문에 Edit Part를 이용하여 핀과 도트를 일치시킨다.

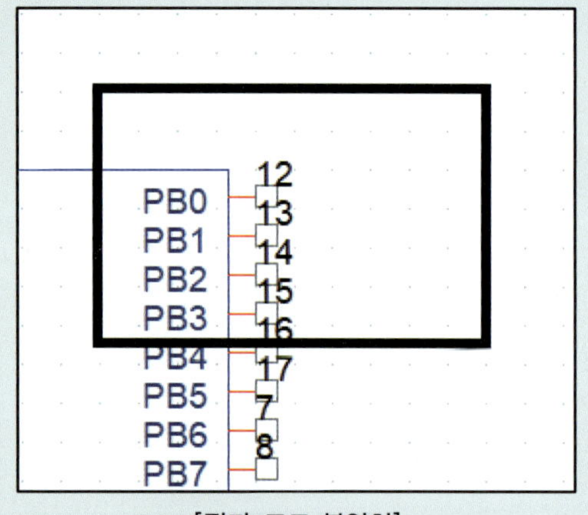

[핀과 도트 불일치]

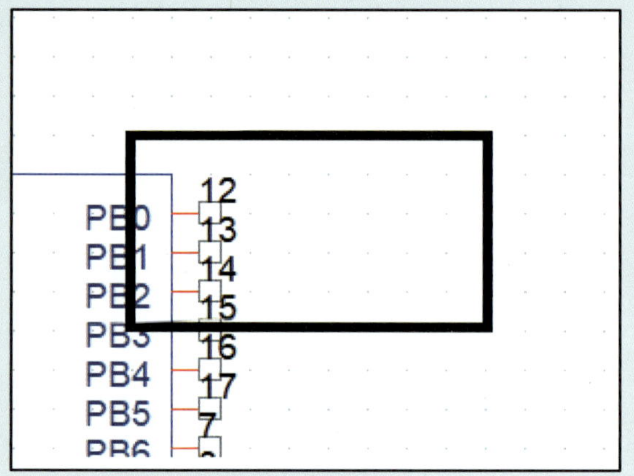

[핀과 도트 일치]

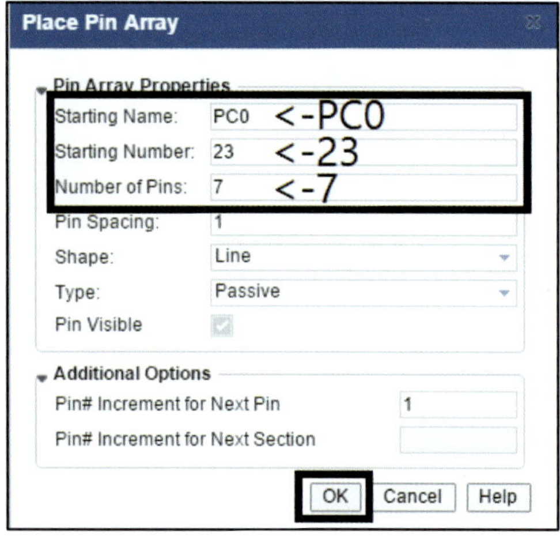

• (Place Pin Array)를 클릭한다.

    – Starting Name : PC0

    – Starting Number : 23

    – Number of Pins : 7

    – OK를 클릭한다.

    ※ Shape는 Line이나 Short를 사용한다.

• 해당 위치를 클릭하여 핀이 생성되면 드래그하여 23~29번 핀을 선택한다.

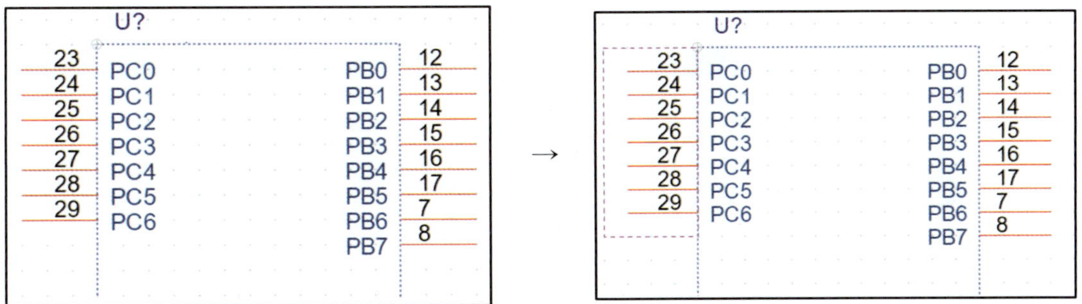

• 23~29번 핀을 선택한 상태에서 화면 우측에 있는 슬라이드 바를 아래로 이동시킨다.

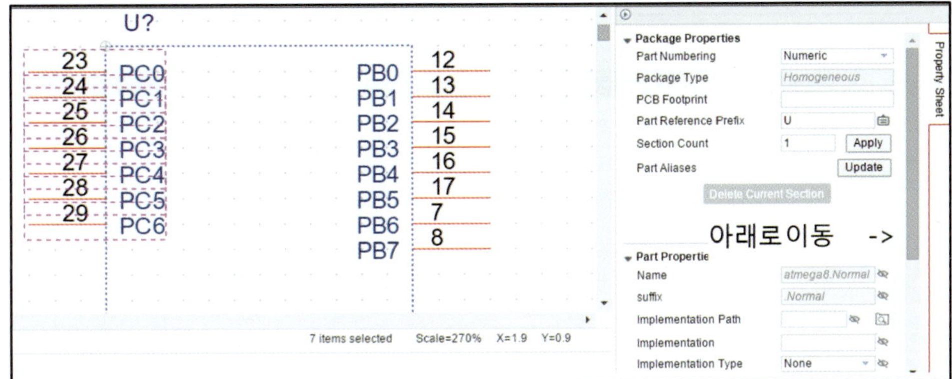

• Edit Pins를 클릭한다.

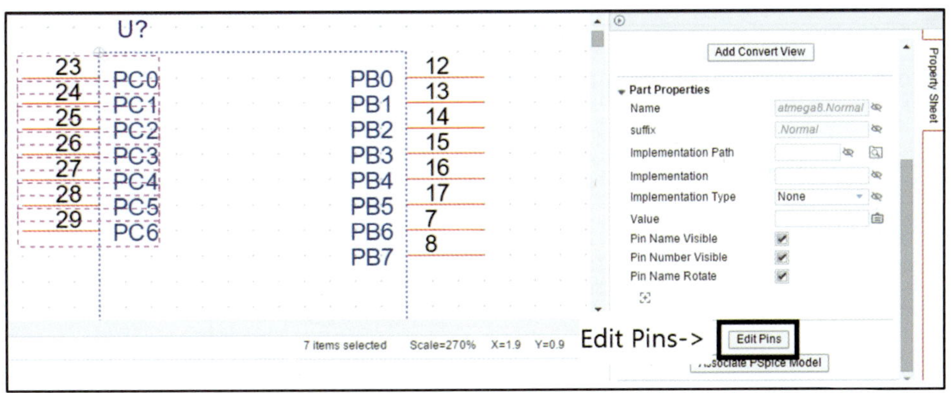

• 핀 이름을 더블클릭하여 다음과 같이 수정한다. Apply를 클릭한 후 OK를 클릭한다(Apply를 클릭해야 수정된
  핀 이름이 반영된다).

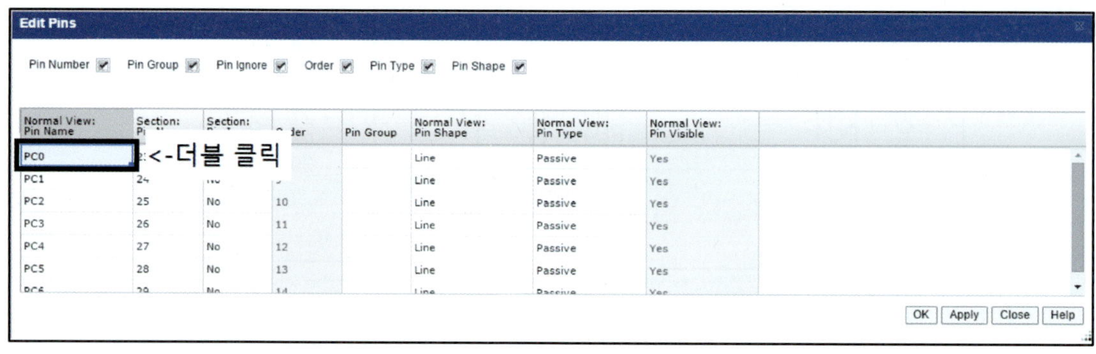

↓

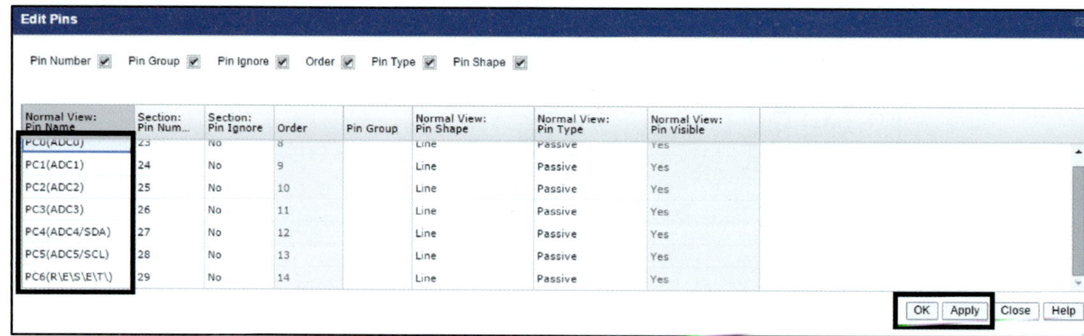

29번 핀의 이름은 $\overline{RESET}$이다. 핀 이름에 다음과 같이 R\E\S\E\T\를 입력한다. \는 키보드에서 ₩을 누른다.

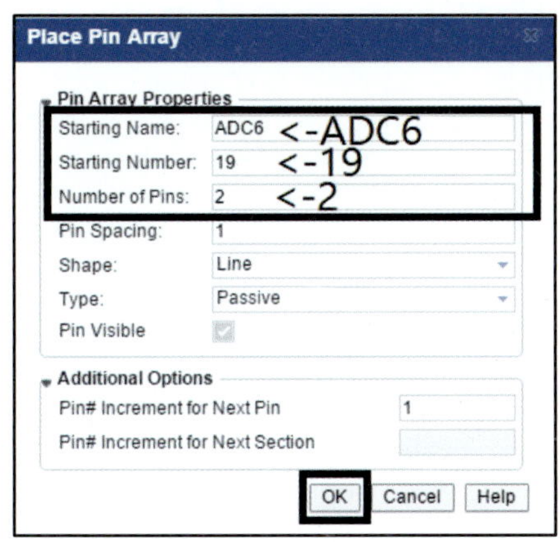

- (Place Pin Array)를 클릭한다.
  - Starting Name : ADC6
  - Starting Number : 19
  - Number of Pins : 2
  - OK를 클릭한다.
  ※ Shape는 Line이나 Short를 사용한다.

• 핀을 배치한 후 20번 핀을 클릭한다. Pin Properties에서 Number를 22로 수정한다.

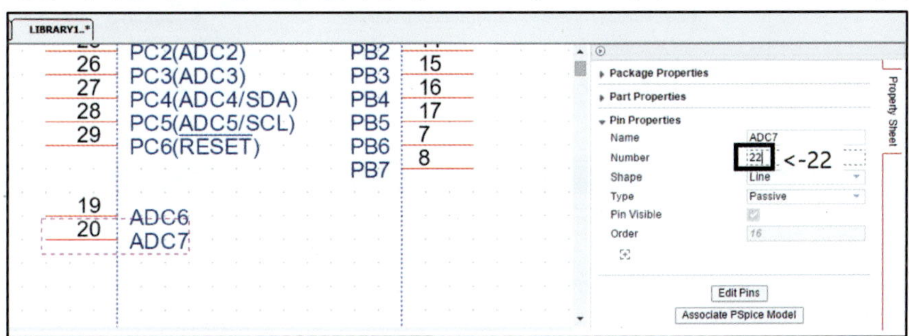

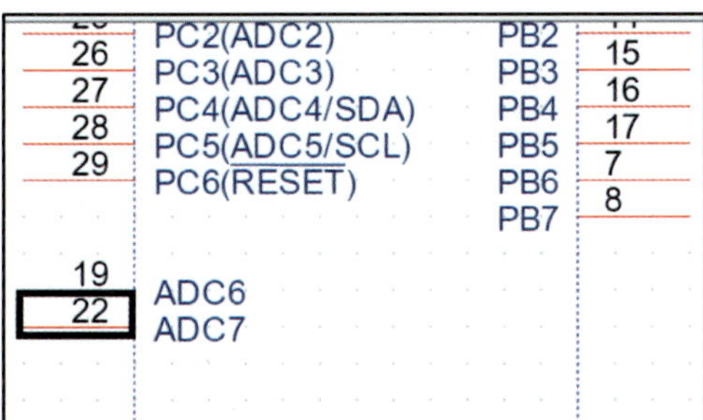

• 작업창을 클릭하면 핀 번호가 22로 수정된다.

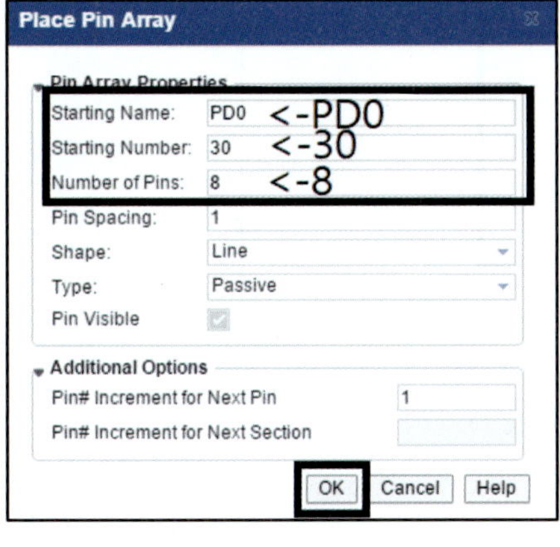

- (Place Pin Array)를 클릭한다.
  - Starting Name : PD0
  - Starting Number : 30
  - Number of Pins : 8
  - OK를 클릭한다.
  ※ Shape는 Line이나 Short를 사용한다.

• 해당 위치를 클릭하여 핀을 생성한 후 드래그하여 30~37번 핀을 선택한다. 핀을 선택한 상태에서 화면 우측에 있는 슬라이드 바를 아래로 이동시켜 Edit Pins를 클릭한다.

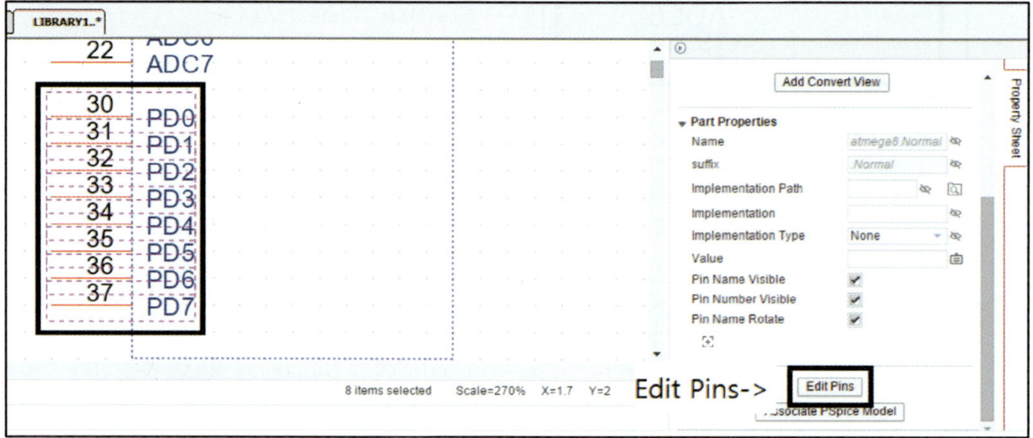

• 핀 이름을 더블클릭하여 다음과 같이 수정한다. Apply를 클릭한 후 OK를 클릭한다(Apply를 클릭해야 수정된 핀 이름이 반영된다).

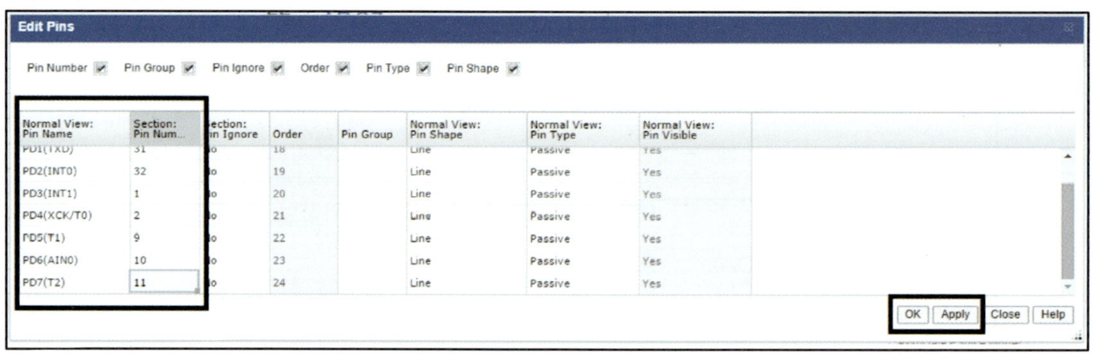

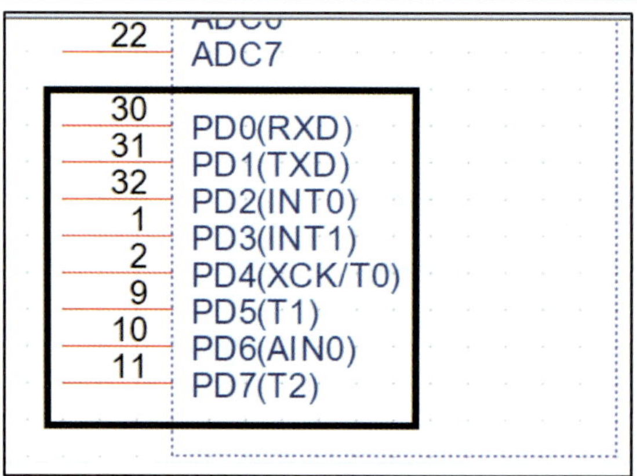

 (Place Pin)을 클릭한다.

Pin Properties → Name : AREF, Number : '20' 입력 → OK

※ Shape는 Short를 사용해도 무방하다.

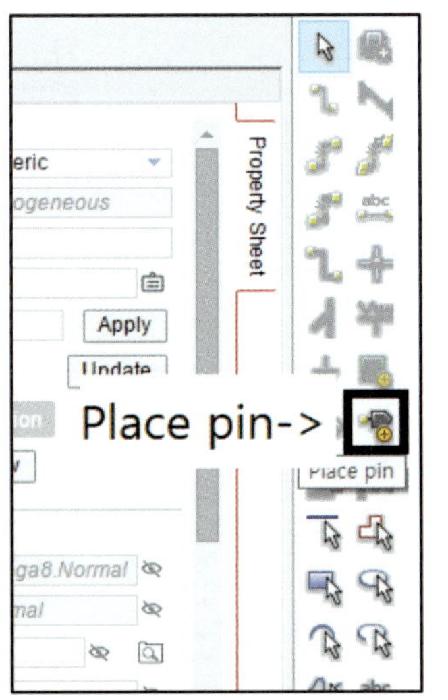

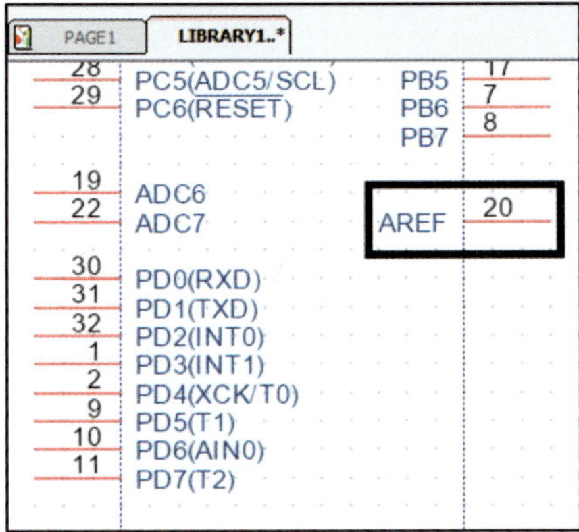

• 해당 위치를 클릭하여 핀을 생성한다.

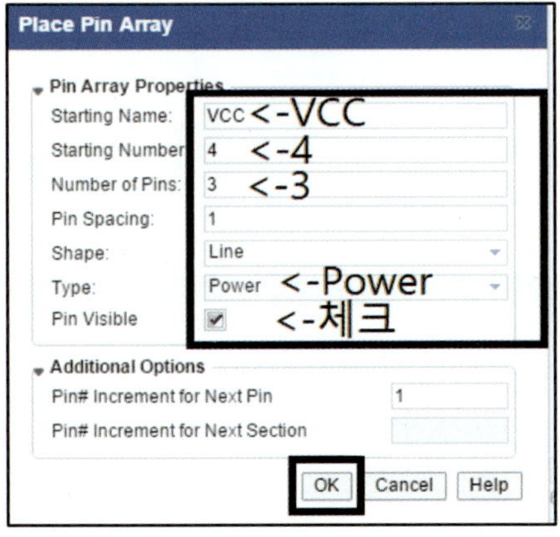

• (Place Pin Array)를 클릭한다.

- Starting Name : VCC
- Starting Number : 4
- Number of Pins : 3
- Type : Power
- Pin Visible을 체크한다.
- OK를 클릭한다.

※ Shape는 Line이나 Short를 사용한다.

• 해당 위치를 클릭하여 핀을 생성한 후 드래그하여 4~6번 핀을 선택한다.

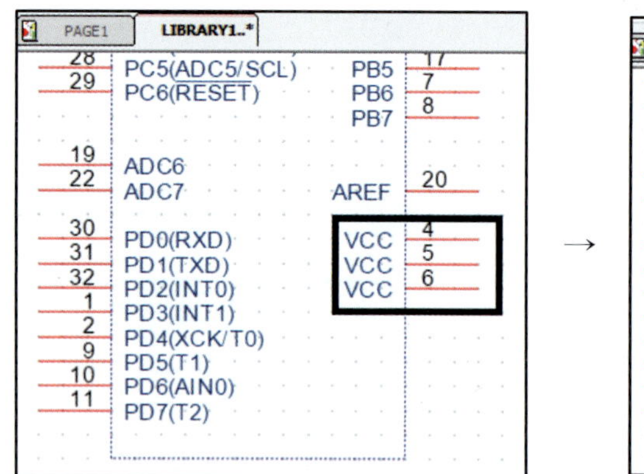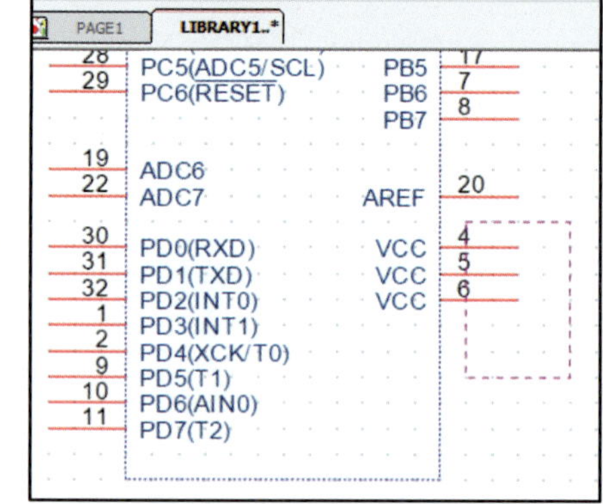

• 핀을 선택한 상태에서 화면 우측에 있는 슬라이드 바를 아래로 이동시킨다.

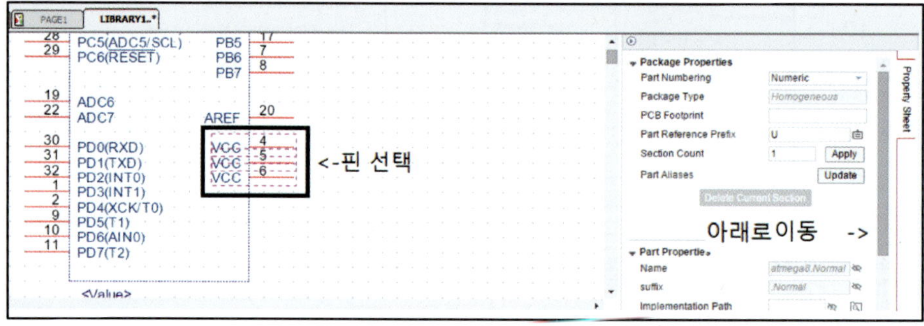

• Edit Pin을 클릭하여 5번을 18번으로 수정하고, 핀 이름도 AVCC로 수정한다.
• Apply 클릭 후 OK를 클릭한다(Apply를 클릭해야 수정된 핀 이름이 반영된다).

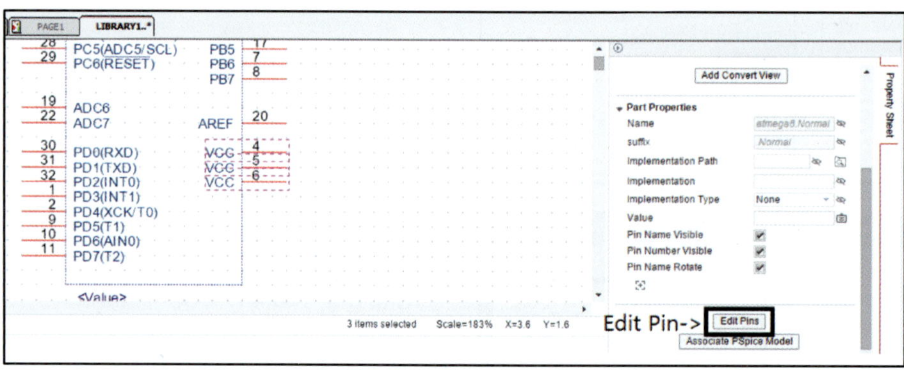

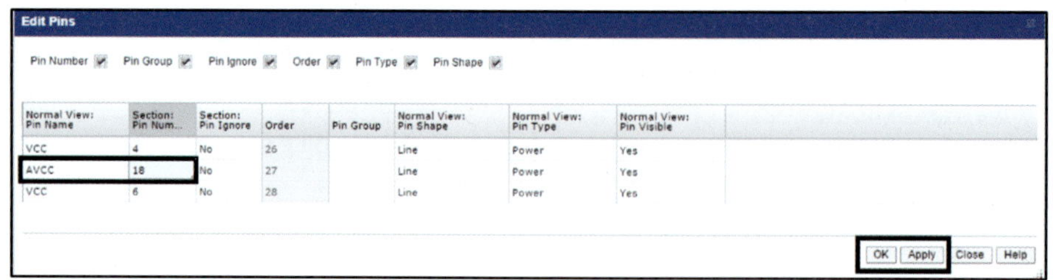

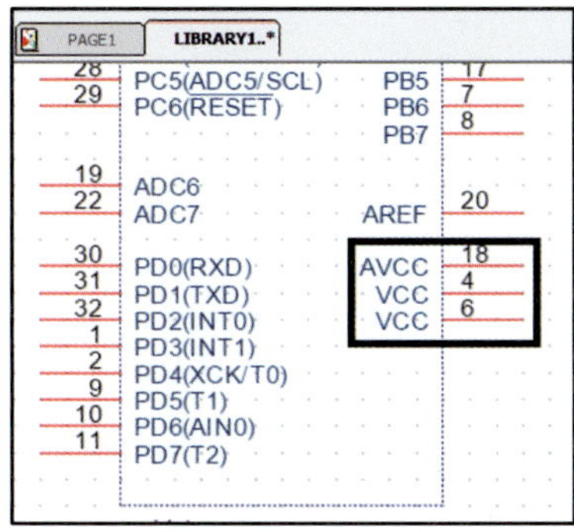

- 핀 번호와 이름이 수정되면 핀을 드래그하여 왼쪽 그림과 같이 이동시킨다.

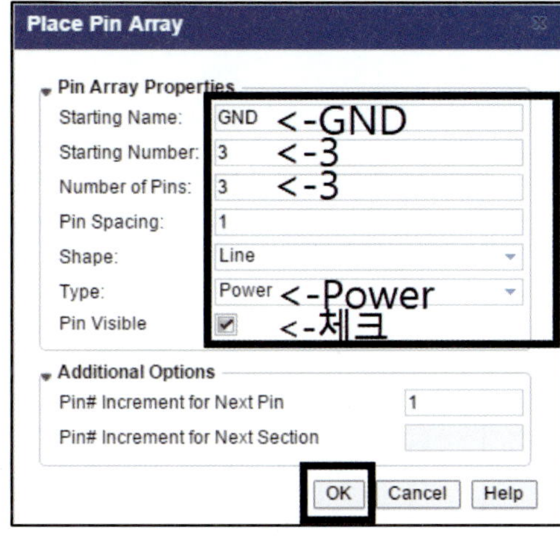

- (Place Pin Array)를 클릭한다.
  - Starting Name : GND
  - Starting Number : 3
  - Number of Pins : 3
  - Type : Power
  - Pin Visible을 체크한다.
  - OK를 클릭한다.
  ※ Shape는 Line이나 Short를 사용한다.

- 해당 위치를 클릭하여 핀을 생성한 후 4번 핀을 클릭하여 Pin Properties에서 Number를 4에서 21로 수정한다.

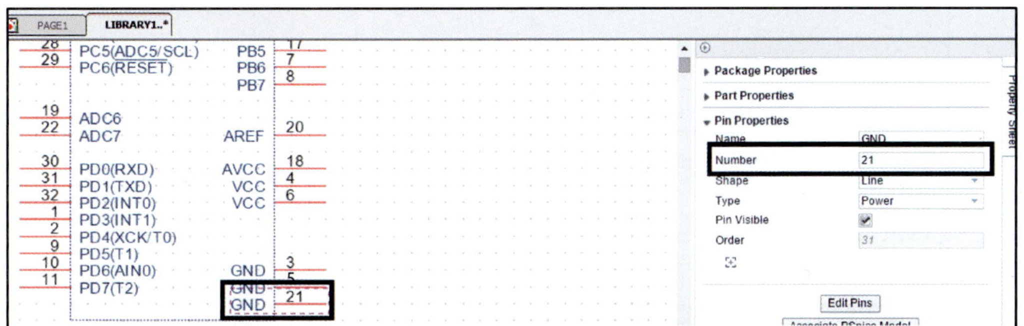

※ 핀 이름이 같으면 에러가 발생하므로 AVCC, VCC, GND와 같이 전원과 관련된 핀들은 반드시 Type을 Power로 한다(Type이 'Power'일 경우에는 예외). 그리고 Pin Visible을 체크한다. 체크하지 않으면 핀만 보이고 핀 이름과 번호는 표시되지 않는다.

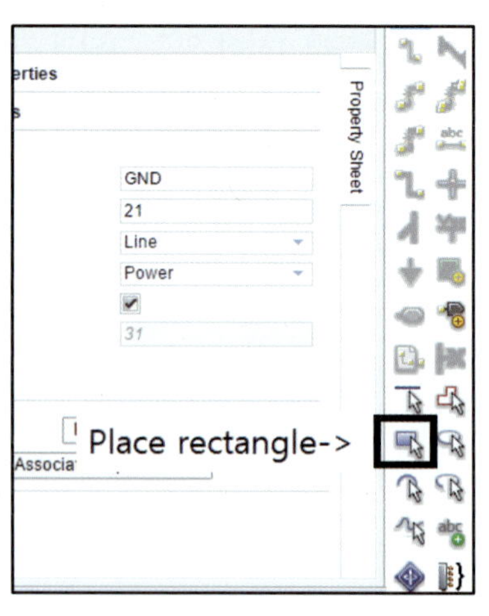

• (Place Rectangle)을 클릭한다.

• a점부터 b점까지 드래그한다.

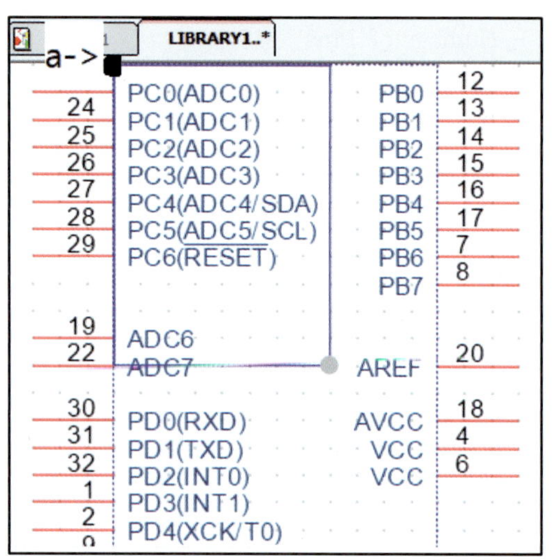 → 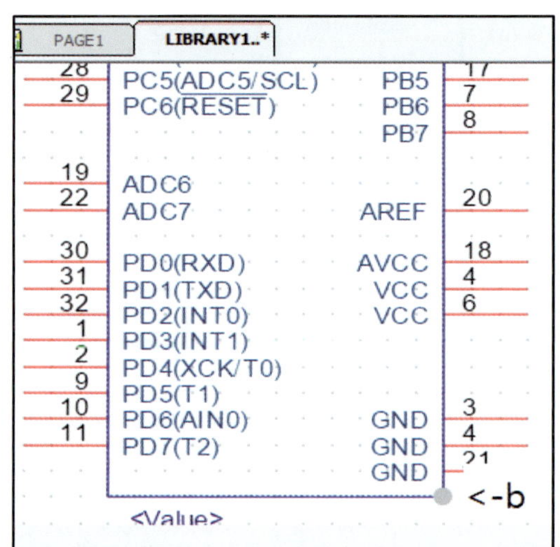

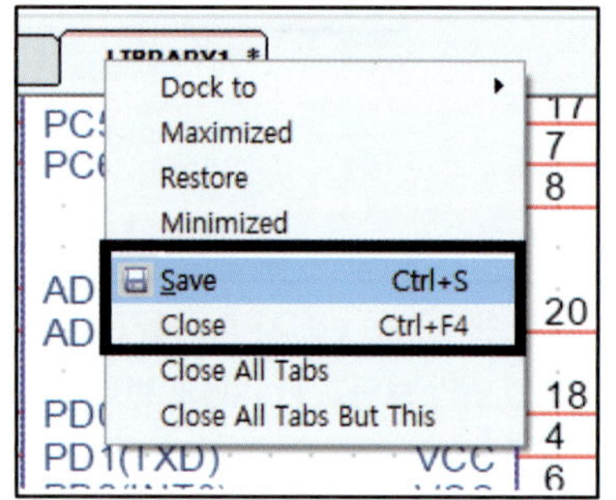

• 외형이 그려지면 LIBRARY1 탭으로 커서를 이동시켜 마우스 우측 버튼을 클릭한다.
• Save나 Close 중 하나를 선택한다.
  – Save : 바로 저장된다(창은 닫히지 않는다).
  – Close : 창이 닫히기 전에 저장 여부를 물어본다.

- 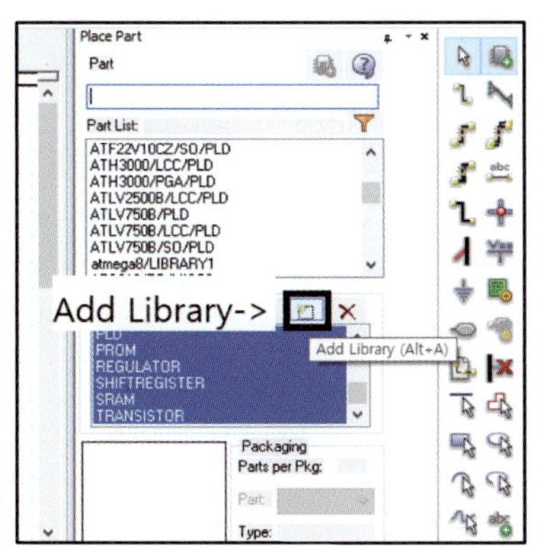(Place Part)와 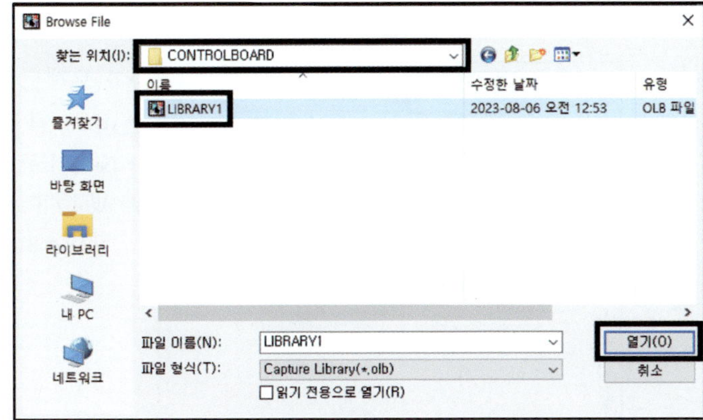(Add Library)를 클릭하여 LIBRARY1을 등록한다.

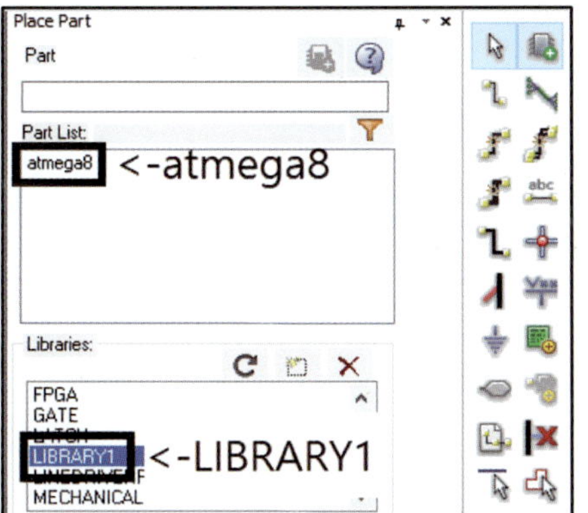

- LIBRARY1을 클릭하면 Part List에 atmega8이 표시된다.

- Part List에서 atmega8을 더블클릭한 후 커서를 작업창으로 이동시키면 atmega8이 나온다.

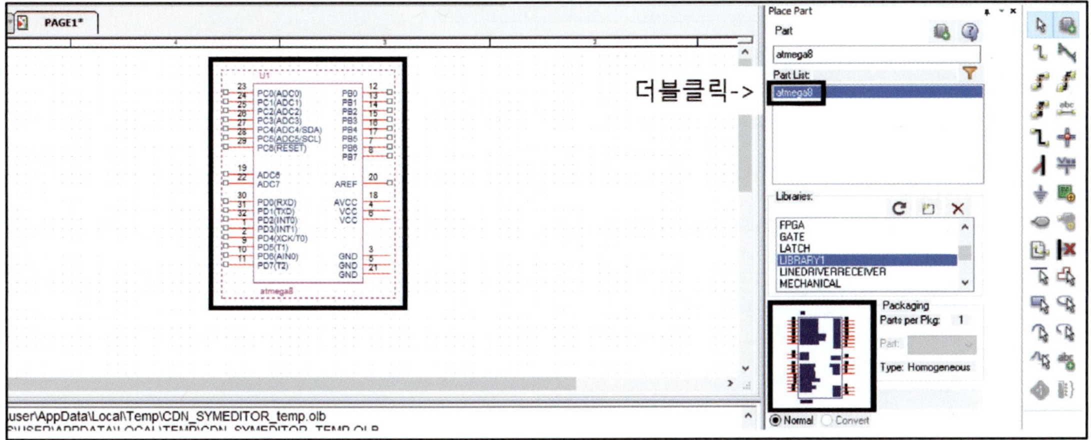

② MIC811

(▶) [전자캐드기능사(OrCAD 17.2)] 10. OrCAD Capture 새로운 Part 만들기 2(MIC811, ADM101E), Part 수정 (LM2902, LM7805) 영상 참조)

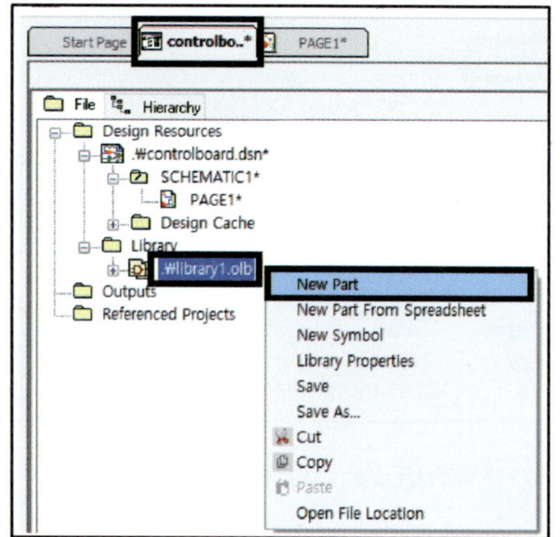

• 프로젝트 매니저 탭으로 이동한다.
• library1.olb 선택 후 마우스 우측 버튼을 클릭한다.
• New Part를 클릭한다.
※ 새로운 Part를 만들 때마다 library 파일을 만들지 말고, 기존에 만들어 두었던 library1.olb를 위와 같은 방법으로 추가해서 만든다.

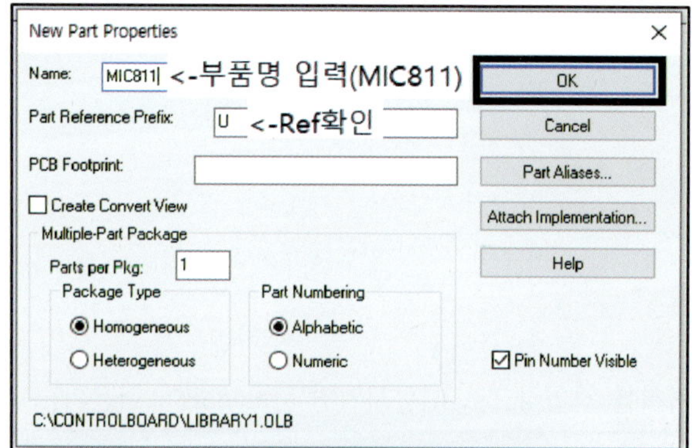

• Name : MIC811
• Part Reference Prefix가 U로 되어 있는지 확인한 후 OK를 클릭한다.

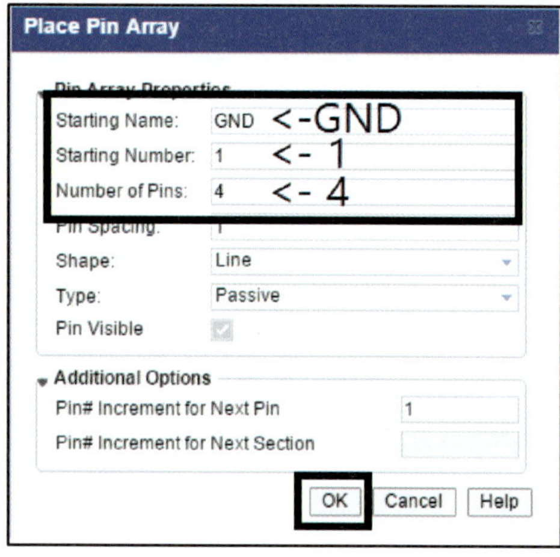

• ▨ (Place Pin Array)를 클릭한다.
  – Starting Name : GND
  – Starting Number : 1
  – Number of Pins : 4
  – OK를 클릭한다.
※ Shape는 Line이나 Short를 사용한다.

• 화면 우측에 있는 슬라이드 바를 아래로 이동시켜 Edit Pins를 클릭한다.

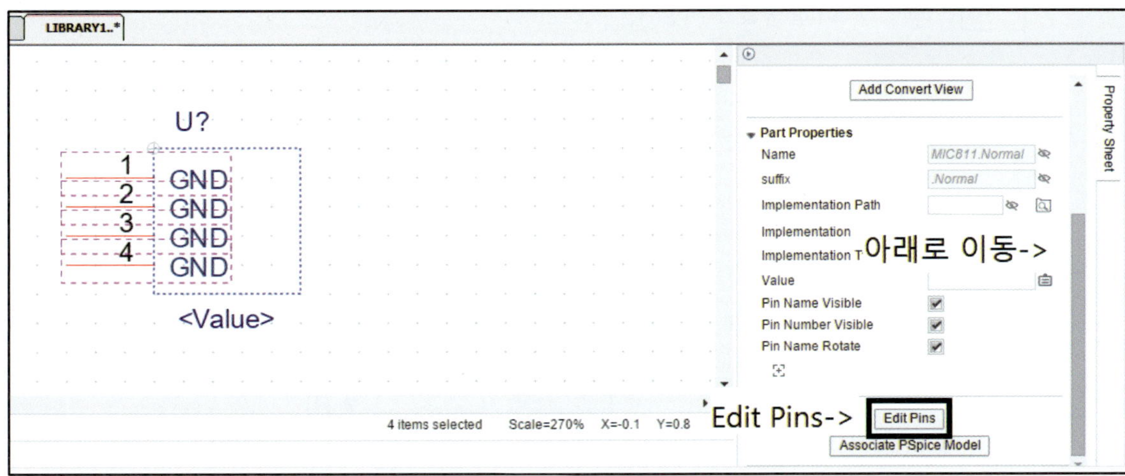

• 다음과 같이 핀 이름을 수정한다.

  – VCC(4번 핀)와 GND(1번 핀)는 Pin Type을 Power로 수정하고, Pins Visible이 Yes로 되어 있는지 확인한다.
Apply 클릭 후 OK를 클릭한다(Apply를 클릭해야 수정된 핀 이름이 반영된다).

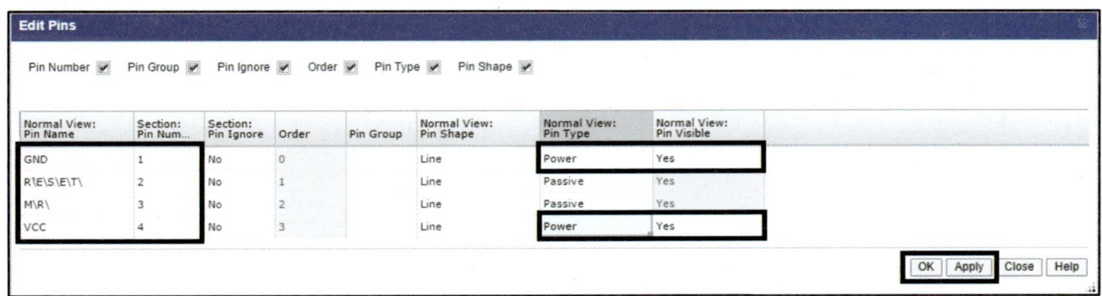

**※ 2번 핀의 이름은 $\overline{RESET}$, 3번 핀의 이름은 $\overline{MR}$이다. 핀 이름에 다음과 같이 R\E\S\E\T\, M\R\을 입력한다.
\는 키보드에서 ₩을 누른다.**

• a 부분을 클릭한 상태에서 드래그하여 외형을 조정한 후 핀의 위치를 다음 그림과 같이 수정한다.

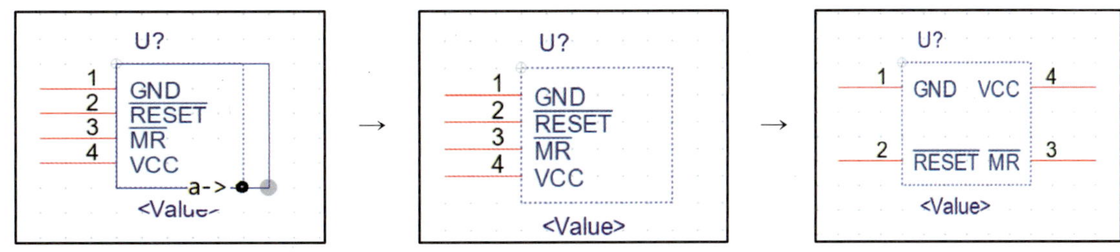

- 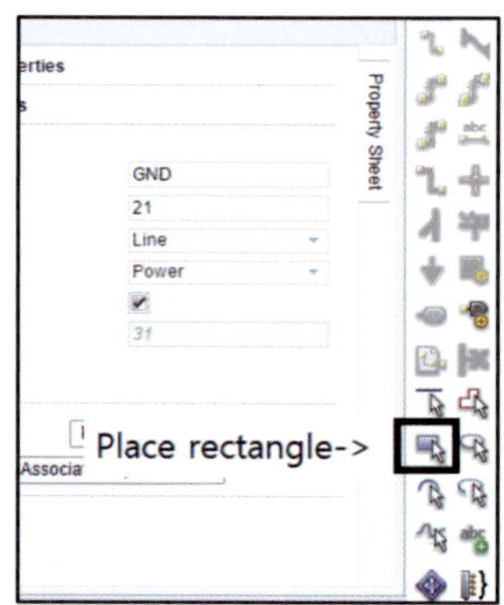(Place Rectangle)을 클릭한다.

• a점부터 b점까지 드래그한다.

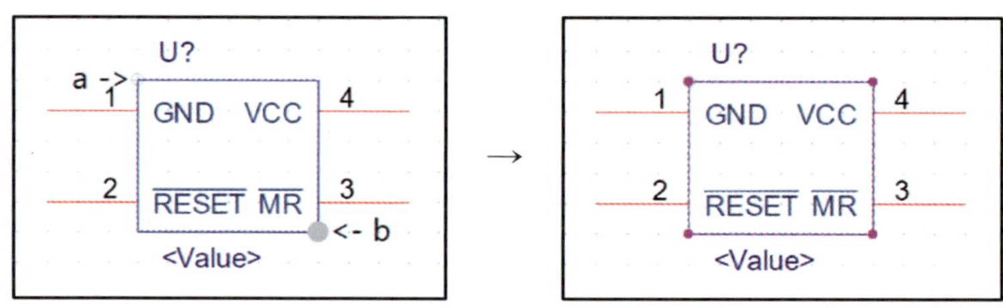

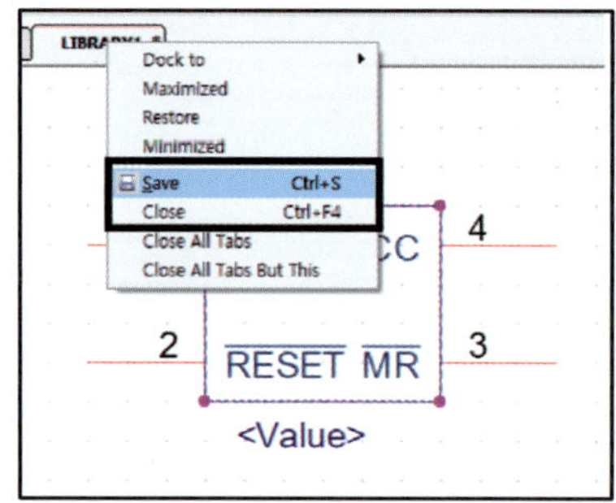

• 외형이 그려지면 LIBRARY1 탭으로 커서를 이동시켜 마우스 우측 버튼을 클릭한다.
• Save나 Close 중 하나를 선택한다.
  - Save : 바로 저장된다(창은 닫히지 않는다).
  - Close : 창이 닫히기 전에 저장 여부를 묻는다.

• Part List에서 MIC811을 더블클릭한 후 커서를 작업창으로 이동시키면 MIC811이 나온다.

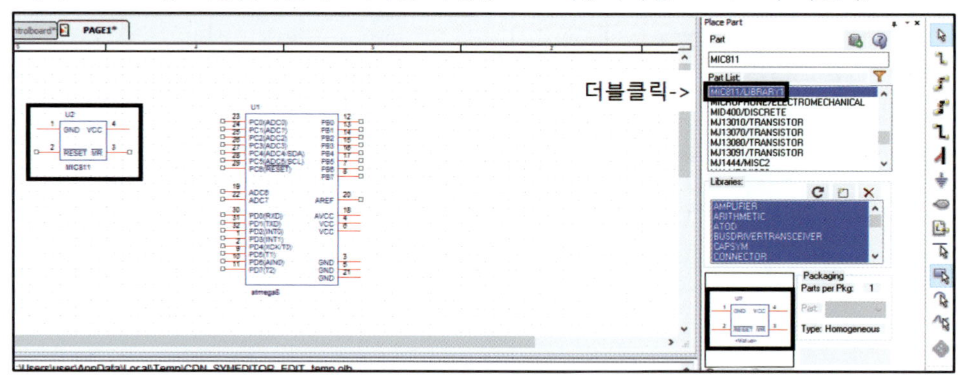

※ 부품이 나오지 않을 경우 (Add Library)를 클릭하여 LIBRARY1을 등록한다.

③ ADM101E

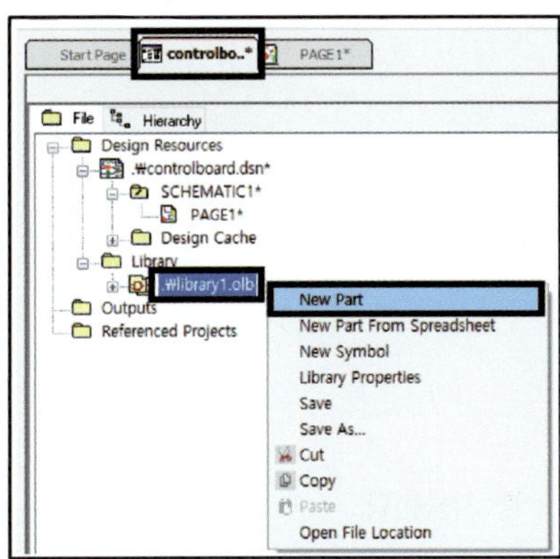

• 프로젝트 매니저 탭으로 이동한다.

• library1.olb를 선택한 후 마우스 우측 버튼을 클릭한다.

• New Part를 클릭한다.

※ 새로운 Part를 만들 때마다 library 파일을 만들지 말고, 기존에 만들어 두었던 library1.olb를 위와 같은 방법으로 추가해서 만든다.

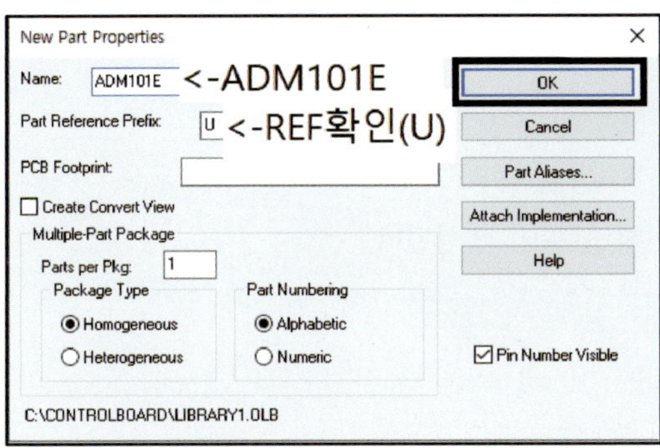

• Name : ADM101E

• Part Reference Prefix가 U로 되어 있는지 확인한 후 OK를 클릭한다.

• 작업창이 생성되면 파트의 크기를 조정한다(a 부분을 클릭하여 드래그한다).

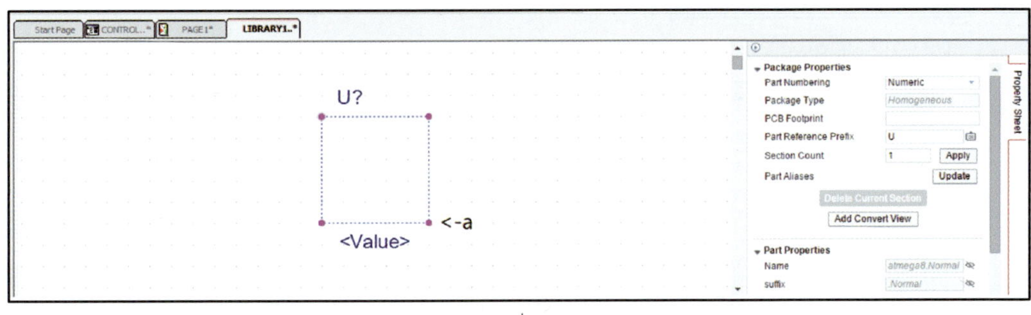

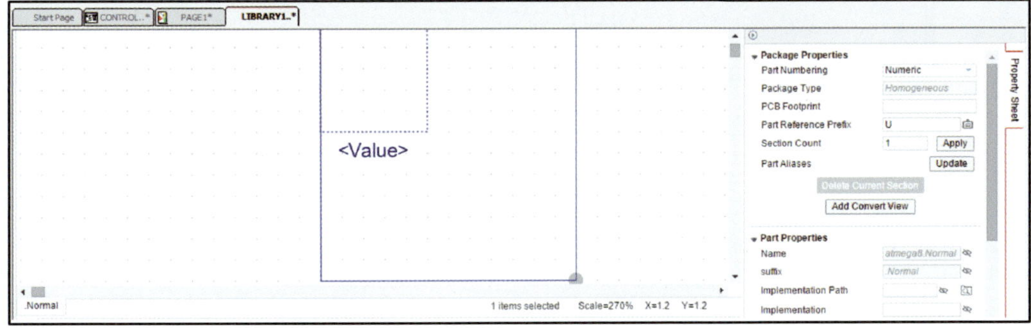

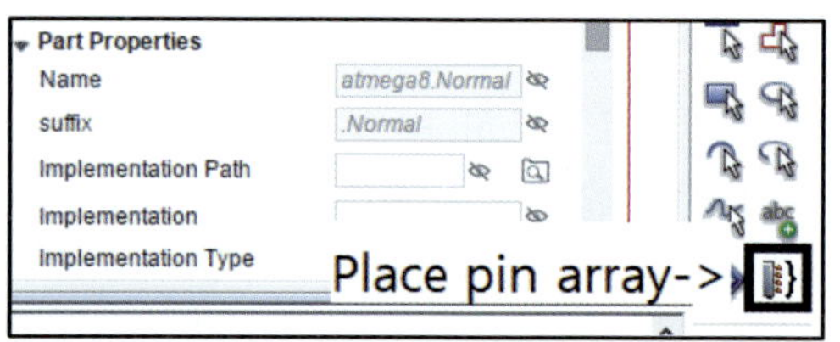

- 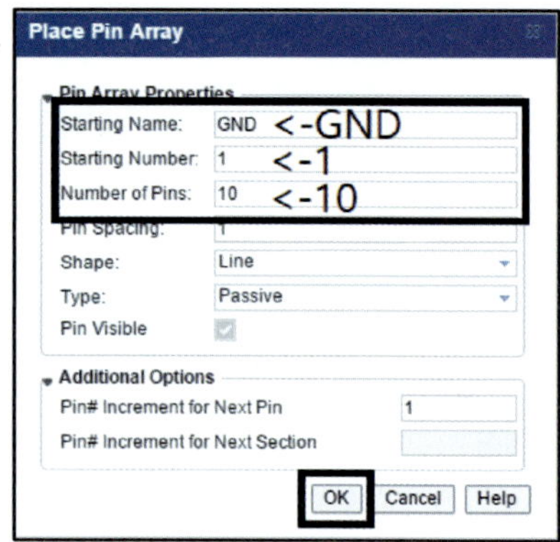(Place Pin Array)를 클릭한다.

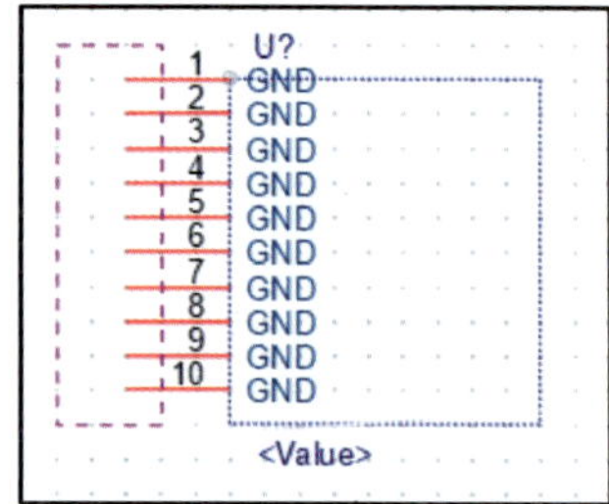

- Starting Name : GND
- Starting Number : 1
- Number of Pins : 10
- OK를 클릭한다.

※ Shape는 Line이나 Short를 사용한다.

- 해당 위치에 클릭하면 핀이 생성된다.

- 화면 우측에 있는 슬라이드 바를 아래로 이동시켜 Edit Pins를 클릭한다.

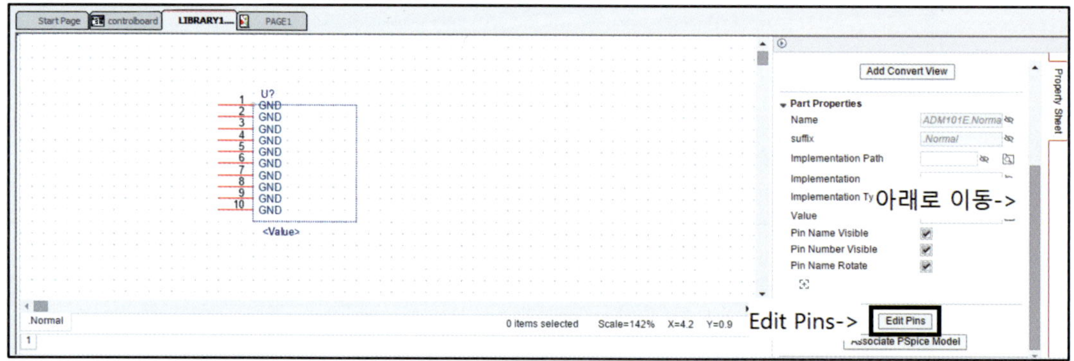

• 다음과 같이 핀 이름을 수정한다.
  – VCC(10번 핀)와 GND(1번 핀)는 Pin Type을 Power로 수정하고, Pins Visible이 Yes로 되어 있는지 확인한다.
    Apply를 클릭한 후 OK를 클릭한다(Apply를 클릭해야 수정된 핀 이름이 반영된다).

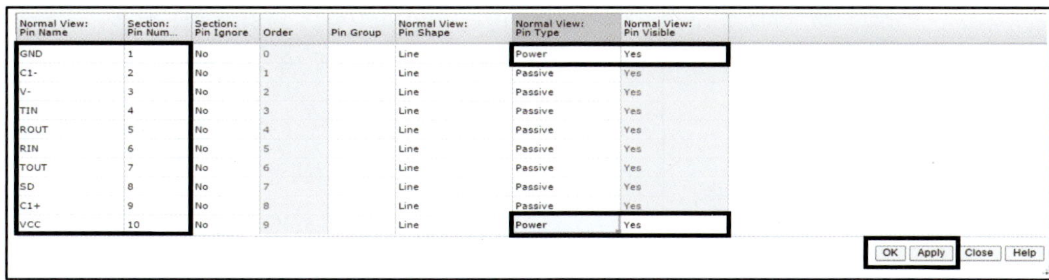

• 핀 이름이 수정되면 핀을 드래그하여 핀 배열을 다음 그림과 같이 수정한다.

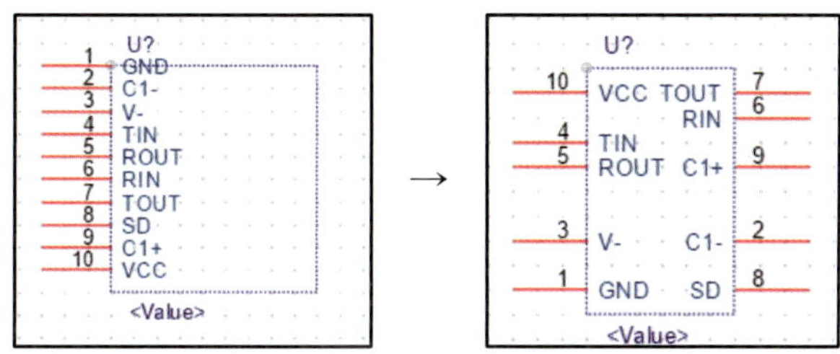

• 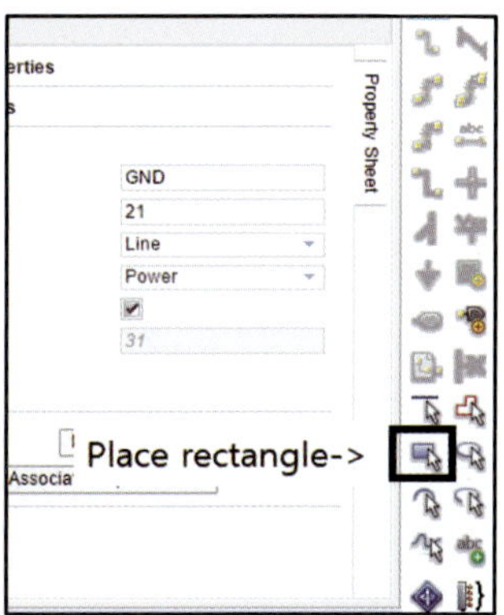(Place Rectangle)을 클릭한다.

• a점부터 b점까지 드래그한다.

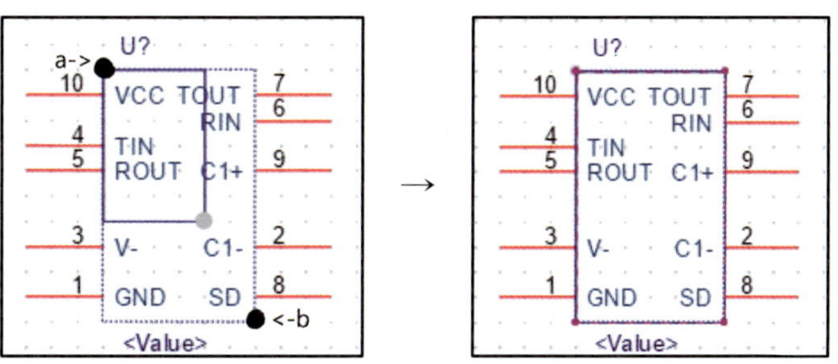

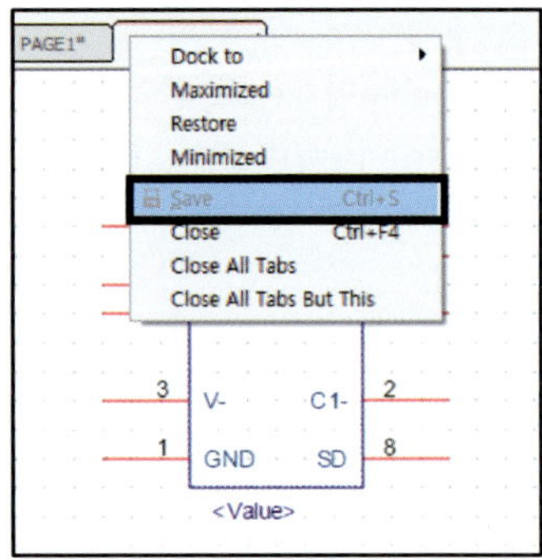

- 외형이 그려지면 LIBRARY1 탭으로 커서를 이동시켜 마우스 우측 버튼을 클릭한다.
- Save나 Close 중 하나를 선택한다.
  - Save : 바로 저장된다(창은 닫히지 않는다).
  - Close : 창이 닫히기 전에 저장 여부를 묻는다.

- Part List에서 ADM101E를 더블클릭한 후 커서를 작업창으로 이동시키면 ADM101E이 나온다.

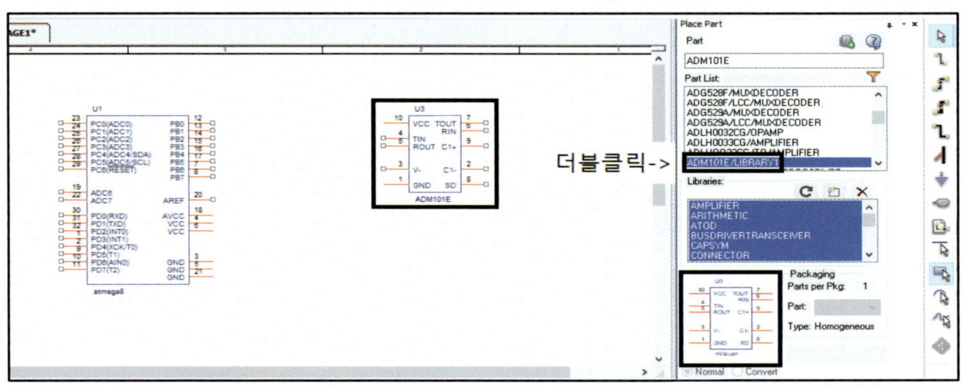

※ 부품이 나오지 않을 경우 (Add Library)를 클릭하여 LIBRARY1을 등록한다.

(3) 부품 배치

부품을 배치할 때는 먼저 IC를 배치하고, 가장 적게 사용하는 부품 순서대로 배치한다(IC → CRYSTAL → HEADER 10 → CAP → LED → CAP NP → R → VCC, GND).

> **Tip**
>
> 반드시 부품과 전원 심벌을 모두 배치한 후에 배선해야 한다. 학생들을 지도하다 보면 부품 배치가 끝나면 바로 배선하면서 심벌을 추가하는데, 이때 전원 심벌을 빠뜨리는 실수를 많이 한다. 전원 심벌이 빠지면 실격에 해당하므로, 반드시 부품과 전원 심벌을 모두 배치한 후에 배선작업을 한다.

① 부품의 회전(Rotate)

부품을 시계 반대 방향으로 90° 회전시킨다(단축키 : R).

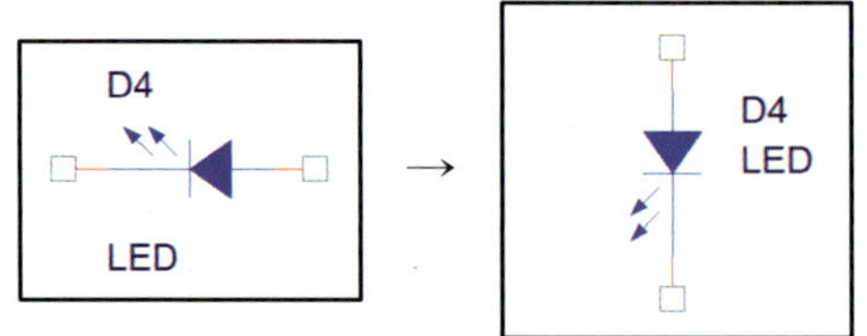

② 부품의 대칭 이동

- Mirror Horizontally : 부품이 좌우 대칭(수평)으로 바뀐다(단축키 : H).

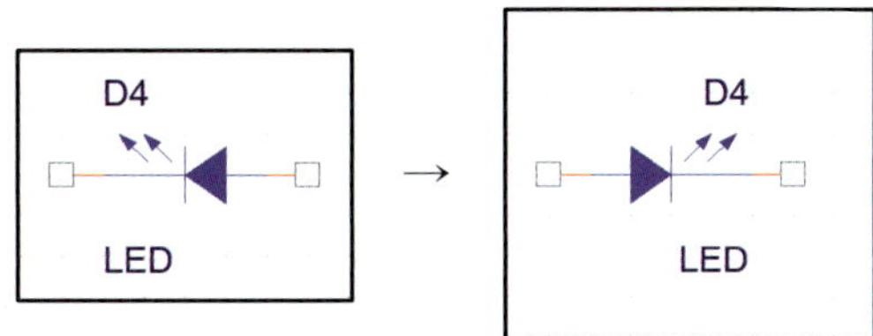

- Mirror Vertically : 부품이 상하 대칭(수직)으로 바뀐다(단축키 : V).

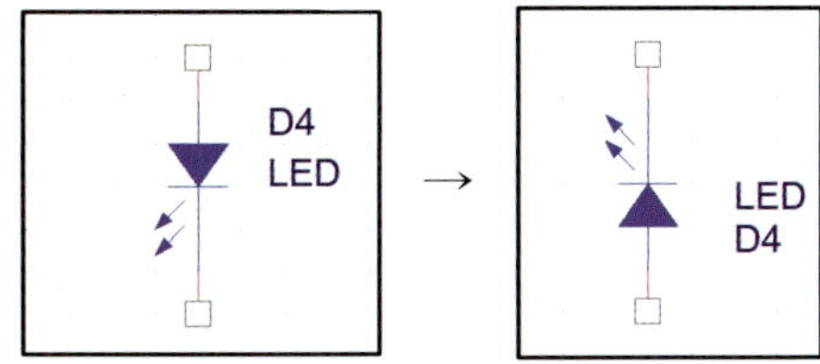

③ Edit Part를 이용한 부품 수정(LM2902, LM7805)

[LM2902 수정]

(▶ [전자캐드기능사] 공개문제 풀이 6. Edit Part를 이용한 LM2902 편집 영상 참조)

- LM2902의 연산증폭기를 다음 그림과 같이 수정한다.

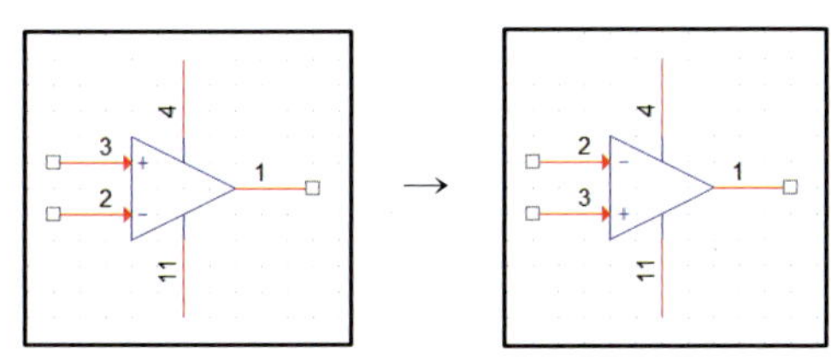

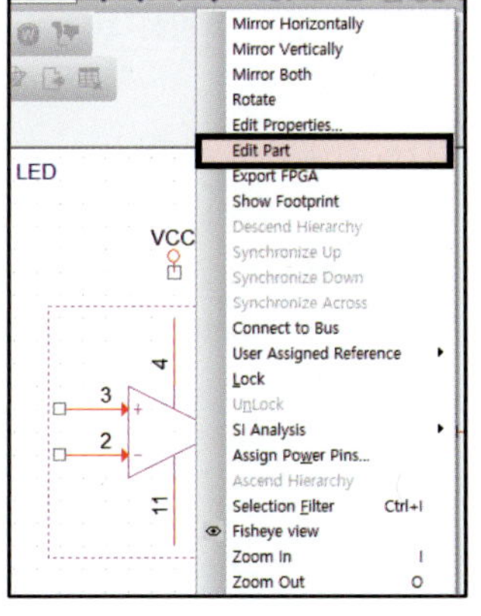

- 수정하고자 할 연산증폭기 클릭한 후 마우스 우측 버튼을 클릭한다.
- Edit Part를 클릭한다.

• 부품을 수정할 수 있는 창이 생성된다.

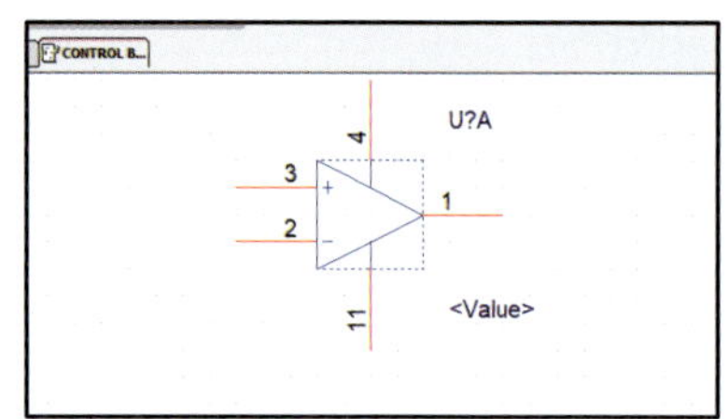

• 4번 핀을 아래로 이동한다.

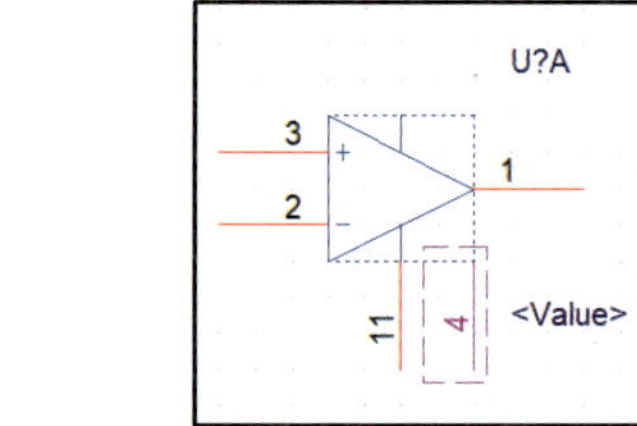

$\rightarrow$

• 11번 핀을 위쪽으로 이동한다.

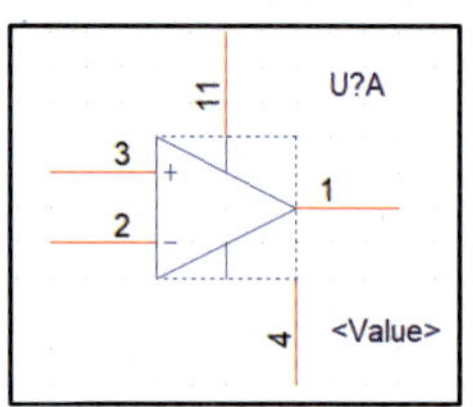

• 4번 핀을 11번 핀이 있었던 곳으로 이동시킨다.

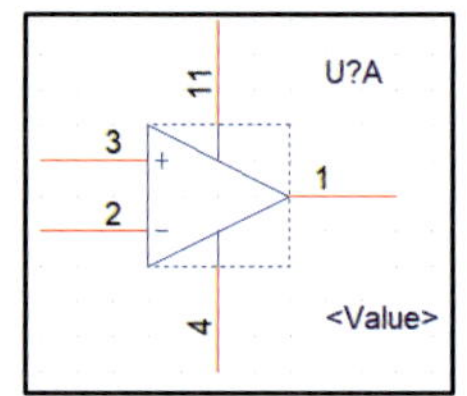

$\rightarrow$

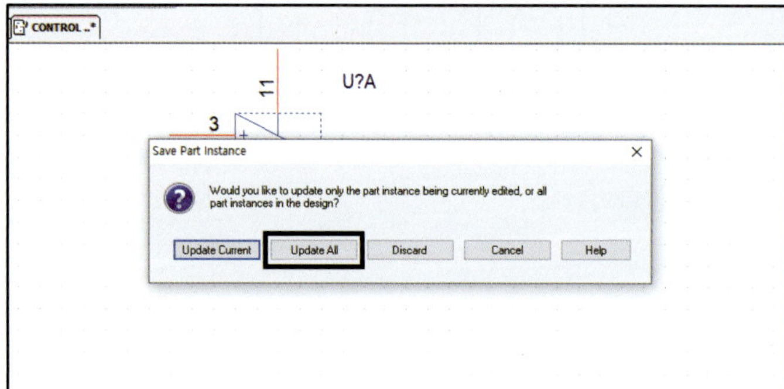

• 부품 수정창 탭에 커서를 위치시킨 후 마우스 우측 버튼을 클릭하여 Close를 클릭한다.

• Update All을 클릭한다.
  – Update Current : 편집한 부품 한 개만 수정
  – Update All : 편집한 부품과 같은 부품을 모두 수정
  – Discard : 편집 취소
  – Cancel : 다시 편집
  ※ LM2902에 있는 연산증폭기를 모두 수정해야 하므로 Update All을 선택하였다.

> **Tip**
>
> LM2902에서 Update All을 선택하지 않으면 다음과 같은 에러가 발생한다.
>
> ```
> #7 ERROR(ORCAP-36004): Conflicting values of part name found on different sections of "U4".
> Conflicting values: LM2902_3_SOIC14_LM2902 & LM2902_SOIC14_LM2902
> Property values of "Device","PCB FootPrint", "Class" and "Value" should be identical
>  on all sections of the part.
> ```

• 연산증폭기를 선택한 후 단축키 V를 이용하여 상하 대칭으로 변환한다.

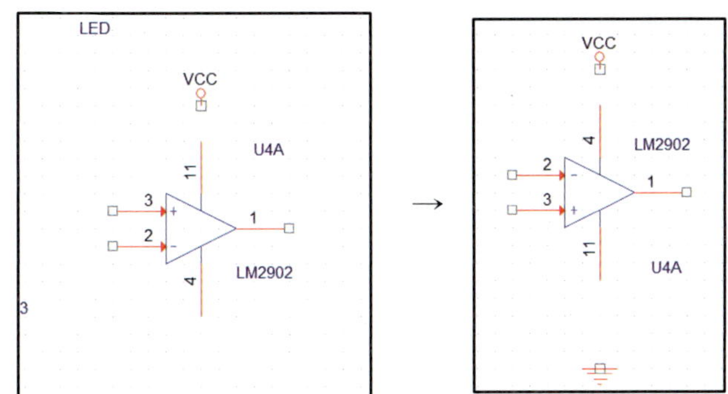

[LM7805 수정]

• LM7805를 다음 그림과 같이 수정한다.

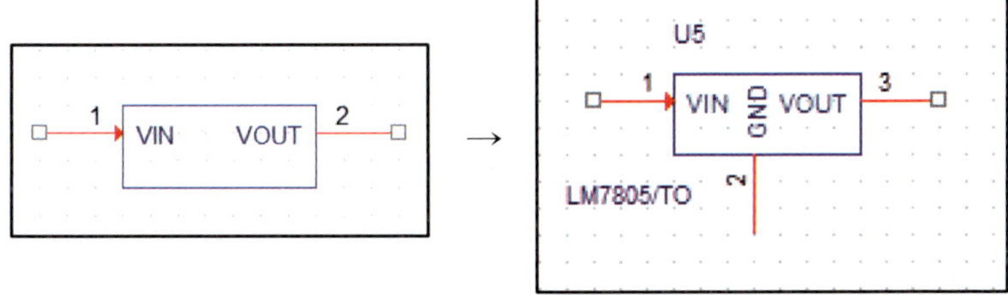

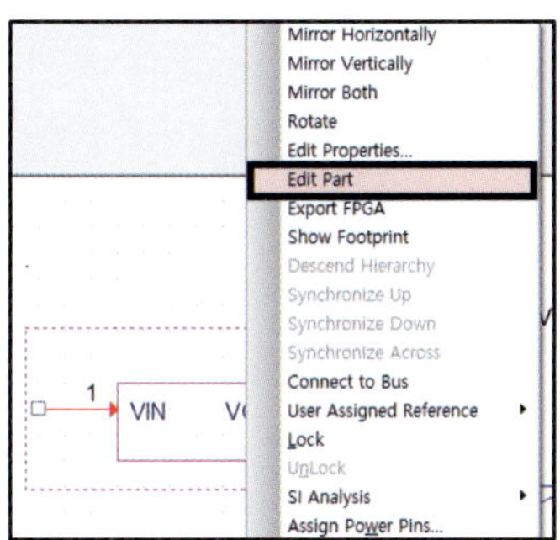

• LM7805를 배치한 후 클릭한다.
• 마우스 우측 버튼을 클릭한 후 Edit Part를 클릭한다.

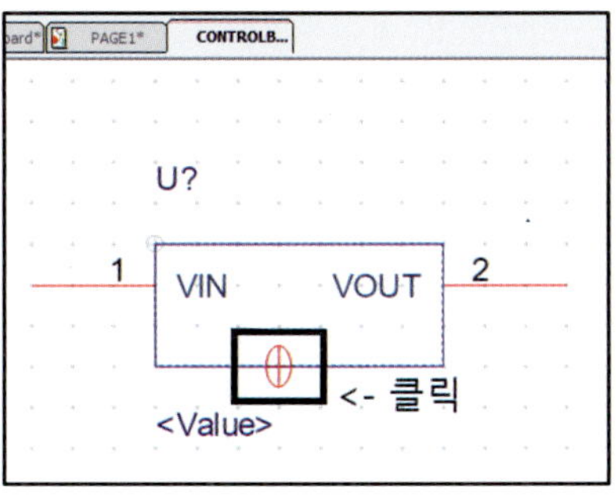

• 부품 편집창이 생성되면 ⊕ 클릭한다.

• 2번 핀과 3번 핀을 클릭하여 Pin Properties를 다음과 같이 설정한다.

  – GND핀 번호 수정(3 → 2) → Pin Visible 체크   – VOUT핀 번호 수정(2 → 3)

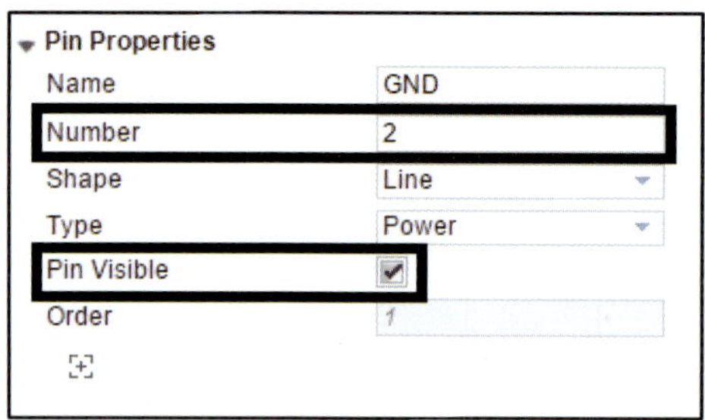

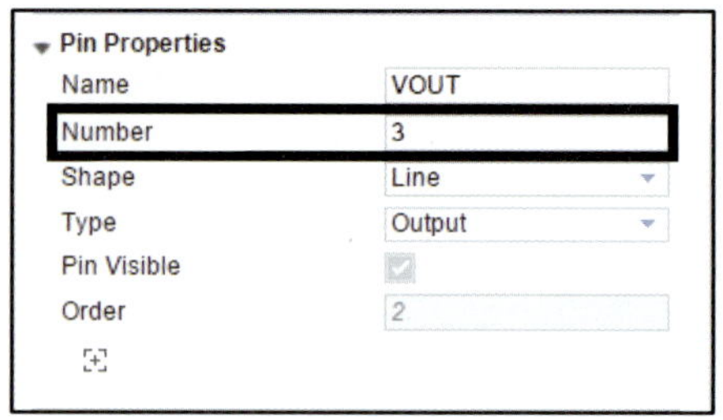

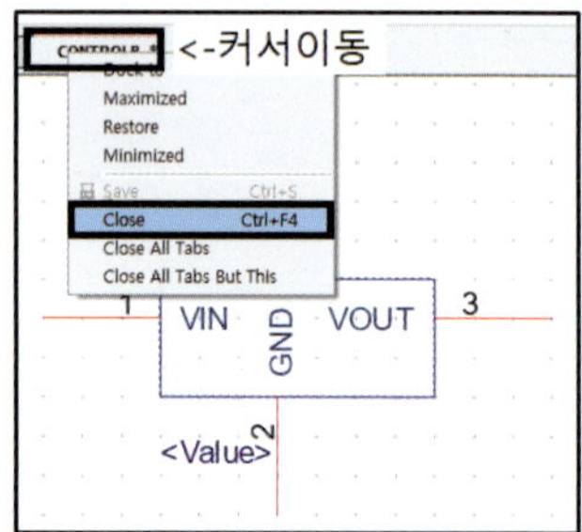

• 커서를 수정창 탭으로 이동시킨다.

• 마우스 우측 버튼을 클릭한 후 Close를 선택한다.

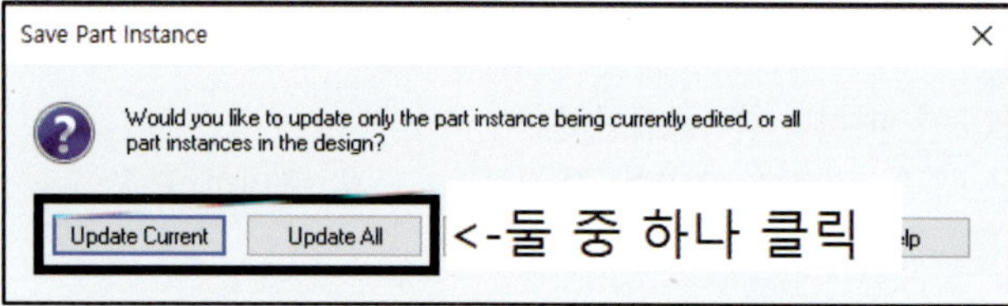

• Update Current나 Update All 중 하나를 클릭해야 수정된다.

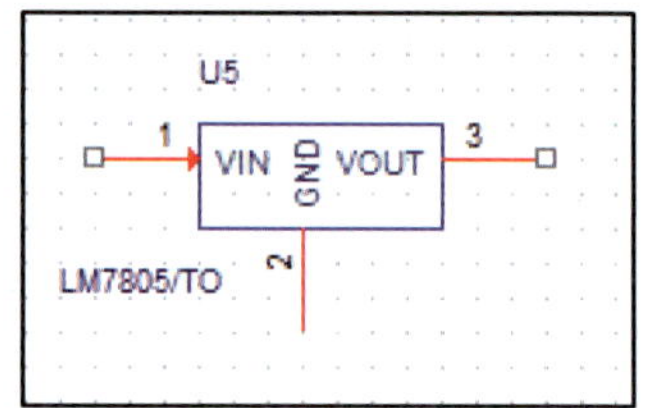

• LM7805 수정 완료

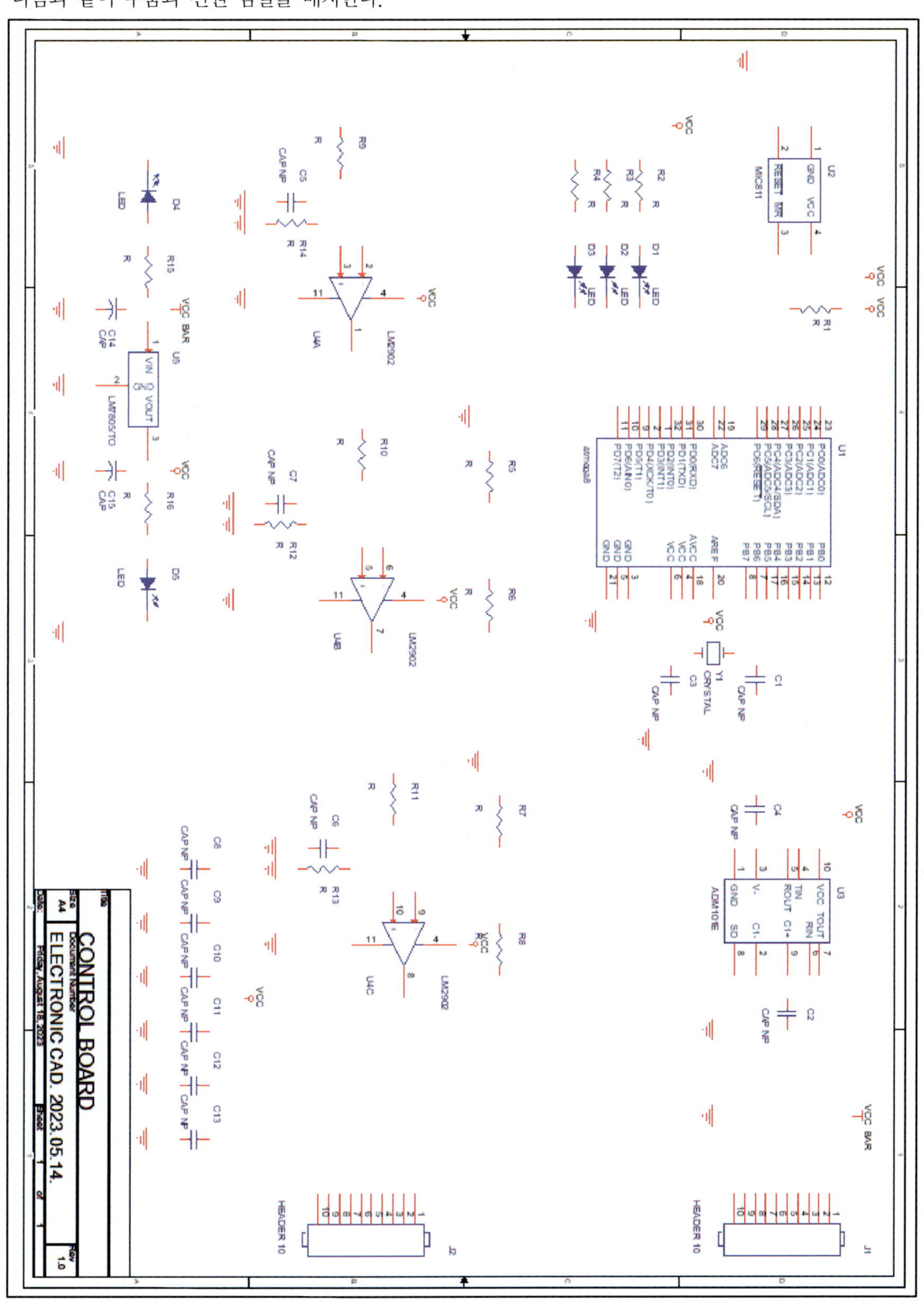

(4) 배선하기

(▶ [전자캐드기능사(OrCAD 17.2)] 11. OrCAD Capture 부품 배치 및 배선작업 영상 참조)

① Capture Tool Palette에서 (Place Wire(w))를 클릭하거나 다음 그림과 같이 Menu → Place → Wire를 클릭하면 커서가 +로 변경된다.

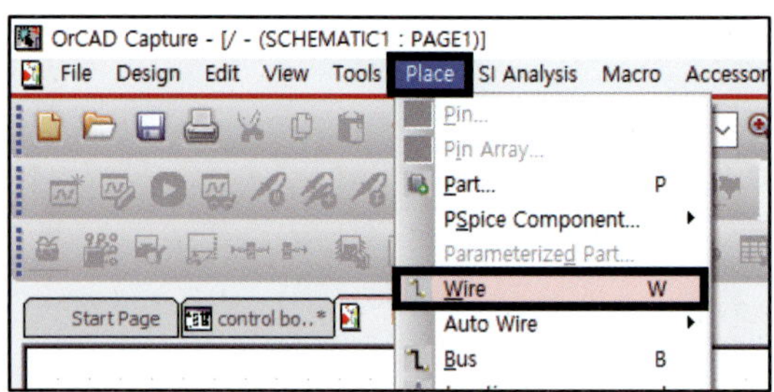

② 커서를 연결하고자 하는 곳으로 이동시켜 클릭하면 다음 그림과 같이 선이 연결된다.

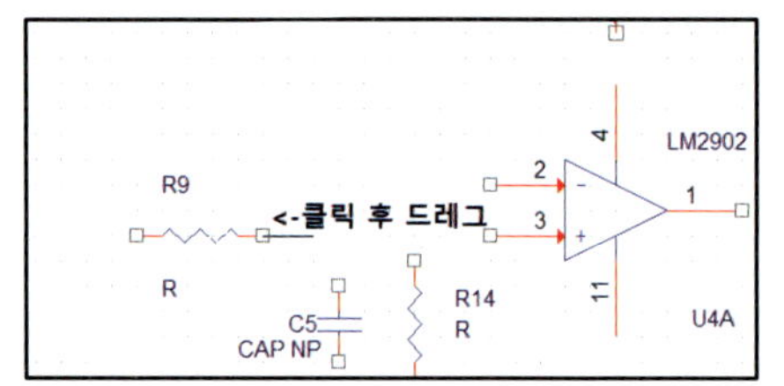
→
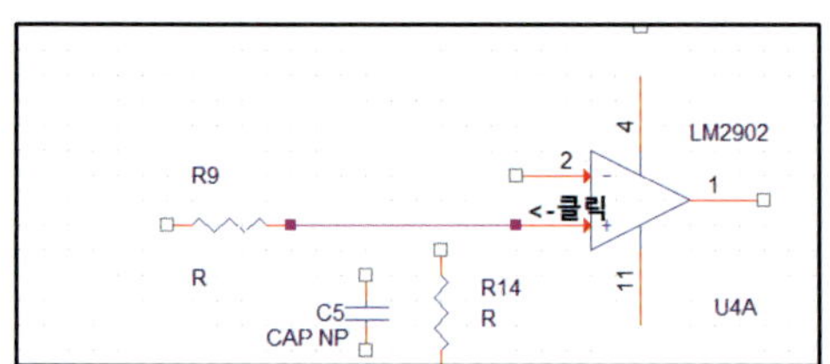

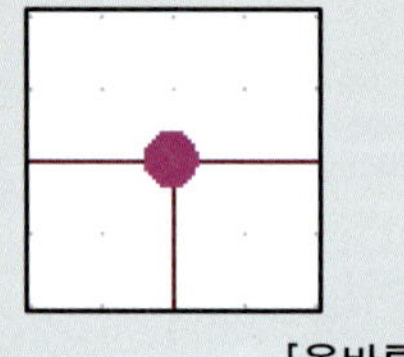

배선 시 주의할 점

• Junction(접속점)은 선이 3개 이상 접속되는 부분에만 생긴다.

[올바른 Junction]

[잘못된 Junction]

(선이 직선 위에 중첩되어서 Junction이 생기므로, 중첩된 선을 모두 지우고 다시 연결한다)

• Junction은 선과 선이 연결될 때만 생긴다.

※ 회로도에서 Junction이 생겨야 할 부분에 Junction이 생기지 않으면 실격이므로 주의한다.

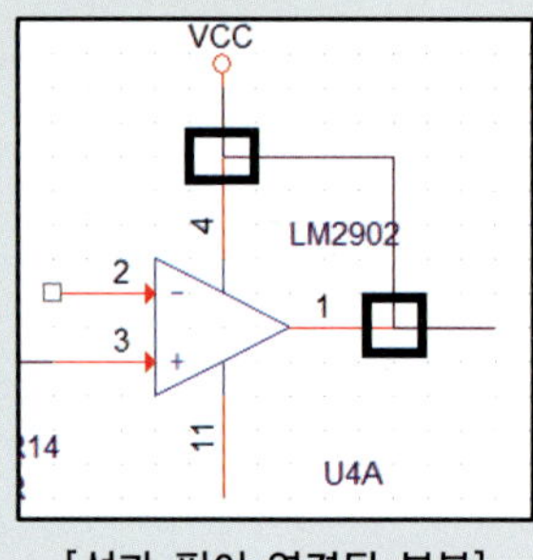
[선과 핀이 연결된 부분]

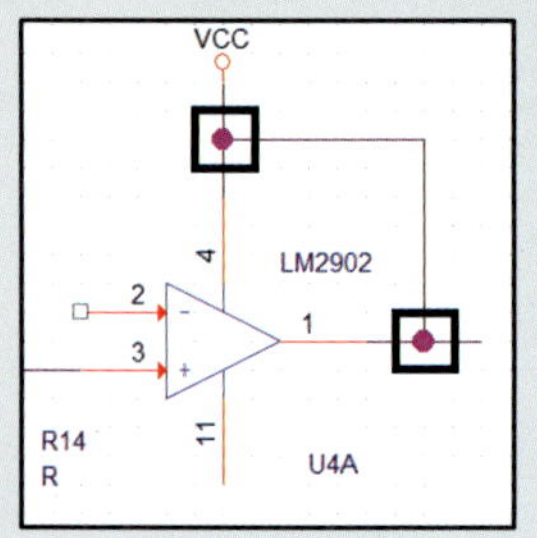
[선과 선이 연결된 부분]

Junction 크기 지정하는 방법

• Menu → Options → Preferences → Miscellaneous → Schematic Page Editor → Junction Dot Size

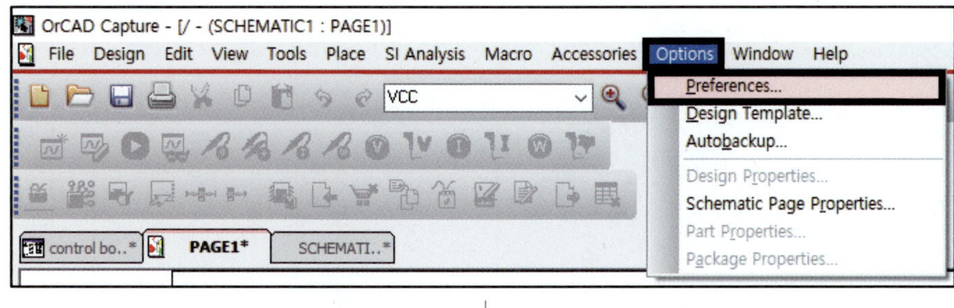

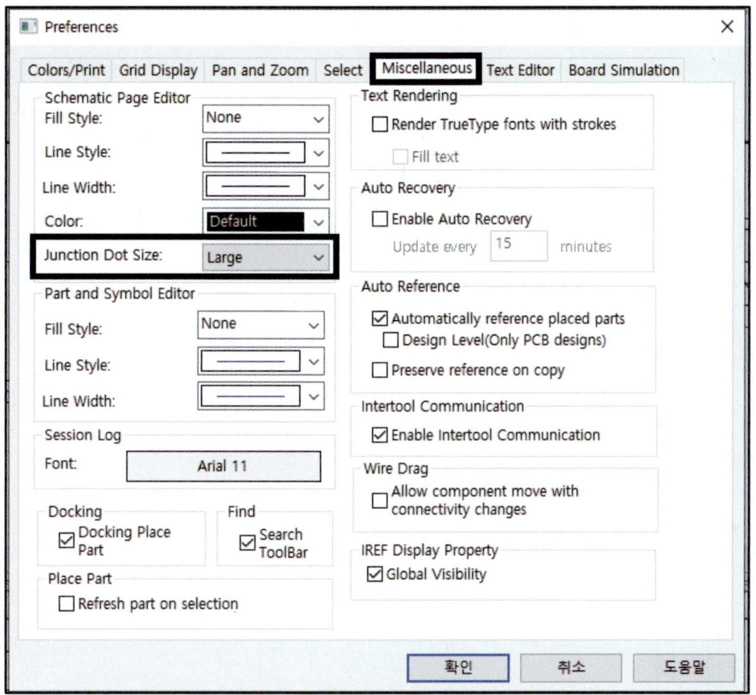

• 다음과 같이 배선한다.

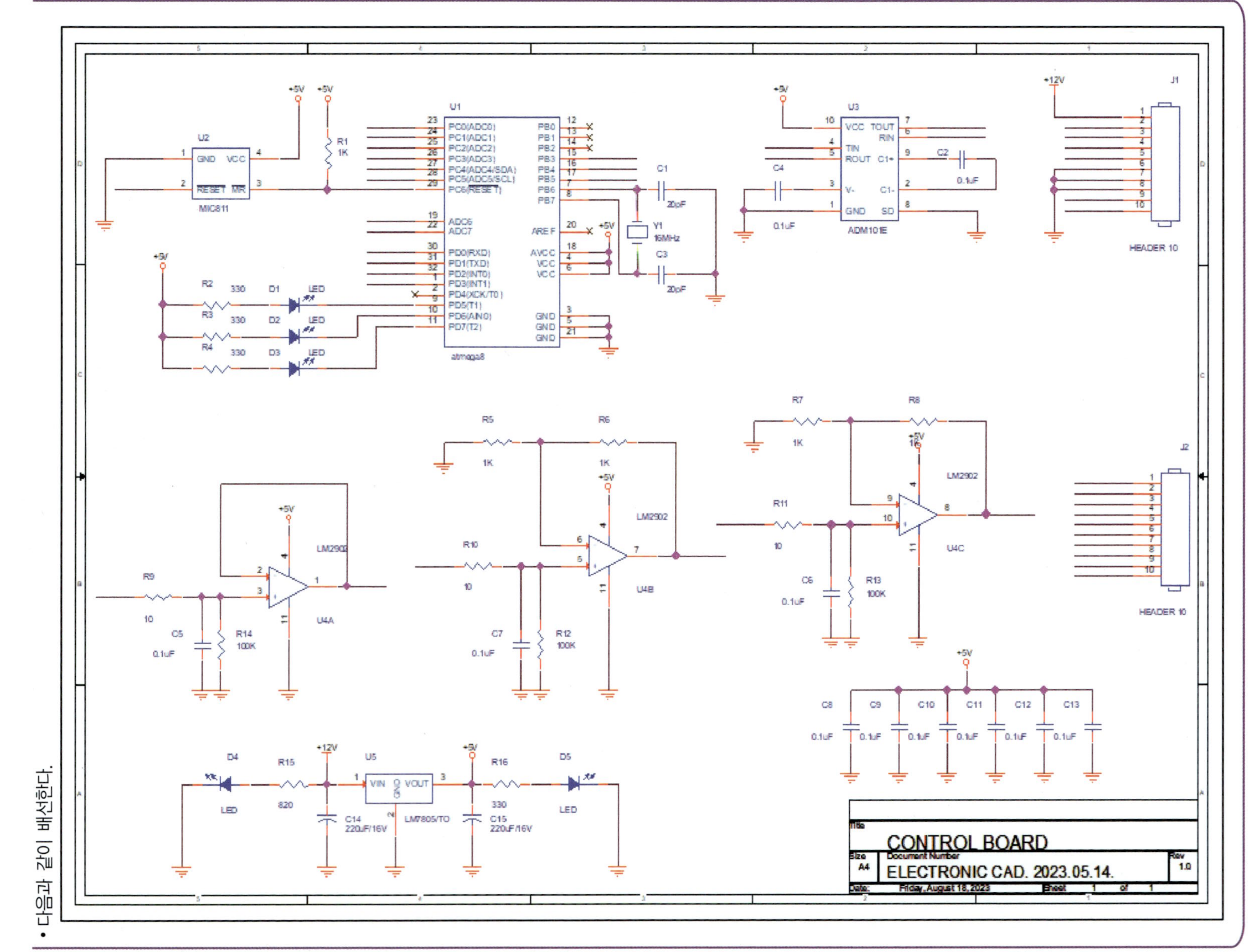

3) Value 값 입력

(▶ [전자캐드기능사(OrCAD 17.2)] 12. OrCAD Capture Value 값 입력, Net 이름 설정, DRC, 풋프린트 입력 및 Netlist 영상 참조)

Part Name(R)을 더블클릭하면 Display Properties 창이 생성된다. Value에 값을 입력한 후 OK를 클릭한다.

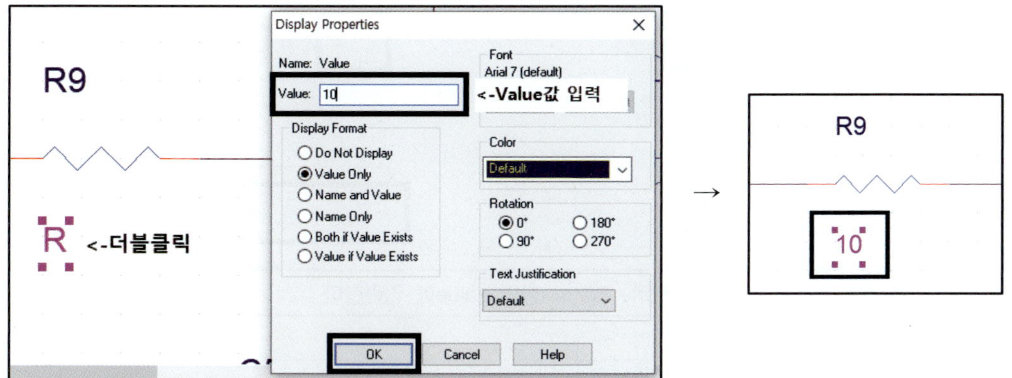

※ VCC 심벌의 Value 값도 위와 같은 방법으로 입력한다.

같은 Value 값을 갖는 Part는 다음과 같이 입력한다.

① 같은 Value 값을 갖는 Part를 모두 선택한다(Ctrl 키를 누른 상태에서 선택한다).

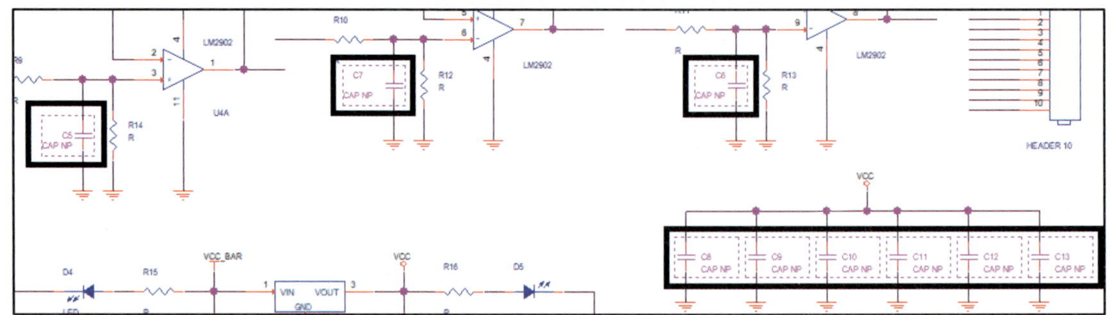

② 선택된 Part 중 하나를 더블클릭한다. Property Editor 창의 Value에 입력한다.

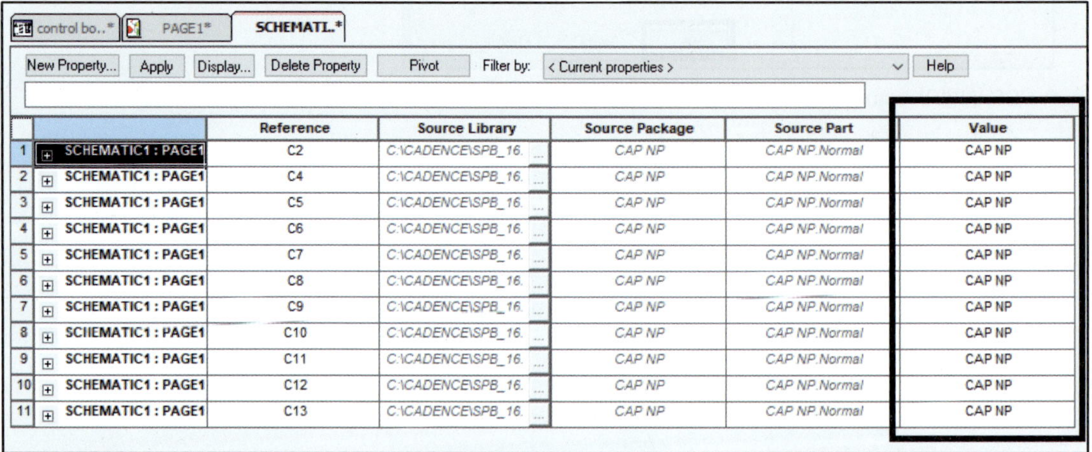

③ 첫 번째 셀에 Value 값을 입력한 후 마우스 좌측 버튼을 누른 상태에서 아래로 드래그하면 입력한 Value 값이 오른쪽 그림과 같이 복사된다.

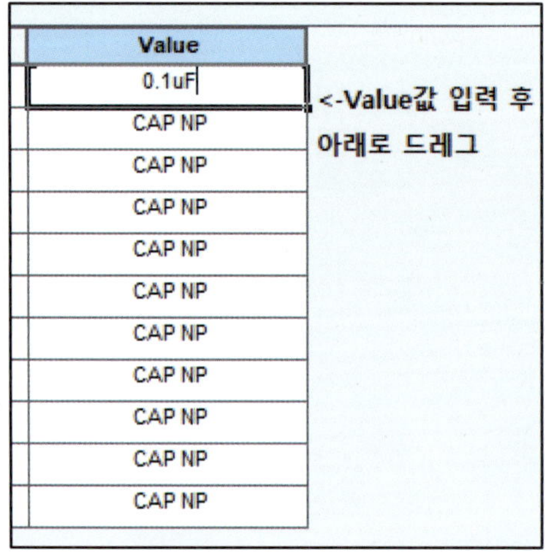

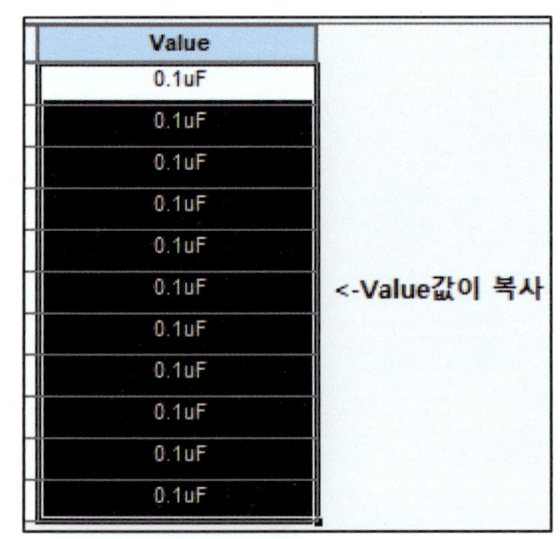

사용하지 않는 핀을 정의하는 기능으로, Tool Palette 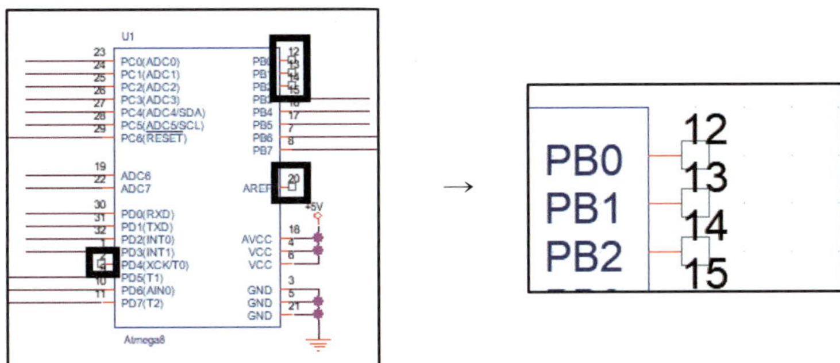(Place No Connect(x))를 클릭한다. 또는 Menu → Place → No Connect 클릭하여 해당 핀을 클릭한다(Atmega8의 2, 12, 13, 14, 15, 20번 핀).

(1) Place No Connect 전

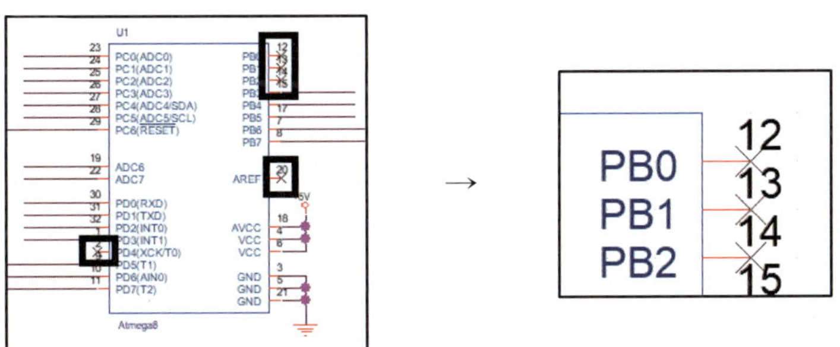

(2) Place No Connect 후

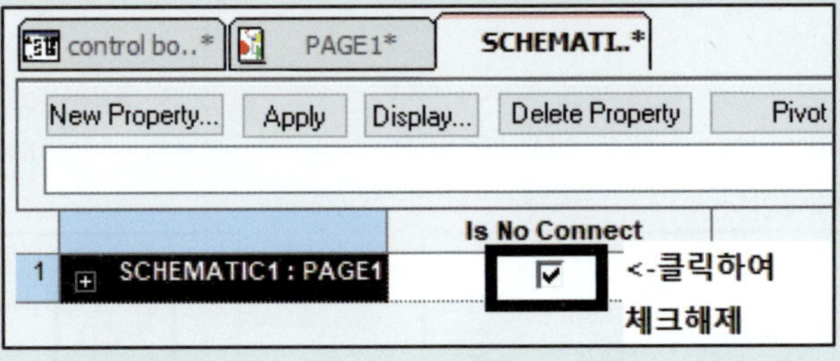

잘못 체크했을 때 수정하는 방법

① 수정하고자 하는 핀을 더블클릭하면 다음과 같이 Property Editor 창이 생성된다.

② Pins 탭(화면 아래)을 클릭한 후 Is No Connect를 클릭하여 체크를 해제한다(반대로 이 방법을 이용하여 Place No Connect를 할 수 있다).

① 물리적으로 연결되지 않은 곳은 네트 이름을 이용하여 연결한다. Tool Palette에서 [abc] (Place Net Alias)를 클릭하거나 Menu → Place Alias 클릭하여 네트 이름을 설정한다.

■ 전자캐드기능사 공개문제(CONTROL BOARD)에서는 네트 이름을 다음과 같이 설정하게 되어 있다.

부품의 지정 핀	네트의 이름	부품의 지정 핀	네트의 이름
U1의 1번 연결부	#COMP2	U1의 27번 연결부	PC4
U1의 7번 연결부	X1	U1의 28번 연결부	#TEMP
U1의 8번 연결부	X2	U1의 30번 연결부	RXD
U1의 15번 연결부	MOSI	U1의 31번 연결부	TXD
U1의 16번 연결부	MISO	U1의 32번 연결부	#COMP1
U1의 17번 연결부	SCK	U2의 2번 연결부	RESET
U1의 19번 연결부, U4의 1번, 2번 연결부	#ADC1	U3의 4번 연결부	RXD
U1의 22번 연결부, U4의 7번, R6 연결부	#ADC2	U3의 5번 연결부	TXD
U1의 23번 연결부	PC0	U3의 6번 연결부	RX
U1의 24번 연결부	PC1	U3의 7번 연결부	TX
U1의 25번 연결부	PC2	U4의 8번, R8 연결부	#TEMP
U1의 26번 연결부	PC3	J2의 1번 연결부	PC0
R9의 좌측 연결부	ADC1	J2의 2번 연결부	PC1
R10의 좌측 연결부	ADC2	J2의 3번 연결부	PC2
R11의 좌측 연결부	TEMP	J2의 4번 연결부	PC3
J1의 2번 연결부	MOSI	J2의 5번 연결부	PC4
J1의 3번 연결부	MISO	J2의 6번 연결부	TEMP
J1의 4번 연결부	SCK	J2의 7번 연결부	ADC1
J1의 5번 연결부	RESET	J2의 8번 연결부	ADC2
J1의 9번 연결부	TX	J2의 9번 연결부	#COMP1
J1의 10번 연결부	RX	J2의 10번 연결부	#COMP2

② U1(Atmega8)의 23번 핀에 네트 이름(PC0)을 설정한다.

- [abc] (Place Net Alias)를 클릭하면 Place Net Alias 창이 생성된다. Alias에 네트 이름 'PC0'을 입력한 후 OK를 클릭한다.

- OK를 클릭한 후 해당 네트 위에 네트 이름을 올려놓고 클릭한다.

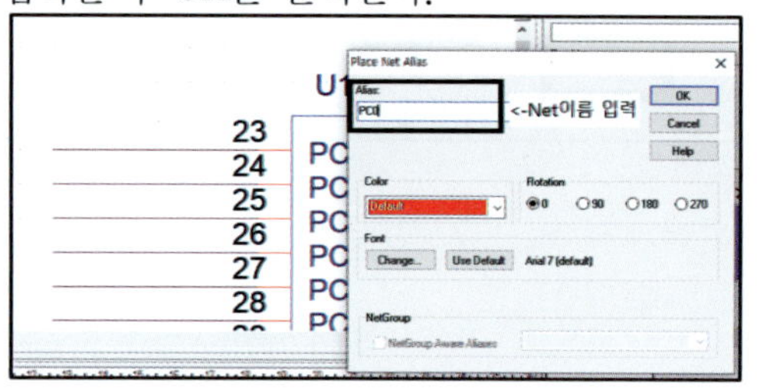

③ 네트 이름까지 설정하여 회로도를 완성한다.

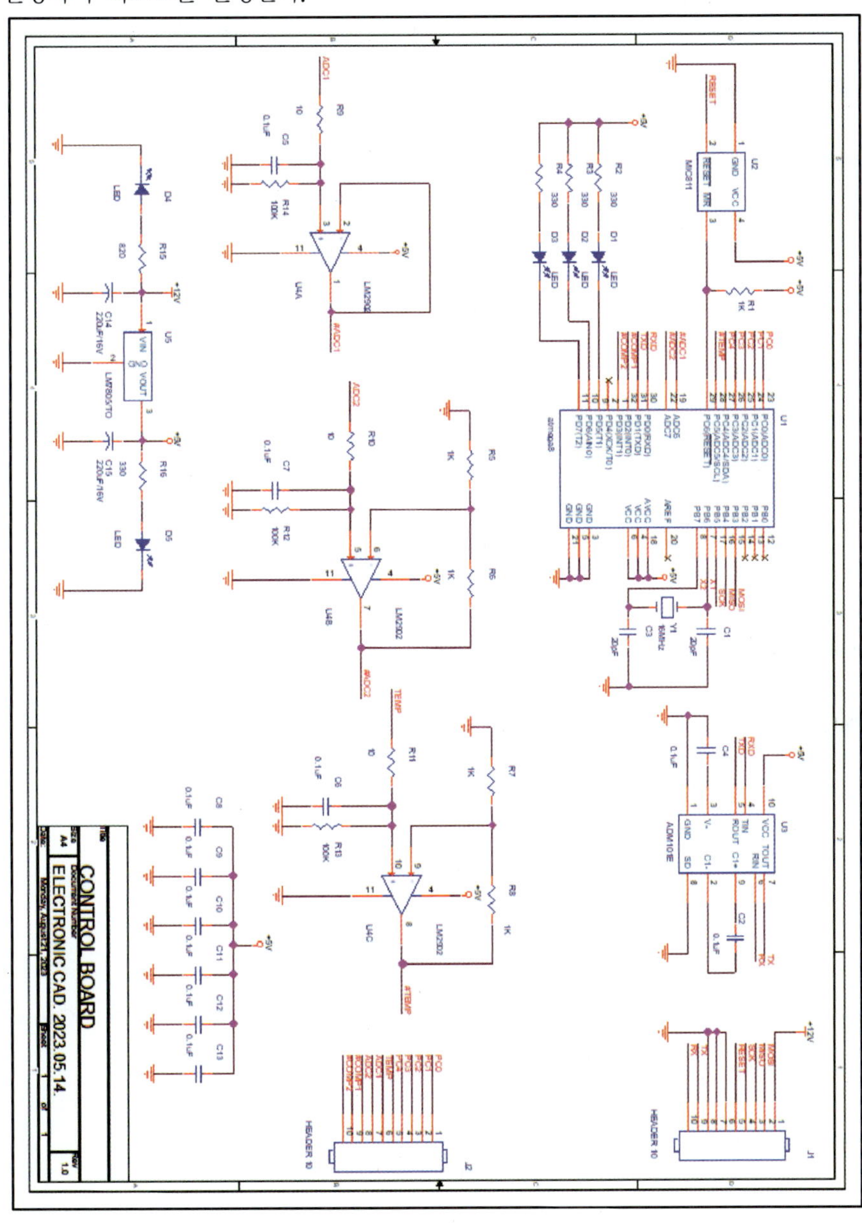

6) Annotate(부품 참조번호 자동 부여)

부품의 참조번호를 자동으로 부여하는 기능이다.

① 프로젝트 매니저창에서 control board.dsn, SCHEMATIC1, PAGE1 중 하나를 선택하고, Capture Toolbar를 활성화시킨다.

② Capture Toolbar가 활성화되면 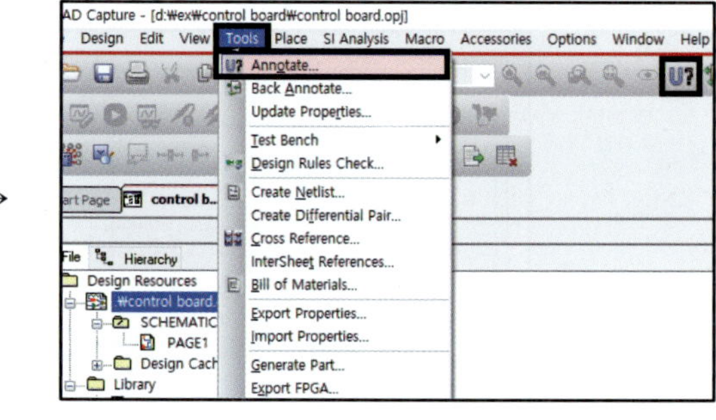 (Annotate) 또는 Menu → Tools → Annotate를 클릭한다.

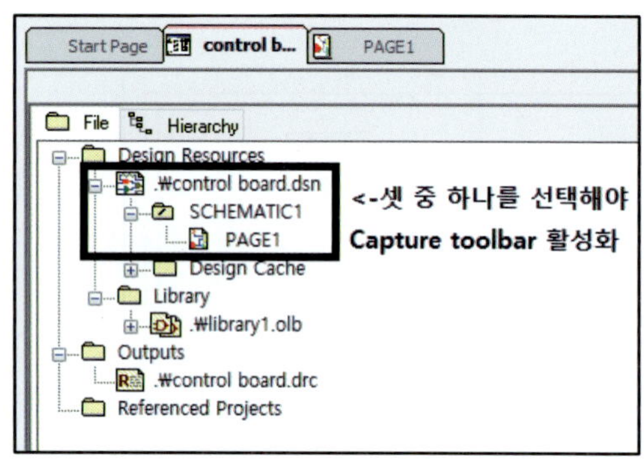

→

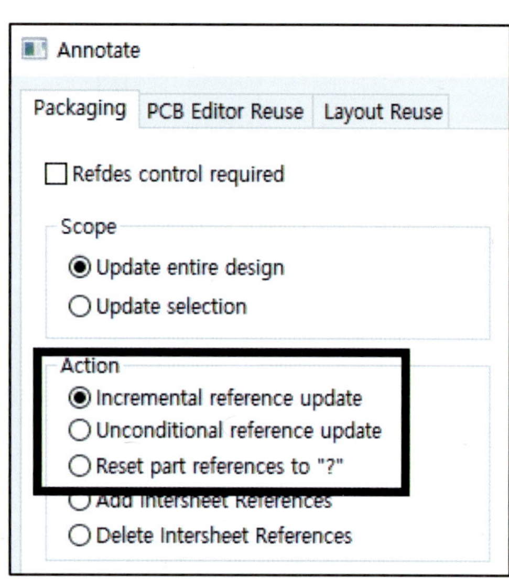

- Incremental reference update : ?로 된 참조번호만 업데이트되고, 입력된 마지막 참조번호 이후의 번호가 입력된다.
- Unconditional reference update : 참조번호를 1부터 다시 업데이트한다.
- Reset part references to "?" : 참조번호를 "?"로 변경한다.

※ Reset part references to "?"을 실행하여 참조번호를 "?"로 변경한 후 Incremental reference update를 실행한다.

7) Design Rules Check

작성한 도면의 전기적·물리적 오류 발생 여부를 확인하는 기능이다.

① 프로젝트 매니저창에서 control board.dsn, SCHEMATIC1, PAGE1 중 하나를 선택하여 Capture Toolbar를 활성화시킨다.

② Capture Toolbar가 활성화되면 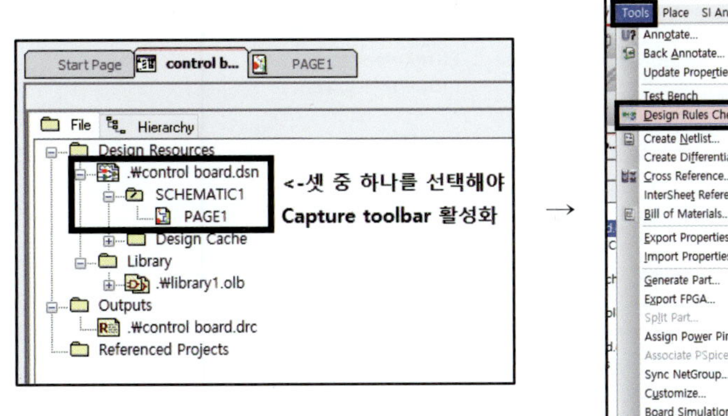(Design Rules Check) 또는 Menu → Tools → Design Rules Check를 클릭한다.

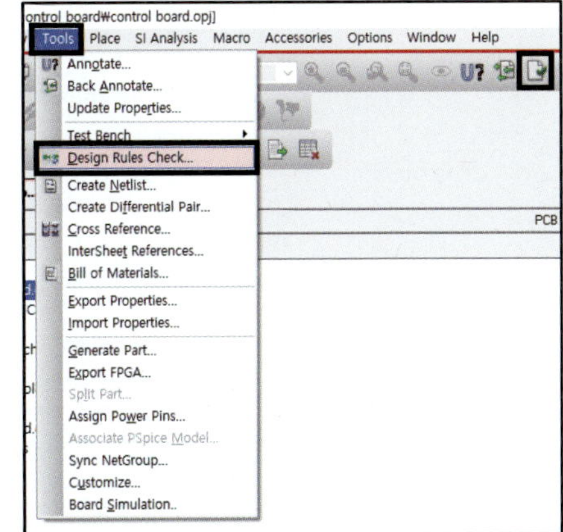

③ Design Rules Check를 실행시키면 다음 그림과 같은 창이 생성된다.

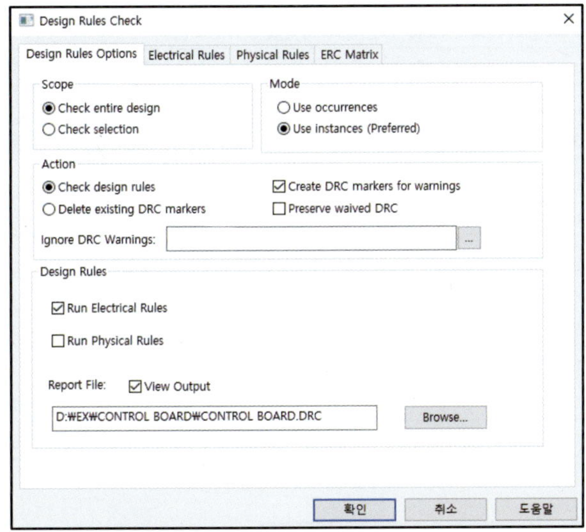

• Design Rules Options

Scope	Check entrie design : 전체 도면의 DRC 검사
	Check selection : Project Manager에서 선택된 회로만 DRC 검사
Mode	Use occurrences : 계층 도면의 DRC 검사
	Use Instances : 회로 도면의 DRC 검사
Action	Check design rules : 회로도 설계 규칙 검사
	Delete existing DRC markers : 회로도에서 DRC Marker 삭제
	Check DRC markers for warnings : 에러 발생 DRC Marker 표시
	Ignore DRC Warnings : 무시할 Warning 입력
Design Rules	Run Electrical Rules : Electrical Rules에서 설정된 검사 수행
	Run Physical Rules : Physical Rules에서 설정된 검사 수행
	Report File : DRC 수행결과의 저장경로 설정 및 파일명 설정
	View Output : DRC 수행결과를 메모장으로 출력

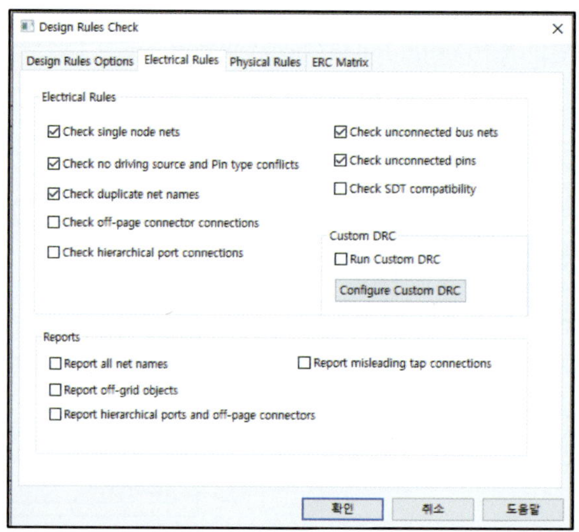

- Electrical Rules(전기적 규칙 검사)

Electrical Rules	Check single node nets : 연결되지 않는 Wire 검사
	Check no driving source and Pin type conflicts : ERC Matrix에 따른 검사
	Check Duplicate net names : 네트 이름 중복 검사
	Check off page connector connection : Off Page Connector 사용 시 페이지 연결 여부 검사
	Check hierarchical port connections : 계층구조 도면 연결 검사
	Check unconnected bus nets : 네트와 버스에 미연결된 네트 검사
	Check unconnected pins : 배선에 연결되지 않은 핀 검사
	Check SDT compatibility : SDT 형식 변환 시 오류 검사
Reports	Report all net names : 회로도에 있는 모든 네트 이름 출력
	Report offgrid objects : Grid를 무시한 설계 요소 출력
	Report hierarchical port and off page connectors : 계층 도면 Port와 Off Page Connector 출력
	Report misleading tap connections : 버스에 연결된 네트 이름 비교 후 잘못된 네트 이름 출력

④ ERC Matrix

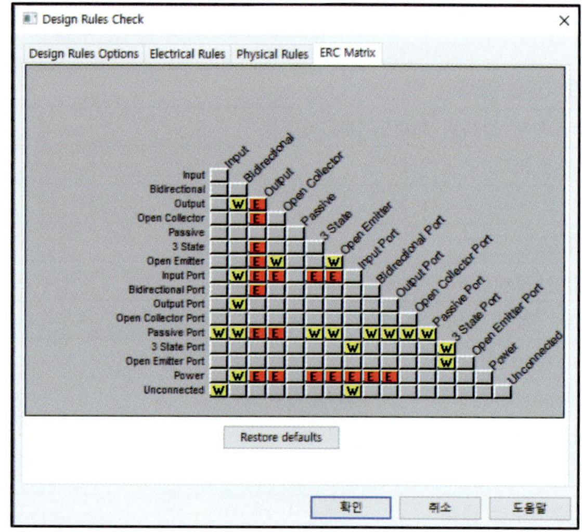

- W(Wrong) : 경고
- E(Error) : 오류(클릭하여 변경 가능하다)

⑤ 앞에서 작성한 회로의 DRC를 수행한다.

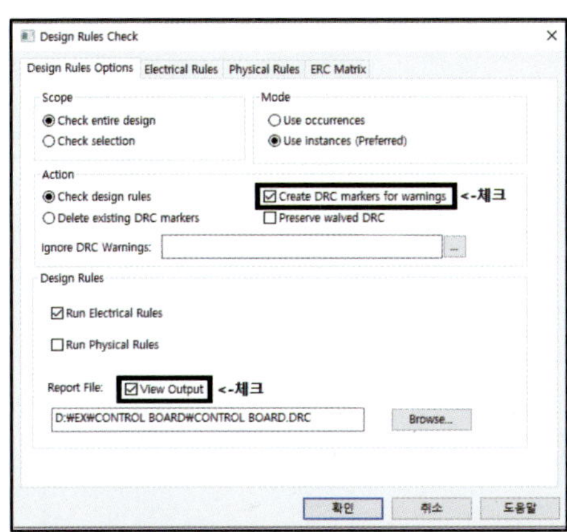

- 오류가 생긴 부분이 Marker로 표시된다(Check DRC markers for warnings).
- 결과가 메모장으로 출력되도록 설정한다(View Output).

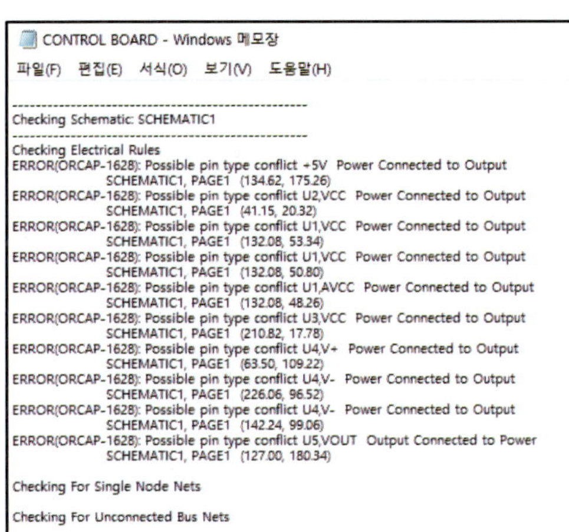

- DRC 결과가 메모장으로 출력된다.
- 에러 내용 : Power 속성의 핀과 Output 속성의 핀이 연결되었다.

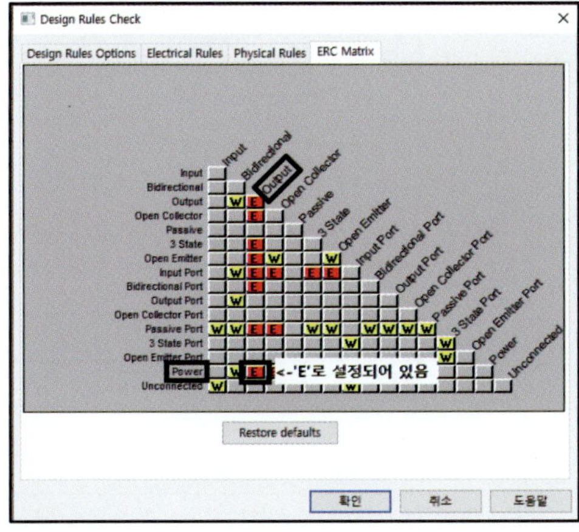

- 이와 같은 에러가 발생한 이유는 다음과 같다.
  - ERC Matrix에서 Output과 Power가 만나는 부분이 E로 설정되어 있기 때문이다.
  - 이 부분을 클릭해서 E를 해제하고, DRC를 다시 하면 에러가 없어진다.

Tip

위의 에러를 없애는 또 다른 방법은 회로도에서 Output 속성을 갖는 핀(LM7805 3번 핀)의 Pin Type을 Edit Part에서 Passive로 바꿔 준다.

- 다음과 같이 수정하고 다시 DRC를 실행한다.

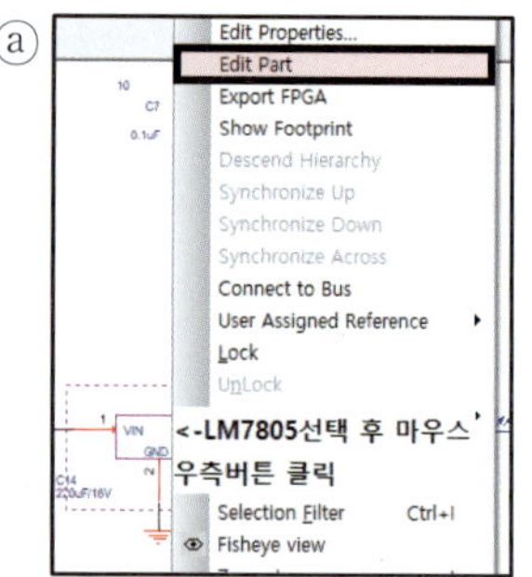

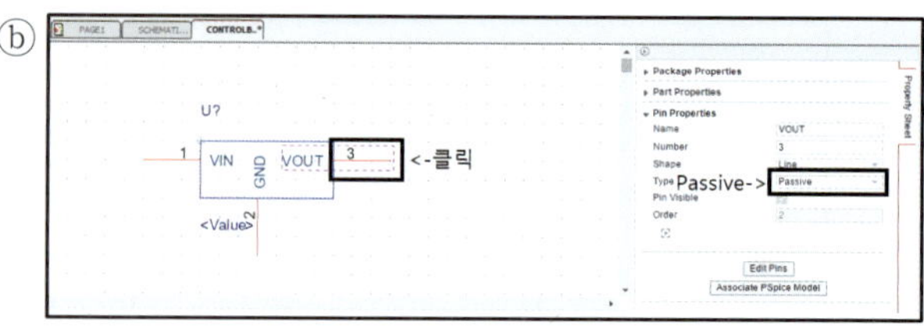

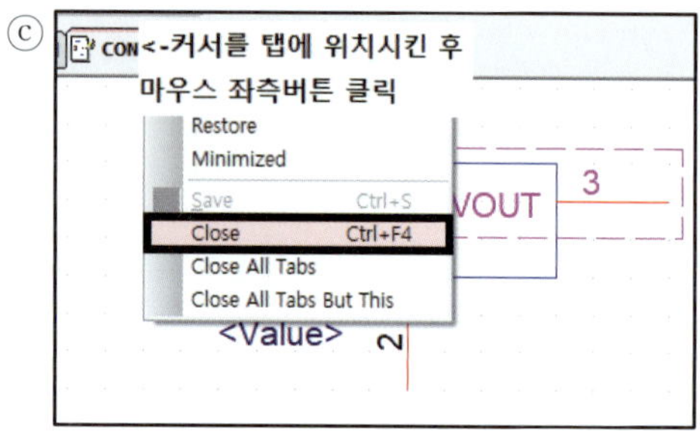

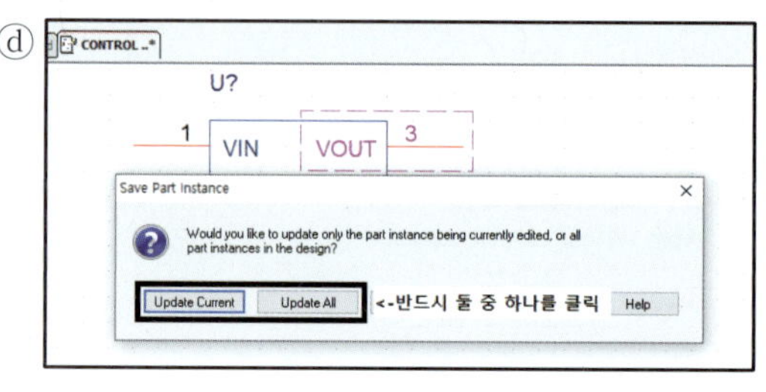

- 에러가 없으면 다음과 같은 메시지가 출력된다.

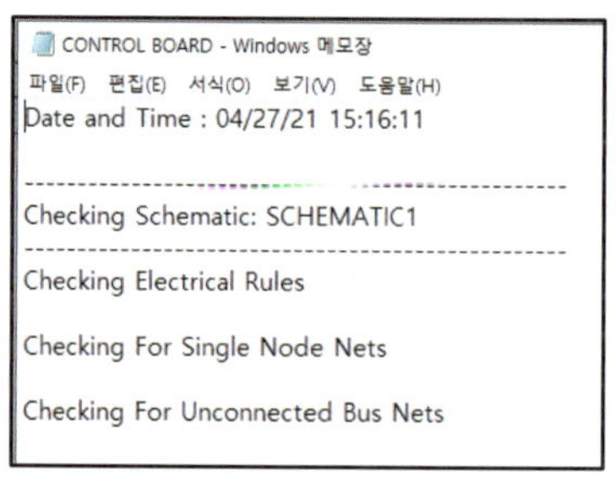

※ 전자캐드기능사 실기시험 시 반드시 DRC 확인을 받아야 한다. DRC 확인을 받지 않은 경우 또는 DRC를 통과하지 못한 경우에는 실격으로 처리된다(실제 문제지에는 ERC로 표기되어 있다).

- DRC 결과는 다음과 같은 방법으로도 확인이 가능하다.

  – 프로젝트 매니저 탭에서 control board.drc를 더블클릭한다.

  – 새로운 탭이 생기면서 DRC 결과가 표시된다.

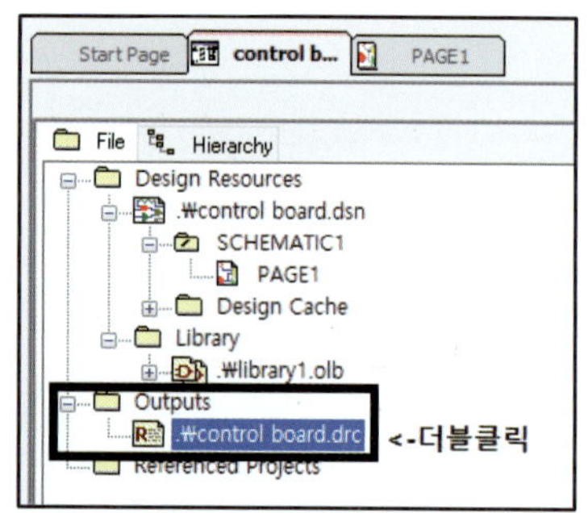

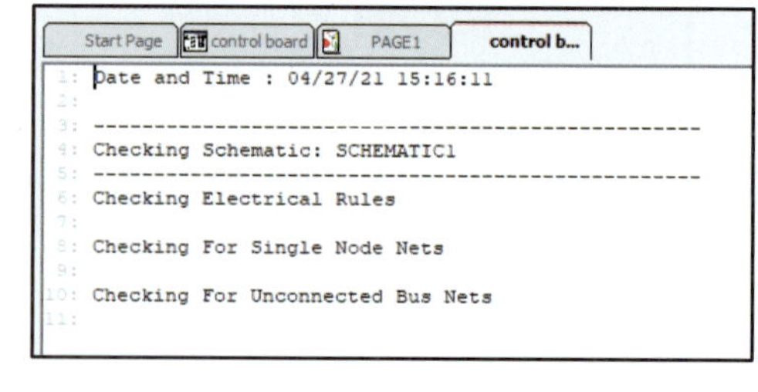

※ DRC 결과 확인은 위의 두 가지 방법 중 하나로 받으면 된다.

(1) Footprint

PCB Editor에서 사용하는 부품의 심벌로, 실제 부품의 사이즈와 같기 때문에 정확한 Footprint를 사용한다. 전자캐드 기능사 공개문제(CONTROL BOARD)에서 사용하는 Footprint는 다음과 같다.

Part명	Footprint	심 벌	Part명	Footprint	심 벌
ATMEGA8	TQFP32		LM2902	SOIC14	
MIC811	SOT143		LM7805	TO220AB	
R, CAP NP (C1~C13)	SMR0603		LED	CAP196	
CRYSTAL	CRYSTAL (제작)		HEADER10	HEADER10 (제작)	
ADM101E	ADM101E (제작)		CAP (C14~C15)	D55 (제작)	

※ ADM101E, HEADER10, CRYSTAL, D55는 OrCAD에서 제공하지 않기 때문에 직접 만들어야 한다(만드는 방법은 68~111쪽 참조).

Tip

C1~C13은 SMR0603을 사용해도 무방하다. 극성이 없으며 SMC0603과 크기와 모양이 같다.

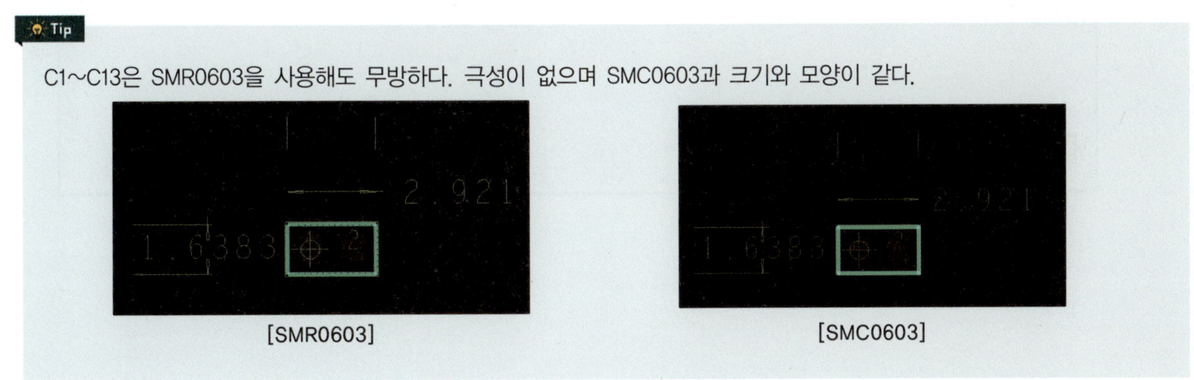

[SMR0603]　　　　　[SMC0603]

① Part 중 하나를 선택한다.

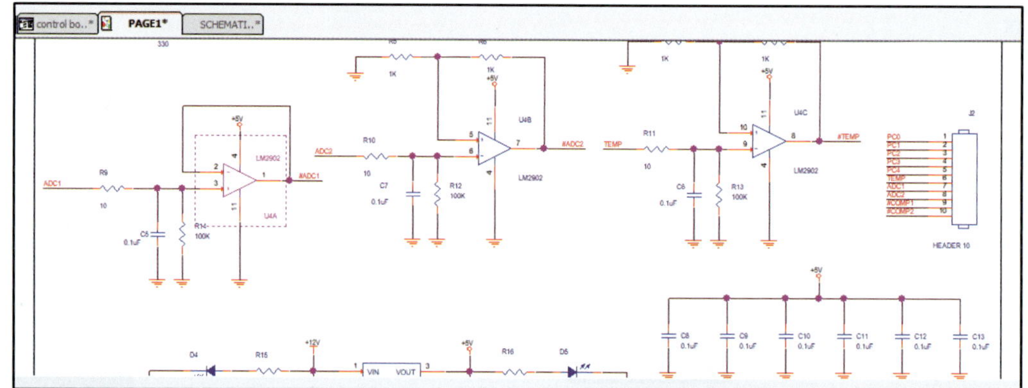

② Ctrl+A를 이용하여 모든 Part를 선택한다.

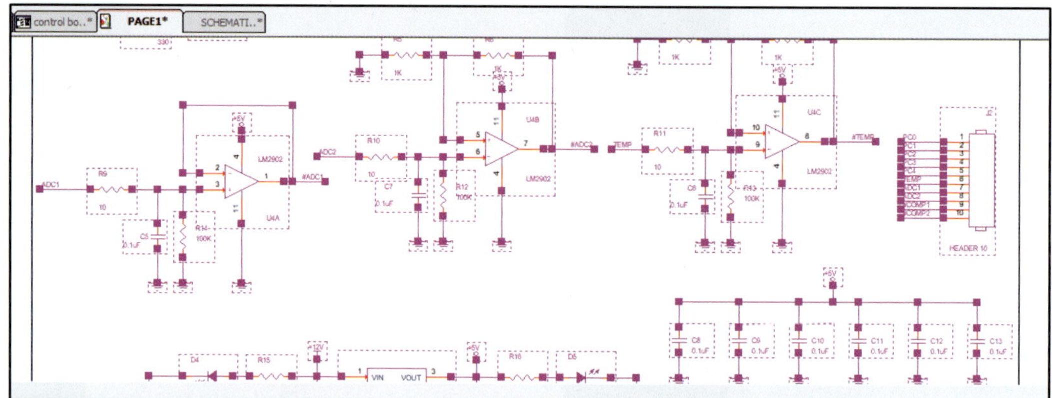

③ 더블클릭하거나 마우스 우측 버튼을 클릭한 후 Edit Properties를 클릭하면 Property Editor 창이 생성된다.
화면의 좌측 하단부에 Parts 탭을 클릭한다.

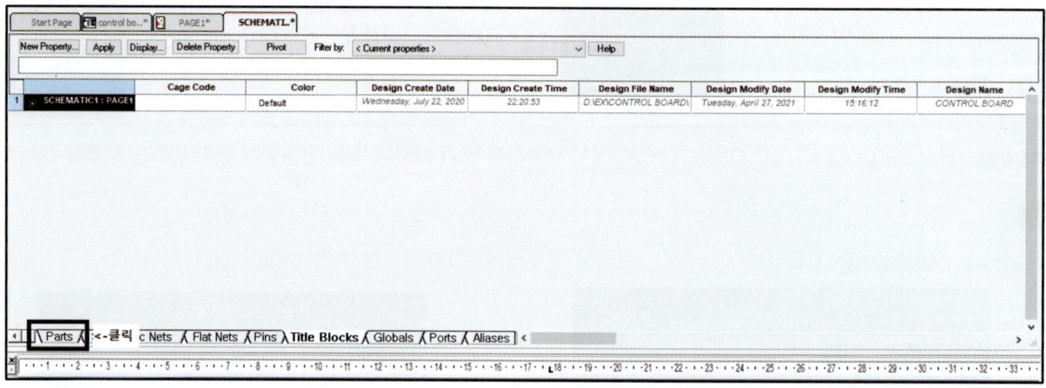

④ PCB Footprint에 'Footprint'를 입력한다(띄어쓰기 안 됨).

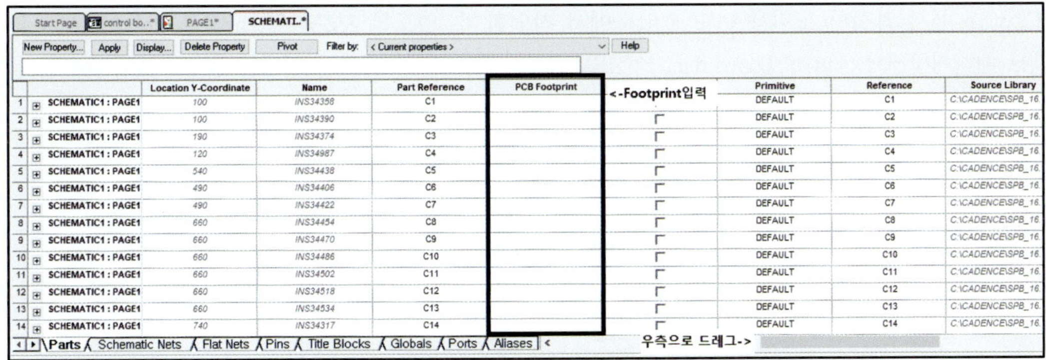

• 다음과 같은 방법으로도 Footprint 입력이 가능하다.

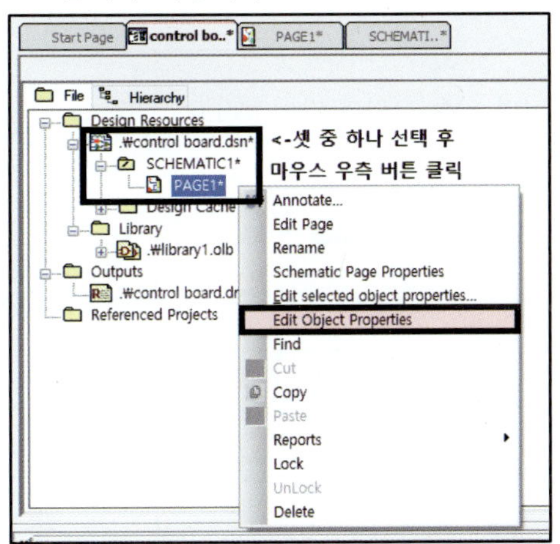

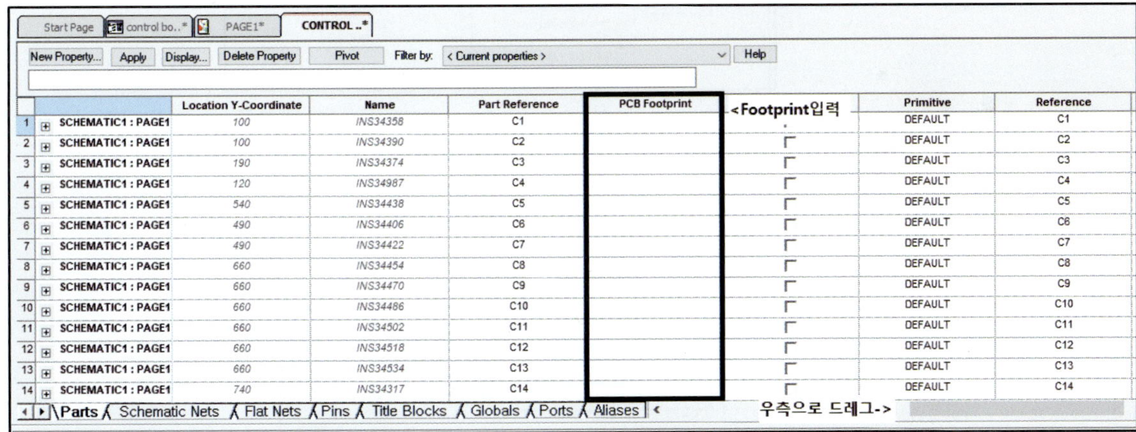

OrCAD Capture에서 작성한 도면을 PCB Editor에서 작업할 수 있도록 보드파일(.brd)로 만들어 주는 과정이다.

① 프로젝트 매니저창에서 control board.dsn, SCHEMATIC1, PAGE1 중 하나를 선택한 후 Capture Toolbar를 활성화시킨다.

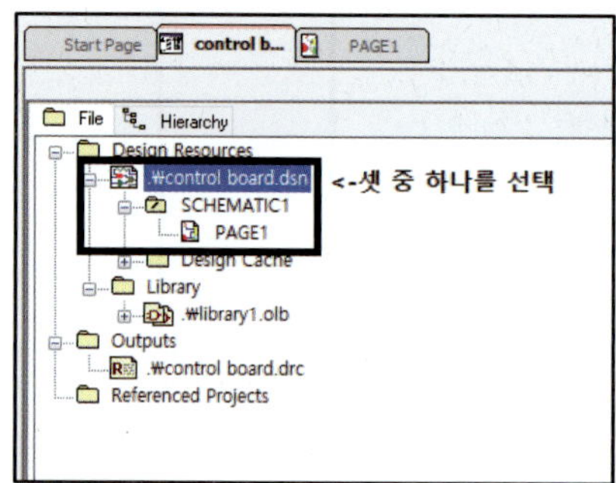

② Capture Toolbar가 활성화되면 왼쪽 그림과 같이 Menu → Tools →Create Netlist 또는 (Create Netlist)를 클릭한다.

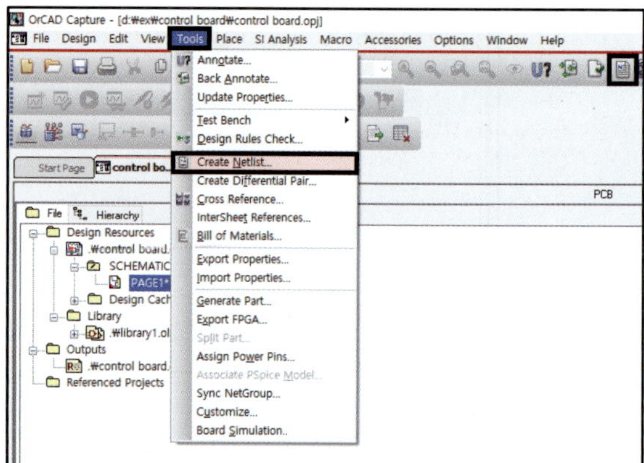

③ Create Netlist 창에서 Create or Update PCB Editor Board(Netrev)를 체크한 후 Open Board in OrCAD PCB Editor를 체크한 후 확인을 클릭한다.

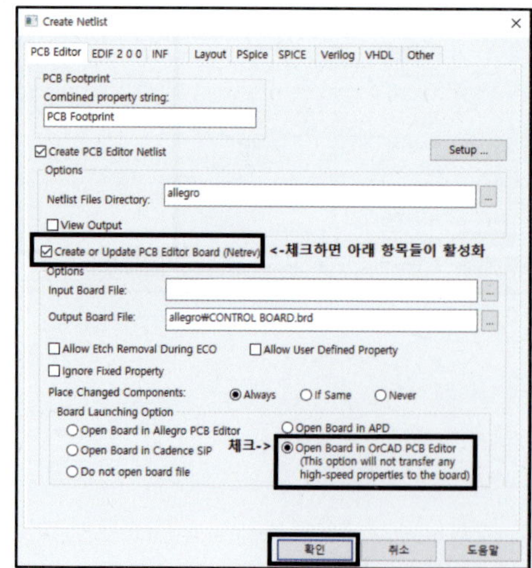

반드시 Footprint 심벌을 그리고 Footprint를 입력한 후에 Netlist를 수행해야 한다. PCB Editor가 실행되고 있는 상태에서 Netlist를 실행하면 다음과 같은 에러가 발생한다.

```
ERROR: File "CONTROLBOARD.brd" is being edited by user "user" on date "Wed Oct 11 13:52:20 2023" on system "PC0". Resolve lock file and re-run netrev.

#1   ERROR(SPMHNI-175): Netrev error detected.

#2   Run stopped because errors were detected
```

④ 확인을 클릭하면 Netlist가 진행된다.

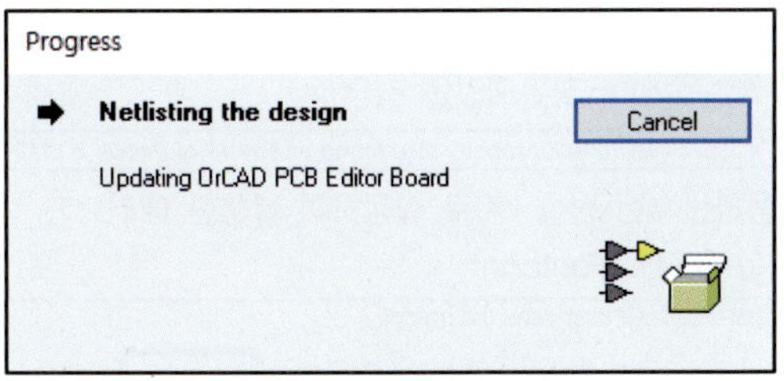

⑤ 이상이 없으면 PCB Editor가 실행된다. Capture의 세션 로그창에는 다음과 같은 메시지가 표시된다.

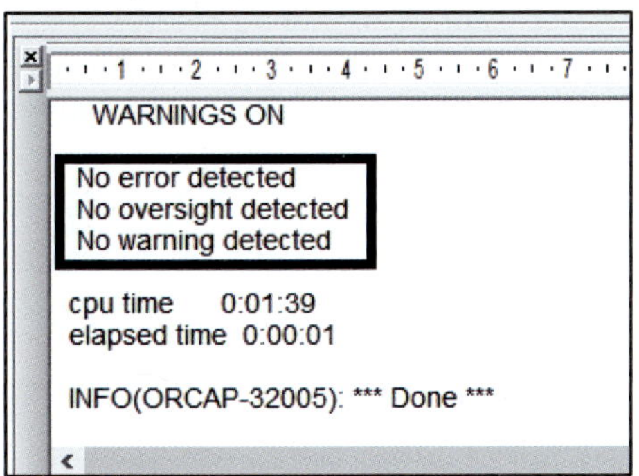

⑥ Netlist 수행 중 에러가 발생할 경우, 세션 로그창에 다음과 같이 메시지가 표시된다. 이 메시지를 확인한 후 잘못된 부분을 수정한다.

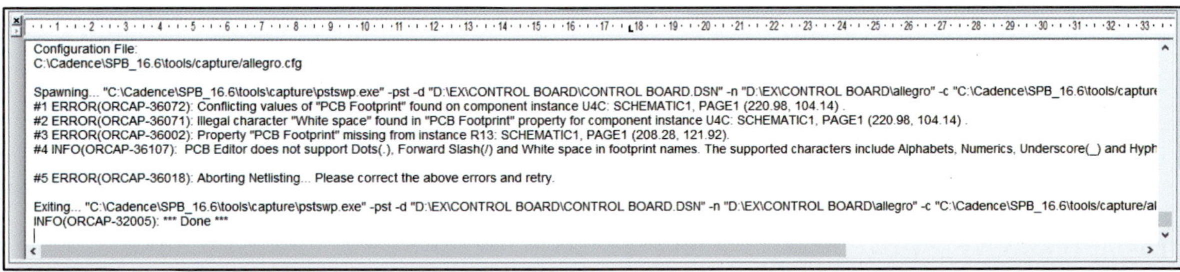

※ 네트리스트에서 에러가 발생하는 이유는 대부분 Footprint를 잘못 입력(오기입, 공백 발생, 특수문자 사용)하거나 Footprint가 있는 라이브러리 경로가 설정되지 않은 경우이다(라이브러리 경로 설정 122쪽 참조).

Netlist 시 자주 발생하는 ERROR 및 WARNING

① ERROR(SPMHNI-191) : 잘못된 Footprint 사용

② ERROR(SPMHNI-195), ERROR(SPMHNI-196) : Part 핀 수와 Footprint 핀 수 불일치

> ERROR(SPMHNI-196): Symbol 'TO220AB' for device 'LED_TO220AB_LED' has extra pin '3'.

※ LED(2핀) Footprint에 LM7805(3핀) Footprint(TO220AB)를 사용한 에러

③ ERROR(ORCAP-36002) : Footprint 누락

> #1 ERROR(ORCAP-36002): Property "PCB Footprint" missing from instance U3: SCHEMATIC1, PAGE1 (198.12, 15.24).

※ U3 Footprint 누락으로 발생한 에러

④ ERROR(ORCAP-36040) : 핀의 NC 설정이 잘못되었을 경우

> #6 ERROR(ORCAP-36040): Pin Number "4" specified in "NC" property also found on Pin V+ of Package LM2902_4 , : SCHEMATIC1, PAGE1 (48.26, 124.46).

※ LM2902에서 전원 핀으로 사용하는 4번 핀을 NC로 설정하여 발생한 에러

⑤ WARNING(SPMHNI-192) : 잘못된 속성의 Footprint

> #1   WARNING(SPMHNI-192): Device/Symbol check warning detected. [help]
>
> WARNING(SPMHNI-194): Symbol 'CRYSTOL' used by RefDes Y1 for device 'CRYSTAL, CRYSTOL, 16MHZ' not found. The symbol either does not exist in the library path (PSMPATH) or is an old symbol from a previous release.
>
> Set the correct library path if not set or use dbdoctor to migrate old symbols.

※ CRYSTAL을 CRYSTOL로 입력하여 발생한 에러

⑥ WARNING(ORCAP-36006) : Device명이 긴 경우 발생(변경하지 않아도 됨)

⑦ ERROR(ORCAP-36071) : Footprint에 띄어쓰기 및 특수문자 사용

> #1 ERROR(ORCAP-36071): Illegal character "White space" found in "PCB Footprint" property for component instance U4A: SCHEMATIC1, PAGE1 (48.26, 124.46) .
> #2 ERROR(ORCAP-36071): Illegal character "White space" found in "PCB Footprint" property for component instance U4B: SCHEMATIC1, PAGE1 (132.08, 116.84) .
> #3 ERROR(ORCAP-36071): Illegal character "White space" found in "PCB Footprint" property for component instance U4C: SCHEMATIC1, PAGE1 (213.36, 106.68) .

※ Footprint 입력 시 공백(White Space)이 발생하여 생긴 에러

⑧ WARNING(ORCAP-36042) : 같은 핀 이름의 변경(변경하지 않아도 됨)

> #1 WARNING(ORCAP-36042): Pin "VCC" is renamed to "VCC#4" as visible power pin of same name already exists in Package atmega8 , U1: SCHEMATIC1, PAGE1 (93.98, 15.24).
> #2 WARNING(ORCAP-36042): Pin "VCC" is renamed to "VCC#6" as visible power pin of same name already exists in Package atmega8 , U1: SCHEMATIC1, PAGE1 (93.98, 15.24).
> #3 WARNING(ORCAP-36042): Pin "GND" is renamed to "GND#3" as visible power pin of same name already exists in Package atmega8 , U1: SCHEMATIC1, PAGE1 (93.98, 15.24).
> #4 WARNING(ORCAP-36042): Pin "GND" is renamed to "GND#5" as visible power pin of same name already exists in Package atmega8 , U1: SCHEMATIC1, PAGE1 (93.98, 15.24).
> #5 WARNING(ORCAP-36042): Pin "GND" is renamed to "GND#21" as visible power pin of same name already exists in Package atmega8 , U1: SCHEMATIC1, PAGE1 (93.98, 15.24).

※ U1에 같은 이름을 갖는 핀이 많으니 사용 시 주의하라는 메시지

Padstack Editor

1 Padstack Editor 시작

(▶ [전자캐드기능사(OrCAD 17.2)] 1. VIA 만들기 영상 참조)

VIA나 Footprint에 사용되는 패드를 만들 때 사용하는 프로그램이다.

Window 시작 → Cadence Release 17.2-2016 → 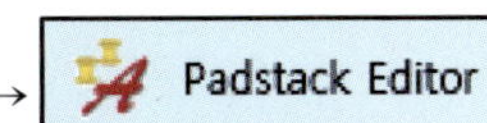

2 VIA 만들기

VIA는 PCB에 있는 Hole의 일종으로, 내부는 금속으로 도금이 되어 있어 Layer와 Layer가 연결된다. VIA의 이런 특성을 이용하여 서로 다른 Layer에 있는 패턴을 연결한다.

[공개문제 요구사항]

10) 비아(VIA)의 설정

비아의 종류	속 성	
	드릴 홀 크기(Hole Size)	패드 크기(Pad Size)
Power VIA(전원선 연결)	0.4mm	0.8mm
Standard VIA(그 외 연결)	0.3mm	0.6mm

1) Standard VIA 만들기

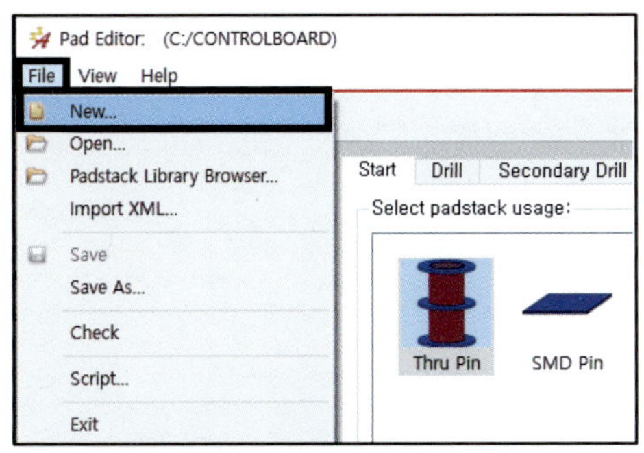

①  를 실행한다.

② File → New

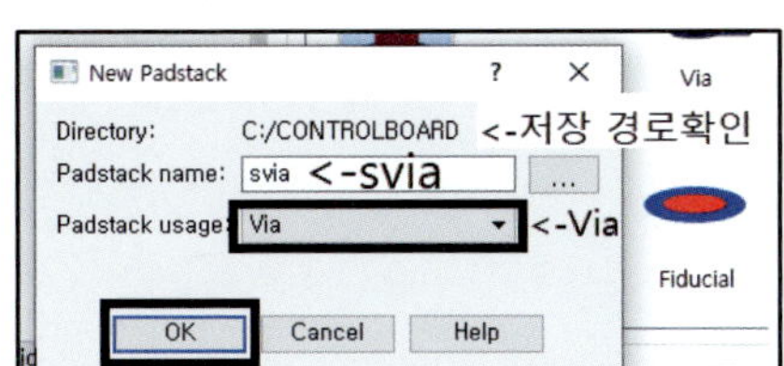

③ Directory에서 저장되는 경로를 확인한다.

④ Padstack name : svia

⑤ Padstack usage : Via

⑥ OK를 클릭한다.

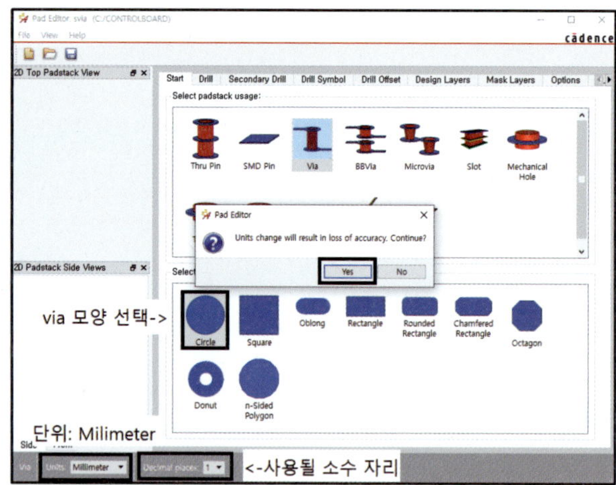

⑦ VIA 모양 선택 : Circle

⑧ Units : Millimeter(단위 변경 여부를 묻는 창이 뜨면 Yes를 클릭한다)

⑨ Decimal places : 1(사용할 소수점 자리는 4를 써도 무방하다)

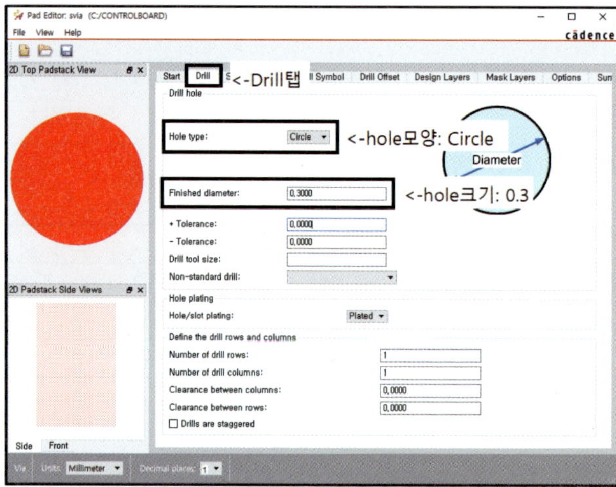

⑩ Drill 탭으로 이동한다.

- Hole type : Circle
- Finished diameter : 0.3

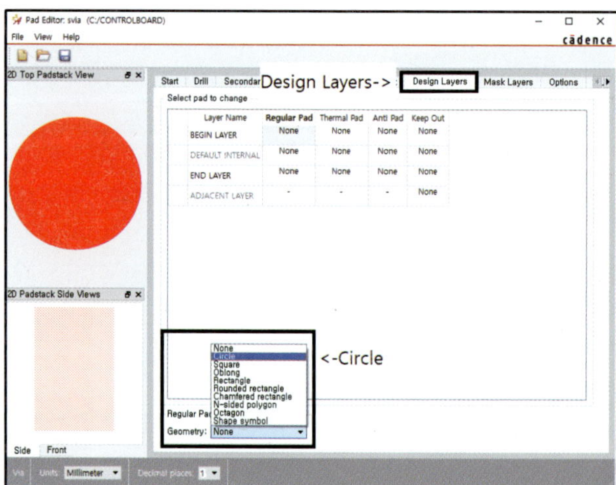

⑪ Design Layers 탭으로 이동한다.

- Geometry : Circle

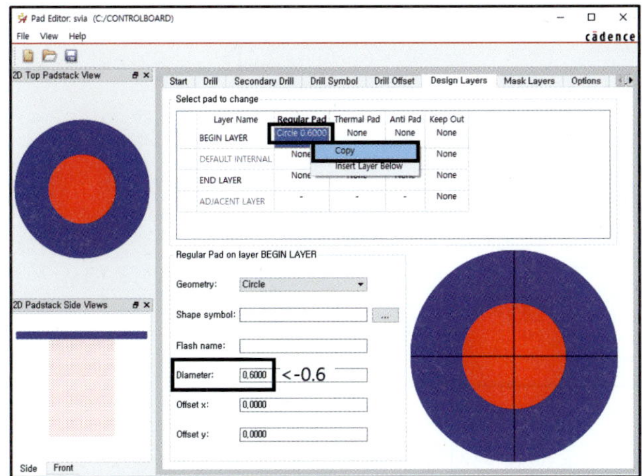

- Diameter : 0.6
- 커서를 Circle 0.6000으로 이동시킨다.
- 마우스 우측 버튼을 클릭하여 Copy를 선택한다.

- Circle 0.6000이 입력된 셀을 END LAYER까지 드래그한다.
- 마우스 우측 버튼을 클릭하여 Paste를 클릭하면 Circle 0.6000이 END LAYER까지 복사된다.

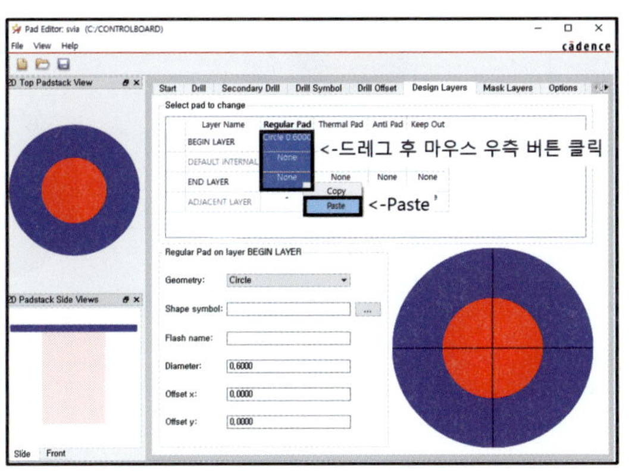

⑫ Mask Layers 탭으로 이동한다.

- SOLDERMASK_TOP의 None를 SOLDERMASK_BOTTOM까지 드래그한다.
- 마우스 우측 버튼을 클릭한 후 Paste를 선택한다.

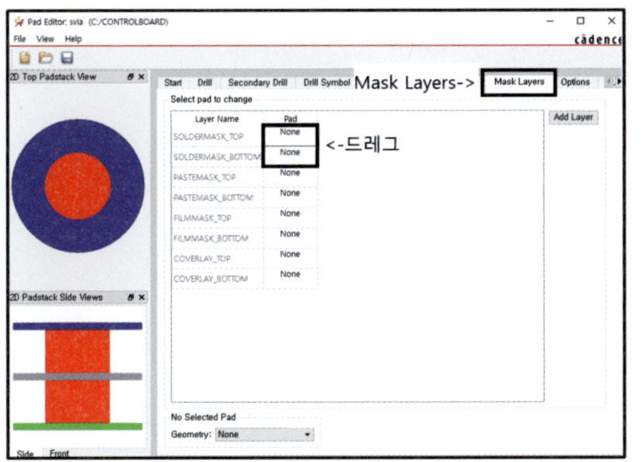
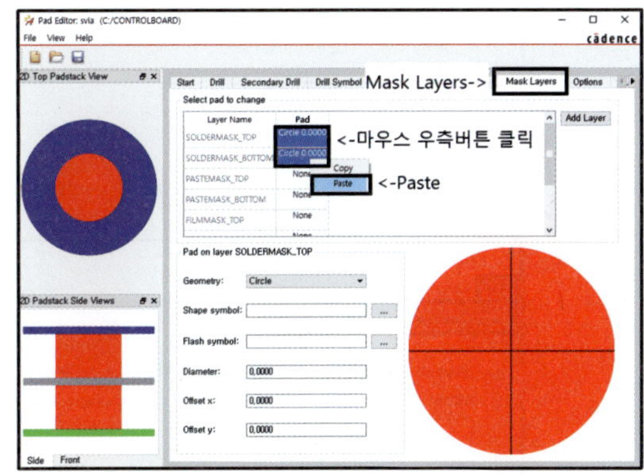

※ 실제 PCB를 제작할 때는 SOLDERMASK를 0.1 정도 크게 만들지만, 전자캐드기능사는 똑같이 해도 무방하다.

• Circle 0.6000이 SOLDERMASK_TOP과 SOLDERMASK_BOTTOM에 복사된다.

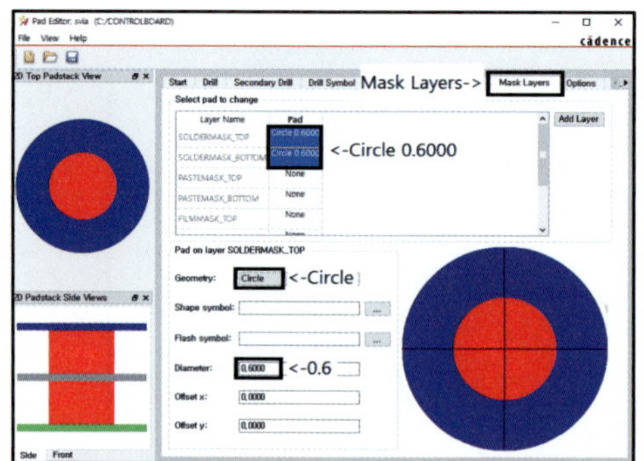

• File → Save

• 저장이 완료되면 화면 우측 하단에 svia.pad saved 메시지가 표시된다.

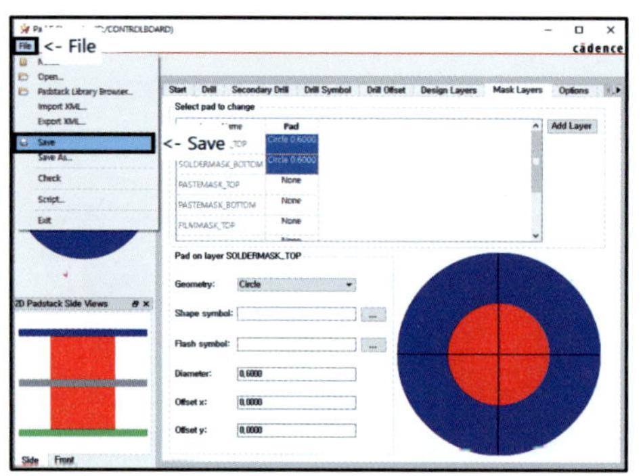 → 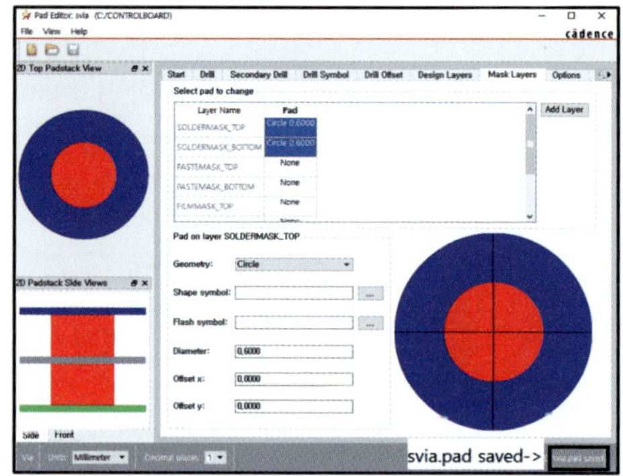

⑬ 프로젝트가 저장되는 폴더에 svia 파일이 생성된다.

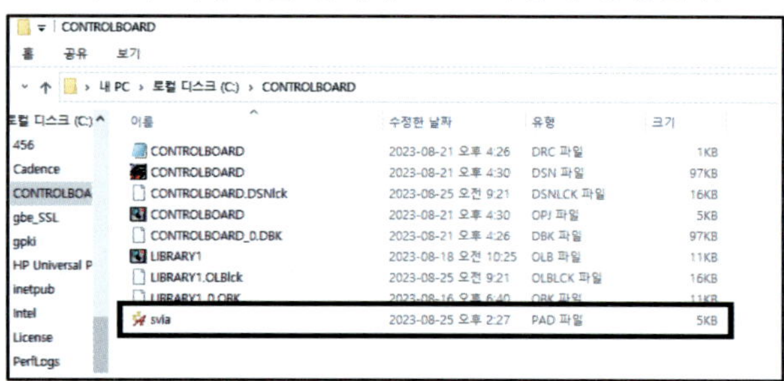

2) Power VIA 만들기

① File → New

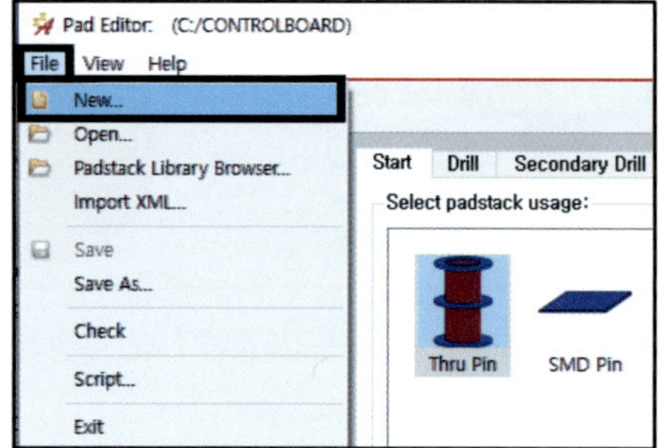

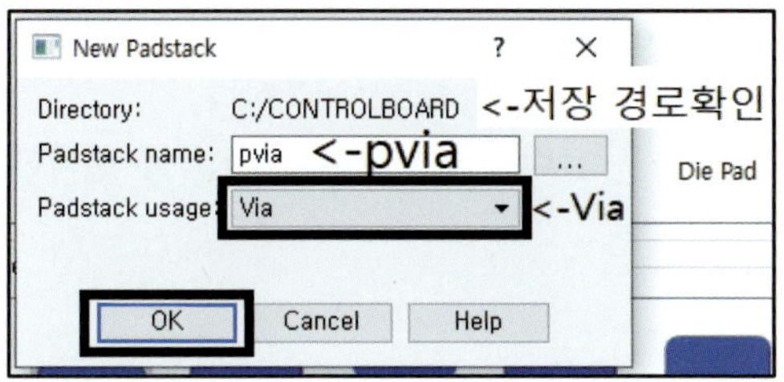

② Directory에서 저장되는 경로를 확인한다.

③ Padstack name : pvia

④ Padstack usage : Via

⑤ OK를 클릭한다.

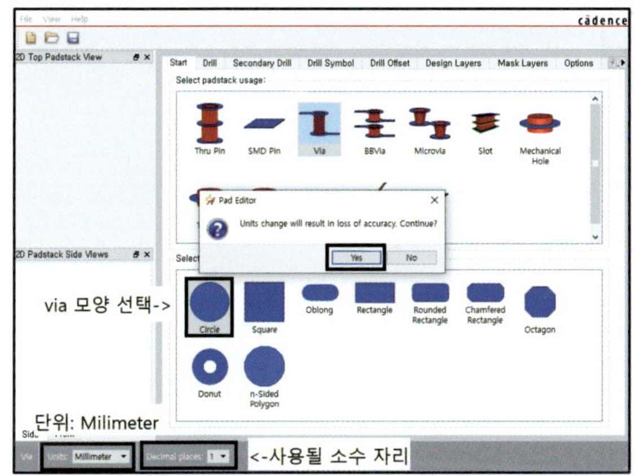

⑥ VIA 모양 선택 : Circle

⑦ Units : Millimeter(단위 변경 여부를 묻는 창이 뜨면 Yes 를 클릭한다)

⑧ Decimal places : 1(사용할 소수점 자리는 4를 써도 무방 하다)

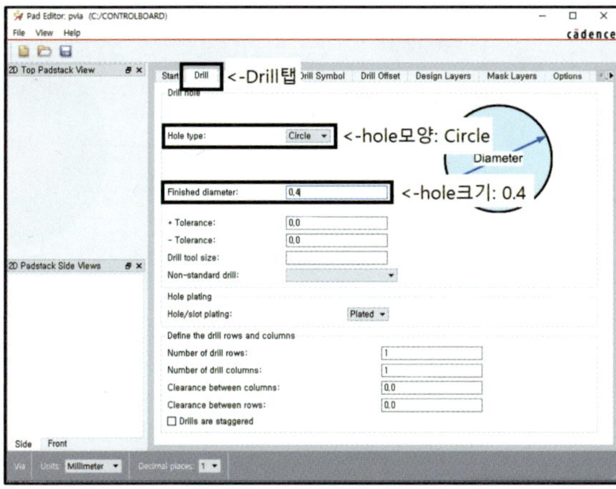

⑨ Drill 탭으로 이동한다.

• Hole type : Circle

• Finished diameter : 0.4

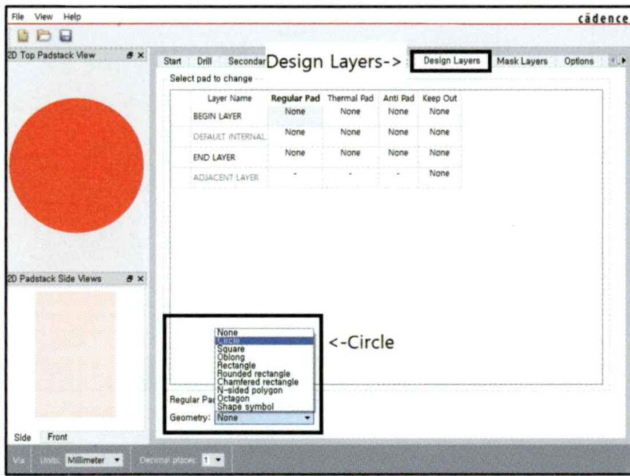

⑩ Design Layers 탭으로 이동한다.

• Geometry : Circle

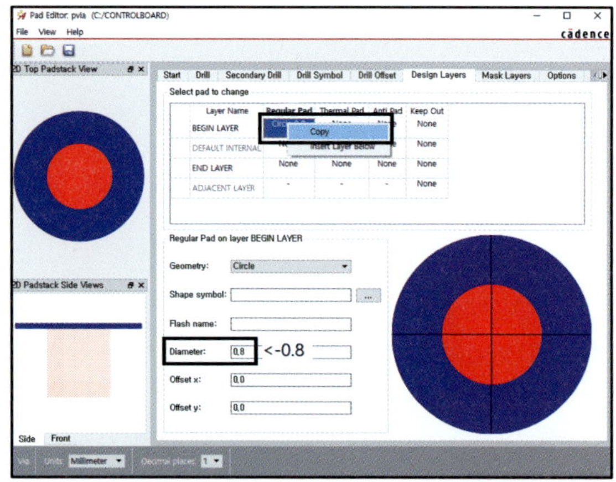

- Diameter : 0.8
- 커서를 Circle 0.8000로 이동한다.
- 마우스 우측 버튼을 클릭하여 Copy를 선택한다.

- Circle 0.8000이 입력된 셀을 END LAYER까지 드래그한다.
- 마우스 우측 버튼을 클릭하여 Paste를 클릭하면 Circle 0.8000이 END LAYER까지 복사된다.

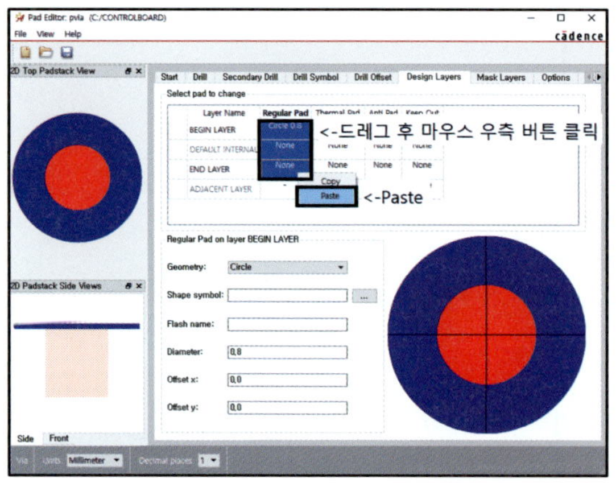
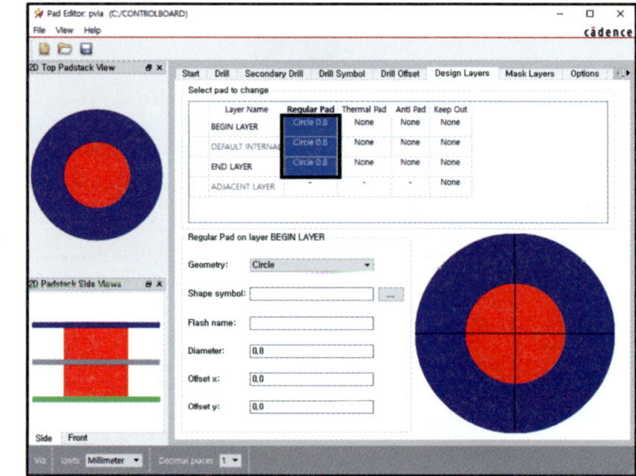

⑪ Mask Layers 탭으로 이동한다.

- SOLDERMASK_TOP의 None을 SOLDERMASK_BOTTOM까지 드래그한다.
- 마우스 우측 버튼을 클릭한 후 Paste를 선택한다.

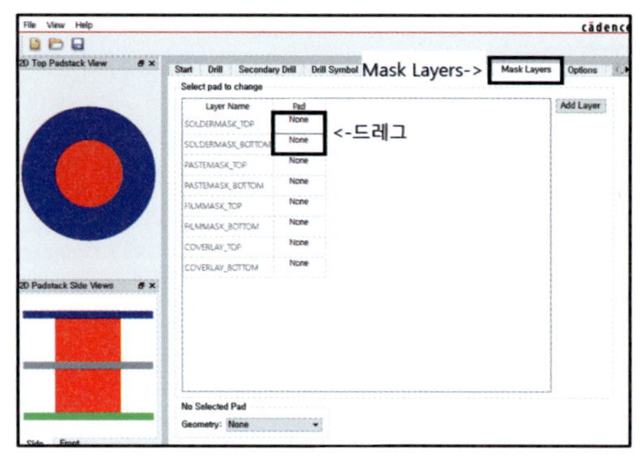
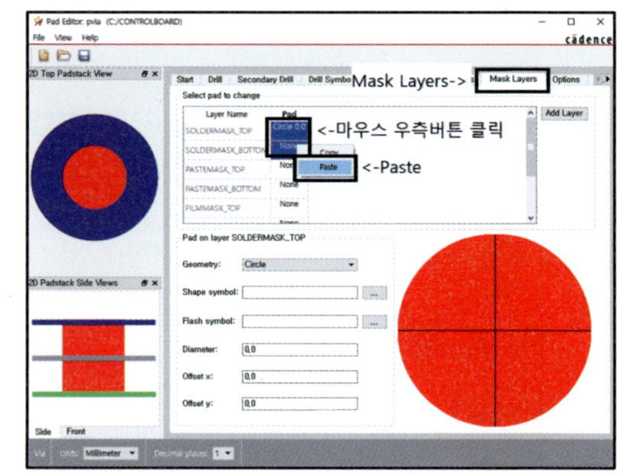

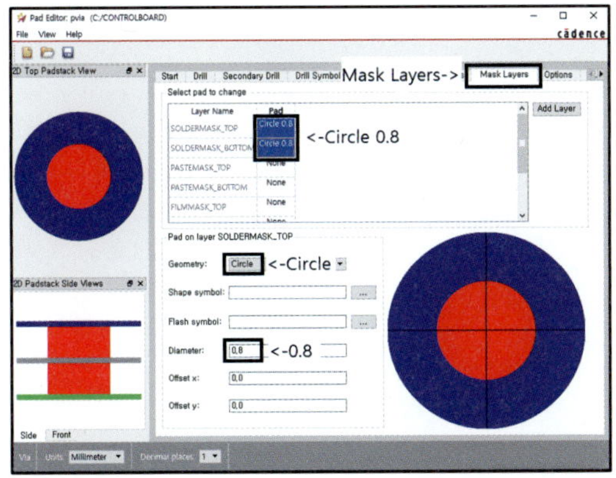

- Circle 0.8000이 SOLDERMASK_TOP과 SOLDERMASK_ BOTTOM에 복사된다.

- File → Save

- 저장이 완료되면 화면 우측 하단에 pvia.pad saved 메시지가 표시된다.

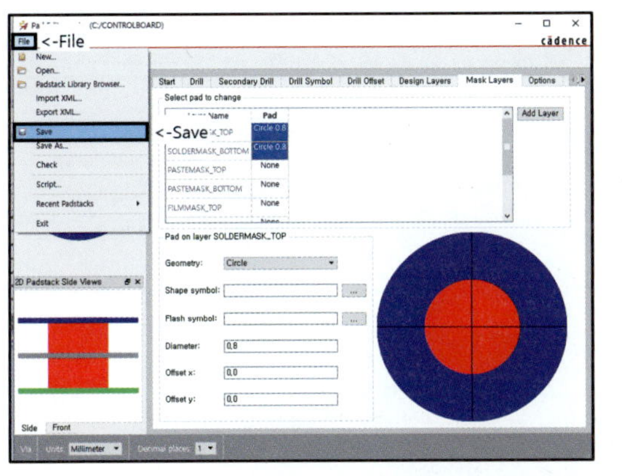
→
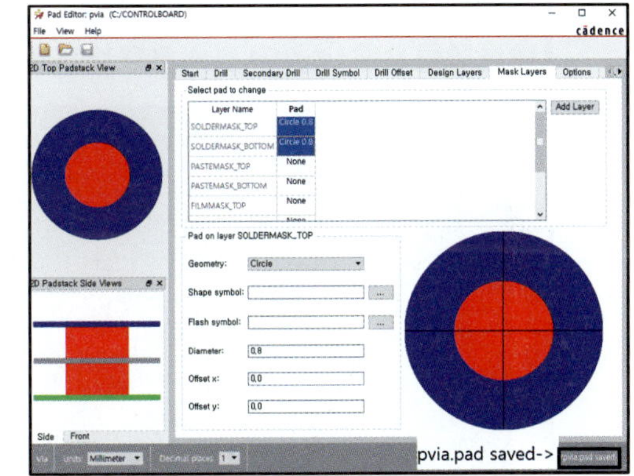

⑫ 프로젝트가 저장되는 폴더에 pvia 파일이 생성된다.

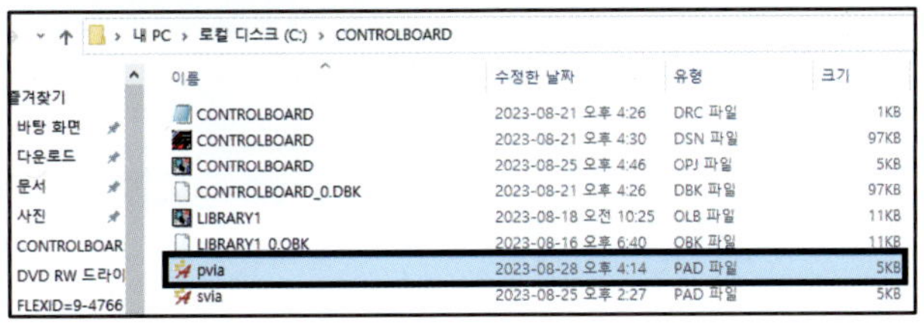

OrCAD PCB Editor

1 OrCAD PCB Editor 실행

시작 → Cadence →  를 실행한다.

2 OrCAD PCB Editor 화면 구성

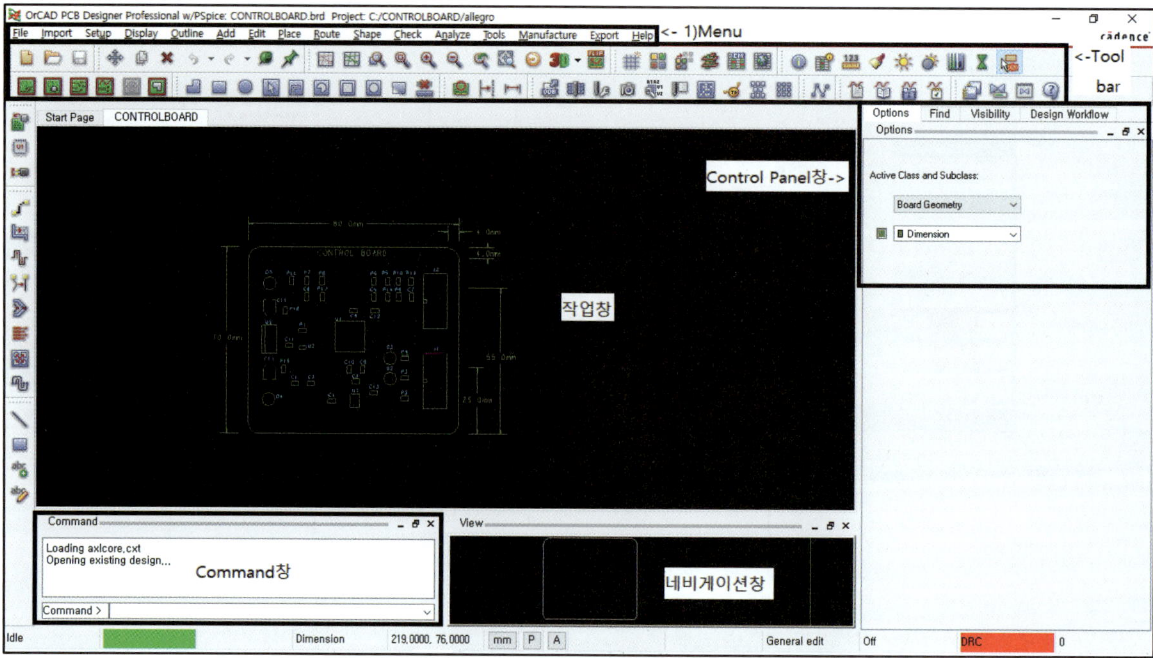

1) Menu

프로그램 실행 및 설정에 관한 메뉴로 구성되어 있다.

2) Toolbar

PCB를 설계하는 데 필요한 여러 아이콘으로 구성되어 있다.

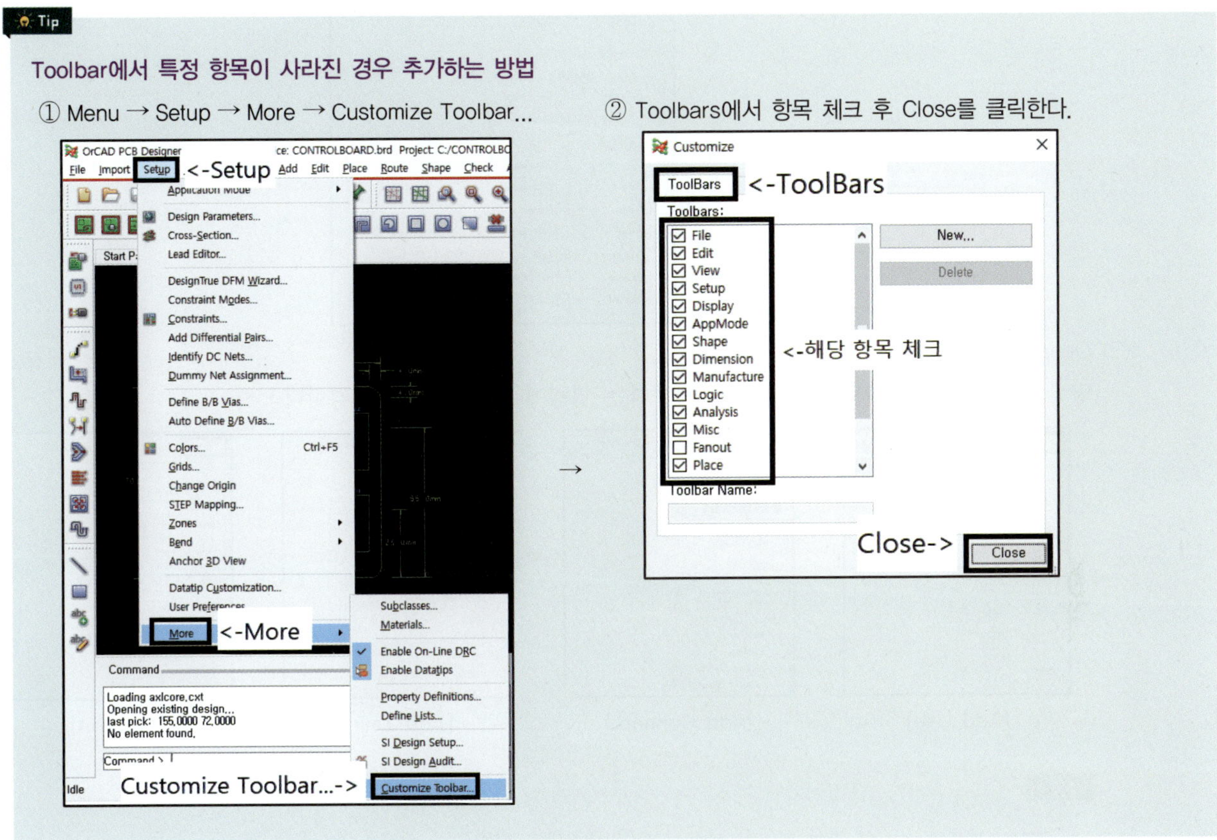

3) Control Panel

(1) Visibility

PCB 설계 시 특정 부분을 보이게 하거나 숨긴다.

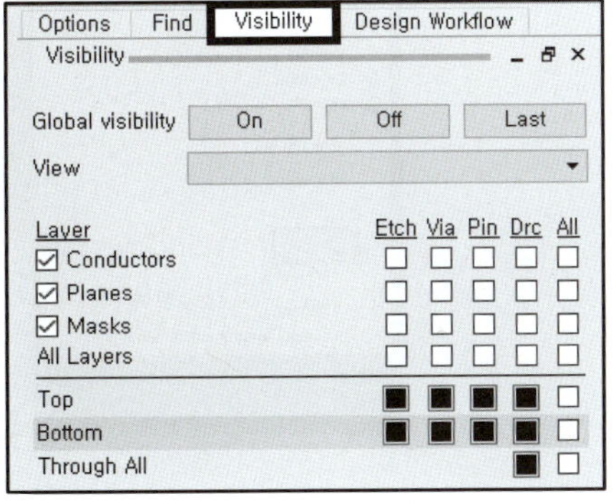

(2) Find

명령 실행 시 실행 대상을 선택한다.

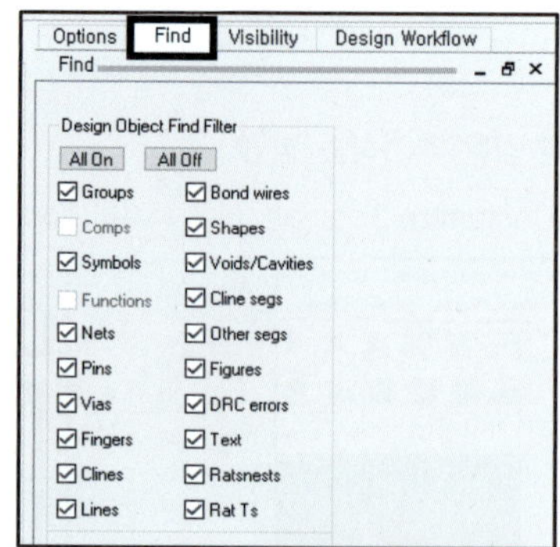

(3) Options

명령 실행 시 세부 내용을 설정하고, 사용하는 명령에 따라 내용을 변경한다.

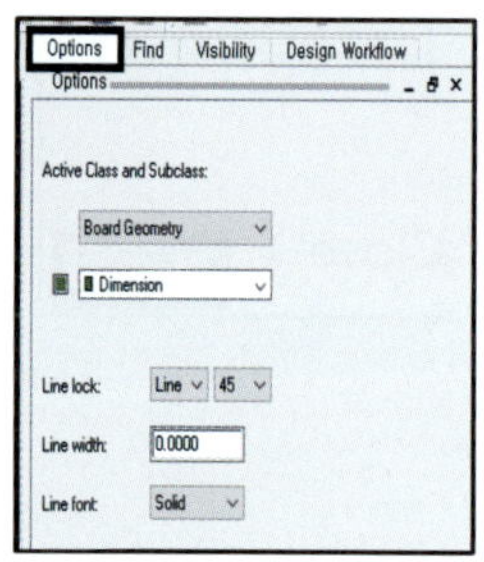

[Add Line]

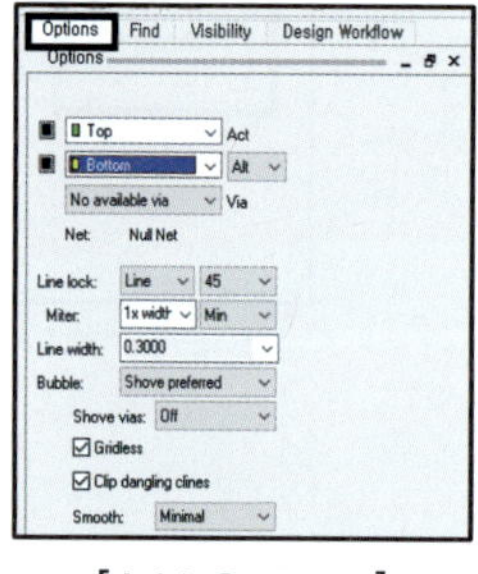

[Add Connect]

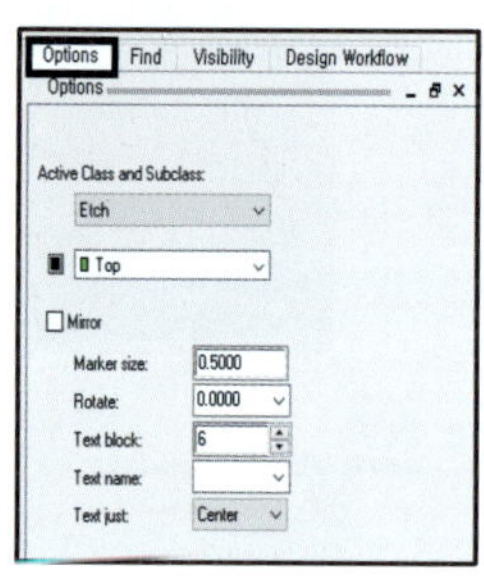

[Add Text]

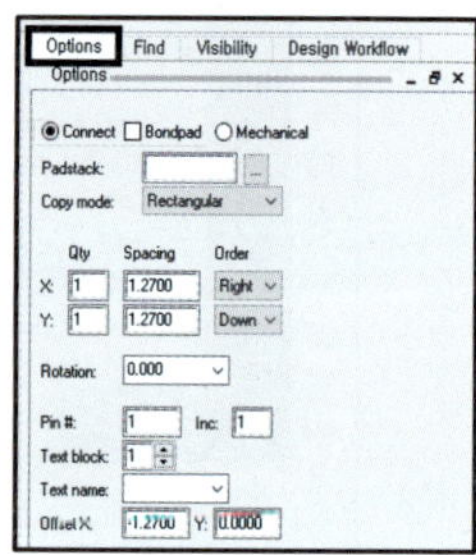

[Add Pin]

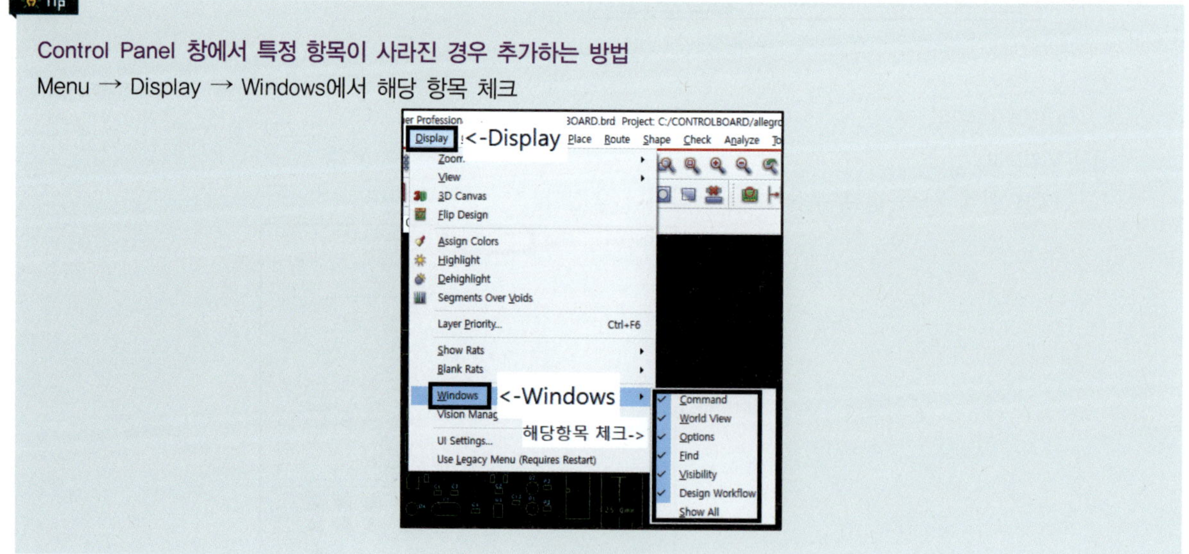

(4) Command 창

명령어의 입력 및 실행 상태를 표시하는 창이다.

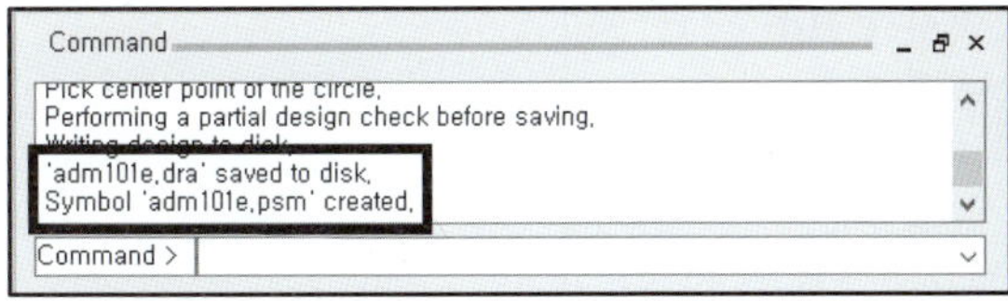

(5) 내비게이션창

작업창에서 현재 보이는 영역을 나타내는 창이다.

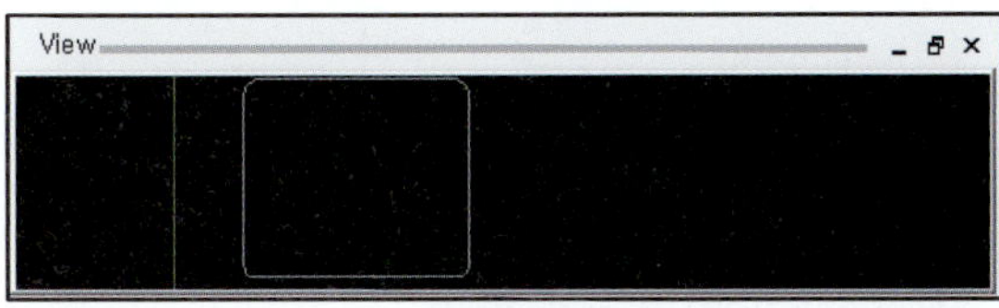

4) TQFP32 Reference 입력하기

(▶ [전자캐드기능사(OrCAD 17.2)] 2. TQFP32 리퍼런스 입력 및 1번 핀 원 그리기 영상 참조)

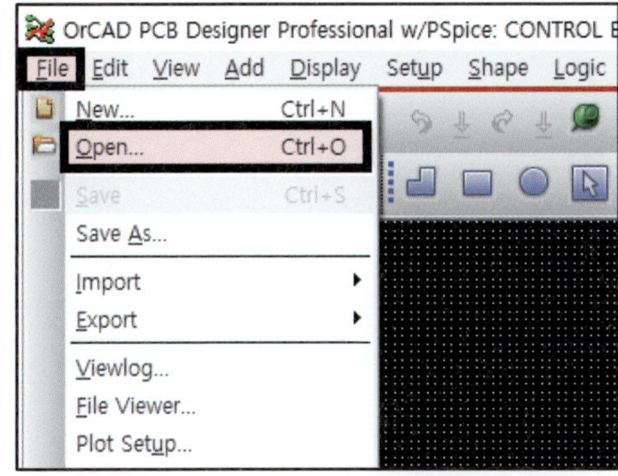

① Menu → File → Open → 로컬디스크(C:) → Cadence → SPB_17.2 → share → pcb → pcb_lib → symbols → 파일형식을 Symbol Drawing(*.dra)로 변경한 후 tqpf32.dra를 선택한 후 열기를 클릭한다.

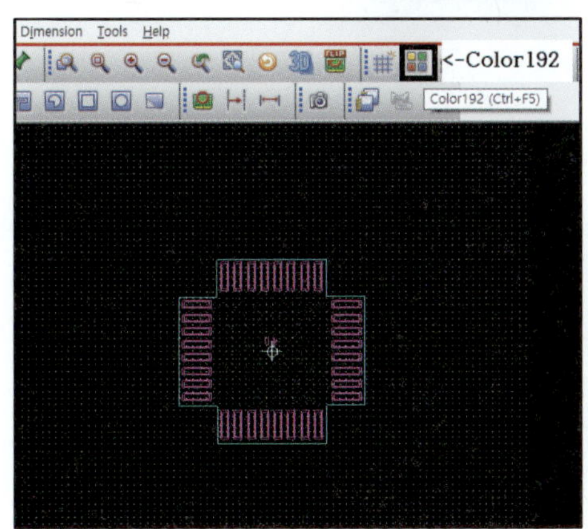

② Display → Color/Visibility 또는 (Color192)를 클릭한다.

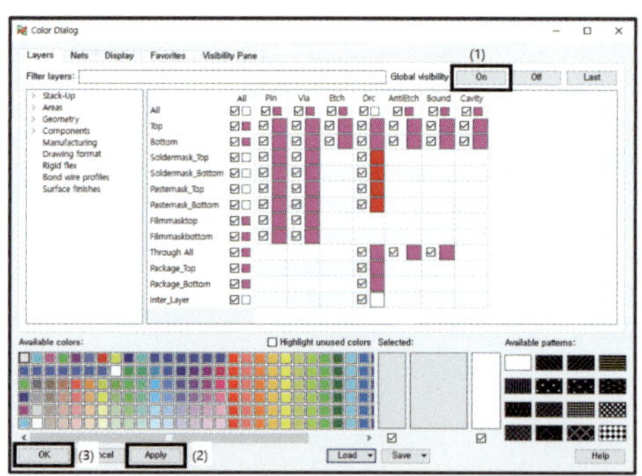

③ Global Visibility → ON → 예(Y) → Apply → OK

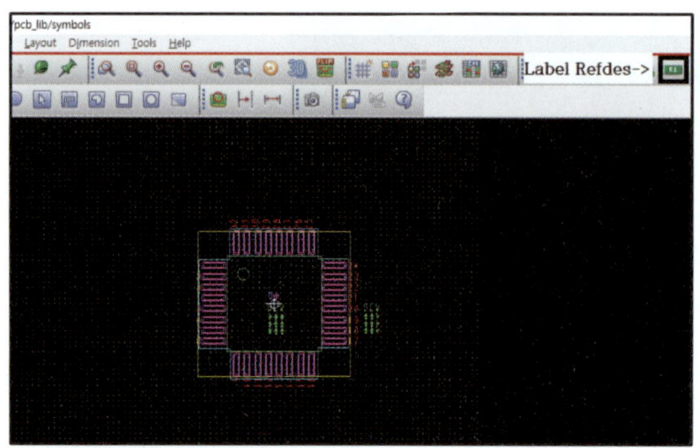

④ 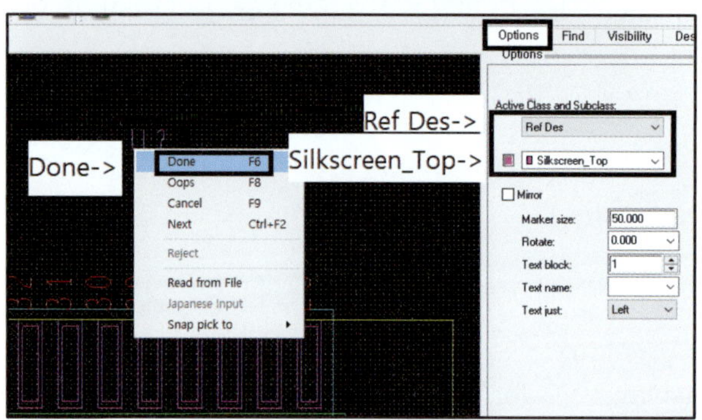 (Label Refdes)를 클릭한다.

⑤ Options으로 이동한다.
- Active Class and Subclass를 RefDes, Silkscreen_Top으로 설정한다.
- 심벌의 윗부분을 클릭한 후 'U?'를 입력한다.
- 입력이 끝나면 마우스 우측 버튼을 클릭한 후 Done을 클릭한다.

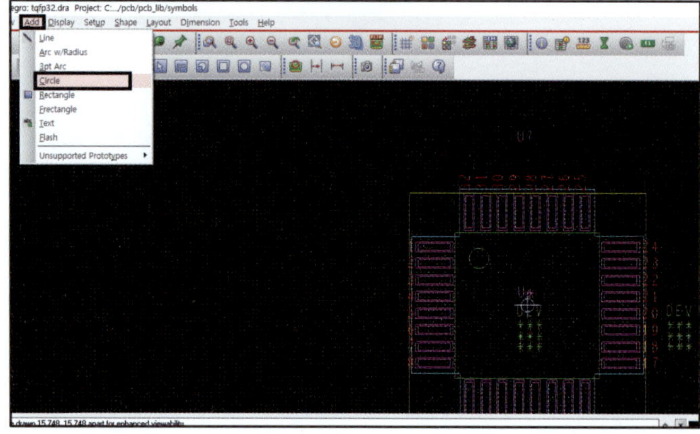

⑥ 1번 핀이 위치를 나타내는 Circle을 그린다.
- Menu → Add → Circle(Shape Add Circle을 이용하여 그려도 무방하다)

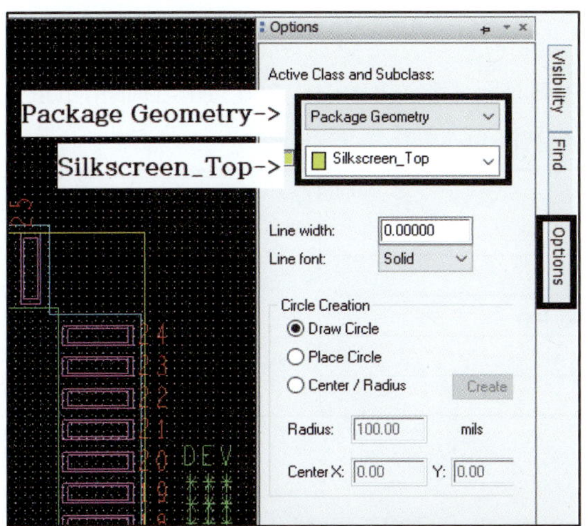

⑦ Options으로 이동한다.
- Active Class and Subclass를 Package Geometry, Silkscreen_Top으로 설정한다.

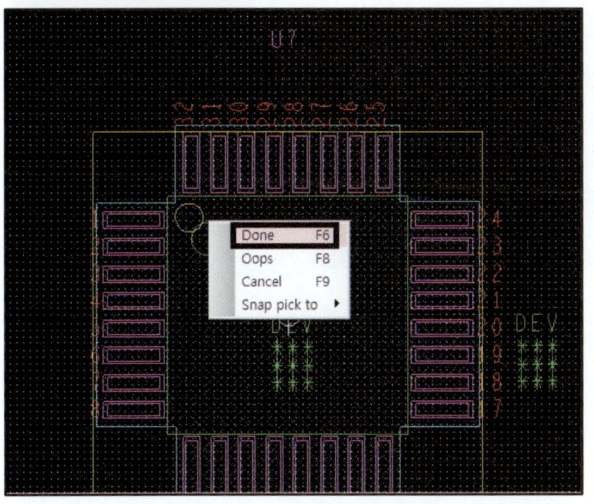

⑧ 1번 핀 옆에 Circle을 그린 후 마우스 우측 버튼을 클릭한 후 Done을 클릭한다.

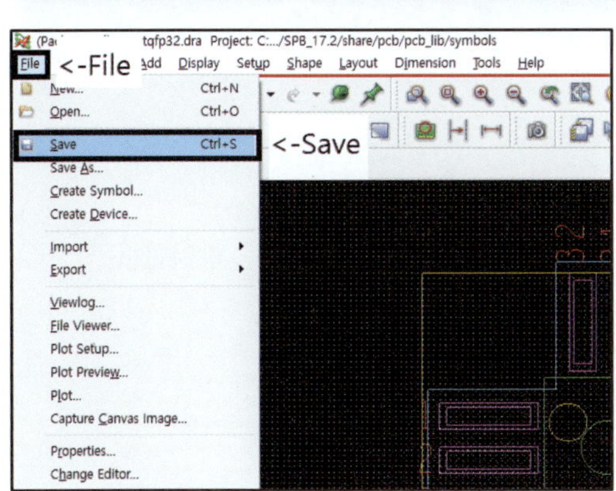

⑨ Menu → File → Save 또는 ▦(Save)를 클릭한다.

3 Footprint 만들기

2020년 제3회 시험부터 적용된 전자캐드기능사 공개문제에서는 4개(ADM101E, D55, HEADER10, CRYSTAL)의 Footprint를 직접 만들어야 한다. 만드는 순서는 다음과 같다.

① PAD 제작	.pad 파일 생성	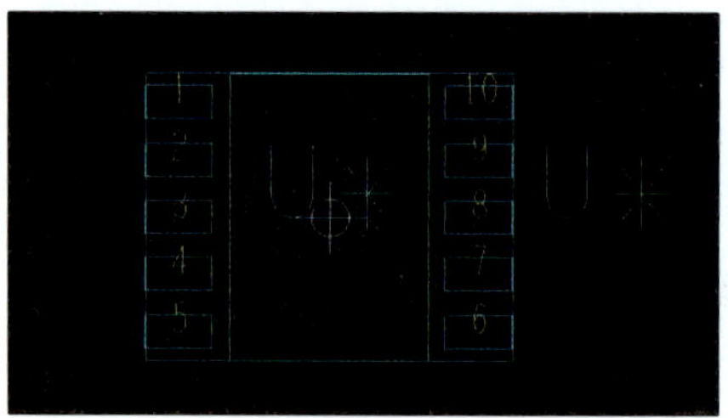
② PAD 배치	–	
③ 부품 외형 그리기	Silk screen top, Place bound top	
④ Ref 입력	Silk screen top	
⑤ 저장(Save)	.dra, .psm 파일 생성	

1) ADM101E

(▶ [전자캐드기능사(OrCAD 17.2)] 4. ADM101E PAD 및 Footprint 만들기 영상 참조)

(1) PAD 만들기(ADM101E)

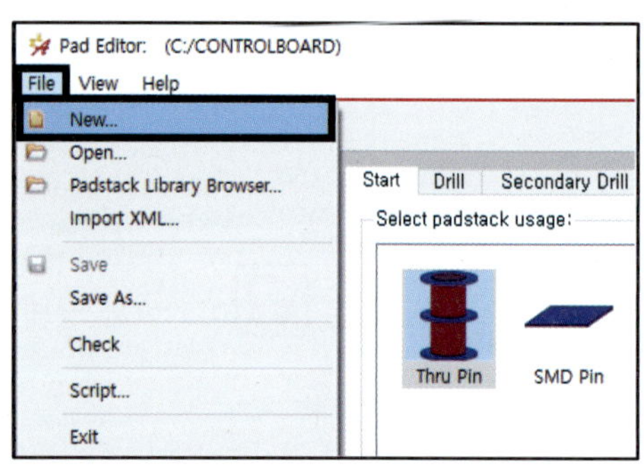

①  를 실행한다.

② File → New

③ Directory에서 저장되는 경로를 확인한다.

④ Padstack name : ADM101E

⑤ Padstack usage : SMD Pin

⑥ OK를 클릭한다.

PAD 이름은 일반적으로 다음과 같이 명명한다.

예 PAD09C15 → 홀 크기 : 0.9mm, PAD 모양 : Circle, LAND 크기 : 1.5mm

   SMD15REC33 → SMD 패드 가로 : 1.5mm, PAD 모양 : RECTANGLE, 세로 : 3.3mm

이와 같이 PAD 이름을 명명하면 PAD의 모양과 사이즈를 대략적으로 알 수 있다. 필자는 PAD나 Footprint의 이름을 부품명으로 만든다. 이렇게 하면 PAD 이름이나 Footprint를 따로 숙지하지 않아도 되기 때문에 전자캐드기능사에 한하여 이렇게 명명한다.

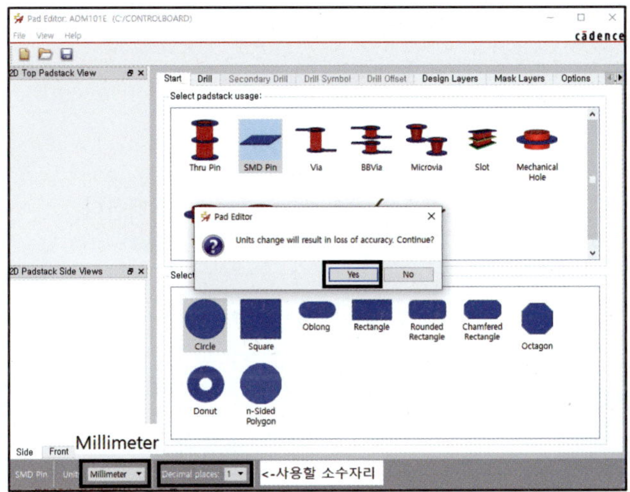

⑦ 화면 좌측 하단부의 Unit을 Millimeter로 변경한다.

⑧ Unit의 변경 여부를 묻는 창이 뜨면 Yes를 클릭한다.

⑨ Unit을 바꾸면 사용할 소수점 자리가 4로 변경된다(수정 가능).

⑩ Design Layers 탭으로 이동하여 하단부의 Geometry를 Rectangle로 변경한다.

- Width : 1.18
- Height : 0.58

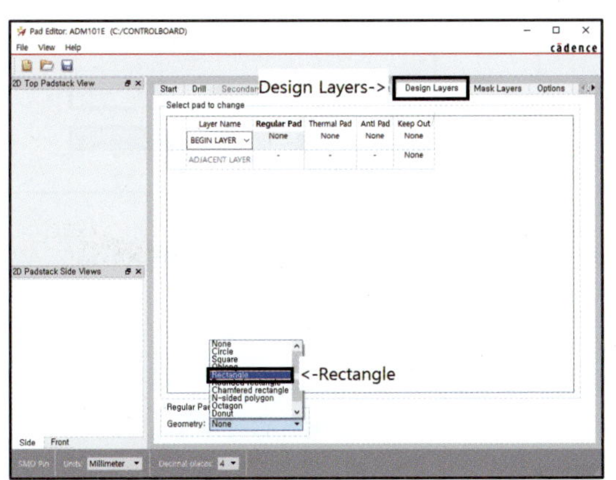

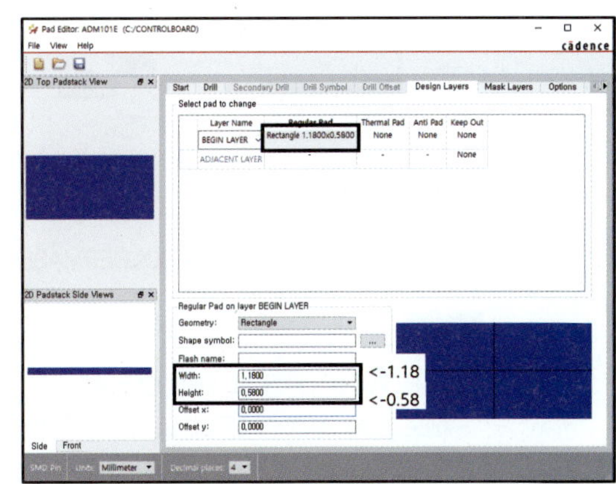

※ SMD Type의 부품은 DIP Type과 다르게 구멍을 뚫지 않고 PCB 표면에 부품을 장착한다. 따라서 Drill에 관련된 항목은 입력하지 않는다.

[ADM101E 데이터 시트 'RECOMMENDED SOLDERING FOOTPRINT']

공개문제에 제시된 ADM101E의 데이터 시트를 참고하여 다음 요소를 입력한다.

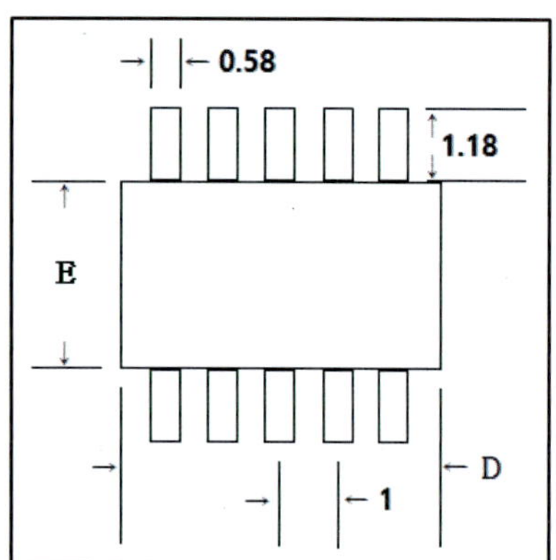

- Geometry : Rectangle
- Width : 1.18
- Height : 0.58

⑪ Rectangle 1.1800×0.5800을 클릭한 후 마우스 우측 버튼을 클릭하여 Copy를 선택한다.

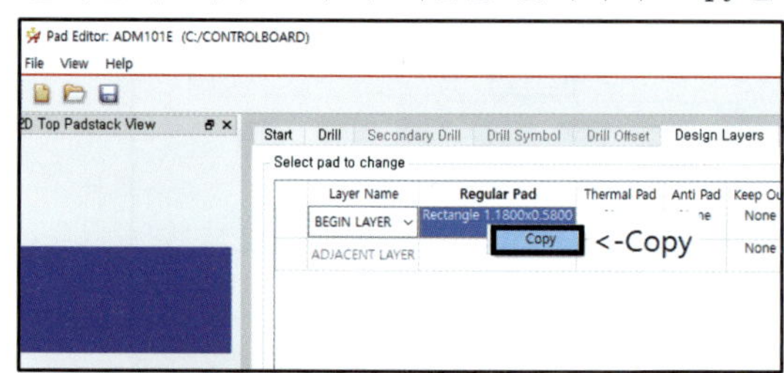

⑫ Mask Layers로 이동하여 다음 그림과 같이 복사한 데이터를 SOLDERMASK_TOP과 PASTMASK_TOP에 붙여넣기를 한다(해당 항목 선택 후 마우스 우측 버튼을 클릭하여 Paste를 선택한다).

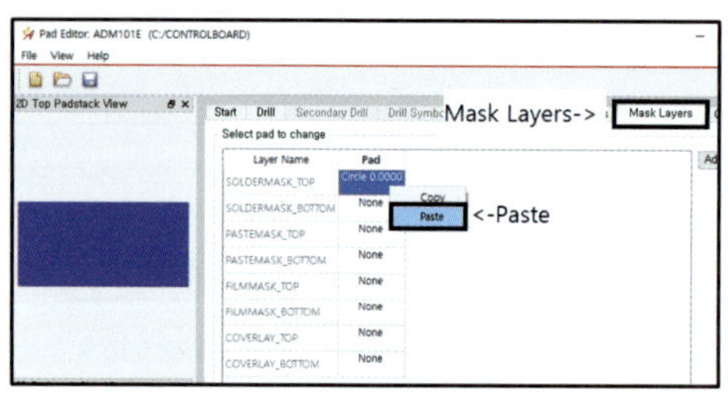

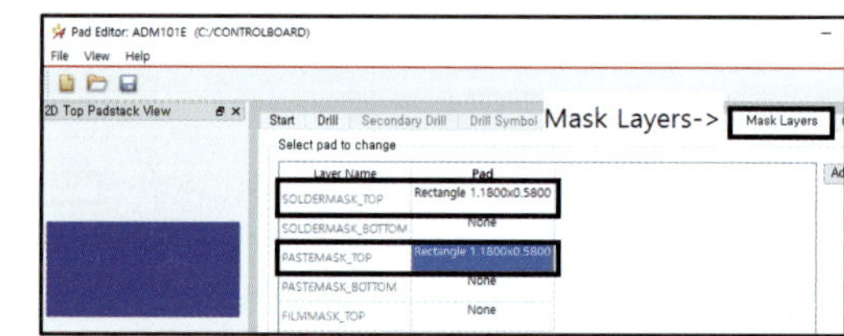

※ 실제 PCB를 제작할 때는 SOLDERMASK를 0.1 정도 크게 만들지만, 전자캐드기능사는 똑같이 해도 무방하다.

💡 Tip

SMD PAD를 만들 때 SOLDERMASK_BOTTOM에 데이터를 입력하면 Artwork film 제작 시 SOLDERMASK_BOTTOM film에도 SMD PAD가 나온다. 공개문제에서는 모든 부품을 TOP면에 배치하도록 되어 있기 때문에 BOTTOM file, SOLDERMASK_BOTTOM film에 SMD PAD가 나오면 BOTTOM면에 부품이 더 장착되어 있는 것으로 보고 실격처리된다.

⑬ File → Save

⑭ 이상 없이 저장되면 화면 우측 하단에 ADM101E.pad saved 메시지가 생성된다.

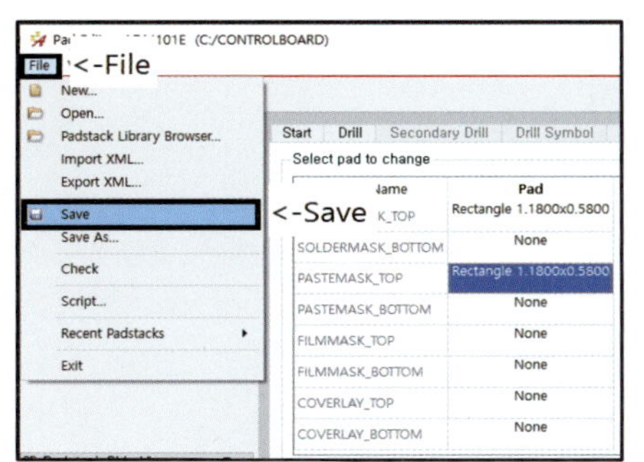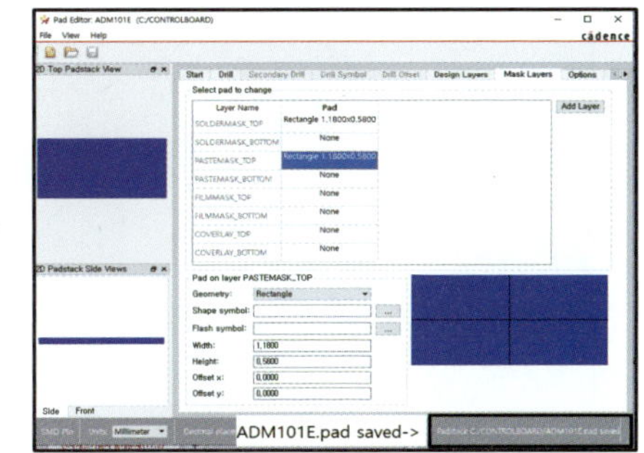

⑮ 저장되는 폴더에 PAD 파일이 생성되었는지 확인한다.

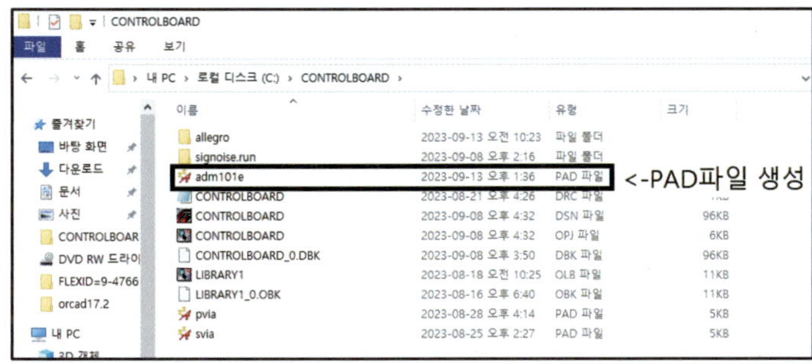

※ PAD가 정상적으로 만들어지면 pad 파일이 생성된다. 파일이 생성되지 않았다면 PAD를 다시 만든다.

(2) PAD 배치 및 외형 그리기

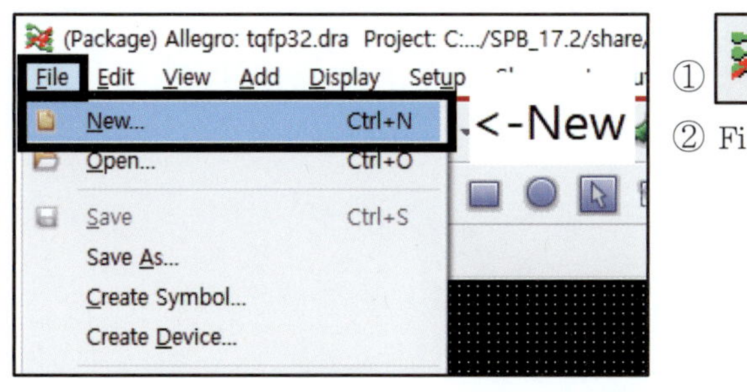

① 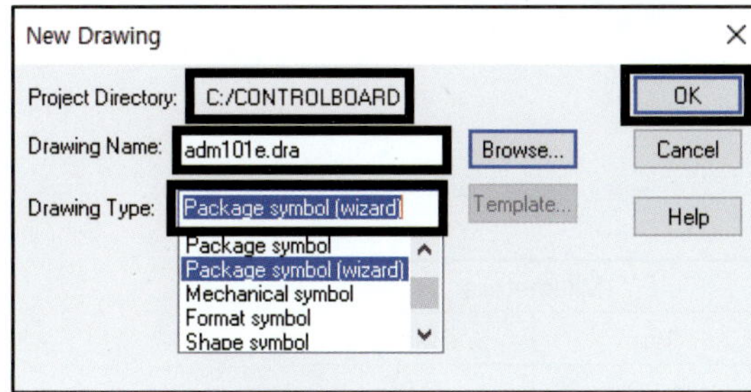 를 실행한다.

② File → New

③ 저장되는 경로를 확인한다.

④ Drawing Name : adm101e

⑤ Drawing Type : Package symbol[wizard]

※ Drawing Name은 Netlist를 하기 전에 입력해야 할 Footprint이므로, 반드시 메모해 둔다.

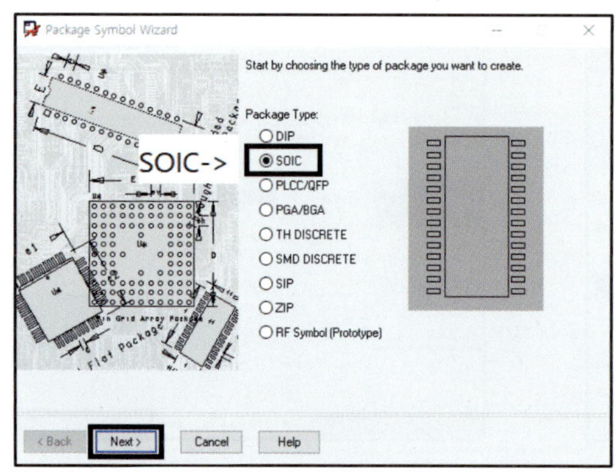

⑥ Package Type을 SOIC로 지정한 후 Next를 클릭한다.

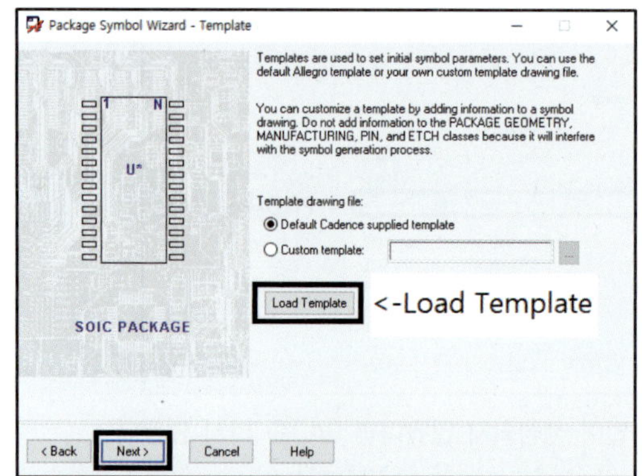

⑦ Load Template를 클릭한 후 Next를 클릭한다.

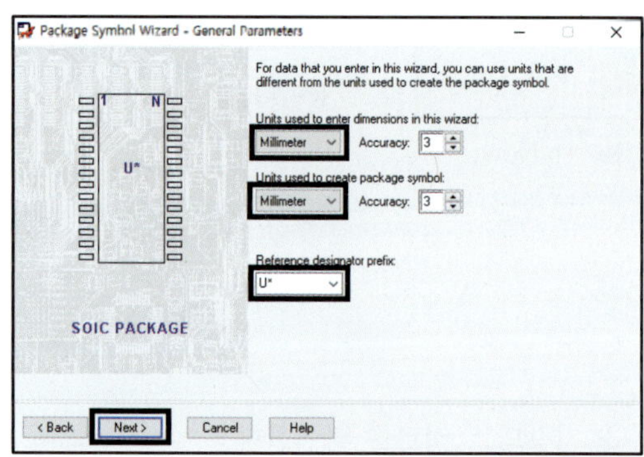

⑧ 단위를 Millimeter로 설정한다. IC이므로 Ref가 U로 되어 있는지 확인한 후 Next를 클릭한다.

[공개문제에 제시된 ADM101E 데이터 시트]

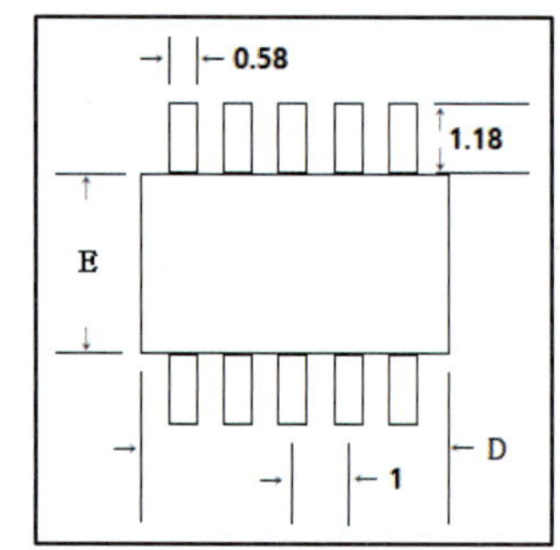

Dim	Millimeters	
	Min	Max
D	4.80	5.00
E	3.80	4.00

※ Min과 Max 사이의 값을 사용한다. 계산의 편의를 위해 Max 값을 사용하였다.

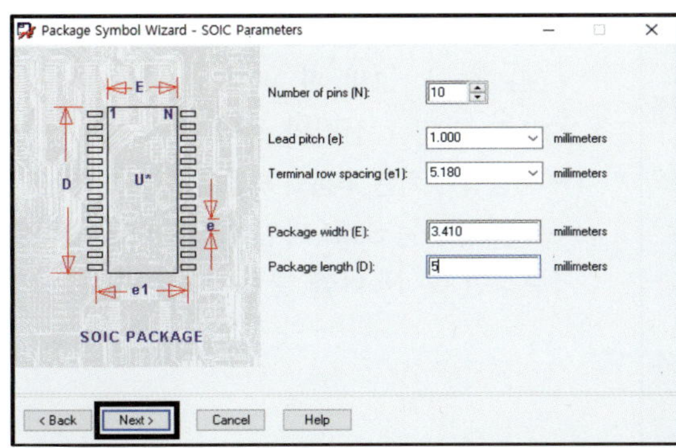

⑨ 공개문제에 제시된 ADM101E의 데이터 시트를 참조하여
다음 요소를 입력한 후 Next를 클릭한다.
- Number of pins(N) : 10 → 핀 수
- Lead pitch(e) : 1 → PAD와 PAD 간격
- Terminal row spacing(e1) : 5.18
- Package width(E) : 3.41
- Package length(D) : 5

Terminal row spacing(e1), Package width(E) 계산방법

$$\text{Terminal row spacing(e1)} = E + \frac{PAD(W)}{2} + \frac{PAD(W)}{2} = E + PAD(W) = 4 + 1.18 = 5.18$$

$$\text{Package width(E)} = E - \frac{PAD(W)}{2} = 4 - \frac{1.18}{2} = 3.41$$

Package width(E)에서 데이터 시트에 있는 E(MAX)를 그대로 쓰지 않는 이유는 다음 그림과 같이 PAD와 심벌의 실크라인이 겹치지 않게 하기 위해서이다.

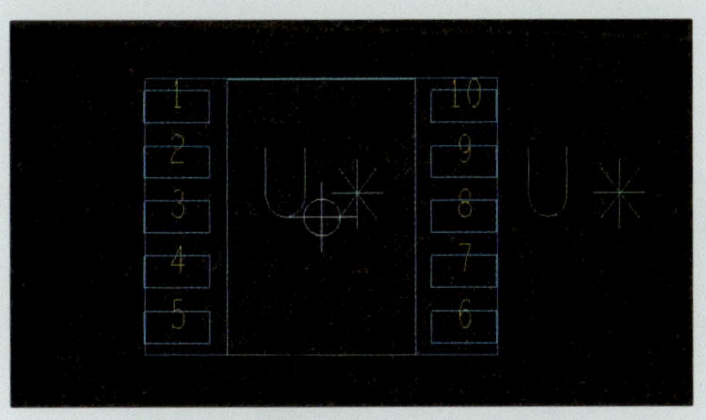

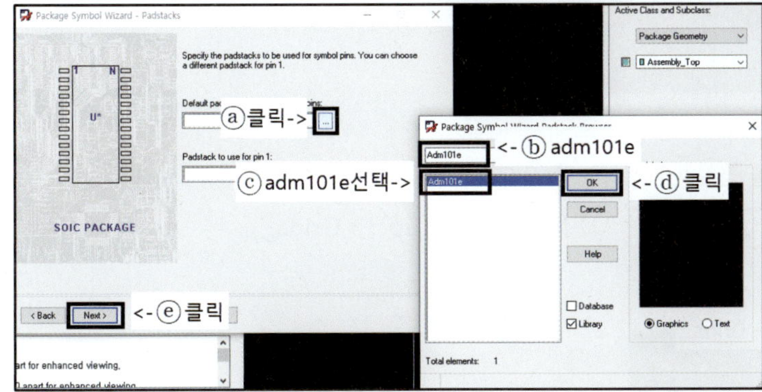

⑩ PAD 설정
ⓐ 검색창 옆에 …을 클릭한다.
ⓑ 검색창에 'adm101e'를 입력한다.
  ※ 'adm*'를 입력하면 adm로 시작하는
  PAD가 모두 검색된다.
ⓒ adm101e를 선택한다.
ⓓ OK를 클릭한다.
ⓔ Next를 클릭한다.

※ PAD가 검색되지 않으면 PAD가 저장된 폴더에 adm101e.pad 파일이 있는지 확인해 보고, 없으면 다시 만들어야 한다.
adm101e.pad가 있는데 검색되지 않으면 PCB Editor에서 padpath와 psmpath의 경로를 설정해야 한다(설정방법은 122쪽 참조).

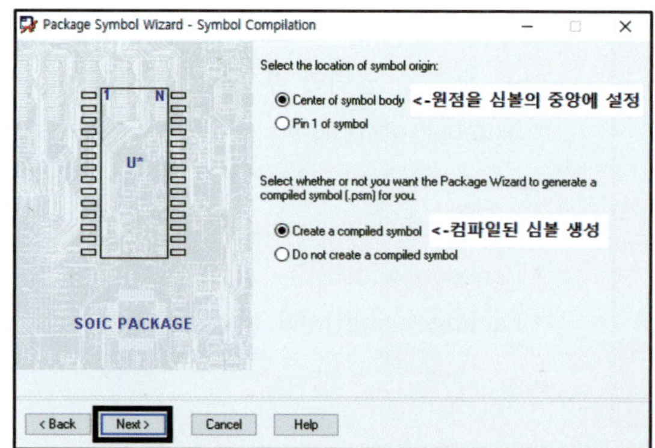

⑪ 원점의 위치를 설정한다.
- DIP 타입 : 1번 핀
- SMD 타입 : 심벌의 중앙

※ 원점의 위치는 부품의 타입에 따라 다르다.

- ADM101E는 SMD 타입이므로 원점을 심벌의 중앙으로 설정한 후 Next를 클릭한다.

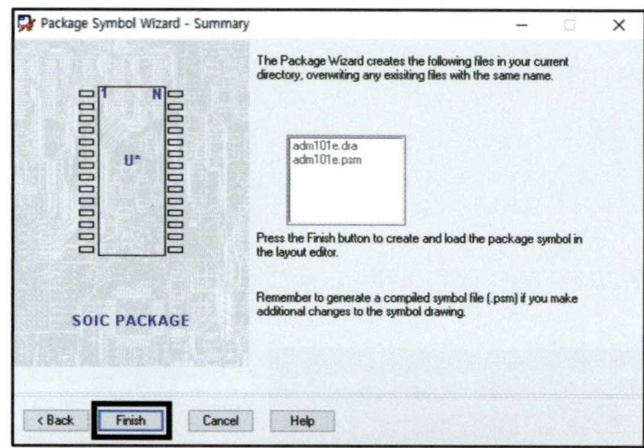

⑫ Finish를 클릭하면 adm101e.dra, adm101e.psm 파일이 생성된다.

※ 저장되는 폴더에 .dra, psm 파일이 있어야 사용할 수 있다.

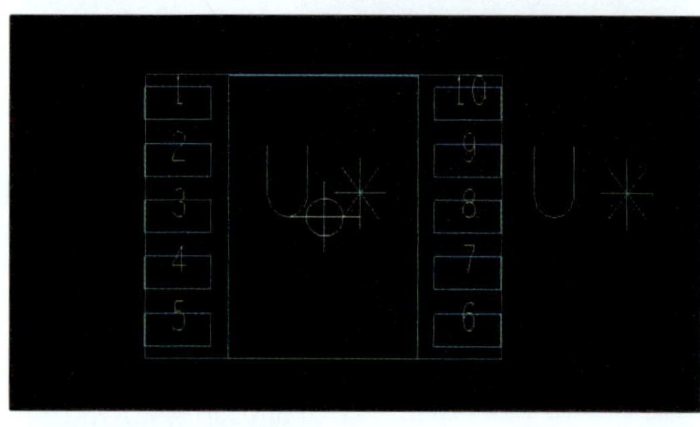

⑬ ADM101E의 Footprint 완성

(3) 1번 핀의 위치를 나타내는 원 그리기

※ 1번 핀의 위치가 표시되어야 부품을 정확하게 장착할 수 있다.

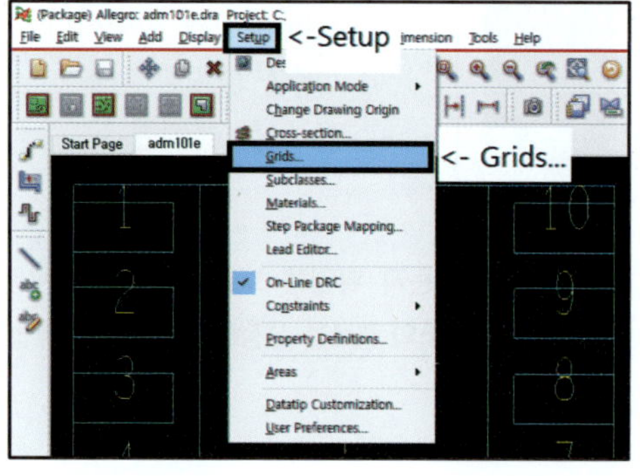

① Menu → Setup → Grids...

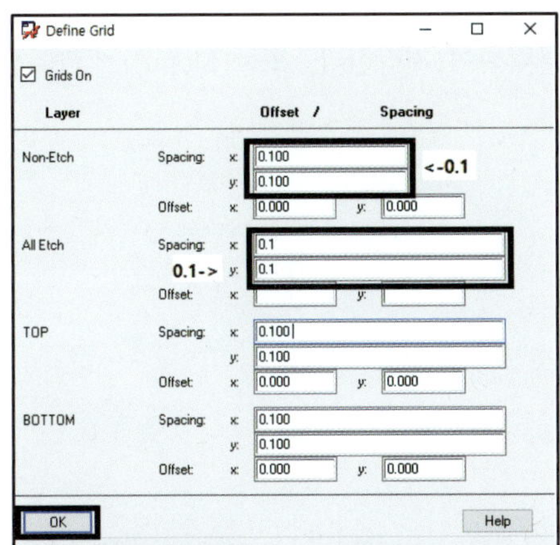

② Non-Etch와 All Etch를 0.1로 지정한다.

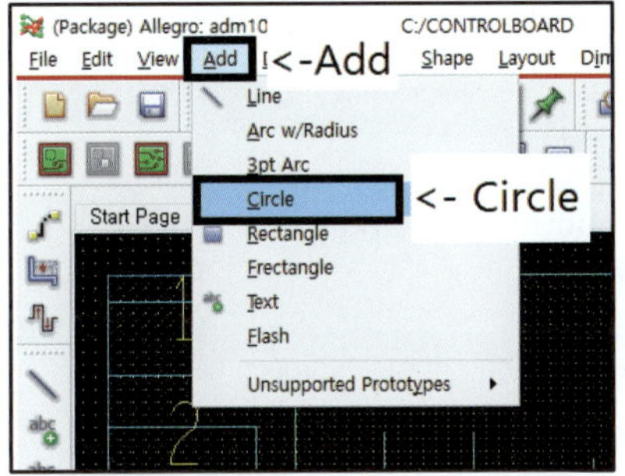

③ Menu → Add → Circle

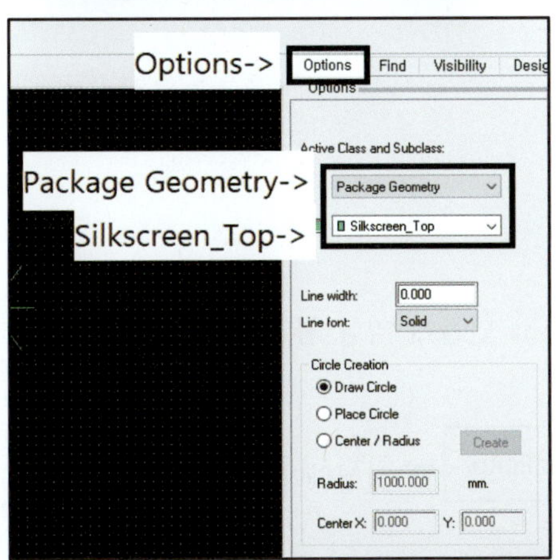

④ Options에서 Active Class and Subclass를 Package Geometry, Silkscreen_Top으로 설정한다.

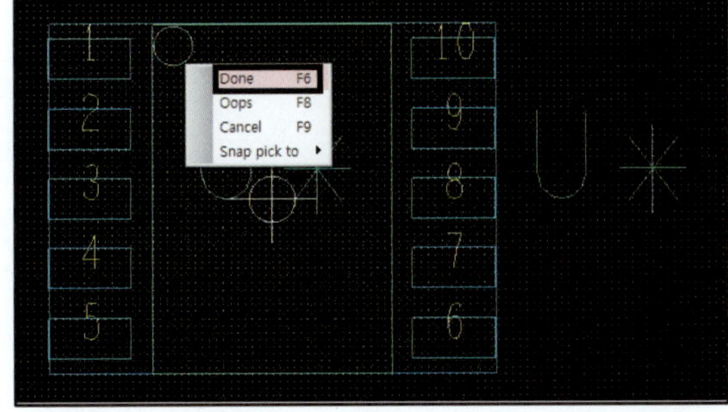

⑤ 1번 핀 옆에 원을 그리고 마우스 우측 버튼을 클릭한 후 Done을 클릭한다.

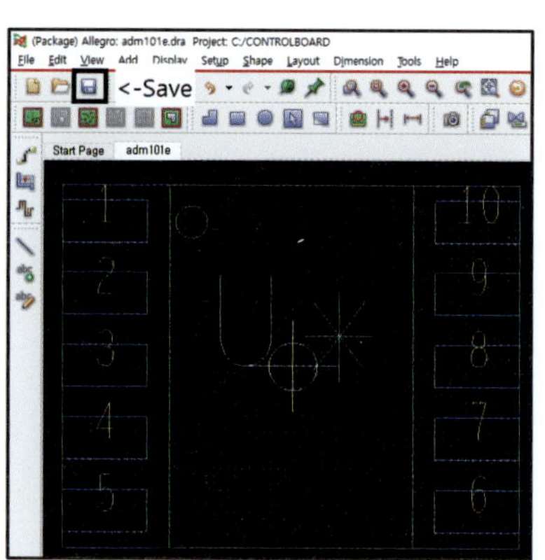

⑥ 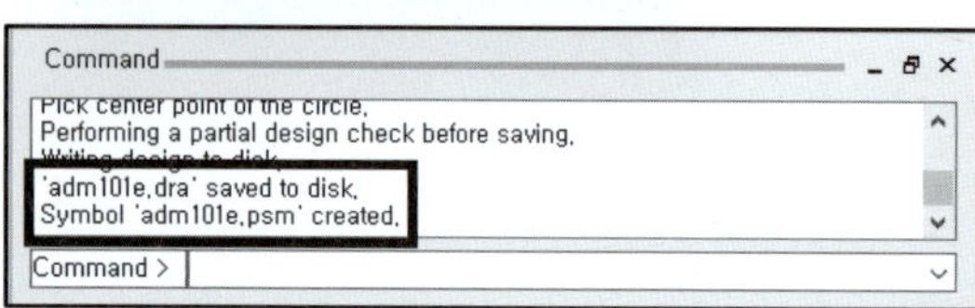(Save)를 클릭하여 저장한다. 또는 Menu → File → Save

⑦ 정상적으로 저장되면 Command 창에 왼쪽 그림과 같은 메시지가 뜬다.

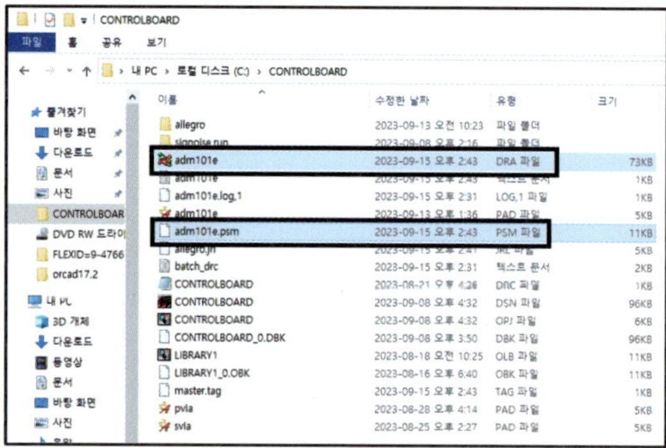

⑧ 폴더에 adm101e.dra, adm101e.psm 파일이 저장되었는지 확인한다.

2) D55

(▶ [전자캐드기능사(OrCAD 17.2)] 5. D55 PAD 및 Footprint 만들기 영상 참조)

(1) PAD 만들기(D55)

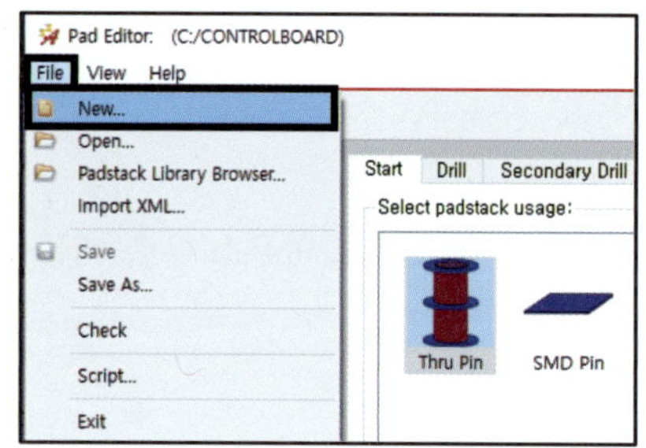

① Padstack Editor 를 실행한다.

② File → New

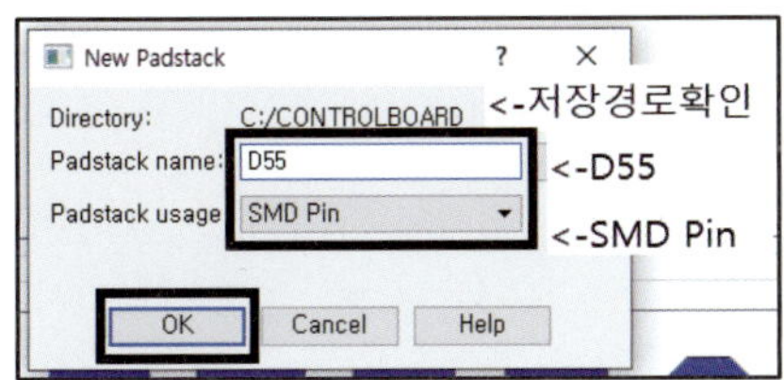

③ Directory에서 저장되는 경로를 확인한다.

④ Padstack name : D55

⑤ Padstack usage : SMD Pin

⑥ OK를 클릭한다.

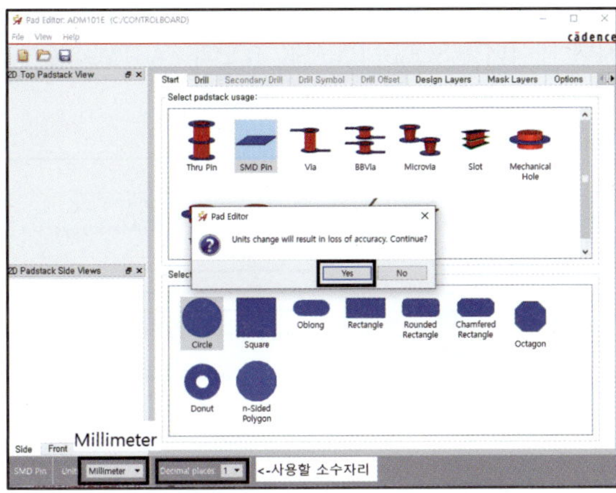

⑦ 화면 좌측 하단부의 Unit을 Millimeter로 변경한다.

⑧ Unit의 변경 여부를 묻는 창이 뜨면 Yes를 클릭한다.

⑨ Unit을 바꾸면 사용할 소수점 자리가 4로 변경된다(수정 가능).

[공개문제에 제시된 D55 데이터 시트]

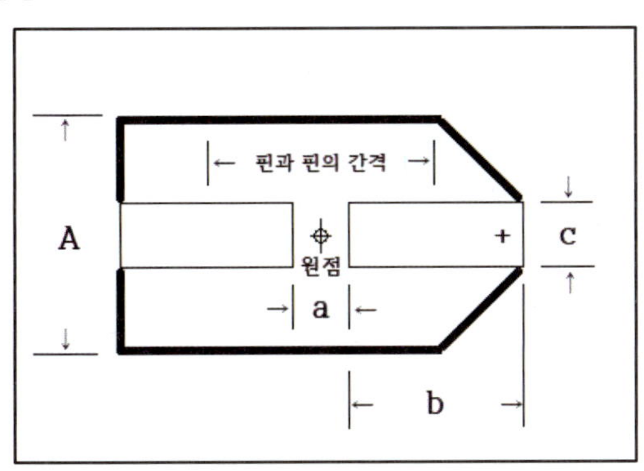

a=1.0, b=2.6, c=1.6,

A(MAX)=A+0.2=4.3+0.2=4.5

Width=b=2.6

Height=c=1.6

⑩ Design Layers 탭으로 이동하여 하단부의 Geometry를 Rectangle로 변경한다.

- Width : 2.6

- Height : 1.6

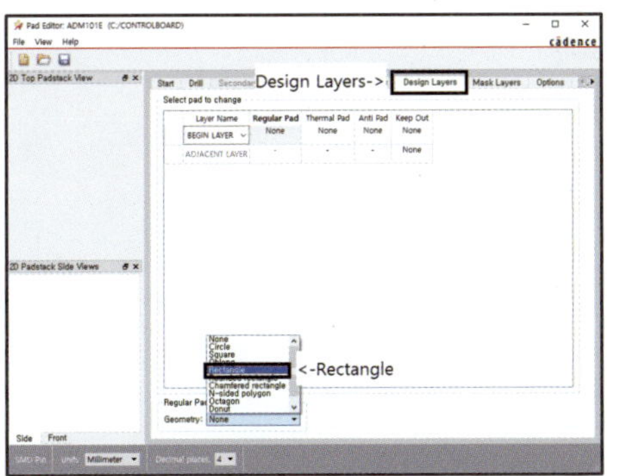

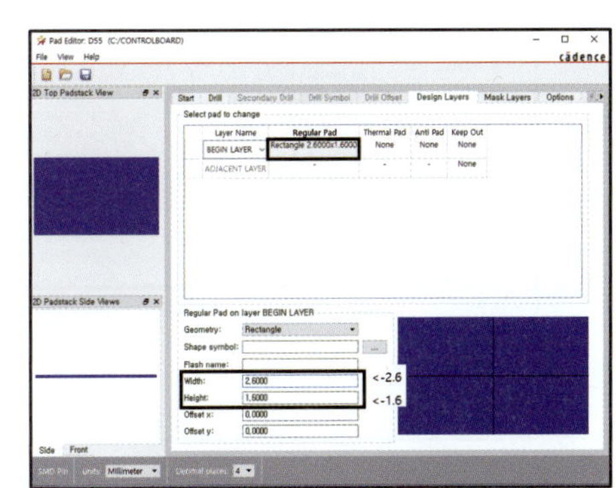

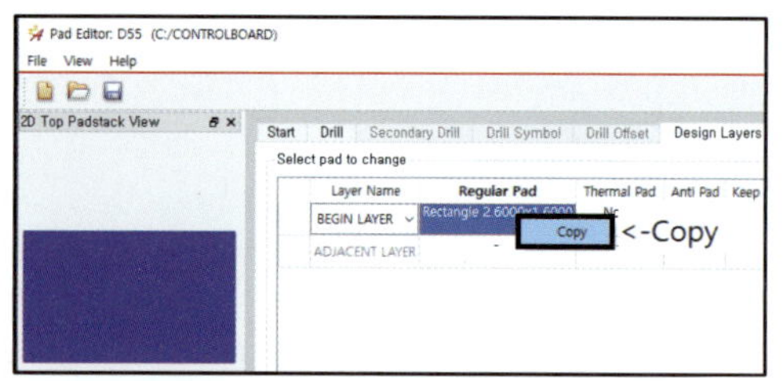

⑪ Rectangle 2.6000×1.6000을 클릭한 후 마우스 우측 버튼을 클릭하여 Copy를 선택한다.

⑫ Mask Layers로 이동하여 다음 그림과 같이 복사한 데이터를 SOLDERMASK_TOP과 PASTMASK_TOP에 붙여넣기를 한다(해당 항목을 선택한 후 마우스 우측 버튼을 클릭한 후 Paste를 선택한다).

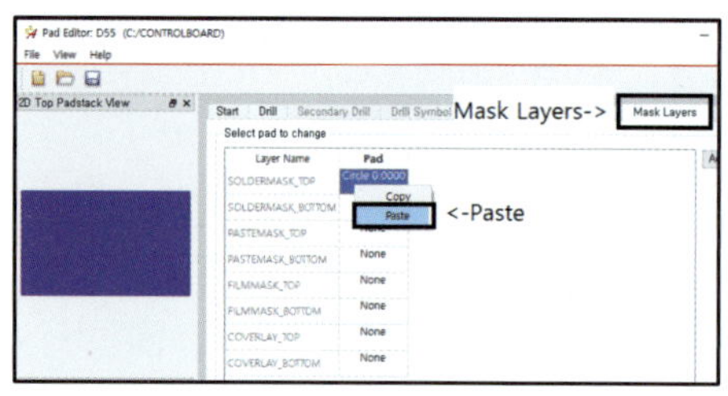

→
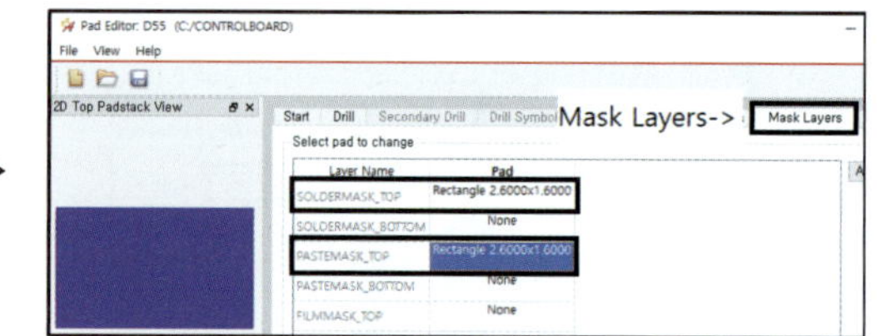

⑬ File → Save

⑭ 이상 없이 저장되면 화면 우측 하단에 D55.pad saved 메시지가 생성된다.

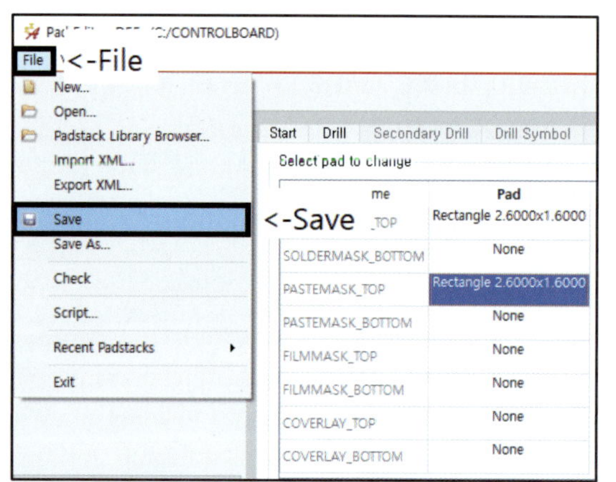

→
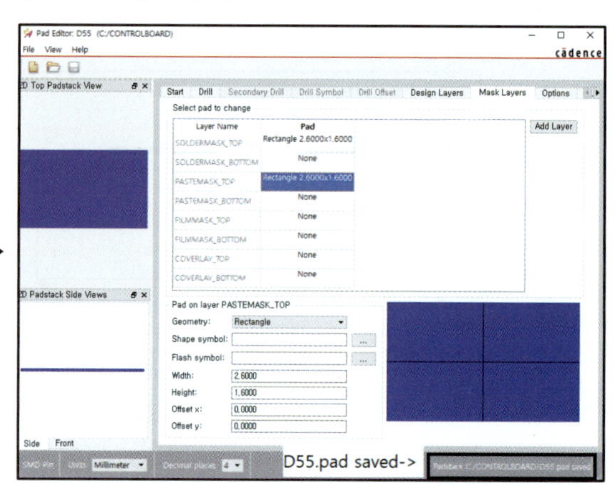

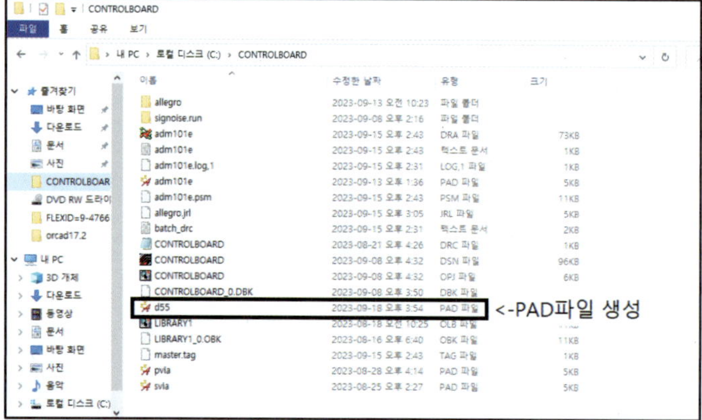

⑮ 저장되는 폴더에 PAD 파일이 생성되었는지 확인한다.

※ PAD가 정상적으로 만들어지면 pad 파일이 생성된다. 파일이 생성되지 않았다면 PAD를 다시 만든다.

(2) PAD 배치 및 외형 그리기

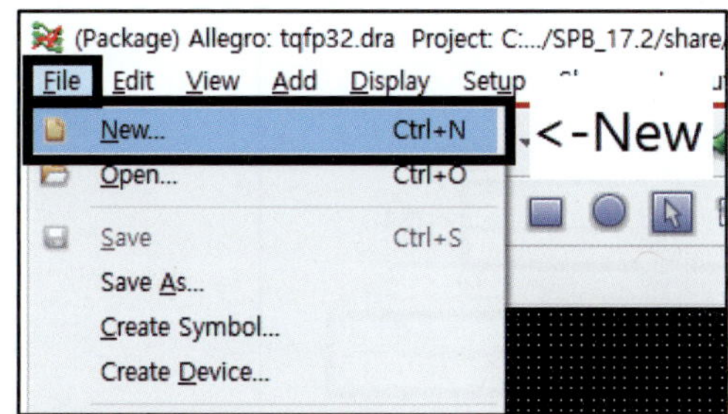

① 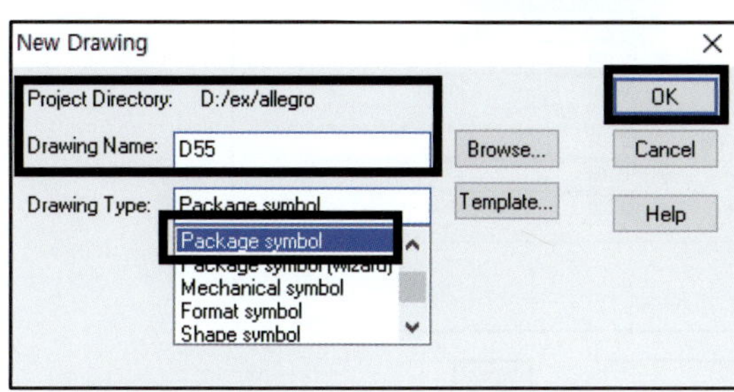 를 실행한다.

② File → New

③ 저장되는 경로를 확인한다.

④ Drawing Name : D55

⑤ Drawing Type : Package symbol

※ Drawing Name은 Netlist를 하기 전에 입력해야 할 Footprint이므로, 반드시 메모해 둔다.

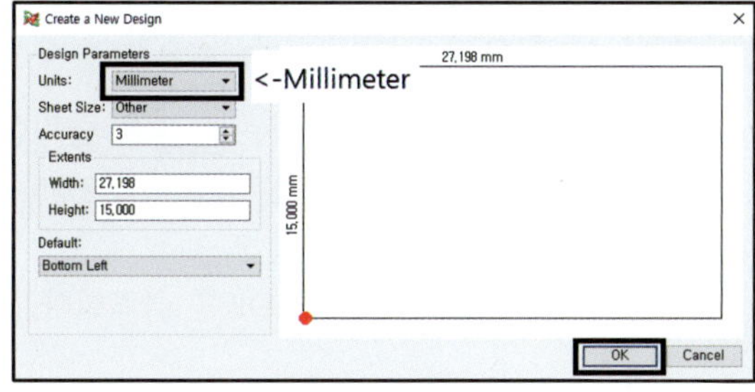

⑥ Units : Millimeter

⑦ OK를 클릭한다(Setup에서 변경 가능하다).

⑧ 초기 설정

　• Menu → Setup → Grids...

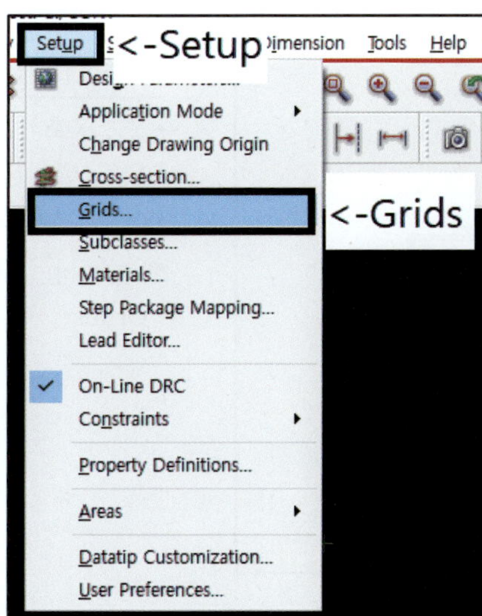

• Non-Etch와 All Etch를 0.1로 지정한 후 OK를 클릭한다.

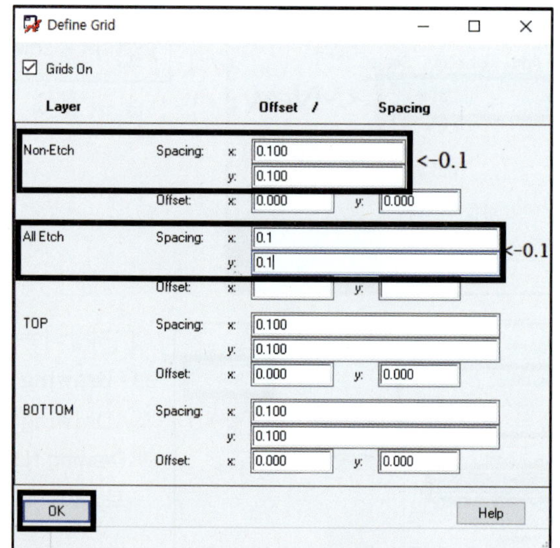

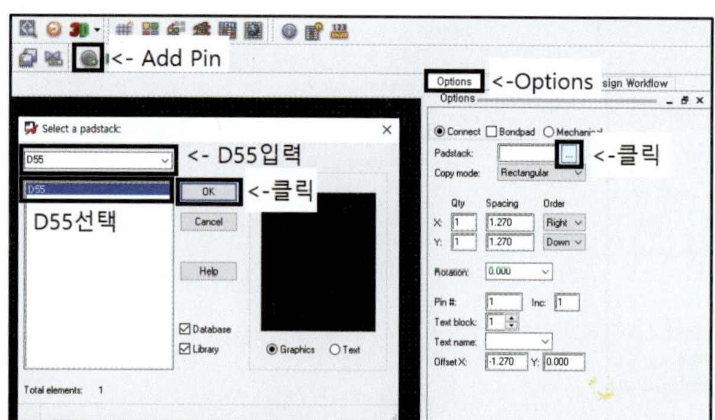

⑨ 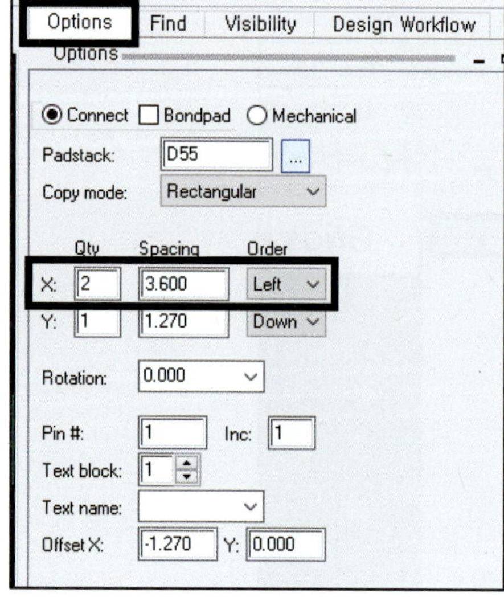 (Add Pin)을 클릭한 후 Options으로 이동한다.

⑩ Padstack 옆에 있는 [...] 을 클릭한다.

⑪ Select a padstack 검색창에 'D55'를 입력한 후 Enter를 클릭한다.

⑫ D55를 선택한 후 OK를 클릭한다.

⑬ PAD 배치

	Qty	Spacing	Order
X	2	3.6	Left

• X : X축
• Y : Y축
• Qty : 핀의 개수
• Spacing : 핀과 핀의 간격
• Order : 핀 번호 증가 방향

핀과 핀의 간격 계산

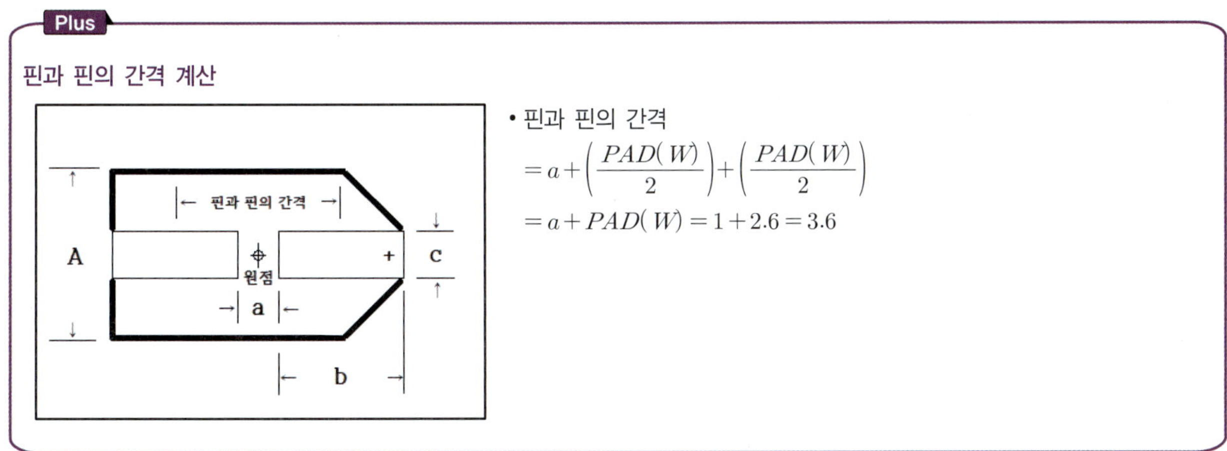

- 핀과 핀의 간격

$$= a + \left(\frac{PAD(W)}{2}\right) + \left(\frac{PAD(W)}{2}\right)$$
$$= a + PAD(W) = 1 + 2.6 = 3.6$$

⑭ Command 창에 1번 핀의 좌표 'x 1.8 0'(x는 소문자)을 입력한다.

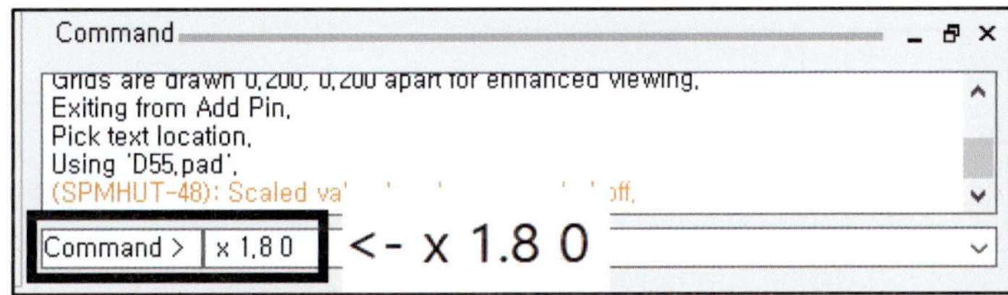

⑮ 다음 그림과 같이 원점을 중심으로 좌우에 1번 핀과 2번 핀이 배치되면 마우스 우측 버튼을 클릭하여 Done을 선택한다.

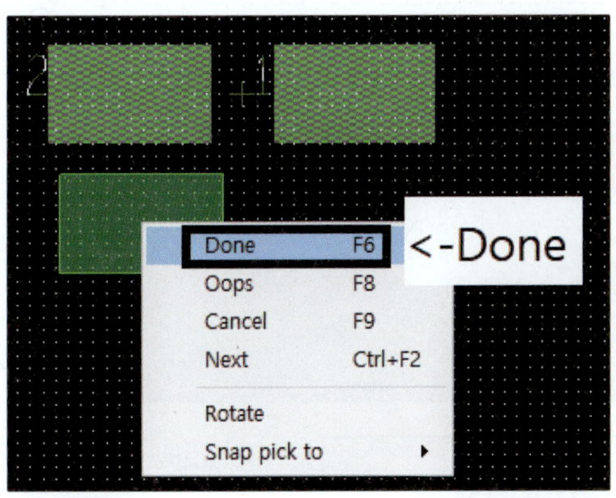

PAD 배치의 좌표 계산

PAD의 중심을 기준으로 좌표를 계산한다. 1번 핀의 x축과 y축의 좌표는 다음과 같다.

- 1번 핀의 x축 좌표 : $\dfrac{a}{2}+\dfrac{b}{2}=\dfrac{1}{2}+\dfrac{2.6}{2}=0.5+1.3=1.8$

- 1번 핀의 y축 좌표 : PAD의 중심이 원점과 같은 선상에 있으므로 y축 좌표는 '0' → 1번 핀 좌표 : x 1.8 0

PCB Editor에서 사용하는 좌표형식

- x로 시작하는 좌표형식

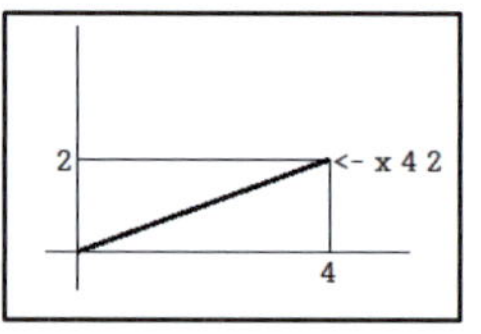

원점에서 떨어진 x축과 y축 만나는 지점으로, 형식은 'x x축 좌표 y축 좌표'이다.

- ix 또는 iy로 시작하는 좌표형식

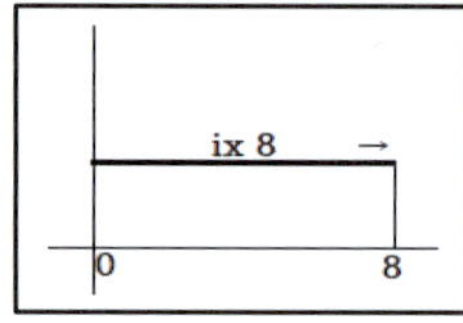

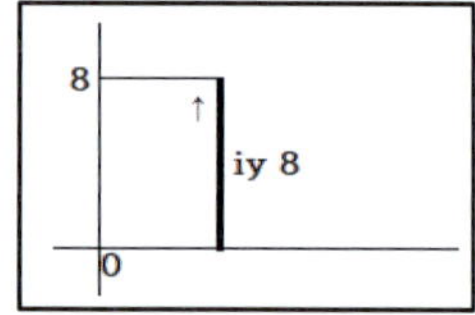

직전의 좌표에서 x축이나 y축으로 이동한 거리를 나타내는 형식이다.

예 1) ix 8 : 직전의 좌표에서 x축으로 8만큼 이동

예 2) iy 8 : 직전의 좌표에서 y축으로 8만큼 이동

※ 위의 두 좌표형식 모두 왼쪽이나 아래쪽으로 이동하면 좌표 부호는 '−'가 된다.

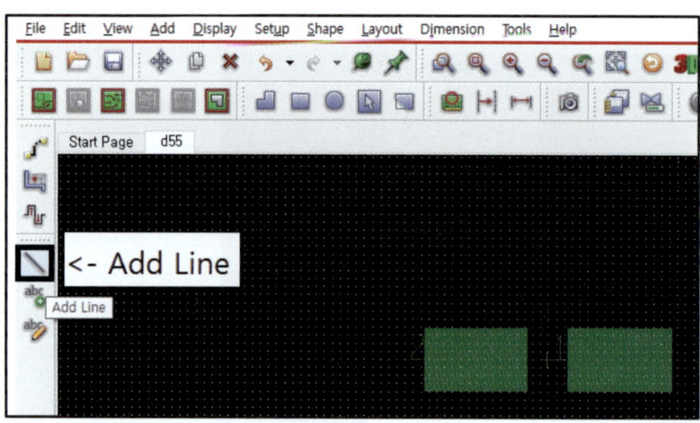

⑯ 심벌의 외형 그리기(위쪽)

- (Add Line)을 클릭한다.

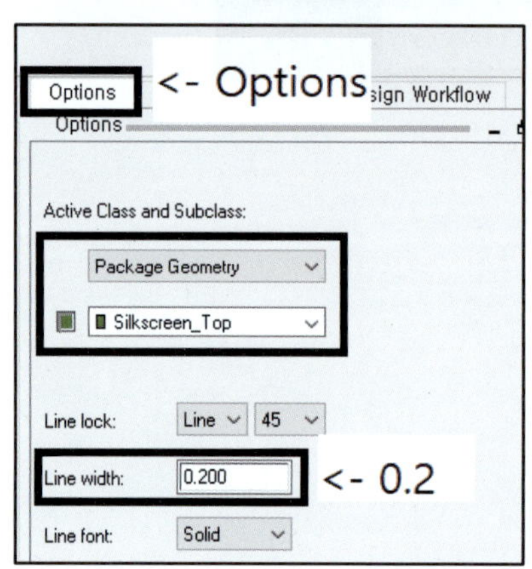

- Options 탭으로 이동하여 Active Class and Subclass를 Package Geometry, Silkscreen_Top으로 설정한다.
- Line width=0.2

• 다음 그림에서 가리키는 곳을 클릭한다.

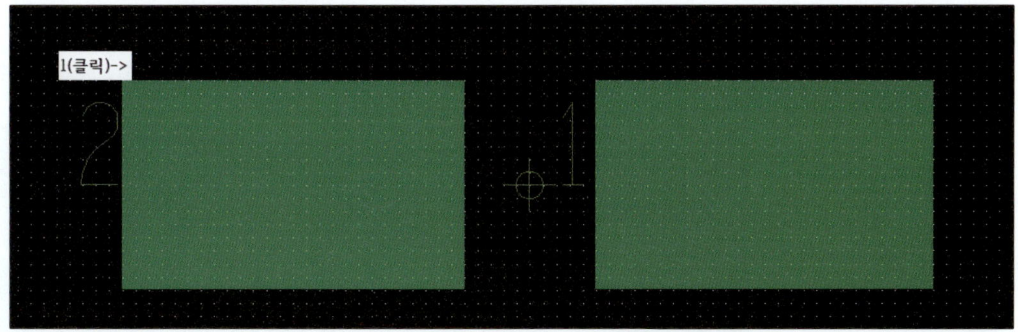

• Command 창에 'iy 1.45'를 입력하면 다음 그림과 같이 위로 1.45만큼의 선이 그려진다.

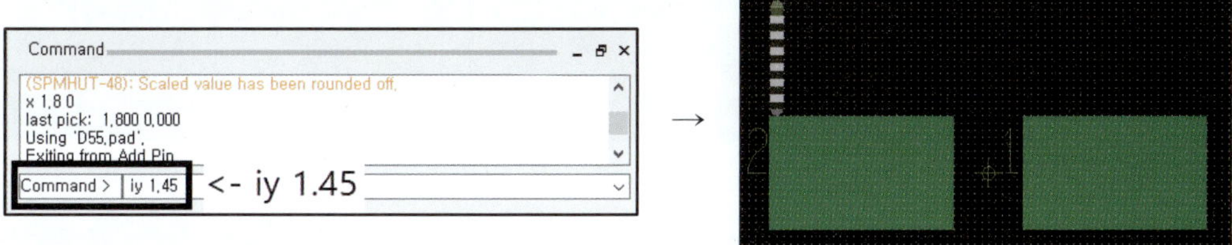

• 선을 대각선으로 내린 상태에서 그대로 1번 핀의 끝까지 이동한다.

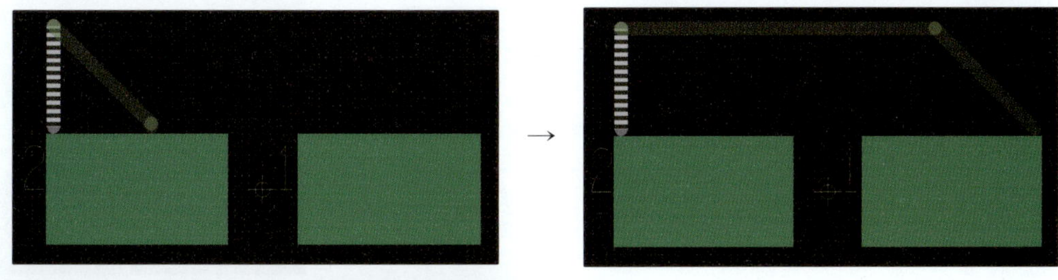

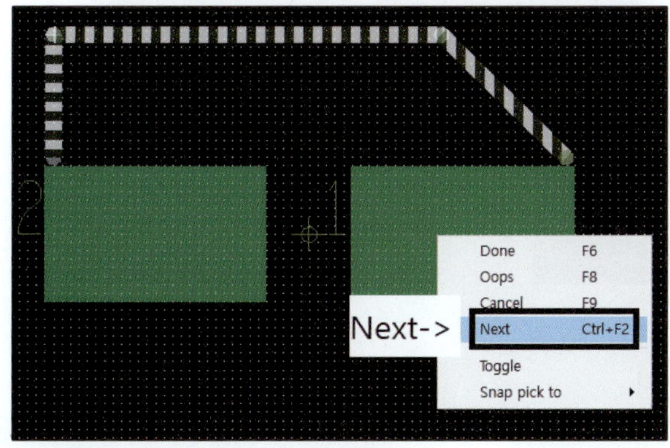

• 1번 핀 끝부분 바로 위쪽 그리드에서 클릭한다.
• 위쪽 라인이 완성되면 마우스 우측 버튼을 클릭하여 Next를 클릭한다.

⑰ 심벌의 외형 그리기(아래쪽)

- 다음 그림에서 가리키는 곳을 클릭한다.

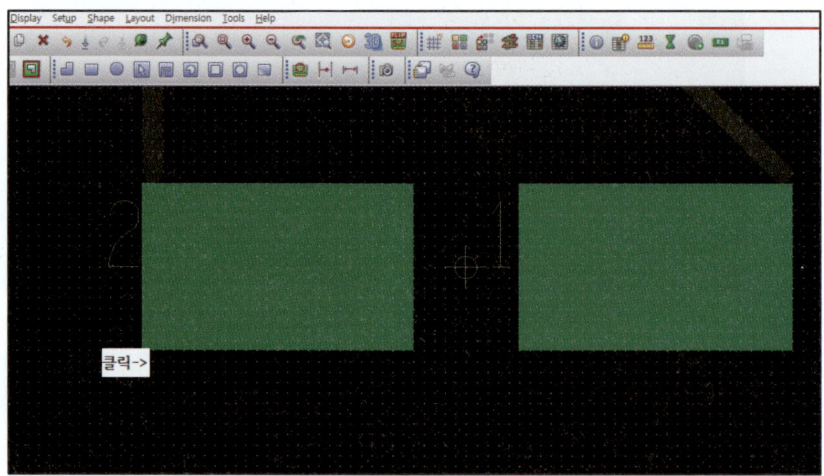

- Command 창에 'iy −1.45'를 입력하면 다음 그림과 같이 아래로 1.45만큼의 선이 그려진다.

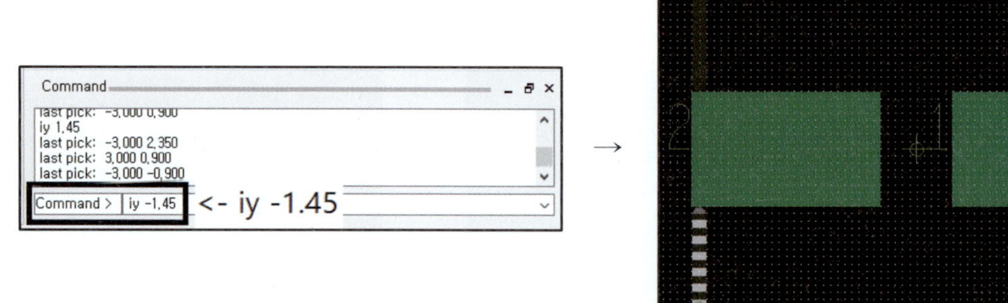

- 선을 대각선으로 올린 상태에서 그대로 1번 핀의 끝까지 이동한다.

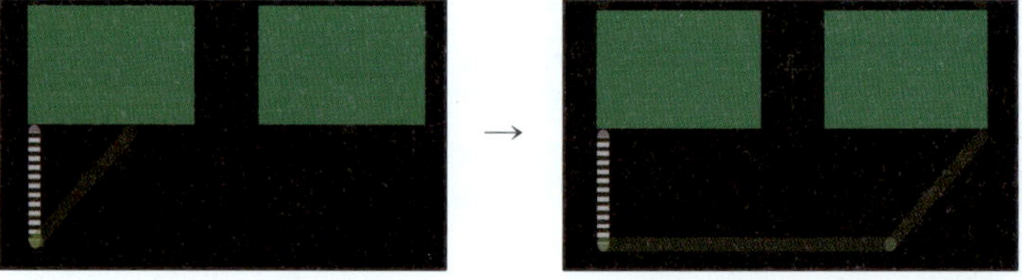

- 1번 핀 끝부분 바로 아래쪽 그리드를 클릭한다. 마우스 우측 버튼을 클릭한 후 Done을 클릭한다.

- 아래쪽 라인이 완성된다.

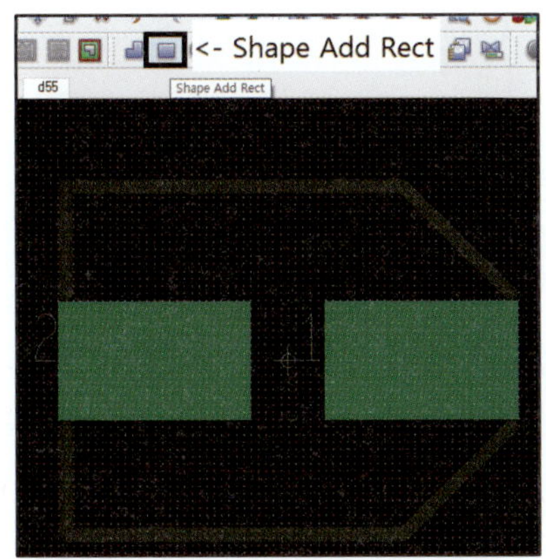

⑱ Place bound TOP을 그린다.

- 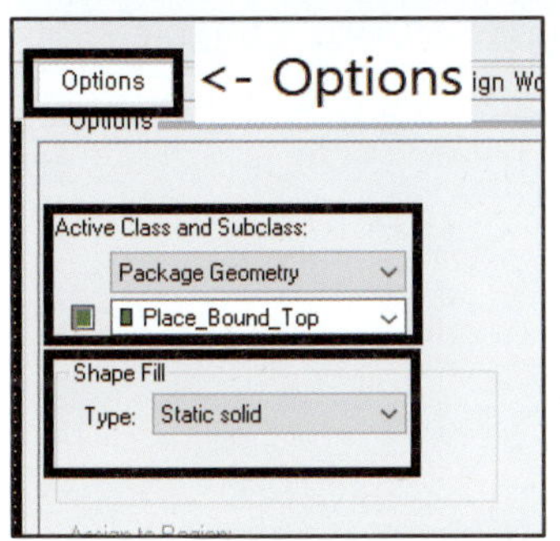(Shape Add Rect)을 클릭한다.

- Options 탭에서 Active Class and Subclass를 Package Geometry, Place_Bound_Top으로 설정한다.
- Shape Fill의 Type을 Static solid로 설정한다.

- 좌측 상단 모서리를 클릭한 후 우측 하단 모서리 부분을 클릭한다.

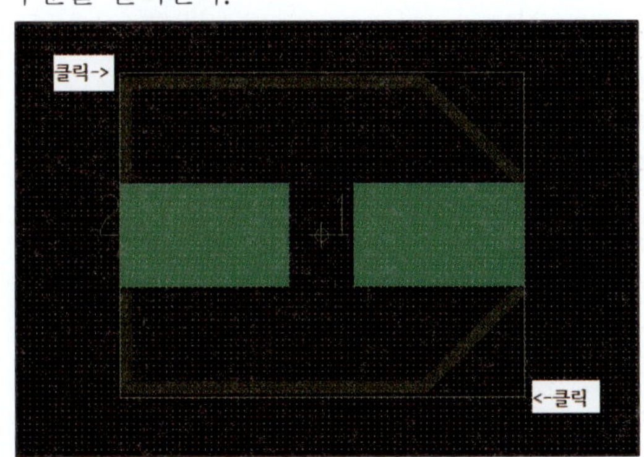

→

- 마우스 우측 버튼을 클릭한 후 Done을 클릭한다.

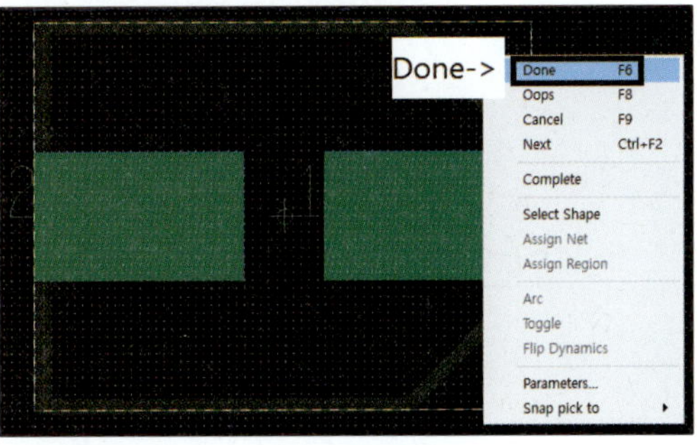

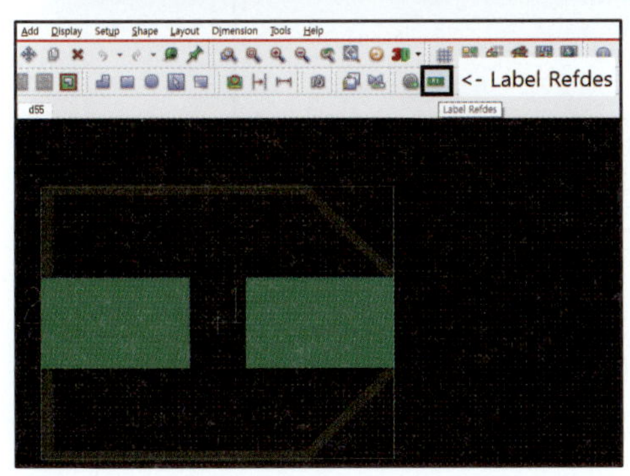

⑲ Reference를 입력한다.

- (Label Refdes)를 클릭한다.

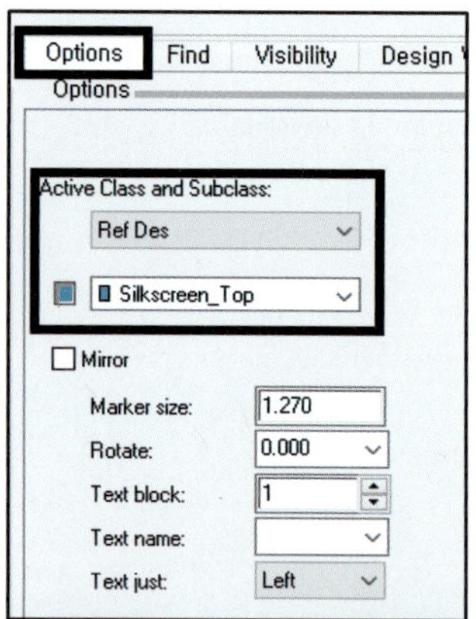

- Options 탭으로 이동하여 Active Class and Subclass를 Ref Des, Silkscreen_Top으로 설정한다.

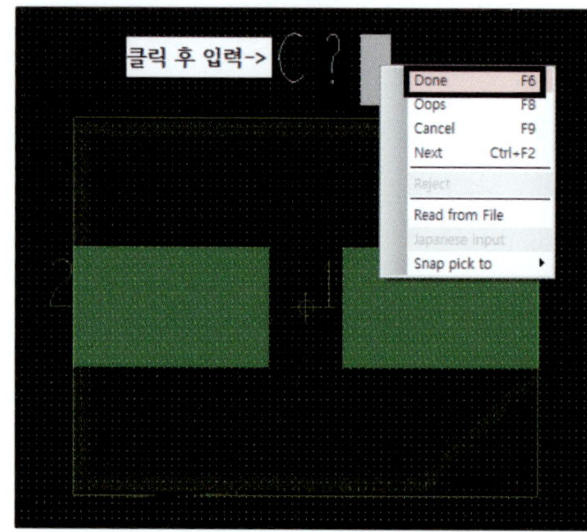

- 심벌 상단을 클릭한 후 'C?'를 입력한다.
- 입력 후 마우스 우측 버튼을 클릭한 후 Done을 클릭한다.

※ Reference를 입력하지 않으면 저장할 때 다음과 같은 에러가 발생한다.

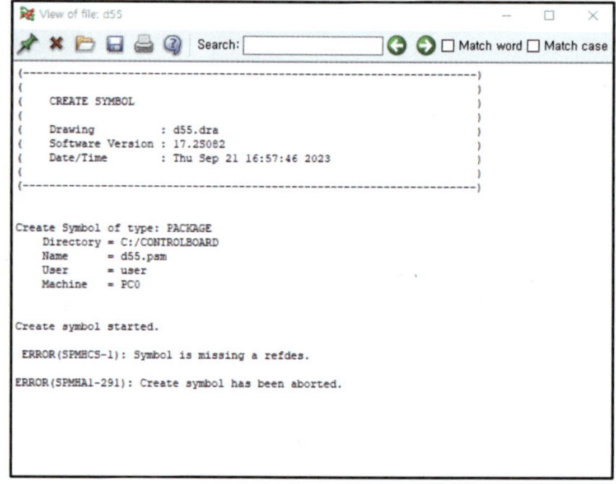

⑳ 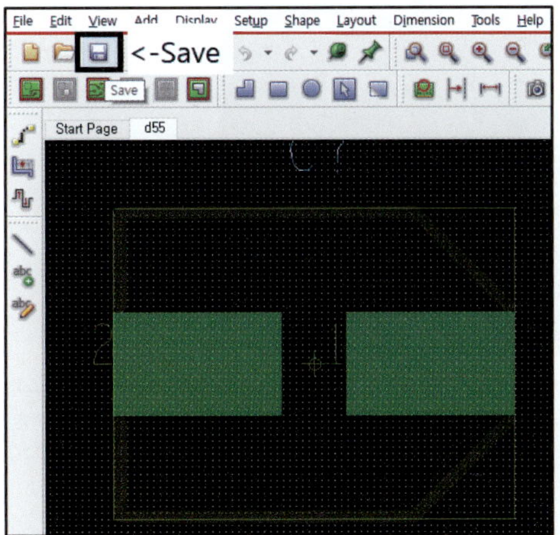(Save)를 클릭하여 저장한다(Menu → File → Save).

Tip

저장되는 폴더에 D55.dra, D55.psm 파일이 있어야 사용할 수 있다. 저장 후 확인해 본다.

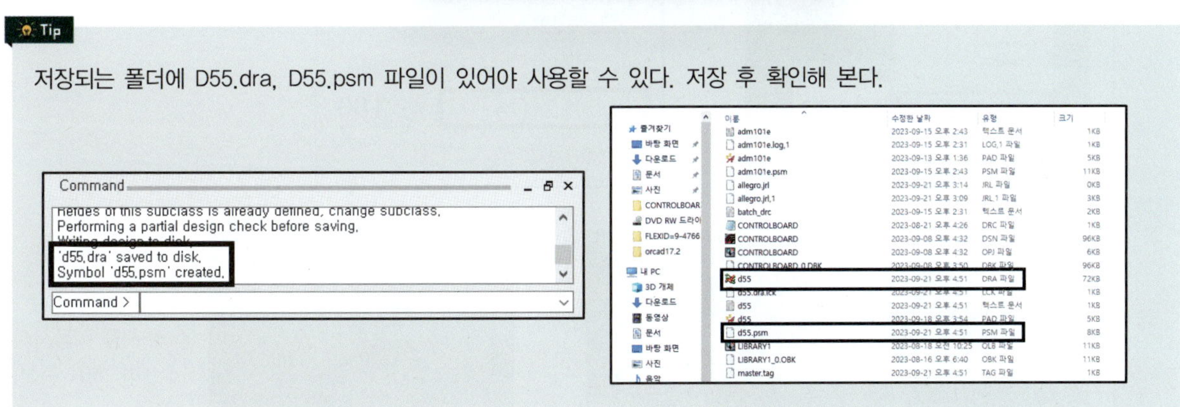

Plus

아래쪽 라인은 다음과 같은 방법으로도 그릴 수 있다.

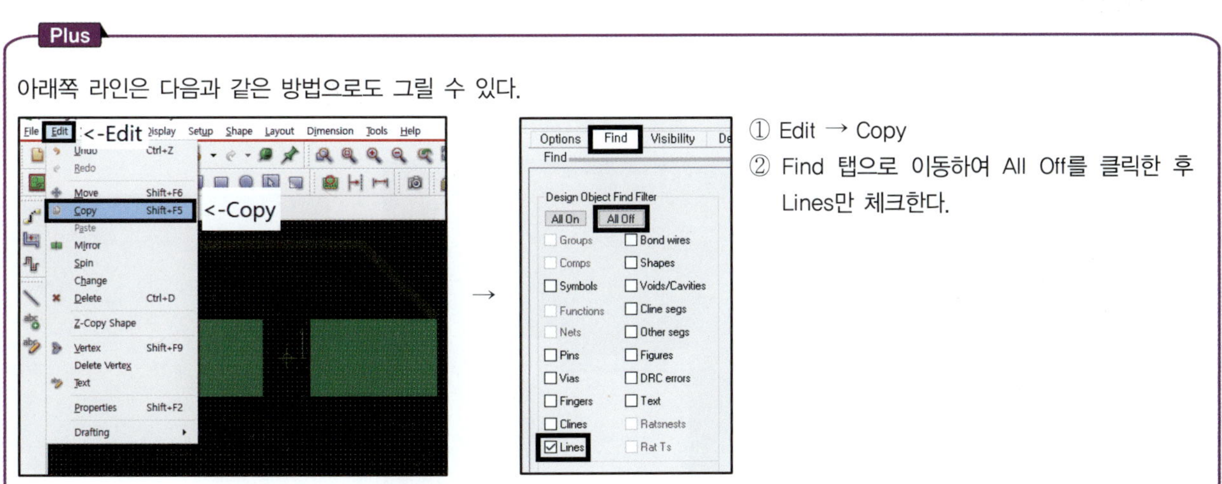

① Edit → Copy

② Find 탭으로 이동하여 All Off를 클릭한 후 Lines만 체크한다.

③ 선을 클릭하면 선이 복사된다.

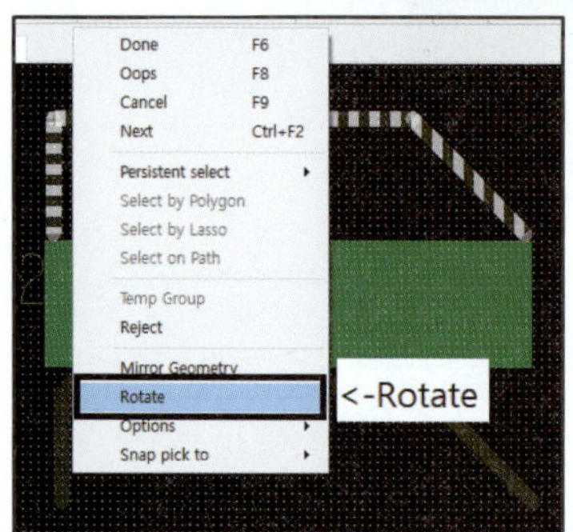

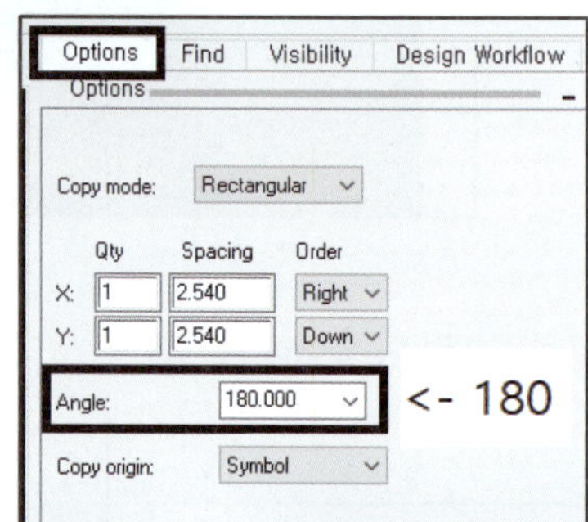

④ 마우스 우측 버튼을 클릭한 후 Rotate를 선택한다.
⑤ Options 탭에서 Angle을 180으로 설정한다.

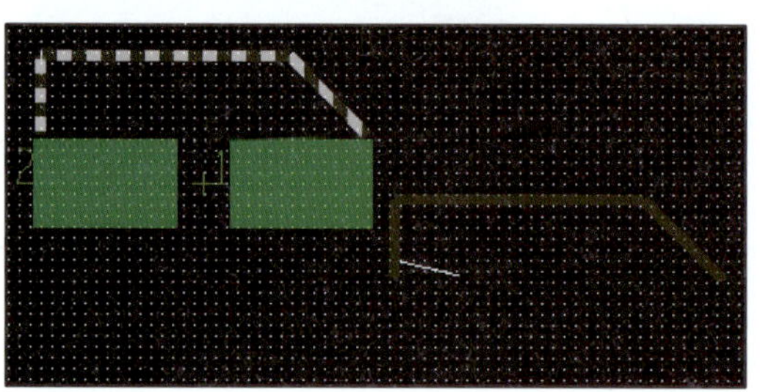

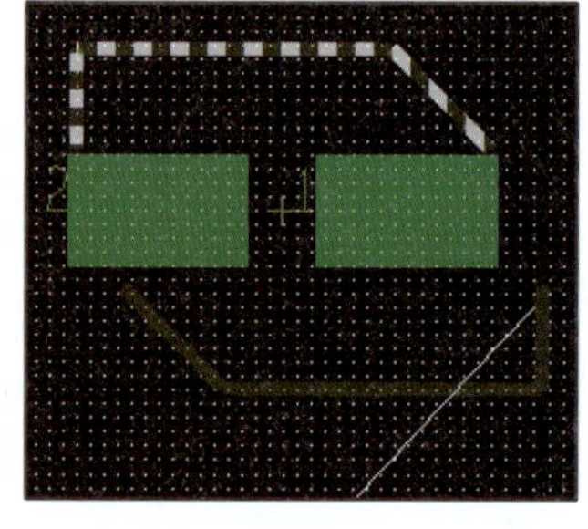

⑥ 커서를 이동시키면 복사한 선이 180° 회전한다.

⑦ 복사한 선이 180° 회전하면 다시 마우스 우측 버튼을 클릭하여 Mirror Geometry를 클릭한다.
⑧ 선이 좌우 대칭으로 회전하면 한 번 더 마우스 우측 버튼을 클릭하여 Done를 클릭한다.

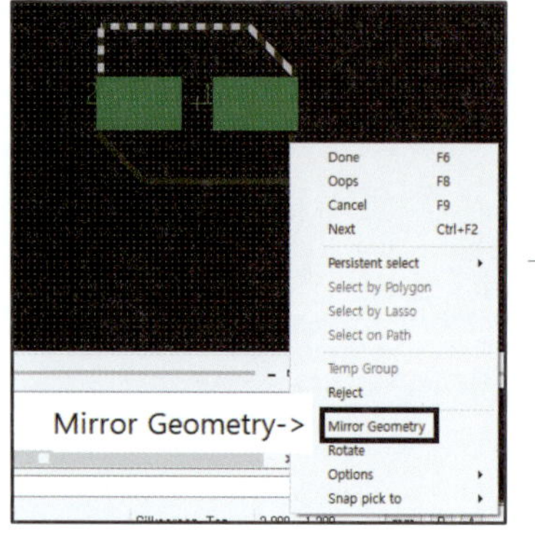

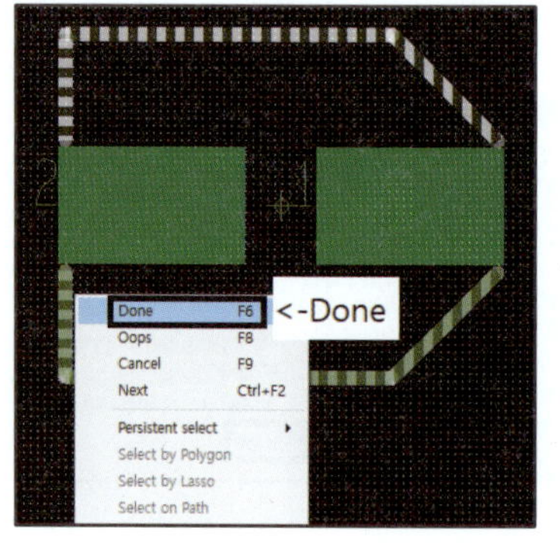

3) HEADER10

(▶ [전자캐드기능사(OrCAD 17.2)] 6. HEADER10 PAD 및 Footprint 만들기 영상 참조)

(1) PAD 만들기(HEADER10)

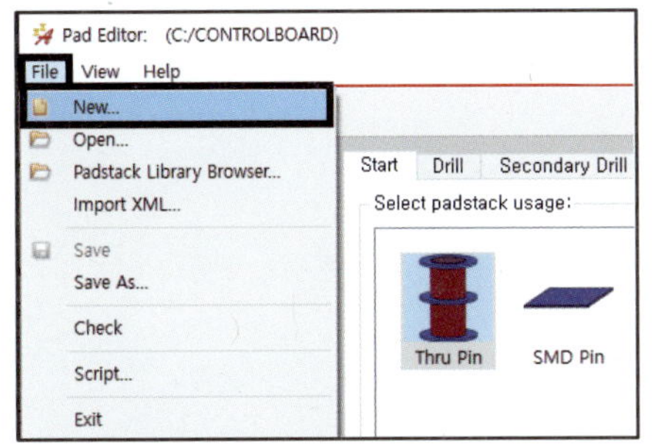

①  를 실행한다.

② File → New

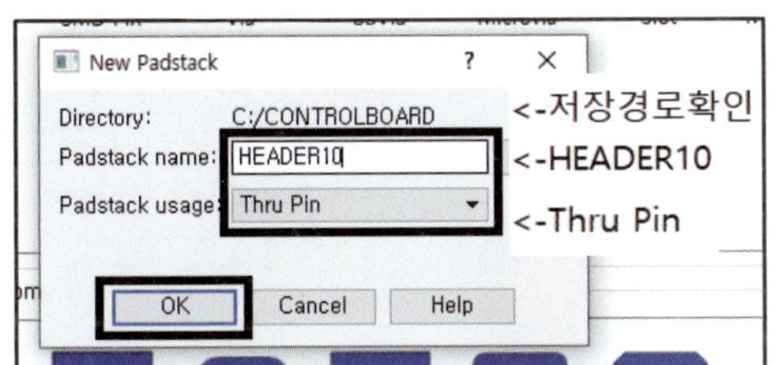

③ Directory에서 저장되는 경로를 확인한다.
④ Padstack name : HEADER10
⑤ Padstack usage : Thru Pin
⑥ OK를 클릭한다.

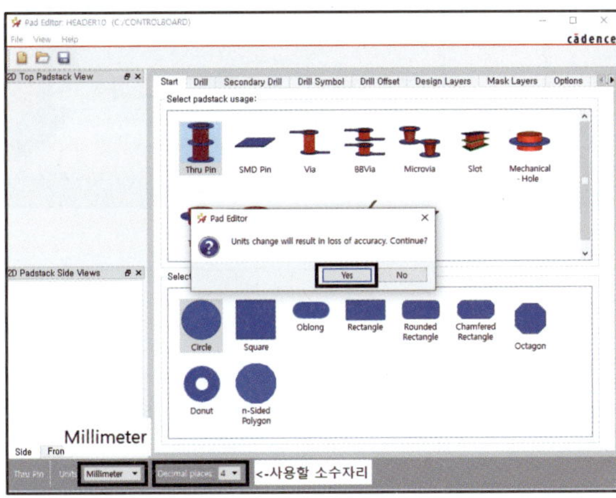

⑦ 화면 좌측 하단부의 Unit을 Millimeter로 변경한다.
⑧ Unit의 변경 여부를 묻는 창이 뜨면 Yes를 클릭한다.
⑨ Unit을 바꾸면 사용할 소수점 자리가 4로 변경된다
  (수정 가능하다).

[공개문제에 제시된 HEADER10 데이터 시트]

PAD 제작을 위한 홀의 크기는 핀의 굵기(0.64)나 Recommand PCB Layout에 있는 값(1.0) 중 하나를 사용해야
한다(실제 PCB 제작은 Recommand PCB Layout 값을 사용한다).

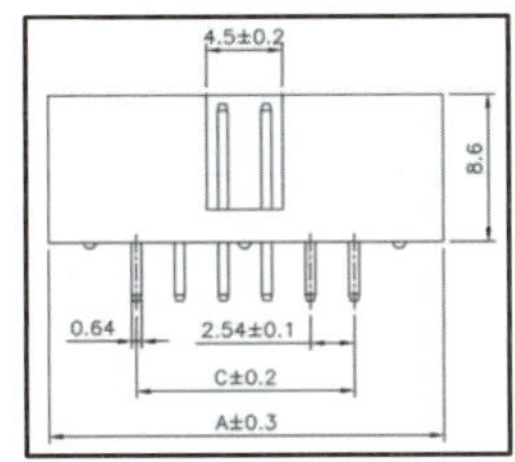
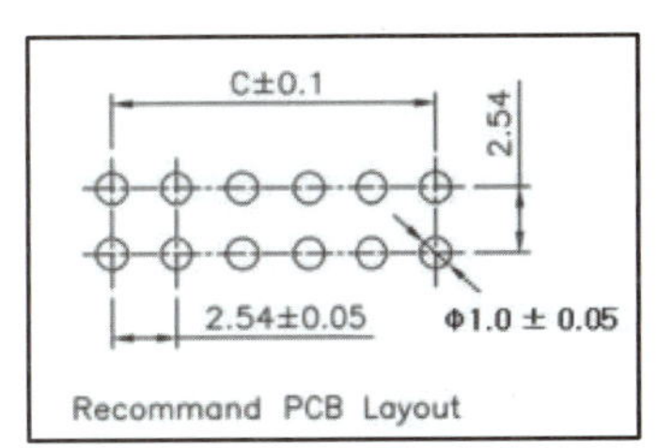

※ 참고로 필자는 Recommand PCB Layout 값을 사용한다.

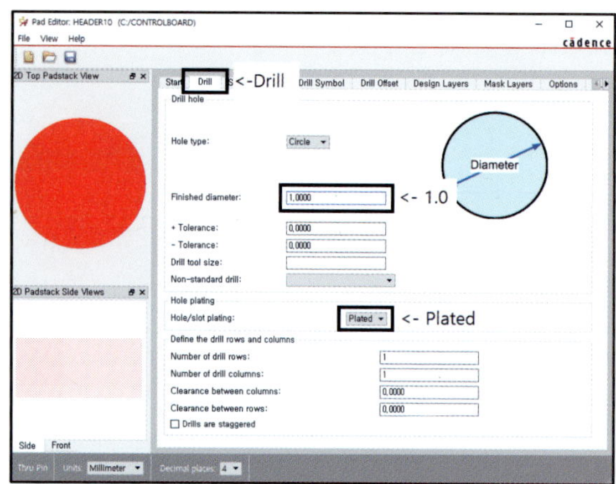

⑩ Drill 탭으로 이동한다.

⑪ Finished diameter : 1

⑫ Hole/slot plating : Plated

⑬ Design Layers 탭 → Geometry(화면 하단) : Circle, Diameter : 1.6

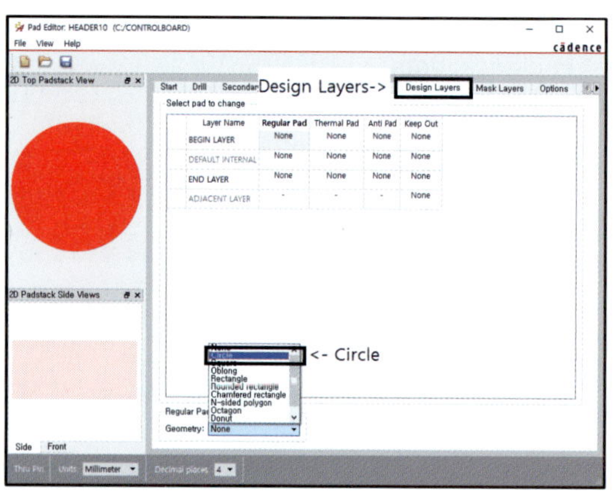 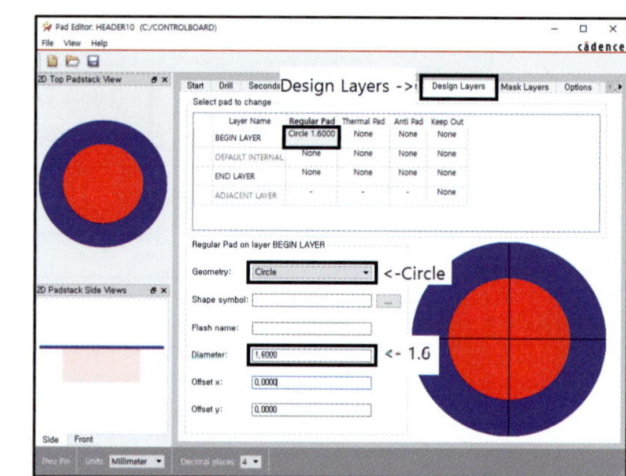

Pad 지름 계산

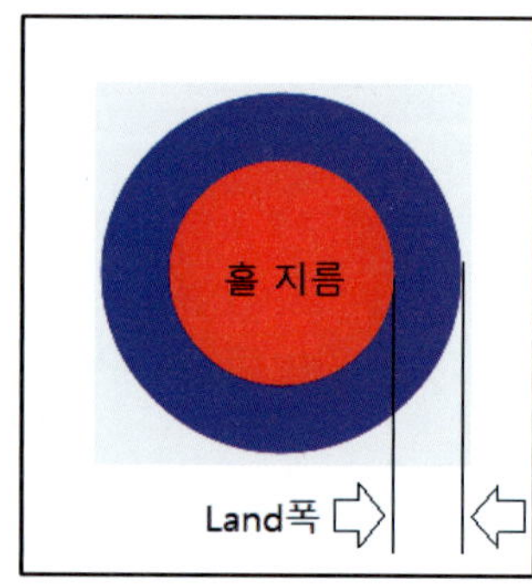

Pad 지름 = 홀 지름 + (2 × Land 폭) = 1 + (2 × 0.3) = 1.6

Land는 납이 묻는 부분으로 필자는 Land 폭을 0.3으로 하였다. 위 계산식에서 Land 폭에 2를 곱하는 이유는 홀을 기준으로 좌우에 Land가 있기 때문이다.

⑭ Circle 1.6000을 클릭한 후 마우스 우측 버튼을 클릭하여 Copy를 선택한다.

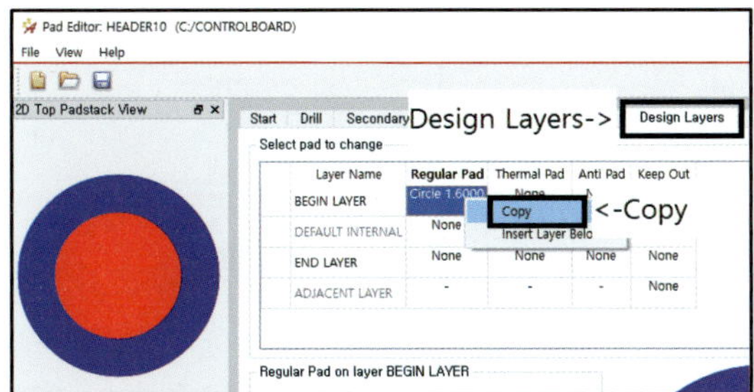

⑮ END LAYER까지 드래그한 후 마우스 우측 버튼 클릭하여 Paste를 선택하면 Circle 1.6000이 입력된다.

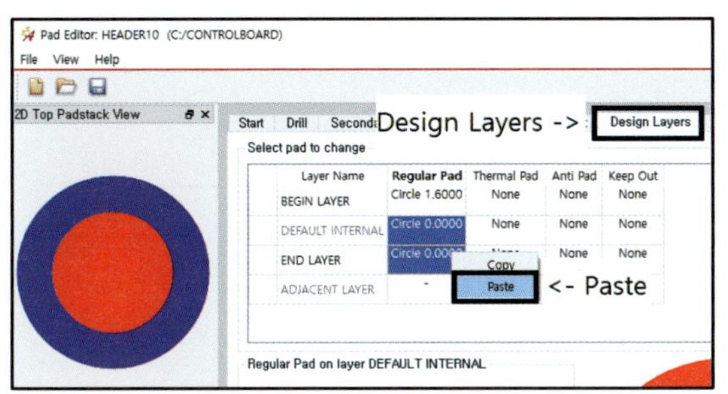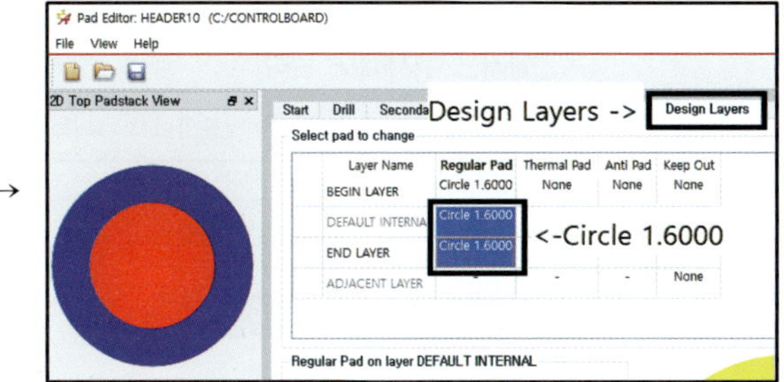

⑯ Mask Layers 탭으로 이동한다.

⑰ SOLDERMASK_TOP과 SOLDERMASK_BOTTOM의 Pad 셀을 드래그한 후 마우스 우측 버튼을 클릭하여 Paste를 선택한다.

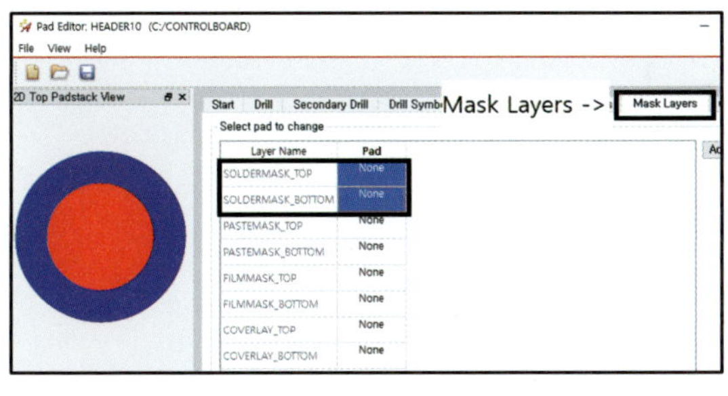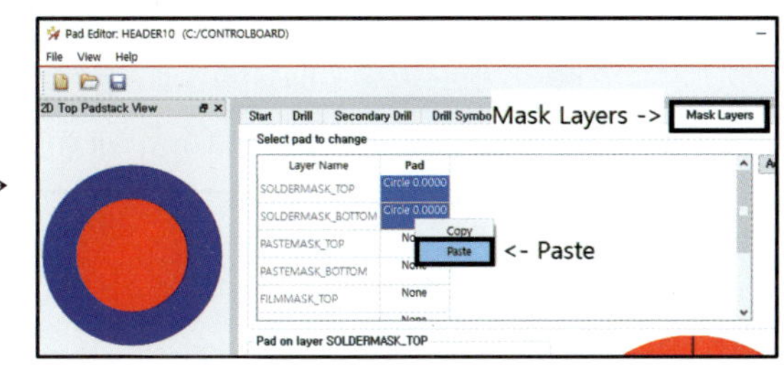

⑱ Circle 1.6000이 입력된다.

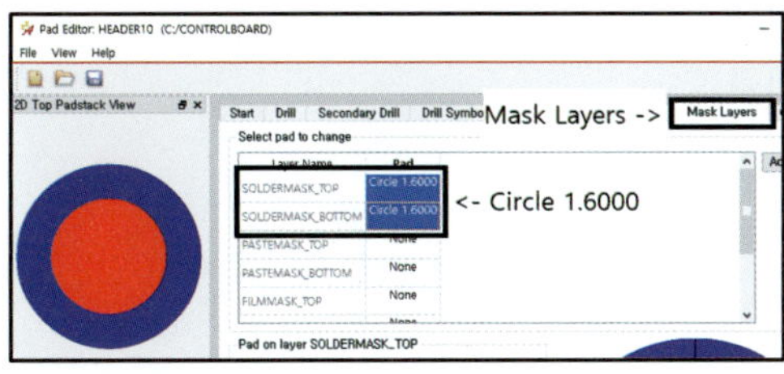

⑲ File → Save

⑳ Drill symbol이 지정되지 않았다는 에러 메시지가 뜨면 Close를 클릭한다.

㉑ 이 상태로 저장하겠냐고 묻는 창이 뜨면 Yes를 클릭한다.

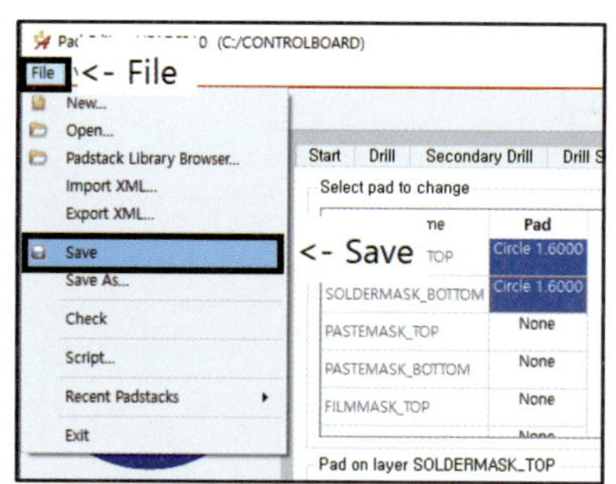

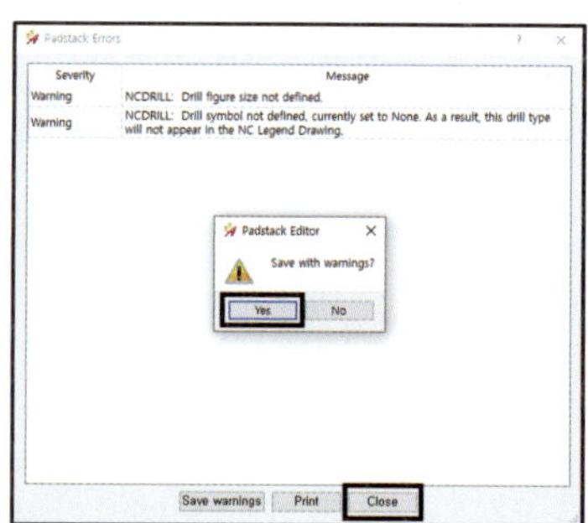

※ PCB Editor에서 Drill Customization → Auto generate symbols을 실행시키면 Drill symbol이 자동으로 지정되므로 위의
에러는 무시해도 된다.

㉒ 저장되면 화면 우측 하단에 HEADER10.pad saved 메시지가 생성된다.

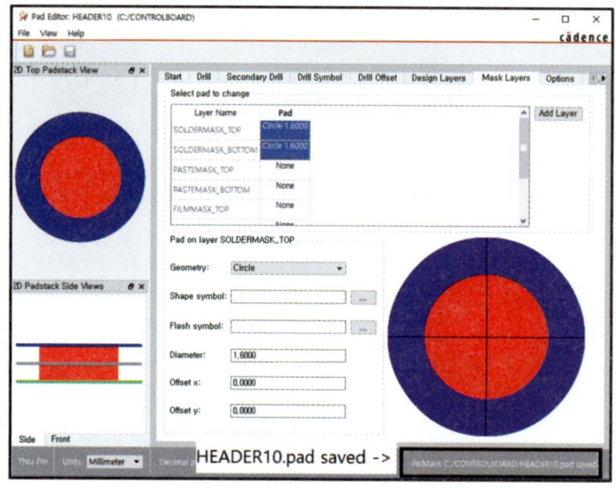

㉓ 저장되는 폴더에 PAD 파일이 생성되었는지 확인한다.

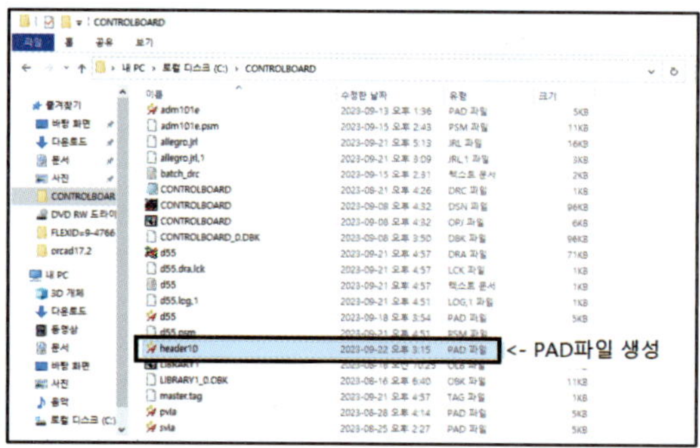

※ PAD가 정상적으로 만들어지면 pad 파일이 생성된다. 파일이 생성되지 않았다면 PAD를 다시 만든다.

(2) PAD 배치 및 외형 그리기

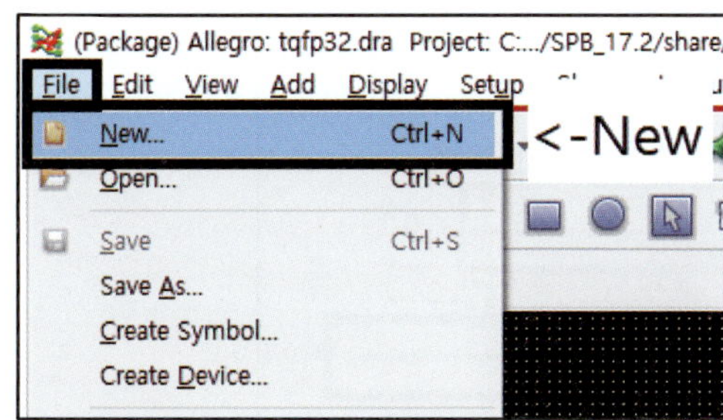

① 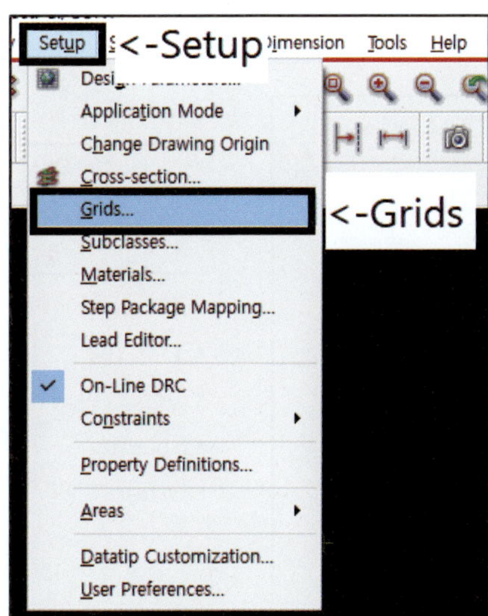 를 실행한다.

② File → New

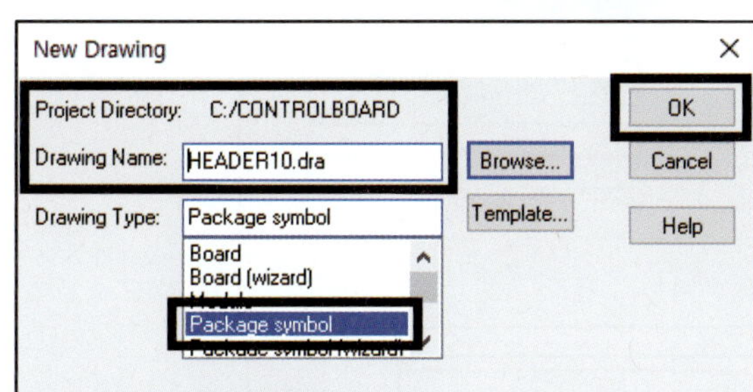

③ 저장되는 경로를 확인한다.

④ Drawing Name : HEADER10

⑤ Drawing Type : Package symbol

※ **Drawing Name은 Netlist를 하기 전에 입력해야 할 Footprint이
므로, 반드시 메모해 둔다.**

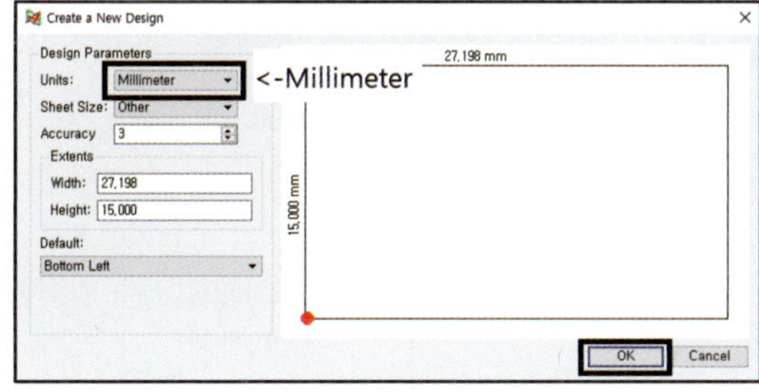

⑥ Units : Millimeter

⑦ OK를 클릭한다(Setup에서 변경 가능하다).

⑧ 초기 설정

• Menu → Setup → Grids…

• Non-Etch와 All Etch를 0.1로 지정한 후 OK를 클릭한다.

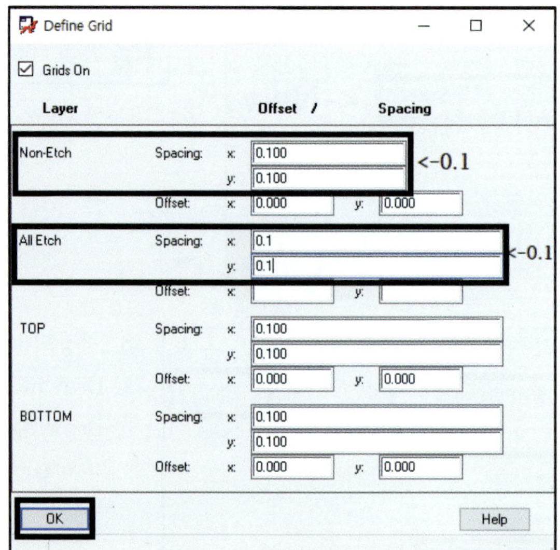

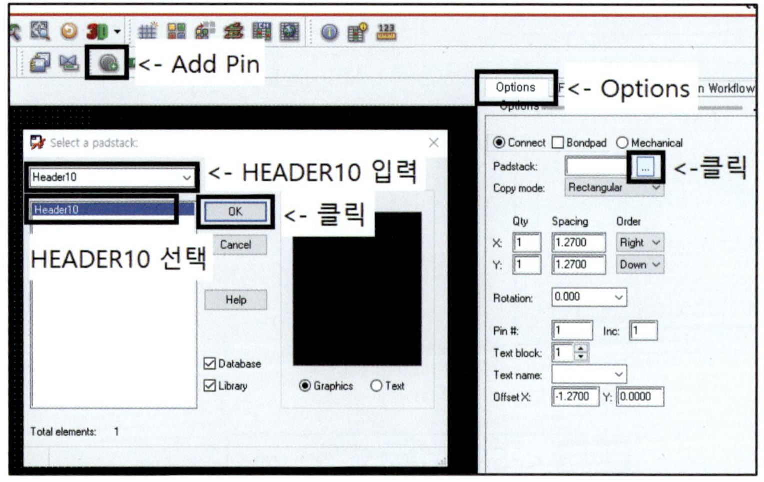

⑨ 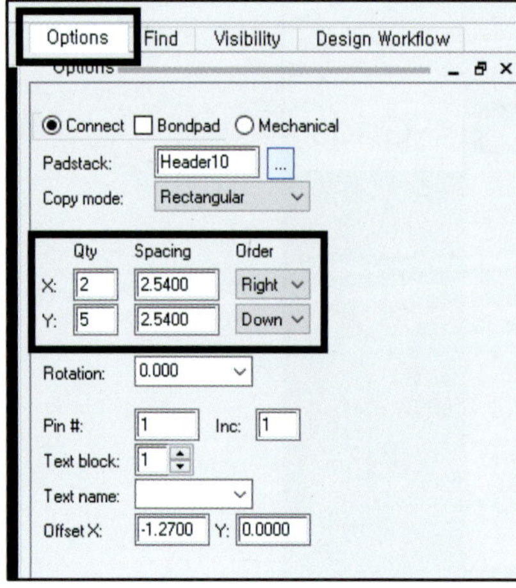 여기 (Add Pin)을 클릭한 후 Options으로 이동한다.

⑩ Padstack 옆에 있는 ... 을 클릭한다.

⑪ Select a padstack 검색창에 'HEADER10'을 입력한 후 Enter를 클릭한다.

⑫ HEADER10을 선택한 후 OK를 클릭한다.

⑬ PAD 배치

	Qty	Spacing	Order
X	2	2.54	Right
Y	5	2.54	Down

• X : X축
• Y : Y축
• Qty : 핀의 개수
• Spacing : 핀과 핀의 간격
• Order : 핀 번호 증가 방향

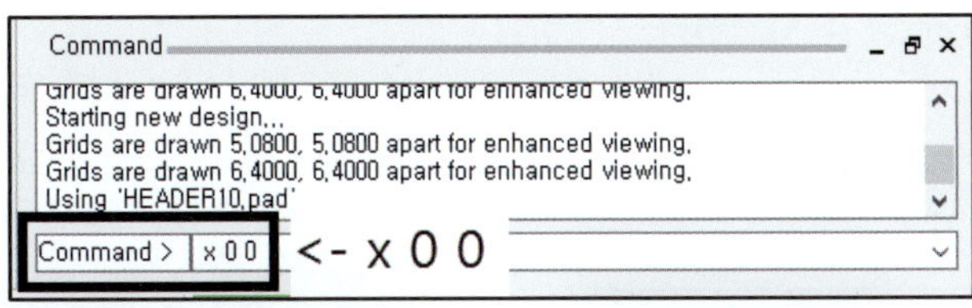

⑭ Command 창에 1번 핀의 좌표 'x 0 0'(x는 소문자)을 입력한다.

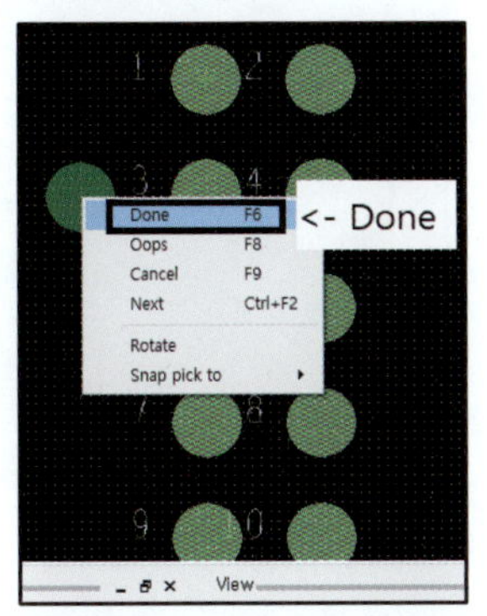

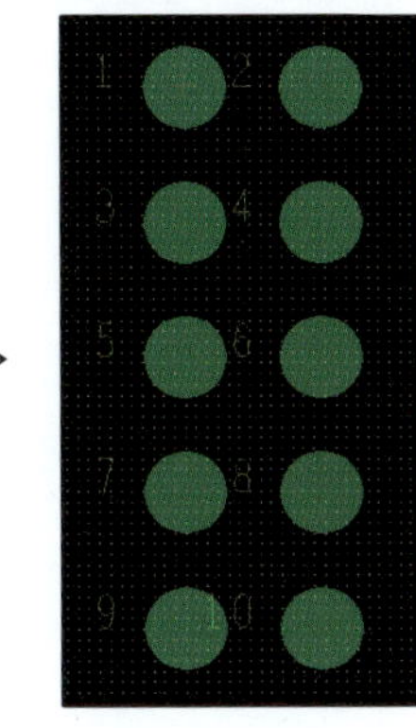

⑮ 10개의 핀이 왼쪽 그림과 같이 배치되면 마우스 우측 버튼을 클릭한 후 Done을 선택한다.

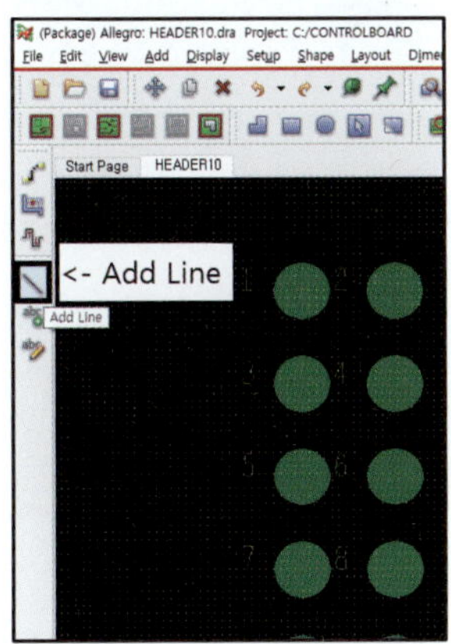

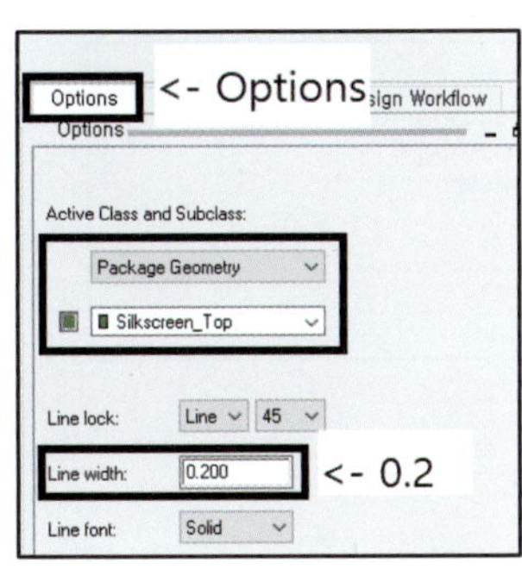

⑯ 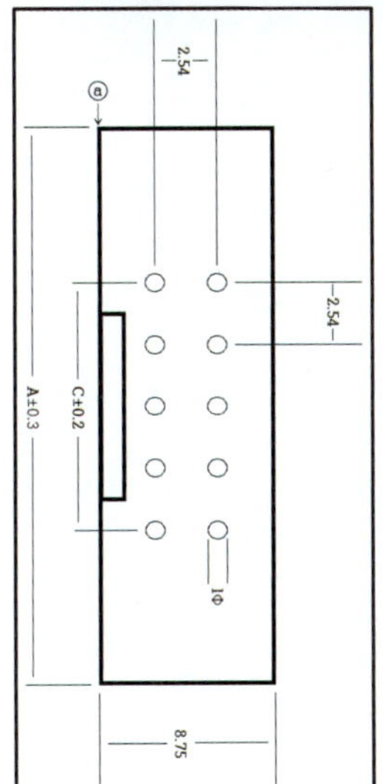(Add Line)을 클릭한 후 Options 탭으로 이동한다.

⑰ Active Class and Subclass를 Package Geometry, Silkscreen_Top으로 설정한다.

⑱ Line width=0.2

⑲ ⓐ점을 시작점으로 설정한다.

- ⓐ점 좌표 계산

  - x축 좌표 : $\dfrac{8.75 - 2.54}{2} = \dfrac{6.21}{2} = 3.105$

  - y축 좌표 : $\dfrac{A(MAX) - C}{2} = \dfrac{20.62 - 10.16}{2} = \dfrac{10.46}{2} = 5.23$

    $A(MAX) = 20.32 + 0.3 = 20.62$

ⓐ점은 원점에서 왼쪽에 위치하므로 x축 좌표는 -3.105이고, 원점에서 위쪽에 위치하므로 y축 좌표는 5.23이다. 따라서 ⓐ점의 좌표는 x -3.105 5.23이다.

⑳ Command 창에 ⓐ점의 좌표 'x -3.105 5.23'를 입력한다.

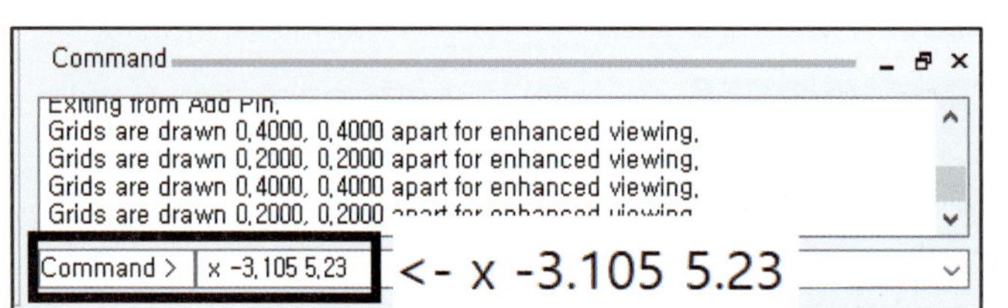

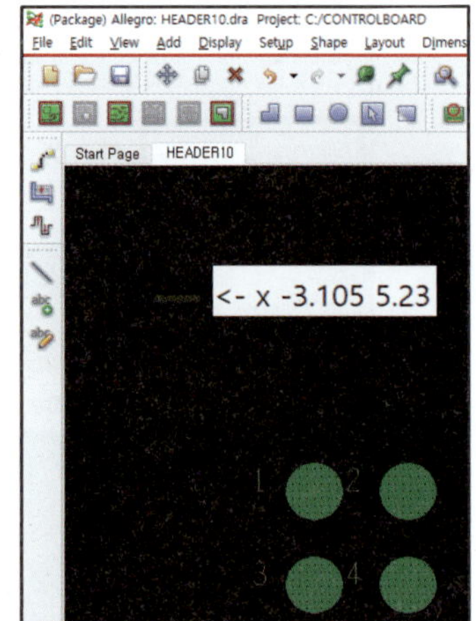

㉑ ⓐ점에서 x축(오른쪽)으로 8.75만큼 선을 그리기 위해 Command 창에 'ix 8.75'를 입력한다.

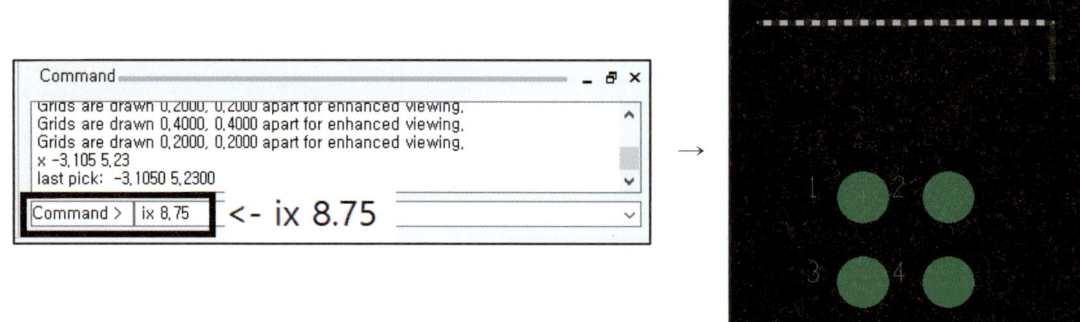

㉒ y축(아래쪽)으로 20.62만큼 선을 그리기 위해 Command 창에 'iy -20.62'를 입력한다.

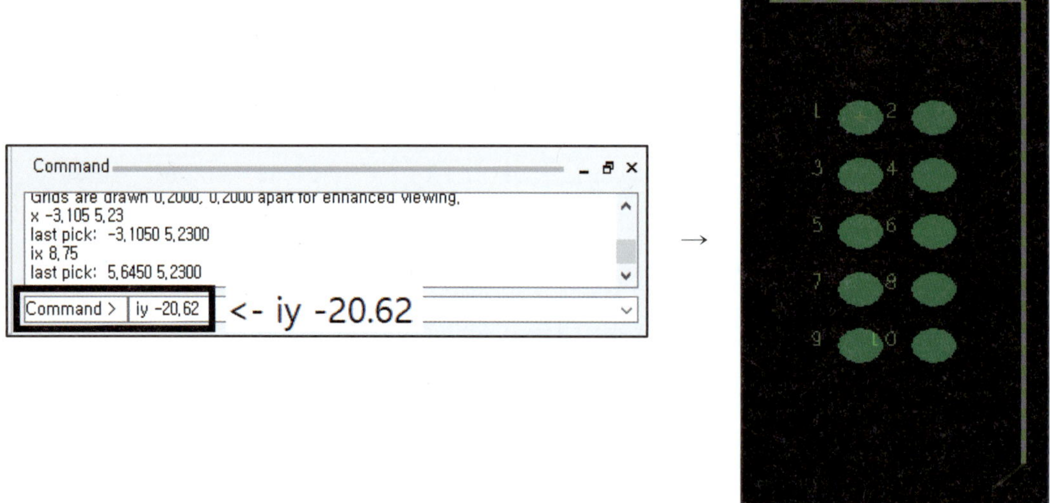

㉓ x축(왼쪽)으로 8.75만큼 선을 그리기 위해 Command 창에 'ix -8.75'를 입력한다.

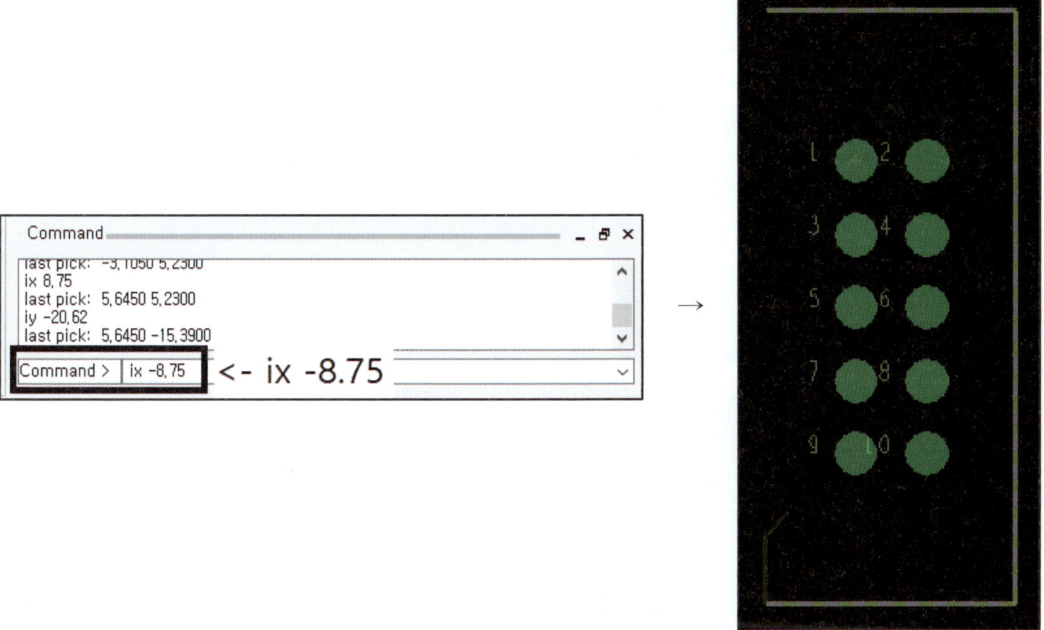

㉔ y축(위쪽)으로 20.62만큼 선을 그리기 위해 Command 창에 'iy 20.62'를 입력한다.

㉕ 외형이 모두 그려지면 마우스 우측 버튼을 클릭하여 Next를 선택한다.

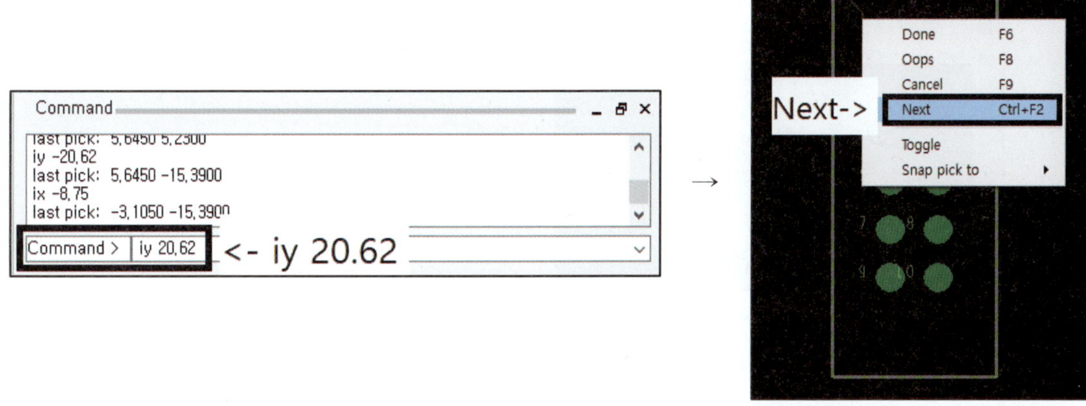

※ Header의 홈은 PCB에 Header를 장착할 때 방향만 나타내므로 큰 의미를 갖지 않는다. 따라서 데이터 시트에 제시된 홈의 치수를 꼭 지키지 않아도 된다.

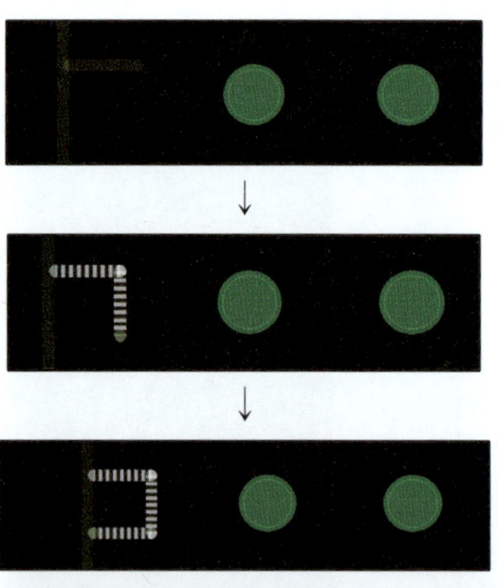

㉖ 왼쪽 그림처럼 5번 핀 앞에 홈을 표시한다.

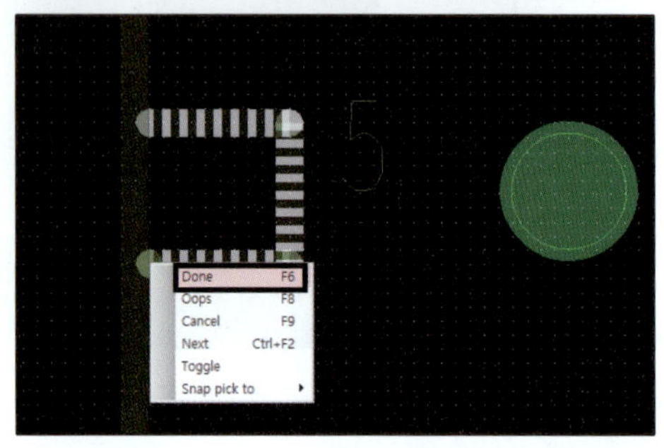

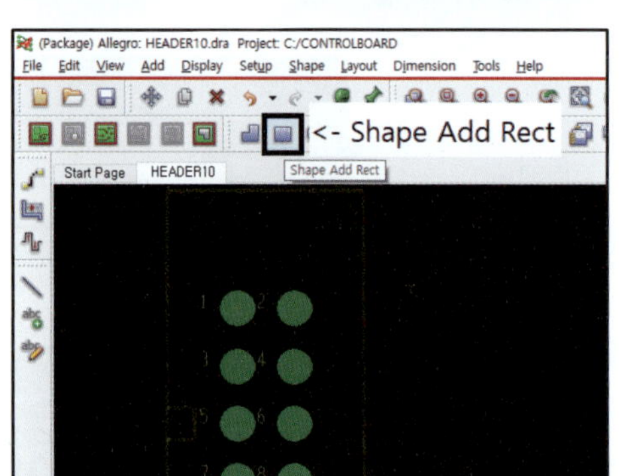

㉗ 홈이 완성되면 마우스 우측 버튼을 클릭
한 후 Done을 클릭한다.

㉘ Place bound TOP을 그린다.

㉙ (Shape Add Rect)를 클릭한다.

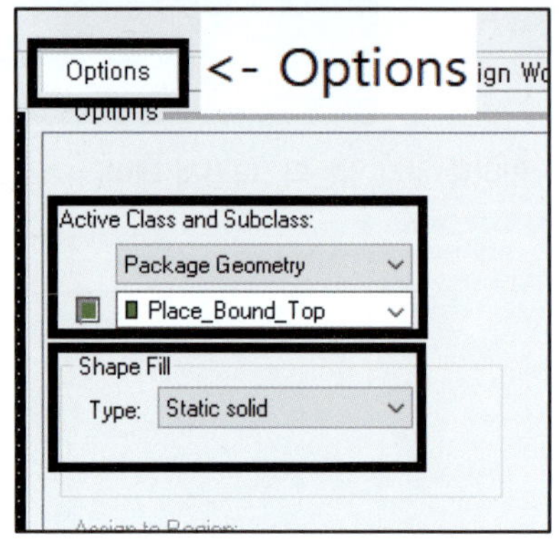

㉚ Options 탭에서 Active Class and Subclass를 Package Geometry,
Place_Bound_Top으로 설정한다.

㉛ Shape Fill Type을 Static solid로 설정한다.

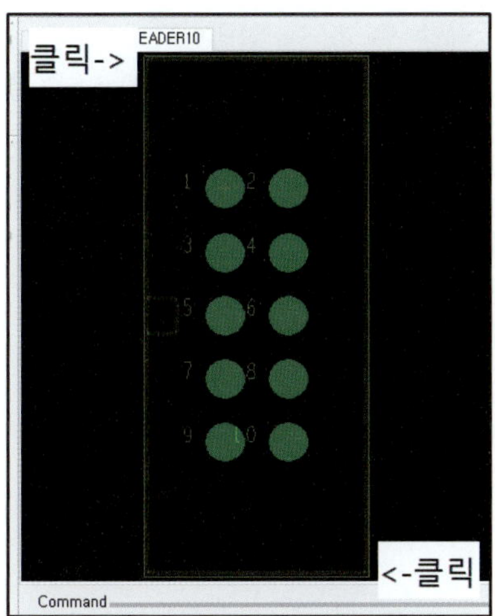

㉜ 좌측 상단 모서리를 클릭한 후 우측 하단 모서리 부분을 클릭한다.

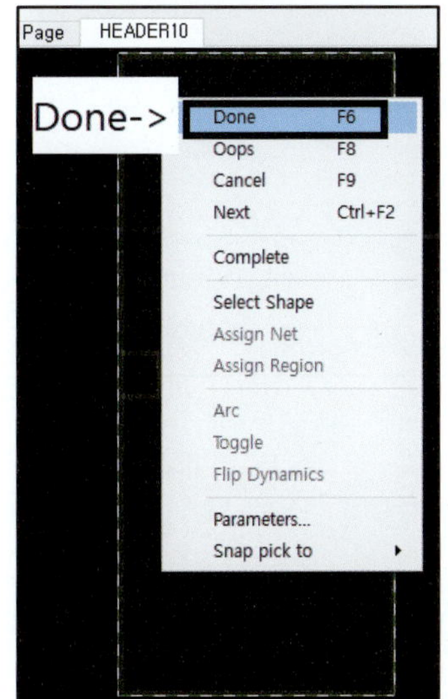

㉝ 마우스 우측 버튼을 클릭한 후 Done을 클릭한다.

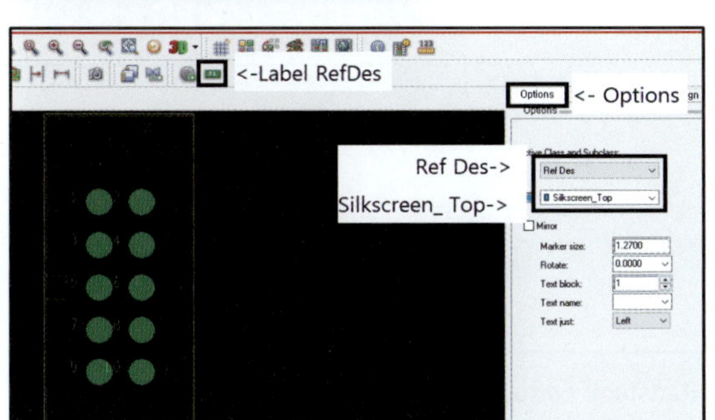

㉞ Reference를 입력한다.

- (Label Refdes)를 클릭한다.

㉟ Options 탭으로 이동한 후 Active Class and Subclass를 Ref Des, Silkscreen_Top으로 설정한다.

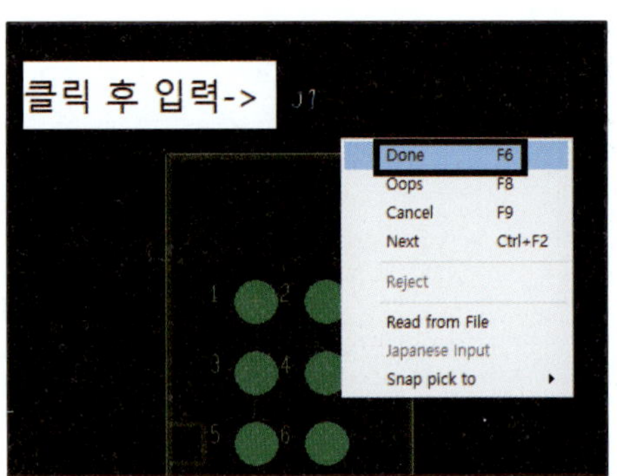

㊱ 심벌 상단을 클릭한 후 'J?'를 입력한다.

㊲ 입력 후 마우스 우측 버튼을 클릭한 후 Done을 클릭한다.

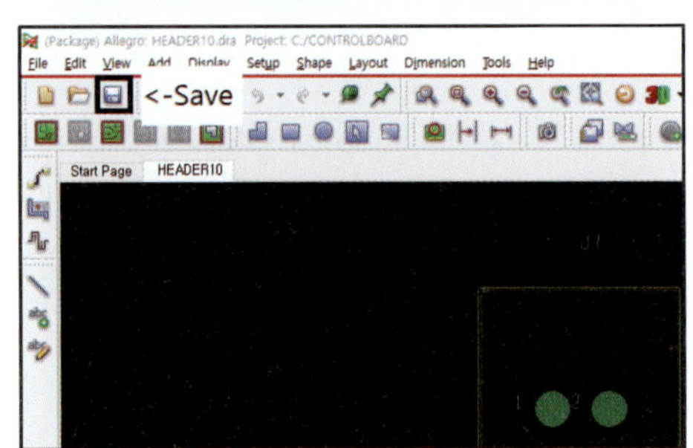

㊳  (Save)를 클릭하여 저장한다(Menu → File → Save).

저장되는 폴더에 HEADER10.dra, HEADER10.psm 파일이 있어야 사용할 수 있다. 저장 후 확인해 본다.

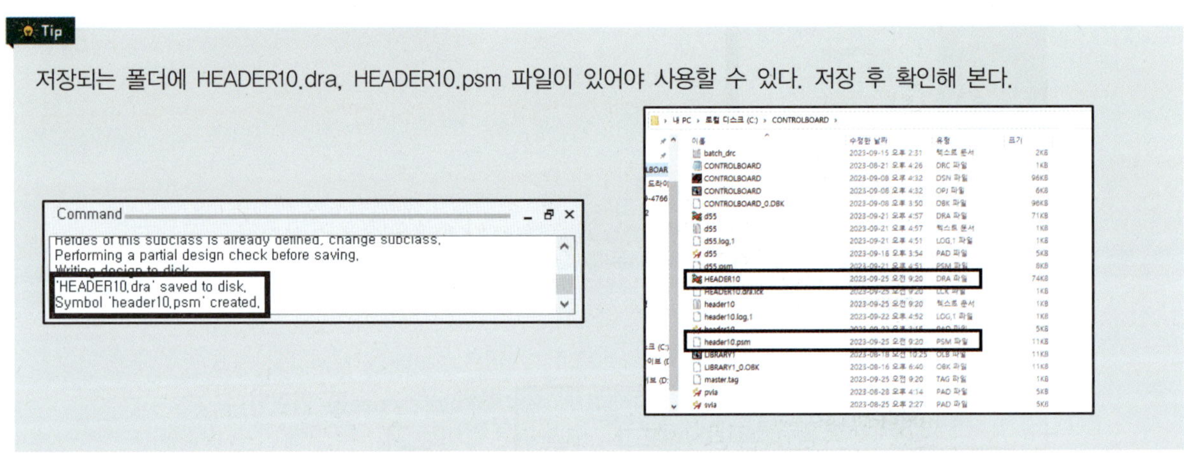

4) CRYSTAL

(▶) [전자캐드기능사(OrCAD 17.2)] 7. CRYSTAL PAD 및 Footprint 만들기 영상 참조)

(1) PAD 만들기(CRYSTAL)

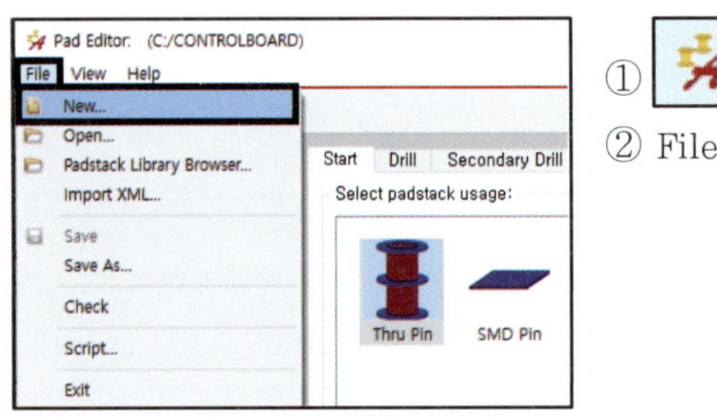

① 를 실행한다.

② File → New

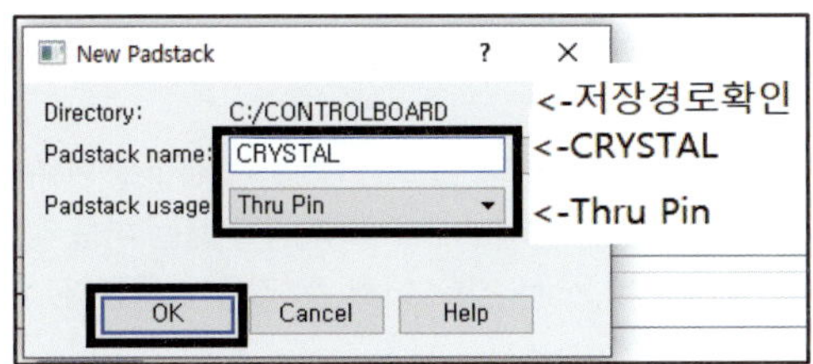

③ Directory에서 저장되는 경로를 확인한다.
④ Padstack name : CRYSTAL
⑤ Padstack usage : Thru Pin
⑥ OK를 클릭한다.

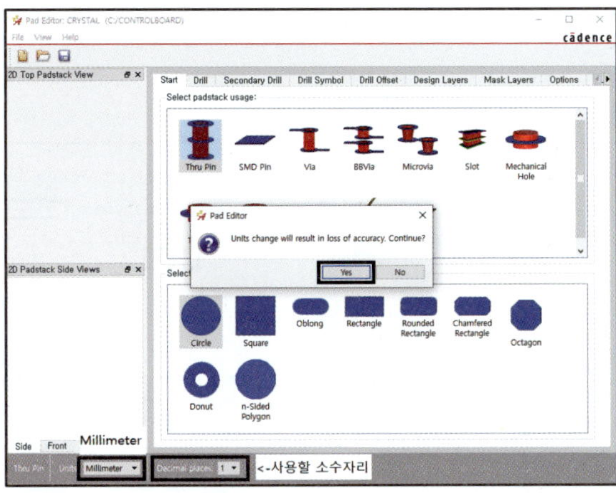

⑦ 화면 좌측 하단부의 Unit을 Millimeter로 변경한다.
⑧ Unit의 변경 여부를 묻는 창이 뜨면 Yes를 클릭한다.
⑨ Unit을 바꾸면 사용할 소수점 자리가 4로 변경된다
   (수정 가능하다).

[공개문제에 제시된 CRYSTAL 데이터 시트]

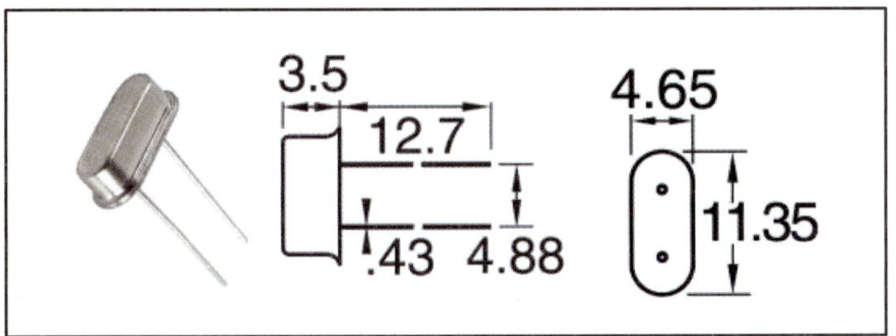

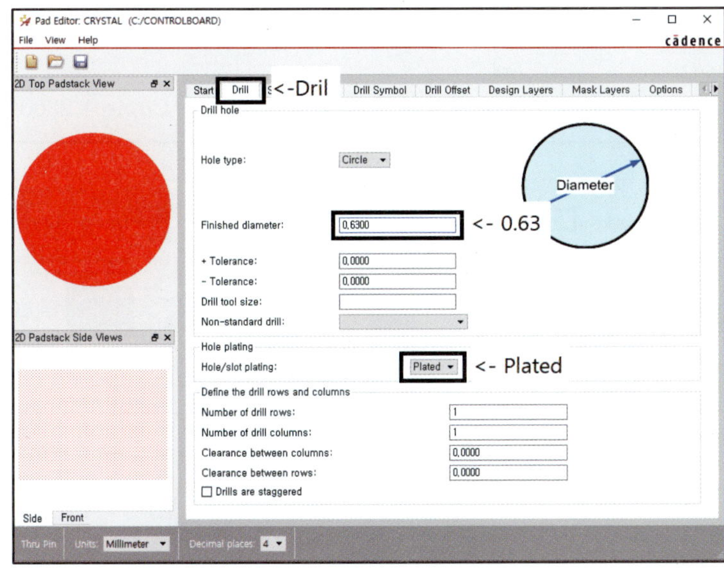

⑩ Drill 탭으로 이동한다.
⑪ Finished diameter : 0.63
   (홀 크기 = 핀의 굵기 + 0.2
         = 0.43 + 0.2 = 0.63)
⑫ Hole/slot plating : Plated

홀 크기 = 핀의 굵기 + 0.2

홀의 크기가 핀의 굵기와 같으면 부품을 장착할 때 부품이 잘 들어가지 않는다. 그리고 Hole Plating을 Plated로 설정한 경우 홀 주변을 금속으로 도금하는데, 그 두께가 0.1mm 정도 된다. 따라서 실제로 PAD를 제작할 때는 부품 장착의 편의와 홀 주변에 도금하는 금속 두께를 고려하여 홀의 크기는 핀의 굵기에 0.2mm 정도 더해 준 값을 사용한다.

⑬ Design Layers 탭으로 이동한다.

- Geometry(화면 하단) : Circle
- Diameter : 1.23

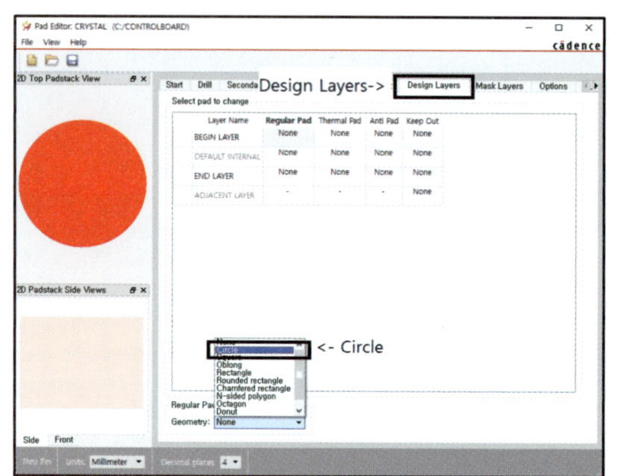
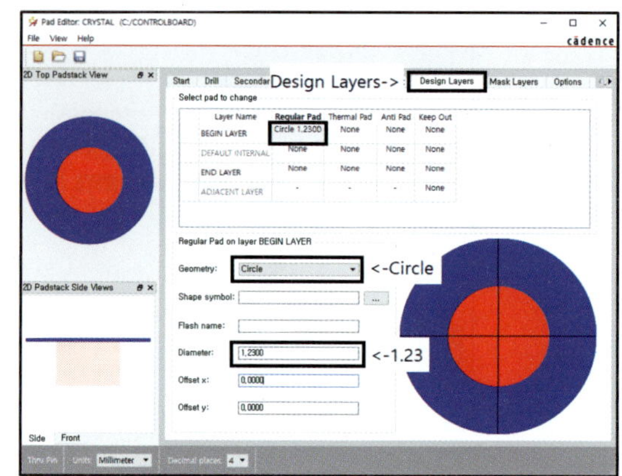

⑭ Circle 1.2300을 클릭한 후 마우스 우측 버튼을 클릭하여 Copy를 선택한다.

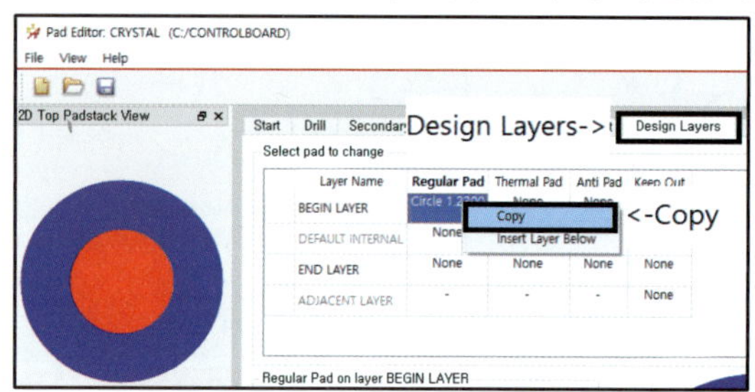

⑮ END LAYER까지 드래그한 후 마우스 우측 버튼을 클릭하여 Paste를 선택하면 Circle 1.2300이 입력된다.

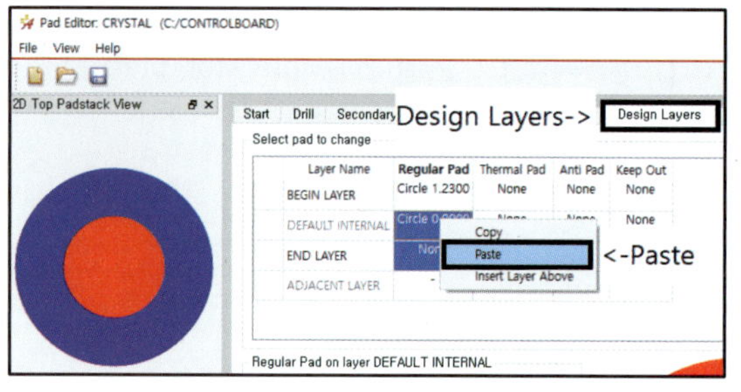
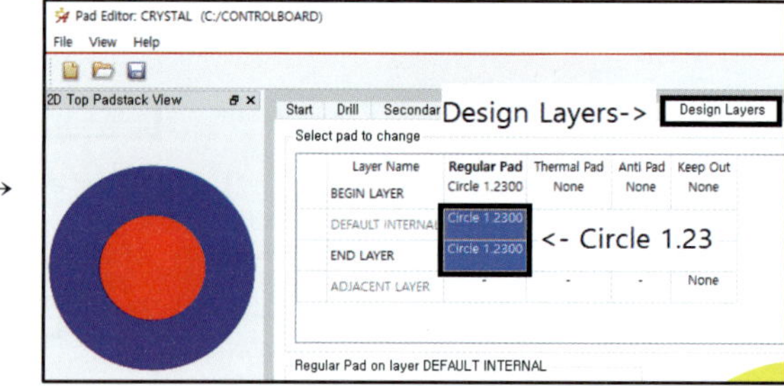

⑯ Mask Layers 탭으로 이동한다.

⑰ SOLDERMASK_TOP과 SOLDERMASK_BOTTOM의 Pad 셀을 드래그한 후 마우스 우측 버튼을 클릭하여 Paste를
선택한다.

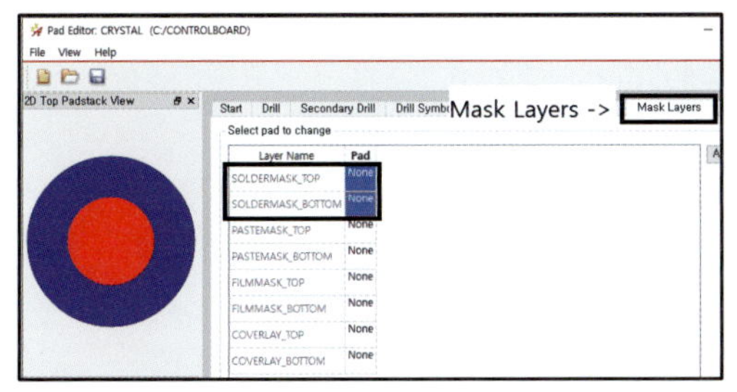
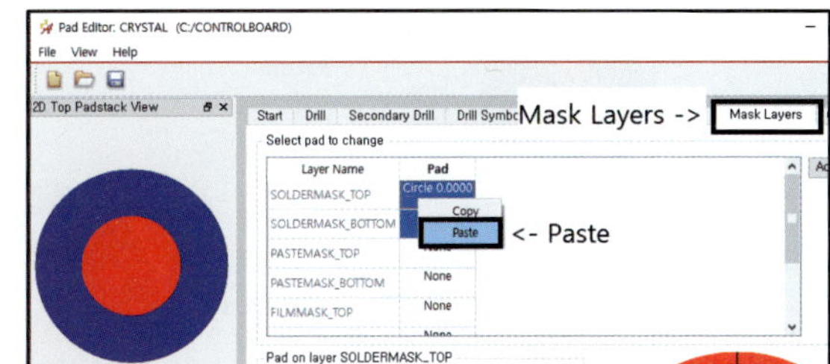

⑱ Circle 1.2300이 입력된다.

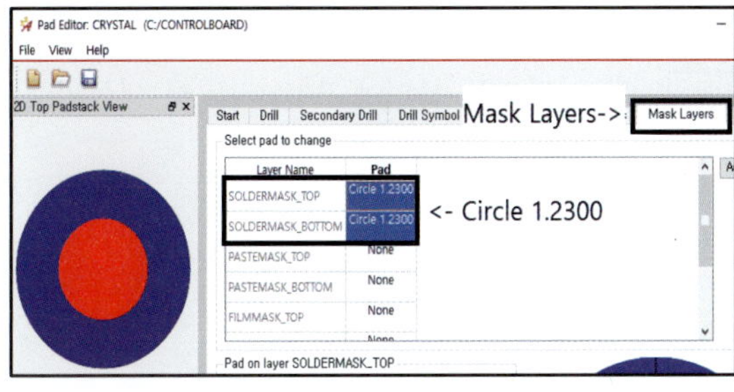

⑲ File → Save

⑳ Drill symbol이 지정되지 않았다는 에러 메시지가 뜨면 Close를 클릭한다.

㉑ 이 상태로 저장하겠냐고 묻는 창이 뜨면 Yes를 클릭한다.

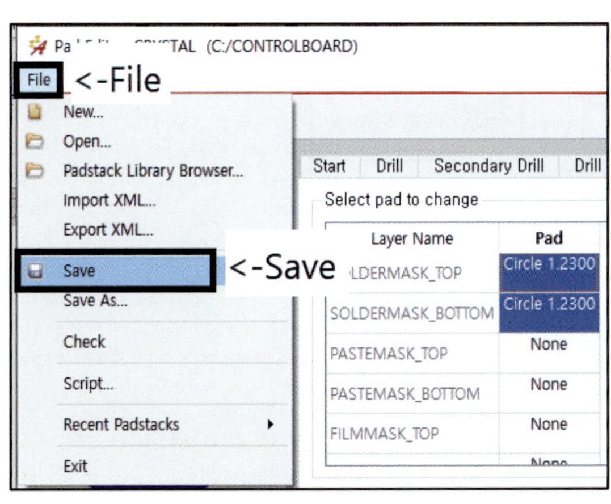
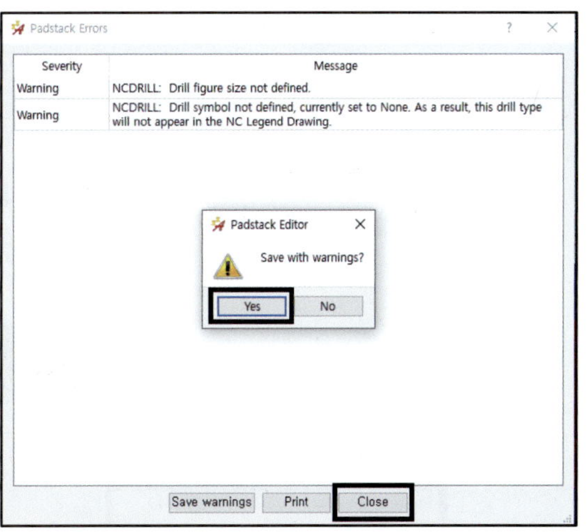

※ PCB Editor에서 Drill Customization → Auto generate symbols을 실행시키면 Drill symbol이 자동으로 지정되므로 위의
에러는 무시해도 된다.

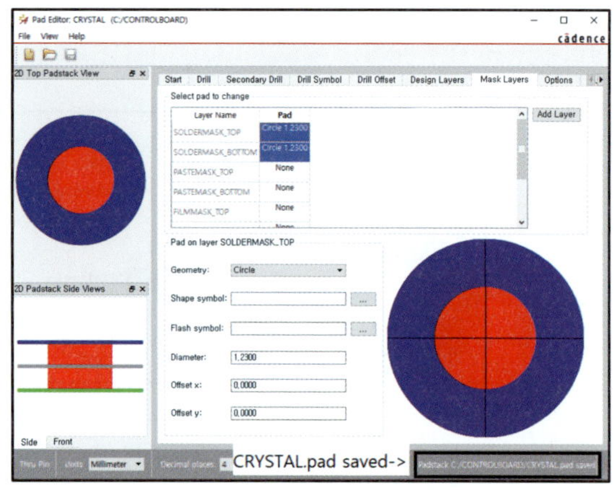

㉒ 저장되면 화면 우측 하단에 CRYSTAL.pad saved 메시지가 생성된다.

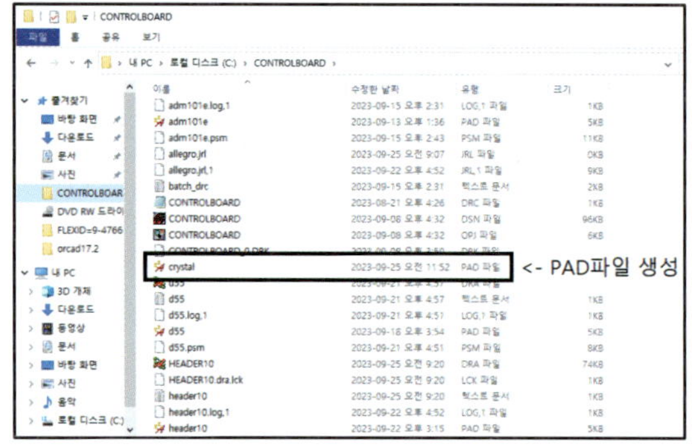

㉓ 저장되는 폴더에 PAD 파일이 생성되었는지 확인한다.

※ PAD가 정상적으로 만들어지면 pad 파일이 생성된다. 파일이 생성되지 않았다면 PAD를 다시 만든다.

(2) PAD 배치 및 외형 그리기

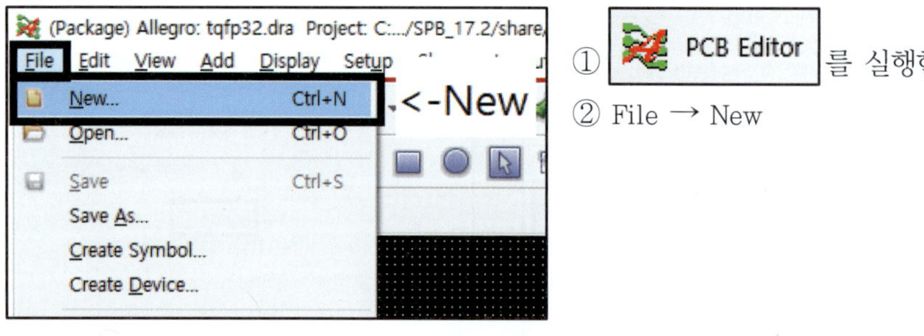

① 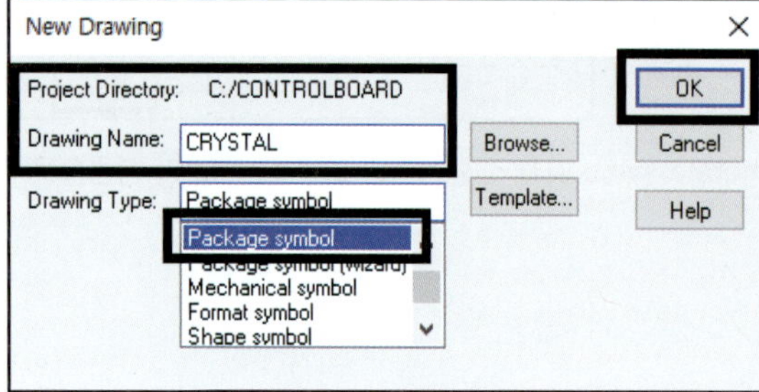 를 실행한다.

② File → New

③ 저장되는 경로를 확인한다.

④ Drawing Name : CRYSTAL

⑤ Drawing Type : Package symbol

※ Drawing Name은 Netlist를 하기 전에 입력해야 할 Footprint이므로, 반드시 메모해 둔다.

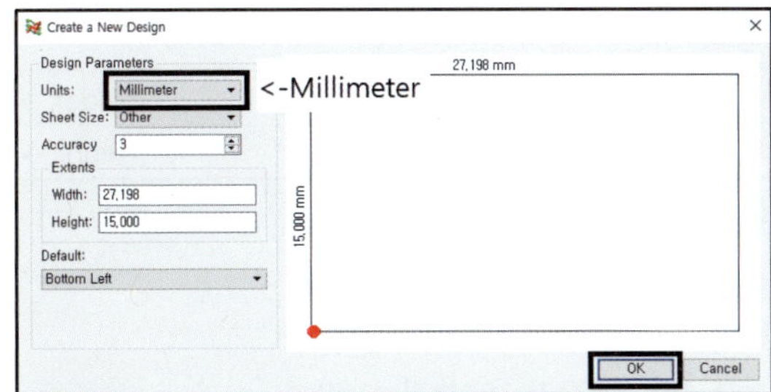

⑥ Units : Millimeter

⑦ OK를 클릭한다(Setup에서 변경 가능하다).

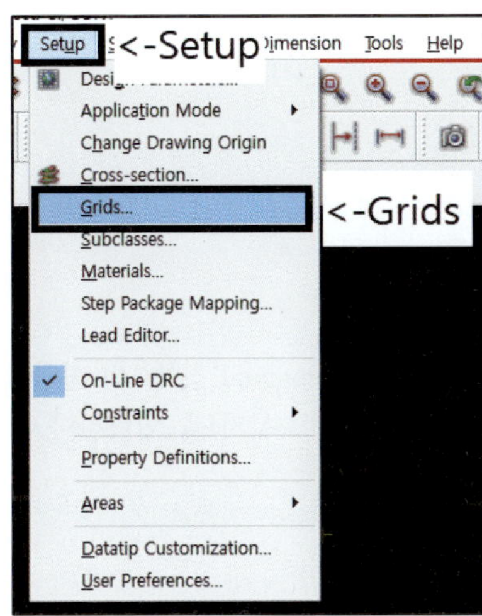

⑧ Menu → Setup → Grids…

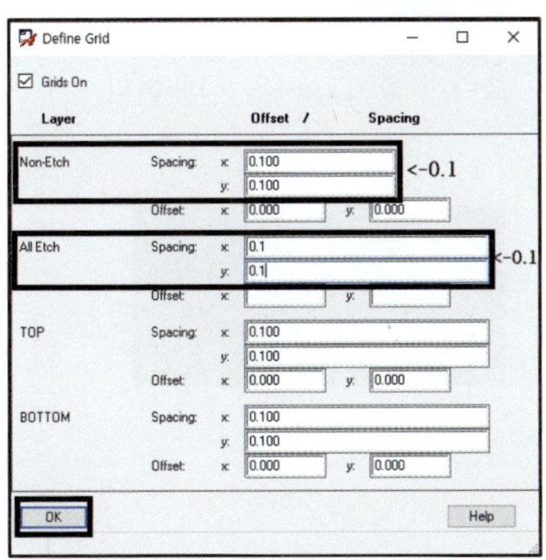

⑨ Non-Etch와 All Etch를 0.1로 지정한 후 OK를 클릭한다.

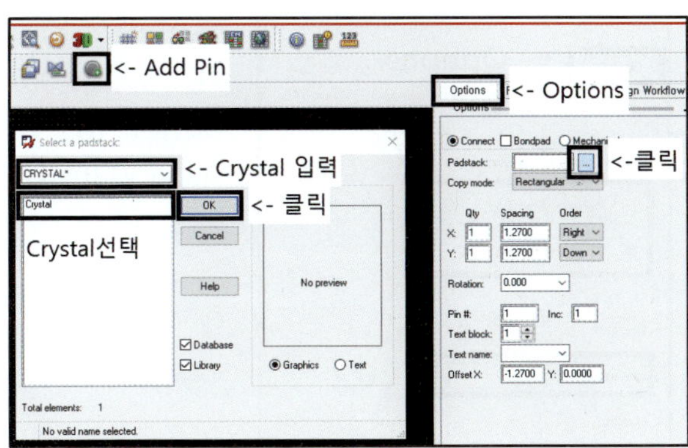

⑩ (Add Pin)을 클릭한 후 Options으로 이동한다.

⑪ Padstack 옆에 있는 […]을 클릭한다.

⑫ Select a padstack 검색창에 'CRYSTAL'을 입력한 후 Enter를 클릭한다.

⑬ Crystal을 선택한 후 OK를 클릭한다.

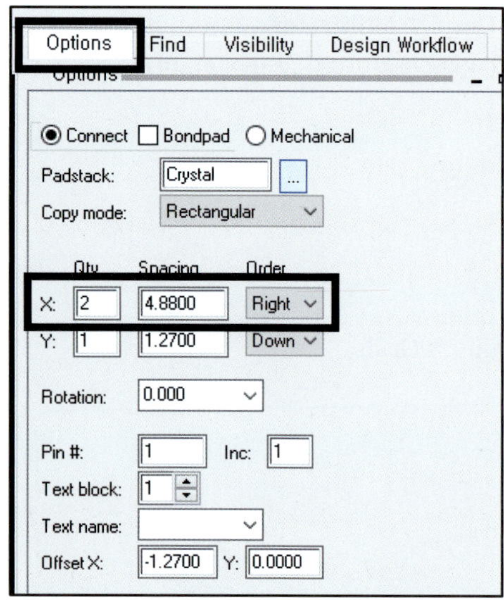

⑭ PAD 배치

	Qty	Spacing	Order
X	2	4.88	Right

- X : X축
- Qty : 핀의 개수
- Spacing : 핀과 핀의 간격
- Order : 핀 번호 증가 방향

※ Spacing은 CRYSTAL 데이터 시트를 참조한다.

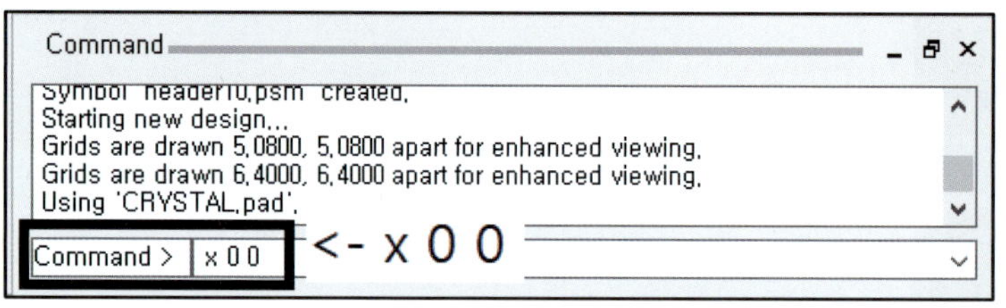

⑮ Command 창에 1번 핀의 좌표 'x 0 0'(x 는 소문자)을 입력한다.

※ DIP type 부품은 원점이 1번 핀에 위치한다.

⑯ 2개의 핀이 다음 그림과 같이 배치되면 마우스 우측 버튼을 클릭한 후 Done을 선택한다.

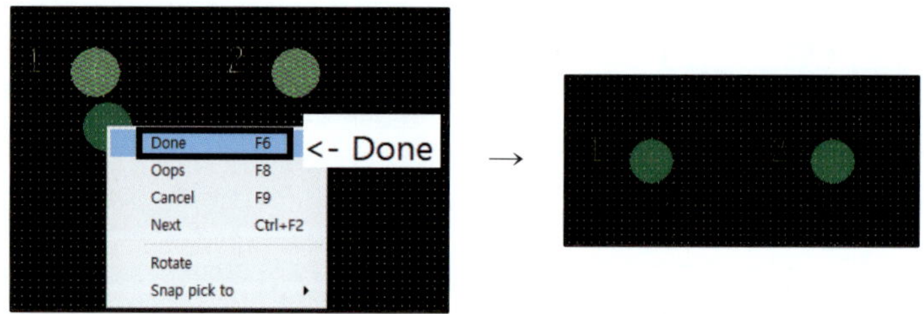

⑰ (Add Line)을 클릭한 후 Options 탭으로 이동한다.

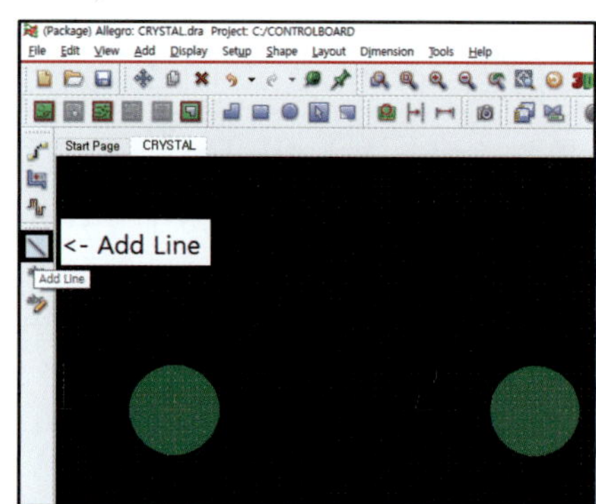

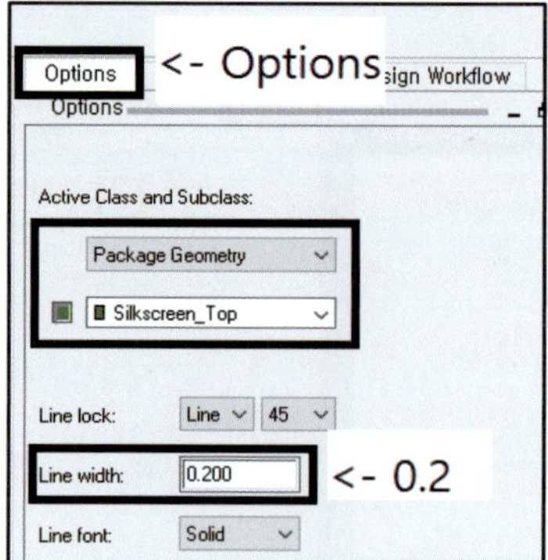

- Active Class and Subclass 를 Package Geometry, Silkscreen_Top으로 설정한다.
- Line width = 0.2

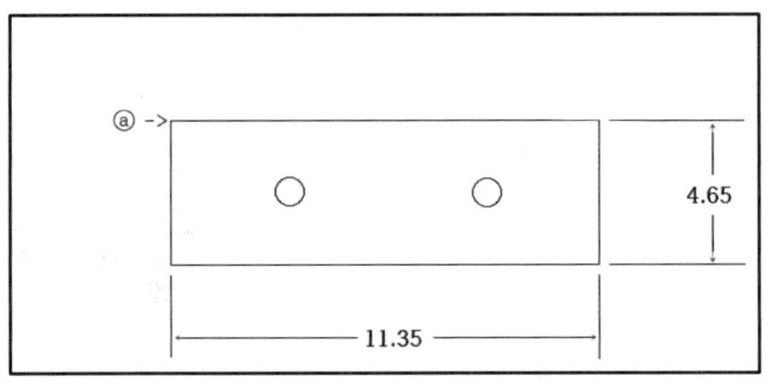

⑱ 왼쪽 그림과 같은 사각형을 그린다. 사각형은 ⓐ점부터 그린다.

• ⓐ점 좌표 계산

 – x축 좌표 : $\dfrac{11.35 - 4.88}{2} = \dfrac{6.47}{2} = 3.235$

 – y축 좌표 : $\dfrac{4.65}{2} = \dfrac{10.46}{2} = 2.325$

ⓐ점은 원점에서 왼쪽에 위치하므로 x축 좌표는 -3.235이고, ⓐ점은 원점에서 위쪽에 위치하므로 y축 좌표는 2.325이다. 따라서 ⓐ점의 좌표는 x -3.235 2.325이다.

⑲ Command 창에 ⓐ점의 좌표 'x -3.235 2.325'를 입력하면 다음 그림과 같이 ⓐ점이 시작점으로 설정된다.

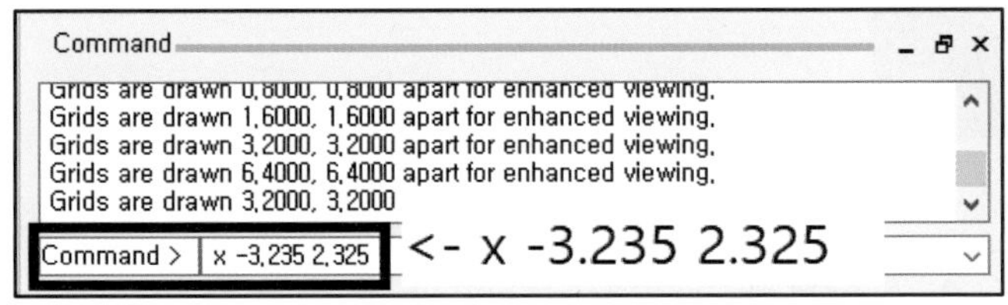
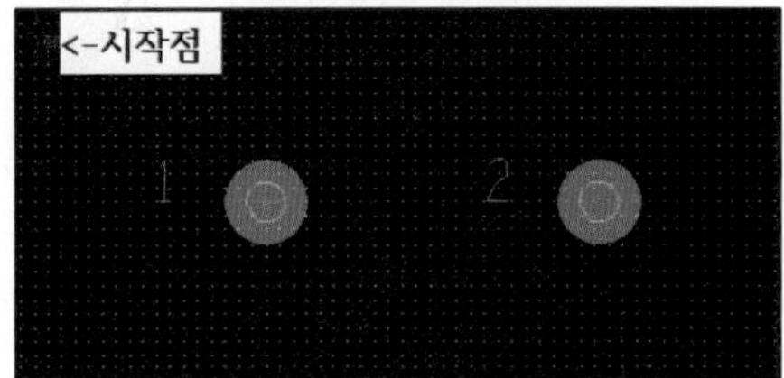

⑳ ⓐ점에서 x축으로 11.35만큼 선을 그리기 위해 Command 창에 'ix 11.35'를 입력한다.

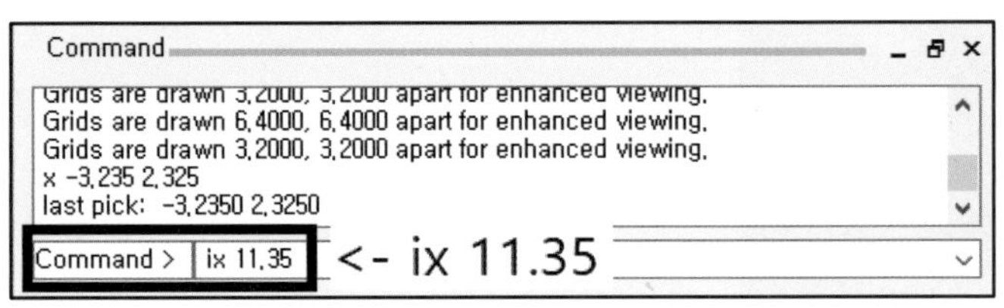
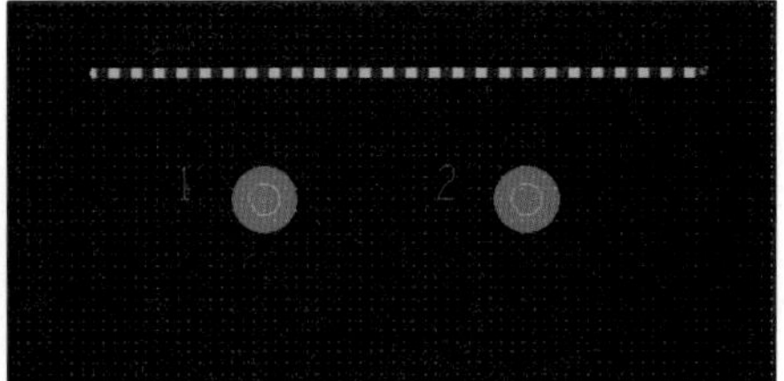

㉑ y축(아래쪽)으로 4.65만큼 선을 그리기 위해 Command 창에 'iy -4.65'를 입력한다.

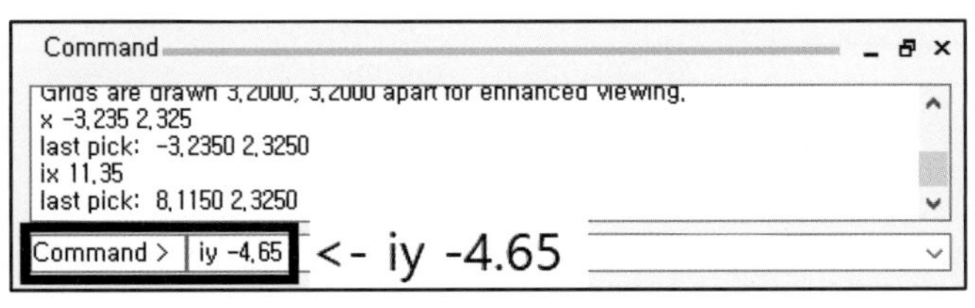
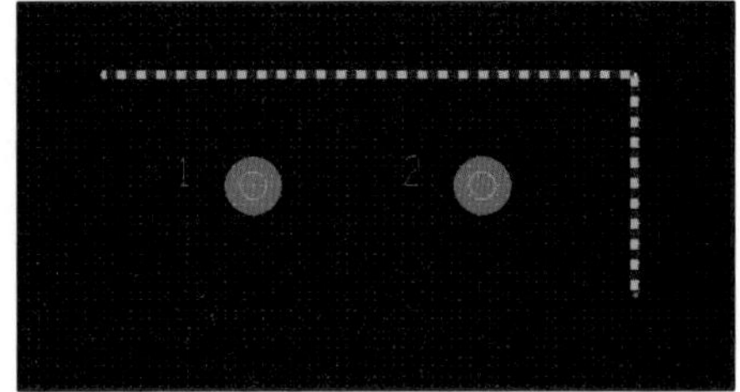

㉒ x축(왼쪽)으로 11.35만큼 선을 그리기 위해 Command 창에 'ix -11.35'를 입력한다.

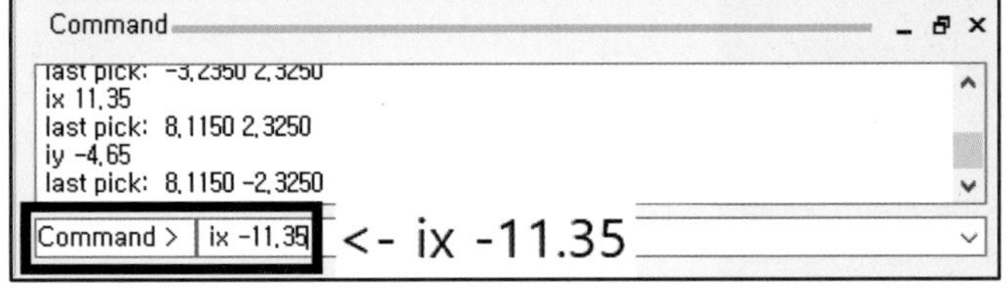
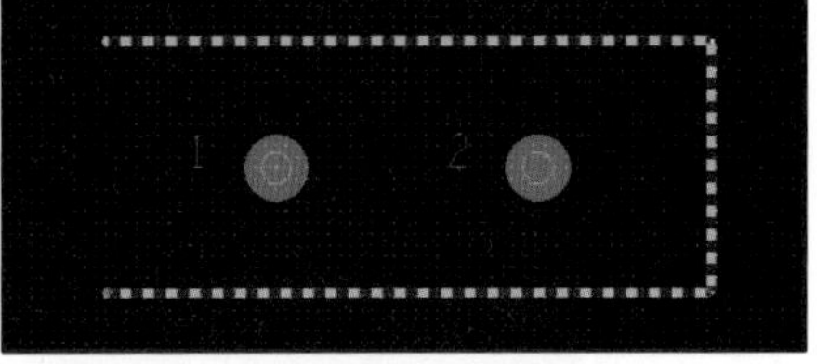

㉓ y축(위쪽)으로 4.65만큼 선을 그리기 위해 Command 창에 'iy 4.65'를 입력하고, 마우스 우측 버튼을 클릭한 후 Done을 클릭한다.

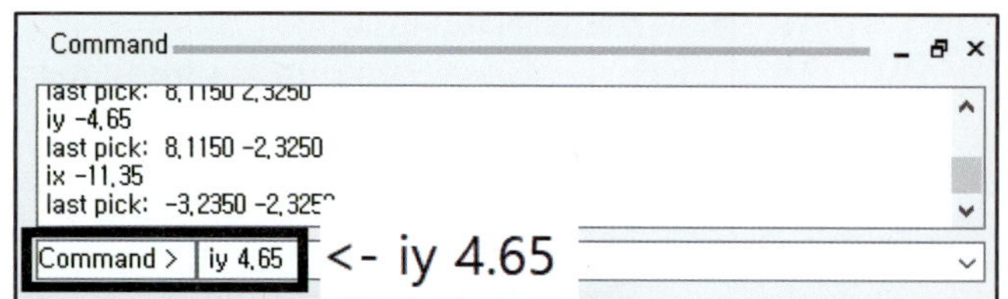

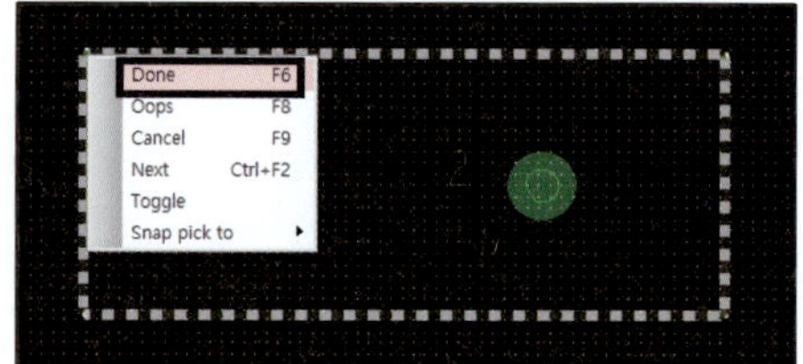

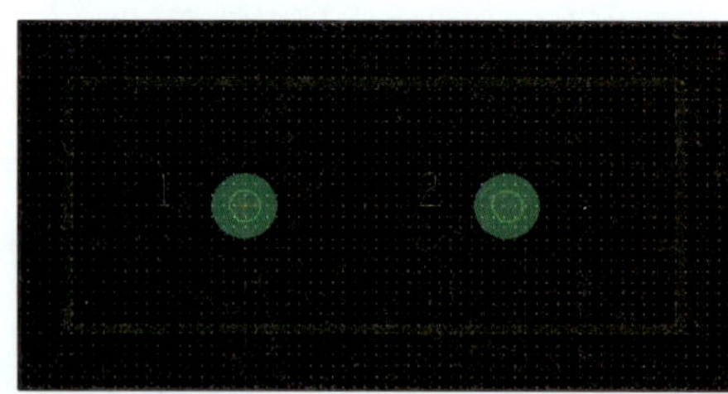

㉔ 사각형이 완성되면 모서리를 곡선으로 깎는다.
※ 모서리는 깎지 않아도 된다. 지금 이 모양으로 사용해도 무방하다.

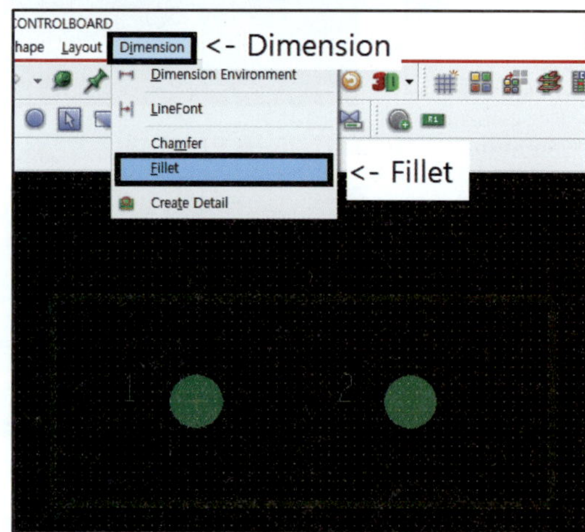

㉕ Menu → Dimension → Fillet

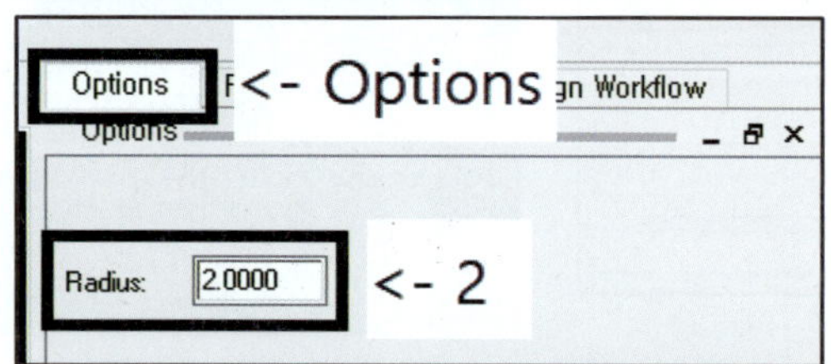

㉖ Options → Radius : 2

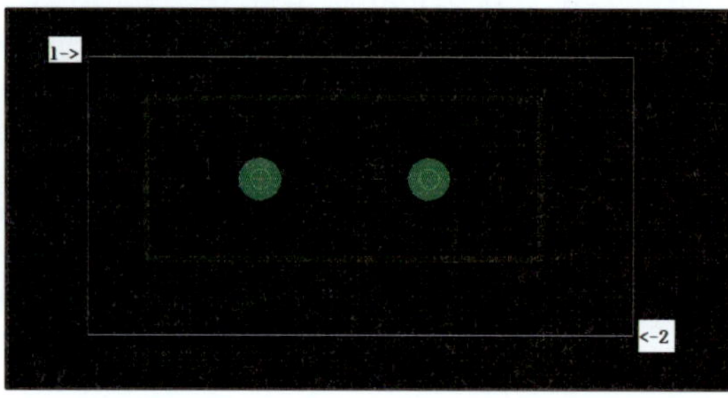

㉗ 마우스 좌측 버튼을 누른 상태에서 1부터 2까지 드래그 한다.

㉘ 모서리가 깎였으면 마우스 우측 버튼을 클릭한 후 Done을 클릭한다.

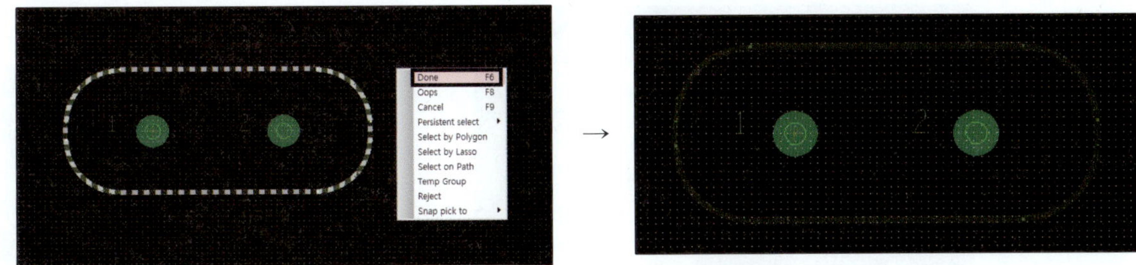

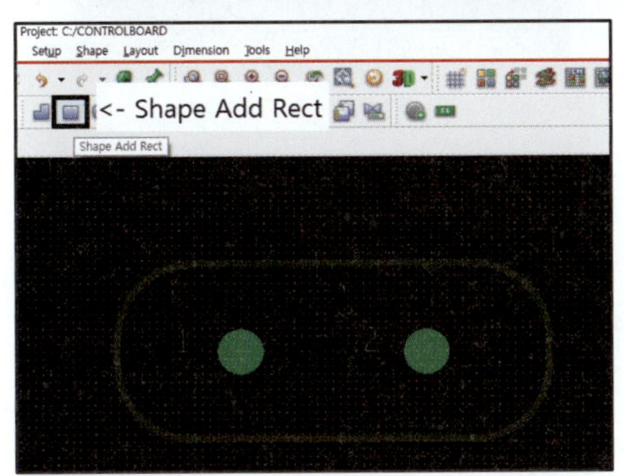

㉙ Place bound TOP을 그린다.

• 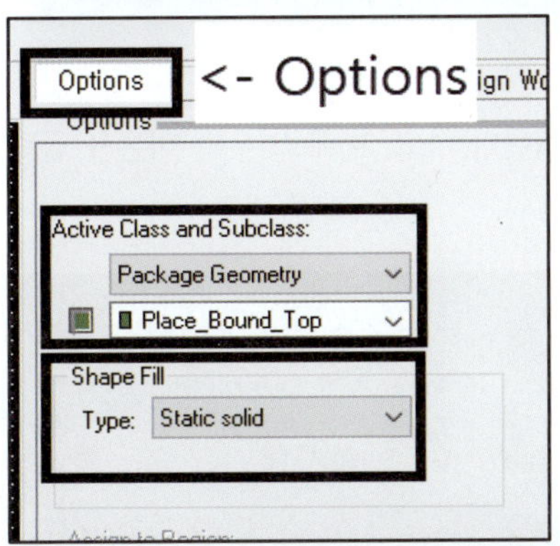 (Shape Add Rect)을 클릭한다.

㉚ Options 탭에서 Active Class and Subclass를 Package Geometry, Place_Bound_Top으로 설정한다.

㉛ Shape Fill의 Type을 Static solid로 설정한다.

㉜ 대각선상의 두 모서리를 클릭한다.

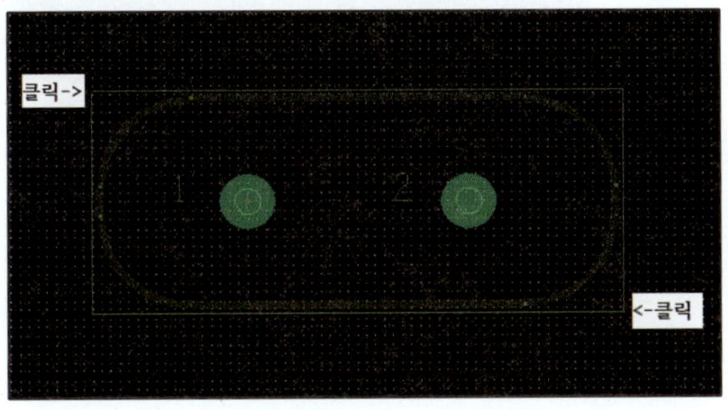

㉝ 마우스 우측 버튼을 클릭한 후 Done을 클릭한다.

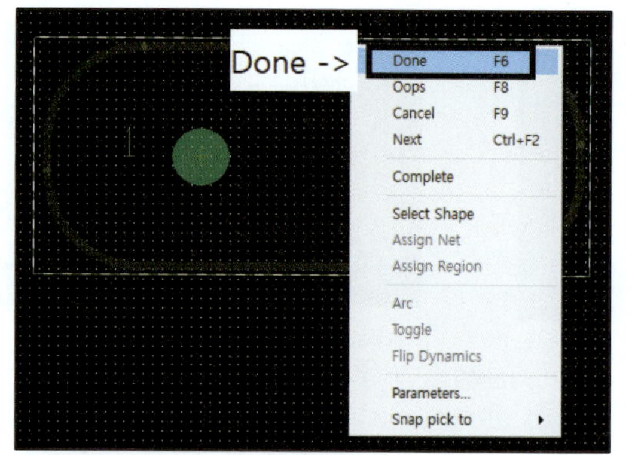

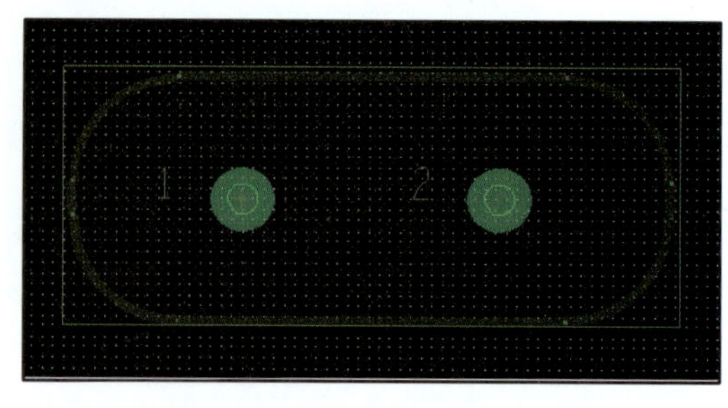

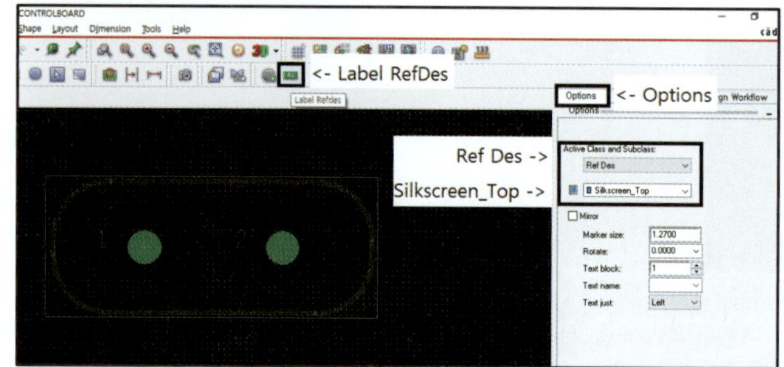

㉞ Reference를 입력한다.

- (Label Refdes)를 클릭한다.

㉟ 오른쪽의 Options 탭으로 이동하여 Active Class and Subclass를 Ref Des, Silkscreen_Top으로 설정한다.

㊱ 심벌 상단을 클릭한 후 'Y?'를 입력(Reference는 대문자로 입력한다)하고, 마우스 우측 버튼을 클릭한 후 Done을 클릭한다.

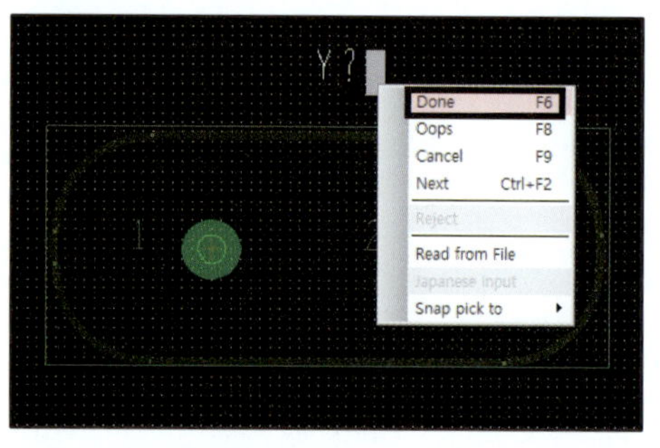

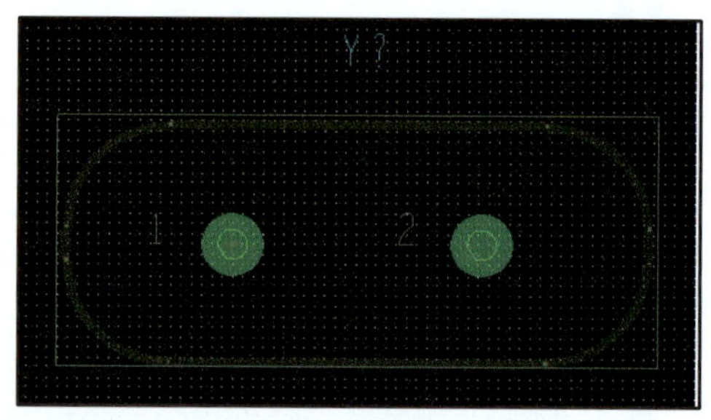

※ Reference를 입력하지 않으면 저장할 때 에러가 발생한다.

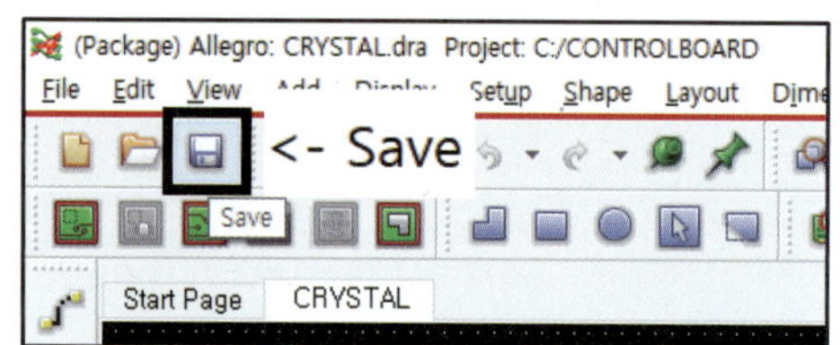

㊲ (Save)를 클릭하여 저장한다(Menu → File → Save).

저장되는 폴더에 CRYSTAL.dra, CRYSTAL.psm 파일이 있어야 사용할 수 있다. 저장 후 확인해 본다.

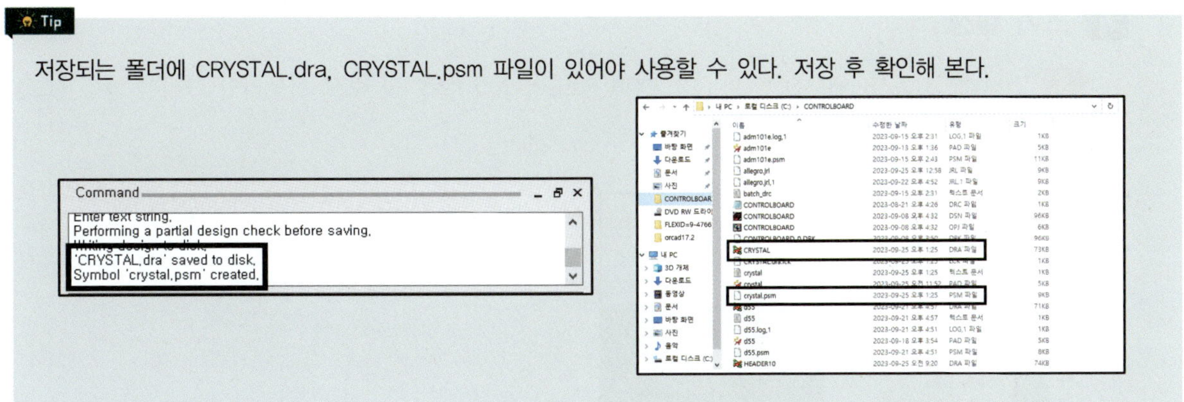

• Footprint 제작이 완료되면 OrCAD Capture에서 작성한 회로도의 Property Editor 창으로 이동하여 'Footprint(Drawing Name)'를 입력한다(Footprint는 49쪽 참조).

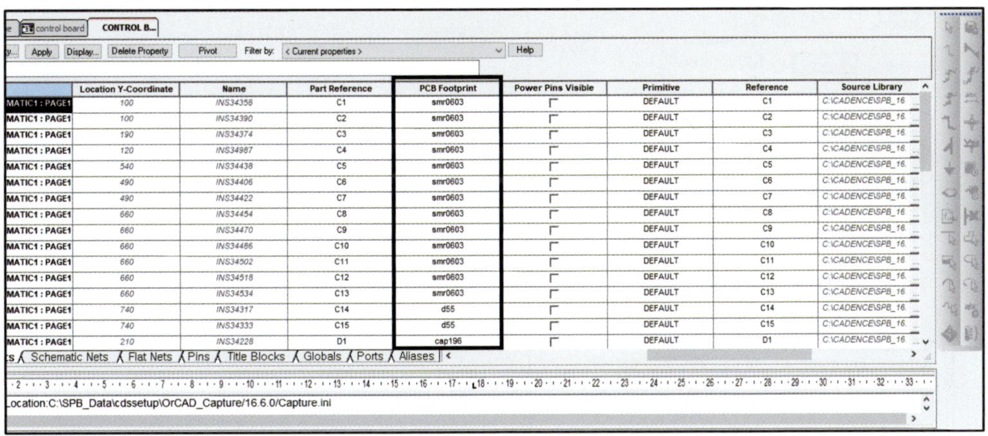

• Footprint 입력이 끝나면 Netlist를 수행한다(52쪽 참조).

• Netlist가 완료되면 PCB Editor가 자동으로 실행된다.

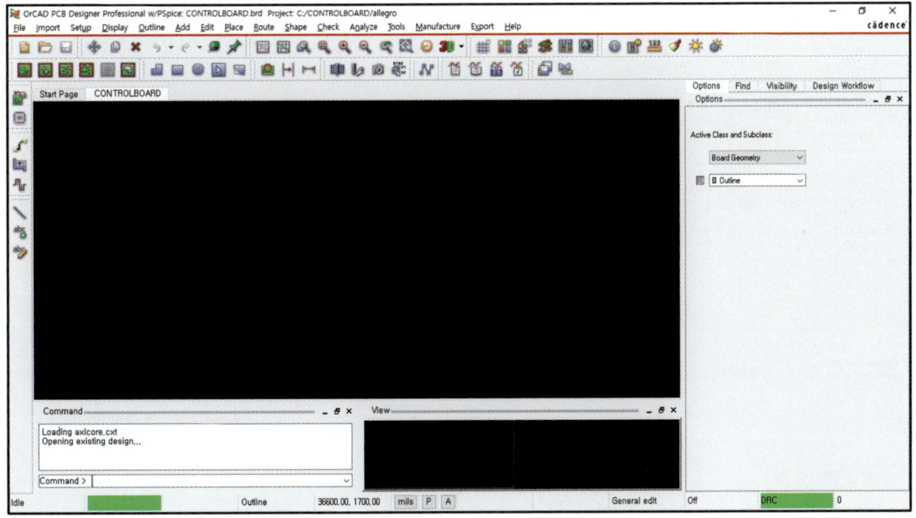

4 초기 설정

(▶ [전자캐드기능사(OrCAD 17.2)] 13. PCB Editor 초기 설정 및 보드 아웃라인 그리기 영상 참조)

1) Setup

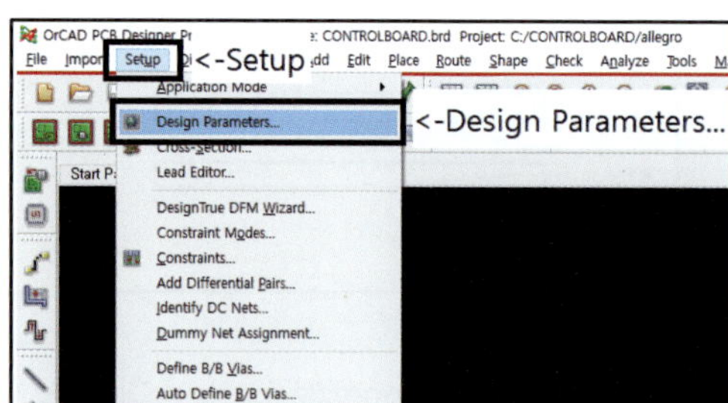

① Menu → Setup → Design Parameters…

② Design 탭
- User units : Millimeter
- Left X : −80
- Lower Y : −80
- Apply를 클릭한다.

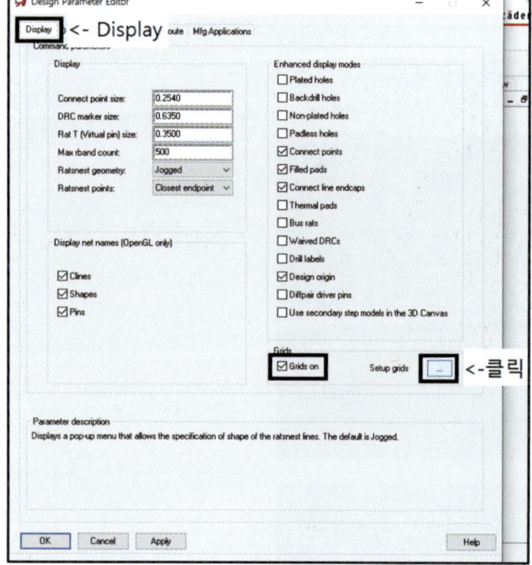

③ Display
- Grids on 체크 → […] (Setup grids)를 클릭한다.

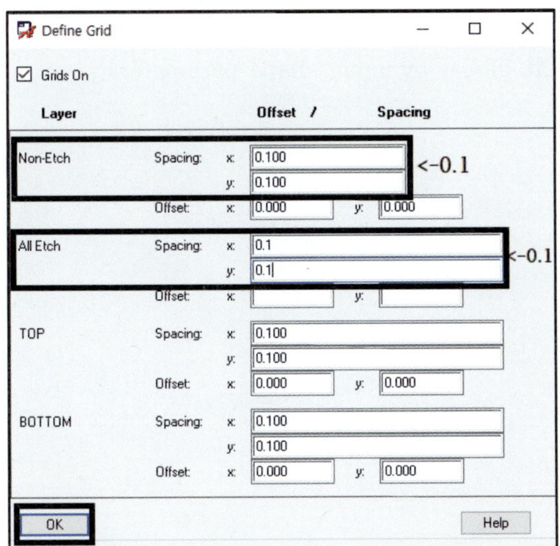

• Non-Etch와 All Etch를 0.1로 지정한 후 OK를 클릭한다.

④ Apply를 클릭한다.

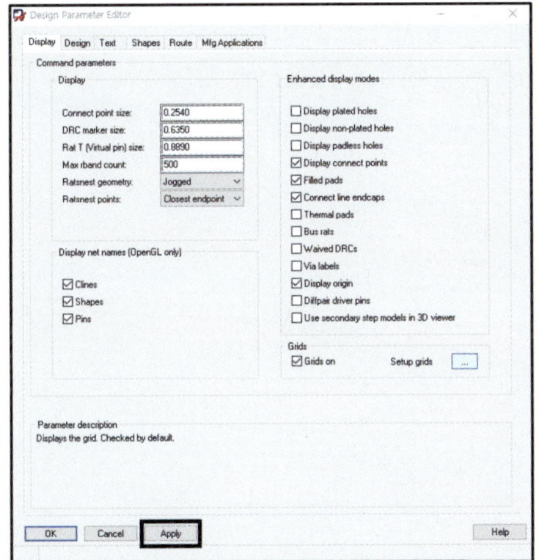

※ Setup → Grids…에서도 변경 가능하다.

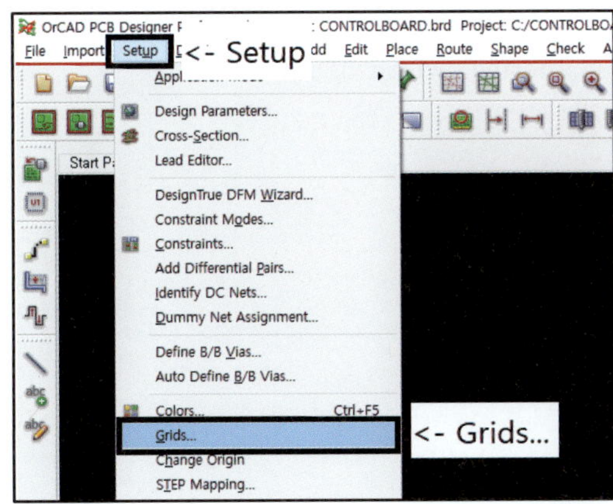

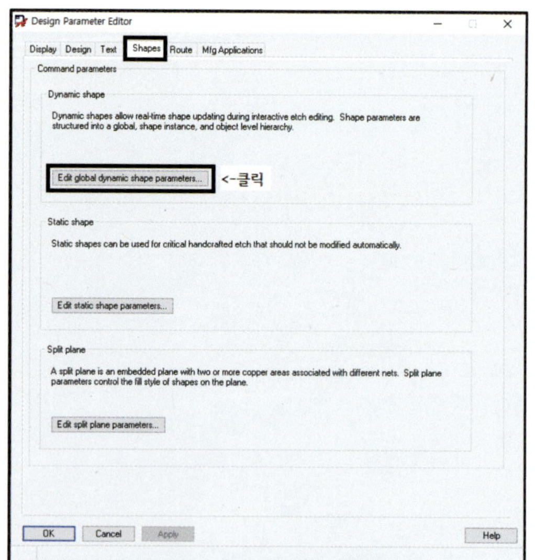

⑤ Shapes

• Edit global dynamic shape parameters...

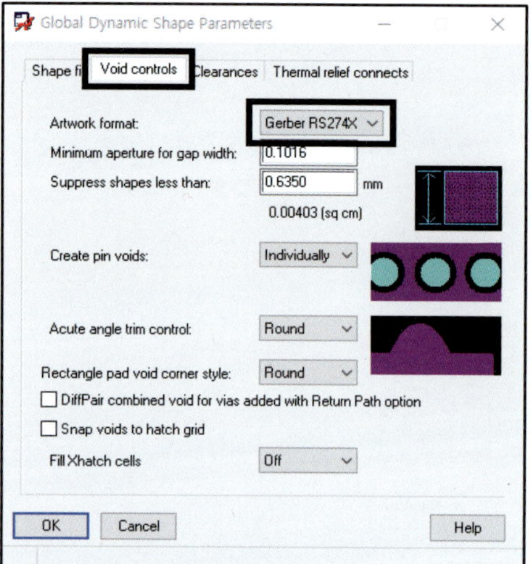

• Void controls 탭
 – Artwork format : Gerber RS274X 확인

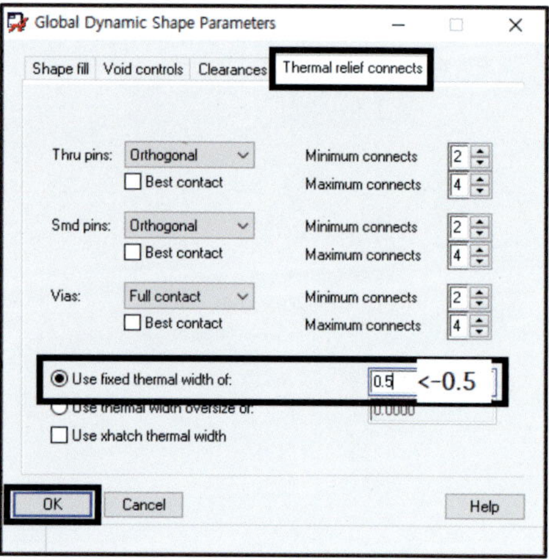

• Thermal relief connects 탭
 – Use fixed thermal width of : 0.5
 – OK를 클릭한다.

※ Use fixed thermal width of : 단열판과 GND 네트 사이 연결선의 두께를 설정한다. 공개문제에서는 0.5mm로 설정한다(공개문제 9) 카퍼의 설정 참조).

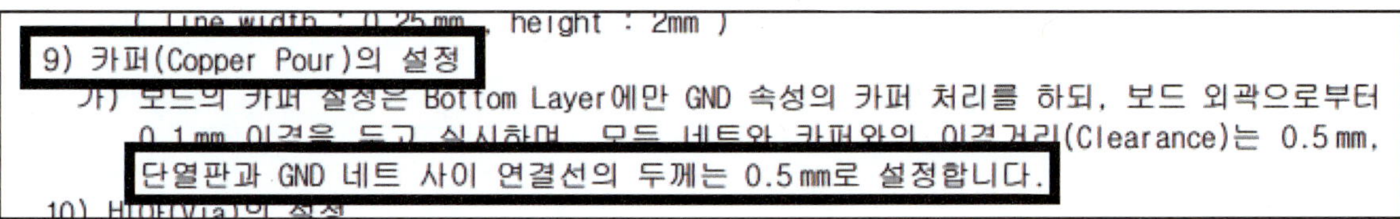

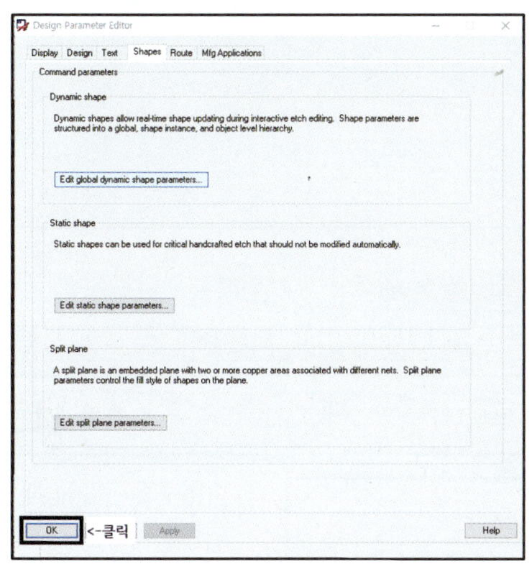

⑥ OK를 클릭한다.

2) Constraints Manager

- 네트의 폭, 여러 요소 간의 간격, VIA의 설정 등과 관련된다.

- Menu → Setup → Constraints 또는 (Cmgr)을 클릭한다.

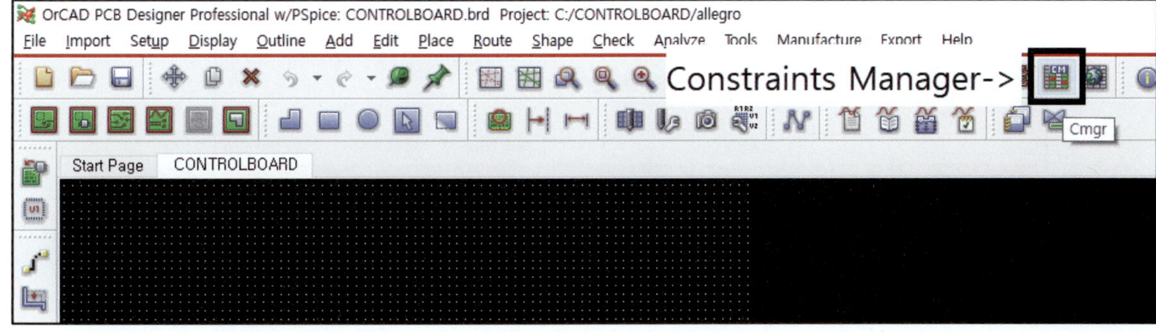

[공개문제 요구사항]

5) 네트(NET)의 폭(두께) 설정

  (가) 정의된 네트의 폭에 따라 설계하시오.

네트명	두 께
+12V, +5V, GND, X1, X2	0.5mm
그 외 일반 선	0.3mm

(1) Physical

  ① Physical Constraint Set → All Layers

  ② DEFAULT → Line Width → Min : 0.3

  ③ VIA 셀을 클릭한다.

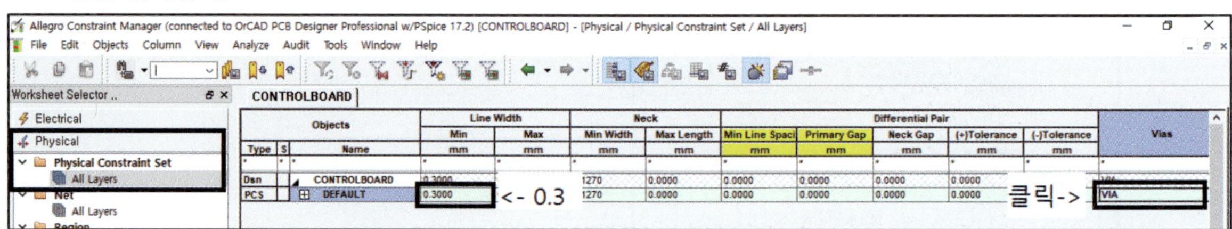

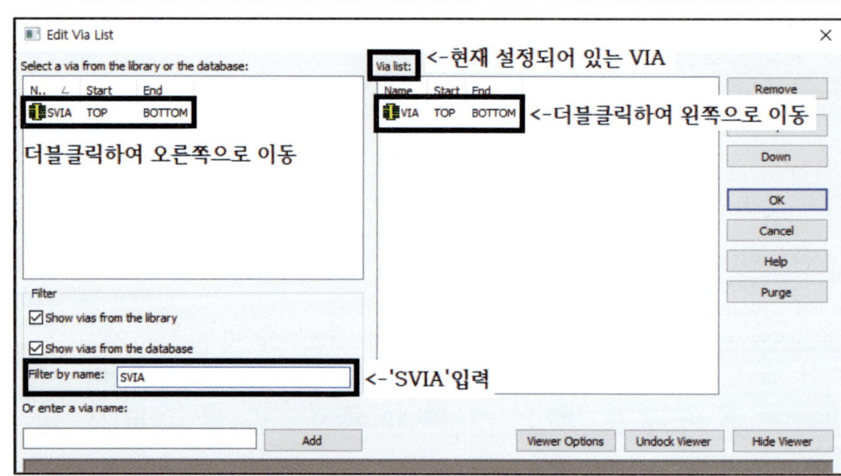

④ Filter by name에 'SVIA'를 입력한다.

⑤ 목록에서 'SVIA'를 더블클릭 하여 오른쪽(Via list)으로 이 동시킨다.

⑥ Via list에서 'VIA'를 더블클 릭하여 왼쪽으로 이동시킨다.

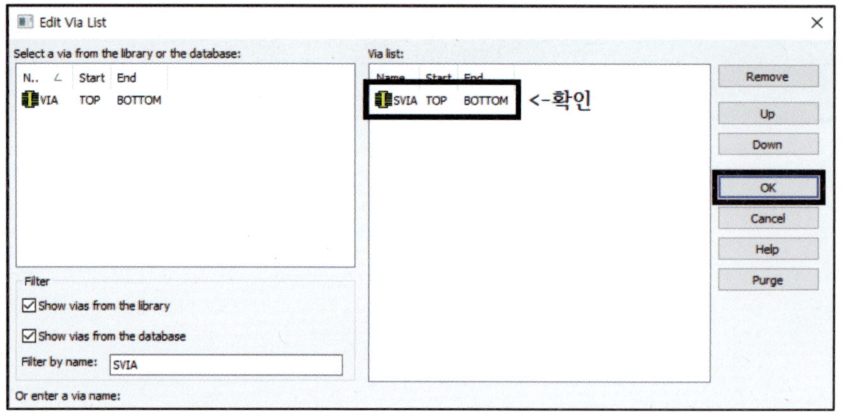

⑦ SVIA가 우측 Via list로 이동 하면 OK를 클릭한다.

⑧ DEFAULT의 Vias 셀이 SVIA로 변경된다.

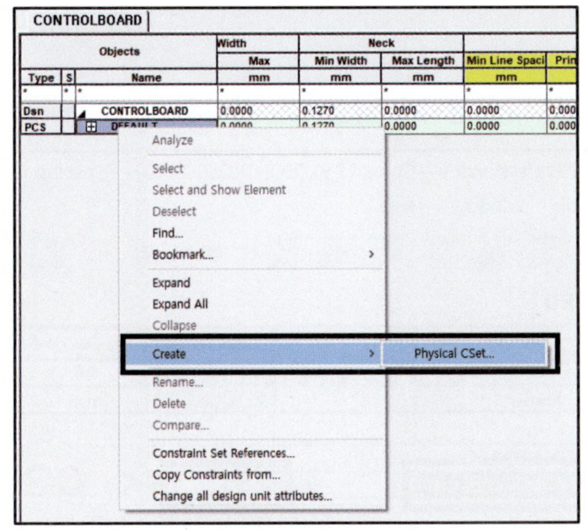

		CONTROLBOARD	Width	Neck			Differential Pair					Vias	
		Objects	Max	Min Width	Max Length	Min Line Spaci	Primary Gap	Neck Gap	(+)Tolerance	(-)Tolerance			
Type	S	Name	mm	mm	mm	mm	mm	mm	mm	mm			
*	*	*	*	*	*	*	*	*	*	*			
Dsn		CONTROLBOARD	0.0000	0.1270	0.0000	0.0000	0.0000	0.0000	0.0000		SVIA		0.1270
PCS	⊞ DEFAULT		0.0000	0.1270	0.0000	0.0000	0.0000	0.0000	0.0000		SVIA		.1270

⑨ 커서를 DEFAULT로 이동한 후 마우스 우측 버튼을 클릭한다.

⑩ Create → Physical CSet…을 클릭한다.

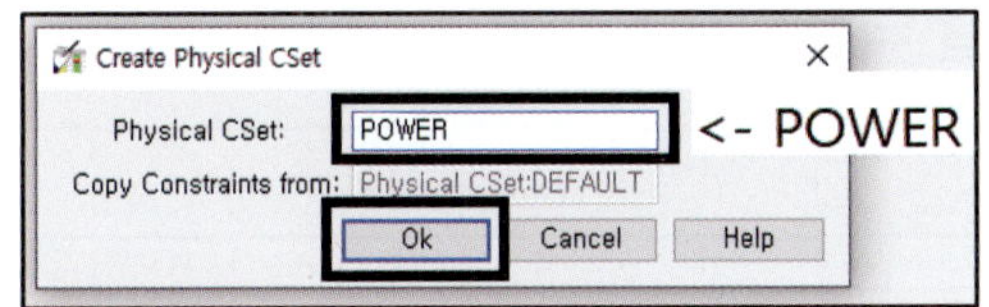

⑪ Physical CSet에 'POWER'를 입력한 후 OK를 클릭한다.

⑫ POWER → Line Width → Min : 0.5 → Vias : PVIA

		CONTROLBOARD	Line Width		Neck		Differential Pair					Vias
		Objects	Min	Max	Min Width	Max Length	Min Line Spaci	Primary Gap	Neck Gap	(+)Tolerance	(-)Tolerance	
Type	S	Name	mm	mm	mm	mm	mm	mm	mm	mm	mm	
*	*	*	*	*	*	*	*	*	*	*	*	*
Dsn		CONTROLBOARD	0.3000	0.0000	0.1270	0.0000	0.0000	0.0000	0.0000	0.0000	0.0000	SVIA
PCS	⊞ DEFAULT		0.3000	0.C	270	0.0000	0.0000	0.0000	0.0000	0.0000		SVIA
PCS	⊞ POWER		0.5000	0.C	270	0.0000	0.0000	0.0000	0.0000	0.0000		PVIA

⑬ DEFAULT를 POWER로 변경하면, 다음 그림과 같이 Line Width의 Min이 0.5로 변경되며, Vias도 PVIA로 변경된다.

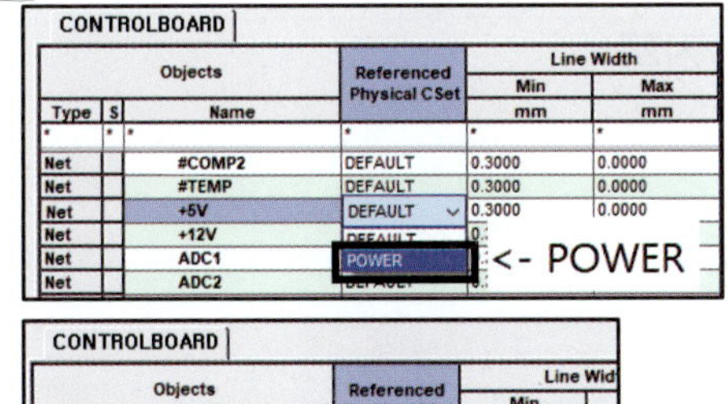

		CONTROLBOARD	Referenced Physical CSet	Line Width	
		Objects		Min	Max
Type	S	Name		mm	mm
*	*	*	*	*	*
Net		#COMP2	DEFAULT	0.3000	0.0000
Net		#TEMP	DEFAULT	0.3000	0.0000
Net		+5V	DEFAULT	0.3000	0.0000
Net		+12V	DEFAULT	0.	
Net		ADC1	POWER		
Net		ADC2	DEFAULT		

		CONTROLBOARD	Referenced Physical CSet	Line Wid Min
		Objects		
Type	S	Name		mm
Net		#COMP2	DEFAULT	0.3000
Net		#TEMP	DEFAULT	0.3000
Net		+5V	POWER	0.5000
Net		+12V	DEFAULT	0.3000

		CONTROLBOARD	Pair			Vias
		Objects	Neck Gap	(+)Tolerance	(-)Tolerance	
Type	S	Name	mm	mm	mm	
*	*	*	*	*	*	*
Net		#COMP2	0.0000	0.0000	0.0000	SVIA
Net		#TEMP	0.0000	0.0000	0.0000	SVIA
Net		+5V	0.0000	0.0000	0.0000	PVIA
Net		+12V	0.0000	0.0000	0.0000	SVIA

※ 나머지 네트(+12V, GND, X1, X2)도 위와 같은 방법으로 Line Width의 Min과 Vias를 변경한다.

11) DRC(Design Rule Check)

　가) 모든 조건은 Default값(Clearance : 0.254mm)에 위배되지 않아야 한다. → Line, Pins, Via의 Spacing을 0.254로
　　　설정한다.

(2) Spacing

① Spacing Constraint Set → All Layers

② DEFAULT 셀을 클릭하면 모든 항목이 선택된다.

③ Line 셀에 '0.254'를 입력한 후 Enter를 클릭하면 나머지 항목에 자동으로 입력된다.

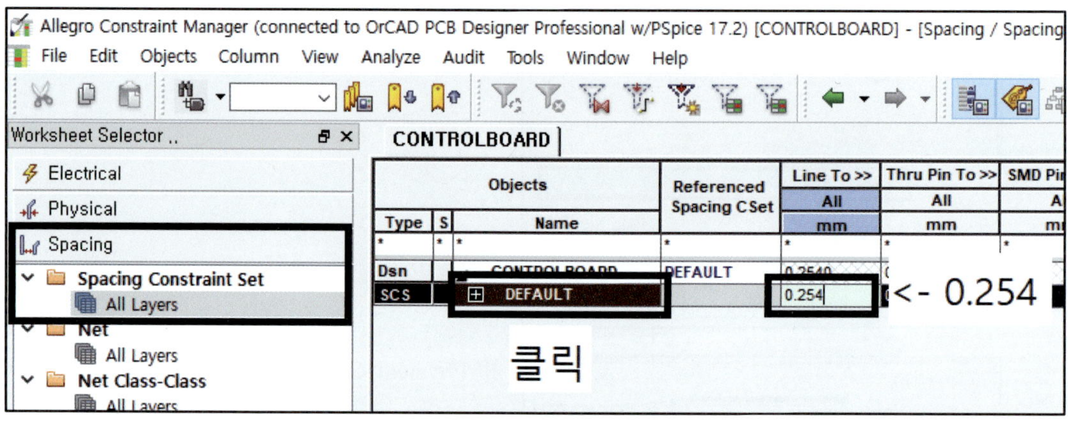

④ Shape에는 '0.5'를 입력한 후 Enter를 클릭한다.

9) 카퍼의 설정

　가. 모든 네트와 카퍼와의 이격거리(Clearance)는 0.5mm

(3) Properties

① Net → General Properties

② GND의 No Rat → ON(GND 네트는 카퍼로 씌우기 때문에 배선할 필요가 없어 GND Ratnest를 보이지 않게 설정한다)

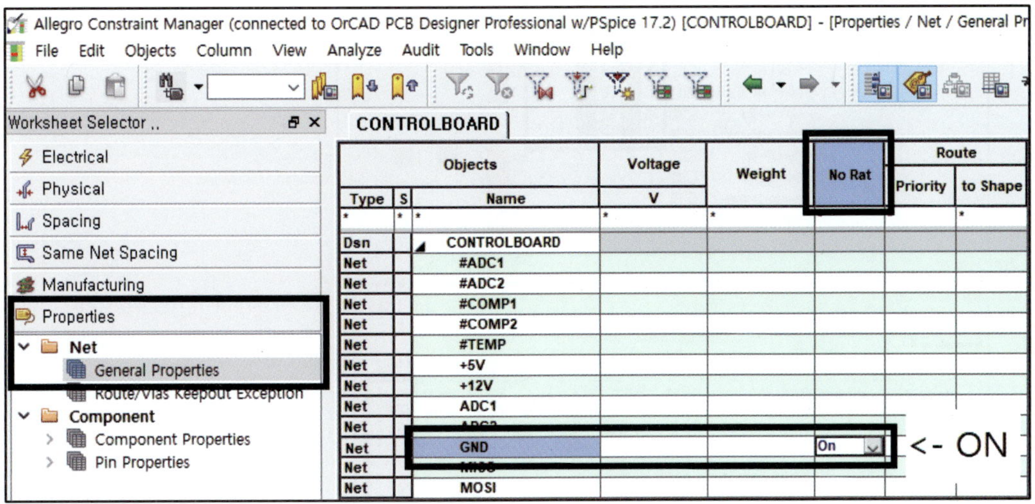

3) Color / Visibility

PCB Editor 작업 시 필요한 정보만 선별하여 보이게 하는 기능으로, 네트의 색을 지정한다.

① Menu → Display → Color / Visibility 또는 (Color192)를 클릭한다.

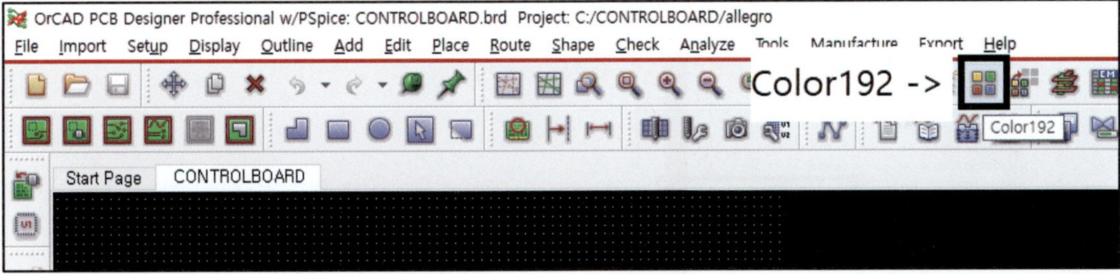

② Global visibility를 Off하면 체크되었던 모든 항목의 체크가 해제된다.

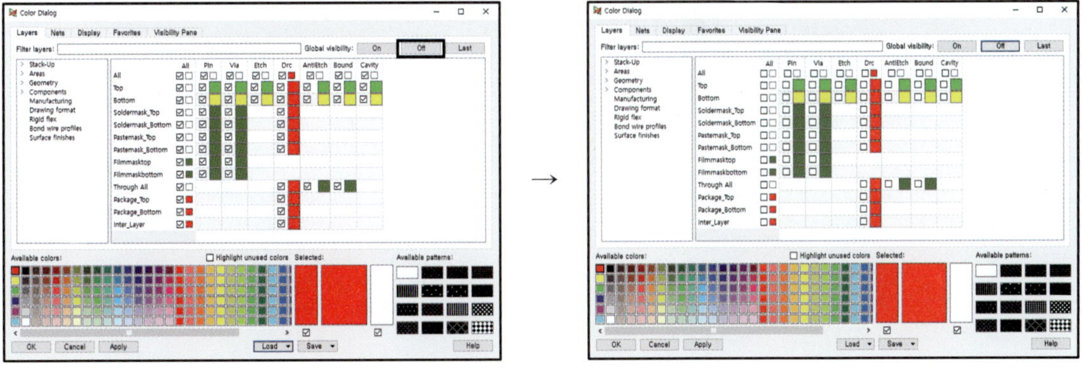

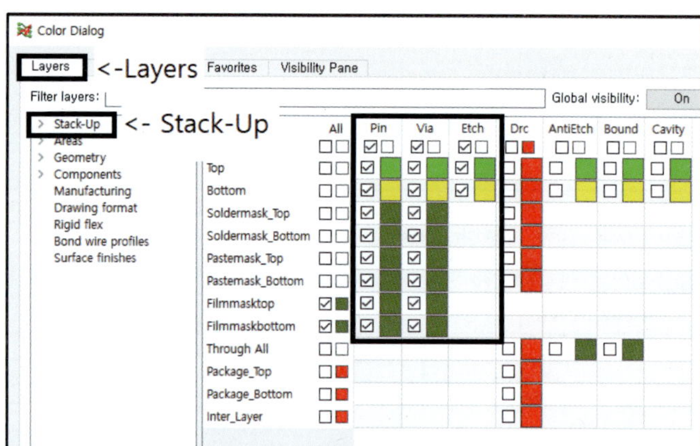

③ Stack-Up : Pin, Via, Etch 체크

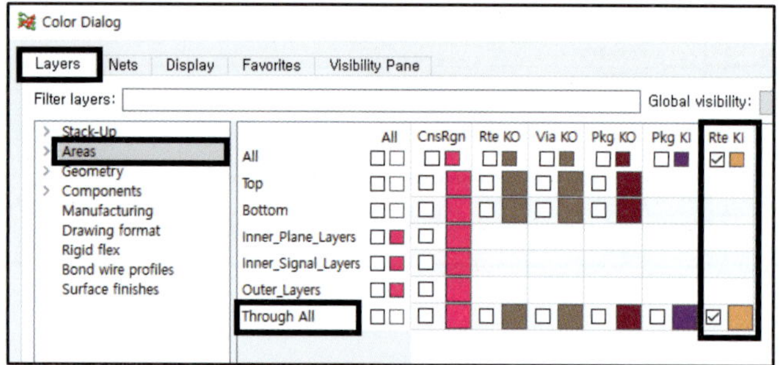

④ Areas : Through All → Rte KI 체크

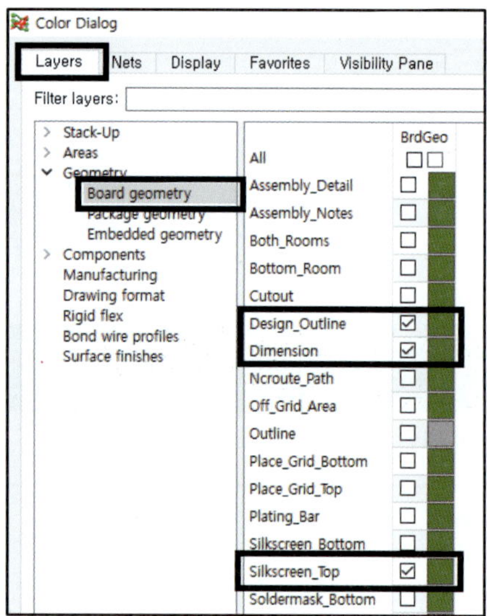

⑤ Board geometry → Dimension, Design_Outline, Silkscreen_TOP

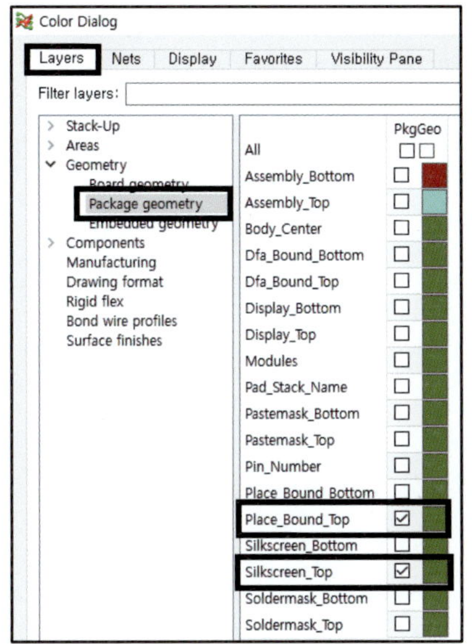

⑥ Package geometry → Place_Bound_Top, Silkscreen_TOP

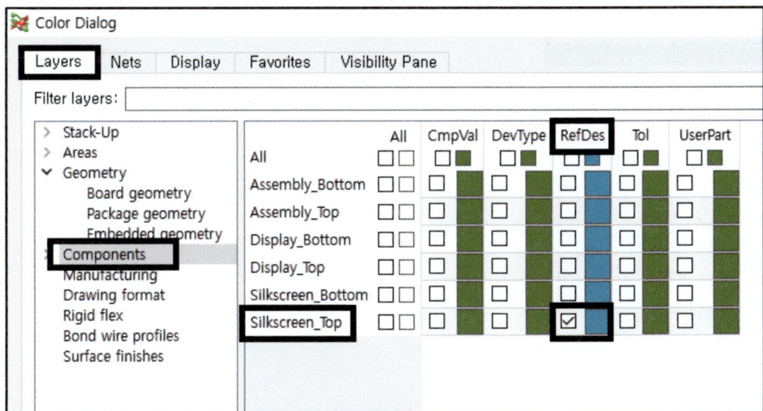

⑦ Components → Silkscreen_TOP →
RefDes 체크 → Apply

⑧ 네트의 색 지정
- 좌측 상단 Net 탭으로 이동한다.
  - +12V : 분홍색
  - +5V : 빨간색
  - Gnd : 파란색
  ※ 네트의 색을 지정해 주면 작업이 수월해진다. 전
  원선은 반드시 지정해 준다.
- Apply → OK

4) Footprint Library 경로 설정

(▶ [전자캐드기능사(OrCAD 17.2)] 3. pad 및 psm 파일 라이브러리 경로 설정 영상 참조)

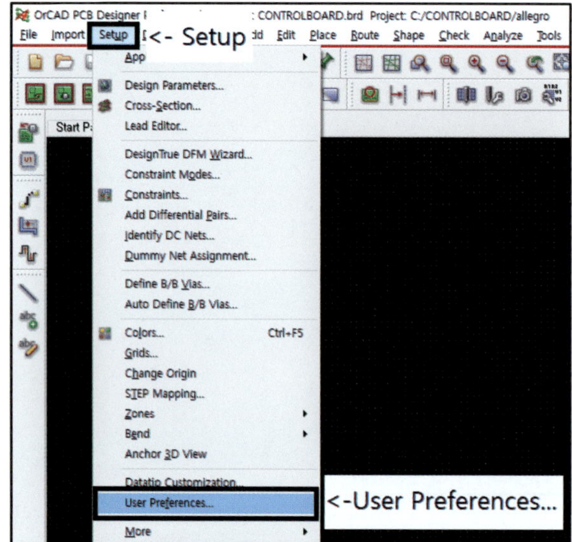

① Menu → Setup → User Preferences…

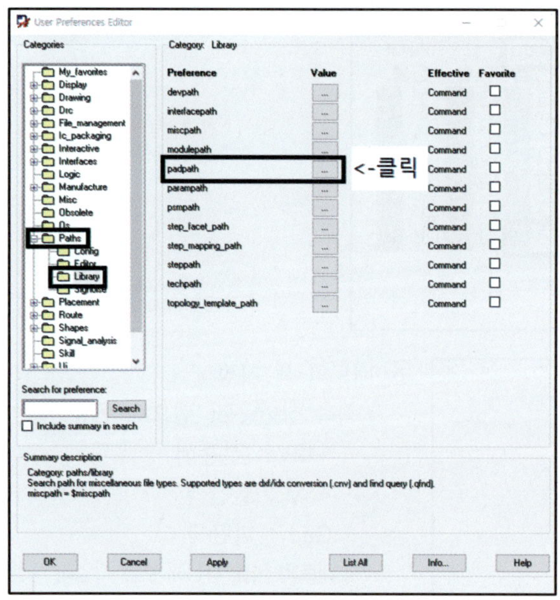

② Paths → Library → padpath → …

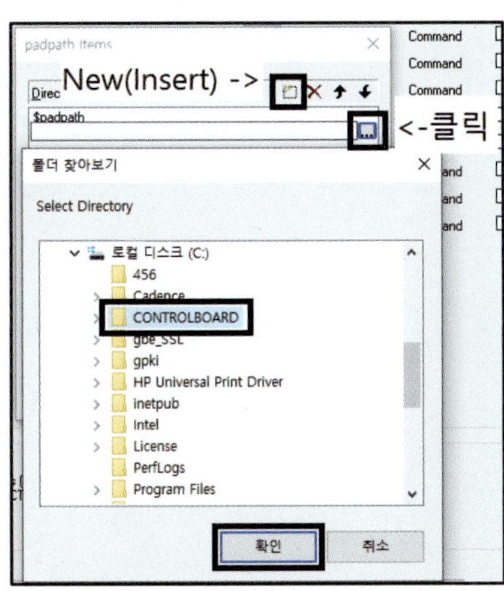

③ Directories → (New(Insert))
④ 경로 입력창 옆의 ...을 클릭한다.
⑤ .pad 파일이 있는 폴더를 선택한다.

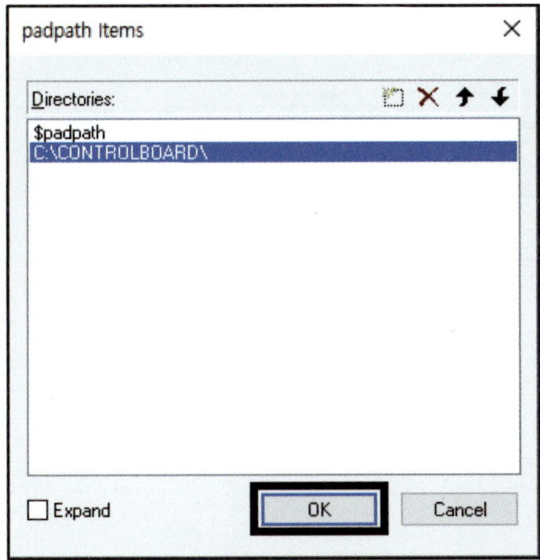

⑥ 선택된 폴더를 확인한 후 OK를 클릭한다.

※ psmpath도 같은 방법으로 Library 경로를 설정해 준다.

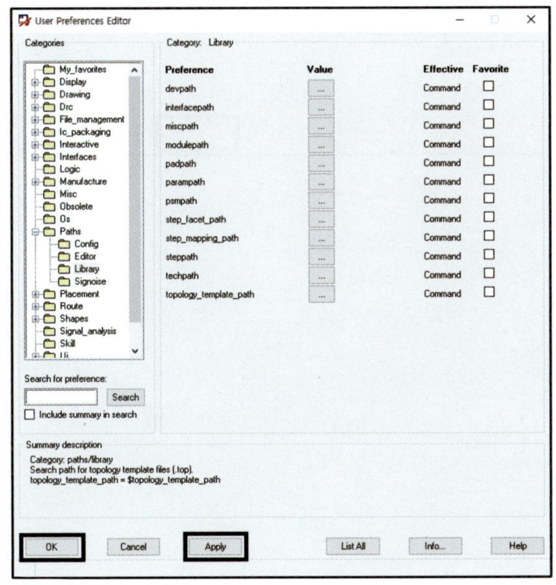

⑦ Apply → OK

5) Cross Section

Layer 설정, PCB Editor는 기본적으로 양면(TOP, BOTTOM)으로 설정되어 있기 때문에 생략해도 무방하다.

① Menu → Setup → Cross-Section... 또는 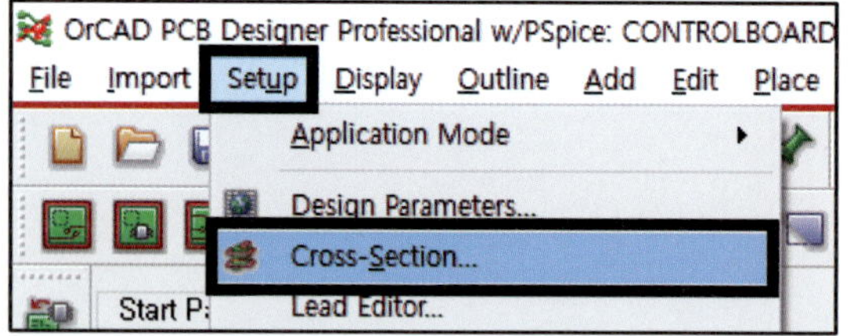(Xsection) 클릭

② 양면(TOP, BOTTOM) Layer 확인 → Apply → OK

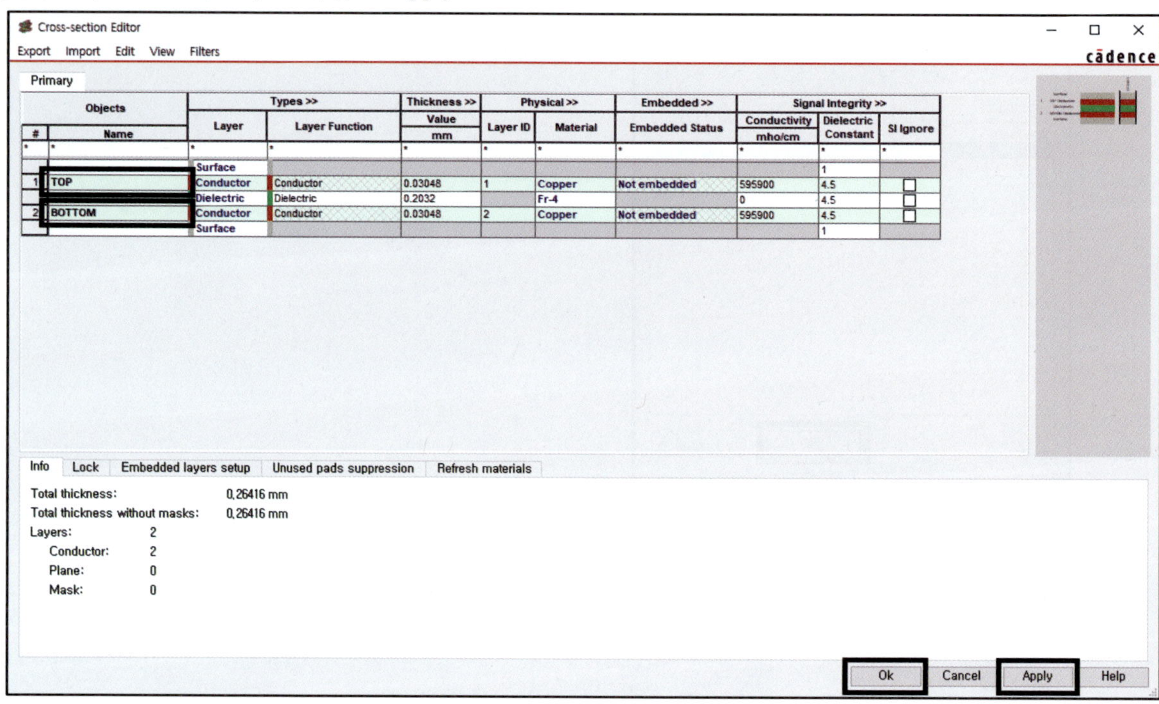

※ 공개문제 요구사항의 설계환경 : 양면 PCB(2-Layer)

5 PCB Design

1) Board Outline

Board Outline을 그리는 방법은 여러 가지가 있는데, 그중 공개문제에 제시된 Board Outline을 가장 쉽게 그리는 방법으로 그려 본다.

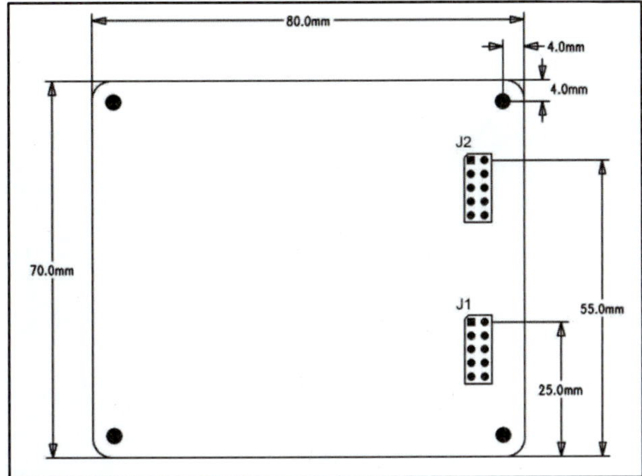

※ 공개문제에 제시된 보드 사이즈 : 80mm(가로)×70mm(세로), 보드 외곽선 모서리는 라운드 처리한다.

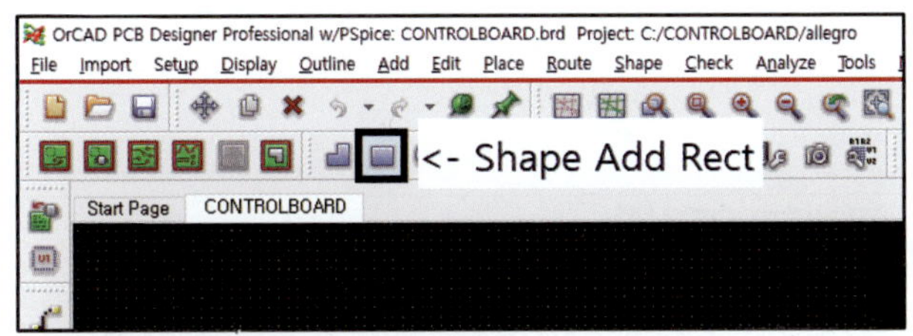

① Menu → Shape → Rectangular 또는 (Shape Add Rect)을 클릭한다.

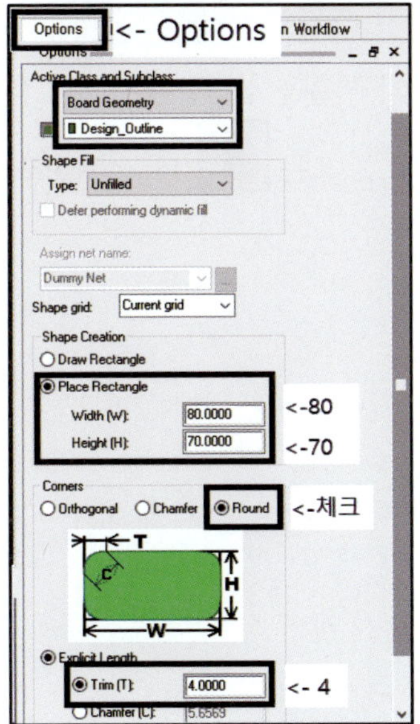

② Options
- Active Class and Subclass
  - Board Geometry → Design_Outline
- Place Rectangle
  - Width(W) : 80
  - Height(H) : 70
- Corners
  - Round 체크
  - Trim(T) : 4

③ 좌표 입력 : x 0 70

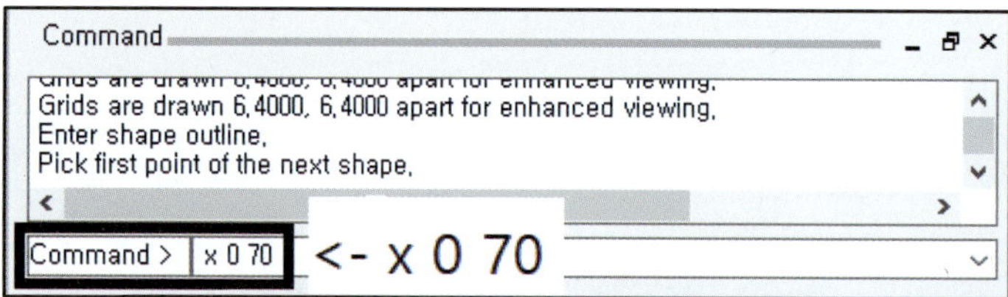

④ Board Outline이 그려지면 마우스 우측 버튼을 클릭한 후 Done을 클릭한다.

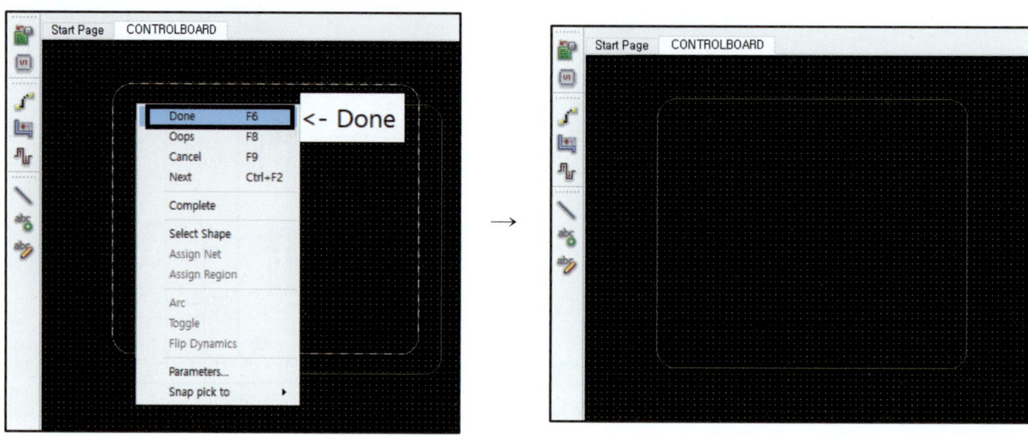

2) 부품 배치 및 배선

(1) 기구 홀 배치

[공개문제 요구사항]

7) 기구 홀의 삽입

　(가) 보드 외곽의 네 모서리에 직경 3Φ의 기구 홀을 삽입하되 각각의 모서리로부터 4mm 떨어진 지점에 배치하고 비전기적
　　 속성으로 정의하며, 기구 홀의 부품 참조값은 삭제한다.

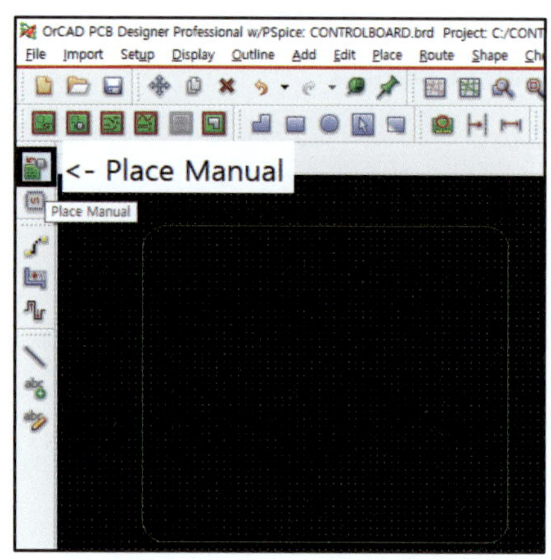

① 공개문제의 요구사항대로 기구 홀을 삽입한다.

② Menu → Place → Manual… 또는 ▣ (Place Manual) 클릭

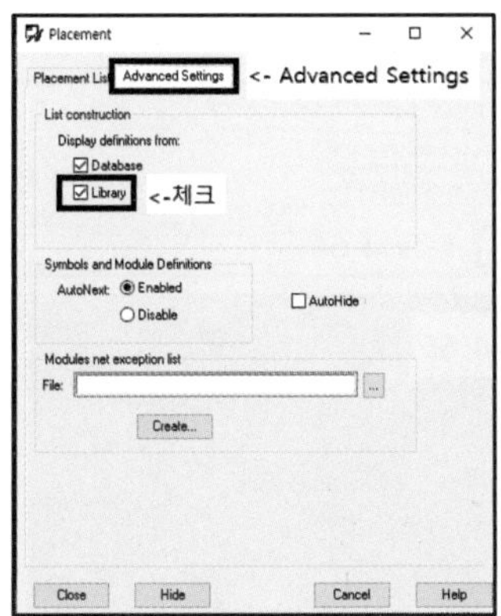

③ Advanced Settings 탭에서 Library를 체크한다.

④ Placement List 탭으로 이동하여 Mechanical symbols로 변경한다.

⑤ MTG125를 체크하고, Command 창에 'x 4 4'를 입력한 후 Enter를 클릭한다.

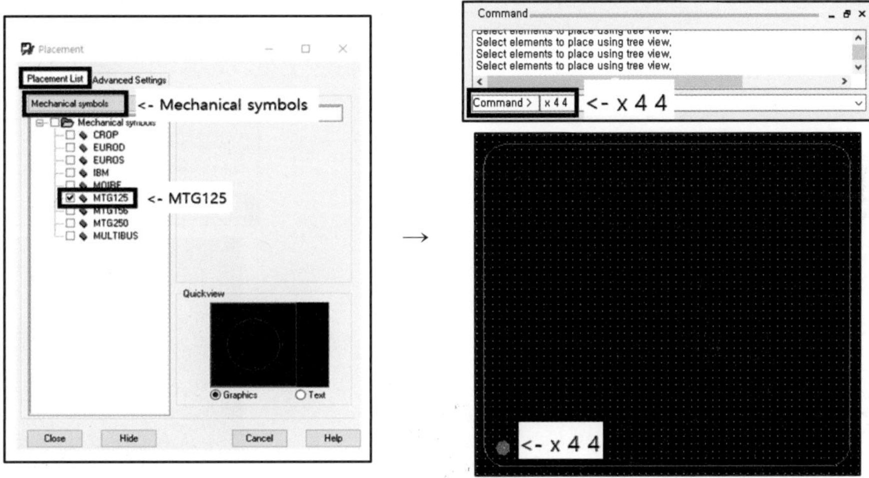

⑥ MTG125를 체크한 후 Command 창으로 이동하고, 'x 76 4'를 입력한 후 Enter를 클릭한다.

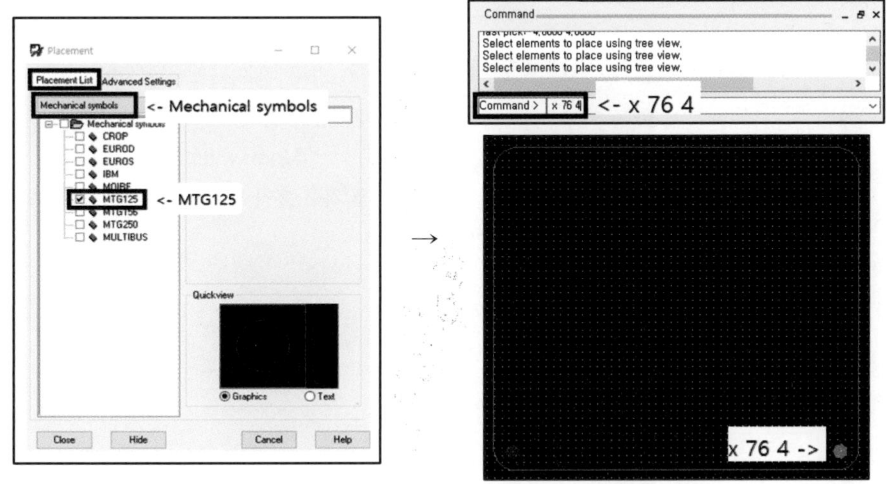

⑦ MTG125를 체크한 후 Command 창으로 이동하고, 'x 4 66'을 입력한 후 Enter를 클릭한다.

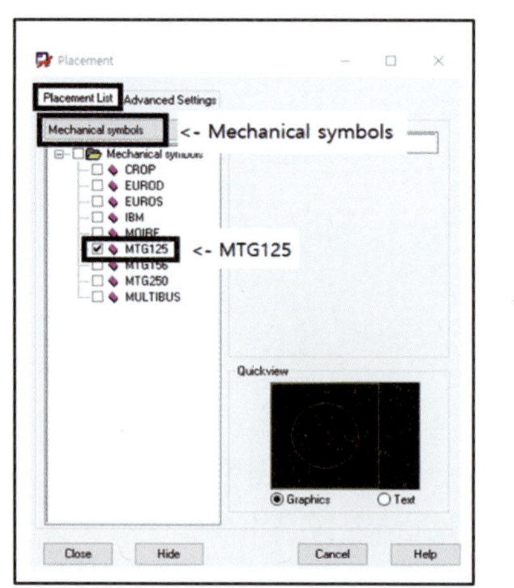

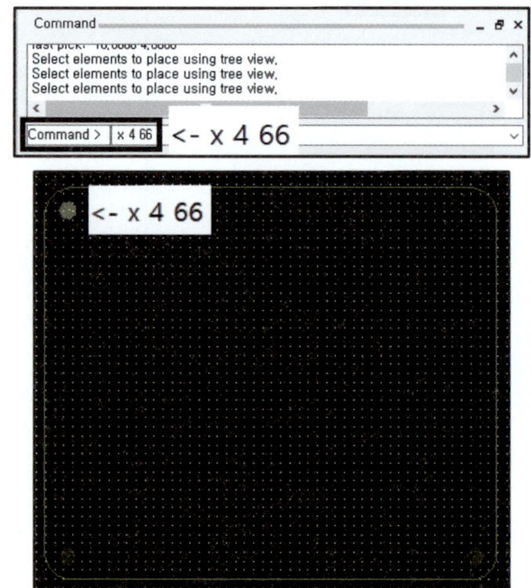

⑧ MTG125를 체크한 후 Command 창으로 이동하고, 'x 76 66'을 입력한 후 Enter를 클릭한다.

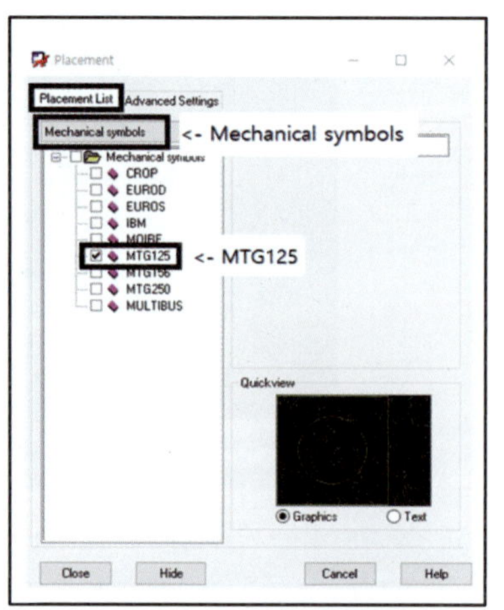

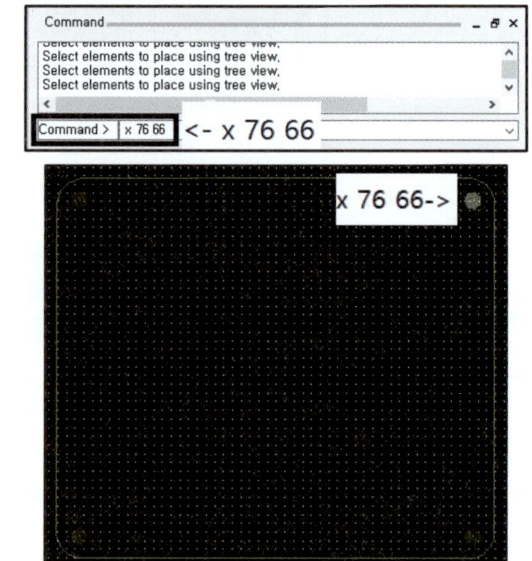

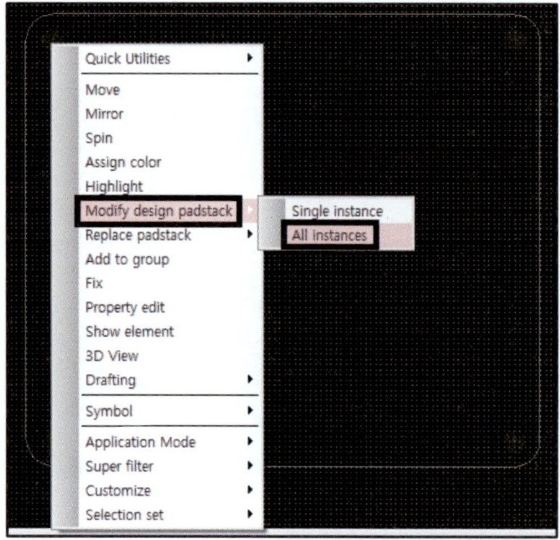

⑨ 기구 홀의 크기를 3Φ로 변경한다.

⑩ 기구 홀 중 하나에 커서 이동 → 마우스 우측 버튼 클릭
　→ Modify design padstack → All instances

※ 기구 홀의 크기를 모두 변경하므로 All instances를 선택한다.

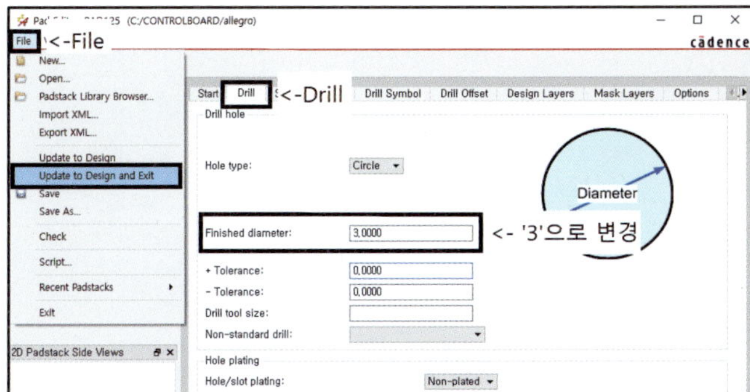

⑪ Drill 탭으로 이동한다.
- Drill hole
  - Finished diameter : 3
- File
  - Update to Design and Exit

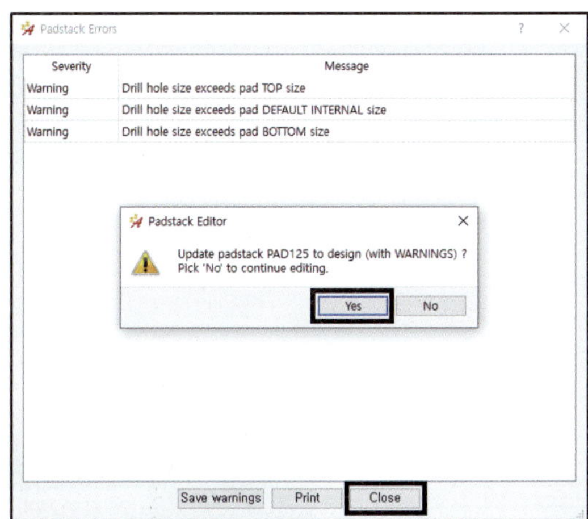

⑫ Warning Message는 무시하고 Close를 클릭한다.
⑬ Update 여부를 묻는 창이 뜨면 Yes를 클릭한다.

(2) 고정 부품 배치

(▶ [전자캐드기능사(OrCAD 17.2)] 14. PCB Editor 부품 배치, 배선, 실크데이터 정리 영상 참조)

[공개문제 요구사항]

3) 부품 배치 : 주요 부품은 다음 그림과 같이 배치하고, 그 외는 임의대로 배치한다.

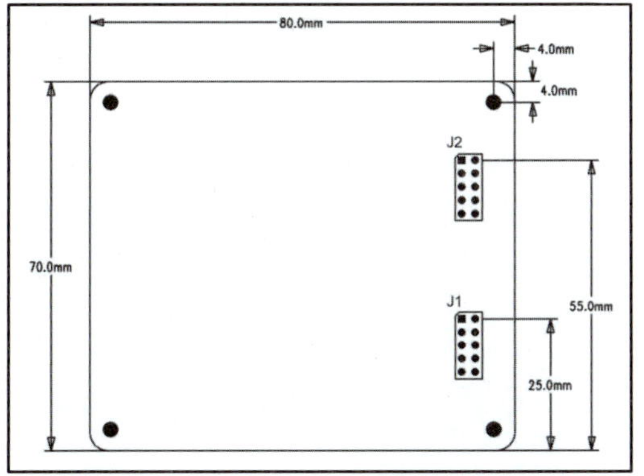

공개문제에서는 J1과 J2의 위치가 y축으로 25.0mm, 55.0mm 로 고정되어 있다. x축의 좌표는 제시되지 않았기 때문에 대략 저 위치에 배치하면 되지만, y축의 좌표는 반드시 해당 좌표에 배치해야 한다.

※ Header의 1번 핀이 좌측에 있어야 하므로 Header 중간의 홈이 좌측을 향하도록 배치한다.

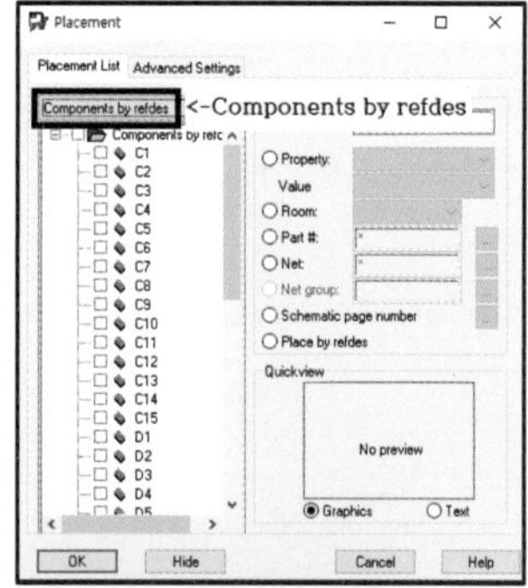

① Placement List 탭에서 Mechanical symbols를 Components by refdes로 변경
한다.

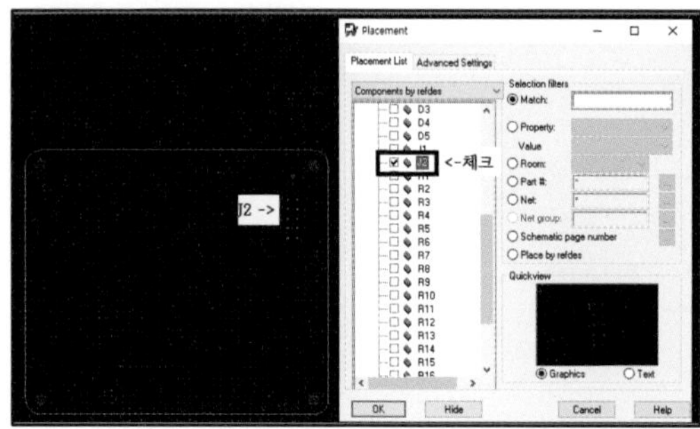

② J2를 체크한 후 커서를 Command 창으로 이동시킨다.

③ Command 창에 J2의 좌표 'x 70 55'를 입력한 후 Enter를 클릭한다.

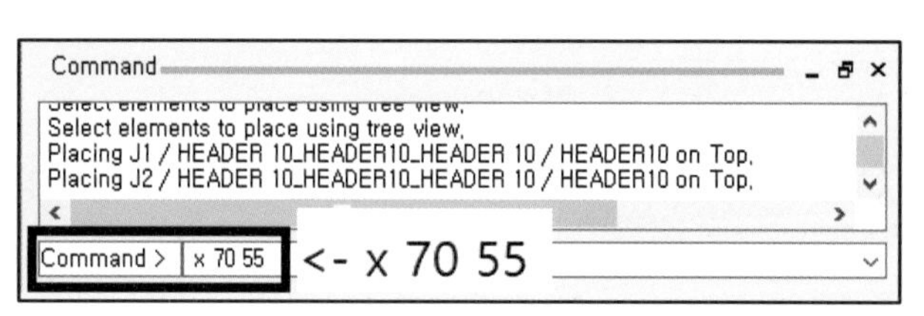

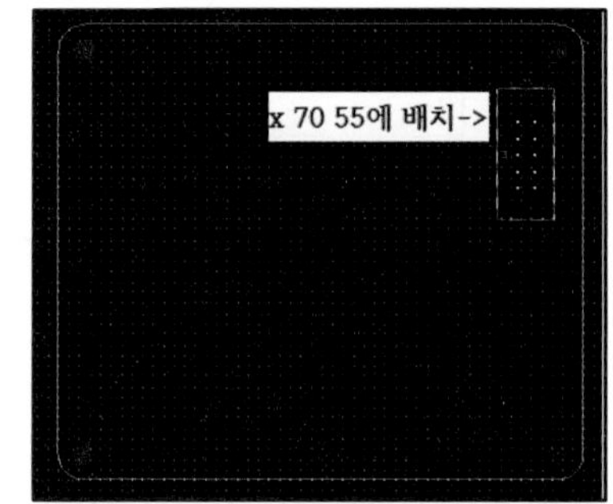

④ J1을 체크한 후 커서를 Command 창으로 이동시키고, J1의 좌표 'x 70 25'를 입력한 후 Enter를 클릭한다.

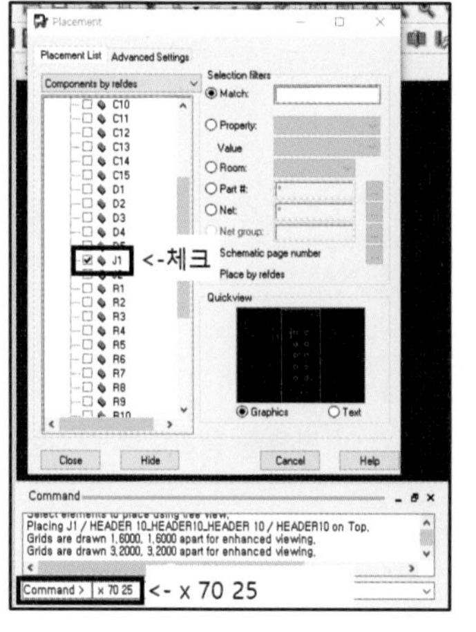

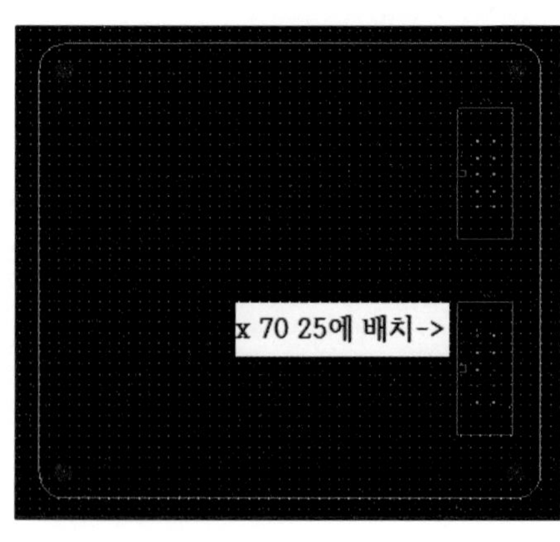

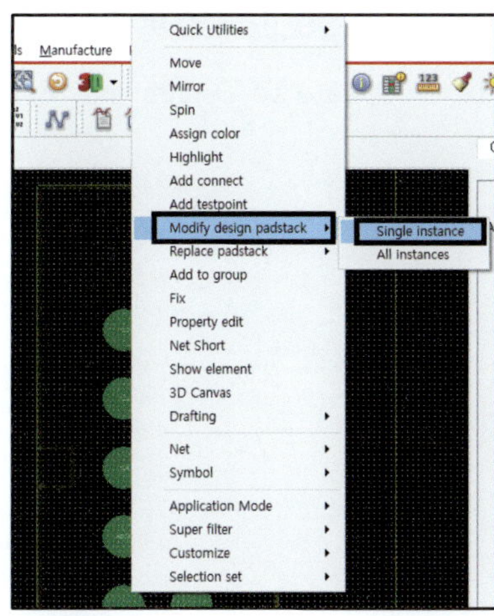

⑤ J2의 1번 핀 모양을 Square로 수정한다.

⑥ J2의 1번 핀에 커서를 이동시킨 후 마우스 우측 버튼을 클릭한다.

⑦ Modify design padstack → Single instance

※ 1번 핀의 모양만 변경하므로 Single instance를 선택한다.

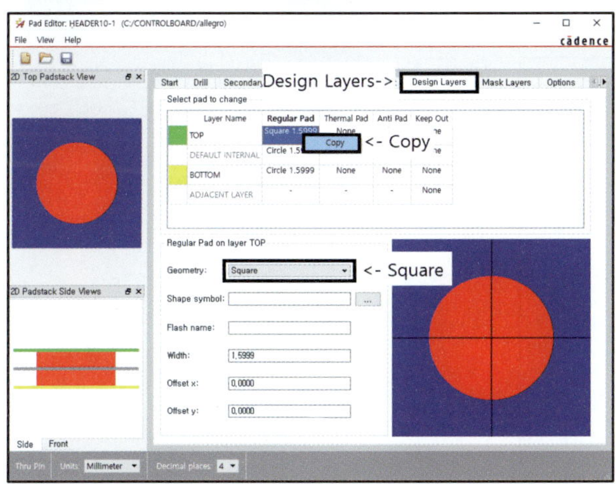

⑧ Design Layers 탭에서 Geometry를 Square로 변경한다.

⑨ Square 1.5999를 선택하여 마우스 우측 버튼 클릭하여 Copy를 선택한다.

⑩ Circle 1.5999를 드래그하여 모두 선택한 후 마우스 우측 버튼을 클릭한다.

⑪ Paste를 클릭하면 Circle이 Square로 변경된다.

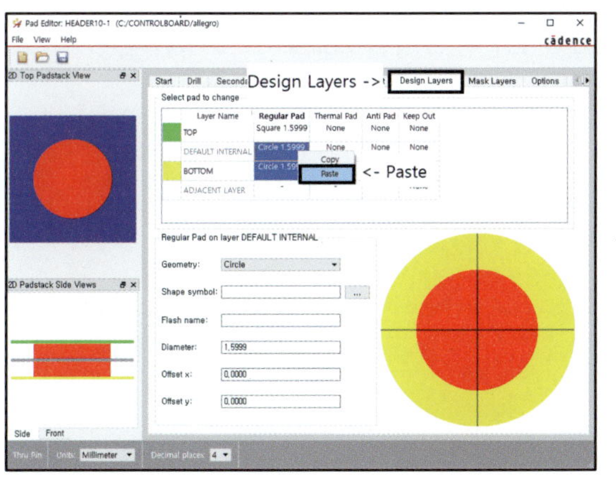

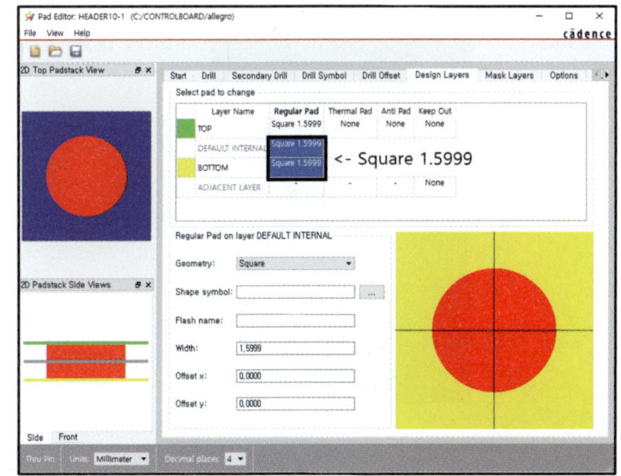

⑫ Mask Layers 탭에서 SOLDERMASK_TOP, SOLDERMASK_BOTTOM도 Square로 변경한다.

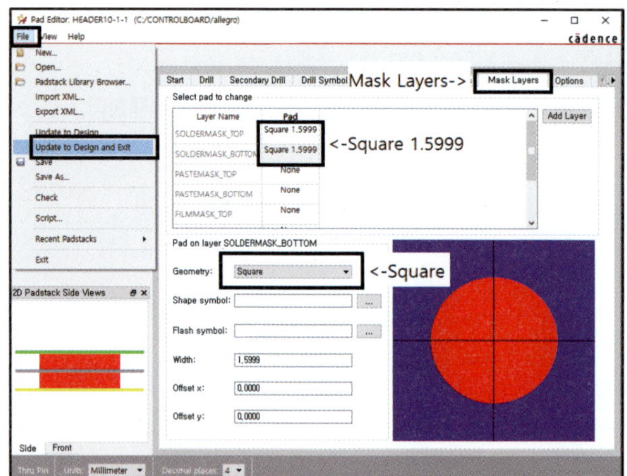

⑬ File → Update to Design and Exit

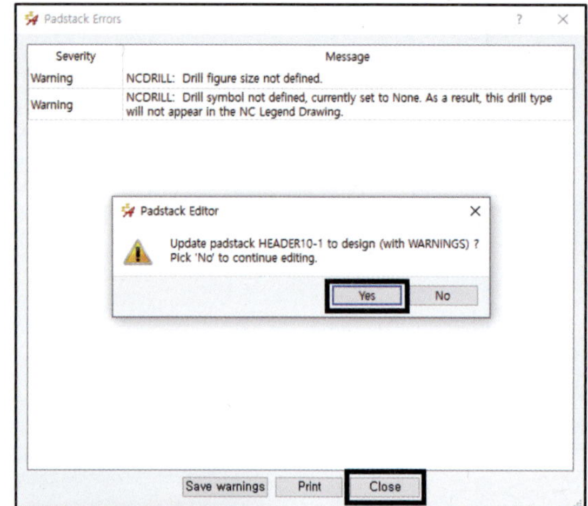

⑭ Warning Message는 무시하고 Close를 클릭한다.

⑮ Update 여부를 묻는 창이 뜨면 Yes를 클릭한다.

⑯ 1번 핀의 모양이 square로 수정된다.

⑰ 동일한 방법으로 J1의 1번 핀 모양을 Square로 수정한다.

(3) Board에 Text 작성하기

<table>
<tr><td>

[공개문제 요구사항]

8) 실크데이터(Silk Data)

   (가) 실크데이터의 부품 번호는 한 방향으로 보기 좋게 정렬하고, 불필요한 데이터는 삭제한다.

   (나) 다음의 내용을 보드 상단 중앙에 위치시킨다.
      (CONTOR BOARD)
      (Line Width : 0.25mm, Height : 2mm)

</td></tr>
</table>

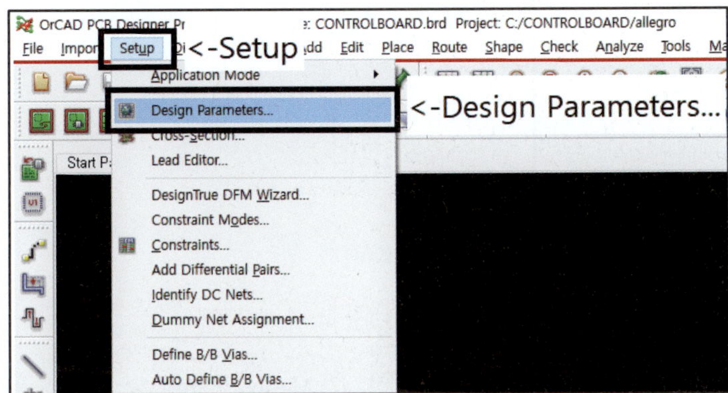

① Menu → Setup → Design Parameters…

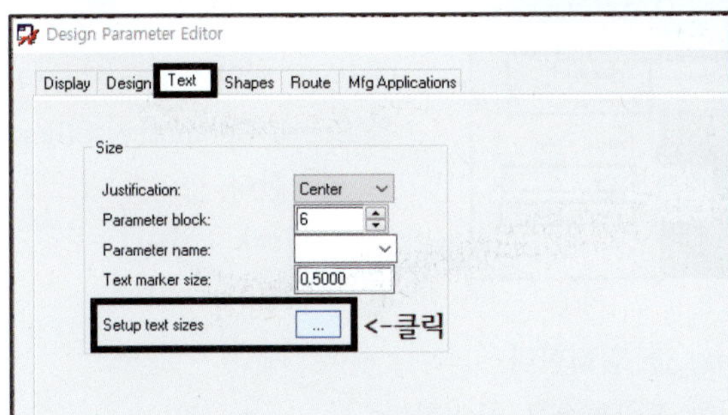

② Text 탭으로 이동한다.

③ Setup text sizes … 를 클릭한다.

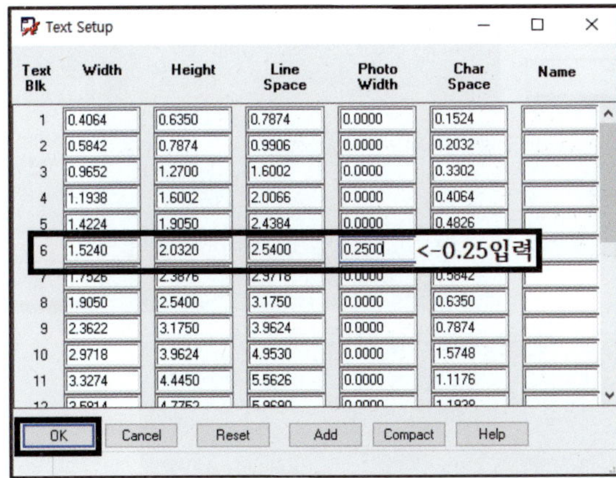

④ 공개문제에서는 Line Width : 0.25mm, Height : 2mm 로 제시한다.

⑤ 공개문제에 제시된 Height에 가장 가까운 값을 갖는 블록을 찾아서 그 블록의 Photo Width에 Line Width 값 '0.25mm'를 입력한 후 OK를 클릭한다.

※ Options 탭에 Text Block 번호(6)를 입력해야 한다. 잘 알아둔다.

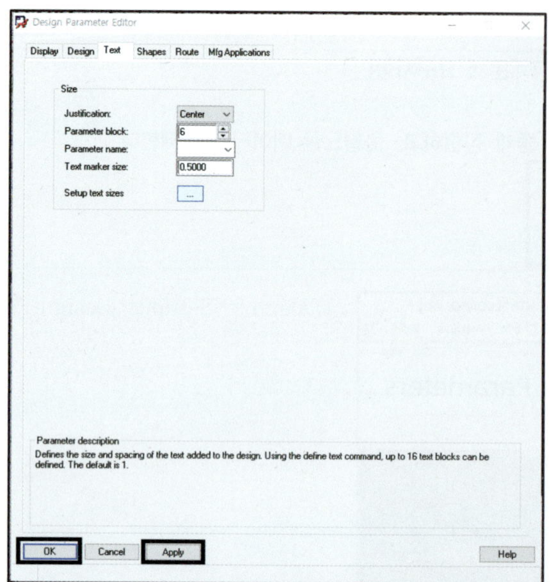

⑥ Apply → OK

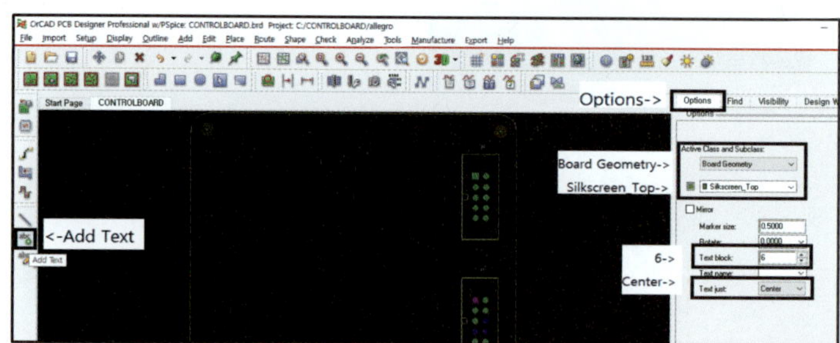

⑦ Menu → Add → Text 또는 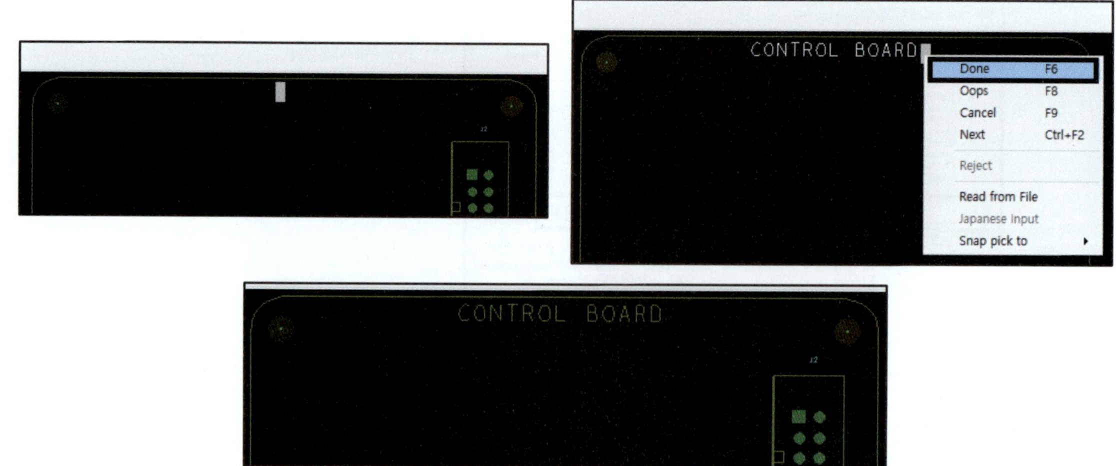 (Add Text) 클릭

⑧ Options 탭의 Active Class and Subclass 를 Board Geometry, Silkscreen_Top으로 설정한다.

⑨ Text block : 6

⑩ Text just : Center

⑪ 커서를 Board 상단으로 이동시켜 클릭 후 'Text'를 입력한다.

⑫ Text 입력이 끝나면 마우스 우측 버튼을 클릭한 후 Done을 클릭한다.

※ Board Outline을 그린 후 바로 'Text'를 입력해도 된다.

(4) 그 외의 부품 배치

- IC와 같이 중요한 부품을 먼저 배치한 후에 능동소자, 수동소자 순으로 배치한다.
- 다이오드, 커패시터, LED의 경우 동일한 방향으로 배치하며, 모든 부품은 TOP면에 배치한다.
- 부품은 보드 전체에 고루 퍼지도록 배치하며, 바이패스 커패시터와 같은 특정 부품을 제외한 나머지 부품은 이격거리를 넉넉히 두고 배치한다.

[공개문제 요구사항]

3) 부품 배치 : 주요 부품은 다음 그림과 같이 배치하고, 그 외는 임의대로 배치한다.

　(가) 특별히 지정하지 않은 사항은 일반적인 PCB 설계 규칙에 준하며, 설계 단위는 mm이다.

　(나) 부품은 TOP LAYER에만 실장하며, 부품의 실장 시 IC와 LED 등 극성이 있는 부품은 가급적 동일한 방향으로 배열하도록 하고, 이격거리를 계산하여 배치한다.

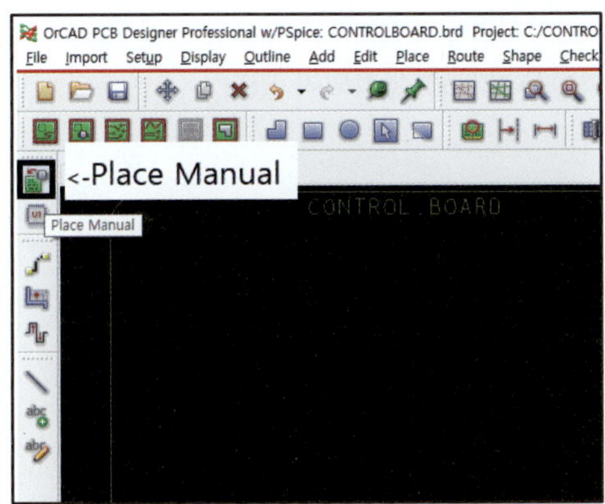

① Menu → Place → Manual... 또는 (Place Manual) 클릭

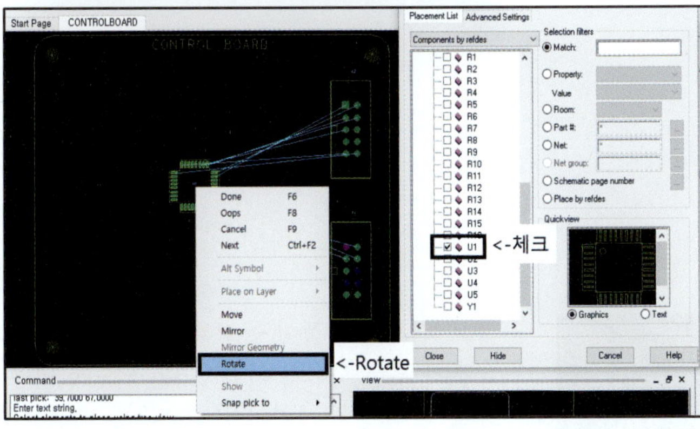

② U1(Atmega8)부터 배치한다.

③ U1 체크 후 커서를 작업창으로 이동시키면 심벌이 나온다.

④ 심벌을 원하는 곳에 배치한다(마이크로 컨트롤러는 되도록 중앙에 배치한다).

⑤ 부품을 회전시키려면 마우스 우측 버튼을 클릭한 후 Rotate를 선택한다.

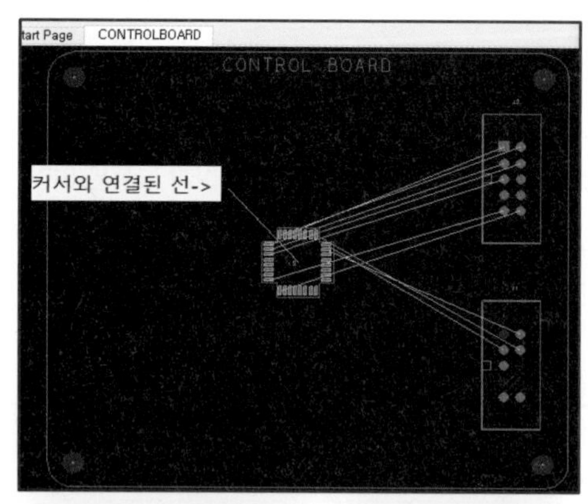

⑥ Rotate를 클릭하면 커서 모양이 +로 바뀌면서 선이 생성된다.

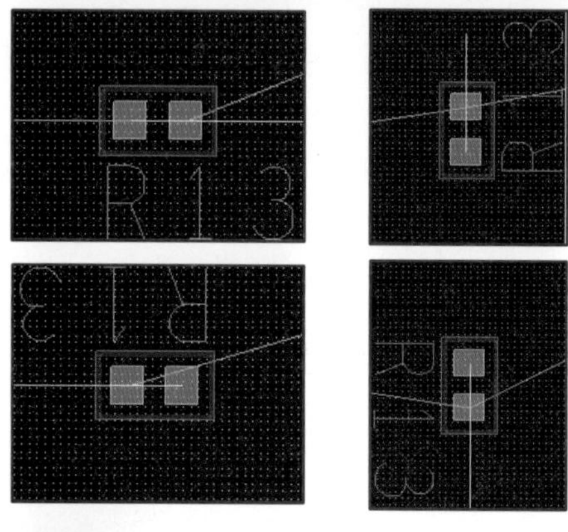

⑦ 커서를 회전시키면 심벌이 왼쪽 그림과 같이 90° 회전한다(부품의 회전은 90°로 설정되어 있다).

⑧ LED는 일렬로 배치한다.

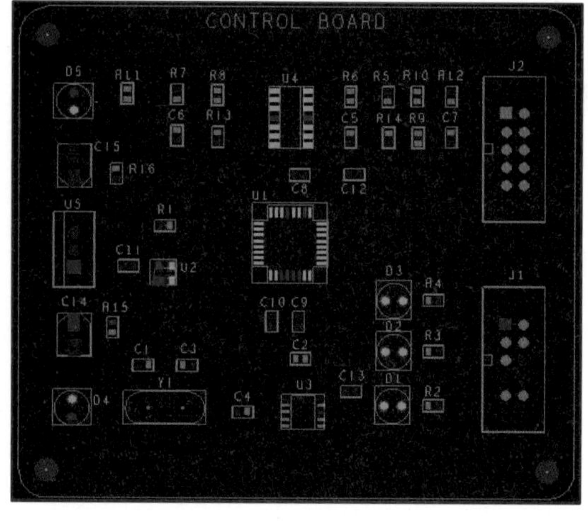

⑨ 보드 전체에 부품이 골고루 분포될 수 있도록 배치하며, 부품과 부품 사이의 이격거리는 되도록 넓게 한다(부품과 부품 사이의 이격거리가 넓을수록 배선이 용이하다).

(5) 배 선

① Menu → Route → Connect 또는 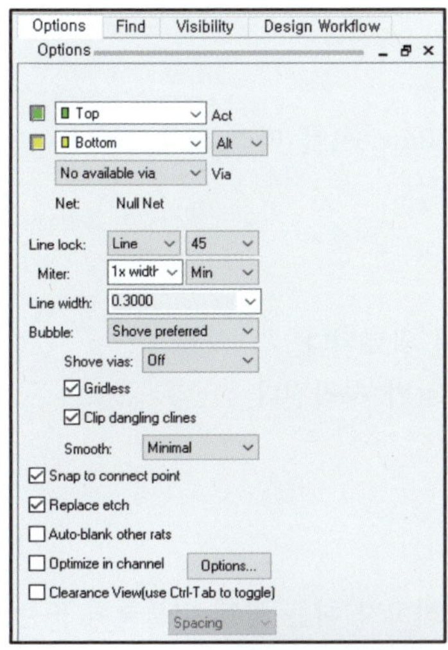(Add Connect) 클릭

② Options 탭으로 이동한다.

- Act, Alt : 현재 작업 중인 Layer와 작업할 Layer 설정(Top Layer는 녹색, Bottom Layer는 노란색)
- Via : Net에 설정되어 있는 Via
- Line lock : Line과 Arc의 각도 설정(Line, 45로 설정)
- Miter : Miter Size 지정
- Line width : Net 폭
- Bubble : Off, Hug Only, Hug Preferred, Shove Preferred
  - Bubble Off : 선택한 지점을 무조건 연결한다(DRC Error 무시).
  - Bubble Hug Only, Hug Preferred : 기존의 배선을 우회해서 연결한다 (기존 배선 우선).
  - Bubble Shove Preferred : 기존의 배선을 밀어내고 연결한다(현재 배선 우선).

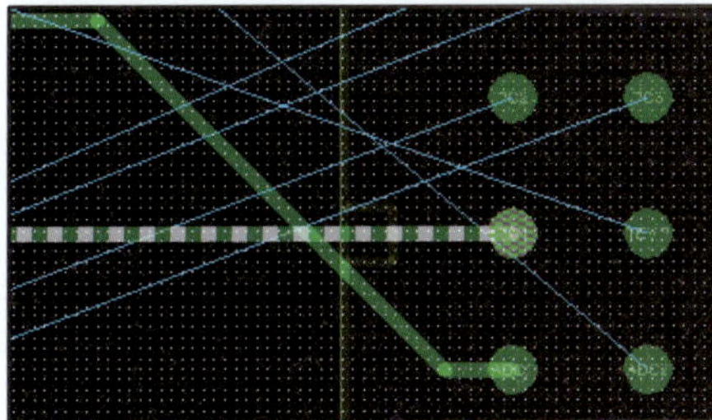

[Bubble Off]

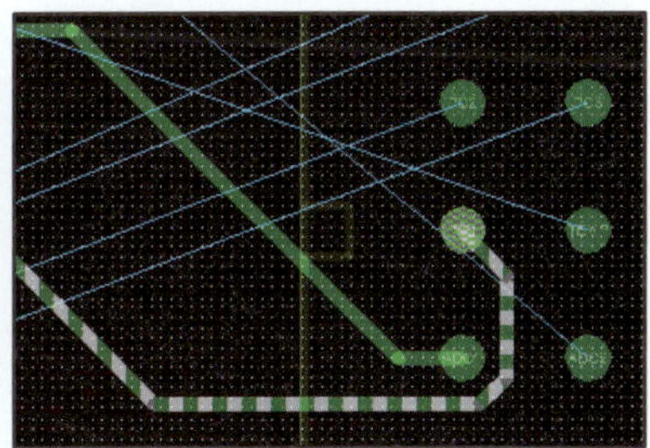

[Bubble Hug Only, Hug Preferred]

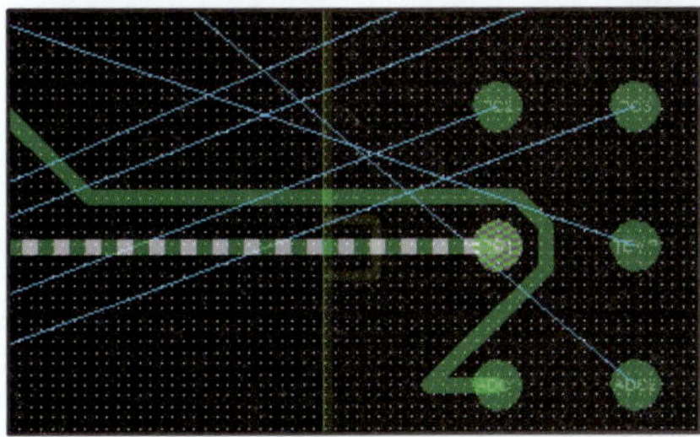

[Bubble Shove Preferred]

[기본 배선]

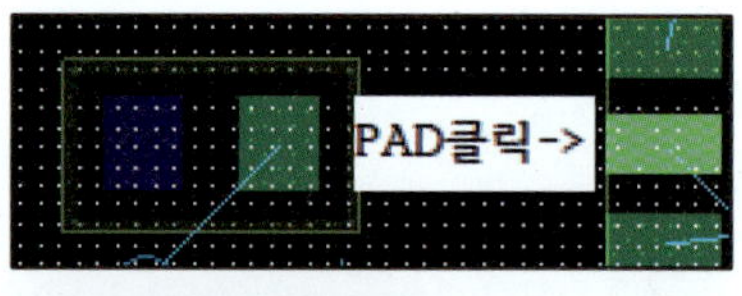

① Menu → Route → Connect 또는 (Add Connect) 클릭
② PAD를 클릭한다.

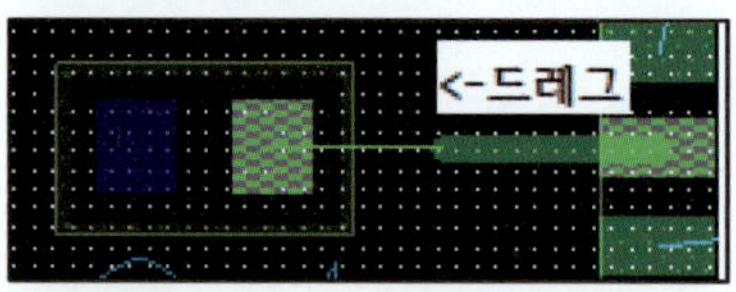

③ PAD와 PAD가 연결된 Ratnest를 따라 드래그한다.

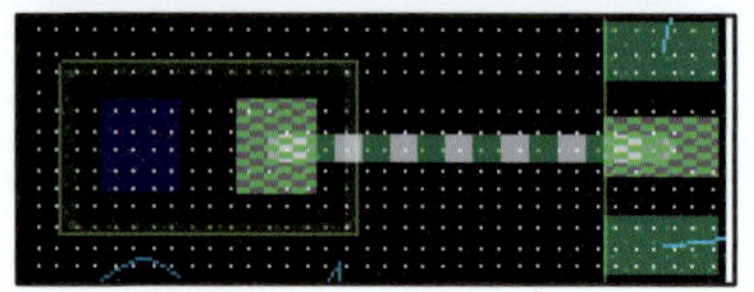

④ PAD를 클릭하면 연결이 완료된다.
⑤ 연결이 완료되면 Ratnest가 사라진다.

[VIA 생성]

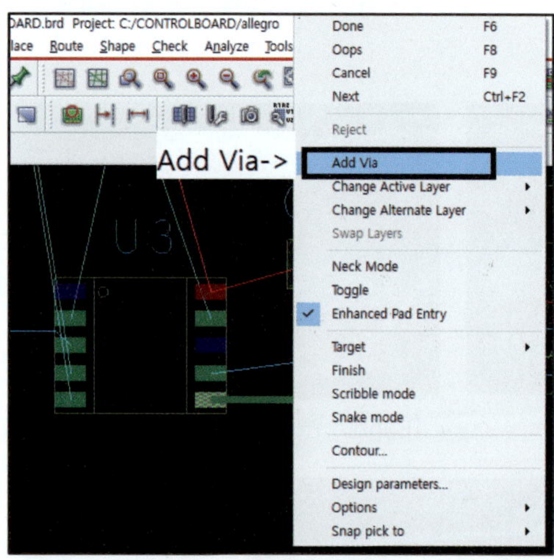

① VIA를 생성하고자 하는 곳에 더블클릭 또는 마우스 우측 버튼을 클릭한 후 Add Via를 클릭한다.

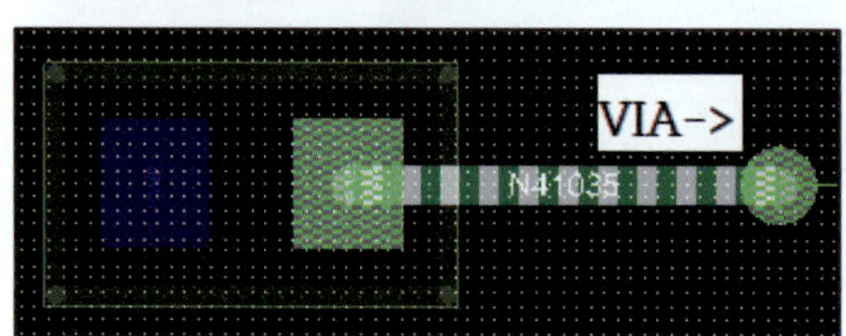

② VIA가 생성된다.

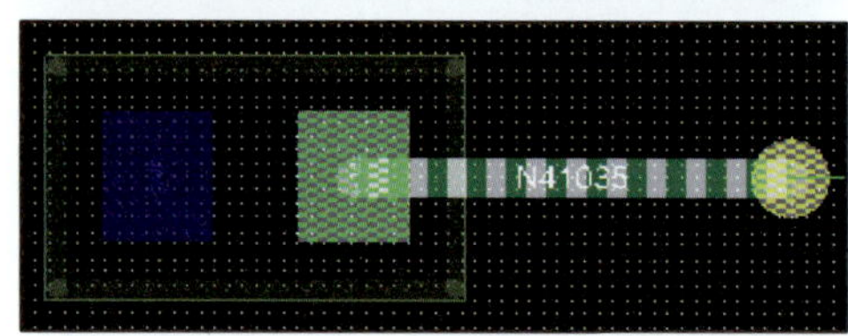

③ ⊞ 키를 누르면 BOTTOM Layer로 변환된다(⊞ 키를 누르면 Layer 변환)

※ PCB Editor에서는 TOP Layer는 초록색, BOTTOM Layer는 노란색으로 설정되어 있다(사용자 편의에 따라 변경 가능하다).

다음 그림과 같이 Command 창에 +가 계속 입력되는 경우에는 ⊞ 키를 눌러도 Layer가 변환되지 않는다. [Enter↵] 키를
누른 후 다시 ⊞ 키를 누르면 Layer가 변환된다.

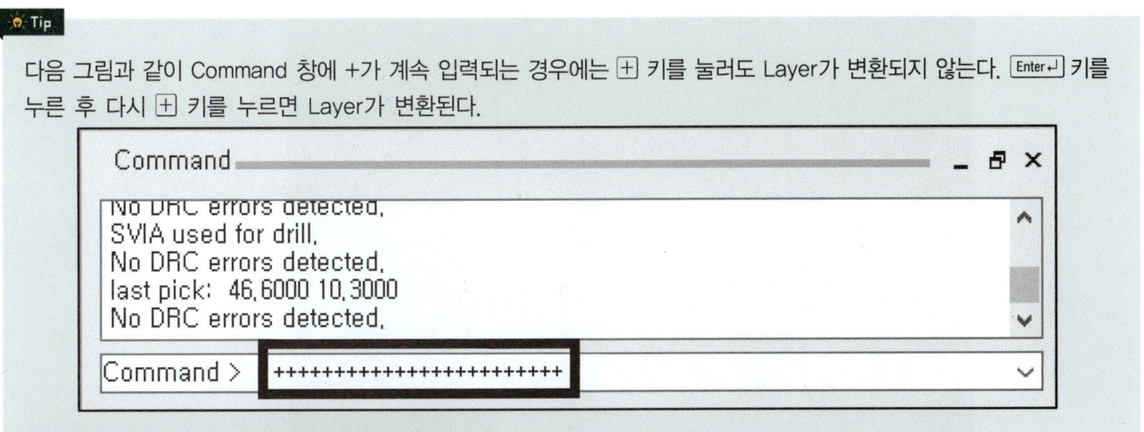

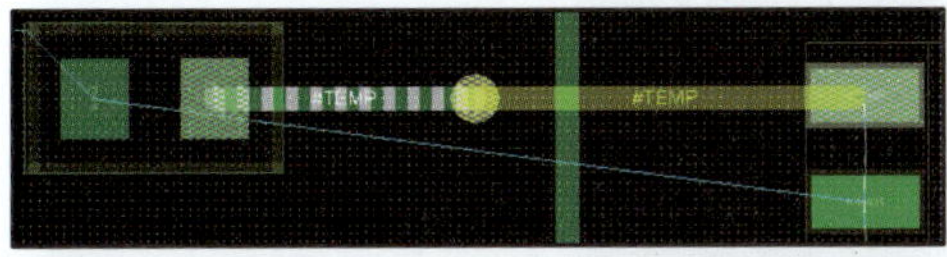

④ Net과 PAD가 다른 Layer에 있으므로 연결되지 않는다(Net : BOTTOM, PAD : TOP).

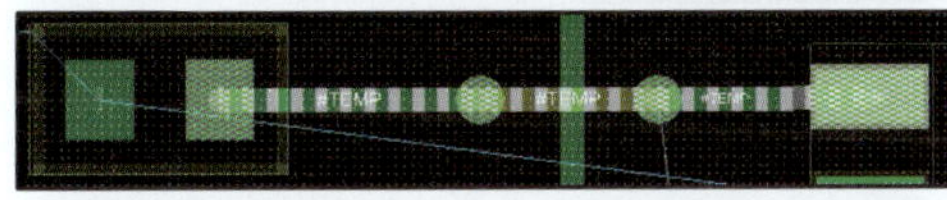

⑤ VIA를 한 번 더 생성하고, Net의 Layer를 TOP으로 변경하여 연결한다(Net : TOP, PAD : TOP).

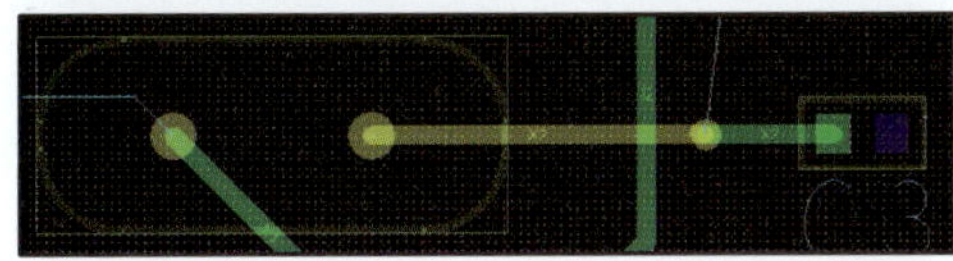

⑥ SMD Type 부품의 PAD와 DIP Type 부품의 PAD 연결 시에는 VIA를 하나만 생성해도 연결 가능하다.

※ DIP Type 부품의 PAD는 TOP Layer와 BOTTOM Layer가 연결되어 있다.

※ 배선은 가장 짧은 Ratnest를 먼저 연결하되 최단 거리로 해 준다(전원선은 나중에 배선한다).

※ TOP Layer를 수직(수평)으로 배선했으면 BOTTOM Layer는 수평(수직)으로 배선한다.

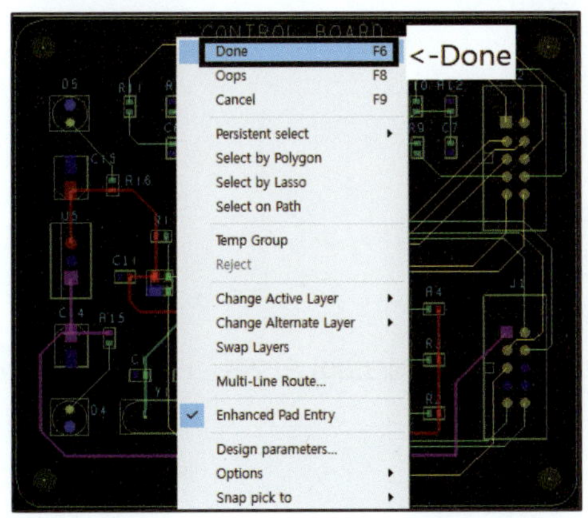

⑦ 배선이 모두 끝나면 마우스 우측 버튼을 클릭한 후 Done을 클릭한다.

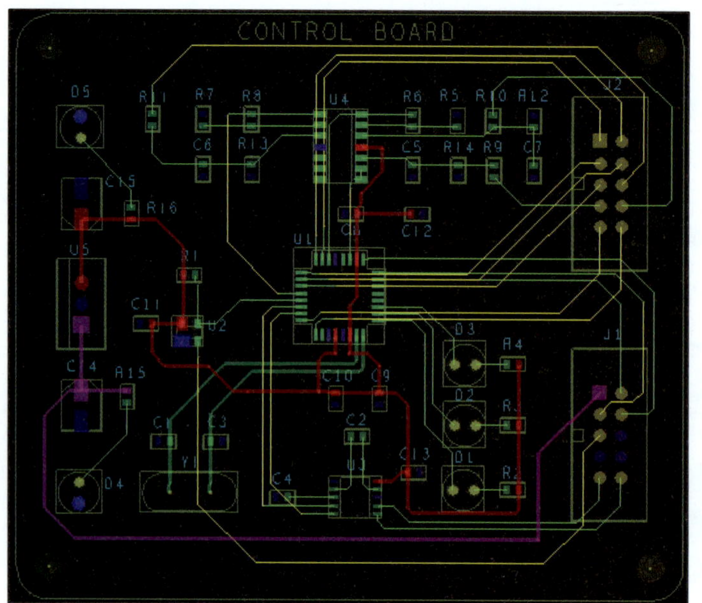

⑧ 배선작업 완료

3) Reference 정리

(1) Reference를 같은 방향으로 회전시키기

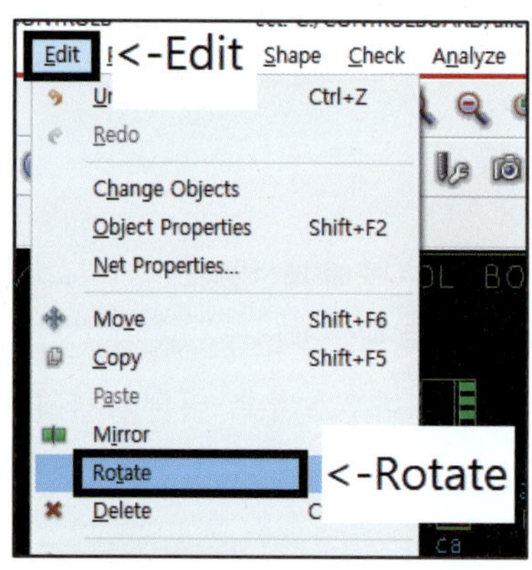

① Menu → Edit → Rotate

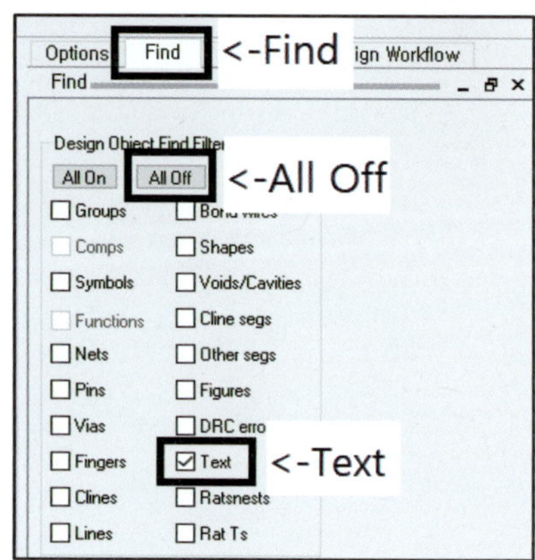

② Find 탭으로 이동한다.

③ All Off를 클릭한다.

④ Text를 체크한다.

※ Text 이외의 다른 요소가 체크되어 있으면 그 요소도 같이 Rotate된다.

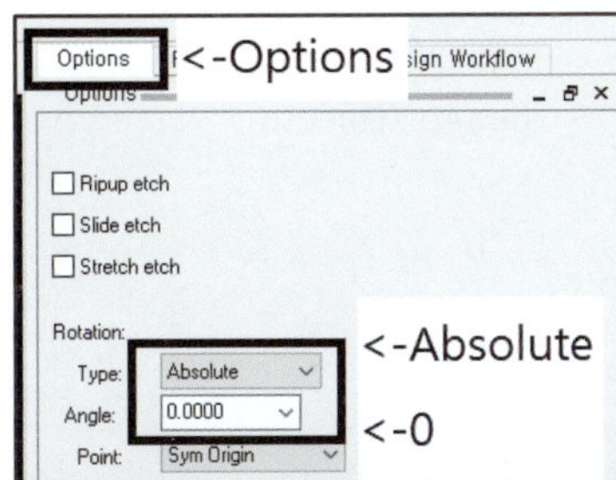

⑤ Options 탭으로 이동한다.

⑥ Type : Absolute

⑦ Angle : 0

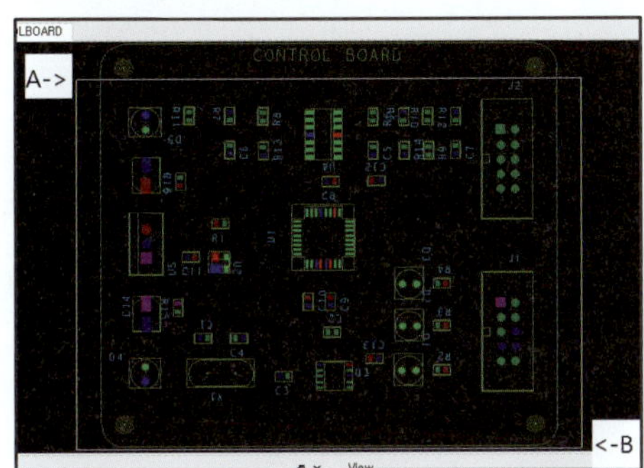

⑧ A를 클릭한 상태에서 B까지 드래그한다.

※ Visibility에서 Etch의 체크를 해제하면 위 그림과 같이 배선은 보이지 않는다.

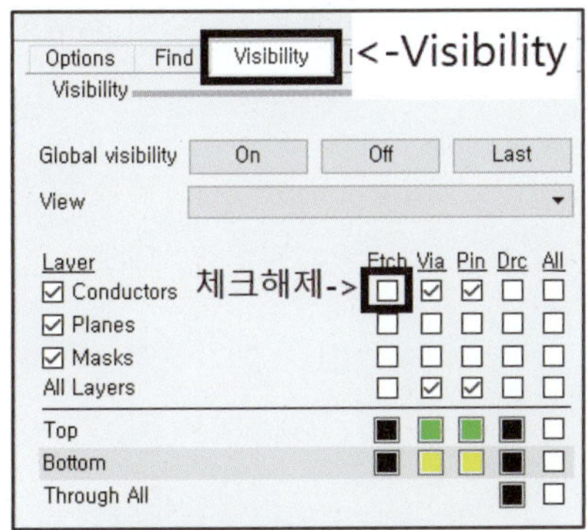

⑨ Reference 회전이 완료되면 마우스 우측 버튼을 클릭한 후 Done을 클릭한다.

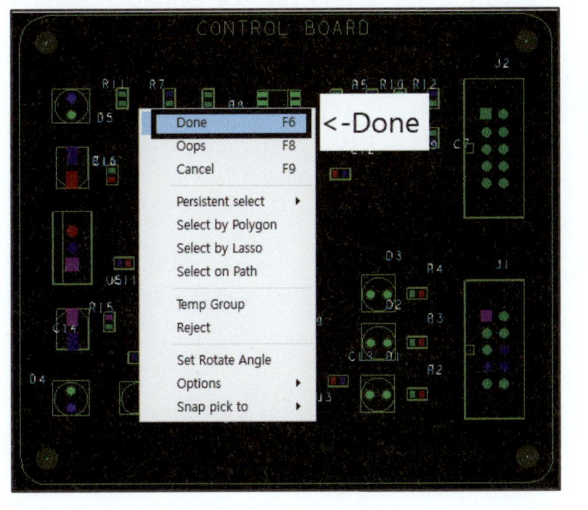

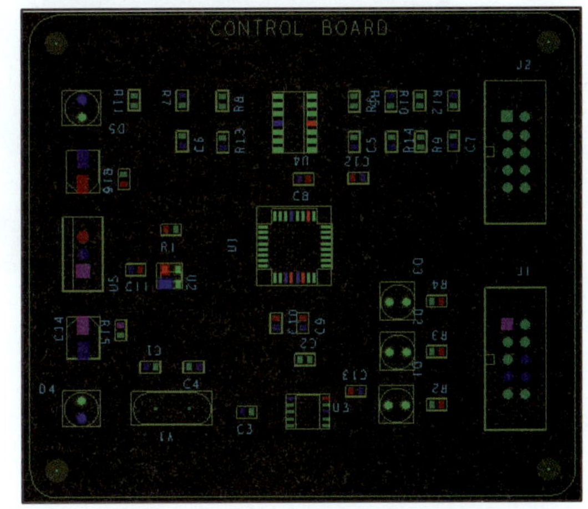

(2) Reference 크기 조정

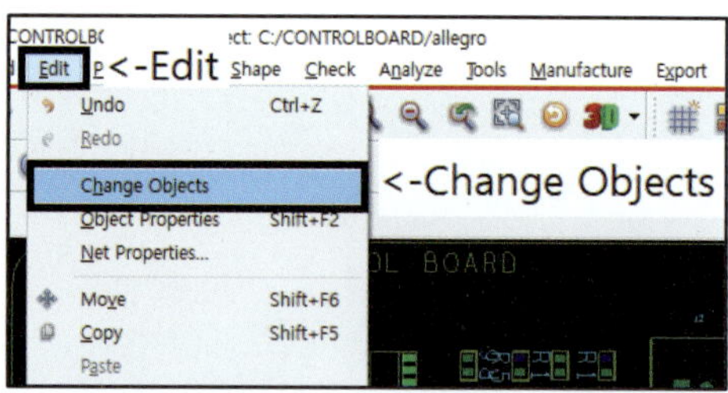

① Menu → Edit → Change Objects

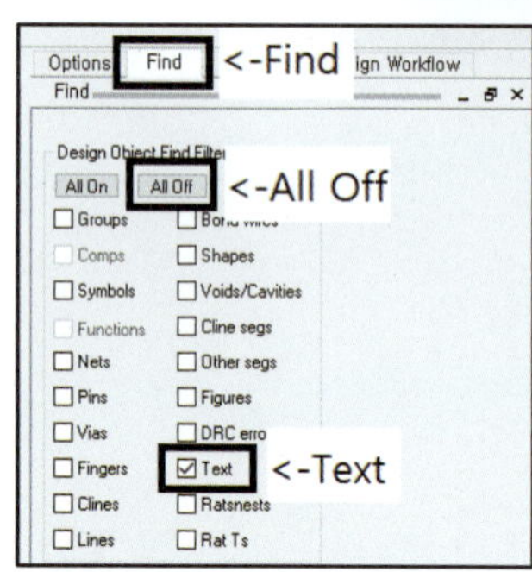

② Find 탭으로 이동한다.
③ All Off를 클릭한다.
④ Text만 체크한다.
※ Text 이외의 다른 요소가 체크되어 있으면 그 요소도 같이 Change된다.

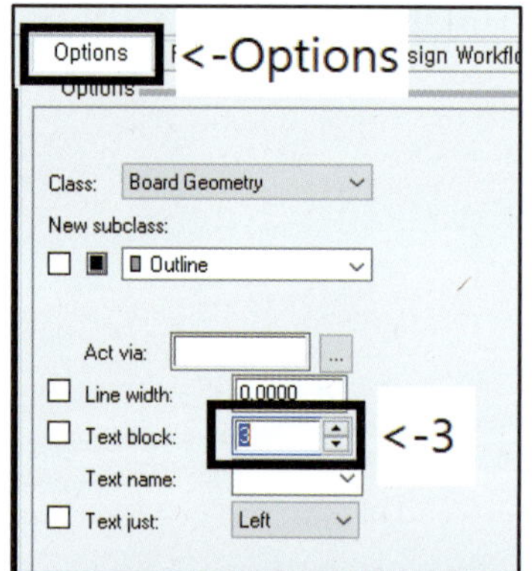

⑤ Options 탭으로 이동한다.
⑥ Text block을 3으로 설정한다(Text block은 2나 3이 적당하다).

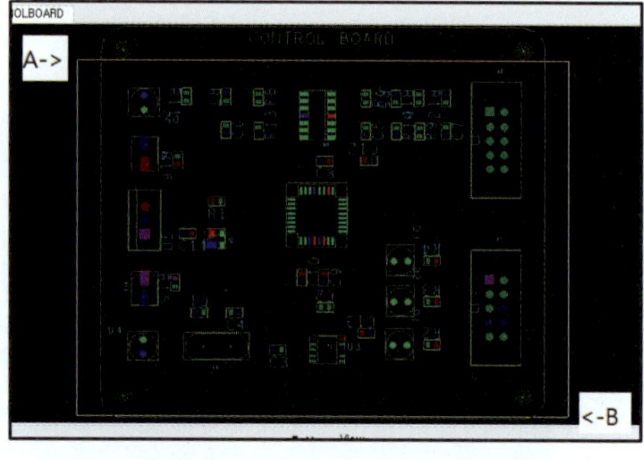

⑦ A를 클릭한 상태에서 B까지 드래그한다.
※ Board 상단에 작성된 CONTROL BOARD가 선택되면 Block 3의 크기로
　 변하므로 선택되지 않도록 주의한다.

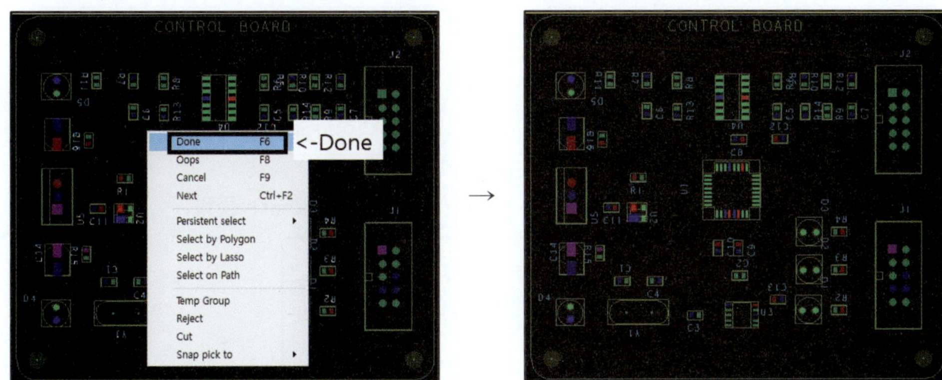

⑧ Reference 크기 변환이 완료되면 마우스 우측 버튼을 클릭한 후 Done을 클릭한다.

(3) Reference 위치 변경

① Reference를 클릭한 상태에서 위치를 변경한다.

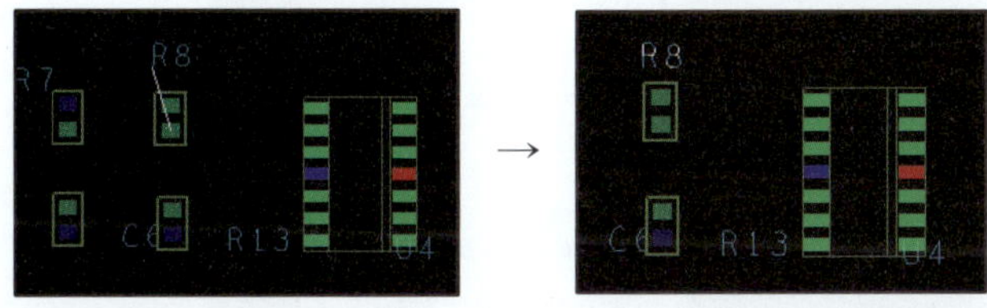

② 다음과 같이 PAD와 겹치지 않게 정리한다.

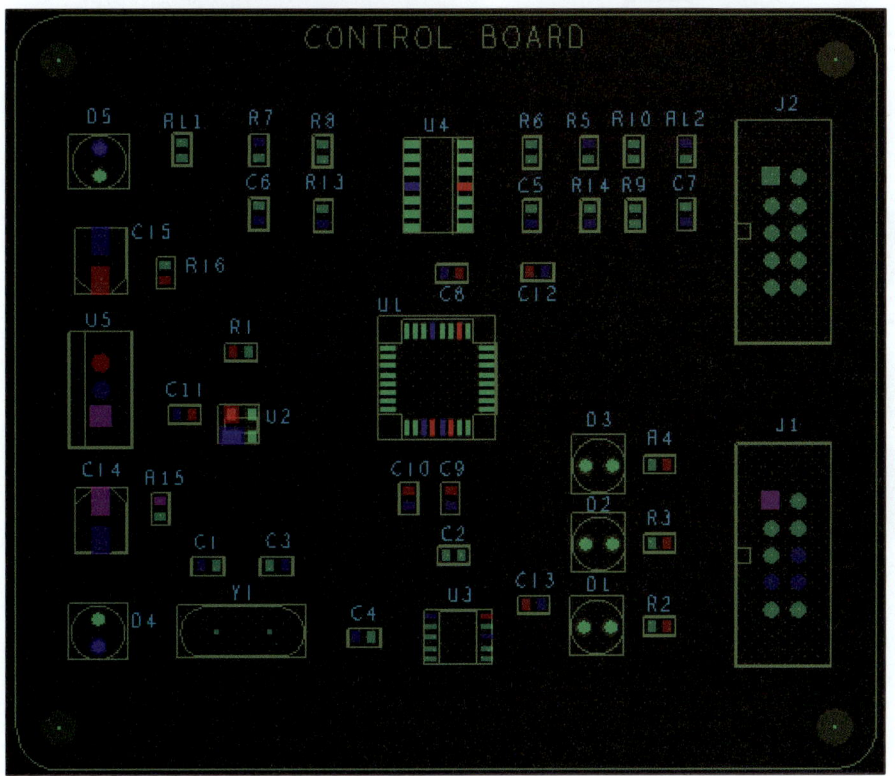

※ Reference와 PAD가 겹치면 실격되므로 주의한다.

4) 카퍼(Copper Pour) 설정

[공개문제 요구사항]

9) 카퍼(Copper Pour) 설정

(가) <u>보드의 카퍼 설정은 Bottom Layer에만 GND 속성의 카퍼 처리를 하되, 보드 외곽으로부터 0.1mm 이격을 두고 실시하며, 모든 네트와 카퍼의 이격거리(Clearance)는 0.5mm, 단열판과 GND 네트 사이 연결선의 두께는 0.5mm로 설정한다.</u>

① Menu → Shape → Rectangular 또는 ▣ (Shape Add Rect) 클릭

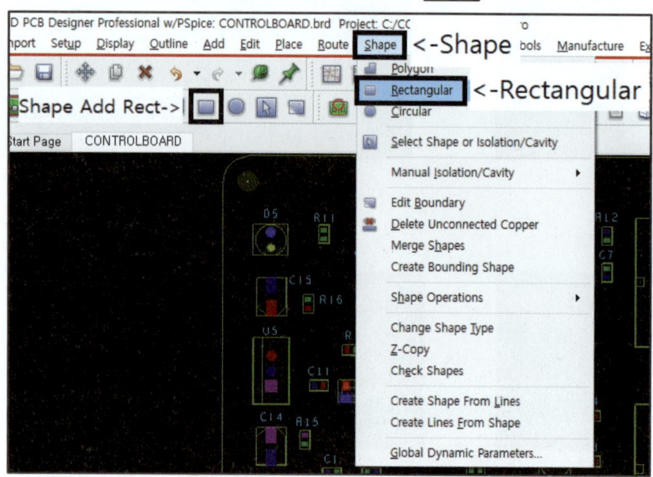

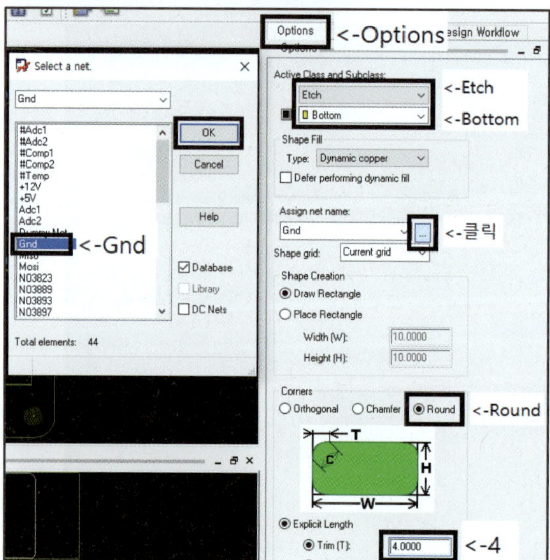

② Options 탭으로 이동한다.

③ Active Class and Subclass를 Etch, Bottom으로 설정한다.

④ Assign net name의 ⋯ 을 클릭한다.

⑤ Select a net : Gnd → OK

⑥ Corners

　• Round 체크

　• Trim : 4

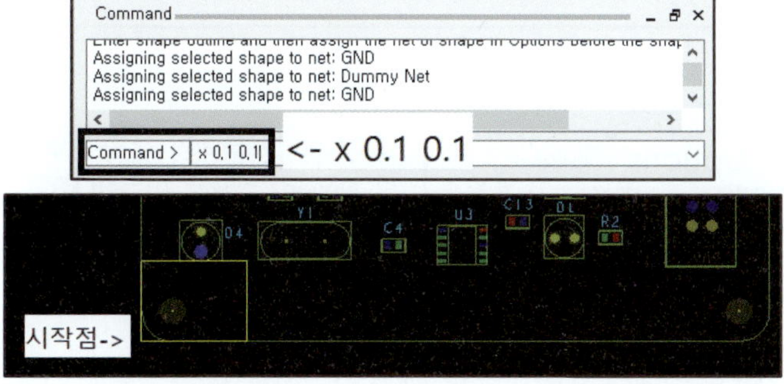

⑦ 커서를 Command 창으로 이동하고, 시작 좌표 'x 0.1 0.1'을 입력한다.

⑧ 커서를 Command 창으로 이동하고, 끝 좌표 'x 79.9 69.9'를 입력한다.

⑨ 카퍼가 씌워지면 마우스 우측 버튼을 클릭한 후 Done을 클릭한다.

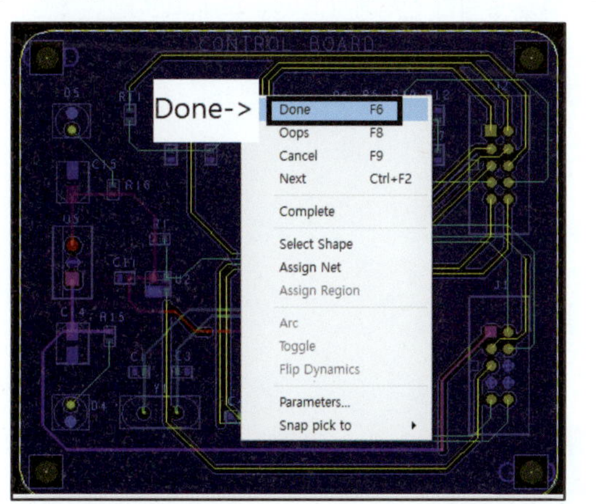

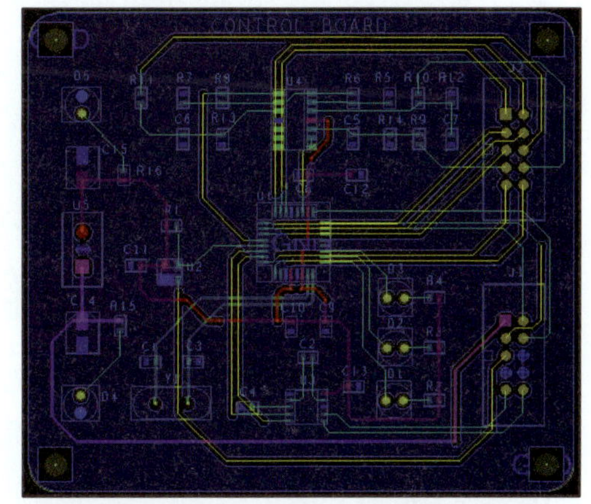

⑩ 카퍼가 BOTTOM Layer에 씌워져 있으므로 TOP Layer에서 GND와 연결되는 SMD PAD는 카퍼와 연결되지 않는다. 다음 그림과 같이 PAD에서 선을 조금 뺀 후 VIA를 이용하여 BOTTOM Layer의 카퍼와 연결한다.

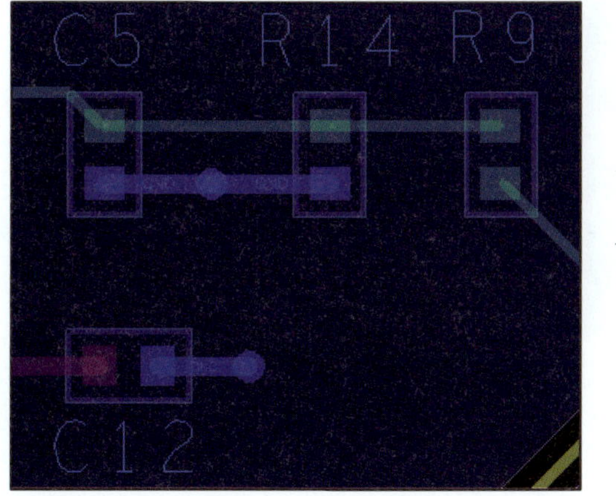

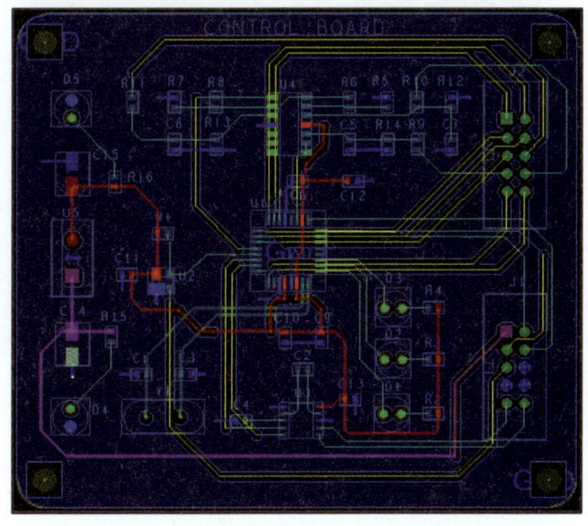

Z-Copy를 이용하여 카퍼 씌우기

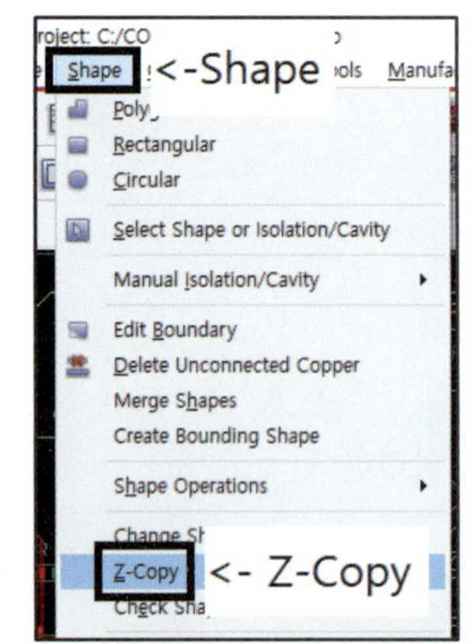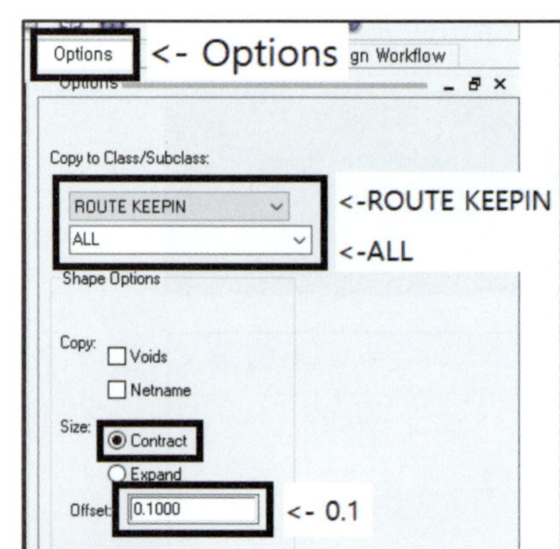

① Menu → Shape → Z-Copy
② Options 탭으로 이동한다.
- Copy to Class / Subclass
  - ROUTE KEEPIN
  - ALL
- Shape Options
  - Size : Contract
  - Offset : 0.1

※ ROUTE KEEPIN : 해당 영역 안쪽에서만 배선이 가능하게 하는 기능

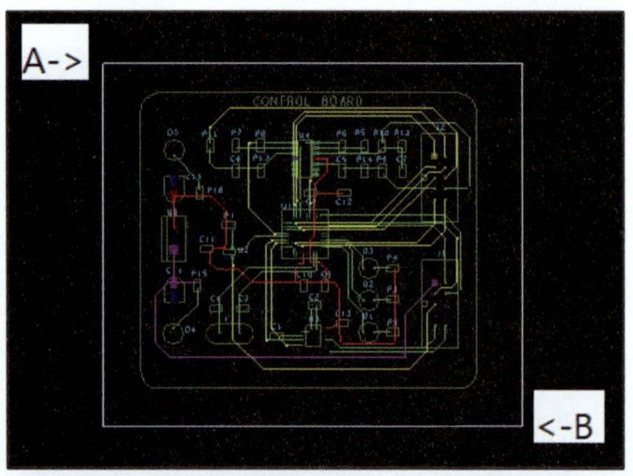

③ A를 클릭한 상태에서 B까지 드래그한다.

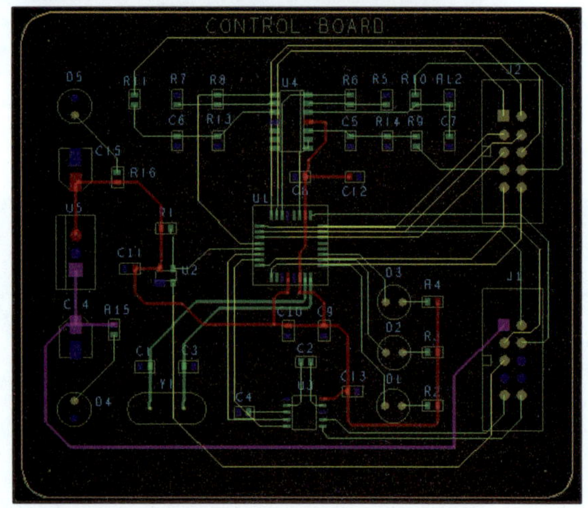

④ Board Outline 안쪽에 새로운 Outline이 생성된다.

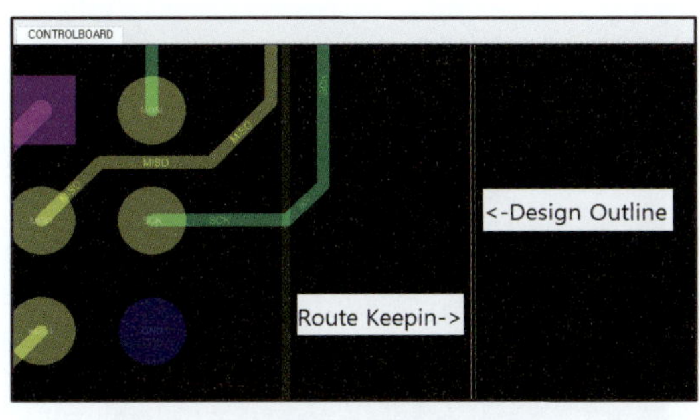

⑤ Board Outline 부분을 확대하면 왼쪽 그림과 같이 두 개의 Outline이 생성되어 있는 것을 확인할 수 있다.

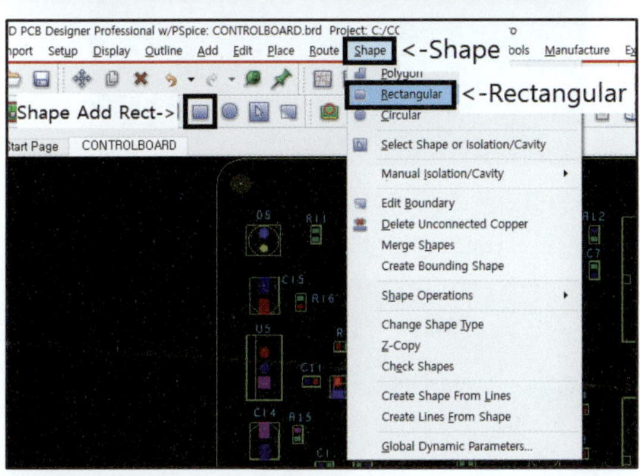

⑥ Menu → Shape → Rectangular 또는 (Shape Add Rect) 클릭

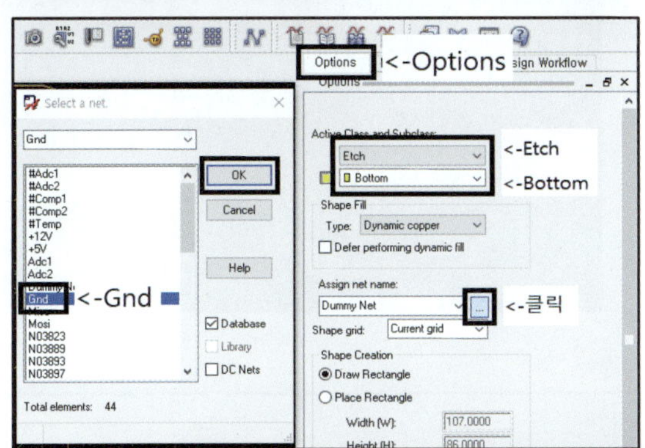

⑦ Options 탭으로 이동한다.

⑧ Active Class and Subclass를 Etch, Bottom으로 설정한다.

⑨ Assign net name의 을 클릭한다.

⑩ Select a net : Gnd → OK

⑪ A를 클릭한 상태에서 B까지 드래그하면 다음 그림과 같이 카퍼가 씌워진다.

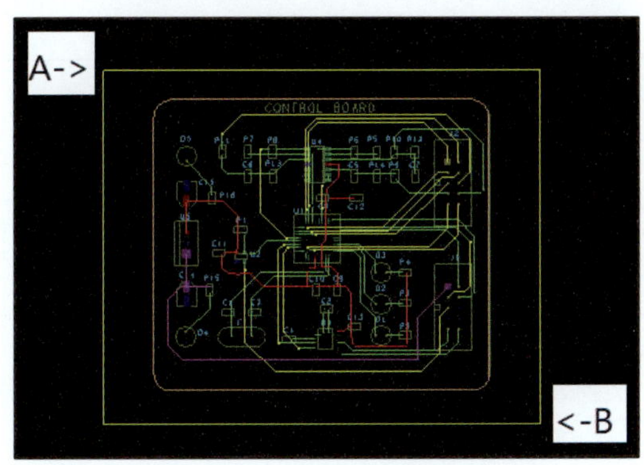

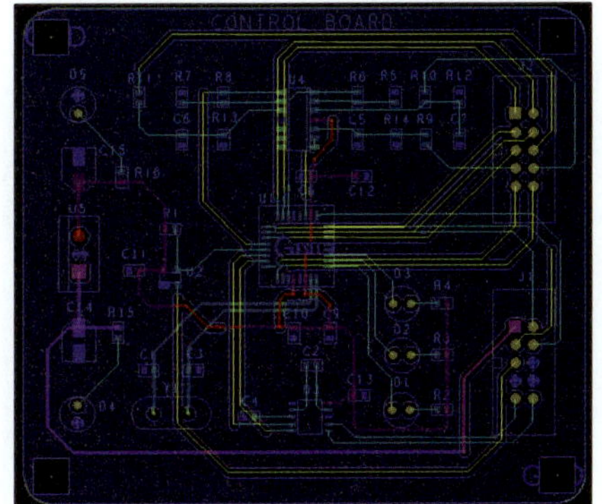

⑫ 카퍼가 씌워지면 마우스 우측 버튼을 클릭한 후 Done을 클릭한다.

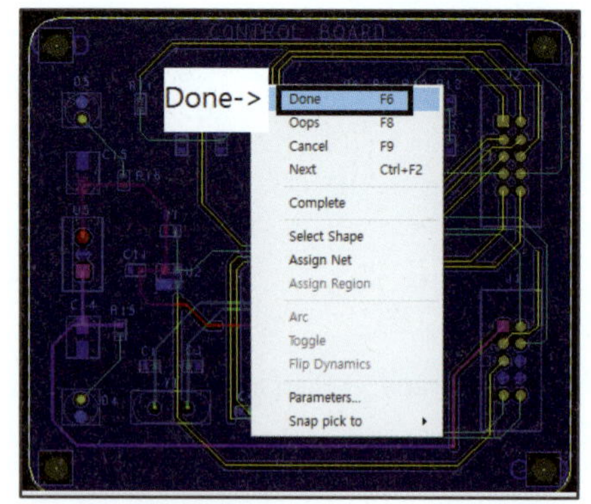
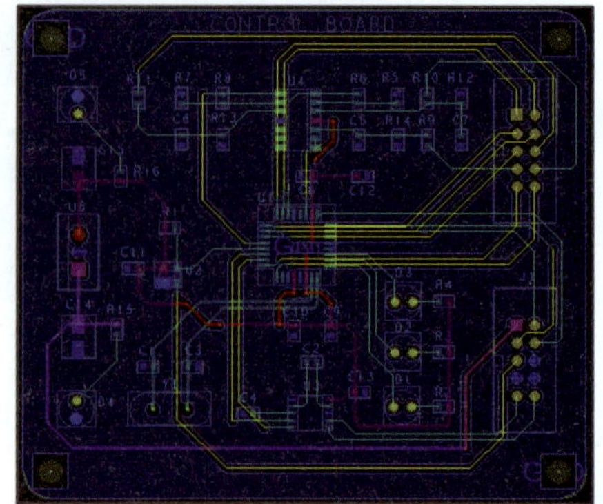

⑬ 카퍼가 BOTTOM Layer에 씌워져 있으므로 TOP Layer에서 GND와 연결되는 SMD PAD는 카퍼와 연결되지 않는다. 다음 그림
   과 같이 PAD에서 선을 조금 뺀 후 VIA를 이용하여 BOTTOM Layer의 카퍼와 연결한다.

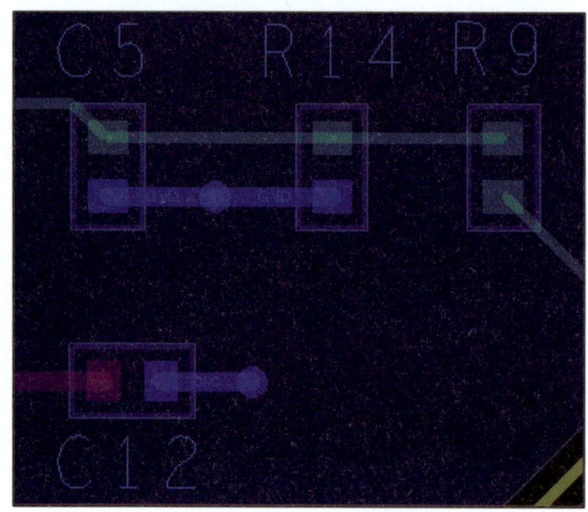
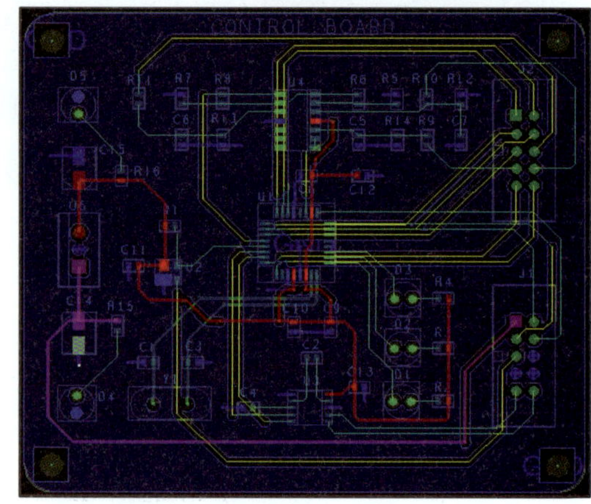

ROUTE KEEPIN을 이용하여 카퍼를 씌울 때 다음 그림과 같이 배선이 ROUTE KEEPIN 영역을 벗어나면 에러가 발생하므로 주의
한다.

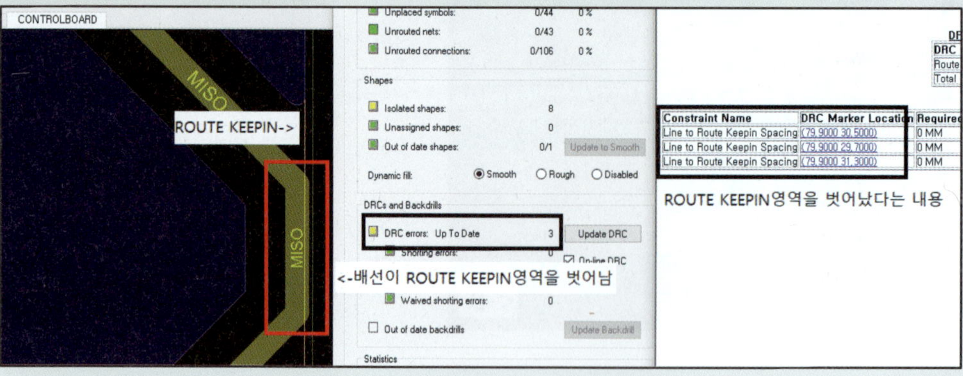

5) Dimension(치수보조선)

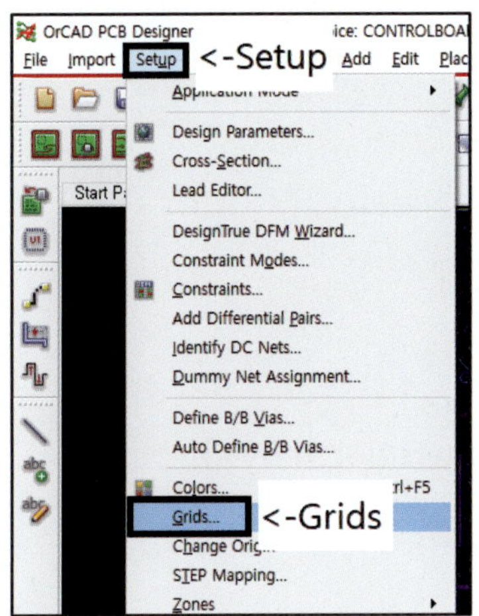

① Menu → Setup → Grids…

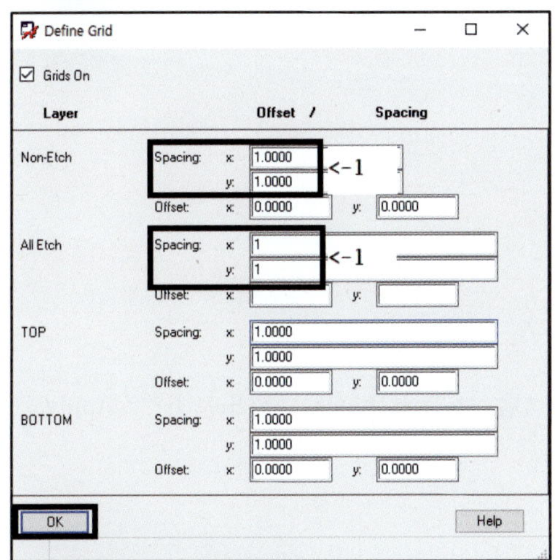

② Non-Etch와 All Etch를 모두 1로 설정한다.

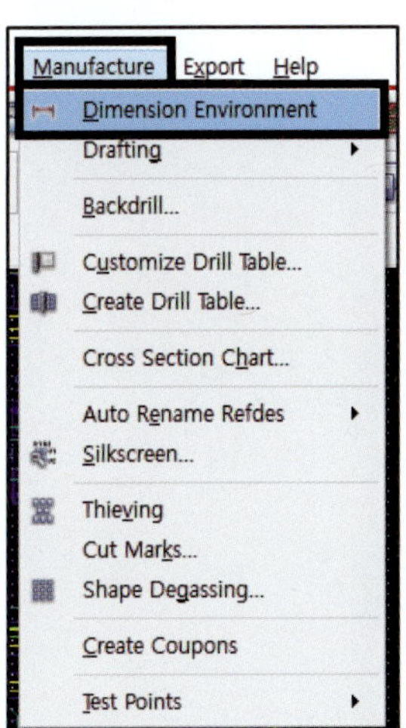

③ Menu → Manufacture → Dimension Environment 또는 (Dimension Edit) 클릭

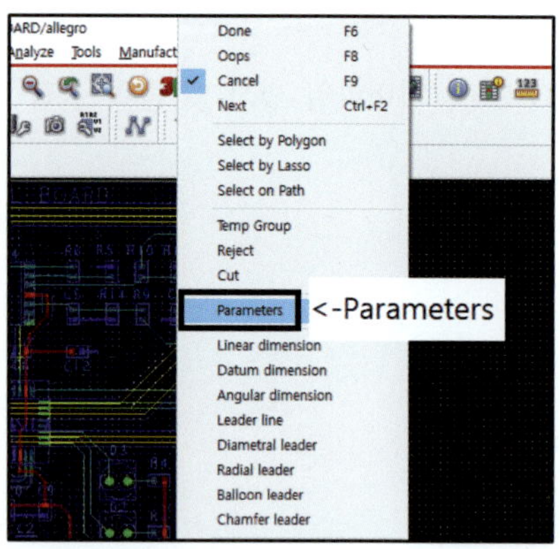

④ 커서를 작업창으로 이동하고, 마우스 우측 버튼을 클릭한 후 Parameters를 클릭한다.

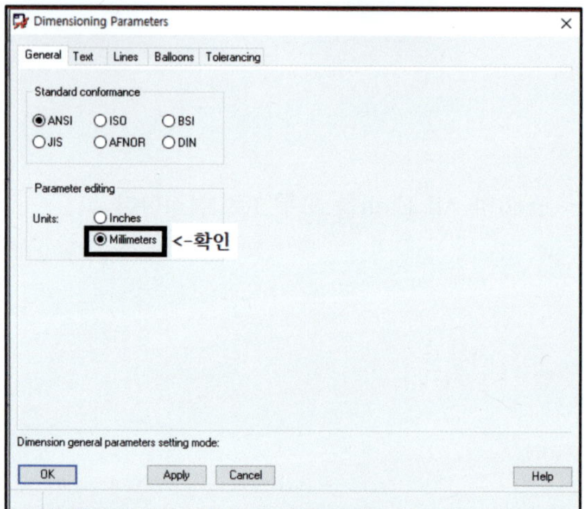

⑤ Units가 Millimeters인지 확인한다.

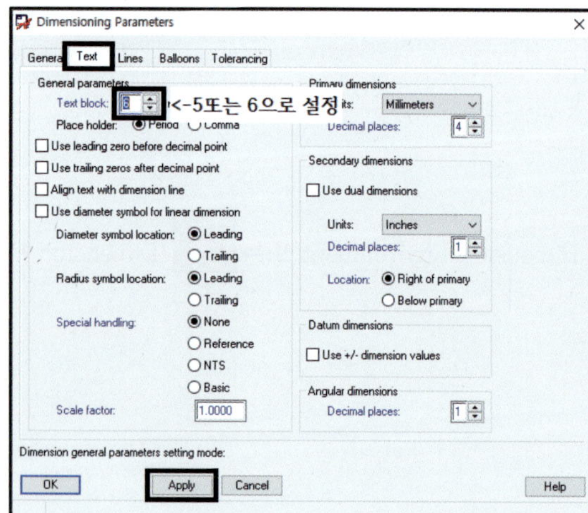

⑥ Text 탭 → Text block : 5 또는 6 → Apply

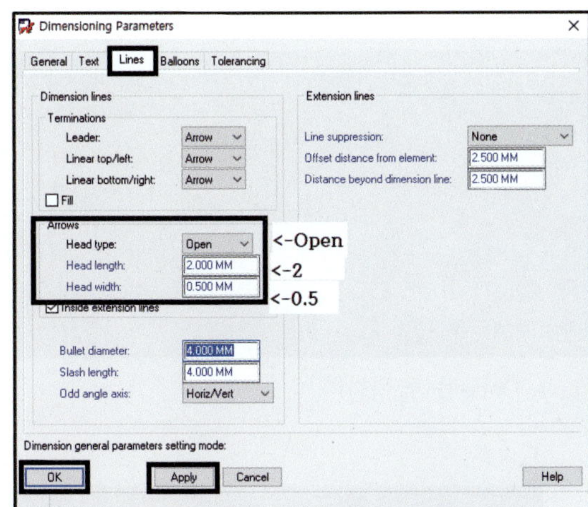

⑦ Lines 탭으로 이동한다.

⑧ Arrows
- Head type : Open(필자는 Open 형태가 보기 좋아 이와 같이 하였다. 다른 형태로 해도 무방하다)
  - Head length : 2MM
  - Head width : 0.5MM

⑨ Apply → OK

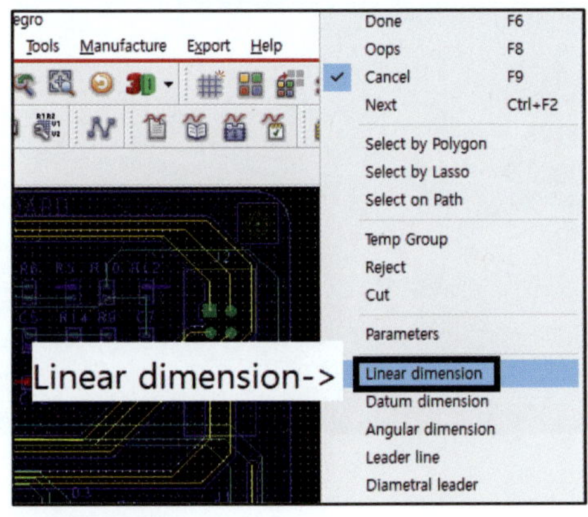

⑩ 다시 커서를 작업창으로 이동하고, 마우스 우측 버튼을 클릭한 후 Linear dimension을 클릭한다.

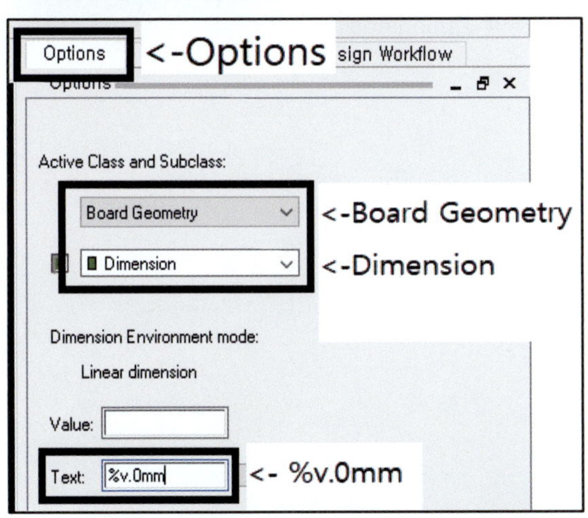

⑪ Options 탭으로 이동한다.

⑫ Active Class and Subclass를 Board Geometry, Dimension 으로 설정한다.

⑬ Text에 '%v.0mm'를 입력한다.

⑭ Board 상단의 좌측과 우측 모서리 부분의 Dot를 클릭한 후 커서를 위쪽으로 이동한다.

⑮ 적당한 위치로 이동시킨 후 클릭한다.

⑯ Dimension 작업이 끝나면 마우스 우측 버튼을 클릭한 후 Done을 클릭한다.

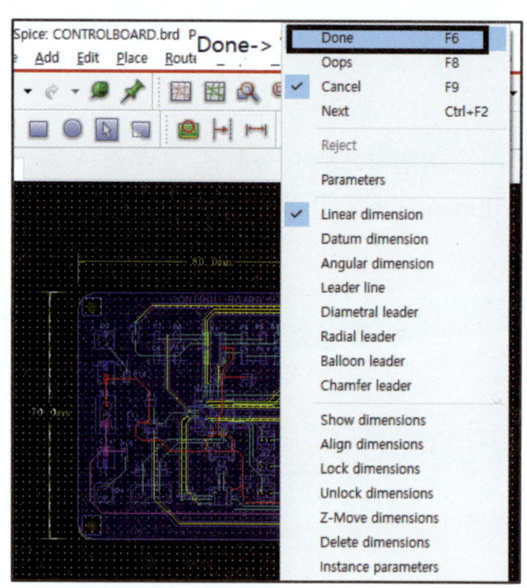

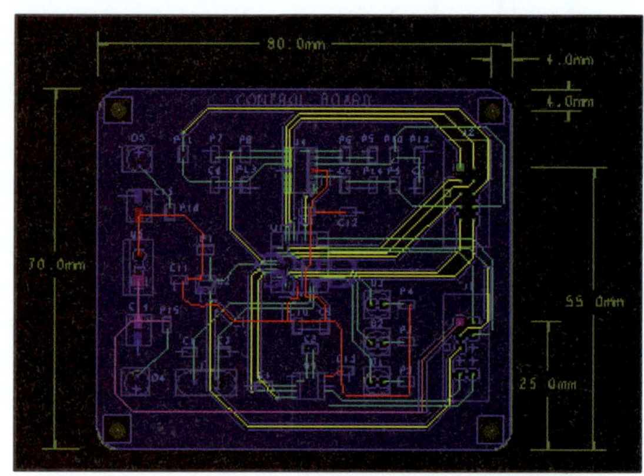

⑰ Dimension 삭제 시 Delete dimensions을 클릭한 후 삭제할 Dimension을 클릭한다.

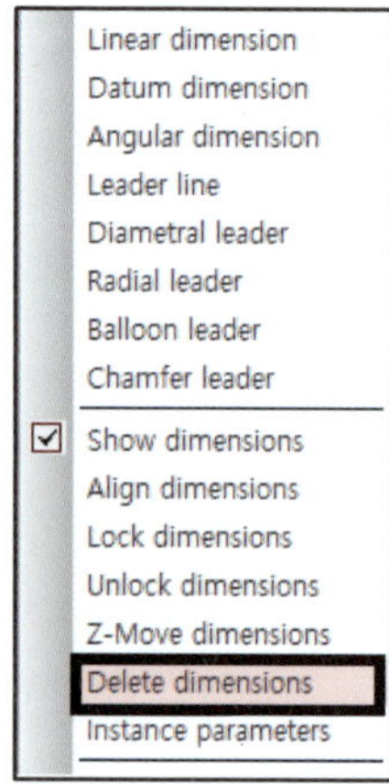

6 Design Rule Check

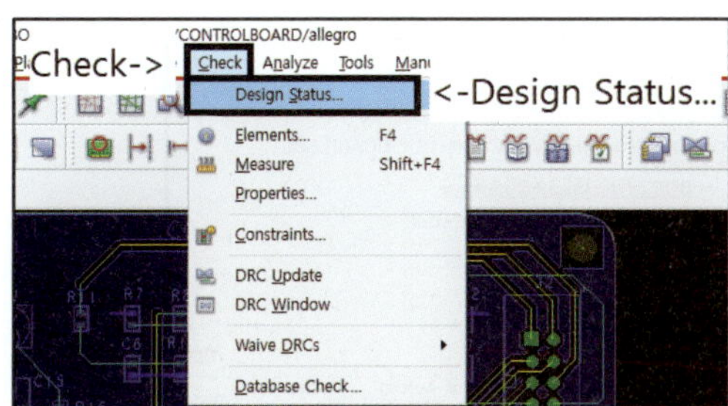

① Menu → Check → Design Status

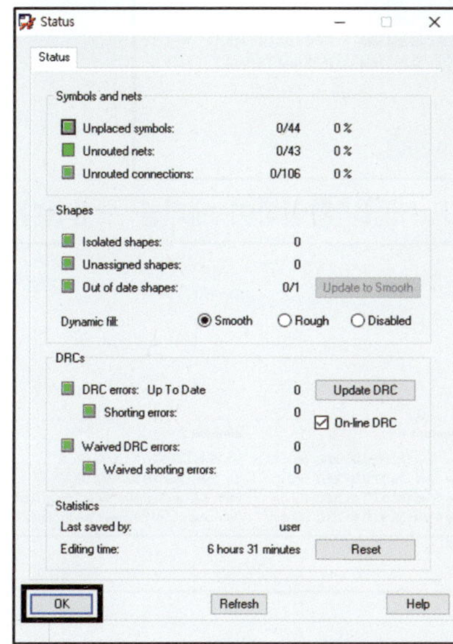

② Design Status
- Unplaced symbols : 배치되지 않은 symbol 수
- Unrouted nets : 연결되지 않은 Net 수
- Unrouted connections : 연결되지 않은 핀 수
- Isolated shapes : Net와 연결되지 않은 카퍼 수
- Unassigned shapes : Net 이름이 없는 카퍼 수
- Out of date shapes : 이격거리가 계산되지 않은 카퍼 수(Update to Smooth 클릭 시 제거)
- DRC errors Up To Date : 에러 수(0인데 녹색이 아닌 경우 Update DRC를 클릭한다)

※ 위의 화면을 반드시 감독관에게 확인받아야 한다.

1) Isolated shapes 삭제

① Menu → Shape → Delete Unconnected Copper 클릭
② Board 전체를 드래그하거나 Isoland를 개별적으로 클릭하여 제거한다.
③ Isoland가 모두 제거되면 마우스 우측 버튼을 클릭한 후 Done을 클릭한다.

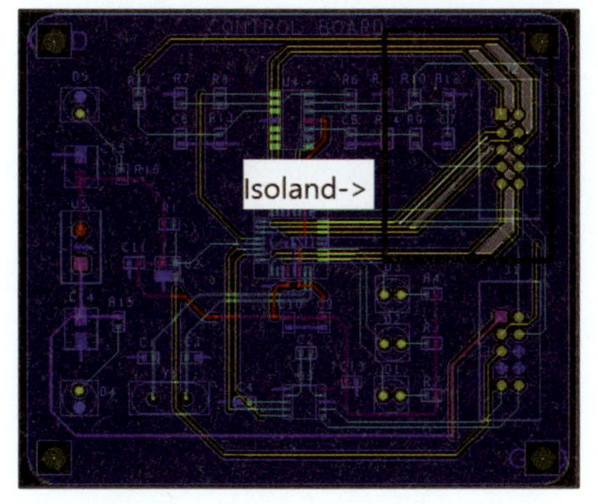

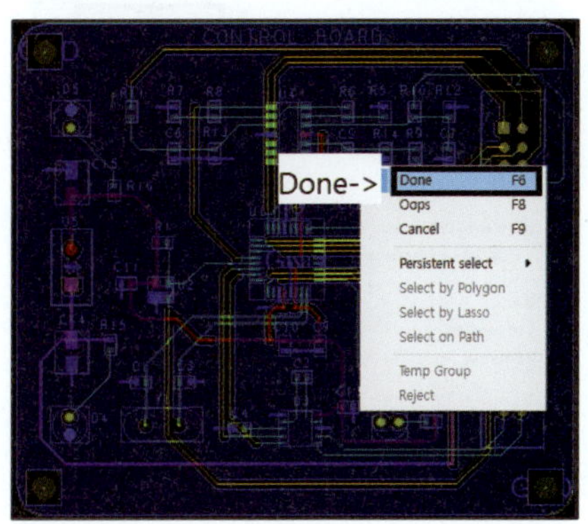

2) DRC 에러 내역 확인

① 노란색 버튼을 클릭하면 DRC Report가 생성된다.

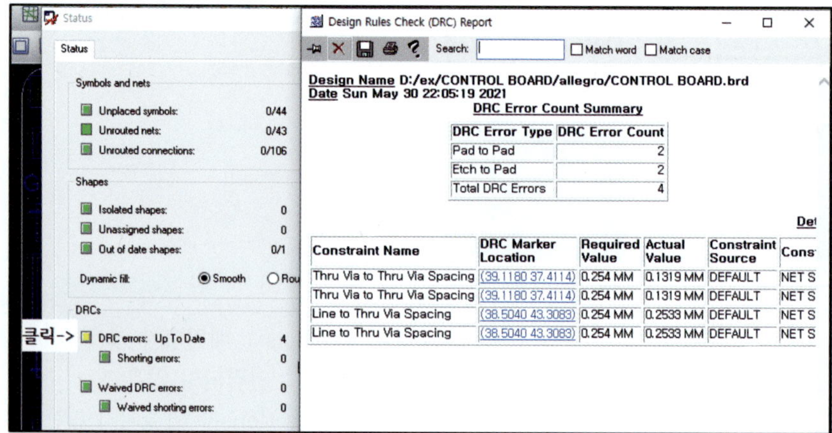

② DRC Report를 전체 화면으로 하여 에러 내용, 위치 에러와 관련된 요소들을 확인하여 에러를 수정한다.

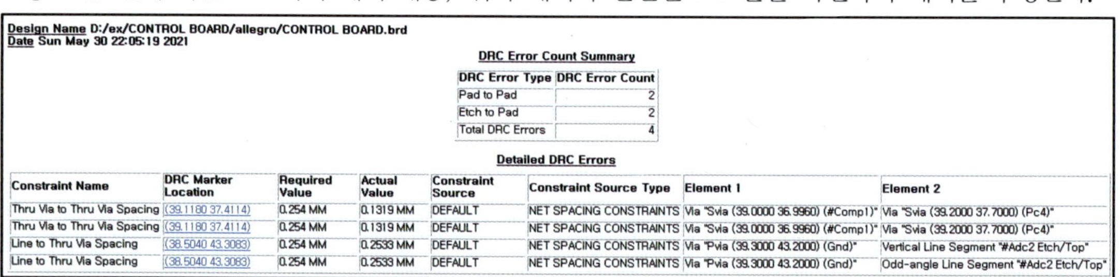

Design Name D:/ex/CONTROL BOARD/allegro/CONTROL BOARD.brd
Date Sun May 30 22:05:19 2021

DRC Error Count Summary

DRC Error Type	DRC Error Count
Pad to Pad	2
Etch to Pad	2
Total DRC Errors	4

Detailed DRC Errors

Constraint Name	DRC Marker Location	Required Value	Actual Value	Constraint Source	Constraint Source Type	Element 1	Element 2
Thru Via to Thru Via Spacing	(39.1180 37.4114)	0.254 MM	0.1319 MM	DEFAULT	NET SPACING CONSTRAINTS	Via "Svia (39.0000 36.9960) (#Comp1)"	Via "Svia (39.2000 37.7000) (Pc4)"
Thru Via to Thru Via Spacing	(39.1180 37.4114)	0.254 MM	0.1319 MM	DEFAULT	NET SPACING CONSTRAINTS	Via "Svia (39.0000 36.9960) (#Comp1)"	Via "Svia (39.2000 37.7000) (Pc4)"
Line to Thru Via Spacing	(38.5040 43.3083)	0.254 MM	0.2533 MM	DEFAULT	NET SPACING CONSTRAINTS	Via "Pvia (39.3000 43.2000) (Gnd)"	Vertical Line Segment "#Adc2 Etch/Top"
Line to Thru Via Spacing	(38.5040 43.3083)	0.254 MM	0.2533 MM	DEFAULT	NET SPACING CONSTRAINTS	Via "Pvia (39.3000 43.2000) (Gnd)"	Odd-angle Line Segment "#Adc2 Etch/Top"

Plus

■ 아래와 같은 에러가 발생한 경우에는 다음과 같이 해 본다.

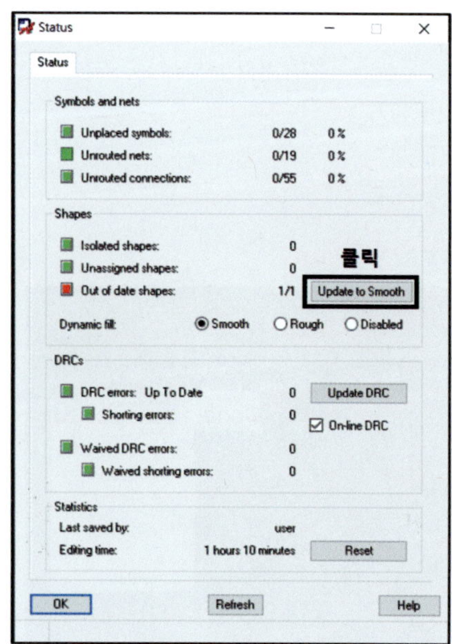

① Out of date shapes에서 에러가 발생한 경우 Update to Smooth를
클릭한다.

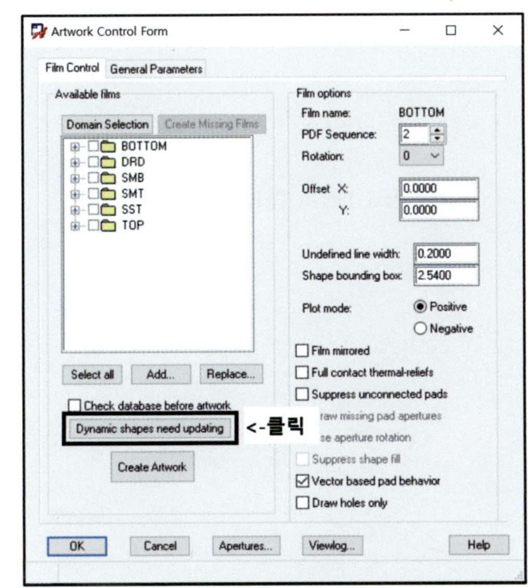

② Update to Smooth를 클릭해도 에러가 수정되지 않을 경우 :

Menu → Export → Gerber 또는 (Artwork) → Dynamic shapes need updating

■ 아래와 같은 에러가 발생한 경우에는 다음과 같이 해 본다.

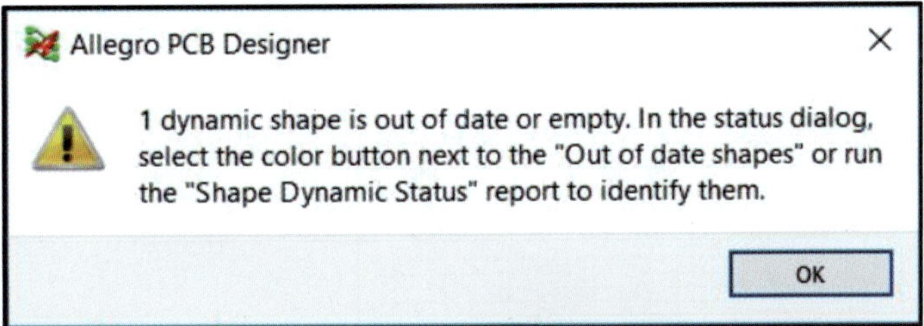

Menu → Check → Database Check... → Update all DRC(including Batch), Check shape outlines 체크 → Check

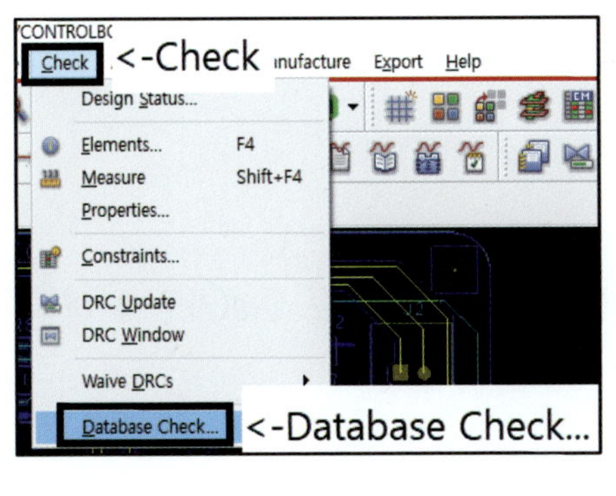

→

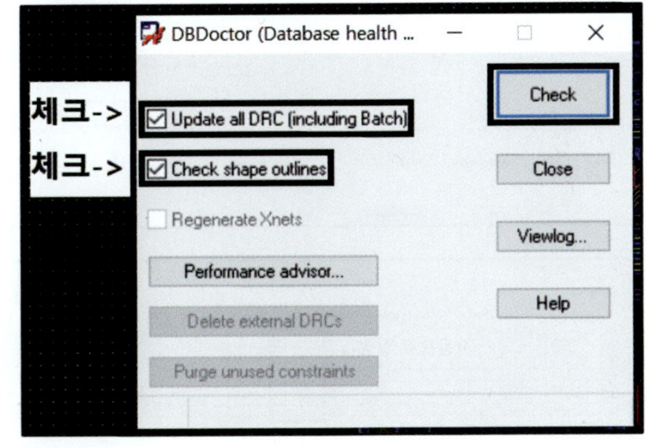

7 NC

1) Drill Customization

드릴 홀의 심벌을 자동으로 설정해 주는 기능이다.

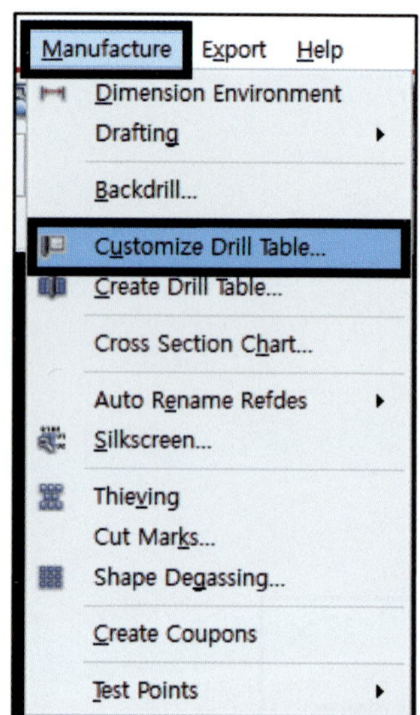

① Menu → Manufacture → Customize Drill Table…

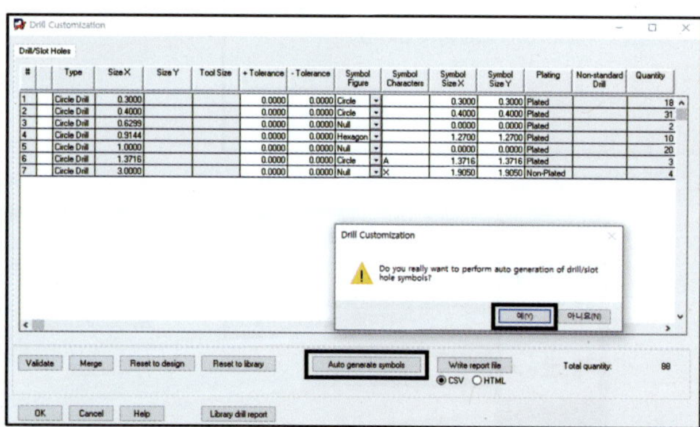

② Auto generate symbols → 예(Y)

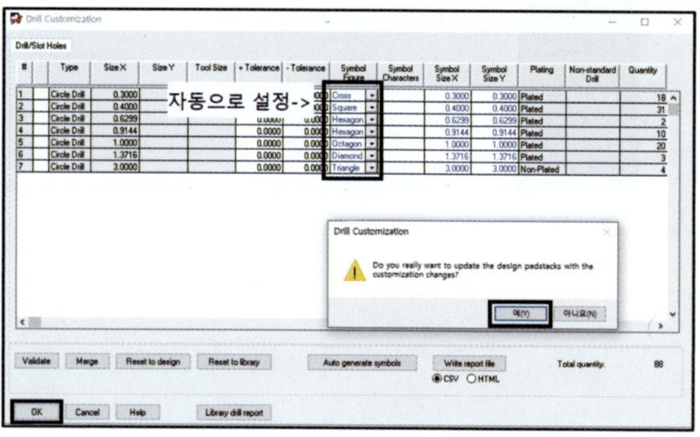

③ Drill Symbol 자동 설정(기구 홀 Size : 3.0 확인)

④ 예(Y) → OK

2) Drill Legend

드릴 차트를 생성해 주는 기능이다.

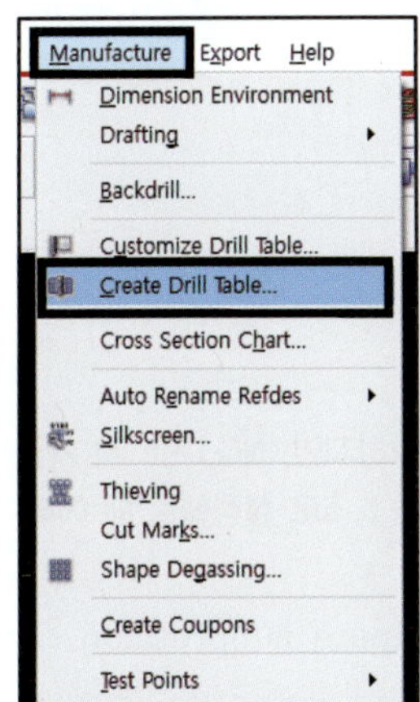

① Menu → Manufacture → Create Drill Table... 또는 (NcDrill Legend) 클릭

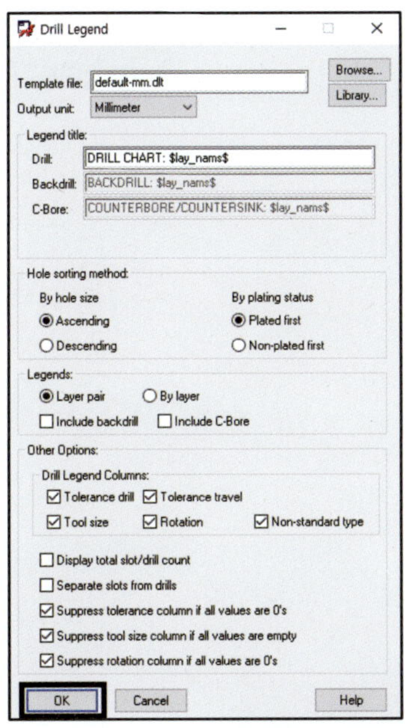

② OK를 클릭한다.

③ Board Outline과 겹치지 않게 아래쪽에 배치한다(기구 홀 Size : 3.0 확인)

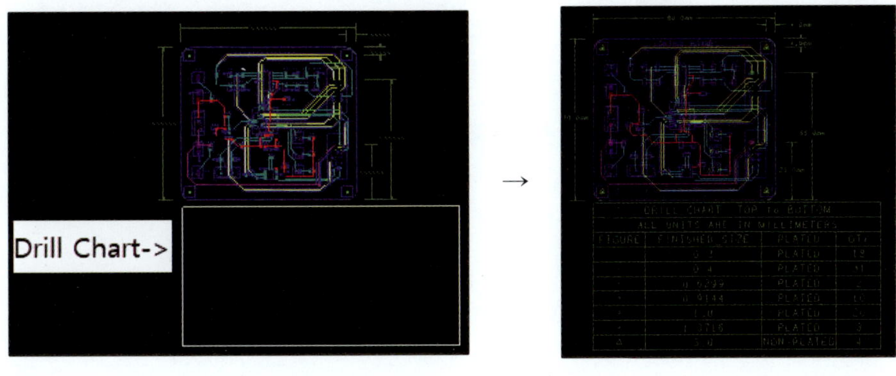

3) NC Parameters

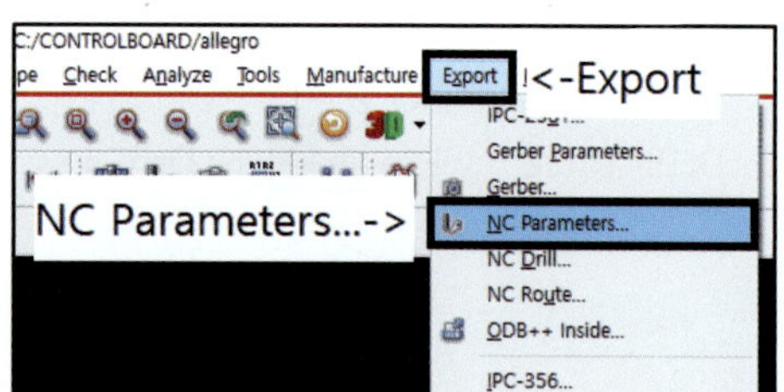

① Menu → Export → NC Parameters... 또는 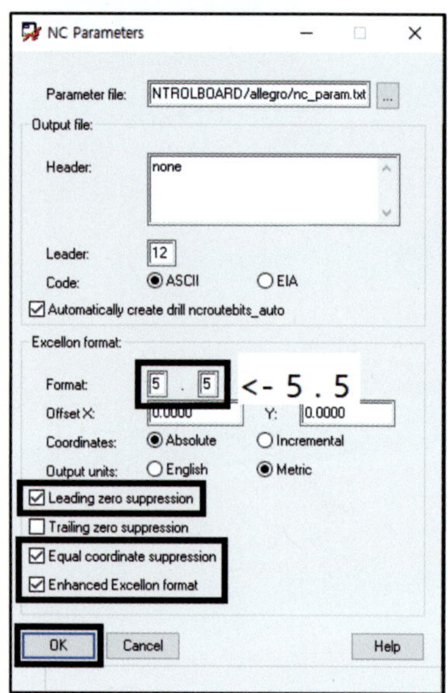 (NcDrill Param)

② Format : 5. 5

   ※ Format은 초기 설정값을 그대로 사용해도 무방하지만, NC Drill 시 가끔씩 에러가
      발생하는 경우가 있다. 필자의 경험상 Format을 5. 5로 설정했을 때 에러가 한 번도
      발생하지 않았다.

③ Leading zero suppression, Equal coordinate suppression, Enhanced
   Excellon format 체크

④ OK를 클릭한다.

4) NC Drill

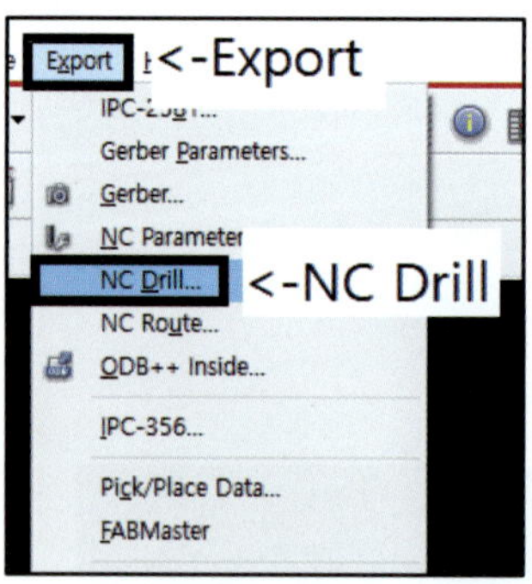

① Menu → Export → NC Drill

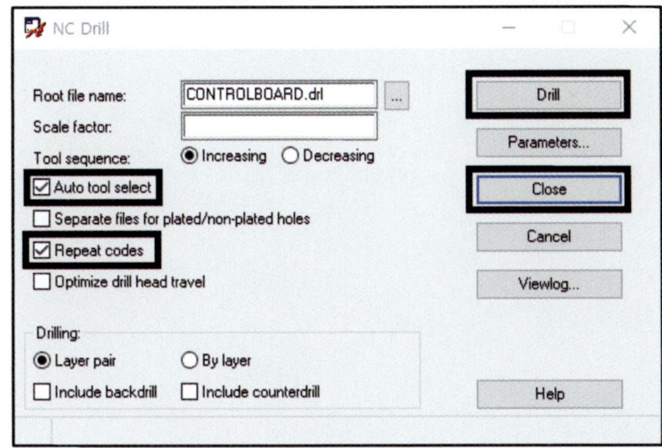

② Auto tool select, Repeat codes에 체크한다.

③ Drill을 클릭한다.

④ 진행창에서 Successfully Completed를 확인한 후 Close를 클릭한다.

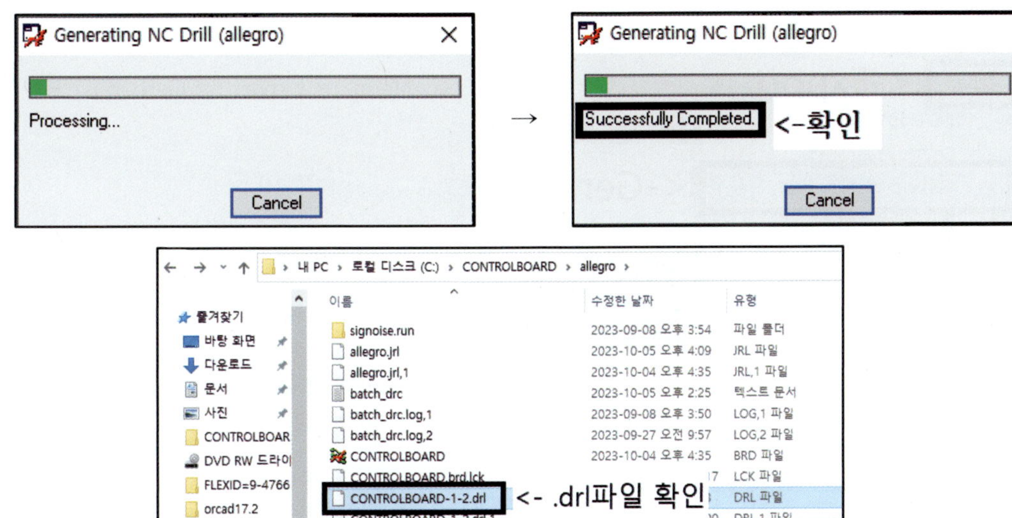

※ 프로젝트가 저장되는 폴더에 .drl 파일이 생성되었는지 확인한다.

5) NC Route

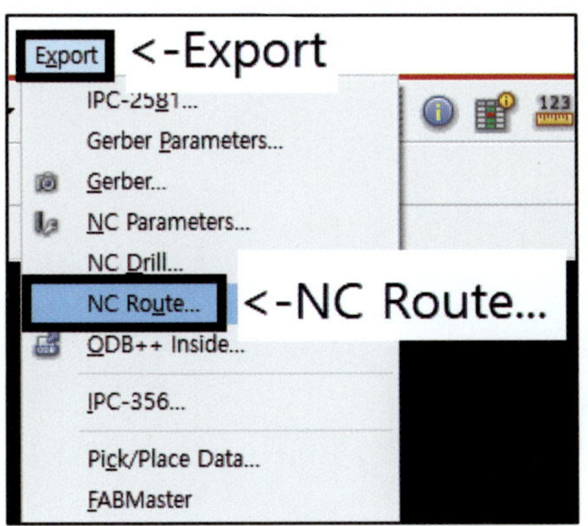

① Menu → Export → NC Route...

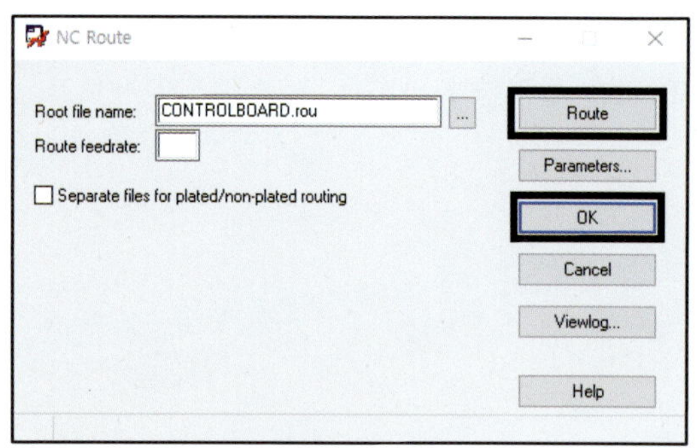

② Route를 클릭한 후 OK를 클릭한다.

8 Artwork

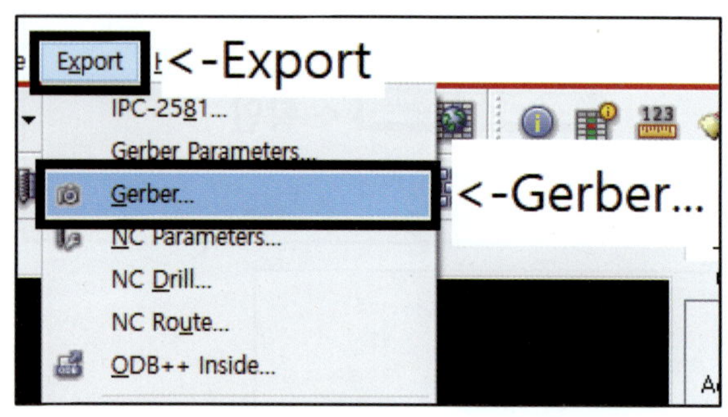

① Menu → Export → Gerber... 또는 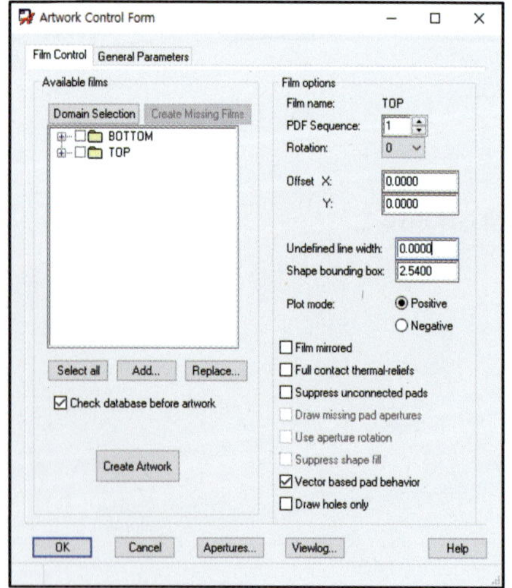 (Artwork)

※ TOP, BOTTOM, SMT(Solder_Mask_Top), SMB(Solder_Mask_Bottom), DRD(Drill Draw), SST(Silk_Screen_Top) 총 6개의 필름을 만들어야 한다. 이 6개의 필름에는 Board Geometry Outline이 공통으로 들어간다(누락 시 실격). 그리고 SST 필름에는 Dimension을 반드시 추가해 주어야 한다.

② BOTTOM, TOP 필름은 기본적으로 생성되어 있다.

③ 이 두 필름에 Board Geometry Design Outline을 추가한다.

1) BOTTOM 필름

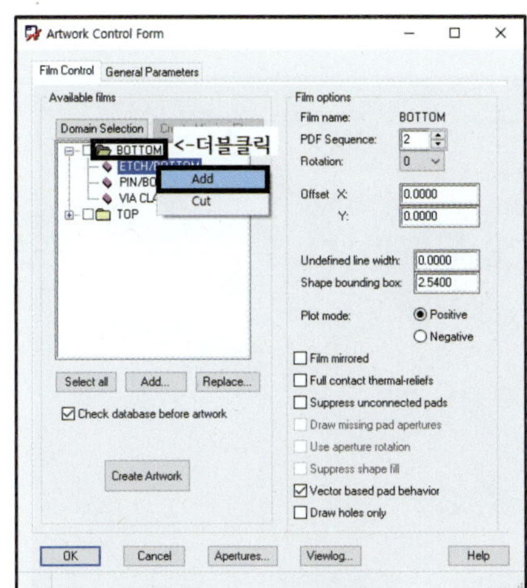

① BOTTOM 필름 제작
- BOTTOM 폴더를 더블클릭한다.
- BOTTOM 폴더의 하위 요소 중 하나를 선택한다.
- 마우스 우측 버튼을 클릭한 후 Add를 클릭한다.

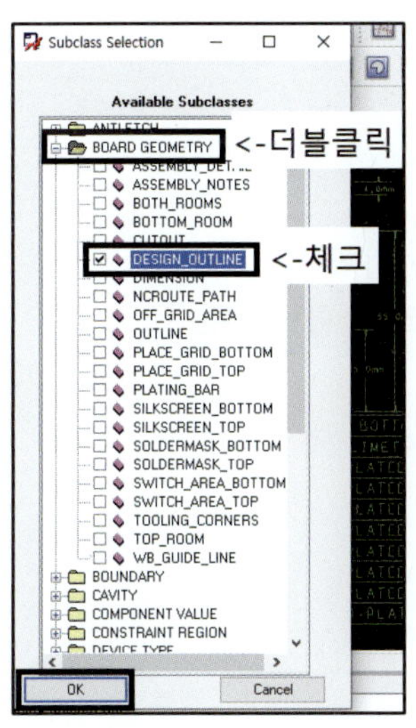

② BOARD GEOMETRY를 더블클릭한다.
③ DESIGN_OUTLINE 체크 → OK

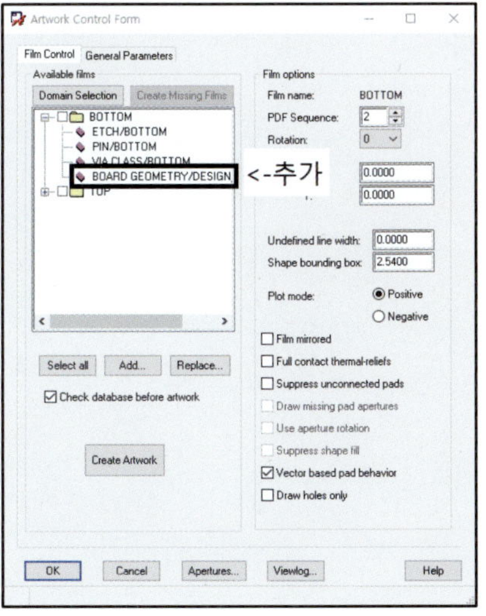

④ BOARD GEOMETRY/DESIGN_OUTLINE이 추가되었는지 확인한다.

⑤ BOTTOM 폴더를 선택한다.

⑥ 마우스 우측 버튼을 클릭한 후 Display for Visibillity를 클릭하면 필름 확인이 가능하다.

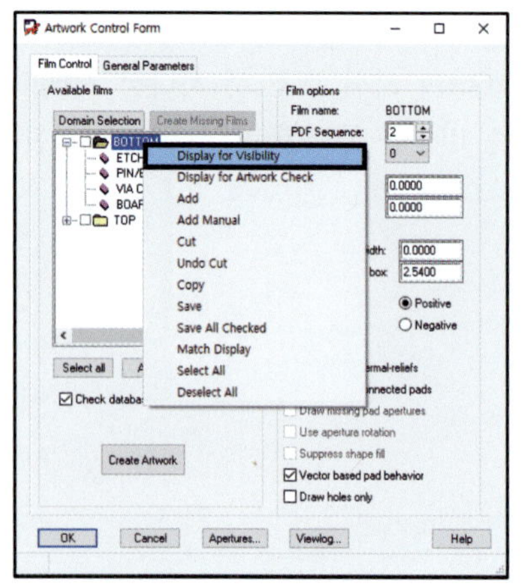 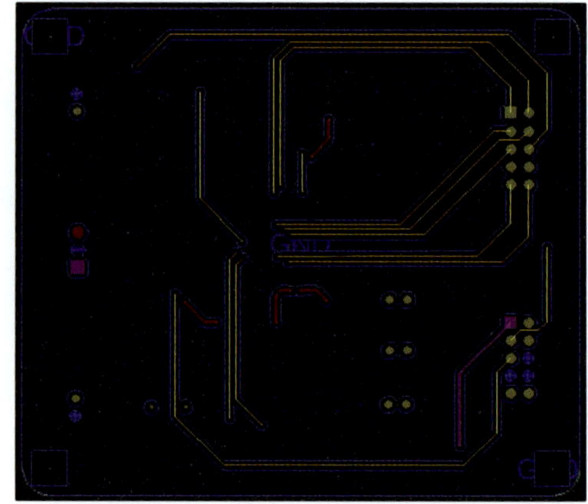

2) TOP 필름

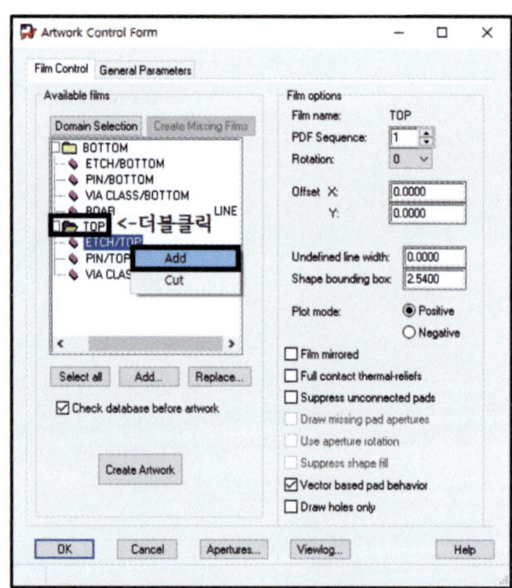

① TOP 필름 제작
- TOP 폴더를 더블클릭한다.
- TOP 폴더의 하위 요소 중 하나를 선택한다.
- 마우스 우측 버튼을 클릭한 후 Add를 클릭한다.

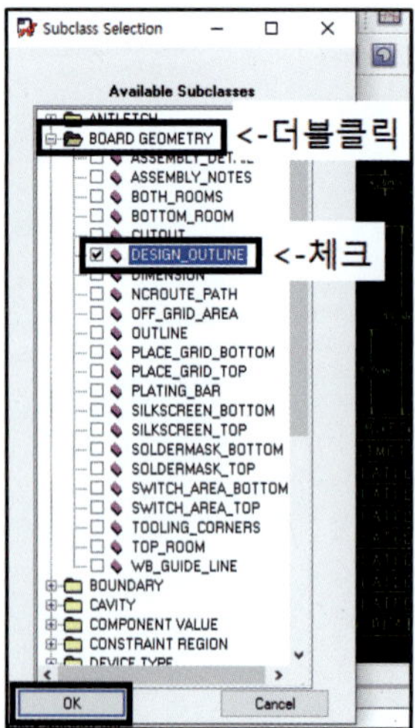

② BOARD GEOMETRY를 더블클릭한다.

③ DESIGN_OUTLINE 체크 → OK

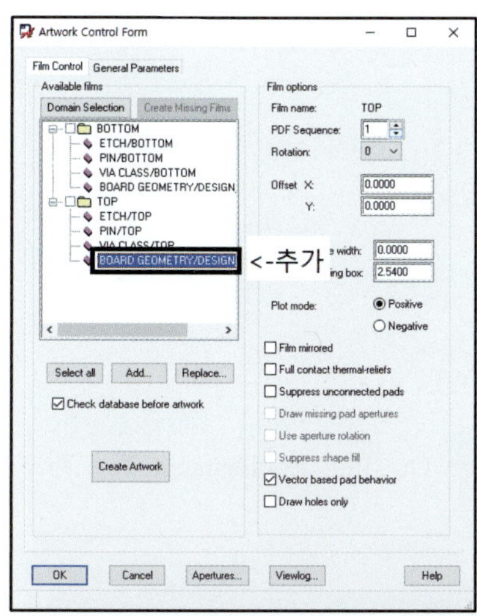

④ BOARD GEOMETRY/DESIGN_OUTLINE이 추가되었는지 확인한다.

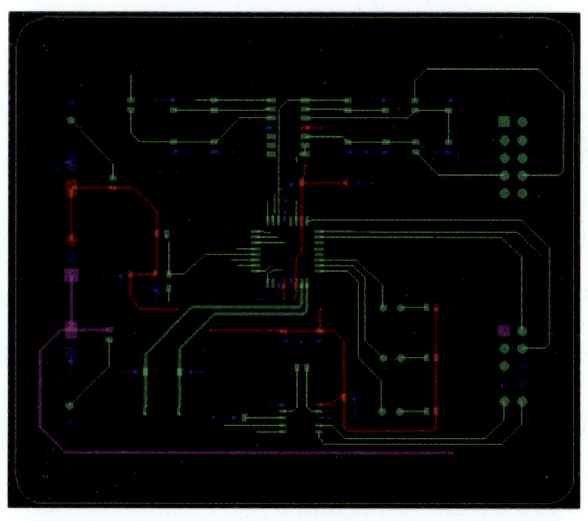

⑤ Display for Visibillity로 필름을 확인한다.

※ SMT, SMB, SST, DRD 필름은 Color192를 이용한다. Stack-Up부터 확인하여 만들고자 하는 필름의 이름이 있으면 체크한다(Board Geometry Design_outline은 모든 필름에 공통으로 들어가므로 반드시 체크한다).

3) Solder Mask Top 필름(SMT)

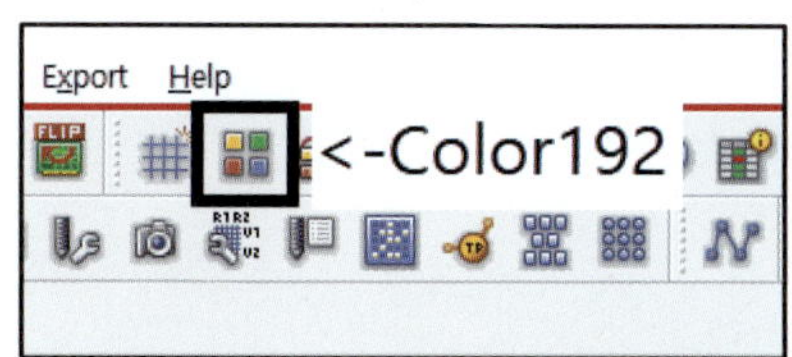

① Menu → Setup → Colors… 또는 (Color192)

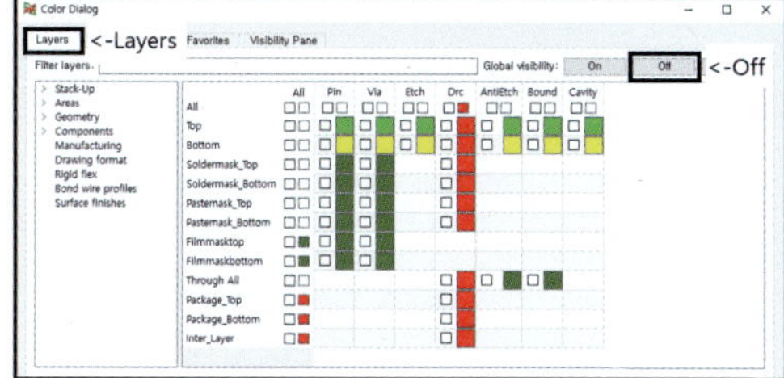

② Layers 탭으로 이동한다.
③ Global visibillity → off

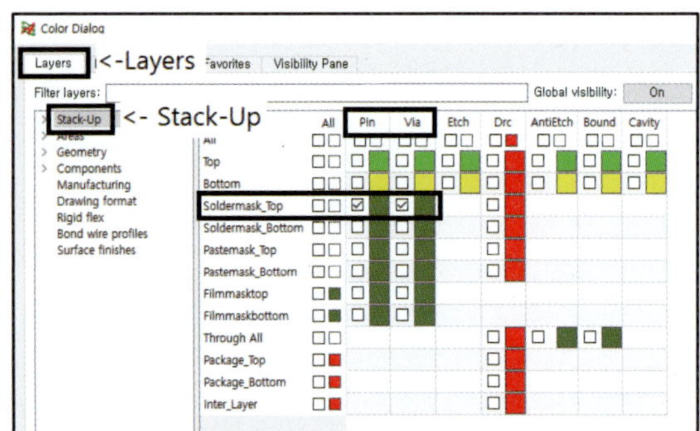

④ Stack-Up → Soldermask_Top → Pin, Via 체크

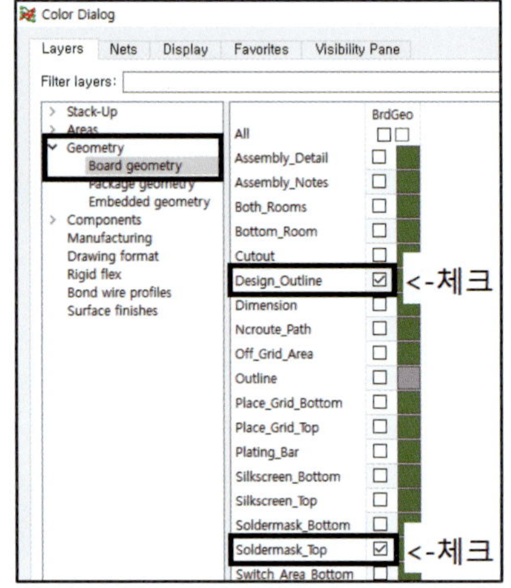

⑤ Board geometry → Design_Outline, Soldermask_Top 체크

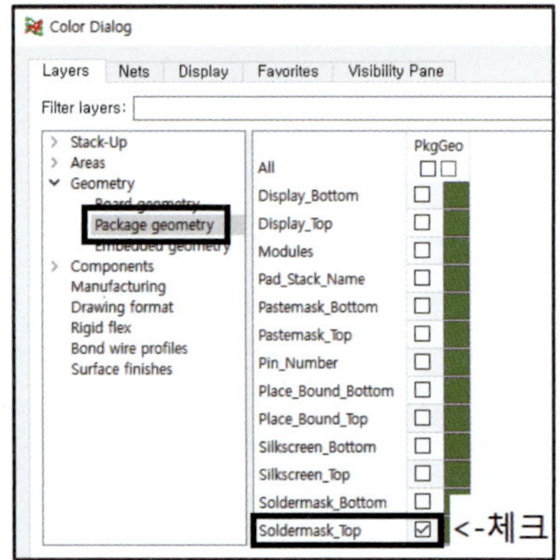

⑥ Package geometry → Soldermask_Top 체크 → Apply

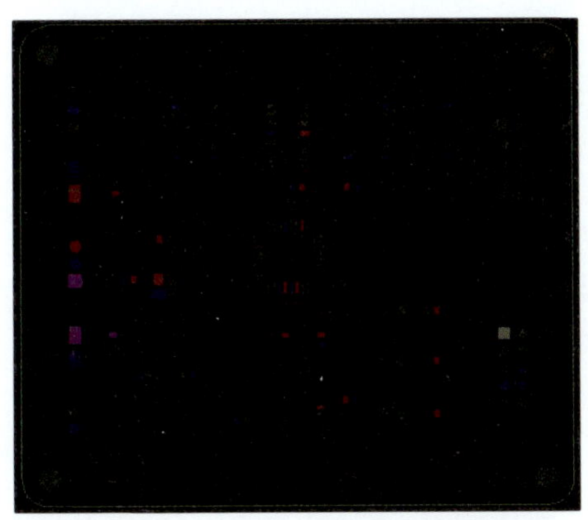

⑦ 작업창이 Soldermask_Top으로 바뀐다.

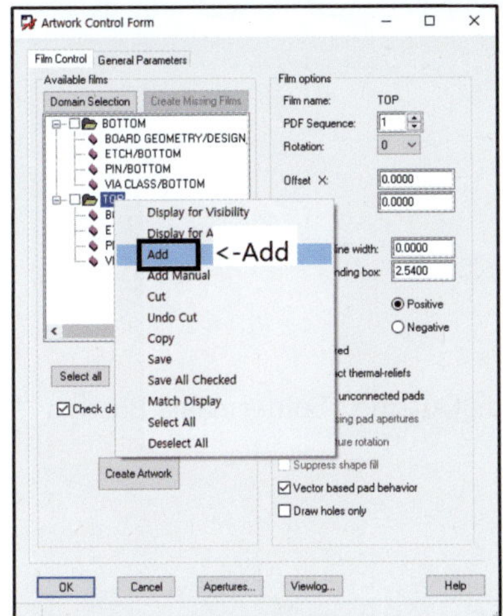

⑧ 여러 폴더 중 하나를 선택한다.
⑨ 마우스 우측 버튼을 클릭한 후 Add를 클릭한다.

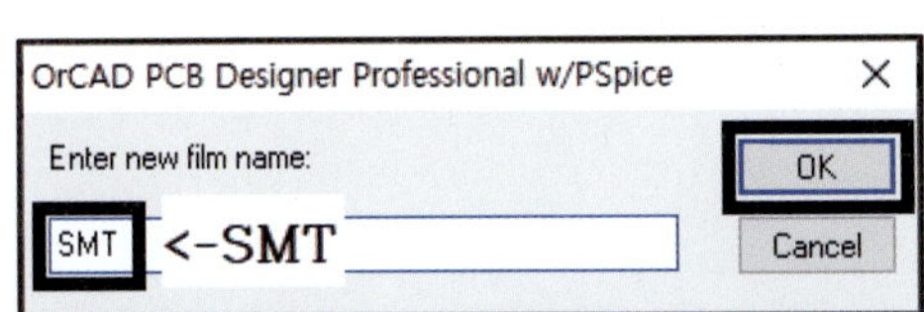

⑩ Enter new film name : SMT
⑪ OK를 클릭한다.

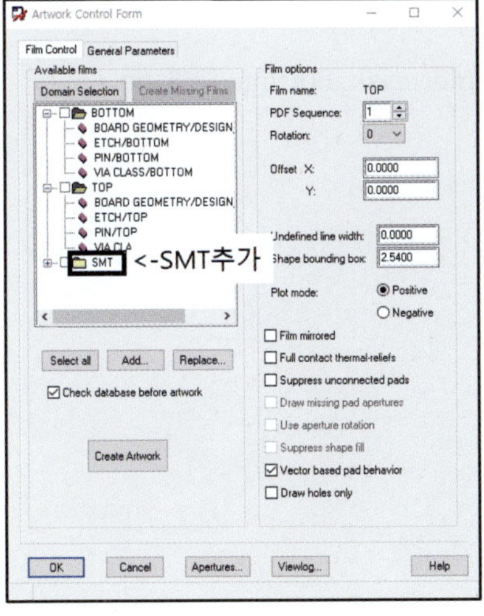

⑫ SMT 폴더가 추가되었는지 확인한다.

4) Solder Mask Bottom 필름(SMB)

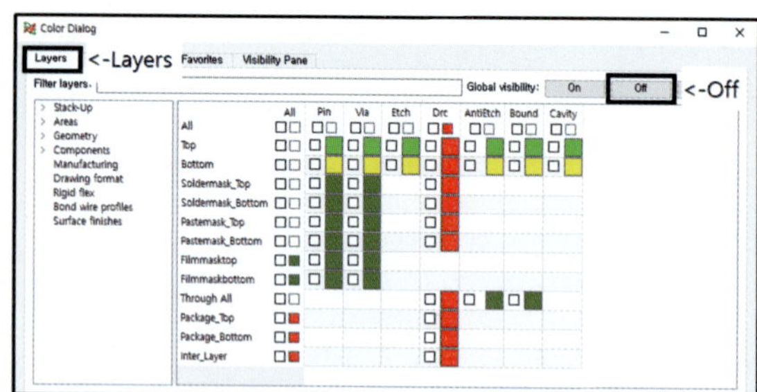

① Layers 탭으로 이동한다.

② Global visibillity → off

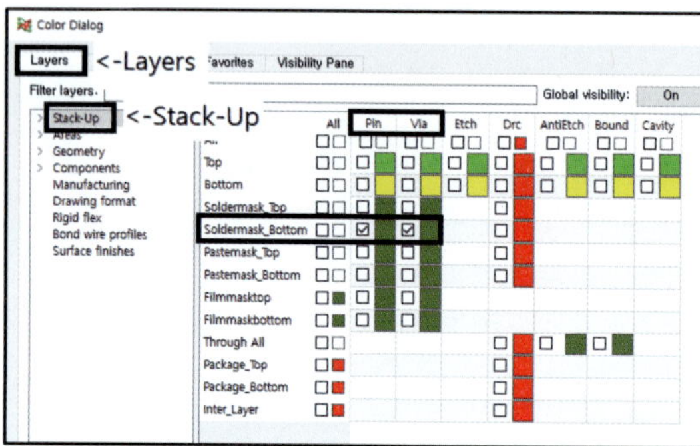

③ Stack-Up → Soldermask_Bottom → Pin, Via 체크

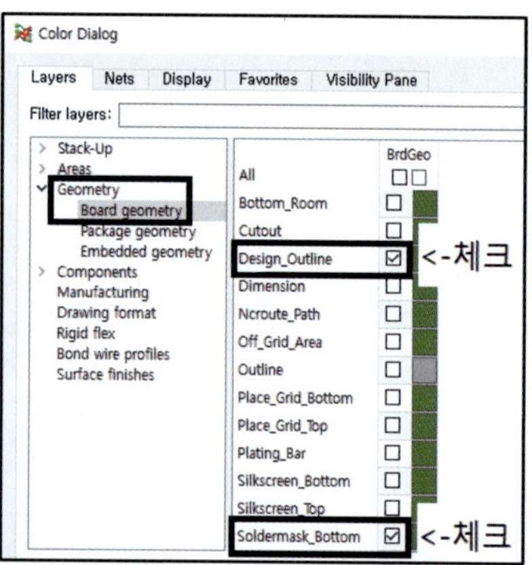

④ Board geometry → Design_Outline, Soldermask_Bottom 체크

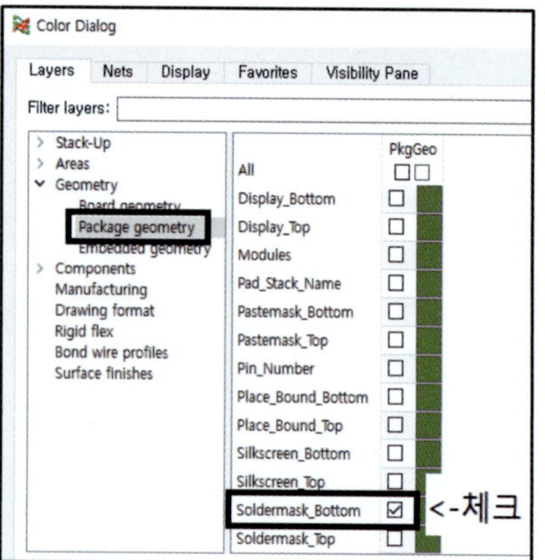

⑤ Package geometry → Soldermask_Bottom 체크 → Apply

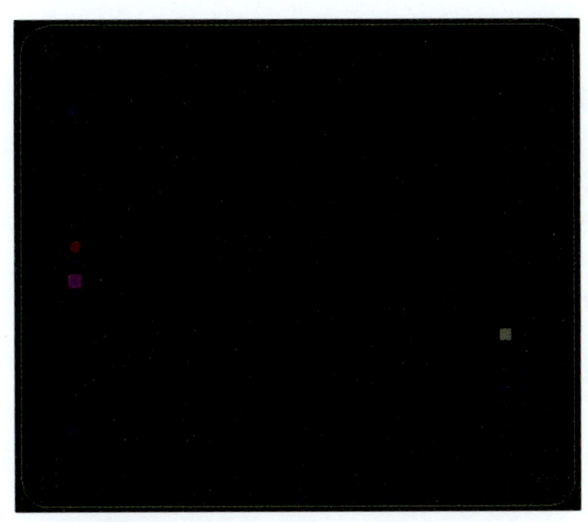

⑥ 작업창이 Soldermask_Bottom으로 바뀐다.

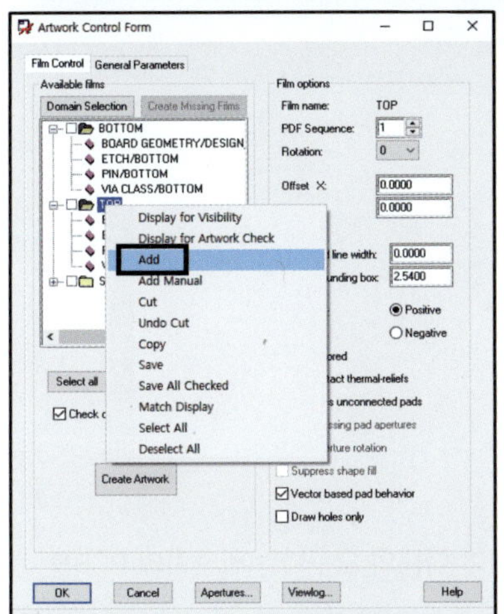

⑦ 여러 폴더 중 하나를 선택한다.
⑧ 마우스 우측 버튼을 클릭한 후 Add를 클릭한다.

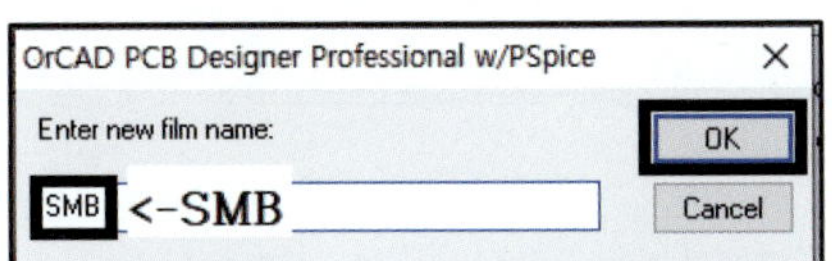

⑨ Enter new film name : SMB
⑩ OK를 클릭한다.

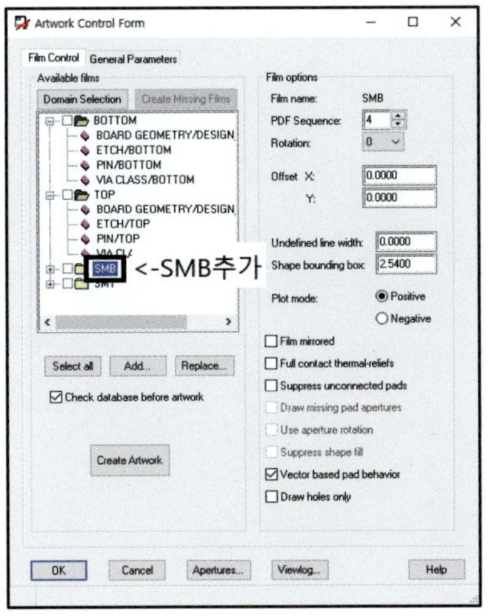

⑪ SMB 폴더가 추가되었는지 확인한다.

5) Silk Screen Top

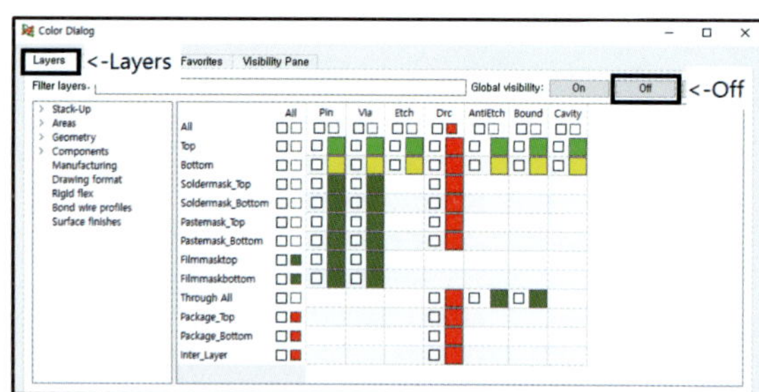

① Layers 탭으로 이동한다.
② Global visibillity → off

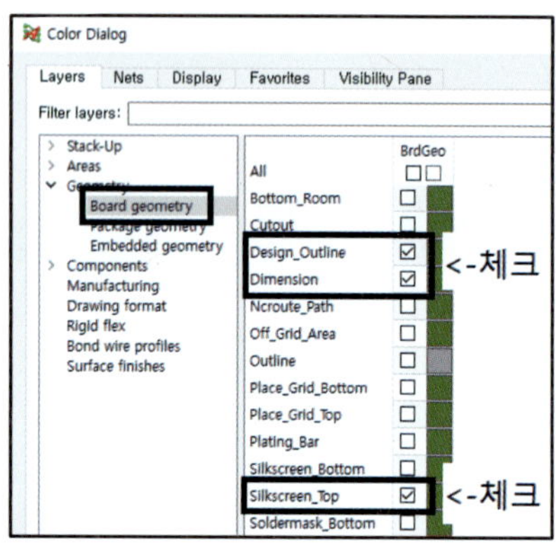

③ Board geometry → Design_Outline, Dimension, Silkscreen_Top 체크

> **Tip**
>
> 치수보조선(Dimension)이 Silkscreen 이외의 Layer에 있으면 실격 처리된다.
> 라. 수험자의 PCB 설계작업 파일 폴더 및 파일명은 **자신의 비밀번호로 설정**하여 다음의 요구사항에 준하여 PCB를 설계한다.
> 1) 설계환경 : 양면 PCB(2-Layer)
> 2) 보드 사이즈 : 80mm(가로)×70mm(세로)
> (치수보조선을 이용하여 보드 사이즈를 실크스크린 레이어에 표시해야 하며, **실크스크린 이외의 레이어에 표시한 경우 실격 처리된다**)

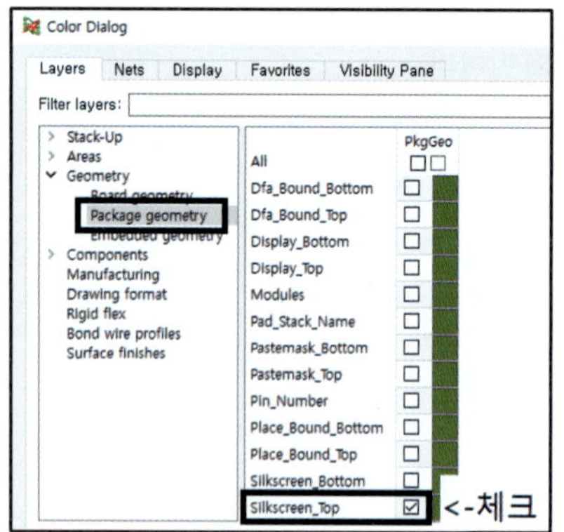

④ Package geometry → Silkscreen_Top 체크

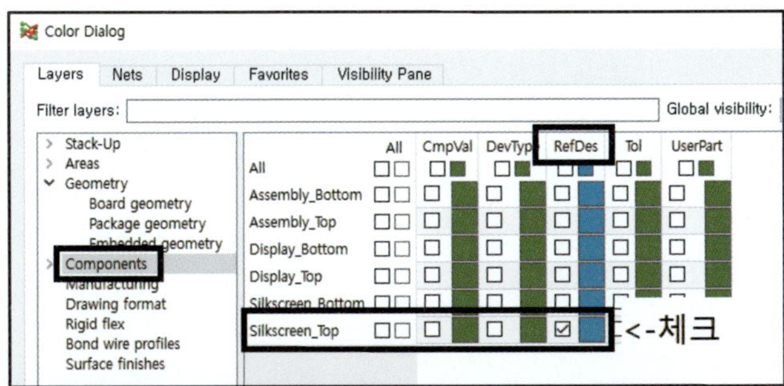

⑤ Components → Silkscreen_Top → RefDes 체크
　　→ Apply

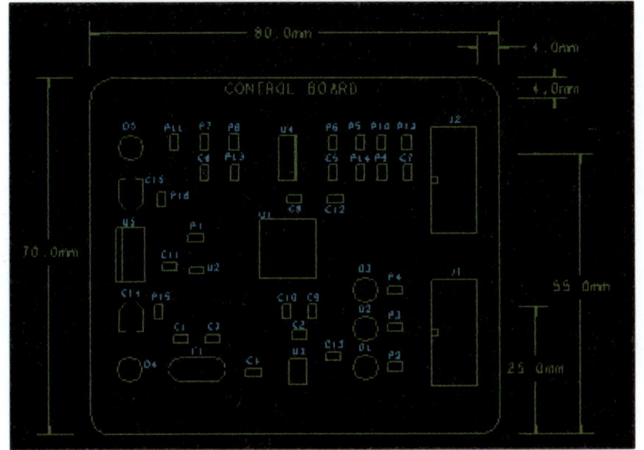

⑥ 작업창이 Silkscreen_Top으로 바뀐다.

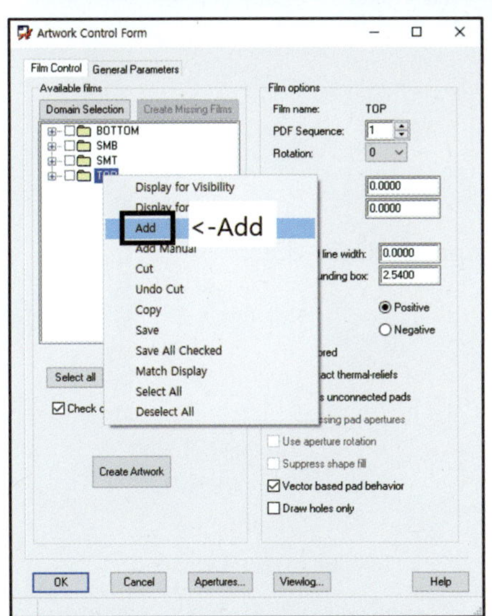

⑦ 여러 폴더 중 하나를 선택한다.
⑧ 마우스 우측 버튼을 클릭한 후 Add를 클릭한다.

⑨ Enter new film name : SST
⑩ OK를 클릭한다.

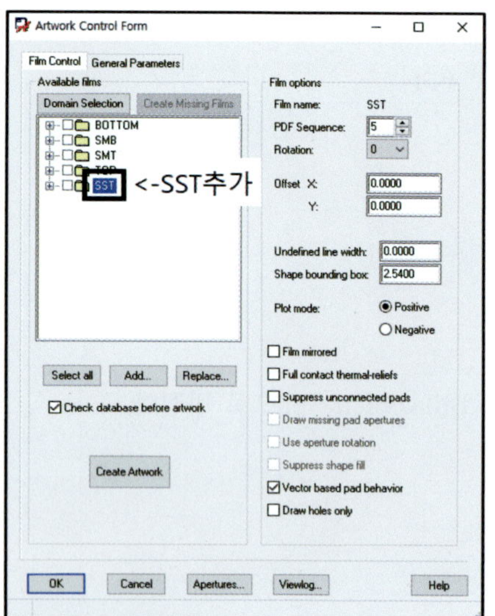

⑪ SST 폴더가 추가되었는지 확인한다.

6) Drill Draw필름(DRD)

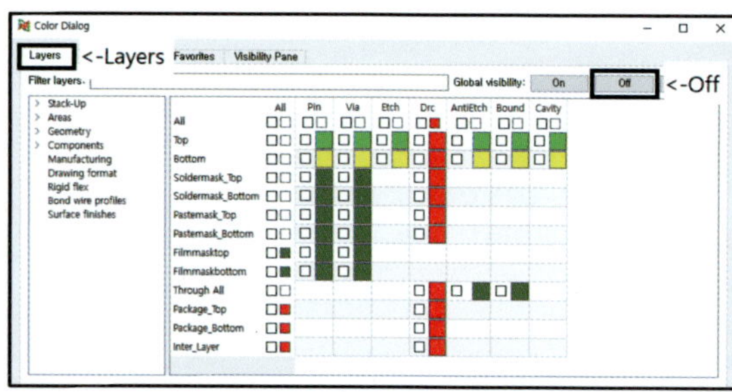

① Layers 탭으로 이동한다.
② Global visibillity → off

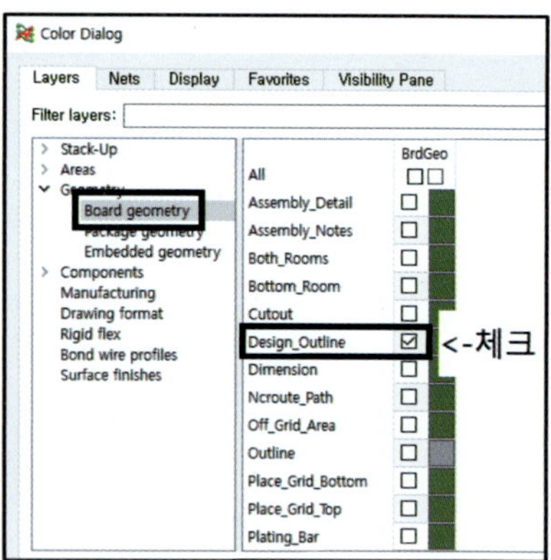

③ Board geometry → Design_Outline 체크

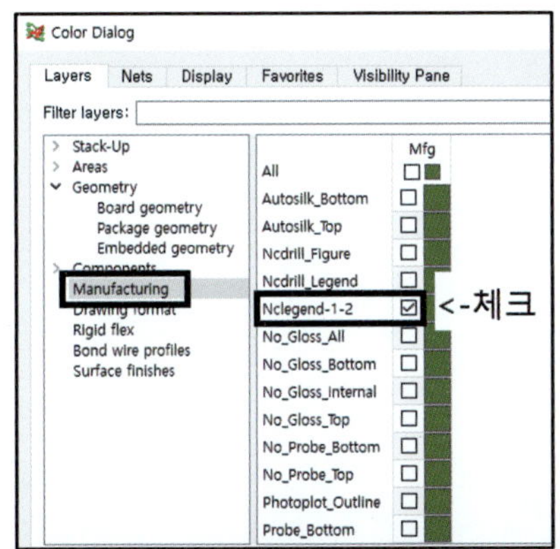

④ Manufacturing → Nclegend-1-2 체크 → Apply → OK

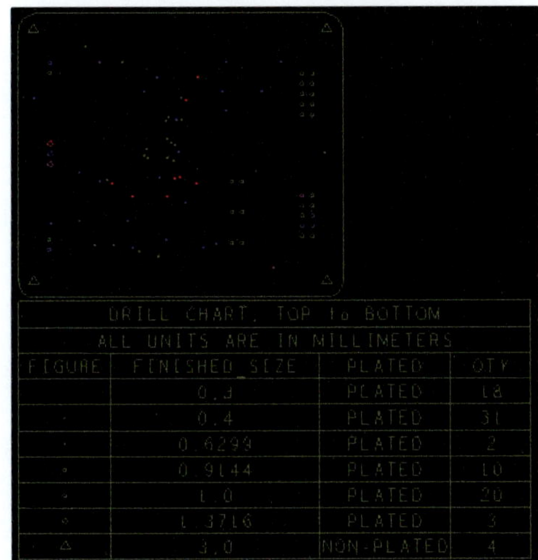

⑤ 작업창이 Drill_draw로 바뀐다.

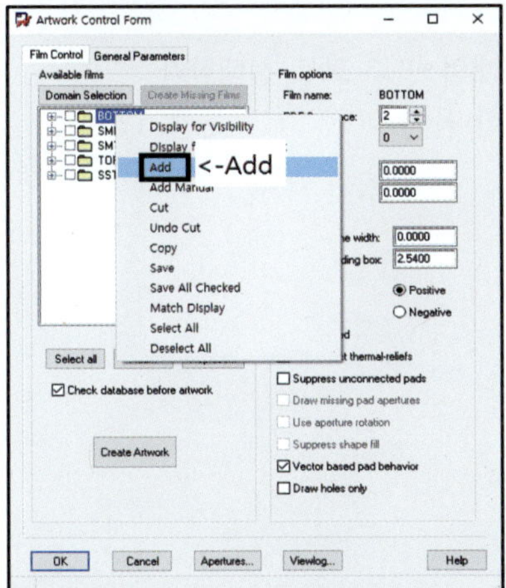

⑥ 여러 폴더 중 하나를 선택한다.

⑦ 마우스 우측 버튼을 클릭한 후 Add를 클릭한다.

⑧ Enter new film name : DRD

⑨ OK를 클릭한다.

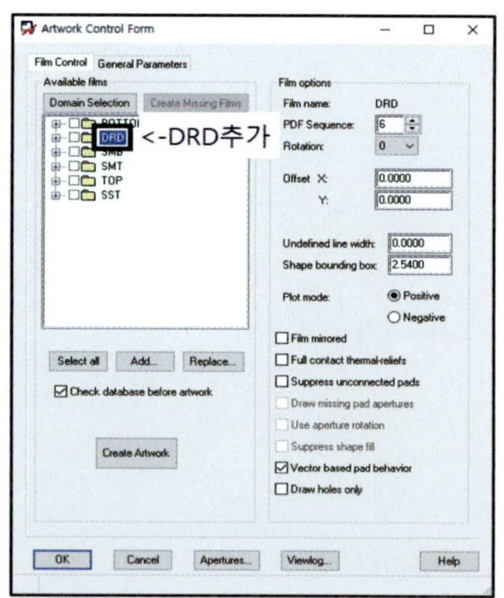

⑩ DRD 폴더가 추가되었는지 확인한다.

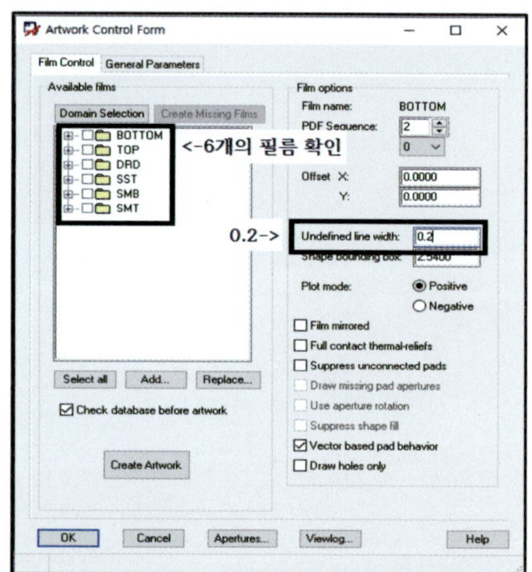

⑪ 6개의 필름을 확인한다.
⑫ 6개 필름의 Undefined line width를 0.2로 설정한다.

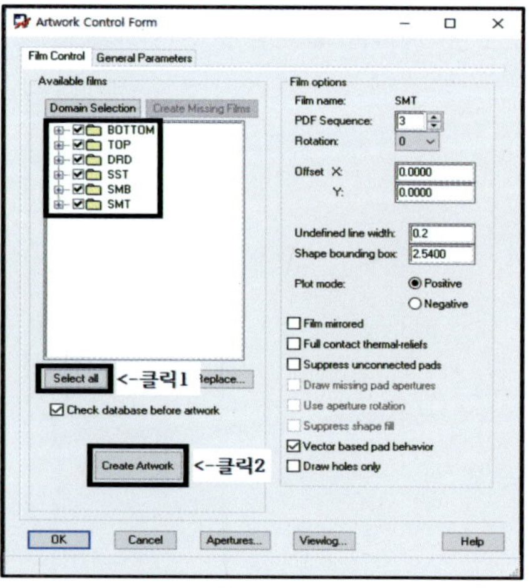

⑬ Select all을 클릭하여 6개의 필름 모두 선택한다.
⑭ Create Artwork를 클릭한다.

※ Create Artwork 시 발생한 에러는 무시해도 된다.

9 출 력

1) 회로도 출력

① OrCAD Capture를 실행한다.

② File Open → Project → 저장된 폴더 → CONTROL BOARD 실행 → PAGE1

③ Menu → File → Print Setup

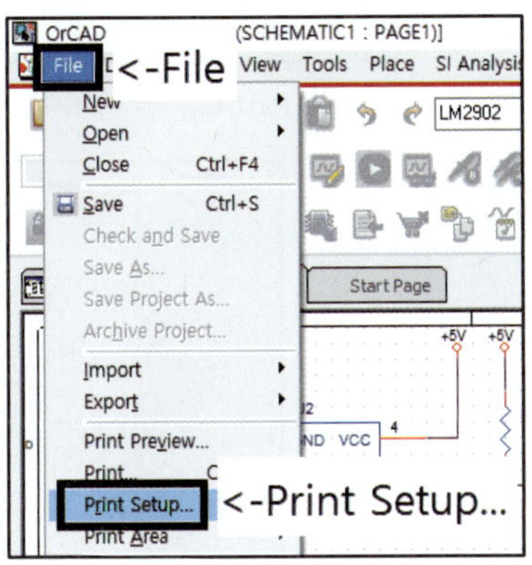

④ 프린터 이름을 확인한 후 확인을 클릭한다.

• 방향 : 가로

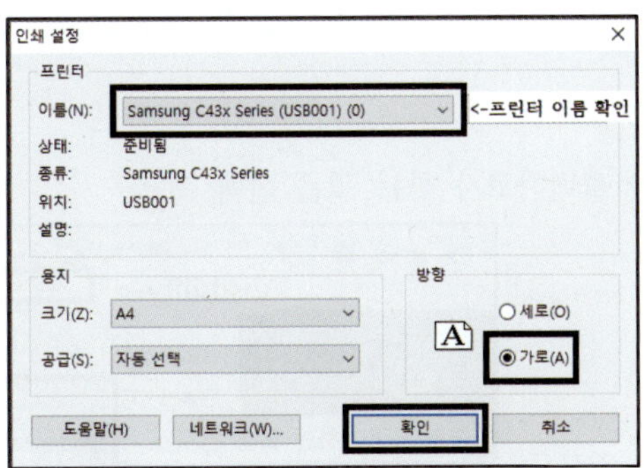

⑤ Menu → File → Print Preview

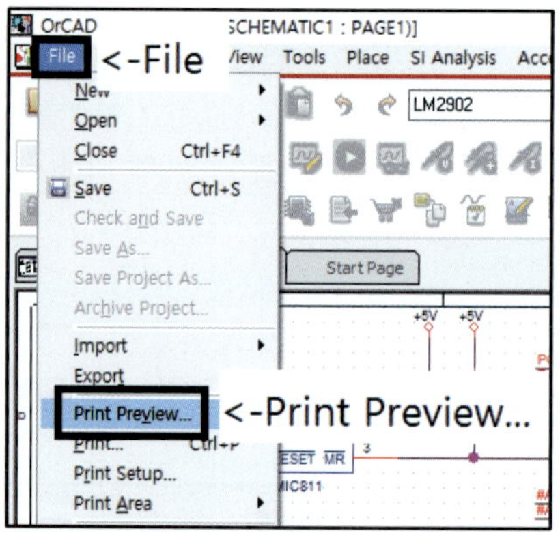

⑥ OK를 클릭한 후 회로가 가로로 표시되면 Print를 클릭하여 출력한다.

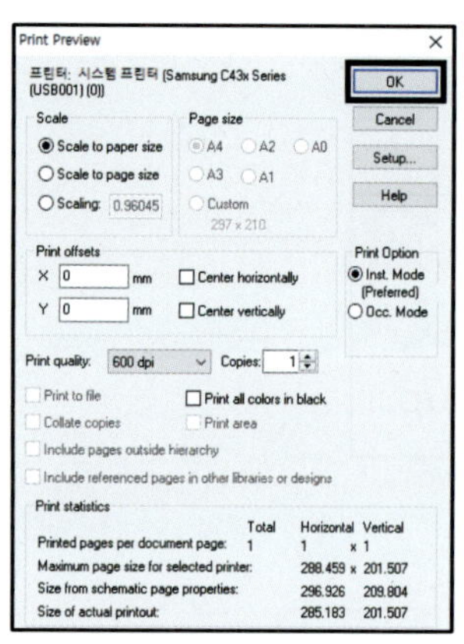 → 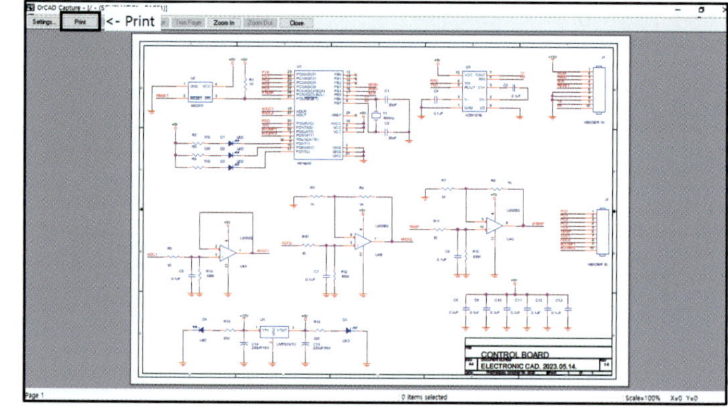

2) Artwork 필름 출력

① Visibility → Views → 출력하고자 하는 필름 선택

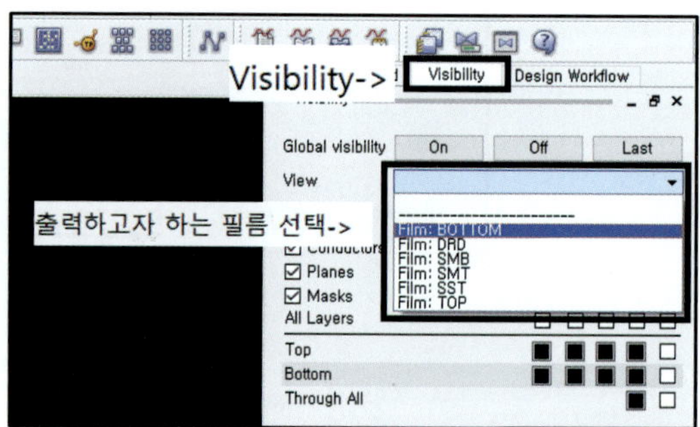

② Menu → File → Plot Setup

- Scaling factor : 1
- Default line weight : 1
- Auto center 체크
- Black and white 체크
- Sheet contents 체크

• 위의 항목을 체크한 후 OK를 클릭한다.

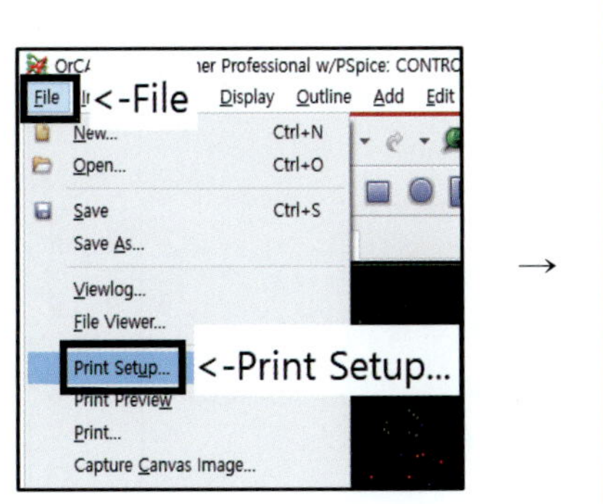
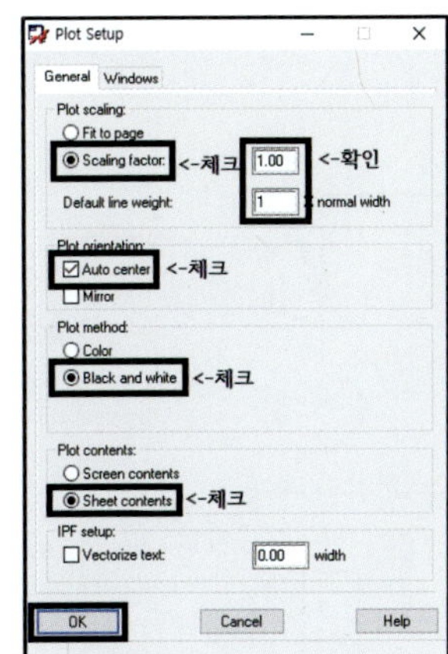

③ Menu → File → Plot Preview

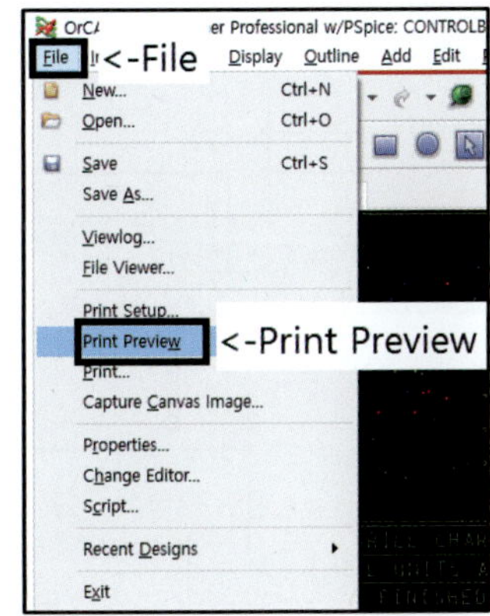

④ 필름이 중앙에 있으면 출력한다.

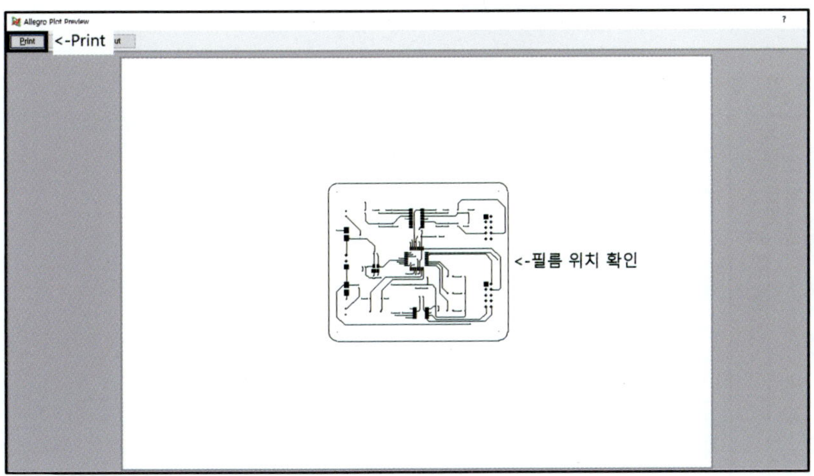

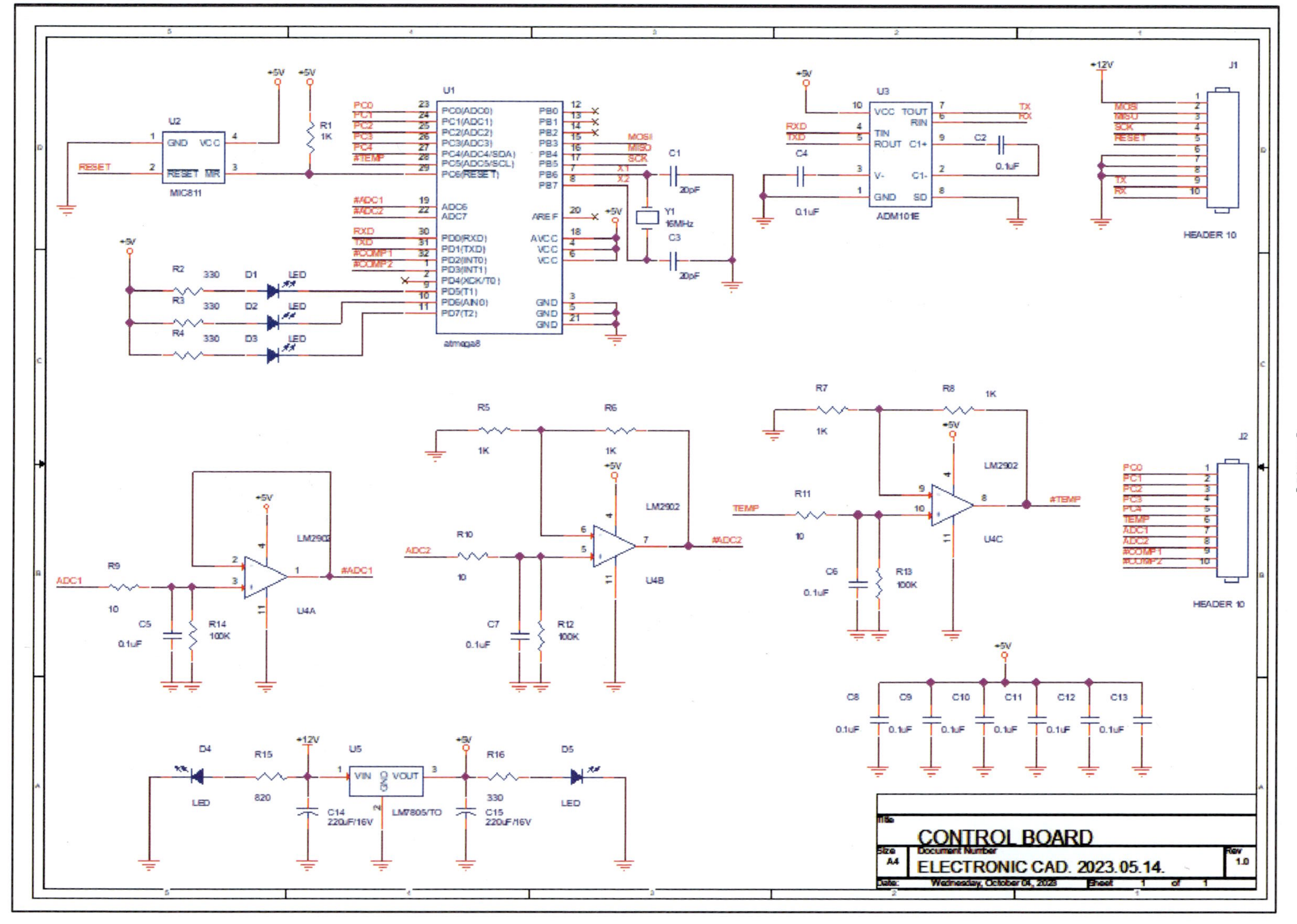

[회로도]

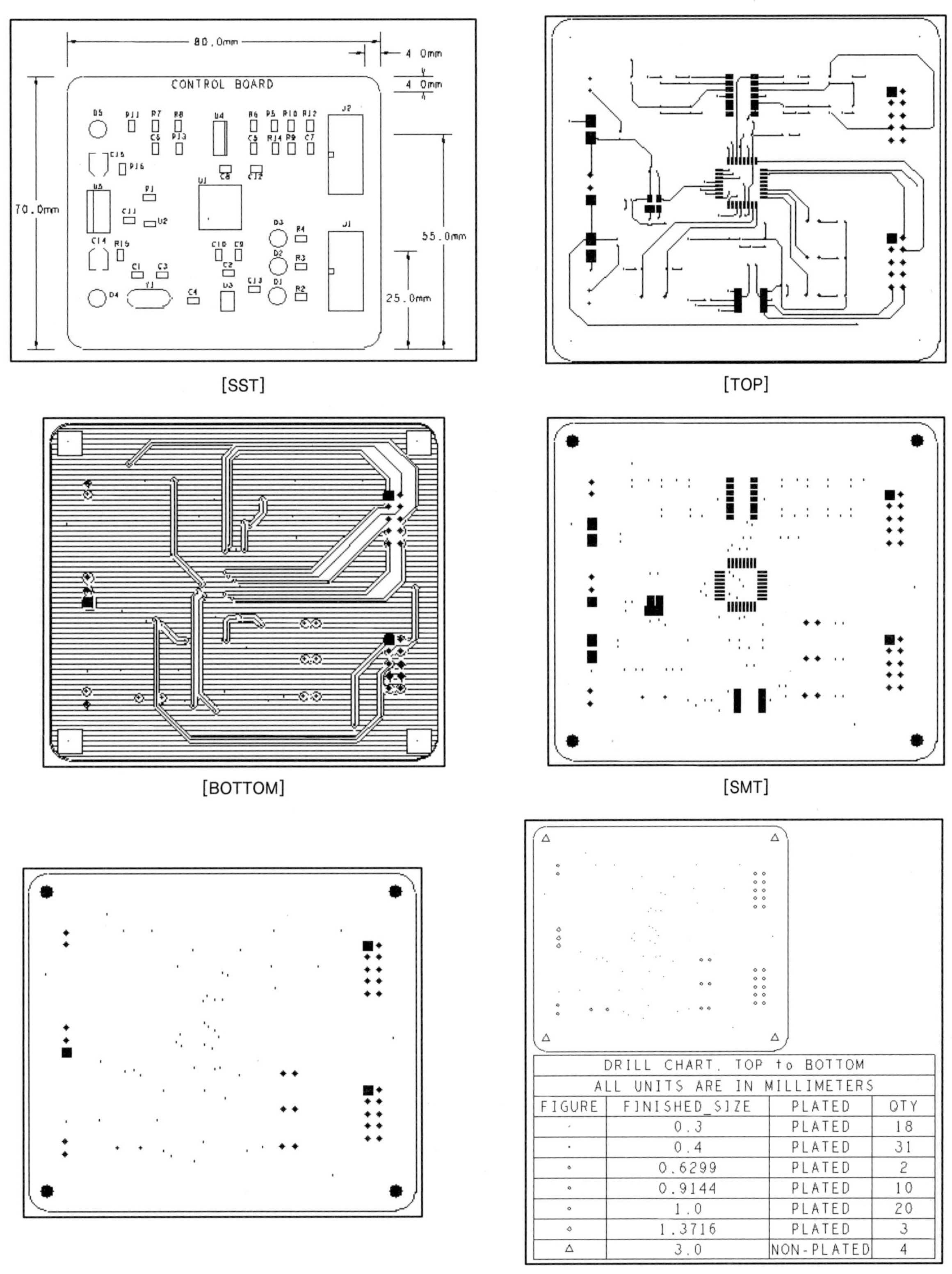

| DRILL CHART, TOP to BOTTOM | | | |
| ALL UNITS ARE IN MILLIMETERS | | | |
FIGURE	FINISHED_SIZE	PLATED	QTY
·	0.3	PLATED	18
·	0.4	PLATED	31
○	0.6299	PLATED	2
○	0.9144	PLATED	10
○	1.0	PLATED	20
○	1.3716	PLATED	3
△	3.0	NON-PLATED	4

PART 02

OrCAD 24.1 기본 사용법

OrCAD Capture

❶ OrCAD Capture 시작

Window 시작 → Cadence OrCAD X and Allegro X 24.1 → 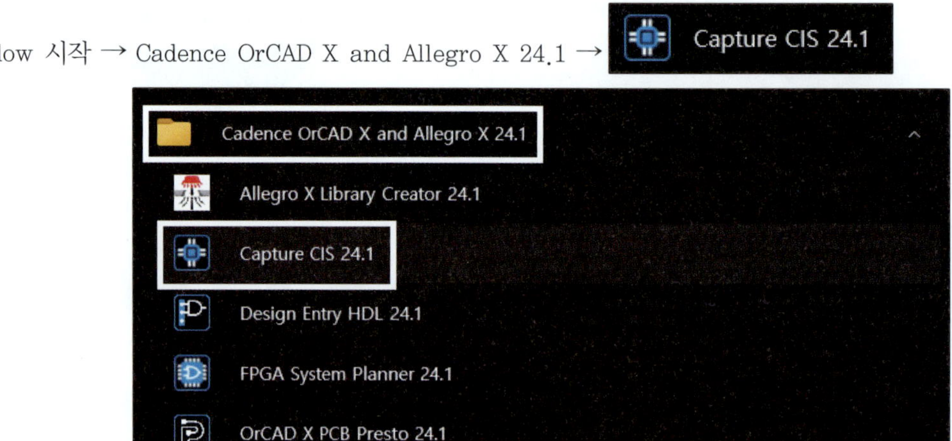

❷ OrCAD Capture 화면 구성

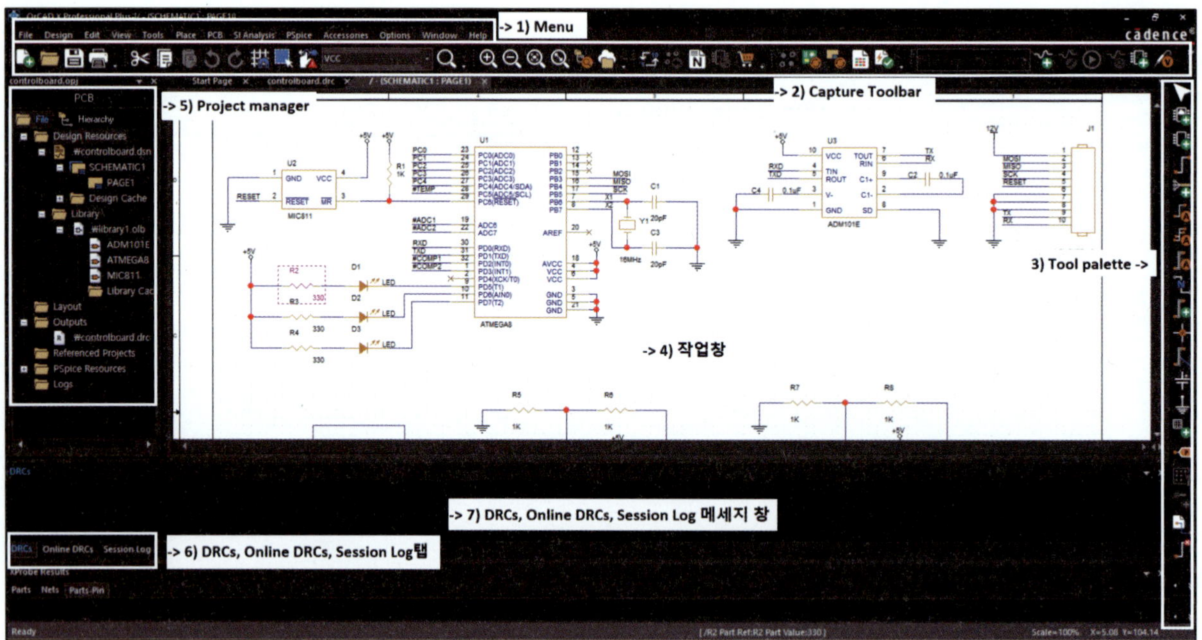

1) Menu

프로그램 실행 및 설정에 관한 메뉴로 구성되어 있다.

2) Capture Toolbar

회로 도면 저장 및 출력, 검토에 관련된 아이콘으로 구성되어 있다.

3) Tool Palette

회로 도면 작성에 필요한 아이콘으로 구성되어 있다.

4) 작업창

회로도를 그릴 수 있는 영역이다.

5) Project Manager

작업의 전체적인 과정과 각종 출력 파일을 관리하는 창이다.

6) DRCs, Online DRCs, Session Log

(1) DRCs

회로도 작성 시 발생하는 물리적·전기적 에러의 유무를 검사한다.

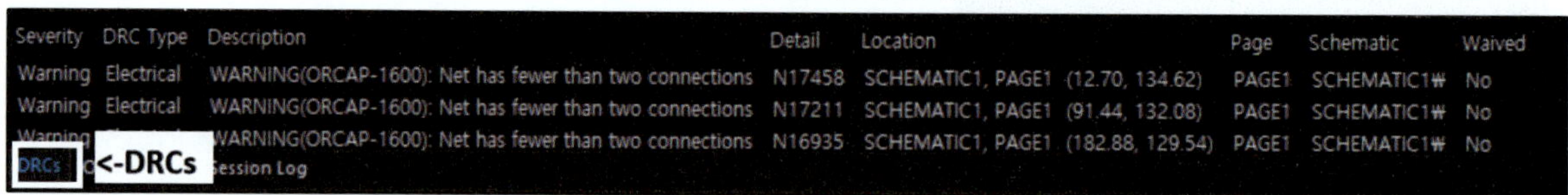

(2) Online DRCs

실시간으로 DRC를 수행한다.

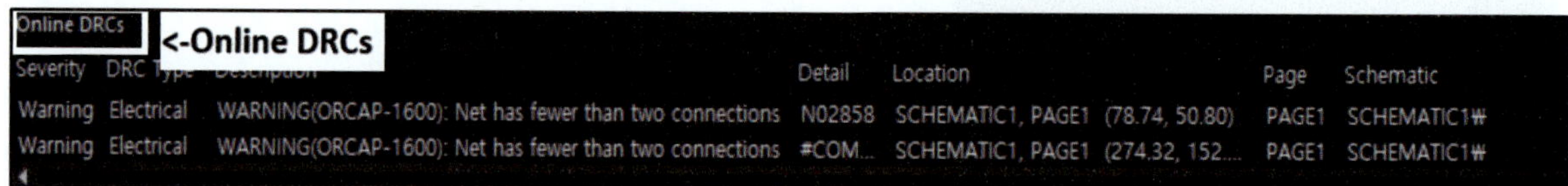

(3) Session Log

회로 설계와 관련된 정보가 기록되는 창으로, DRC 및 Netlist 실행 시 발생한 에러 내용을 표시한다.

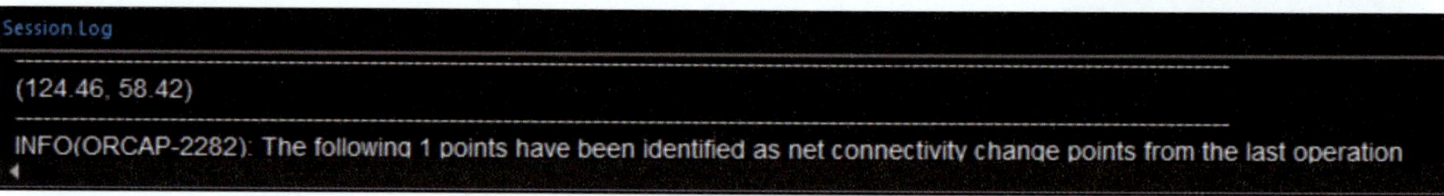

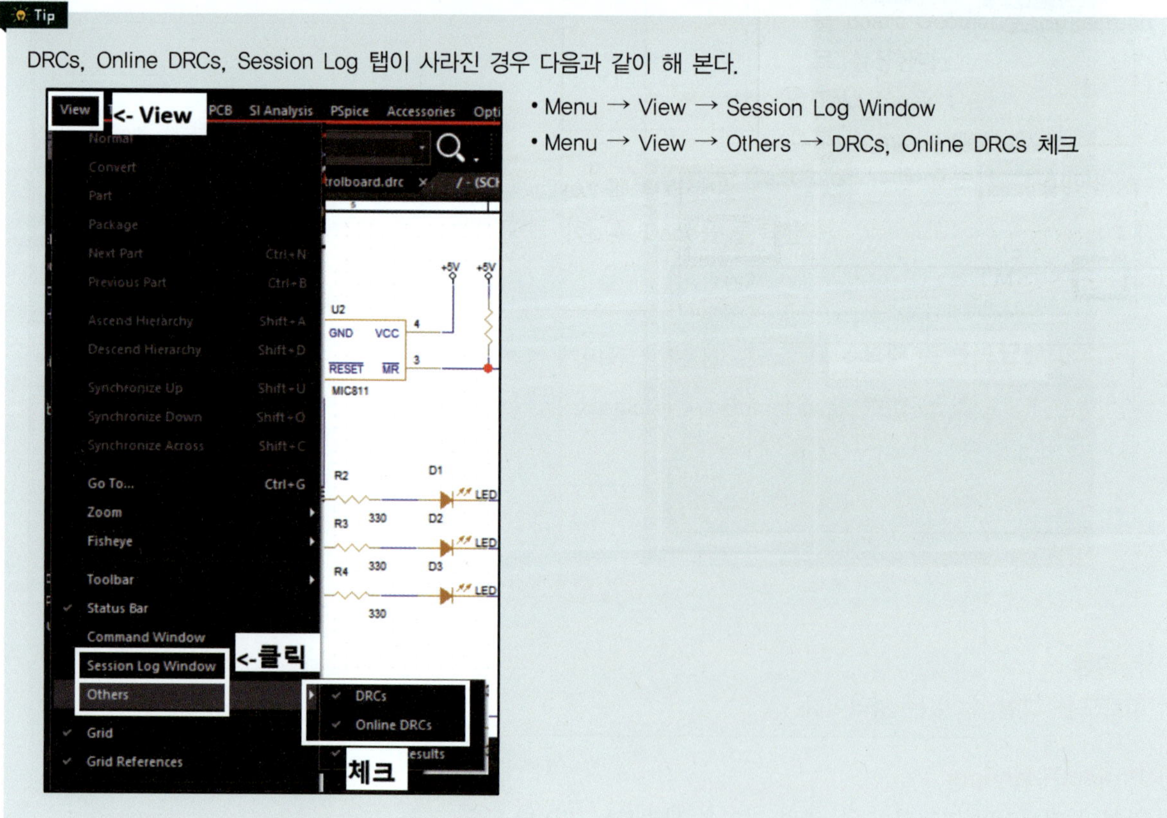

❸ New Project 생성

① Menu → File → New → Project… 또는 Start Page에서 New…Ctrl+N을 클릭한다.

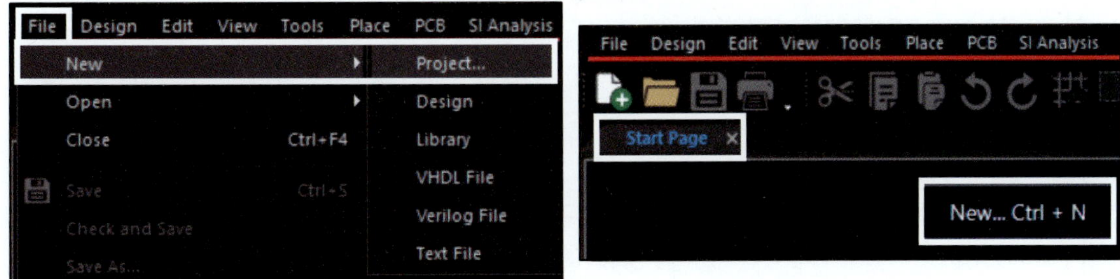

② 새로운 프로젝트가 생성되면 프로젝트 이름과 유형, 저장할 위치를 지정한다.

• Name : 프로젝트 이름(CONTROLBOARD)을 작성한다.

• Location : 프로젝트 저장 경로(D:₩A01)를 작성하거나 우측에 　　　　 을 클릭하여 저장 경로를 설정한다.

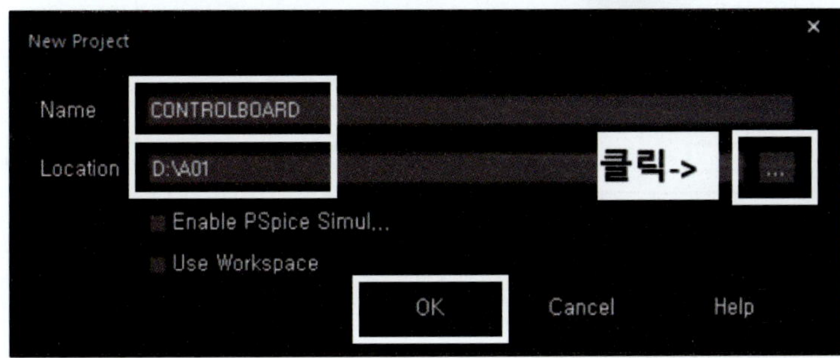

※ 프로젝트명과 저장될 폴더 이름은 반드시 영어와 숫자 조합으로 설정한다(한글은 사용하면 안 된다).

• 작성이 끝나면 OK를 클릭한다.

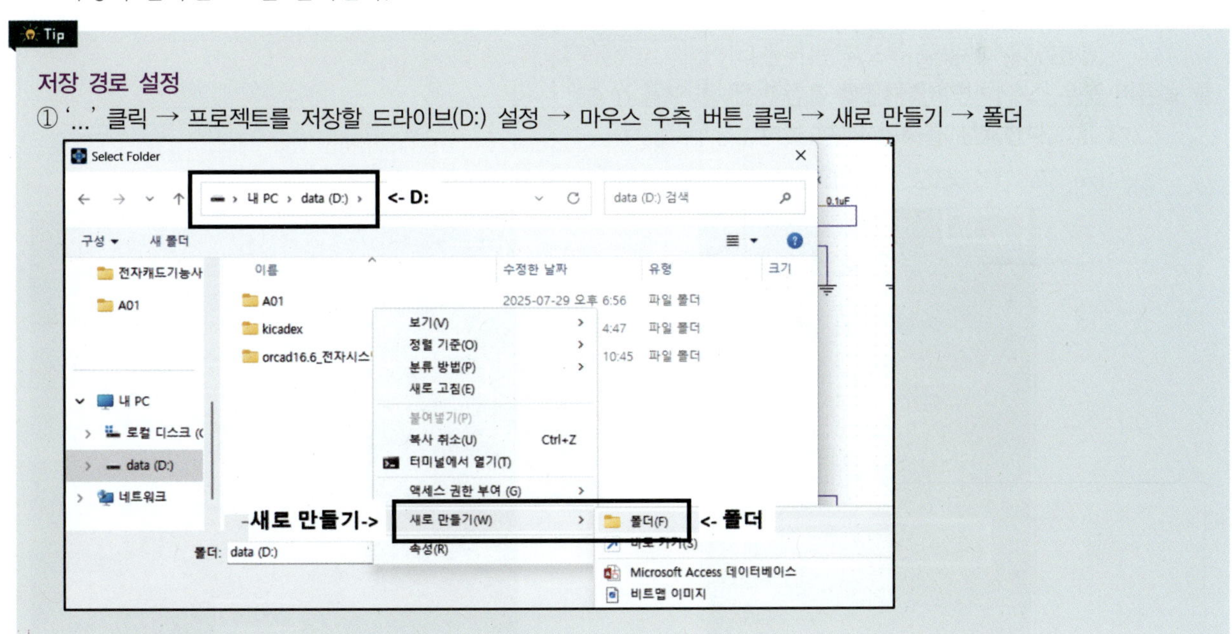

저장 경로 설정

① '…' 클릭 → 프로젝트를 저장할 드라이브(D:) 설정 → 마우스 우측 버튼 클릭 → 새로 만들기 → 폴더

② 폴더가 생성되면 폴더 이름을 바꿔 준다(영어나 영어·숫자의 조합으로 변경한다).
③ 프로젝트를 저장할 폴더 지정 후 폴더 선택을 클릭한다.
※ 이후부터 생성되는 모든 파일은 이 폴더에 저장한다.

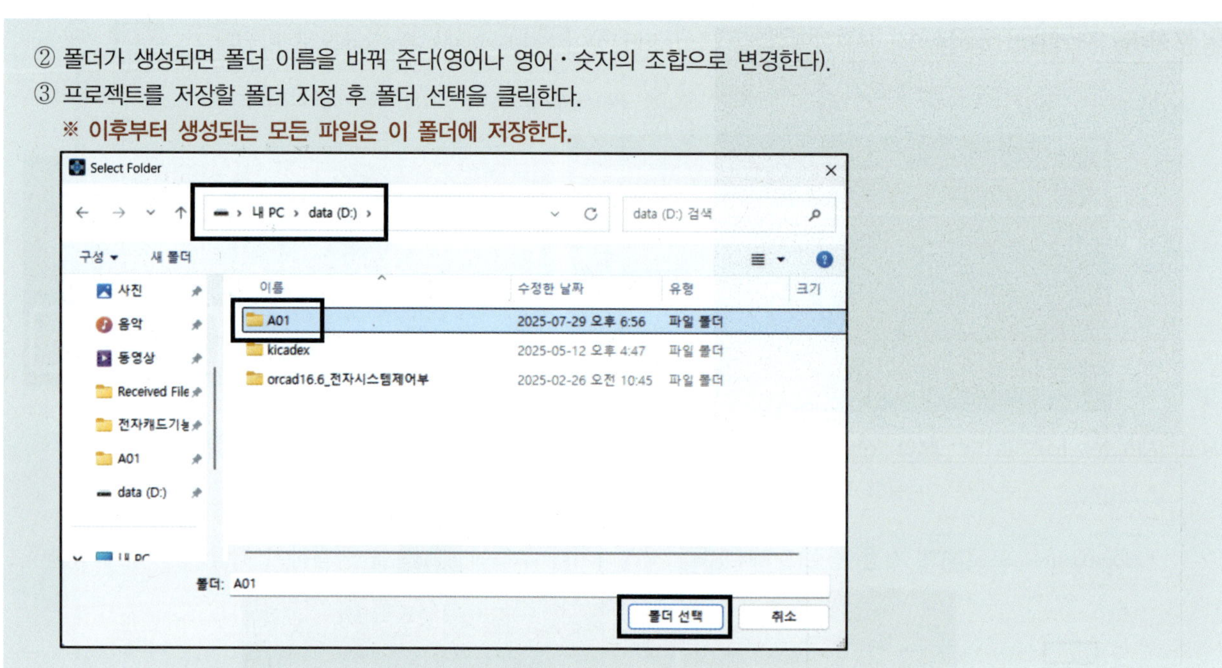

▣4 회로도 작성

1) Page Size 지정 및 Title Block 작성

(1) Page Size 지정

> **[공개문제 요구사항]**
>
> 과제 1 : 회로 설계(Schematic)
>
>   다. 수험자의 회로 설계 작업 파일 폴더 및 파일명은 자신의 비밀번호로 설정하며, 다음의 요구사항에 준하여 회로를 설계한다.
>
>   1) Page Size는 A4(297×210mm)로 균형 있게 작성한다.

① Menu → Options → Schematic Page Properties...

② Page Size → Units : Millimeters → New Page Size : A4 체크 → 확인

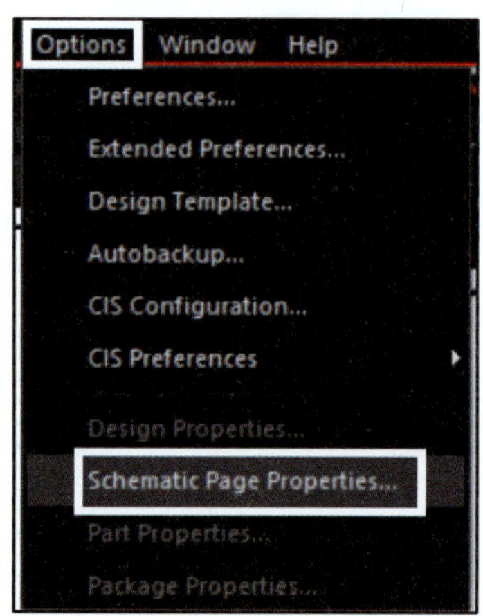

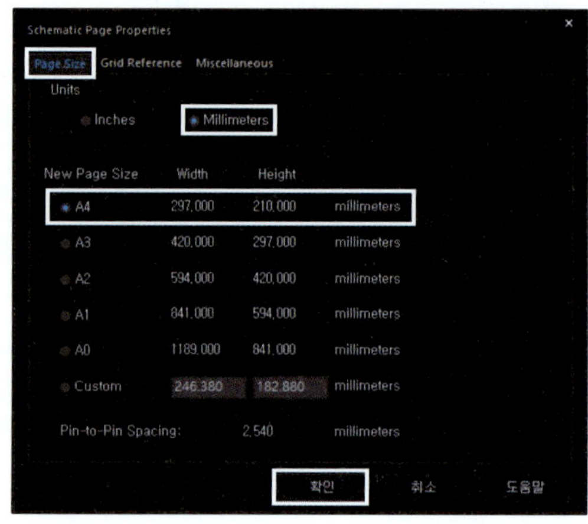

③ 화면 우측에 있는 스크롤 바를 아래로 드래그하여 타이틀 블록을 확인한다.

④ Size란이 A4로 바뀌었는지 확인한다.

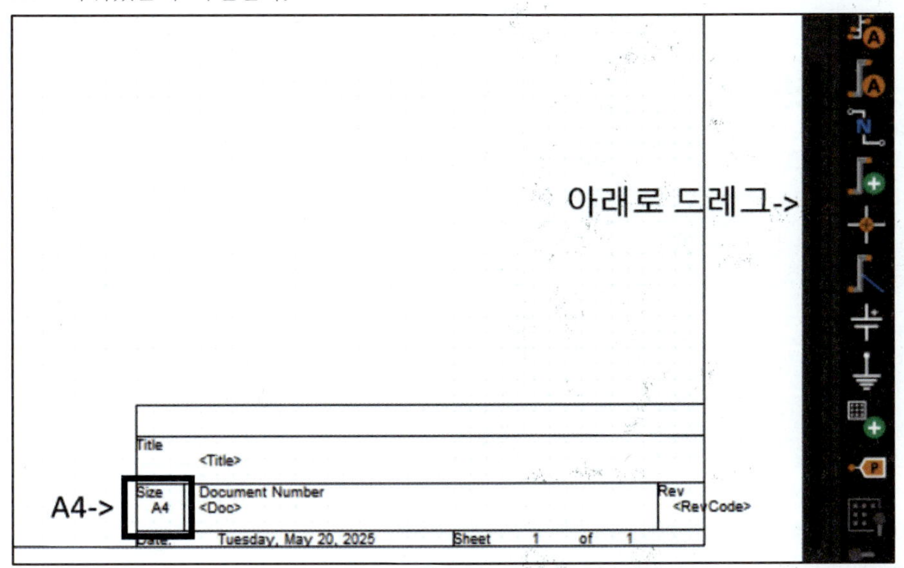

(2) 타이틀 블록(Title Block) 작성

[공개문제 요구사항]

과제 1 : 회로 설계(Schematic)

　　　다. 수험자의 회로 설계 작업 파일 폴더 및 파일명은 자신의 비밀번호로 설정하며, 다음의 요구사항에 준하여 회로를 설계한다.

　　　　　2) 타이틀 블록(Title block) 작성

　　　　　　가) Ttile : 작품명 기재(크기 14)

　　　　　　　예 CONTROL BOARD

　　　　　　나) Document Number : ELECTRONIC CAD와 시행 일자 기입(크기 12)

　　　　　　　예 ELECTRONIC CAD. 20XX. XX. XX

　　　　　　다) Revision : 1.0(크기 7)

① Title란의 〈Title〉을 더블클릭한다.

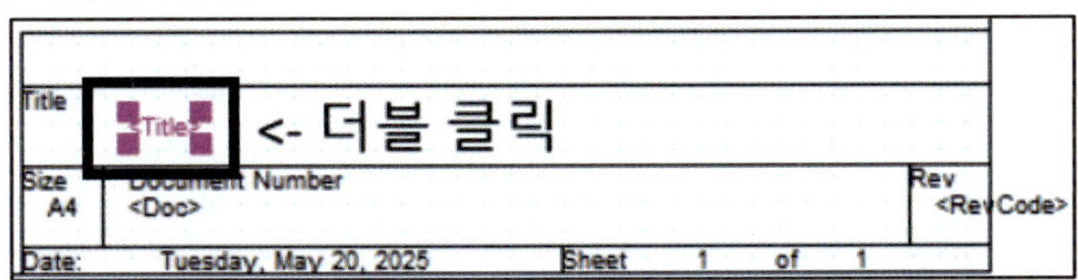

② Value에 'CONTROL BOARD' 입력 → Font의 Change… 클릭 → 크기 : 14 → 확인

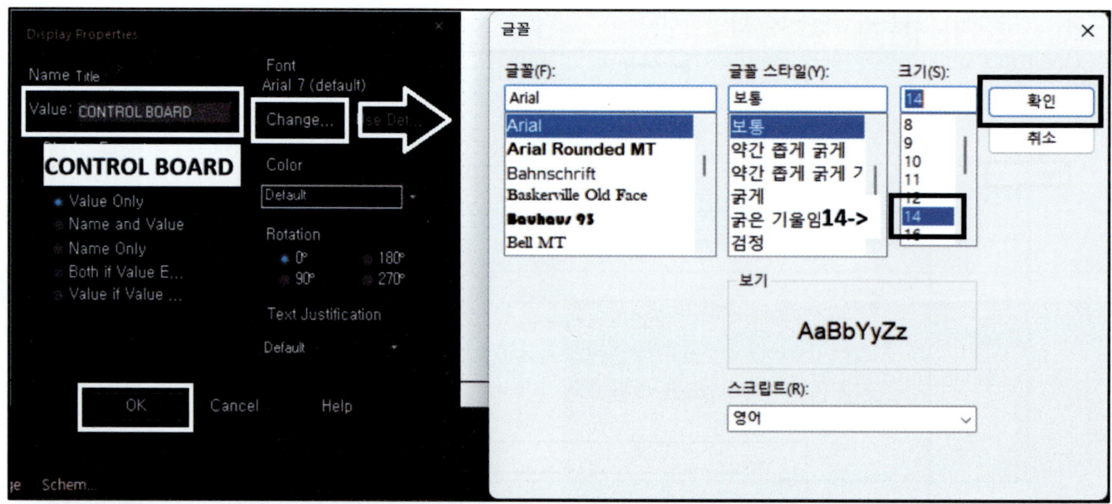

③ Font의 Arial이 14가 되어 OK를 클릭하면, 입력한 CONTROL BOARD의 크기가 다음과 같이 변경된다.

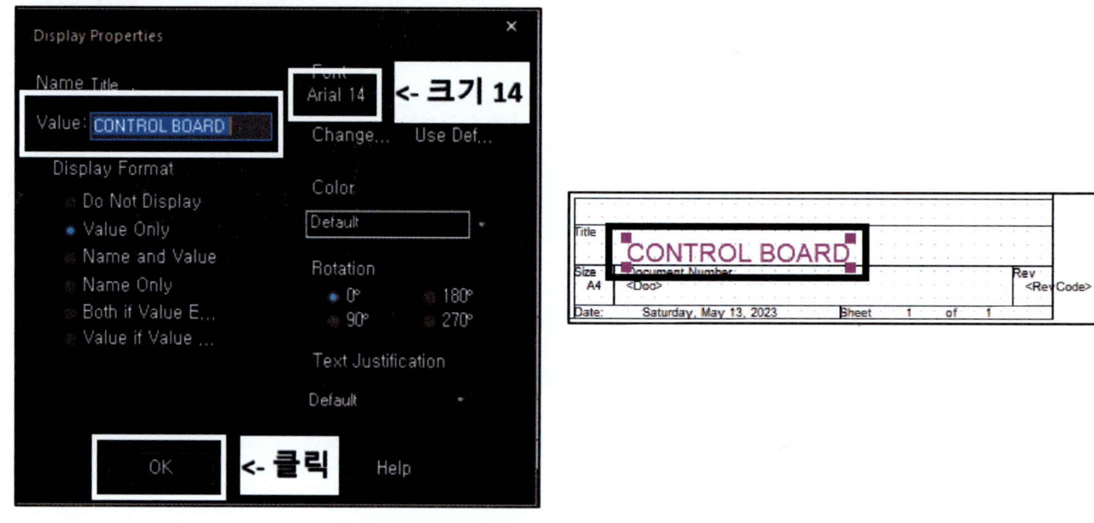

④ 위와 같은 방법으로 Document Number와 Rev도 요구사항에 맞게 작성한다.

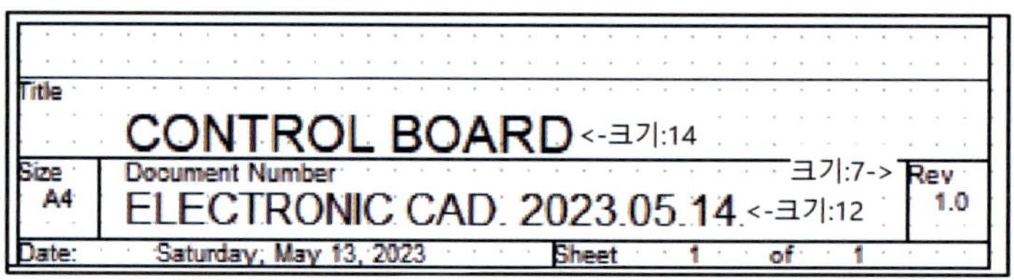

2) 부품 배치 및 배선

(1) 부품 불러오기

① Capture Tool Palette에서 (Place Part)를 클릭하면 화면이 다음과 같이 변경된다.

② Part 검색창에 불러오고자 하는 부품명을 입력한다.

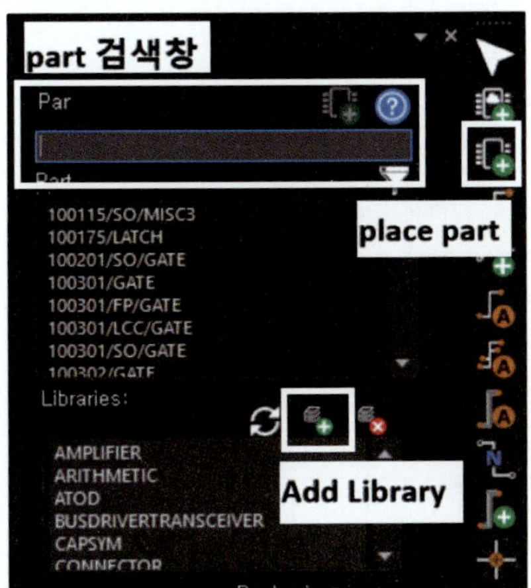

③ 부품이 검색되지 않으면 (Add Library)를 클릭하여 다음와 같이 Library를 추가한다.

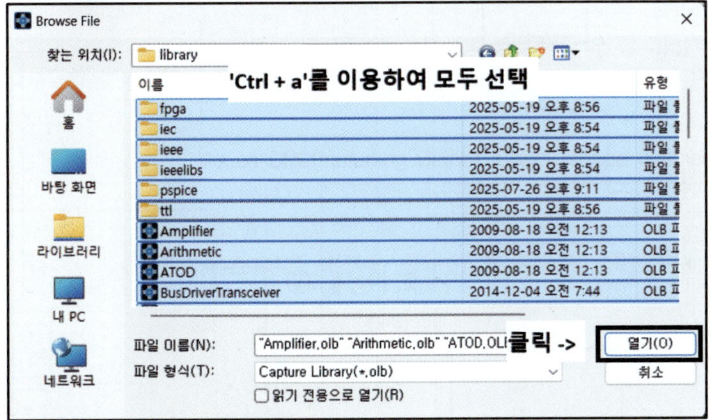

※ OrCAD Capture에서 사용하는 라이브러리 경로

내 PC → 로컬디스크(C:) → Cadence → SPB_24.1 → tools → capture → library

④ 그림 (a)처럼 특정 라이브러리만 선택되어 있으면 그 라이브러리 안에 있는 부품만 검색한다. 반드시 그림 (b)처럼 모든 라이브러리가 선택되어야 한다(Ctrl+A).

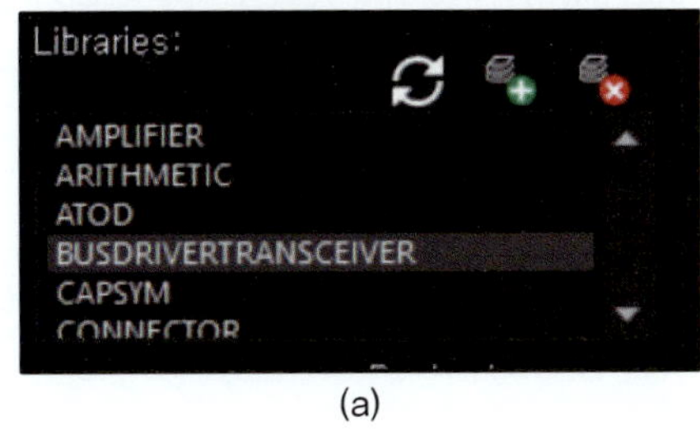

(a)

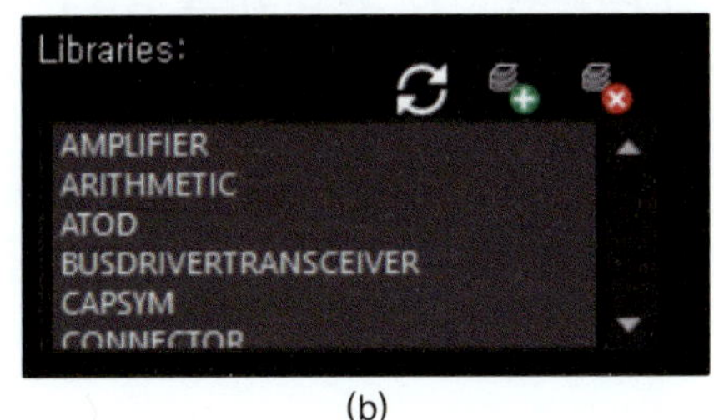

(b)

전자캐드기능사 실기 공개문제(CONTROL BOARD) 회로도 작성 시 사용되는 Part 및 전원 심벌은 다음과 같다.

Part명	Part 심벌	Part명	Part 심벌
R	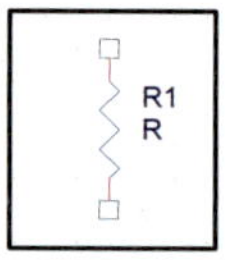 R1 / R	LM2902 (수정)	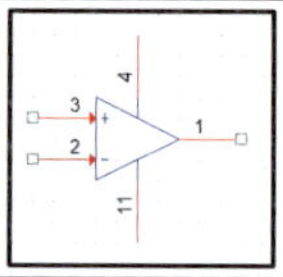
CAP POL	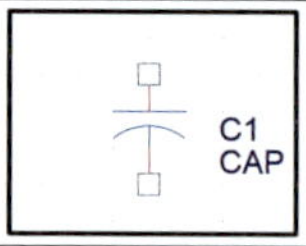 C1 / CAP	LM7805 (수정)	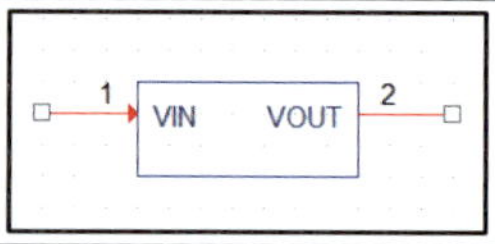 VIN VOUT
CAD NP	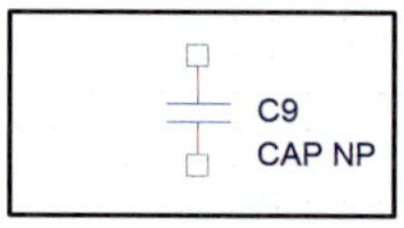 C9 / CAP NP	MIC811 (제작)	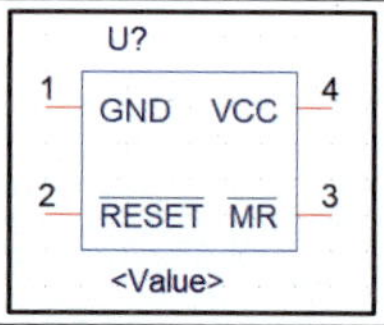 GND VCC / RESET MR <Value>
HEADER 10	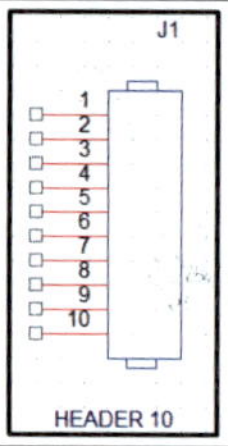 J1 / HEADER 10	ADM101E (제작)	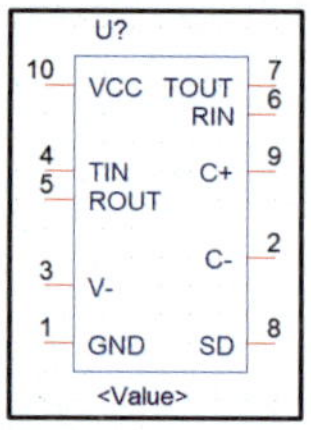 VCC TOUT RIN / TIN C+ ROUT / V- C- / GND SD <Value>
LED	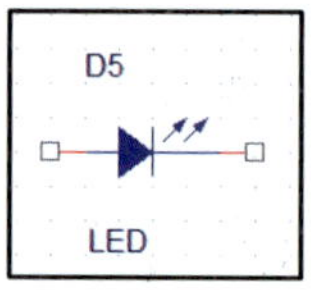 D5 / LED	ATMEGA8 (제작)	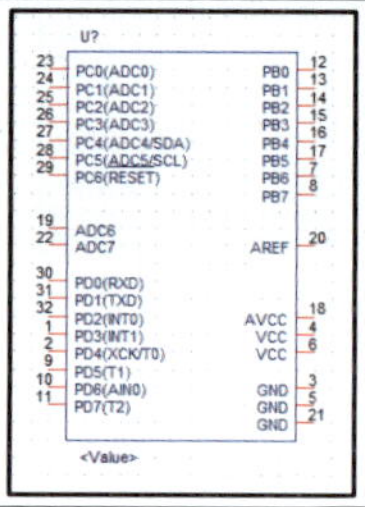
CRYSTAL	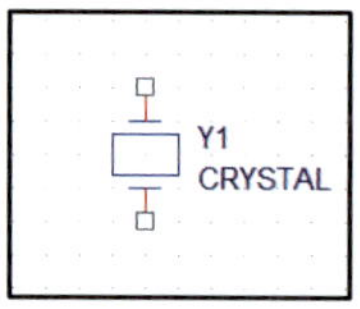 Y1 / CRYSTAL	VCC	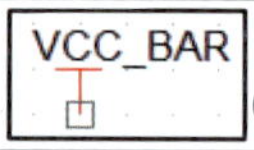 VCC_BAR 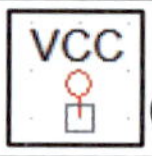 (VCC/BAR) / VCC (VCC/CAPSYM)
		GND	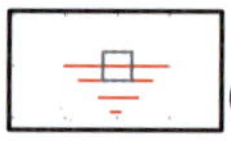 (GND/CAPSYM)

GND 심벌은  (GND/CAPSYM)으로 통일해서 작성한다. 여러 가지를 혼용해서 사용할 경우 에러가 발생할 수 있다.

(2) 새로운 부품 만들기(Atmega8, ADM101E, MIC811)

  • 새로운 라이브러리 생성 : Menu → File → New → Library

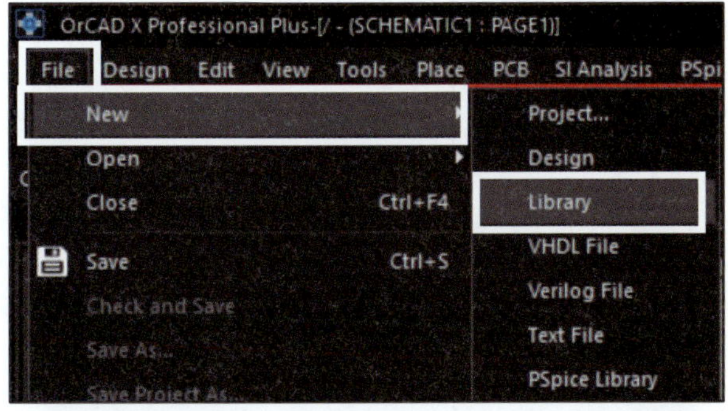

  • D:\A01\CONTROLBOARD.opj 선택 → OK

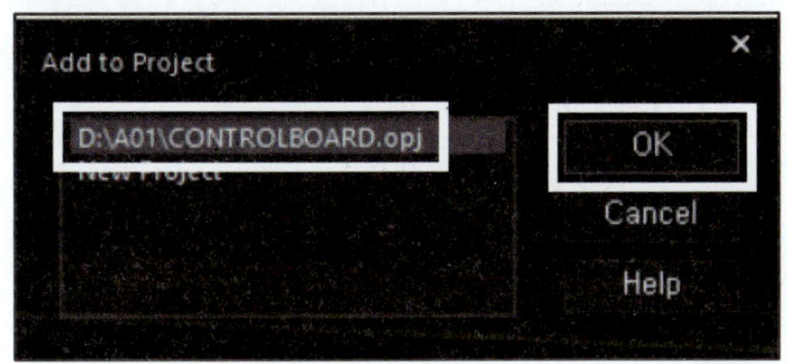

① Atmega8

  • 프로젝트 매니저 탭에 library 파일이 생성된 것을 확인할 수 있다. 이 파일은 C드라이브에 생성되므로 저장 폴더를 D드라이브에 있는 A01 폴더로 바꿔 주어야 한다. 바꾸는 방법은 다음과 같다.

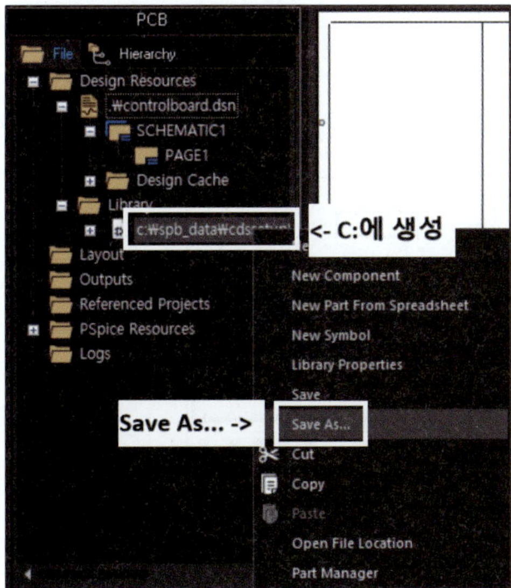

– 프로젝트 매니저 탭에 library 폴더에 생성된 파일을 클릭한다.
– 마우스 우측 버튼을 클릭하고 Save As…를 실행한다.

• 생성된 라이브러리 파일이 저장되는 폴더를 D드라이브에 있는 A01 폴더로 설정한 후 파일 이름을 'LIBRARY1' 으로 설정하고 저장한다.

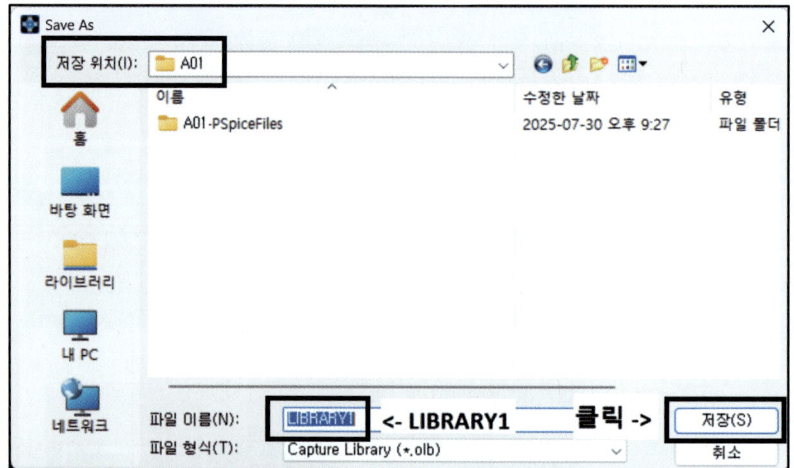

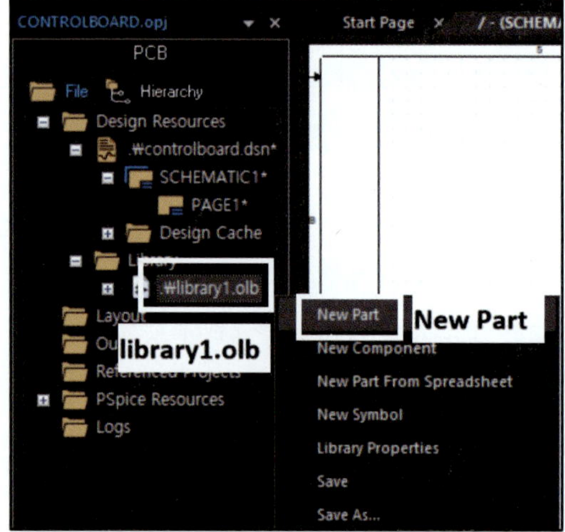

• 파일 이름이 library1.olb로 바뀐다.
• library1.olb 파일을 선택한 후 마우스 우측 버튼을 클릭 해서 New Part를 실행한다.

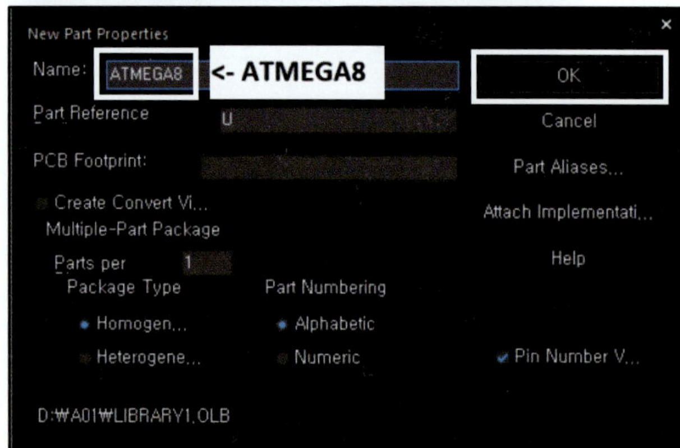

• Name : ATMEGA8
• Part Reference Prefix가 U로 되어 있는지 확 인 후 OK를 클릭한다.

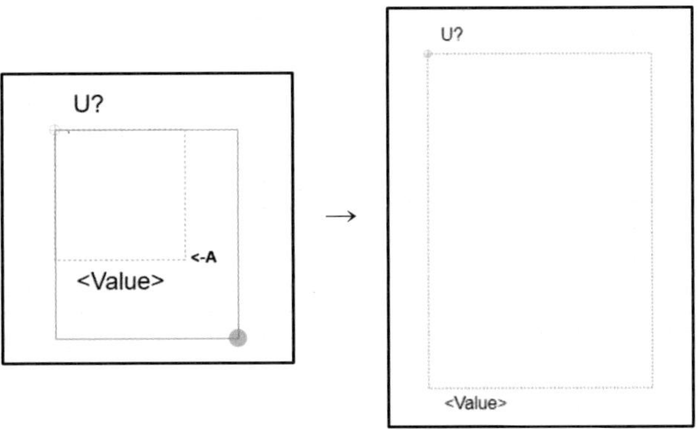

• 작업창이 생성되면 파트의 크기를 조정한다(A부분을 클릭한 상태에서 드래그한다).

• 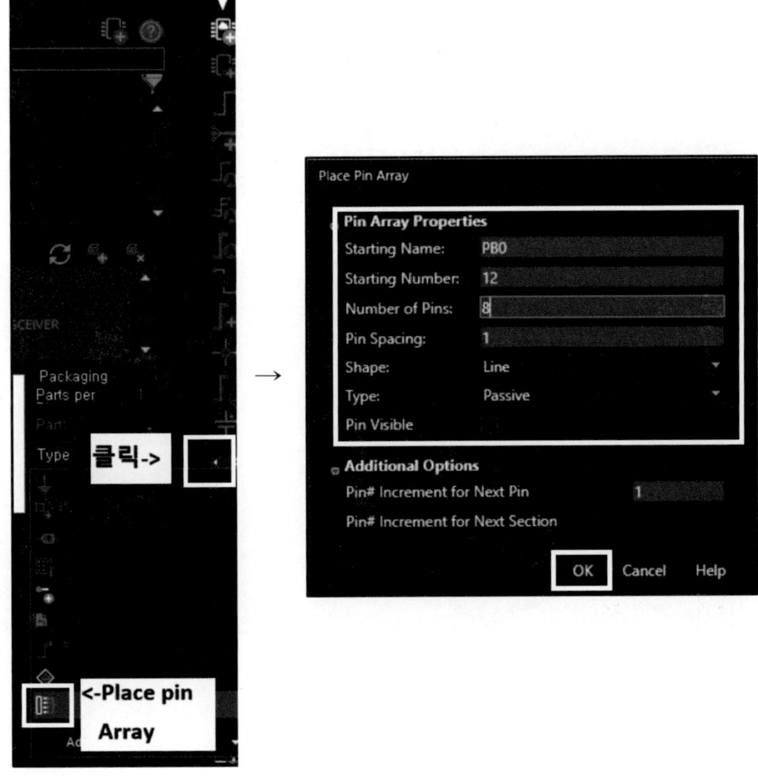(Place Pin Array)를 클릭한다(Tool Palette 하단부 Power 심벌 아래 화살표).

  – Starting Name : PB0

  – Starting Number : 12

  – Number of Pins : 8

• OK를 클릭한다.

※ Shape는 Short를 사용해도 무방하다.

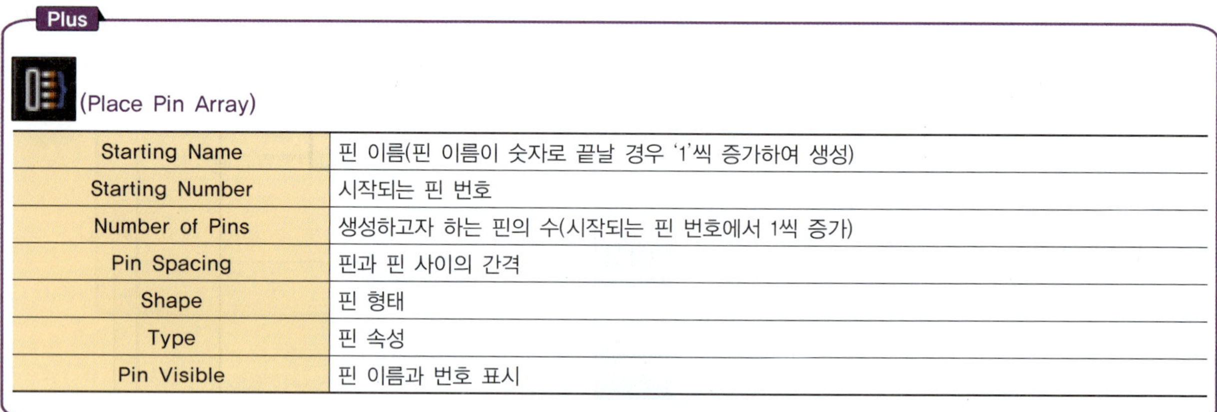

(Place Pin Array)

Starting Name	핀 이름(핀 이름이 숫자로 끝날 경우 '1'씩 증가하여 생성)
Starting Number	시작되는 핀 번호
Number of Pins	생성하고자 하는 핀의 수(시작되는 핀 번호에서 1씩 증가)
Pin Spacing	핀과 핀 사이의 간격
Shape	핀 형태
Type	핀 속성
Pin Visible	핀 이름과 번호 표시

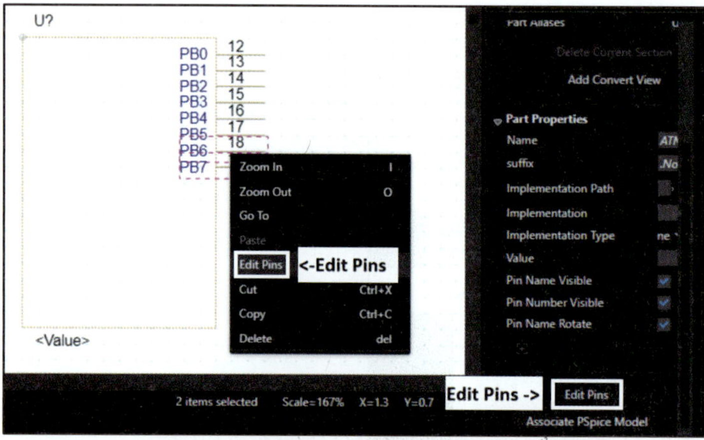

- 해당 위치를 클릭하면 핀이 생성된다.
- 18번과 19번을 선택하여 마우스 우측 버튼을 클릭한 후 Edit Pins를 실행하거나 화면 우측의 Edit Pins를 클릭한다.

- 핀 번호를 7과 8로 수정한 후 OK를 클릭한다.

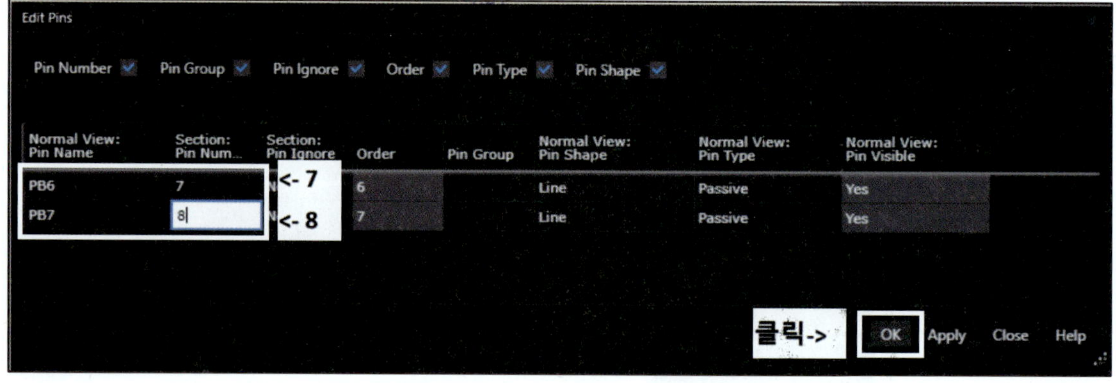

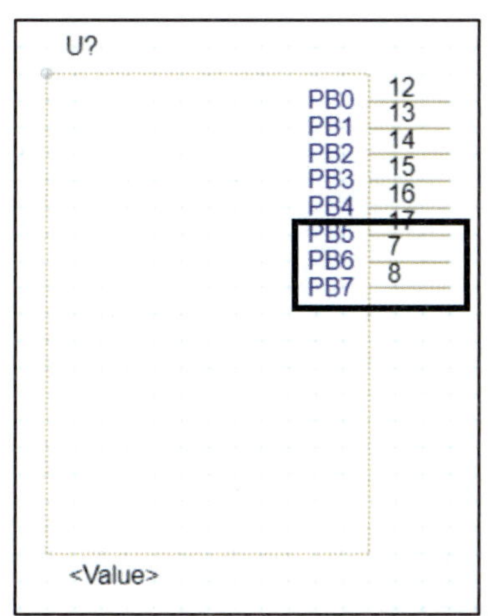

- PB6, PB7의 핀 번호가 7과 8로 수정된다.

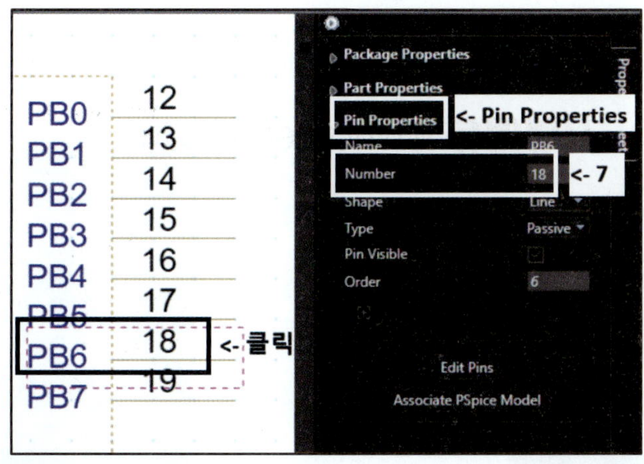

- 18번 핀을 더블클릭하여 Part Properties를 실행한다.
- Number에 7을 입력하여 핀 번호를 개별로 수정할 수 있다.

핀 배치 시 주의점

반드시 핀과 도트가 일치해야 한다. 핀과 도트가 일치하지 않으면 배선이 연결되지 않는다. 따라서 Edit Part를 이용하여 핀과 도트를 일치시켜야 한다.

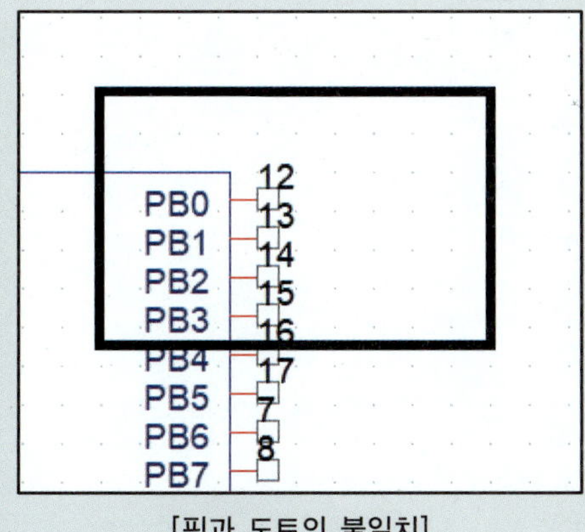

[핀과 도트의 불일치]

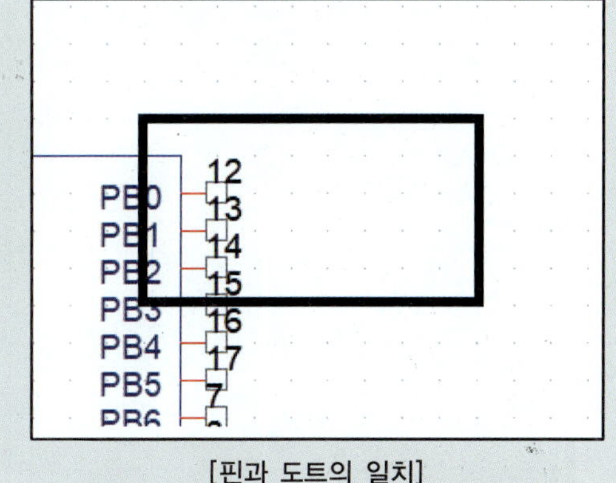

[핀과 도트의 일치]

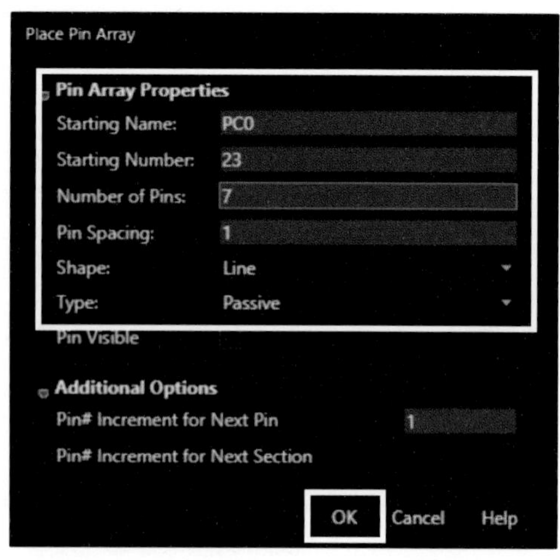

- 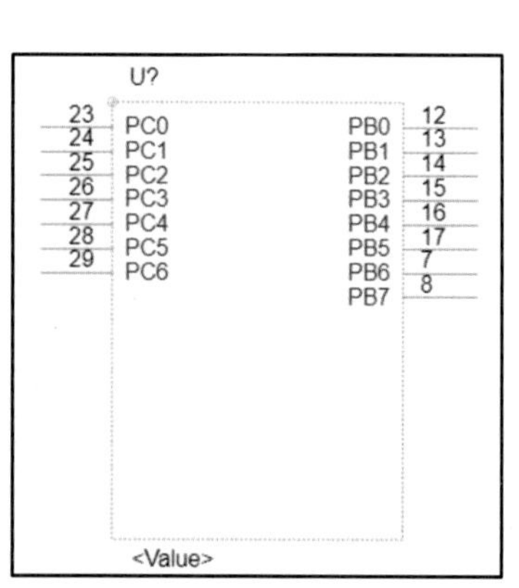 (Place Pin Array)를 클릭한다.
  - Starting Name : PC0
  - Starting Number : 23
  - Number of Pins : 7
- OK를 클릭한다.
※ Shape는 Line이나 Short를 사용한다.

- 해당 위치를 클릭하여 핀을 생성한다.
- 드래그하여 23~29번 핀을 선택한 후 마우스 우측 버튼을 클릭하여 Edit Pins를 실행하거나 화면 우측 하단의 Edit Pins를 클릭한다.

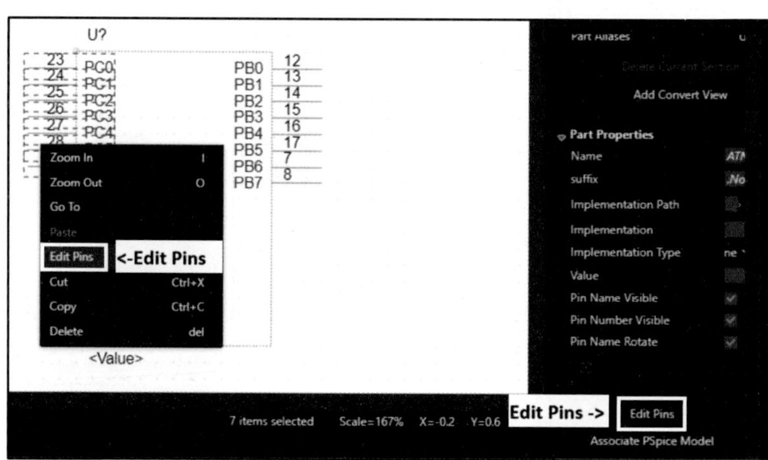

- 핀 이름을 더블클릭하여 핀 이름을 다음과 같이 수정하고, OK를 클릭한다.

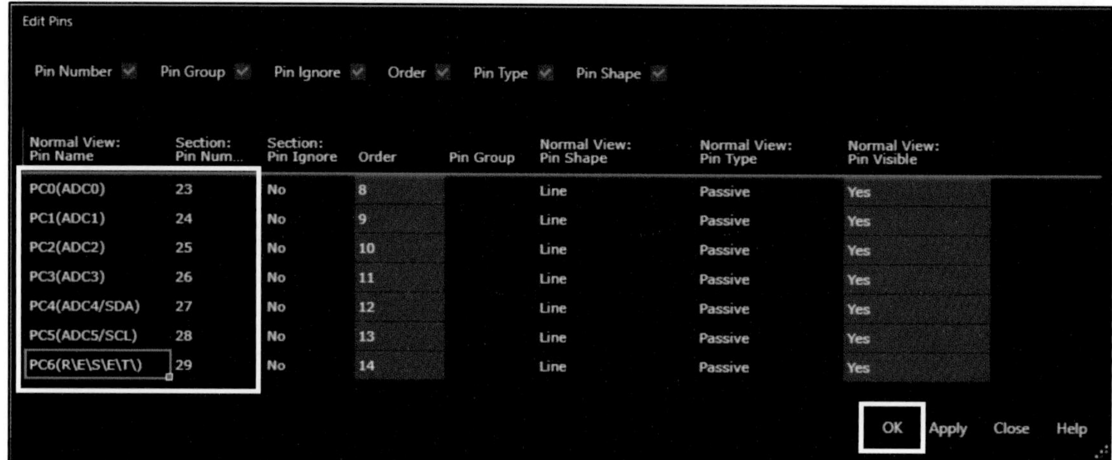

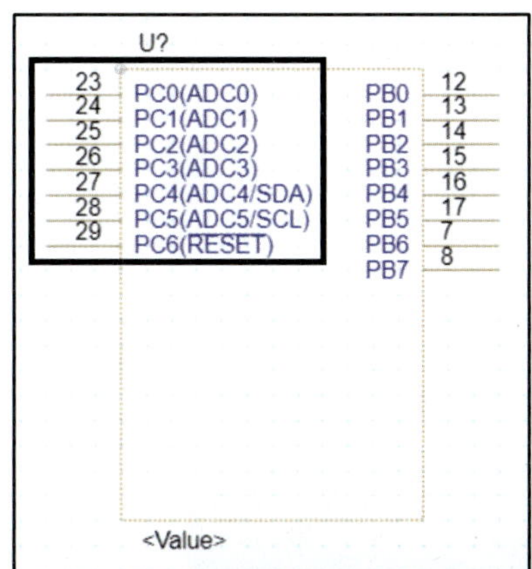

※ 29번 핀의 이름은 $\overline{RESET}$이다. 핀 이름에 다음과 같이 R\E\S\E\T\를 입력한다. \는 키보드에서 ₩을 누른다.

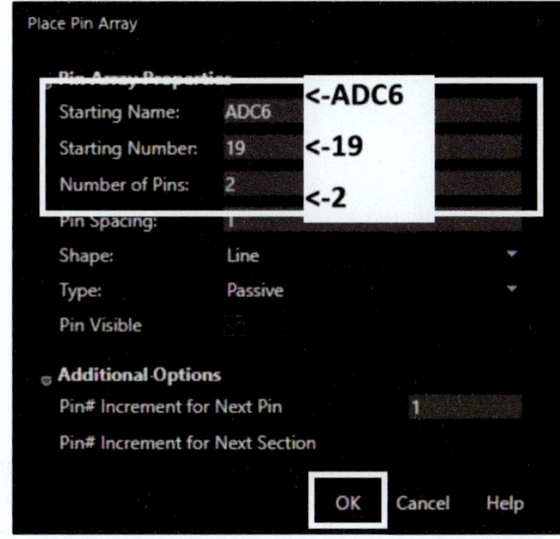

- (Place Pin Array)를 클릭한다.
  - Starting Name : ADC6
  - Starting Number : 19
  - Number of Pins : 2
- OK를 클릭한다.

※ Shape는 Line이나 Short를 사용한다.

- 핀을 배치한 후 20번 핀을 클릭하고, Pin Properties에서 Number를 22로 수정한다.

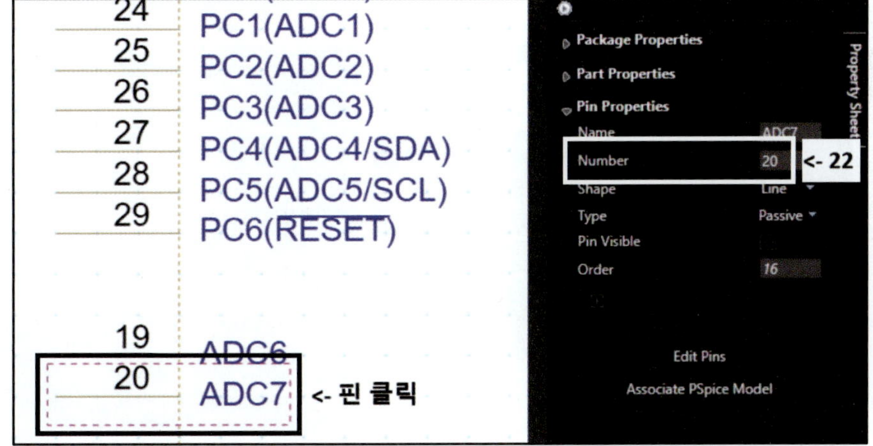

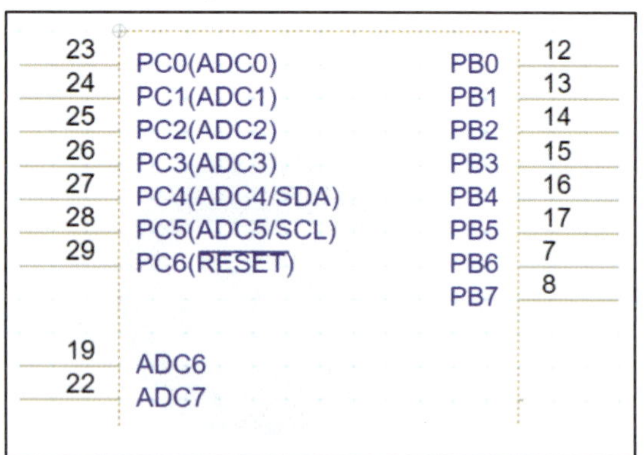

• 작업창을 클릭하면 핀 번호가 22로 수정된다.

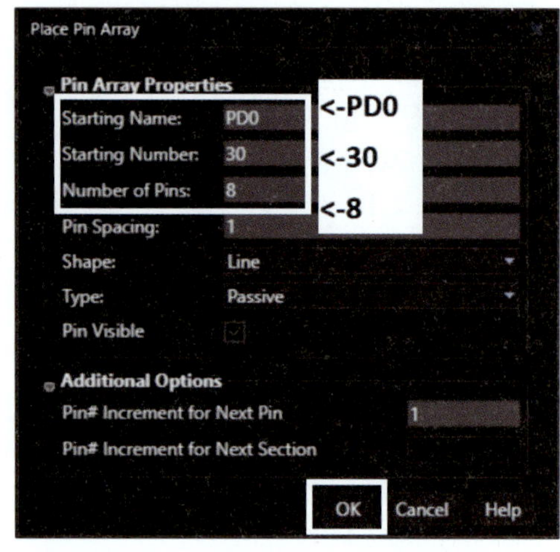

• (Place Pin Array)를 클릭한다.

  – Starting Name : PD0

  – Starting Number : 30

  – Number of Pins : 8

• OK를 클릭한다.

※ Shape는 Line이나 Short를 사용한다.

• 해당 위치를 클릭하여 핀을 생성한다.

• 드래그하여 30~37번 핀을 선택한다.

• 핀이 선택된 상태에서 화면 우측에 있는 슬라이드 바를 아래로 이동해 Edit Pins를 클릭한다.

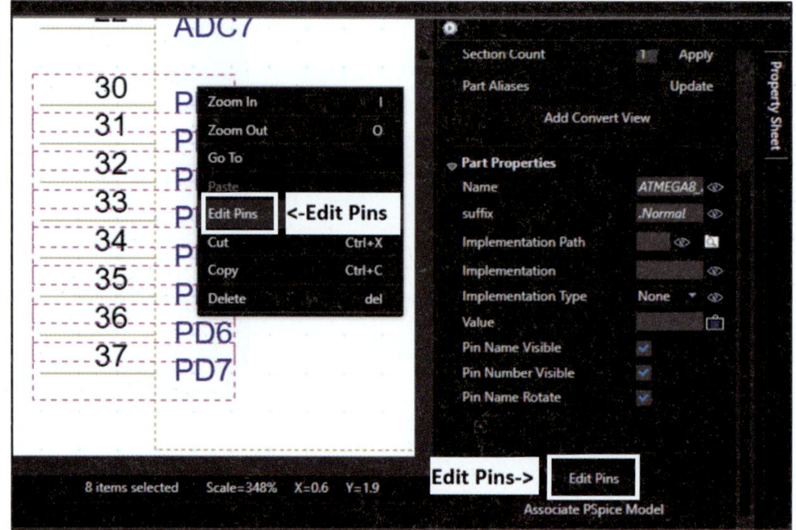

• 핀 이름을 더블클릭하여 핀 이름을 다음과 같이 수정한 후 OK를 클릭한다.

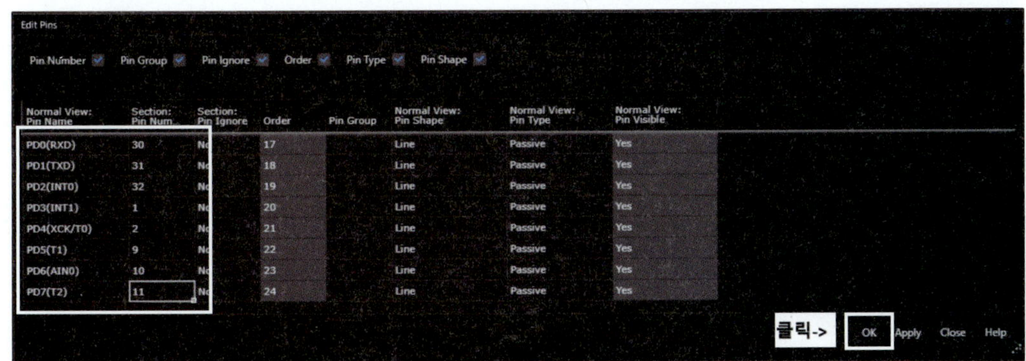

• 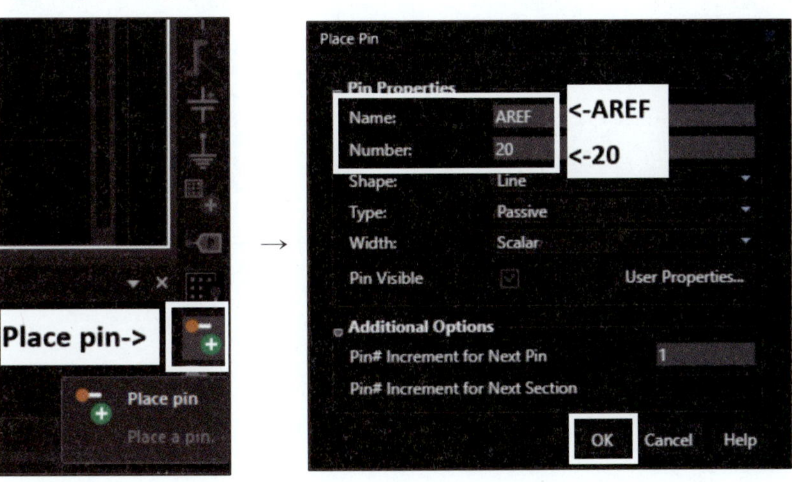 (Place Pin)을 클릭한다.

• Pin Properties

  – Name : AREF

  – Number : 20

• OK를 클릭한다.

※ Shape는 Short를 사용해도 무방하다.

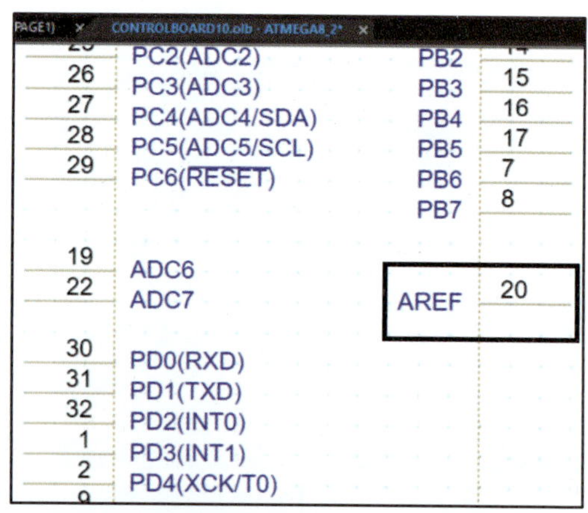

• 해당 위치를 클릭하여 핀을 생성한다.

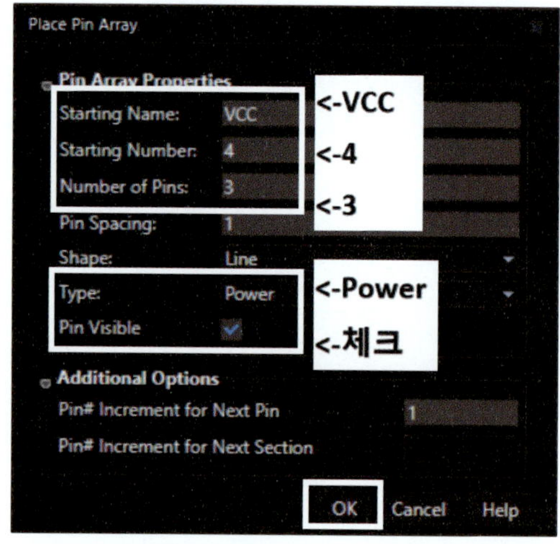

• (Place Pin Array)를 클릭한다.
  – Starting Name : VCC
  – Starting Number : 4
  – Number of Pins : 3
  – Type : Power
  – Pin Visible : 체크
• OK를 클릭한다.

※ Shape는 Line이나 Short를 사용한다.

• 해당 위치를 클릭하여 핀을 생성한 후 드래그하여 4~6번 핀을 선택한다.

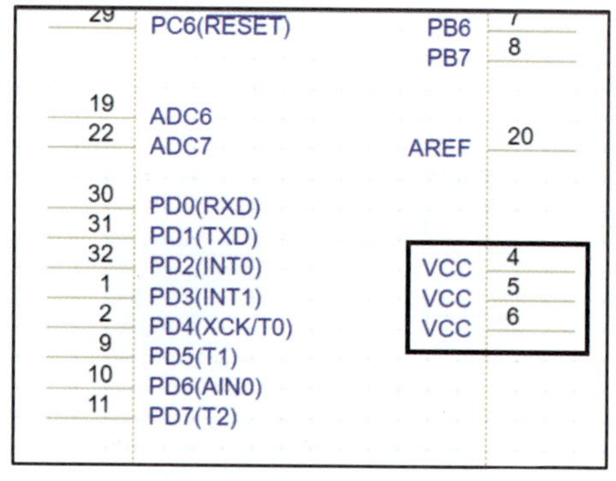

→

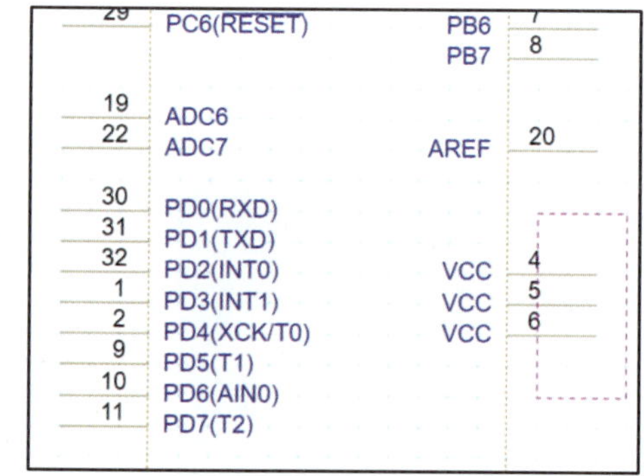

- 핀이 선택된 상태에서 마우스 우측 버튼을 클릭하여 Edit Pins를 실행하거나 화면 우측에 있는 슬라이드 바를 아래로 이동해 Edit Pins를 클릭한다.

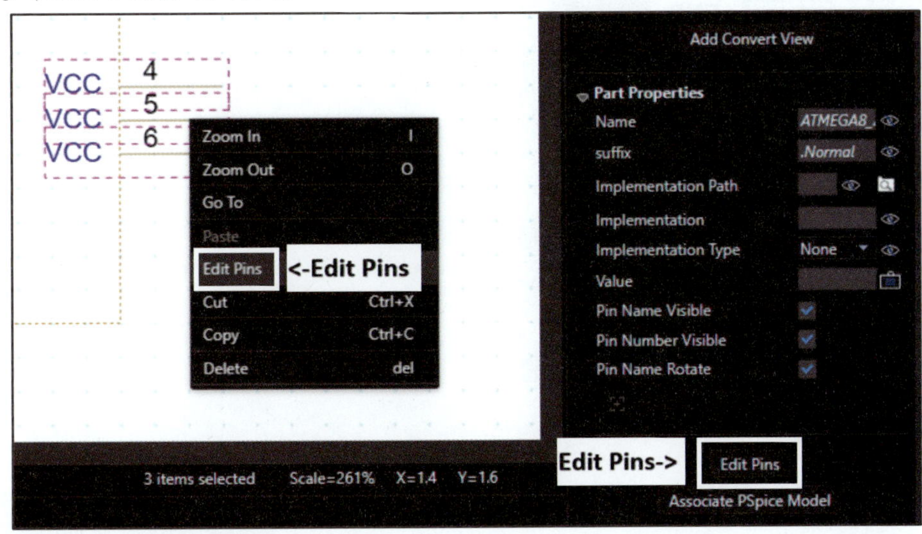

- Edit Pin을 클릭하여 4번을 18번으로 수정하고, 핀 이름도 AVCC로 수정한다.
- 4번을 18번으로 수정한 후 OK를 클릭하면 핀 번호와 이름이 수정된다.

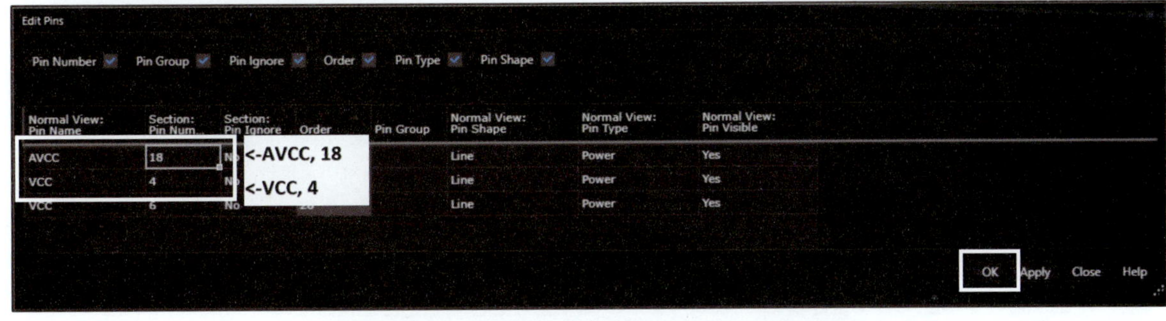

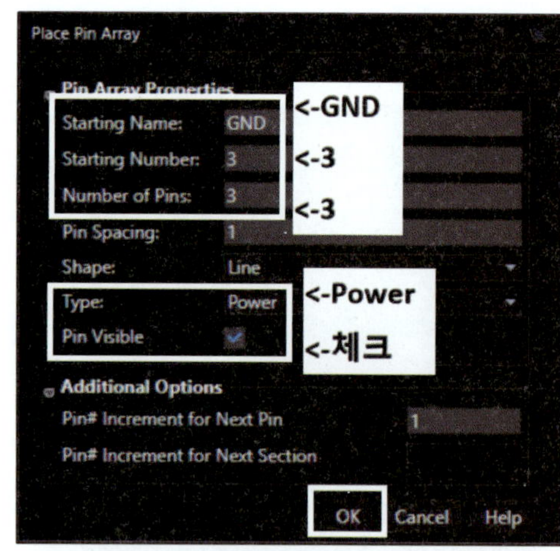

- (Place Pin Array)를 클릭한다.
  - Starting Name : GND
  - Starting Number : 3
  - Number of Pins : 3
  - Type : Power
  - Pin Visible : 체크
- OK를 클릭한다.

※ Shape는 Line이나 Short를 사용한다.

- 해당 위치를 클릭하여 핀을 생성한다.
- 4번 핀을 클릭하여 Pin Properties에서 Number를 4에서 21로 수정한다.

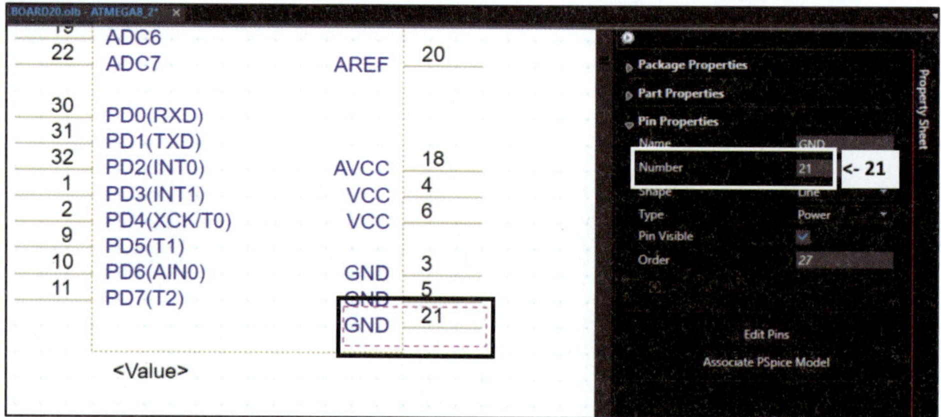

※ 핀 이름이 같으면 에러가 발생하므로 AVCC, VCC, GND와 같이 전원과 관련된 핀들은 반드시 Type을 Power로 해야 한다(Type이 Power인 경우에는 예외). 그리고 Pin Visible을 체크해야 한다. 체크하지 않으면 핀만 보이고 핀 이름과 번호는 표시되지 않는다.

→

- (Place Rectangle)을 클릭한다.

• 좌측 상단 모서리부터 우측 하단 모서리까지 드래그한다.

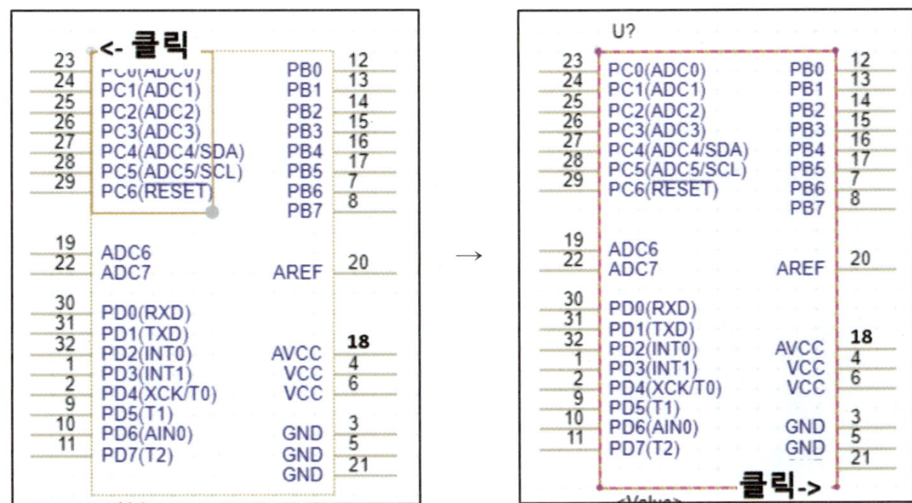

• 외형이 그려지면 LIBRARY1 탭으로 커서를 이동시켜 마우스 우측 버튼을 클릭한다.

• Close를 클릭하고, 예를 클릭하여 저장한다.

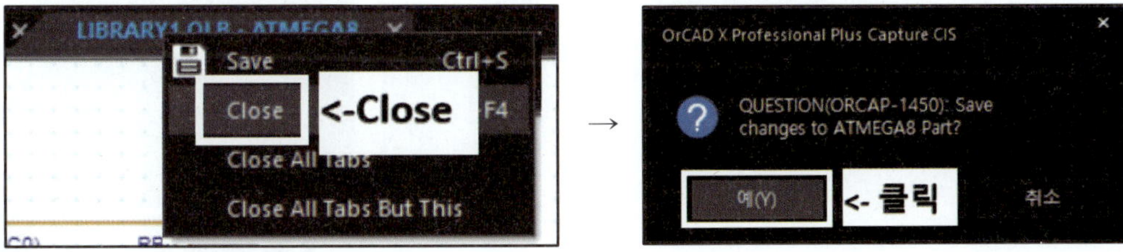

•  (Place Part)를 클릭한다.

• (Add Library)를 클릭하여 LIBRARY1을 등록한다.

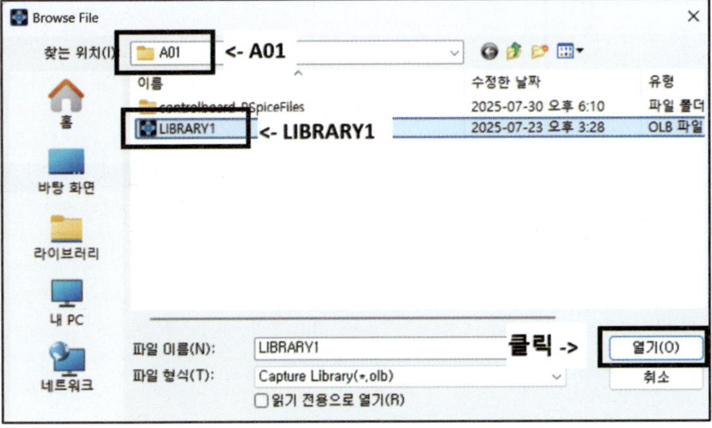

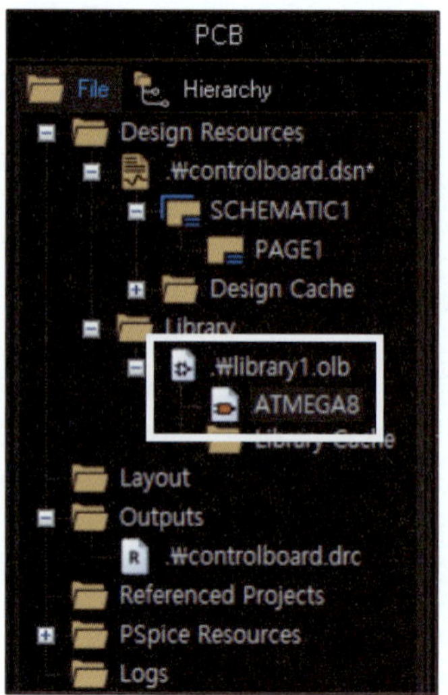

• 프로젝트 매니저창에서 library1.olb를 더블클릭하면 ATMEGA8이 나온다.

• Part List에서 ATMEGA8/LIBRARY1을 더블클릭한 후 커서를 작업창으로 이동하면 ATMEGA8이 나온다.

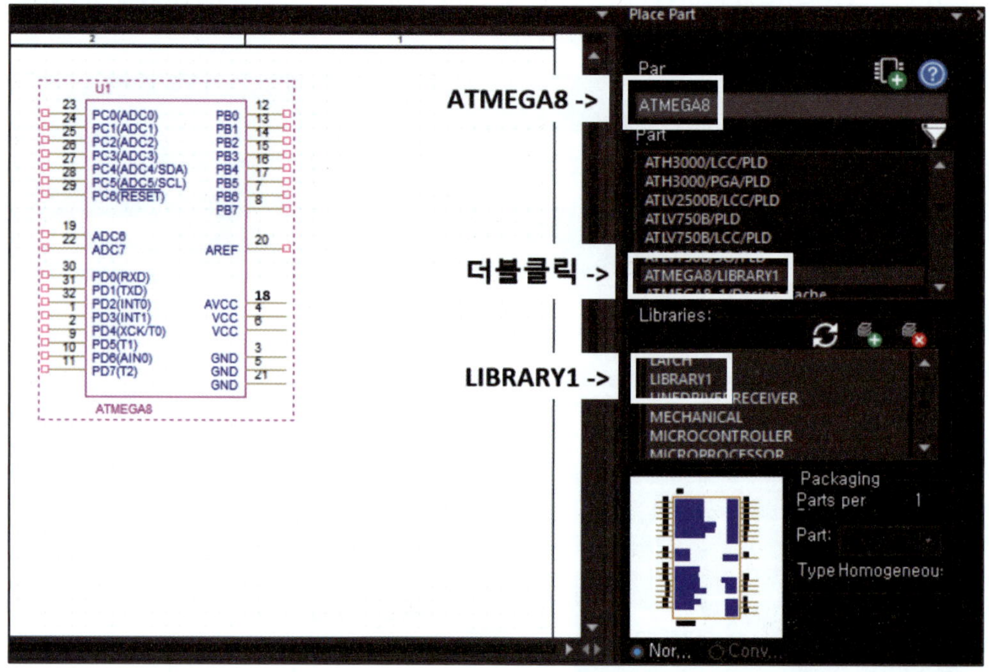

② MIC811

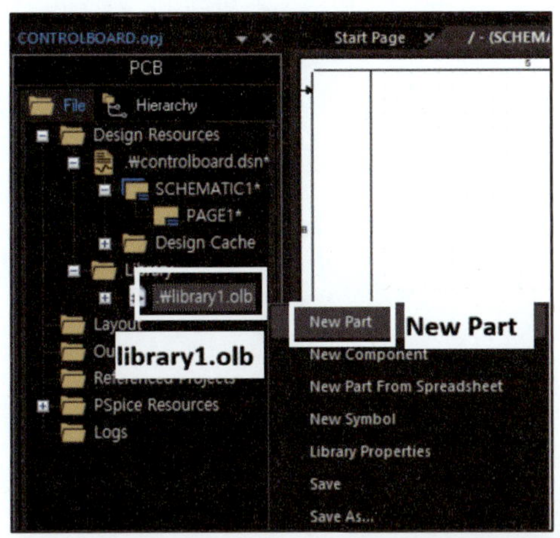

• 프로젝트 매니저 탭으로 이동한다.
• library1.olb 선택 후 마우스 우측 버튼을 클릭한다.
• New Part를 클릭한다.
※ 새로운 Part를 만들 때마다 library 파일을 만들지 말고, 기존에 만들어
   두었던 library1.olb를 왼쪽 그림과 같은 방법으로 추가해서 만든다.

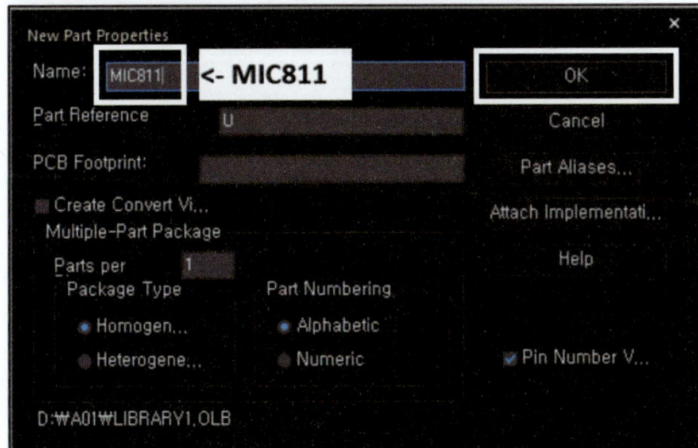

• Name : MIC811
• Part Reference Prefix가 U인지 확인한 후 OK를
  클릭한다.

• 작업창이 생성되면 우측 하단의 모서리를 클릭한 상태에서 드래그하여 부품의 크기를 조절한다.

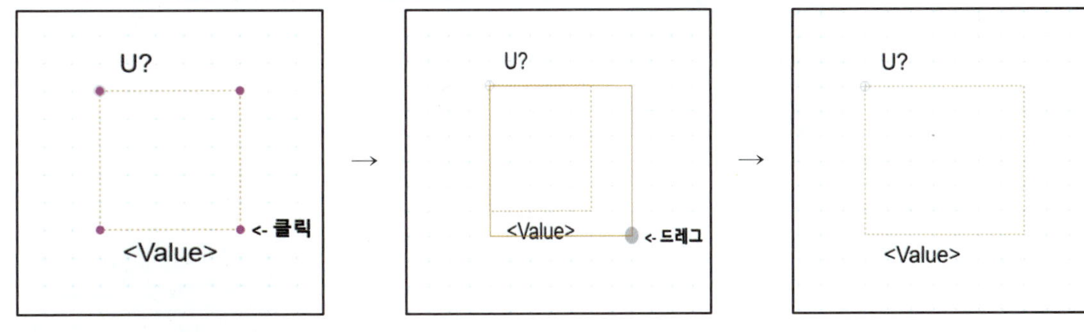

- 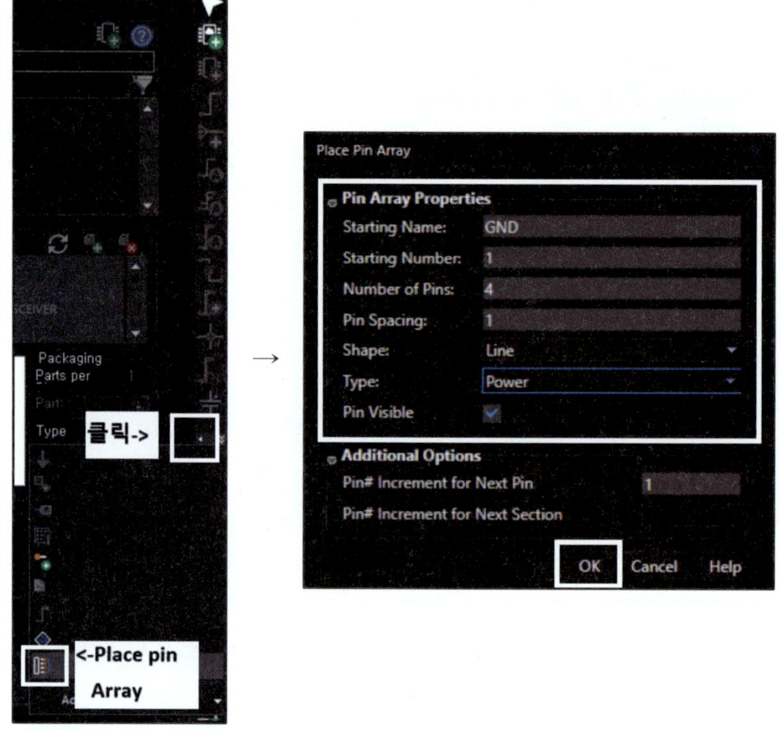(Place Pin Array)를 클릭한다(Tool Palette 하단부 Power 심벌 아래 화살표).
  - Starting Name : GND
  - Starting Number : 1
  - Number of Pins : 4
  - Type : Power
  - Pin Visible : 체크
- OK를 클릭한다.

※ Shape는 Line이나 Short를 사용한다.

- 핀을 배치한 후 화면 우측에 있는 슬라이드 바를 아래로 이동해 Edit Pins를 클릭하거나 핀을 모두 선택한 후 마우스 우측 버튼을 클릭하여 Edit Pins를 실행한다.

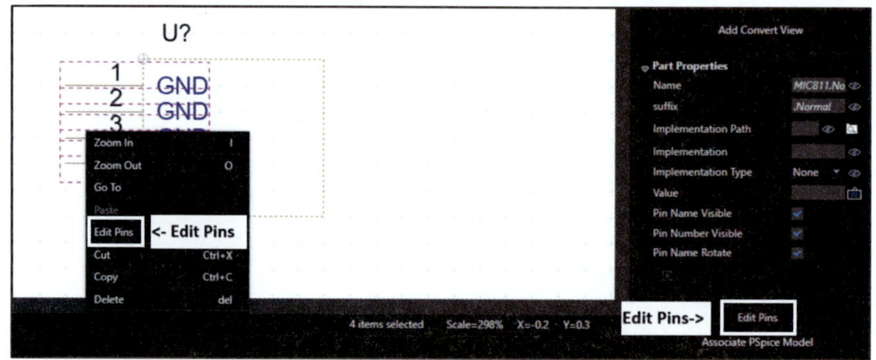

• 4번 핀 이름은 VCC로 수정한다.

• 2번 핀은 $\overline{RESET}$, 3번 핀은 $\overline{MR}$으로 수정한다.

• Type은 Passive로 수정한 후 OK를 클릭한다.

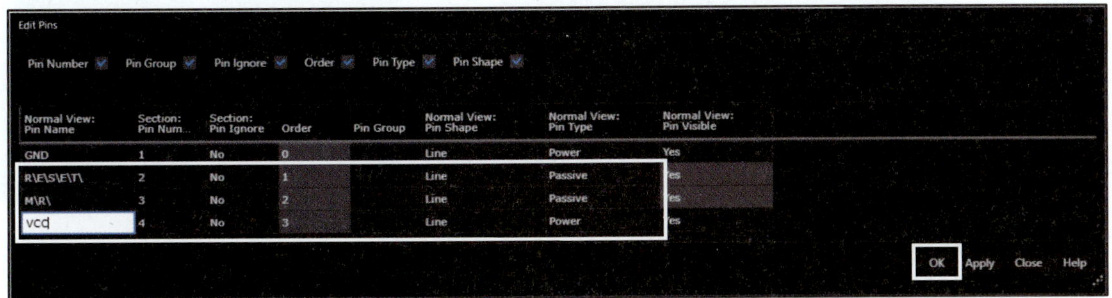

※ 2번 핀의 이름은 $\overline{RESET}$, 3번 핀의 이름은 $\overline{MR}$이다. 핀 이름에 다음과 같이 R\E\S\E\T\, M\R\을 입력한다. \는 키보드에서 ₩을 누른다.

• 핀의 이름과 Type 변경 후 핀을 드래그하여 위치를 다음과 같이 수정한다.

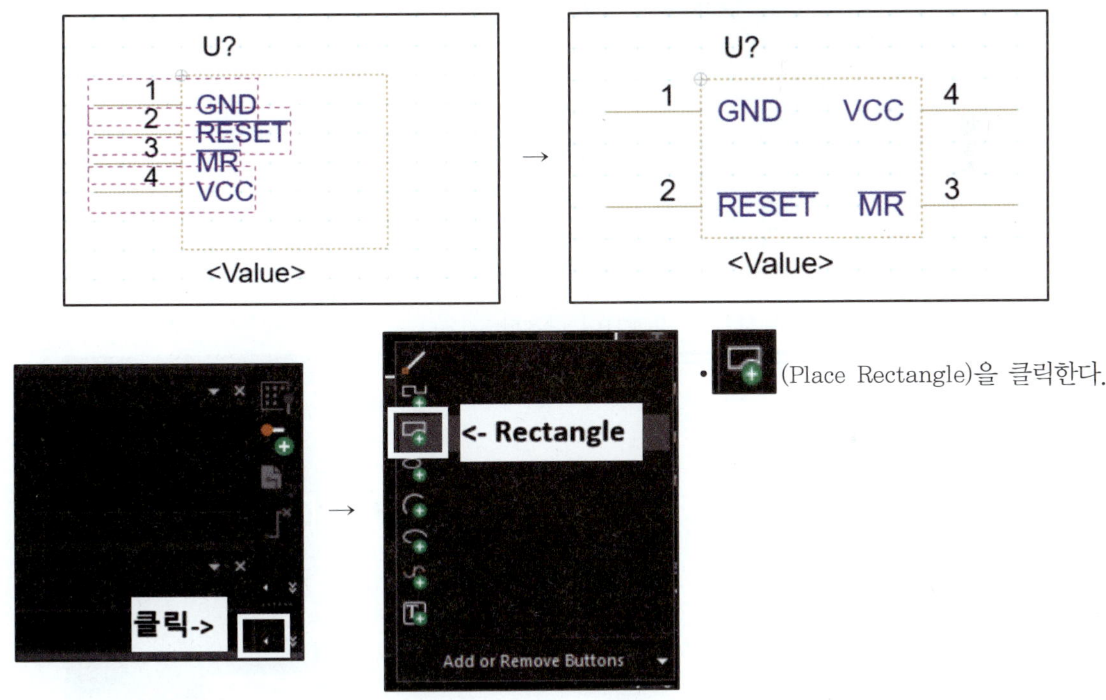

• 좌측 상단의 모서리와 우측 하단의 모서리를 클릭하여 외형을 그려 준다.

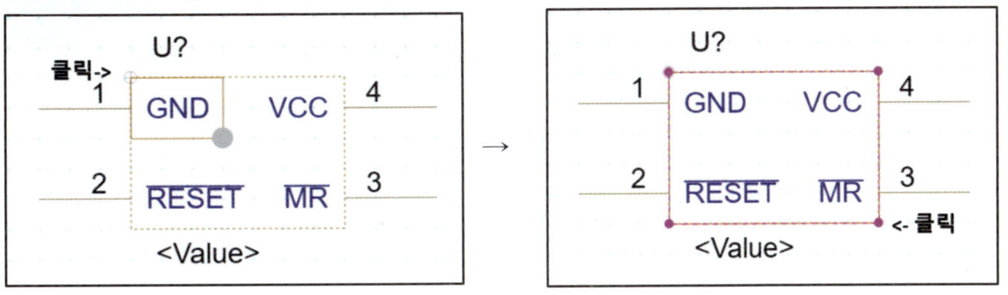

• 외형이 그려지면 LIBRARY1 탭으로 커서를 이동해 마우스 우측 버튼을 클릭하고 Close를 클릭한다.
• 예를 클릭하여 저장한다.

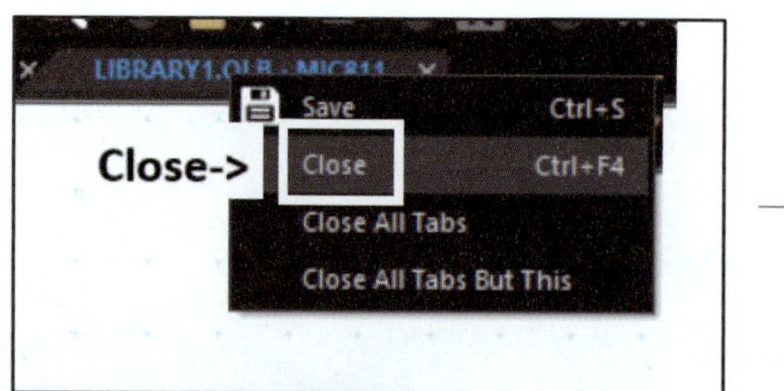

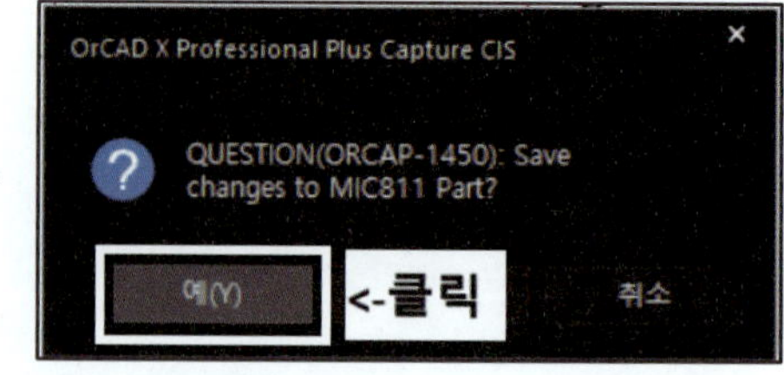

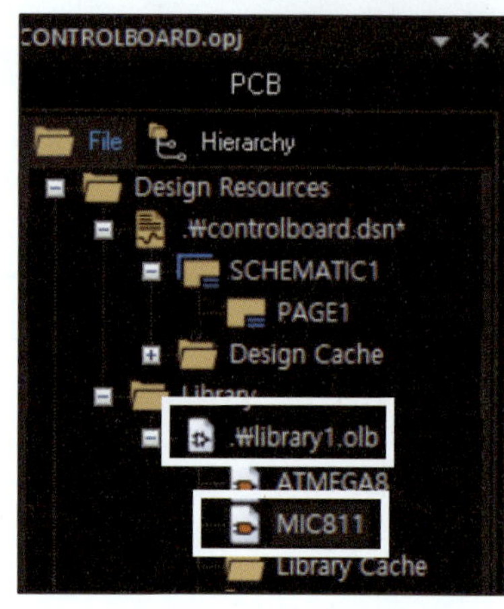

• 프로젝트 매니저 창에서 library1.olb 파일을 더블클릭하여 MIC811이 생성되었는지 확인한다.

• Part 검색창에 MIC811을 입력한 후 Part List에서 MIC811/LIBRARY1을 더블클릭한다.
• 커서를 작업창으로 이동시키면 MIC811이 나온다.

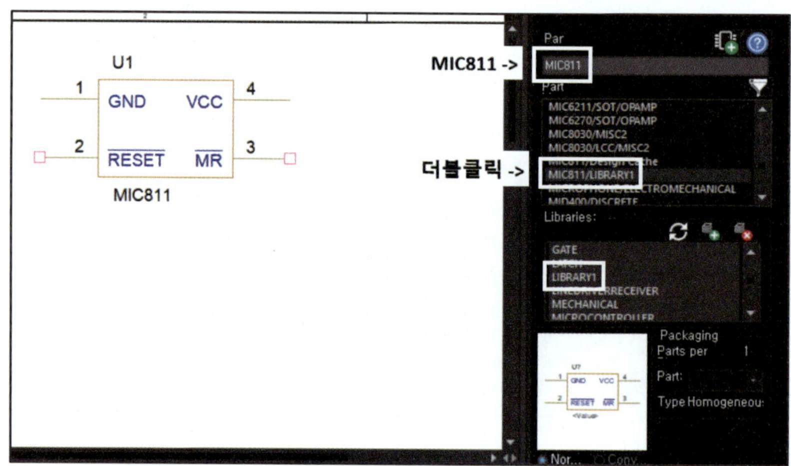

• 부품이 나오지 않을 경우 (Add Library)를 클릭하여 LIBRARY1을 등록한다.

③ ADM101E

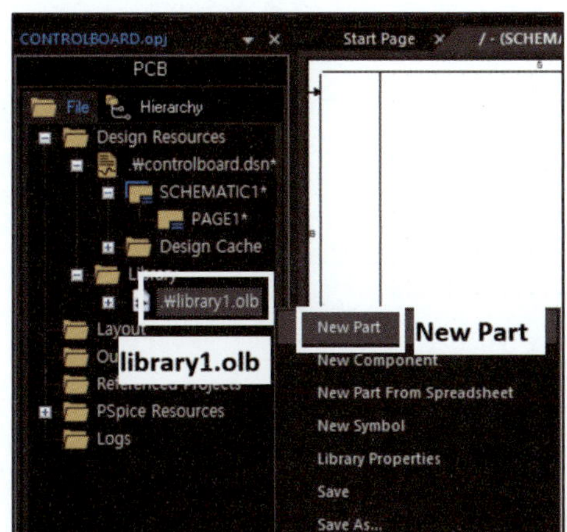

- 프로젝트 매니저 탭으로 이동한다.
- library1.olb 파일을 선택한 후 마우스 우측 버튼을 클릭한다.
- New Part를 클릭한다.
※ 새로운 Part를 만들 때마다 library 파일을 만들지 말고, 기존에 만들어 두었던 library1.olb 파일을 위와 같은 방법으로 추가해서 만든다.

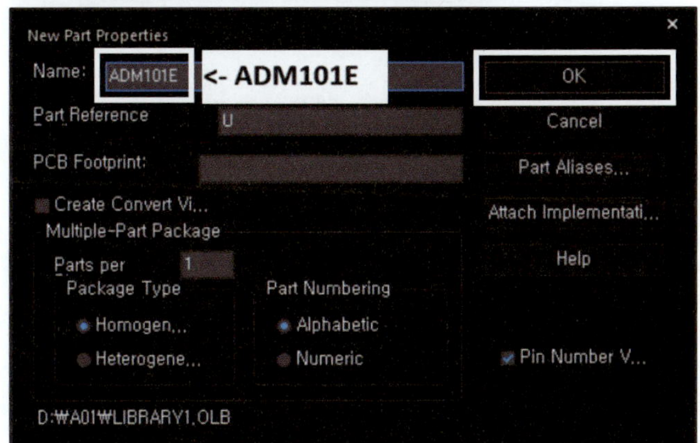

- Name ： ADM101E
- Part Reference Prefix가 U인지 확인한 후 OK를 클릭한다.

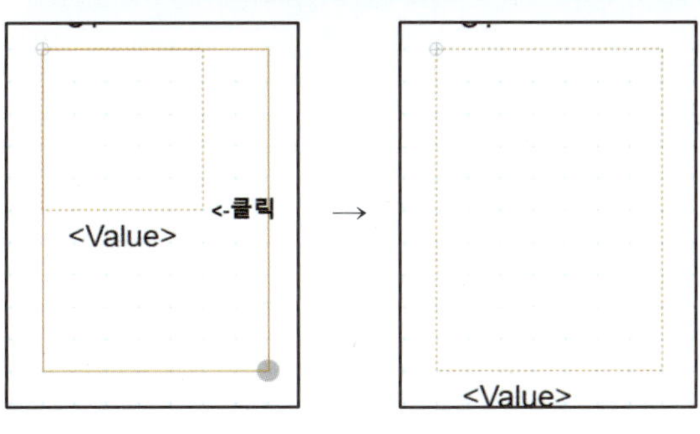

- 작업창이 생성되면 파트의 크기를 조정한다(우측 하단 모서리 부분을 클릭하여 드래그한다).

- 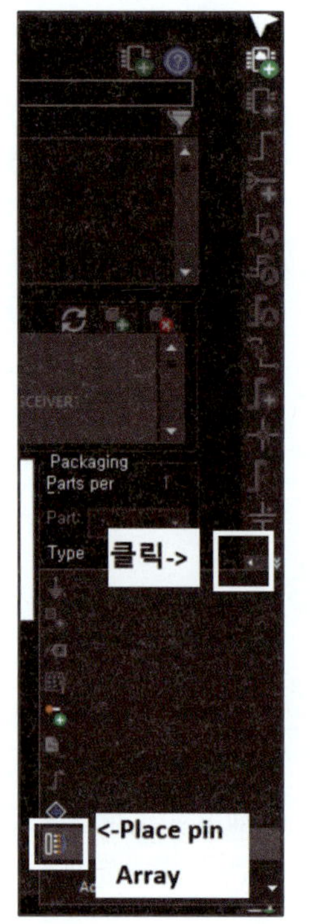(Place Pin Array)를 클릭한다(Tool Palette 하단부 Power 심벌 아래 화살표).
  - Starting Name : GND
  - Starting Number : 1
  - Number of Pins : 10
  - Type : Passive
- OK를 클릭한다.

※ Shape는 Line이나 Short를 사용한다.

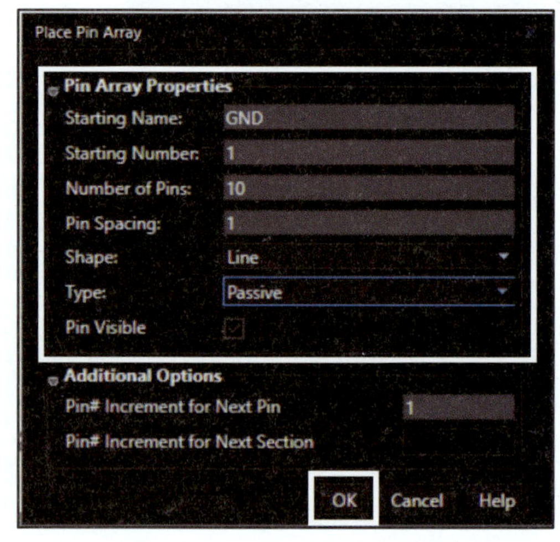

- 해당 위치를 클릭하면 핀이 생성된다.

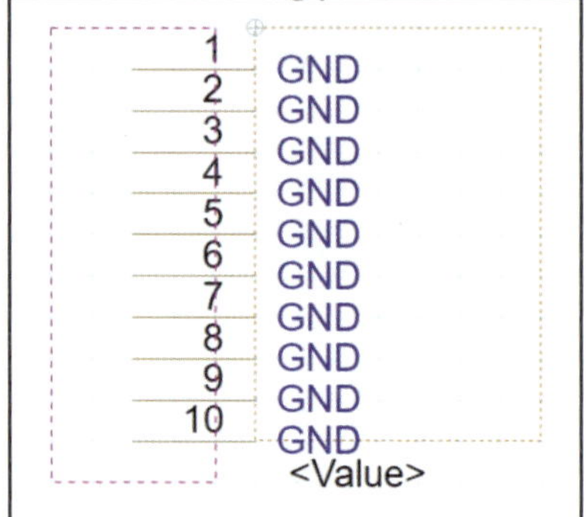

• 화면 우측에 있는 슬라이드 바를 아래로 이동하여 Edit Pins를 클릭하거나 드래그하여 핀을 모두 선택한 후 마우스 우측 버튼 클릭 후 Edit Pins를 실행한다.

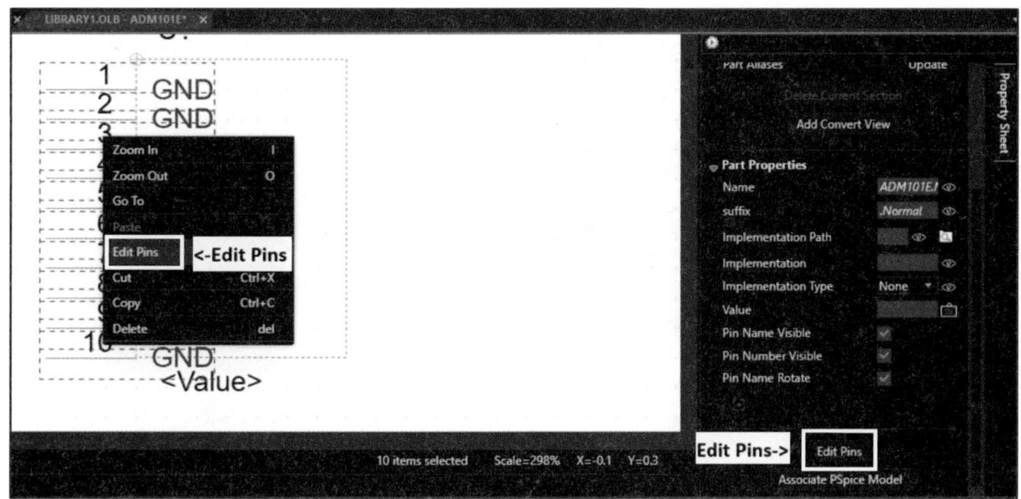

• 다음과 같이 핀 이름을 수정한다.
• VCC(10번 핀)와 GND(1번 핀)는 Pin Type을 Power로 수정한다.
• Pins Visible이 Yes로 되어 있는지 확인한 후 OK를 클릭한다.

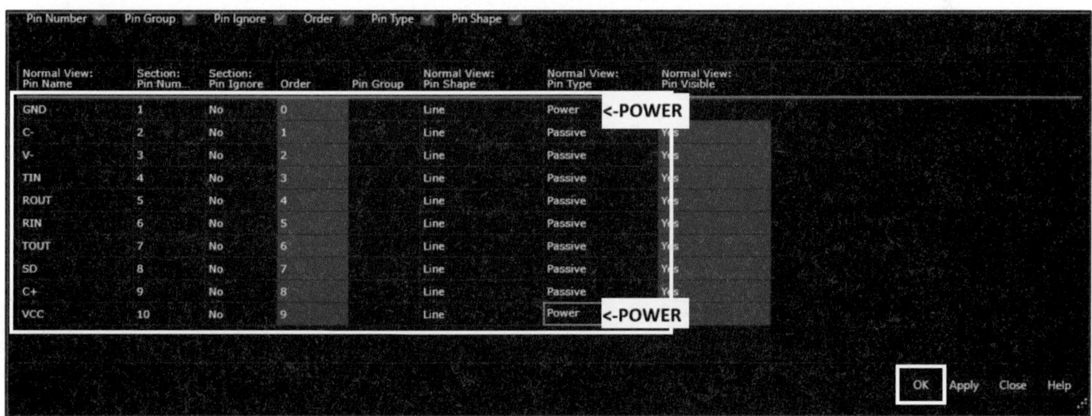

• 핀 이름이 수정되면 핀을 드래그하여 핀 배열을 다음과 같이 수정한다.

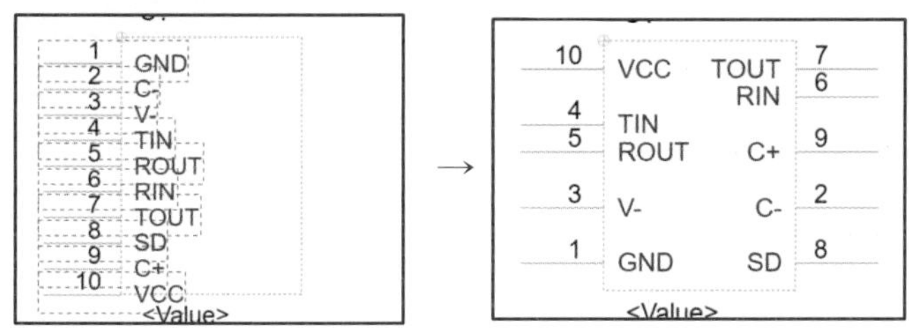

• 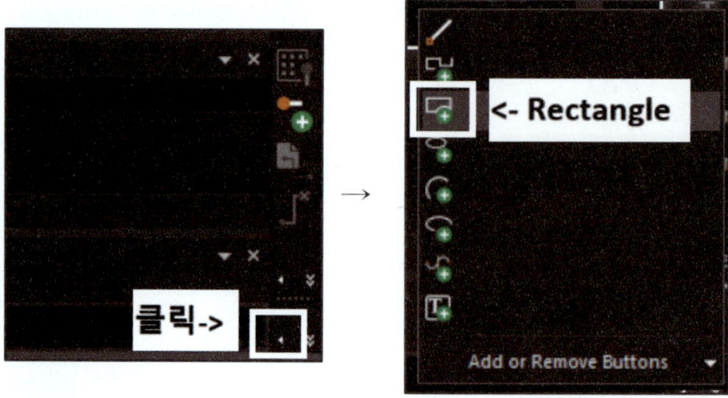(Place Rectangle)을 클릭한다.

• 좌측 상단의 모서리와 우측 하단의 모서리를 클릭하여 외형을 그려 준다.

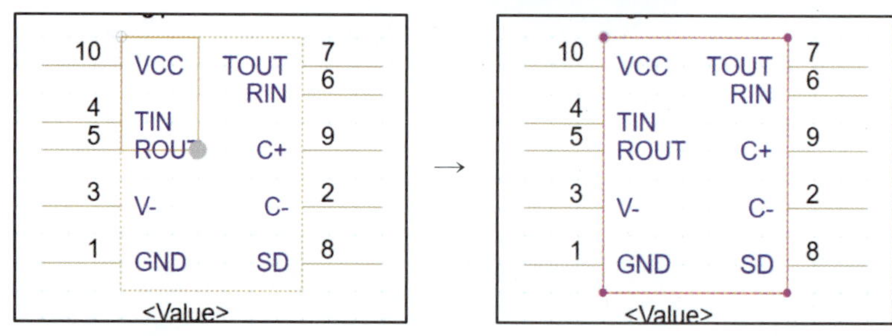

• 외형이 그려지면 LIBRARY1 탭으로 커서를 이동하여 마우스 우측 버튼을 클릭한 후 Close를 클릭한다.
• 예를 클릭하여 저장한다.

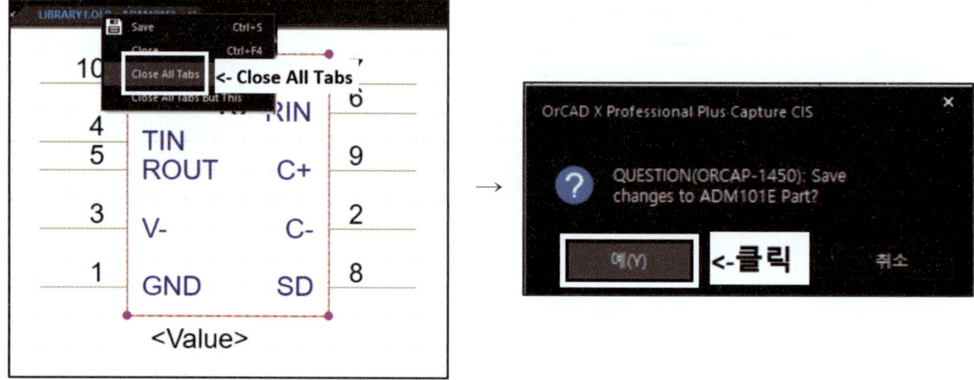

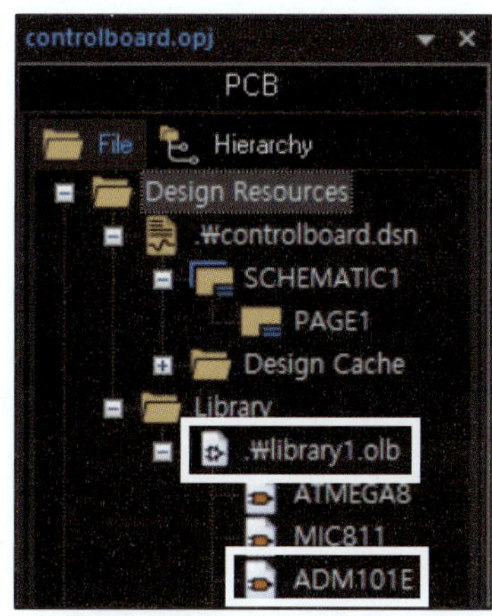

- 프로젝트 매니저창에서 library1.olb 파일을 더블클릭하여 ADM101E이 생성되었는지 확인한다.

- Part List에서 ADM101E를 더블클릭한 후 커서를 작업창으로 이동하면 ADM101E가 나온다.

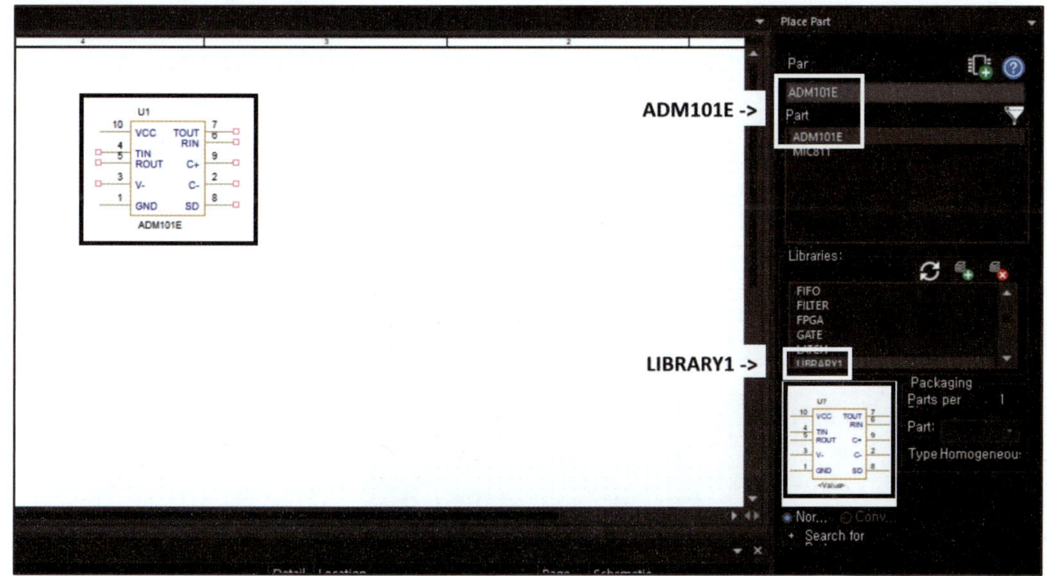

- 부품이 나오지 않을 경우 (Add Library)를 클릭하여 'LIBRARY1'을 등록한다.

(3) 부품 배치

부품을 배치할 때는 먼저 IC를 배치한 후 가장 적게 사용하는 부품 순서로 배치한다(IC → CRYSTAL → HEADER 10 → CAP → LED → CAP NP → R → VCC, GND).

> **Tip**
>
> 반드시 모든 부품과 전원 심벌을 배치한 후에 배선한다. 학생들을 지도하다 보면 부품 배치가 끝나면 바로 배선하면서 심벌을 추가하는데, 이때 전원 심벌을 빠뜨리는 경우가 많다. 전원 심벌이 빠지면 실격에 해당하므로, 반드시 부품과 전원 심벌을 모두 배치한 후에 배선작업을 한다.

① 부품의 회전(Rotate)

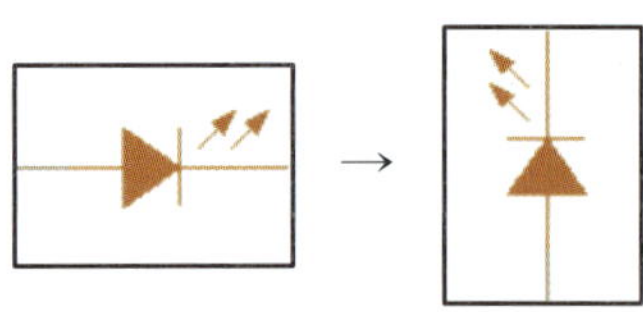

• 부품이 시계 반대 방향으로 90° 회전한다(단축키 : R).

② 부품의 대칭 이동

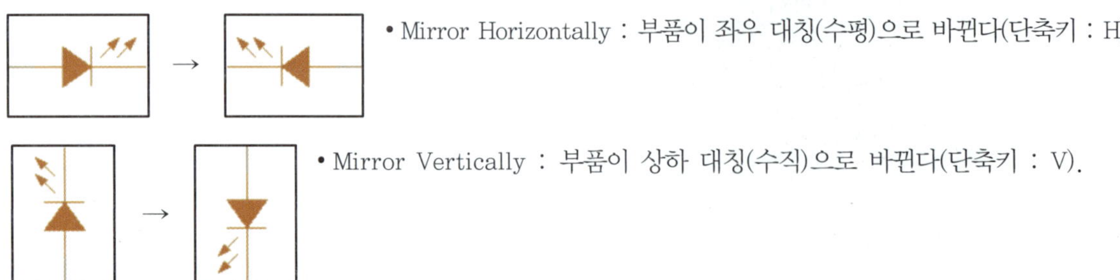

• Mirror Horizontally : 부품이 좌우 대칭(수평)으로 바뀐다(단축키 : H).

• Mirror Vertically : 부품이 상하 대칭(수직)으로 바뀐다(단축키 : V).

③ Edit part를 이용한 부품 수정(LM2902, LM7805)

[LM2902 수정]

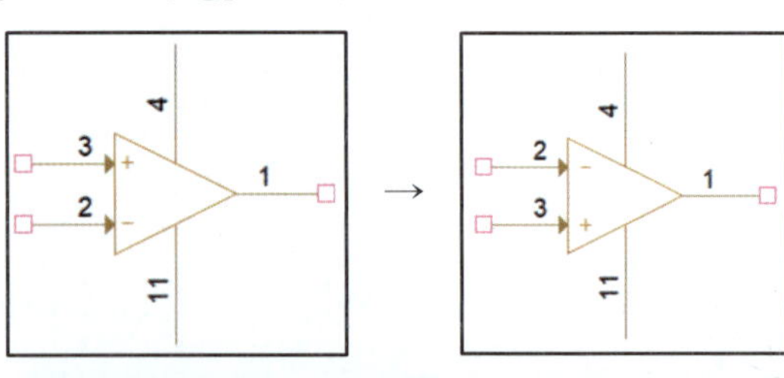

• LM2902의 연산증폭기를 다음과 같이 수정한다.

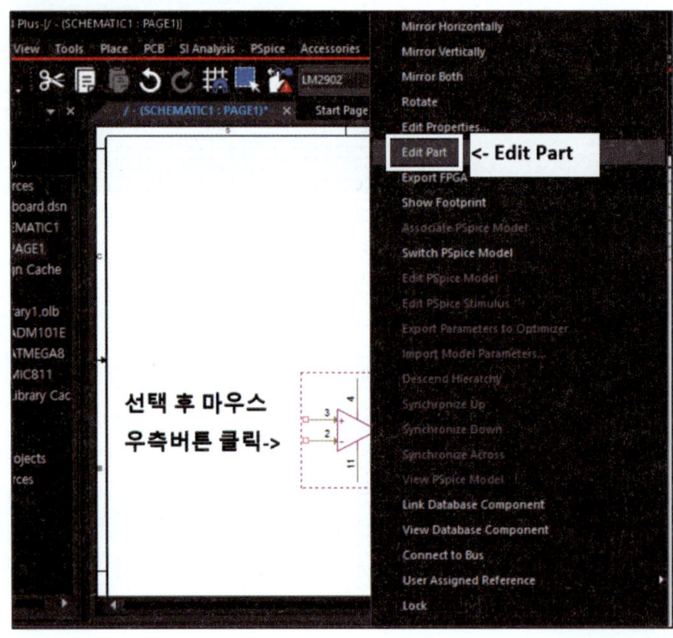

• 수정하고자 할 연산증폭기를 클릭한 후 마우스 우측 버튼을 클릭한다.

• Edit Part를 클릭한다.

• 부품을 수정할 수 있는 창이 생성된다.

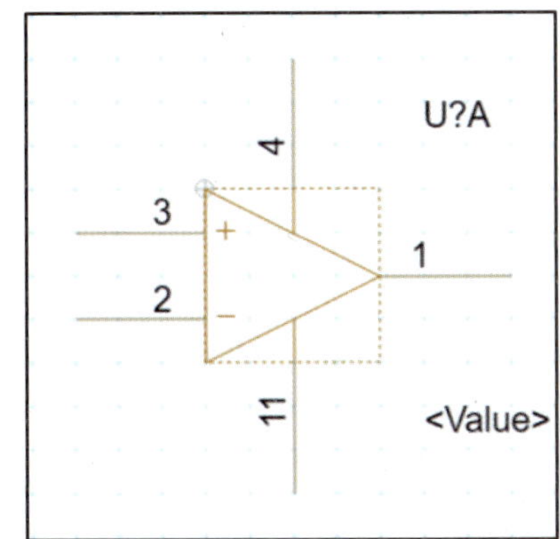

• 4번 핀을 아래로 이동한다.

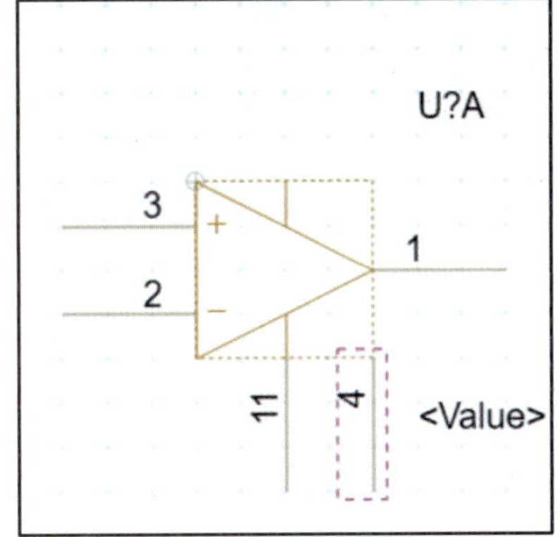

• 11번 핀을 위쪽으로 이동한다.

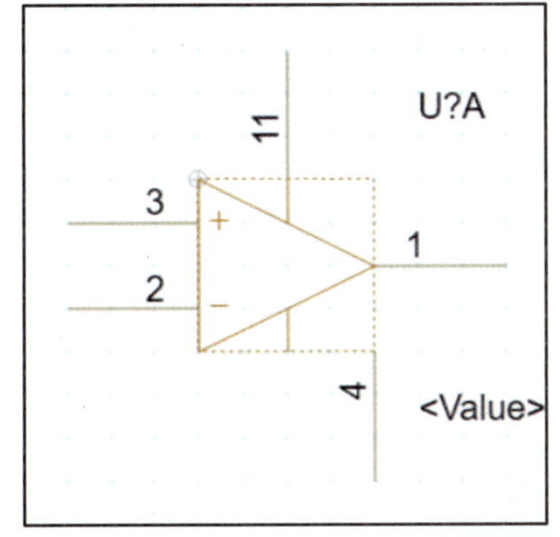

• 4번 핀을 11번이 있었던 곳으로 이동시킨다.

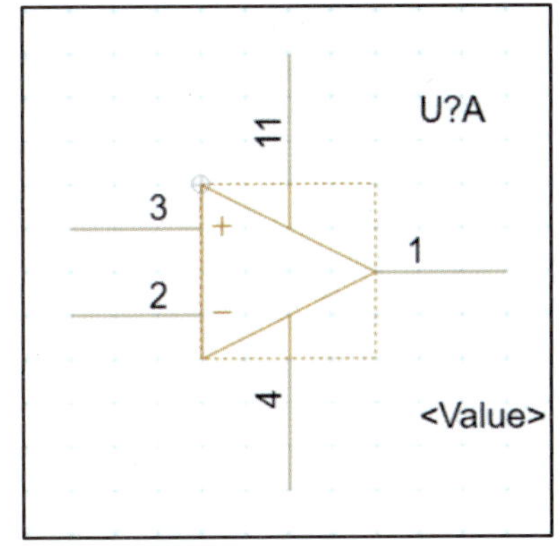

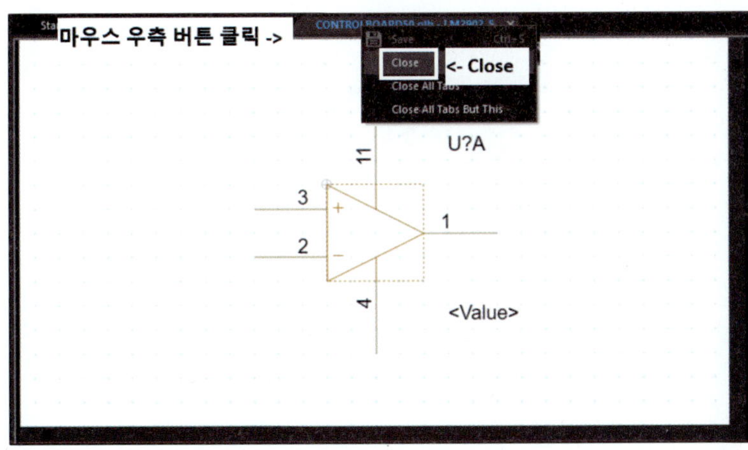

• 부품 수정창 탭에 커서를 위치시킨 후 마우스 우측 버튼을 클릭하여 Close를 클릭한다.

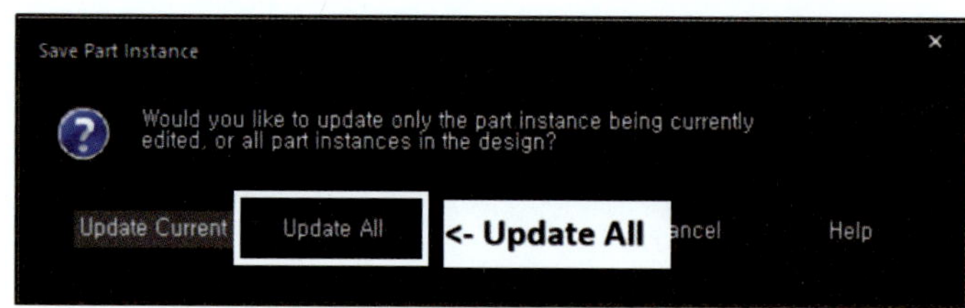

- Update All을 클릭한다.
  - Update Current : 편집한 부품 한 개만 수정
  - Update All : 편집한 부품과 같은 부품을 모두 수정
  - Discard : 편집 취소
  - Cancel : 다시 편집
※ LM2902에 있는 연산증폭기를 모두 수정해야 하므로 Update All을 선택하였다.

> **Tip**
>
> LM2902를 Update All로 선택하지 않으면 다음과 같은 에러가 발생한다.
>
> #7 ERROR(ORCAP-36004): Conflicting values of part name found on different sections of "U4".
> Conflicting values: LM2902_3_SOIC14_LM2902 & LM2902_SOIC14_LM2902
> Property values of "Device","PCB FootPrint", "Class" and "Value" should be identical
> on all sections of the part.

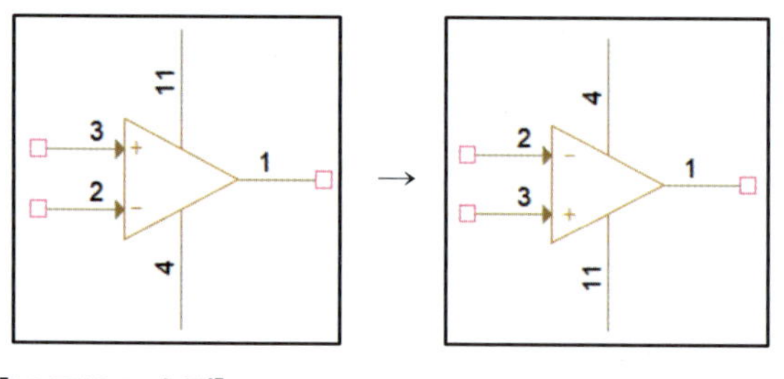

- 연산증폭기를 선택한 후 단축키 V를 이용하여 상하 대칭으로 변환한다.

[LM7805 수정]

- LM7805를 다음과 같이 수정한다.

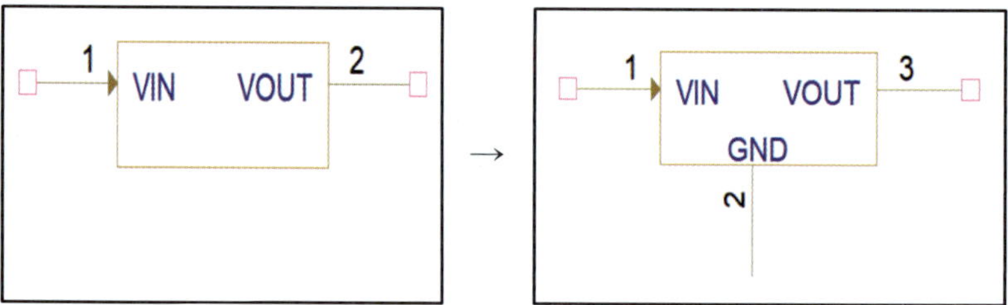

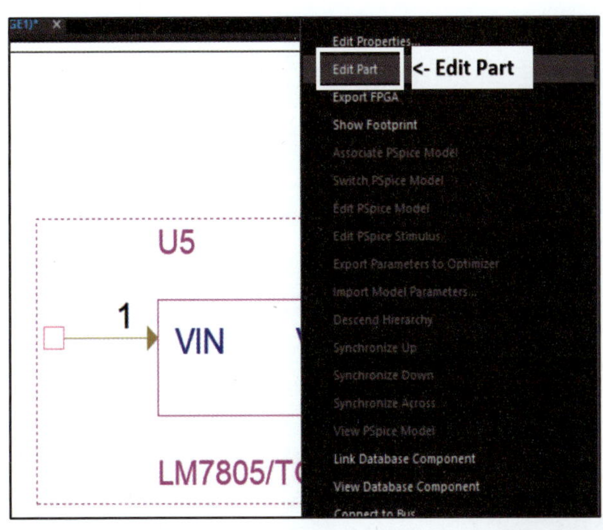

- LM7805를 배치한 후 클릭한다.
- 마우스 우측 버튼을 클릭한 후 Edit Part를 클릭한다.

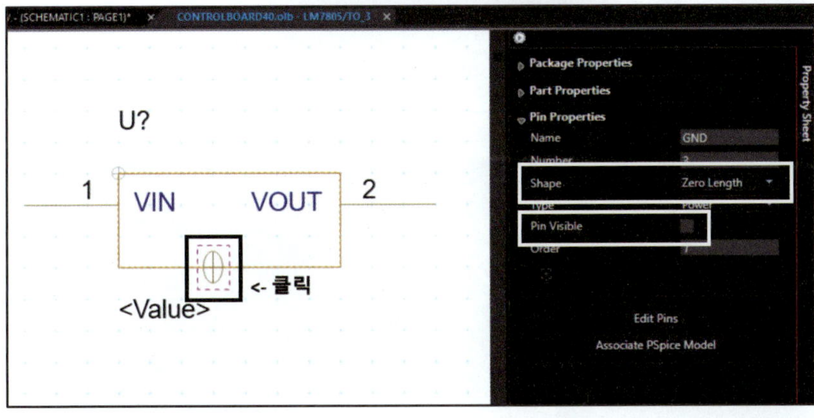

- 부품 편집창이 생성되면 ⊕를 클릭한다.

- 2번 핀과 3번 핀을 클릭한다.
- Pin Properties를 다음과 같이 설정한다.

  - GND핀 번호 수정 : 3 → 2
  - Shape : Line(또는 Short)
  - Pin Visible : 체크

  - VOUT핀 번호 수정 : 2 → 3
  - Type : Passive

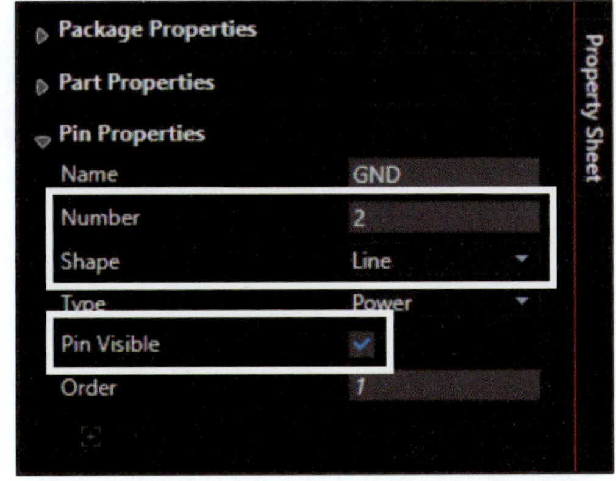

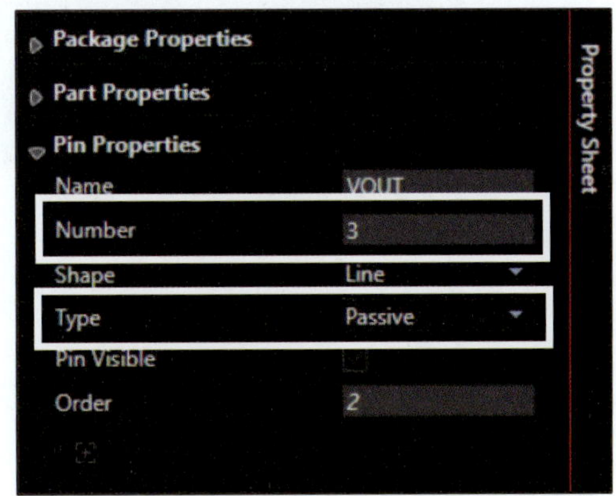

VOUT(3번)핀 Type을 Passive로 바꾸지 않으면 다음과 같은 DRC 에러가 발생한다.

• Power Type의 핀과 Output Type의 핀이 연결되어 발생한 에러이다.

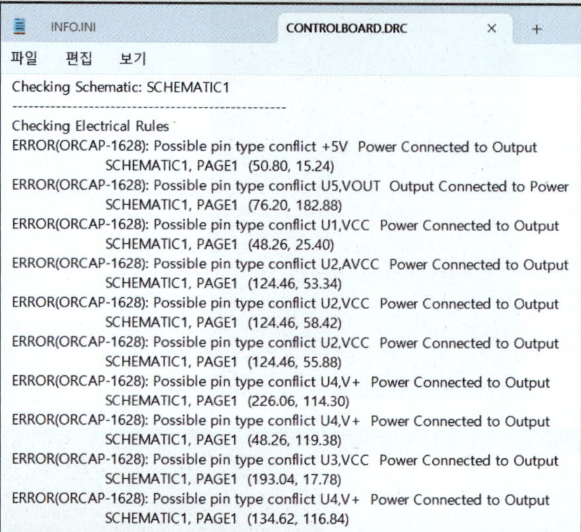

• 다음과 같은 에러가 발생하는 이유는 ERC Matrix에서 Output과 Power가 만나는 부분이 E로 설정되어 있기 때문이다.

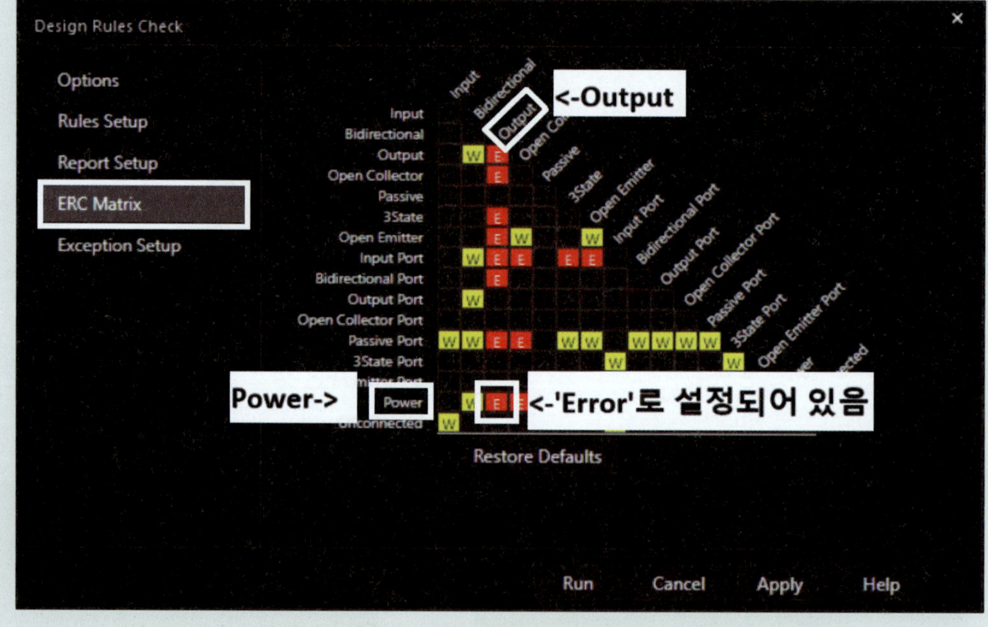

• GND를 클릭한 후 R키를 눌러 회전시킨다.

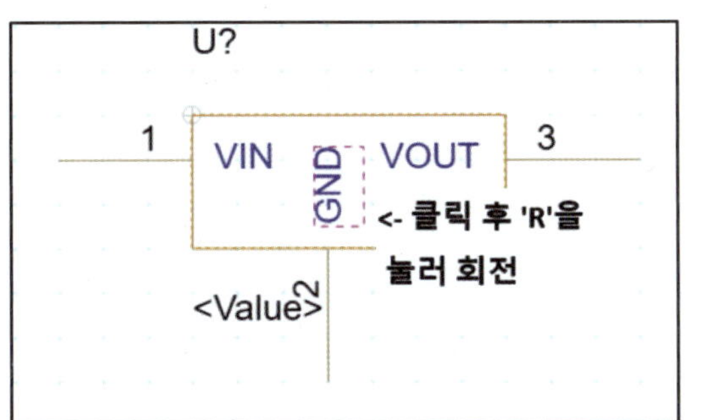

→

• 커서를 수정창 탭으로 이동한다.
• 마우스 우측 버튼을 클릭한 후 Close를 선택한다.

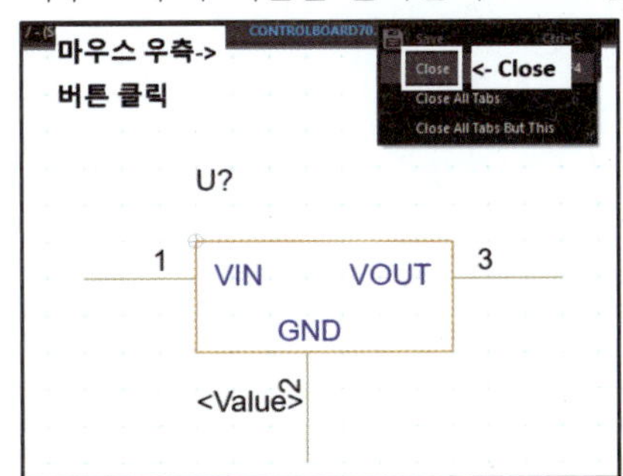

• Update Current나 Update All 중 하나를 클릭해야 수정된다.

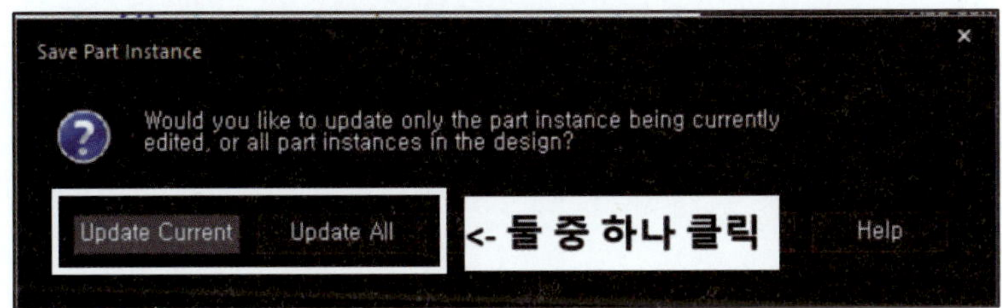

• LM7805 수정이 완료된다.

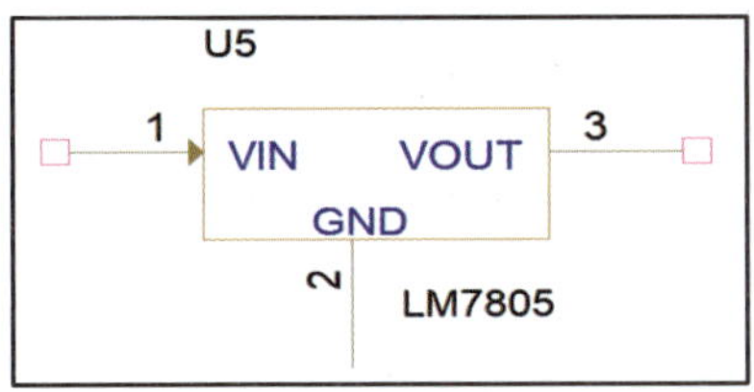

• 다음과 같이 부품과 전원 심벌을 배치한다.

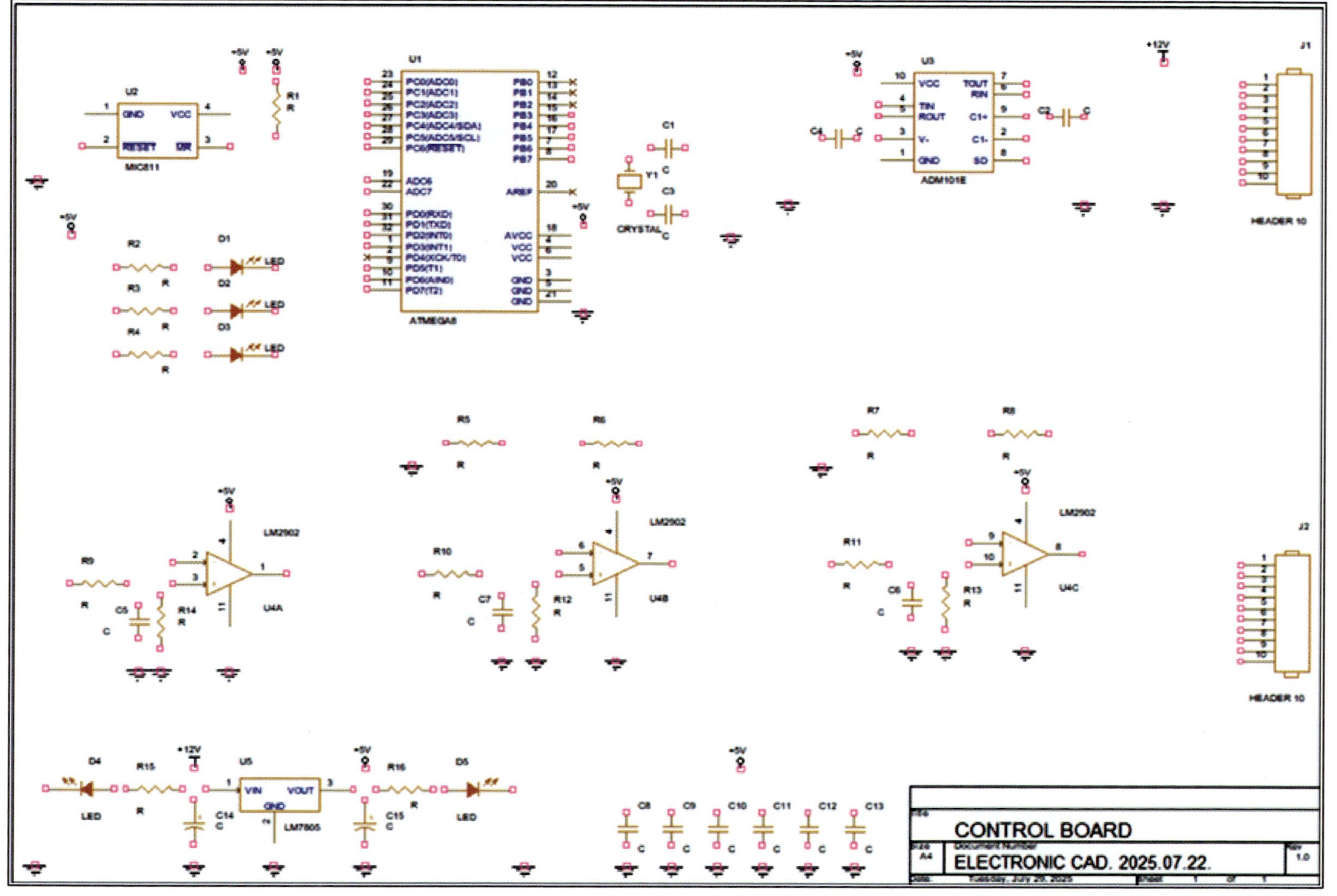

(4) 배선하기

① Capture Tool palette에서 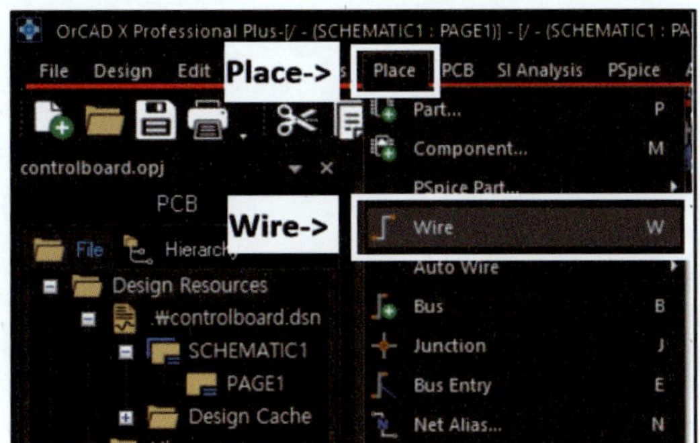(Place Wire(W))를 클릭하거나 다음과 같이 Menu → Place → Wire를 클릭하면 커서가 +로 변경된다.

② 커서를 연결하고자 하는 곳으로 이동시켜 클릭하면 다음과 같이 선이 연결된다.

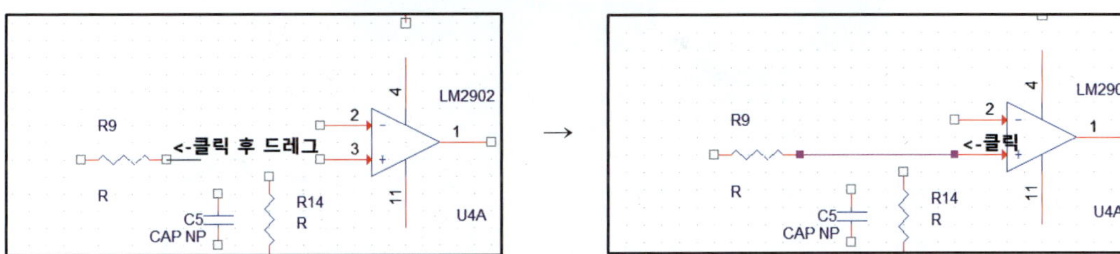

Tip

배선 시 주의할 점

• Junction(접속점)은 선이 3개 이상 접속되는 부분에만 생긴다.

[올바른 Junction]

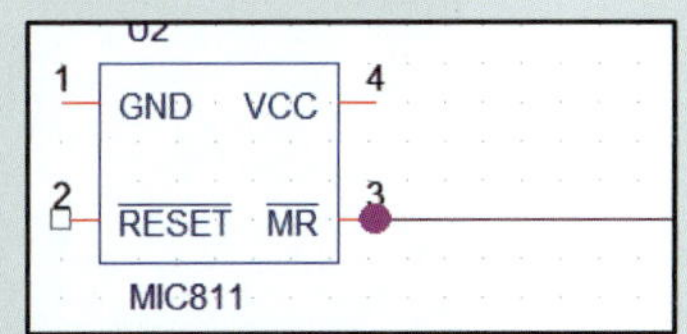

[잘못된 Junction]

(선이 직선 위에 중첩되어서 Junction이 생기므로, 중첩된 선을 모두 지우고 다시 연결한다)

• Junction은 선과 선이 연결될 때만 생긴다.

※ 회로도에서 Junction이 생겨야 할 부분에 Junction이 생기지 않으면 실격이므로 주의한다.

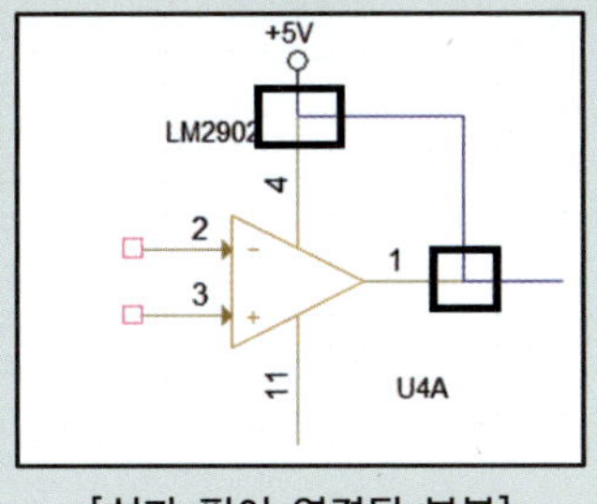

[선과 핀이 연결된 부분]

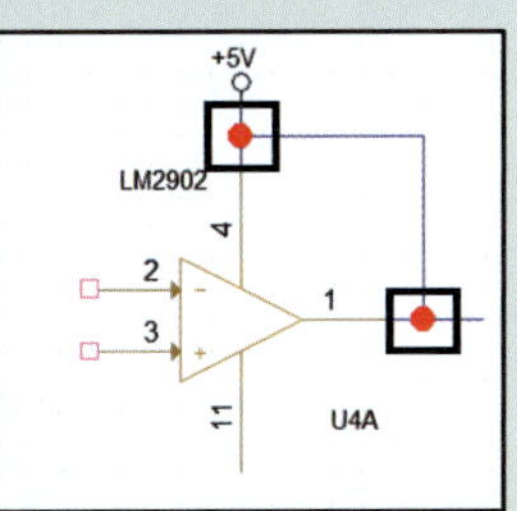

[선과 선이 연결된 부분]

Junction 크기 지정하는 방법

• Menu → Options → Preferences → Miscellaneous → Schematic Page Editor → Junction Dot Size

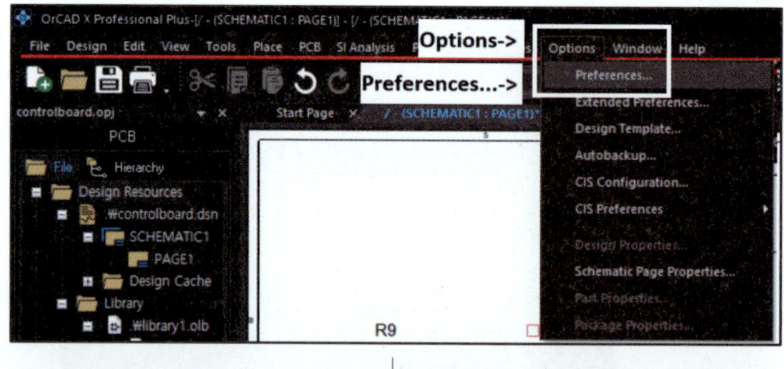

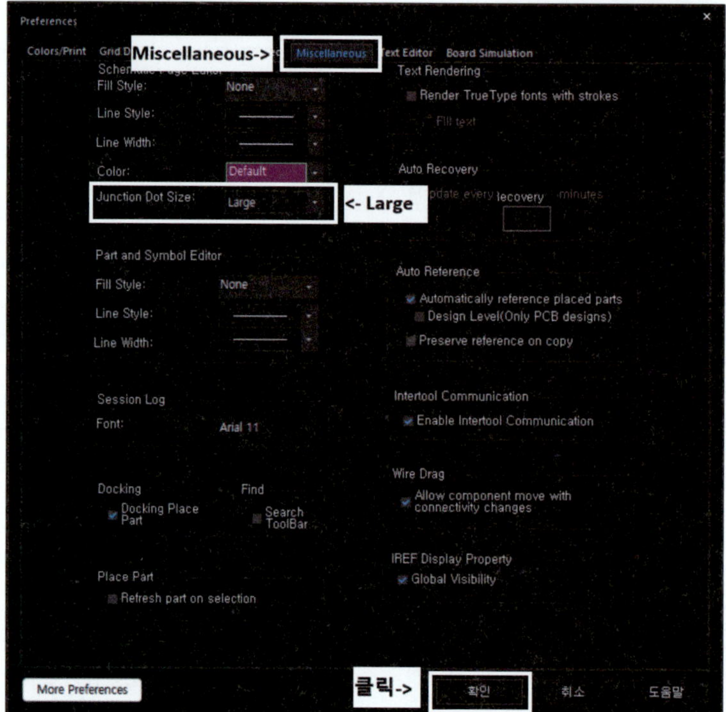

• 연결선은 다음과 같이 하면 쉽게 그릴 수 있다.
  윗부분에 연결선을 인출한 후 F4를 누르면 연결선이 한 칸씩 복사(위에서 아래로 복사)된다.

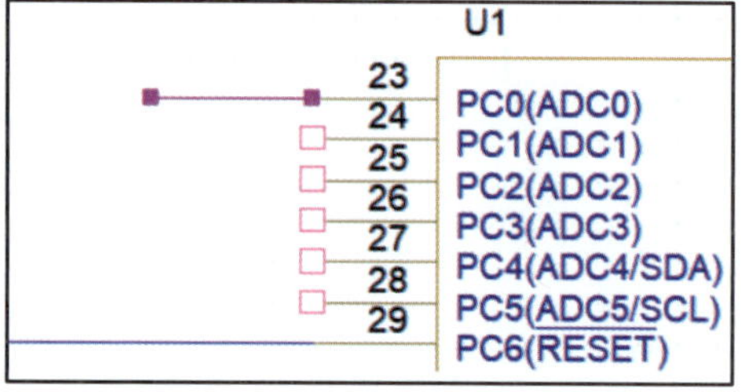

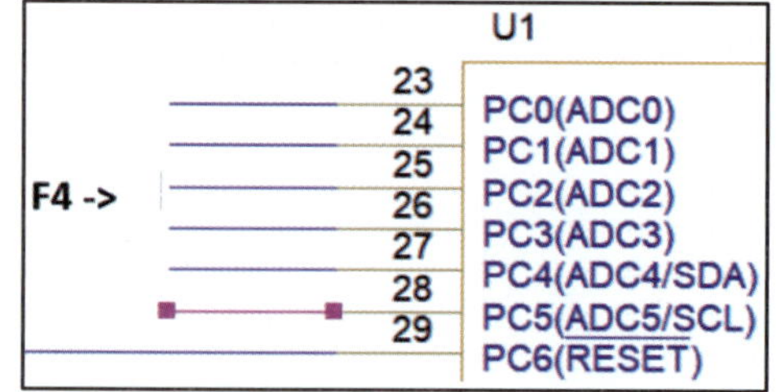

• 다음과 같이 배선한다.

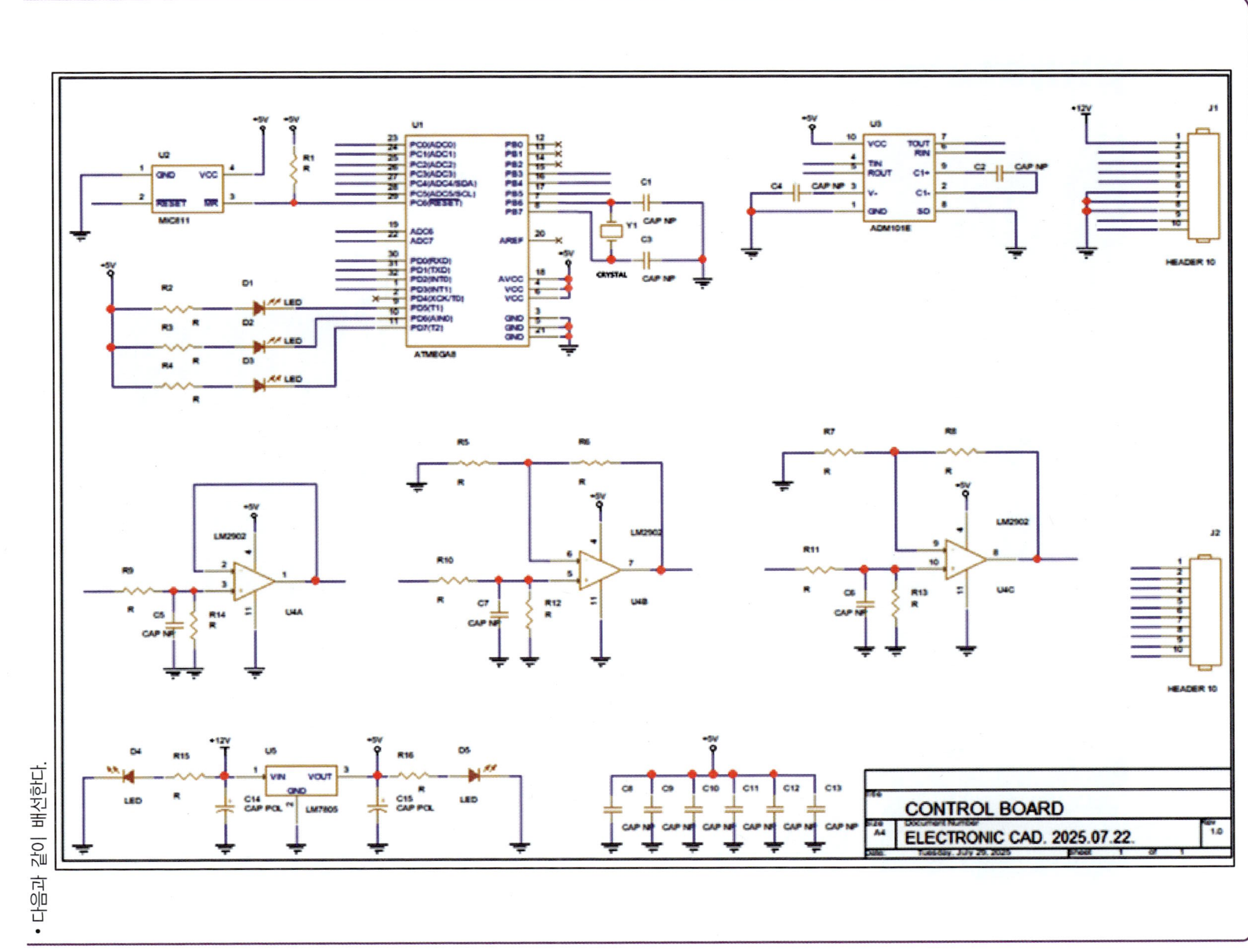

3) Value 값 입력

Part Name(R)을 더블클릭하면 Display Properties 창이 생성된다. Value에 값을 입력한 후 OK를 클릭한다.

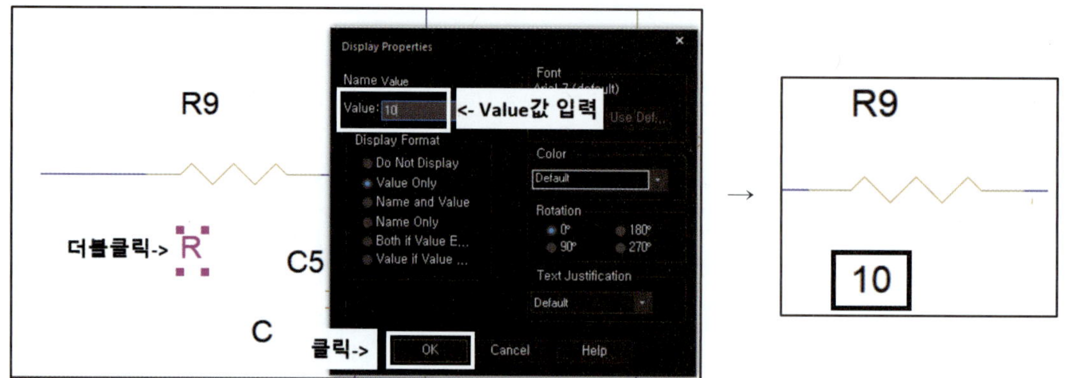

※ VCC 심벌의 Value 값도 위와 같은 방법으로 입력한다.

Plus

같은 Value 값을 갖는 Part는 다음과 같이 입력해 본다.

① 같은 Value 값을 갖는 Part를 모두 선택(Ctrl 키를 누른 상태에서 선택)한다.

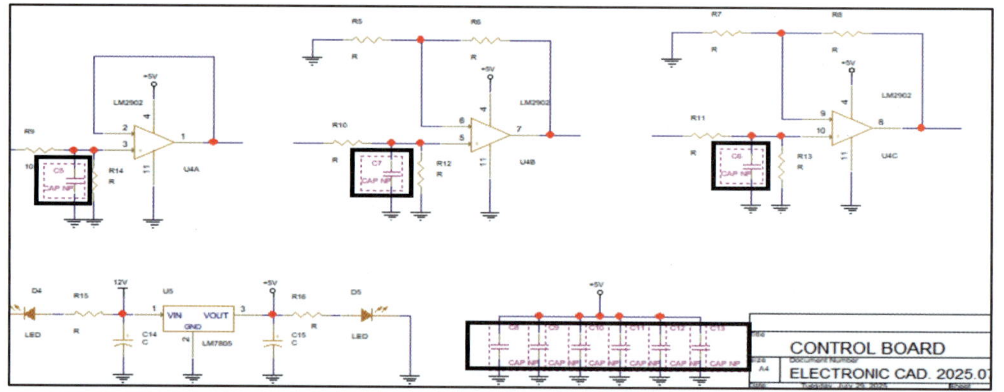

② 선택된 Part 중 하나를 더블클릭한다. Property Editor 창의 Value에 입력한다.

		Power Pins Visible	Primitive	Reference	Source Library	Source Package	Source Part	Value
1	SCHEMATIC1 : PAGE1		DEFAULT	C5	C:\CADENCE\SPB_24.1	CAP NP	CAP NP Normal	CAP NP
2	SCHEMATIC1 : PAGE1		DEFAULT	C6	C:\CADENCE\SPB_24.1	CAP NP	CAP NP Normal	CAP NP
3	SCHEMATIC1 : PAGE1		DEFAULT	C7	C:\CADENCE\SPB_24.1	CAP NP	CAP NP Normal	CAP NP
4	SCHEMATIC1 : PAGE1		DEFAULT	C8	C:\CADENCE\SPB_24.1	CAP NP	CAP NP Normal	CAP NP
5	SCHEMATIC1 : PAGE1		DEFAULT	C9	C:\CADENCE\SPB_24.1	CAP NP	CAP NP Normal	CAP NP
6	SCHEMATIC1 : PAGE1		DEFAULT	C10	C:\CADENCE\SPB_24.1	CAP NP	CAP NP Normal	CAP NP
7	SCHEMATIC1 : PAGE1		DEFAULT	C11	C:\CADENCE\SPB_24.1	CAP NP	CAP NP Normal	CAP NP
8	SCHEMATIC1 : PAGE1		DEFAULT	C12	C:\CADENCE\SPB_24.1	CAP NP	CAP NP Normal	CAP NP
9	SCHEMATIC1 : PAGE1		DEFAULT	C13	C:\CADENCE\SPB_24.1	CAP NP	CAP NP Normal	CAP NP

③ 첫 번째 셀에 Value 값을 입력한 후 마우스 좌측 버튼을 클릭한 상태에서 아래로 드래그하면 입력한 Value 값이 오른쪽과 같이
복사된다.

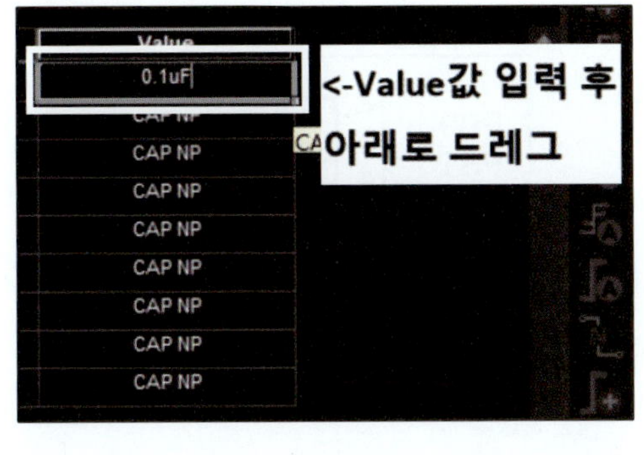

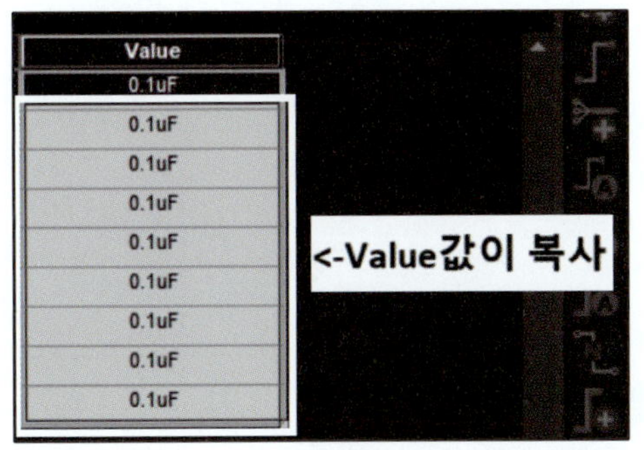

4) Place No Connect(단축키 : x)

사용하지 않는 핀을 정의하는 기능으로, Tool Palette (Place No Connect(x))를 클릭한다. 또는 Menu → Place
→ No connect를 클릭하여 해당 핀을 클릭한다(Atmega8의 2, 12, 13, 14, 15, 20번 핀).

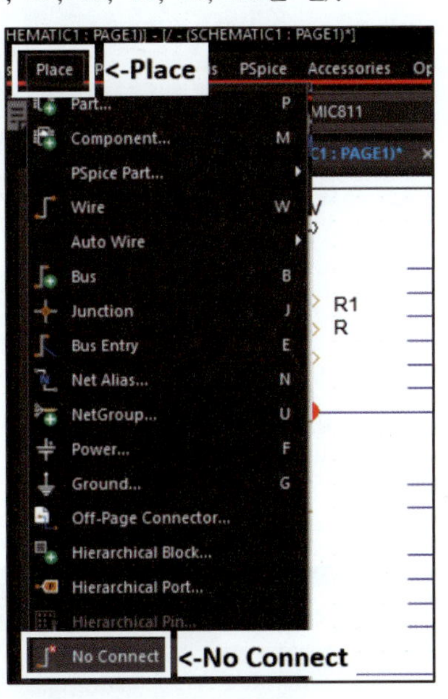

(1) Place No Connect 전

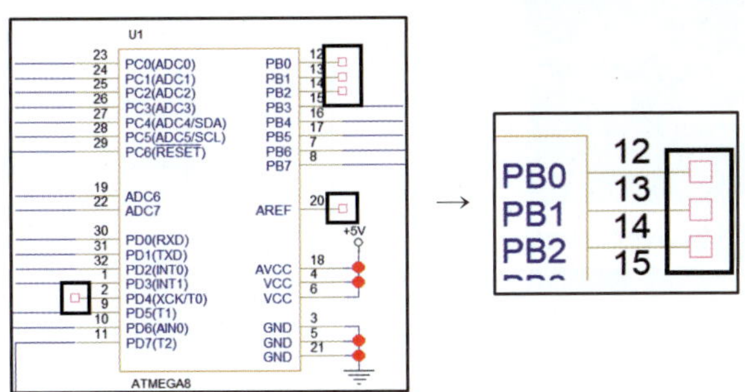

(2) Place No Connect 후

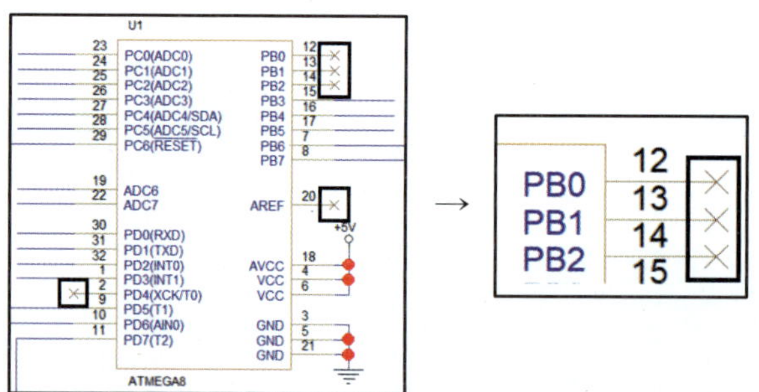

① 수정하고자 하는 핀을 더블클릭하면 다음과 같이 Property Editor 창이 생성된다.

② pins 탭(화면 아래)을 클릭한 후 Is No Connect를 클릭하여 체크를 해제한다(반대로 이 방법을 이용하여 Place No Connect를 할 수 있다).

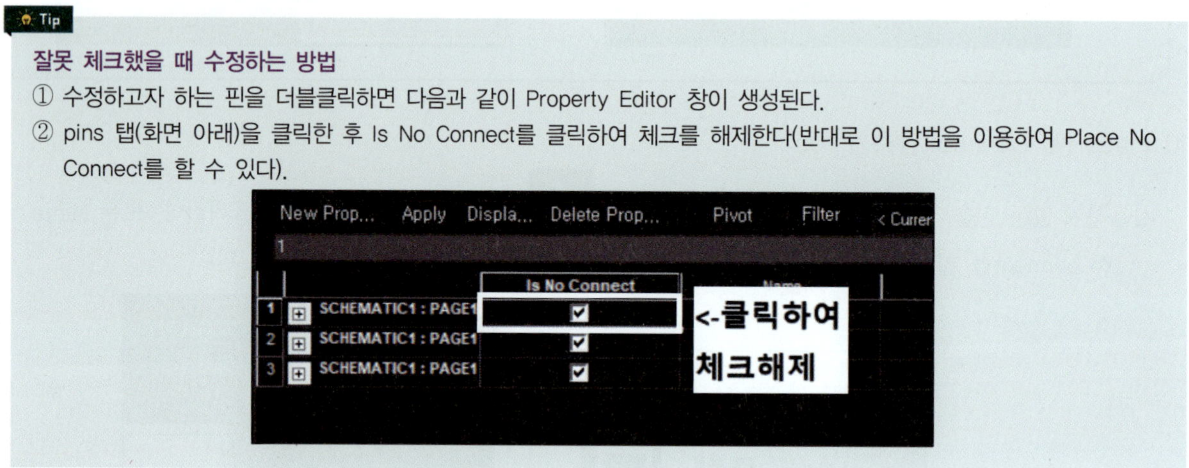

5) 네트 이름 설정(단축키 : N)

① 물리적으로 연결되지 않은 곳을 네트 이름을 이용하여 연결한다. Tool Palette에서 Menu → Place Alias 클릭 또는 (Place Net Alias)를 클릭하여 네트 이름을 설정한다.

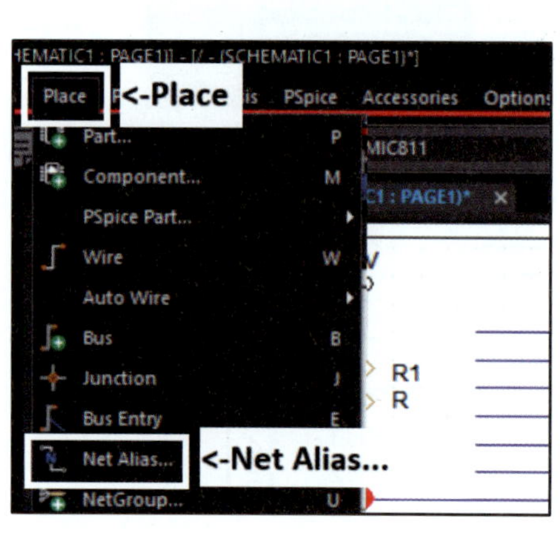

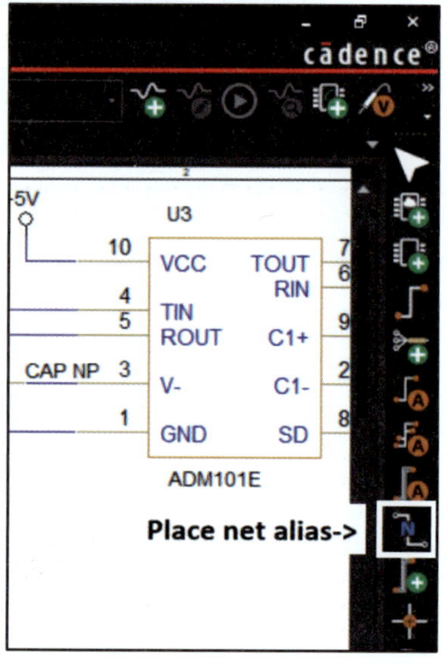

• 전자캐드 기능사 공개 문제(CONTROL BOARD)에서는 다음과 같이 네트 이름을 설정하게 되어 있다.

부품의 지정 핀	네트 이름	부품의 지정 핀	네트 이름
U1의 1번 연결부	#COMP2	U1의 27번 연결부	PC4
U1의 7번 연결부	X1	U1의 28번 연결부	#TEMP
U1의 8번 연결부	X2	U1의 30번 연결부	RXD
U1의 15번 연결부	MOSI	U1의 31번 연결부	TXD
U1의 16번 연결부	MISO	U1의 32번 연결부	#COMP1
U1의 17번 연결부	SCK	U2의 2번 연결부	RESET
U1의 19번 연결부, U4의 1번, 2번 연결부	#ADC1	U3의 4번 연결부	RXD
U1의 22번 연결부, U4의 7번, R6 연결부	#ADC2	U3의 5번 연결부	TXD
U1의 23번 연결부	PC0	U3의 6번 연결부	RX
U1의 24번 연결부	PC1	U3의 7번 연결부	TX
U1의 25번 연결부	PC2	U4의 8번, R8 연결부	#TEMP
U1의 26번 연결부	PC3	J2의 1번 연결부	PC0
R9의 좌측 연결부	ADC1	J2의 2번 연결부	PC1
R10의 좌측 연결부	ADC2	J2의 3번 연결부	PC2
R11의 좌측 연결부	TEMP	J2의 4번 연결부	PC3
J1의 2번 연결부	MOSI	J2의 5번 연결부	PC4
J1의 3번 연결부	MISO	J2의 6번 연결부	TEMP
J1의 4번 연결부	SCK	J2의 7번 연결부	ADC1
J1의 5번 연결부	RESET	J2의 8번 연결부	ADC2
J1의 9번 연결부	TX	J2의 9번 연결부	#COMP1
J1의 10번 연결부	RX	J2의 10번 연결부	#COMP2

② U1(Atmega8)의 23번 핀에 네트 이름(PC0)을 설정한다.

• (Place Net Alias) 클릭하면 Place Net Alias 창이 생성된다. Alias에 네트 이름 'PC0'를 입력한 후 OK를 클릭한다.

• OK를 클릭한 후 해당 네트 위에 네트 이름을 올려놓고 클릭하면 네트 이름이 설정된다.

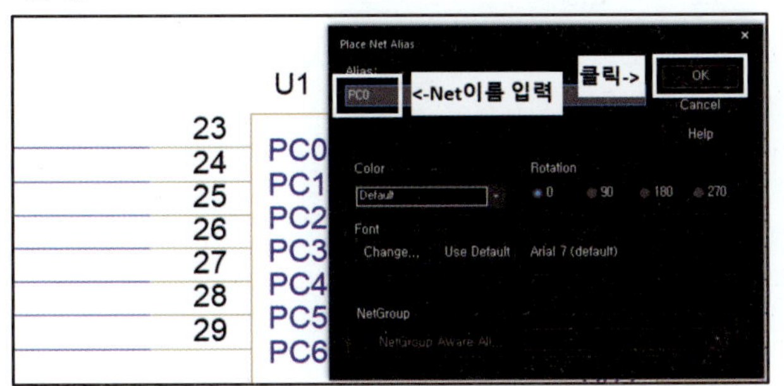

네트 이름이 잘못 설정되었을 때 발생하는 에러

WARNING(ORCAP-1600) : Net has fewer Than Two Connections 네트 이름

SCHEMATIC1, PAGE1 (274.32, 127.00) → 네트의 좌표

→ 네트가 1개만 있어서 개방된 상태, 즉 연결되어 있지 않다. 네트 이름을 확인하여 빠진 부분에 네트 이름을 지정한다.

Plus

네트 이름을 쉽게 설정하는 방법

네트 이름은 모두 짝을 이루고 있다(X1, X2 제외).

예	TX	U3의 7번 연결부		RX	U3의 6번 연결부
		J1의 9번 연결부			J1의 10번 연결부

• TX를 작성한다.

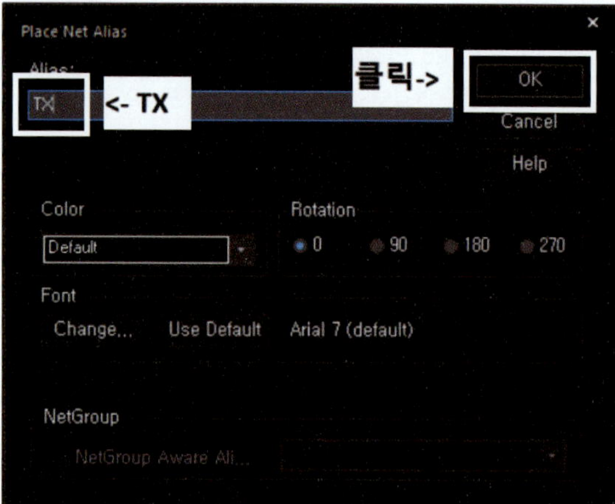

• Place Net Alias를 실행한다.

• 'TX'를 입력한 후 OK를 클릭한다.

• U3 7번 연결부를 클릭한 후 J1 9번 연결부를 클릭한다.

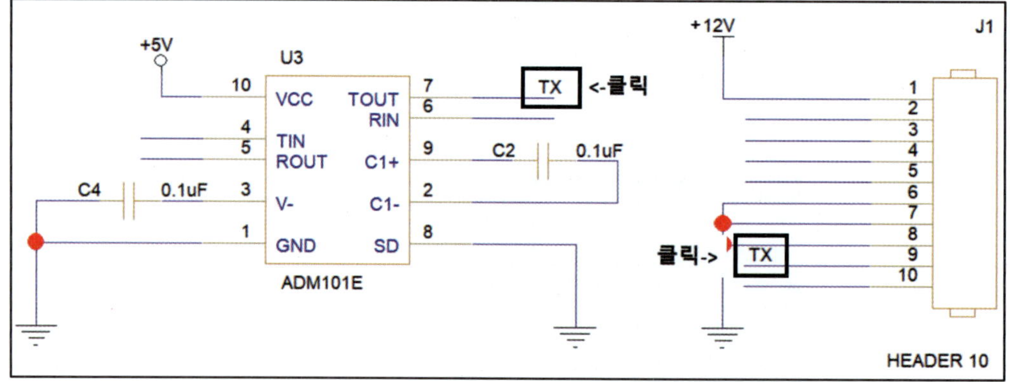

• RX를 작성한다.

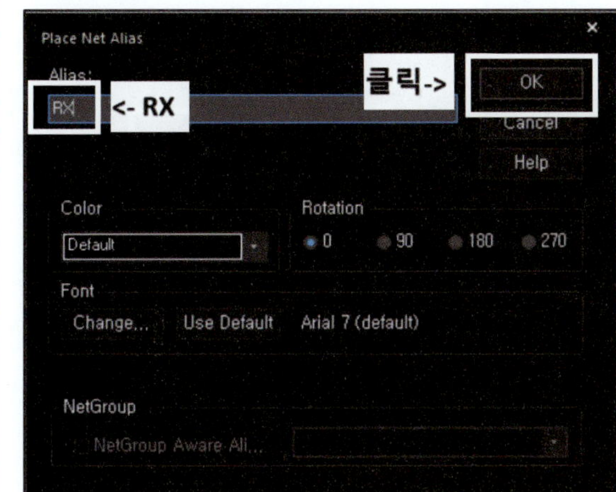

• Place Net Alias를 실행한다.
• 'RX'를 입력한 후 OK를 클릭한다.

• U3 6번 연결부를 클릭한 후 J1 10번 연결부를 클릭한다.

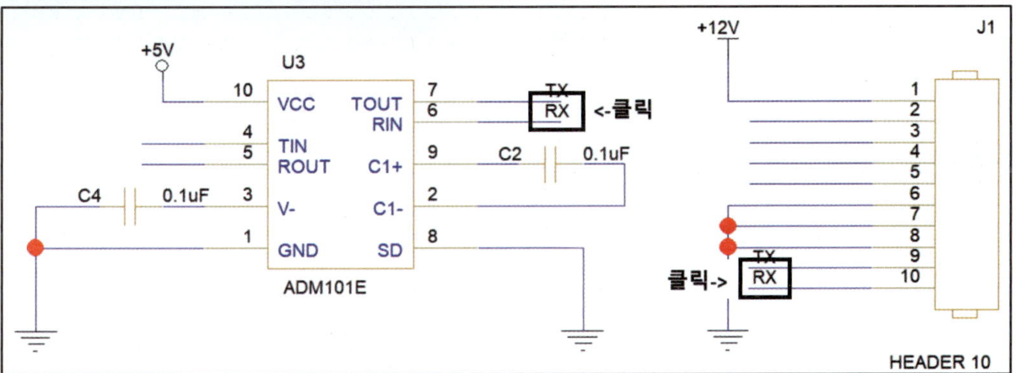

• 네트 이름이 숫자로 끝날 때는 1씩 업카운트된다.

예			
PC0	U1의 23번 연결부	PC0	J2에 1번 연결부
PC1	U1의 24번 연결부	PC1	J2에 2번 연결부
PC2	U1의 25번 연결부	PC2	J2에 3번 연결부
PC3	U1의 26번 연결부	PC3	J2에 4번 연결부
PC4	U1의 27번 연결부	PC4	J2에 5번 연결부

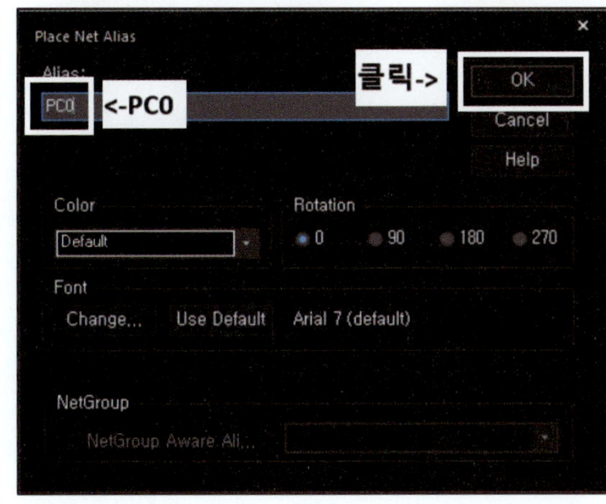

• Place Net Alias를 실행한다.
• 'PC0'를 입력한 후 OK를 클릭한다.

- U1의 23~27번 연결부를 차례대로 클릭하여 네트 이름을 설정한 후 Place Net Alias를 다시 실행한다.
- Alias에 'PC0'를 다시 입력한 후 OK를 클릭한다.

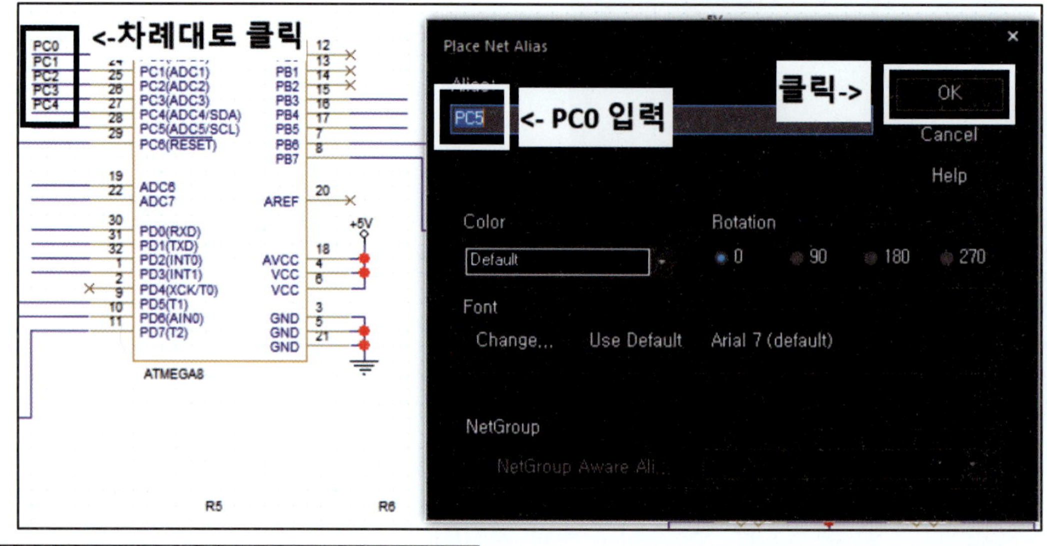

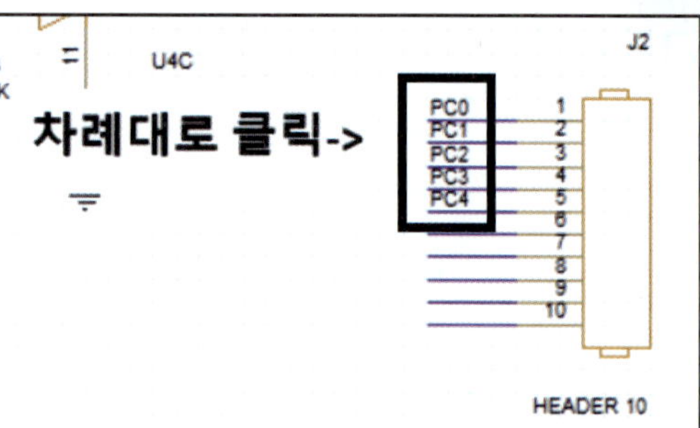

- J1의 1~5번 연결부를 차례대로 클릭하여 네트 이름을 설정한다.

③ 네트 이름까지 설정하여 회로도를 완성한다.

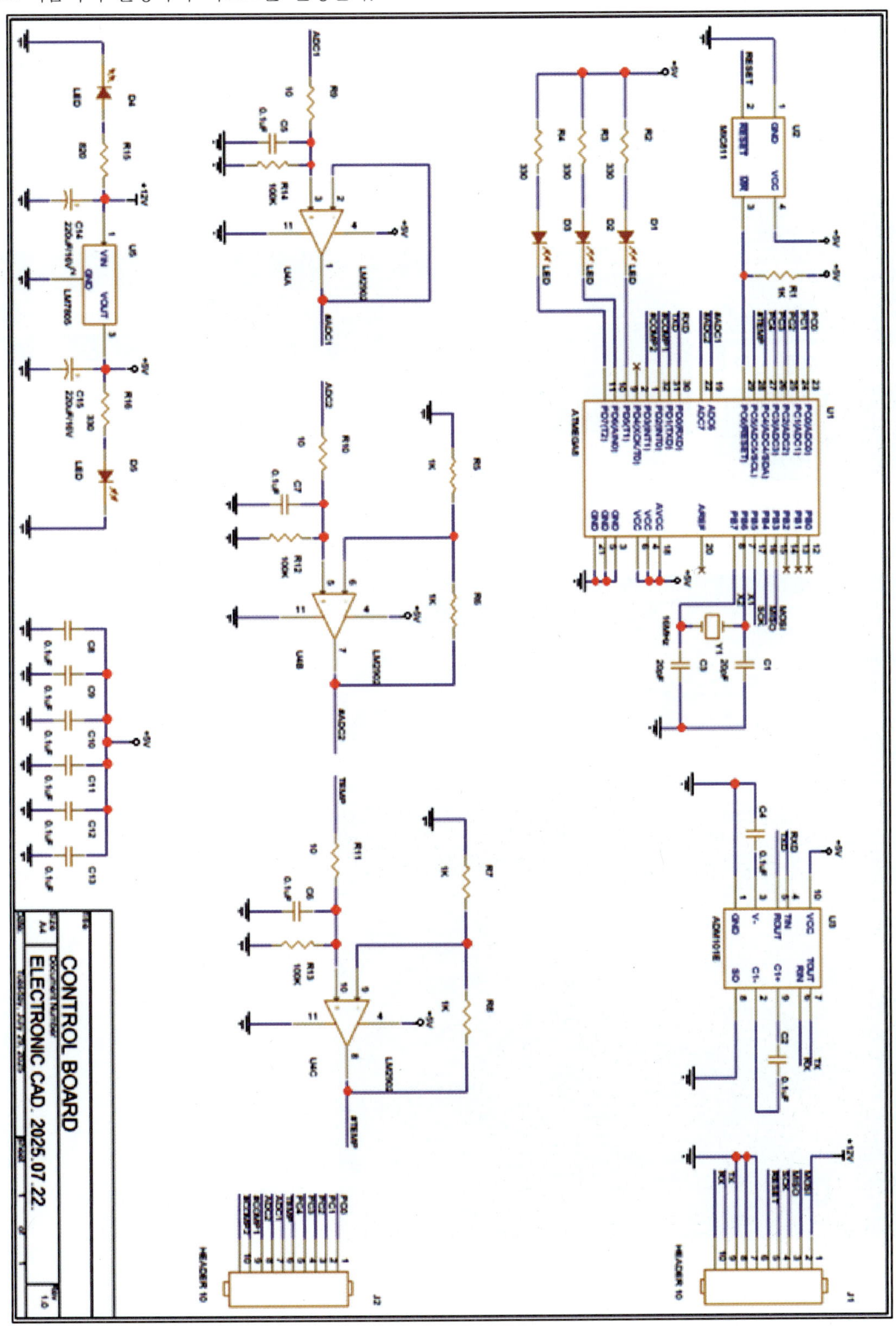

6) Annotate(부품 참조번호 자동 부여)

부품의 참조번호를 자동으로 부여하는 기능이다(하지 않아도 된다).

① 프로젝트 매니저창에서 control board.dsn, SCHEMATIC1, PAGE1 중 하나를 선택하고, Capture Toolbar를 활성화시킨다.

② Capture Toolbar가 활성화되면 (Annotate) 또는 Menu → Tools → Annotate를 클릭한다.

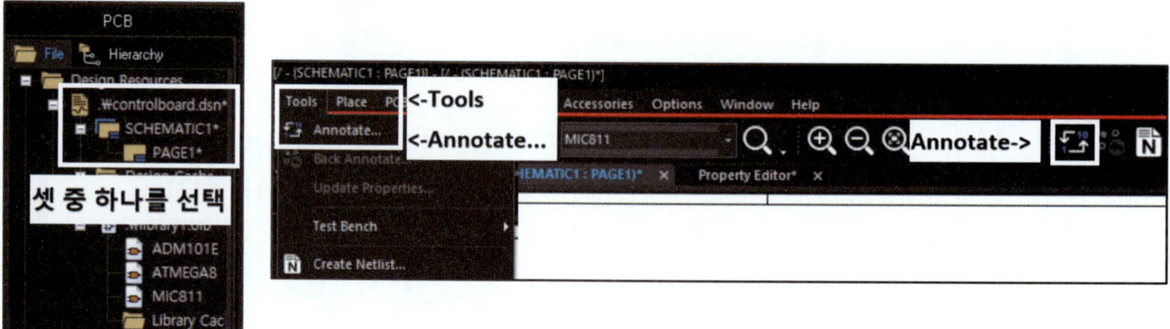

- 참조번호를 "?"로 변경한 후 Incremental reference update를 실행한다.
- Reset part references to "?" : 참조번호를 "?"로 변경한다.

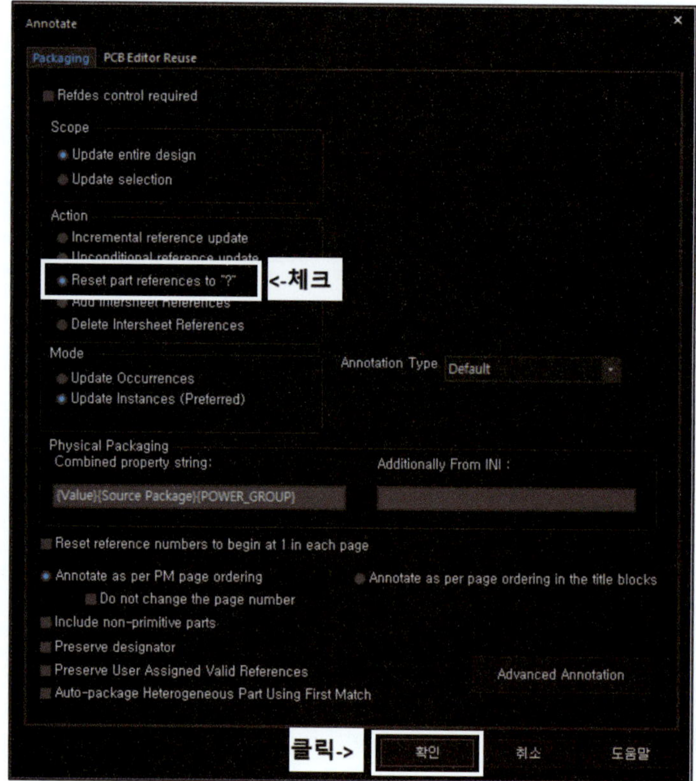

• 확인을 클릭하면 참조번호가 모두 "?"로 변경된다.

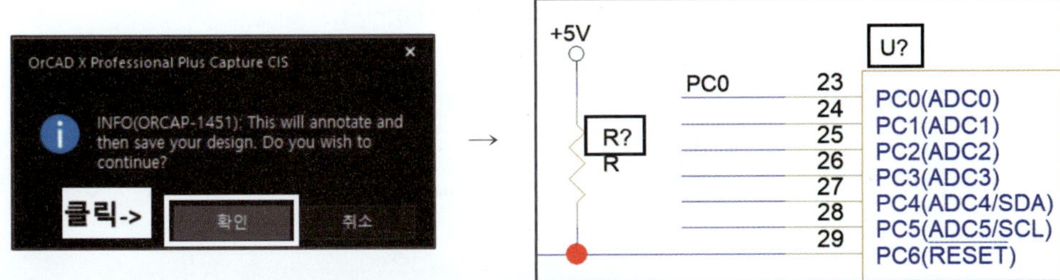

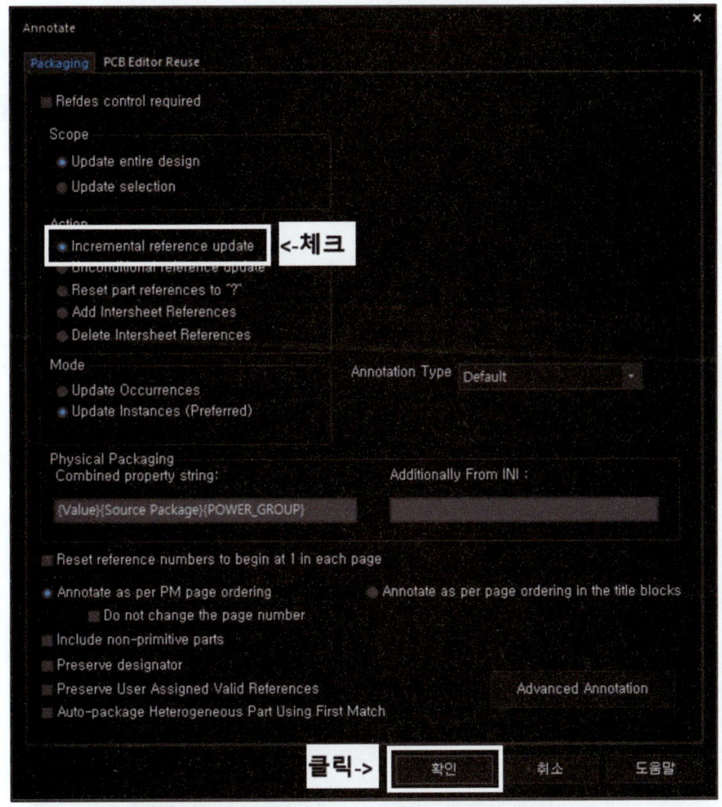

• 확인을 클릭하면 참조번호가 모두 업데이트된다.

• Incremental reference update : ?로 된 참조번호만 업데이트되고, 입력된 마지막 참조번호 이후의 번호가 입력된다.

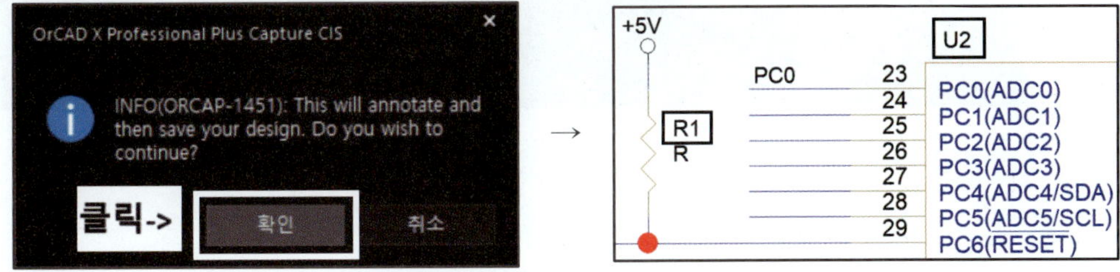

• Unconditional reference update : 참조번호를 1부터 다시 업데이트한다.

7) Design Rules Check

작성한 도면의 전기적·물리적 오류 발생 여부를 확인하는 기능이다.

① 프로젝트 매니저창에서 Control Board.dsn, SCHEMATIC1, PAGE1 중 하나를 선택하고, Capture Toolbar를 활성화시킨다.

② Capture Toolbar가 활성화되면 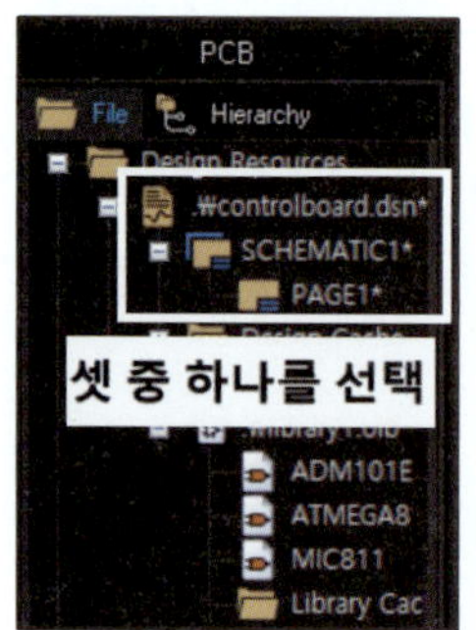(Design Rules Check) 또는 Menu → Tools → Design Rule Check를 클릭한다.

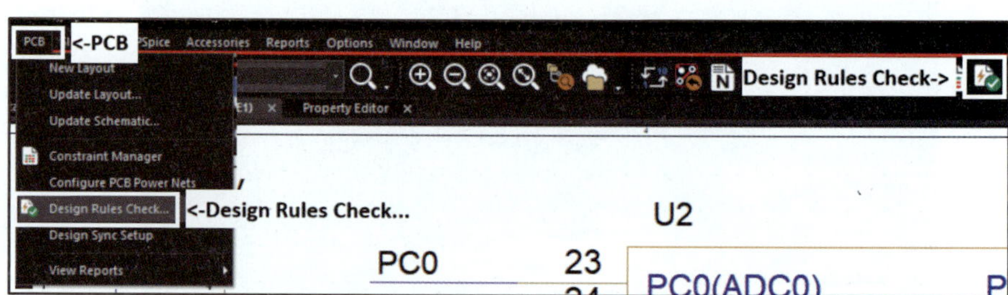

③ Design Rules Check를 실행시키면 다음과 같은 창이 생성된다.

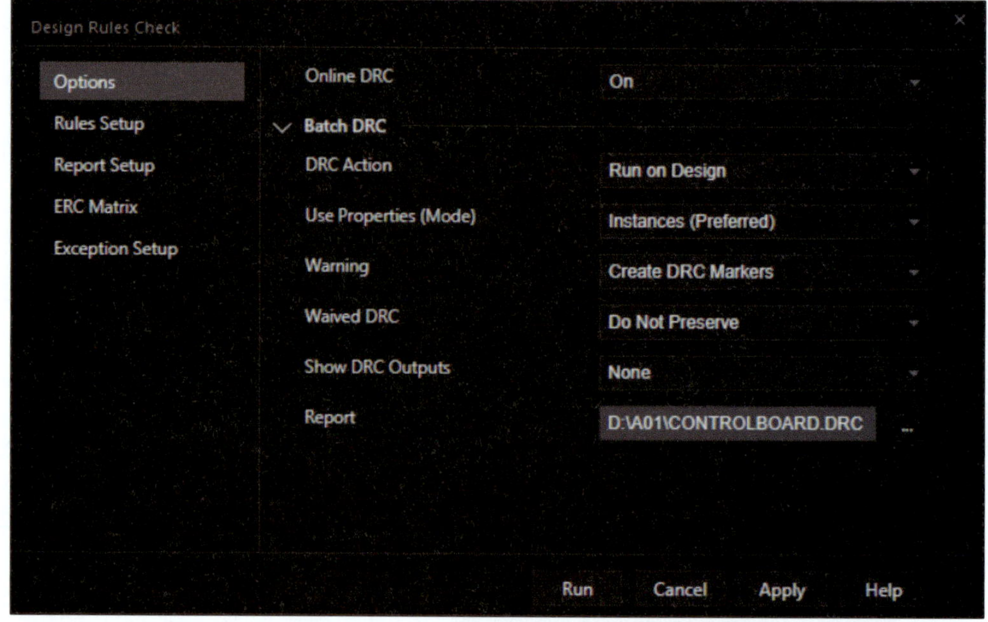

• Options
  − Warring : Create DRC Markers
  − Show DRC Outputs : Reports
  − Report : DRC 결과가 파일로 생성된다.

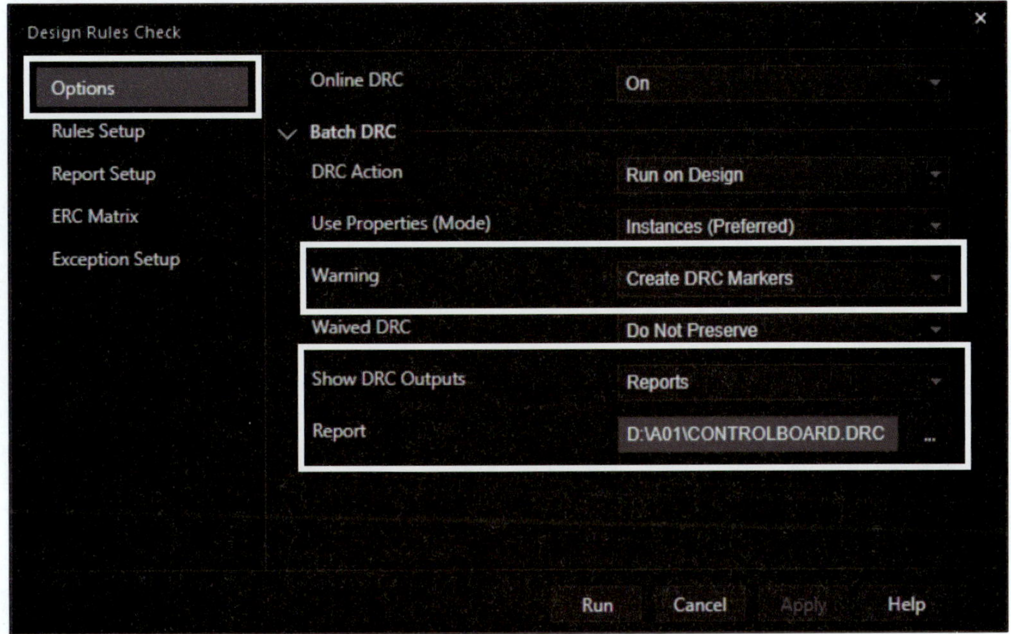

• Create DRC Markers : 에러가 난 부분은 다음과 같이 DRC Markers로 표시된다. DRC Markers에 커서를 위치시키면 에러 내용이 나온다.

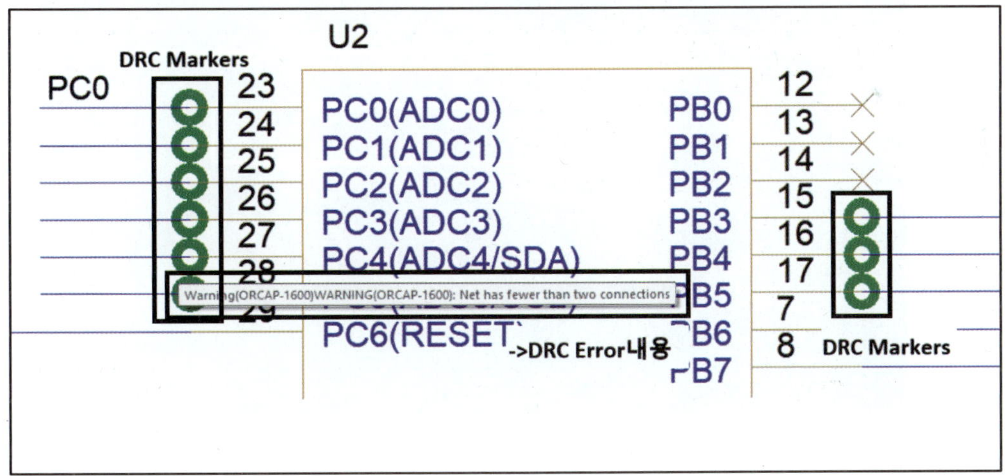

• 프로젝트 매니저창에서 controlboard.drc 파일을 더블클릭하면 DRC Report 내용이 출력된다.

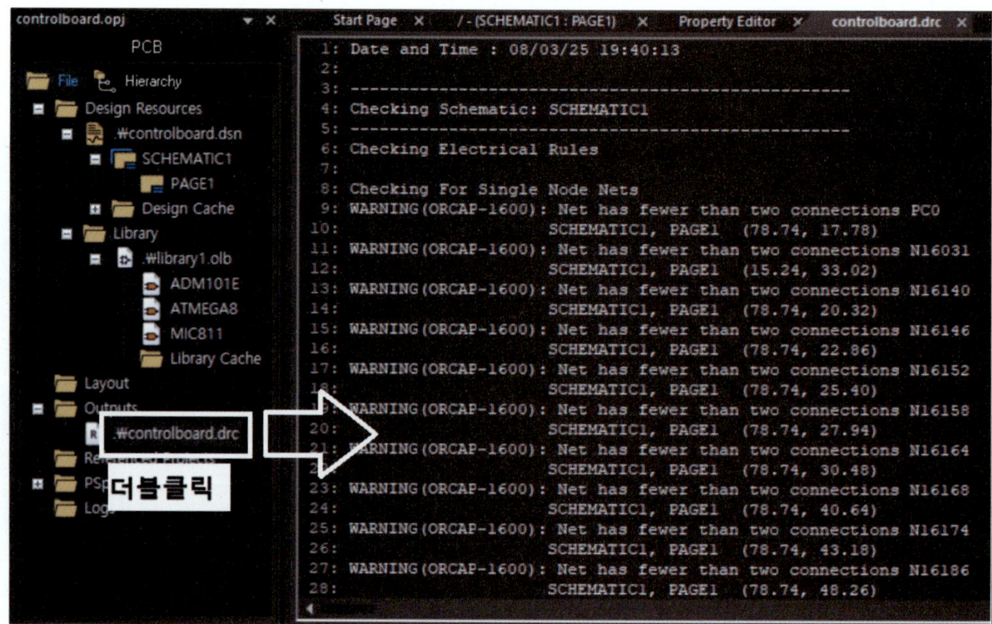

• Rules Setup

– Electrical Rules : 체크 후 다음과 같이 5개 항목을 체크한다(Online은 체크하지 않아도 된다).

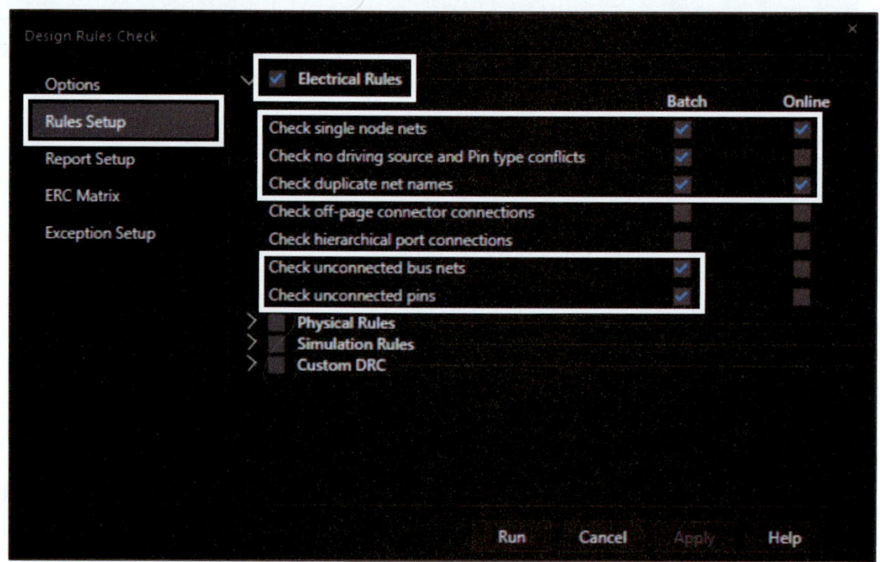

Electrical Rules	
	Check single node nets : 연결되지 않는 Wire 검사
	Check no driving source and Pin type conflicts : ERC Matrix에 따른 검사
	Check duplicate net names : 네트 이름 중복 검사
	Check off-page connector connections : Off page connector 사용 시 페이지 연결 여부 검사
	Check hierarchical port connections : 계층구조 도면 연결 검사
	Check unconnected bus nets : 네트와 버스에 미연결 네트 검사
	Check unconnected pins : 배선에 연결되지 않은 핀 검사

- Report Setup
  - Electrical DRC Reports : 체크

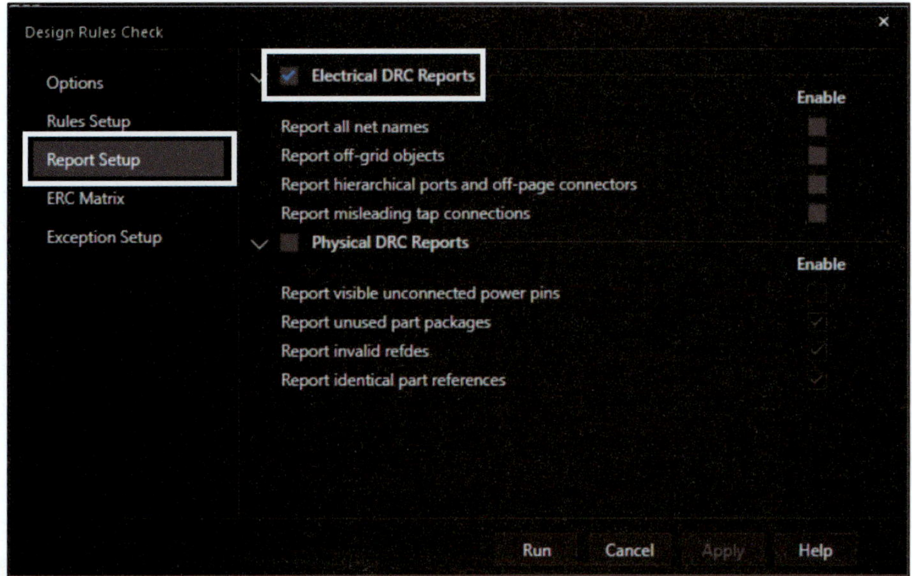

Reports	Report all net names : 회로도에 있는 모든 네트 이름 출력
	Report off-grid objects : Grid를 무시한 설계 요소 출력
	Report hierarchical ports and off-page connectors : 계층도면 port와 off-page connectors 출력
	Report misleading tap connections : 버스에 연결된 네트 이름 비교 후 잘못된 네트 이름 출력

- Run을 클릭하면 다음과 같이 .DRC 파일을 열 수 있는 앱을 선택할 수 있다. 여기서 메모장을 선택하고 '항상', '한 번만' 중 하나를 클릭하면 DRC Report 내용이 메모장으로 출력된다.

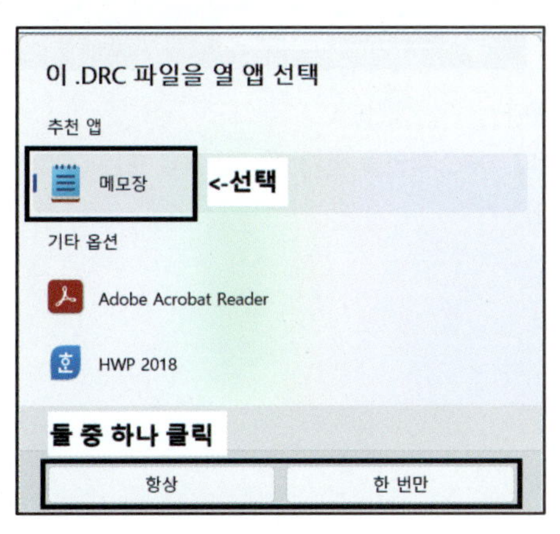

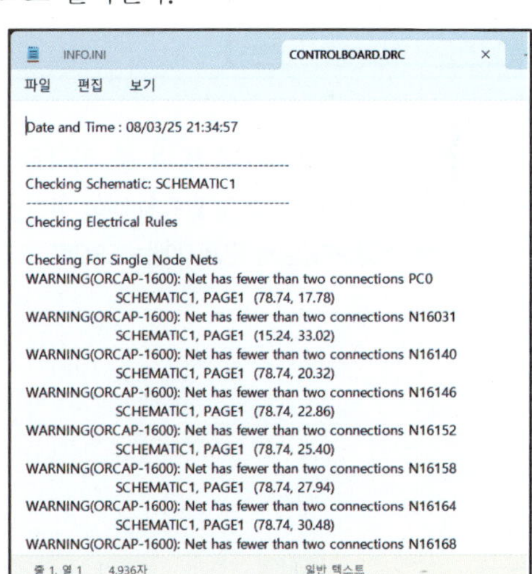

④ ERC Matrix

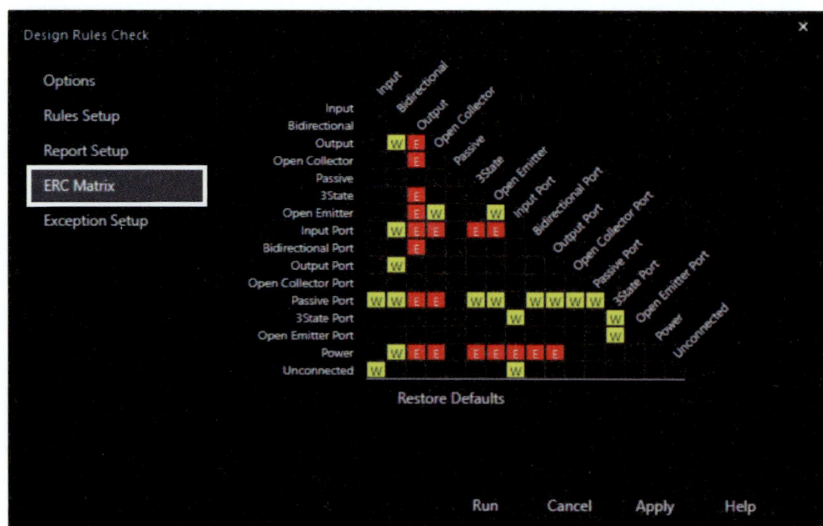

• W(Wrong) : 경고
• E(Error) : 오류(클릭하여 변경 가능하다)

• 에러가 없으면 다음과 같은 메시지가 출력된다.

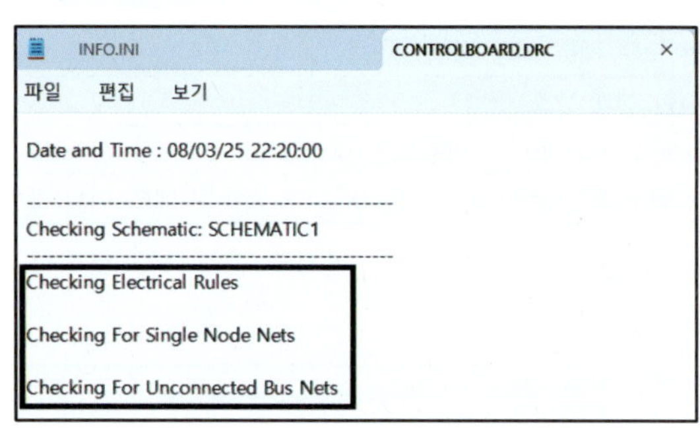

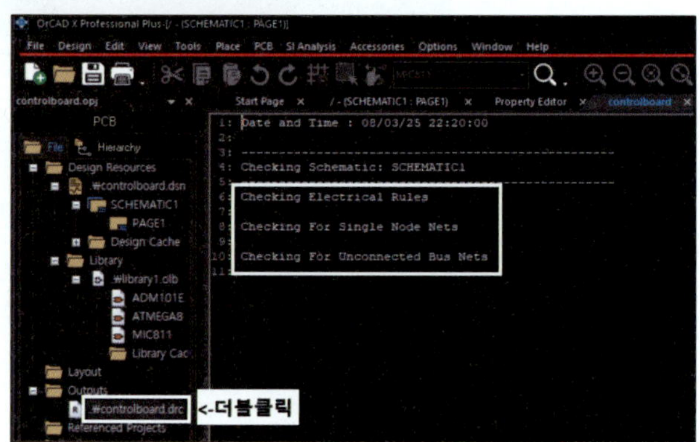

• DRC 결과 확인은 두 가지 방법 중 하나로 받으면 된다.

  ※ 전자캐드기능사 실기시험 시 반드시 DRC 확인을 받아야 한다. DRC 확인을 받지 아니한 경우 또는 DRC를 통과하지 못한 경우 실격으로 처리된다(실제 문제지에는 ERC로 표기되어 있다).

(1) Footprint

PCB Editor에서 사용하는 부품의 심벌로, 실제 부품의 크기와 같기 때문에 정확한 Footprint를 사용한다. 전자캐드기능사 공개문제(CONTROL BOARD)에서 사용하는 Footprint는 다음과 같다.

PART명	Footprint	심 벌	PART명	Footprint	심 벌
ATMEGA8	TQFP32		LM2902	SOIC14	
MIC811	SOT143		LM7805	TO220AB	
R, CAP NP (C1~C13)	SMR0603		LED	CAP196	
CRYSTAL	CRYSTAL (제작)		HEADER10	HEADER10 (제작)	
ADM101E	ADM101E (제작)		CAP (C14~C15)	D55 (제작)	

※ C1~C13는 SMR0603을 사용해도 무방하다. 극성이 없으며 SMC0603과 크기와 모양이 같다.

[SMR0603]   [SMC0603]

※ ADM101E(260쪽), HEADER10(286쪽), CRYSTAL(302쪽), D55(273쪽)는 OrCAD에서 제공하지 않기 때문에 직접 만들어야 한다 (만드는 방법은 각 페이지에서 설명).

① PART 중 하나를 선택한다.

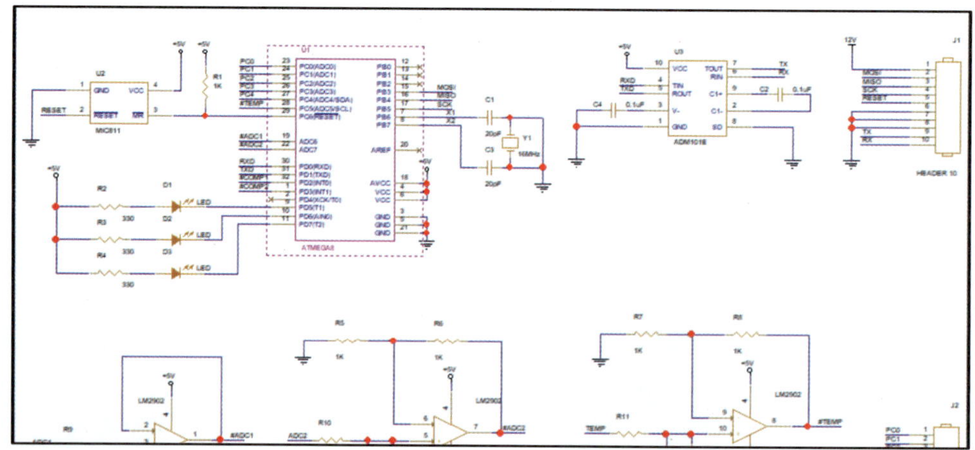

② Ctrl+A를 이용하여 모든 PART를 선택한 후 더블클릭 또는 마우스 우측 버튼 클릭하면 Edit Properties 창이
생성된다.

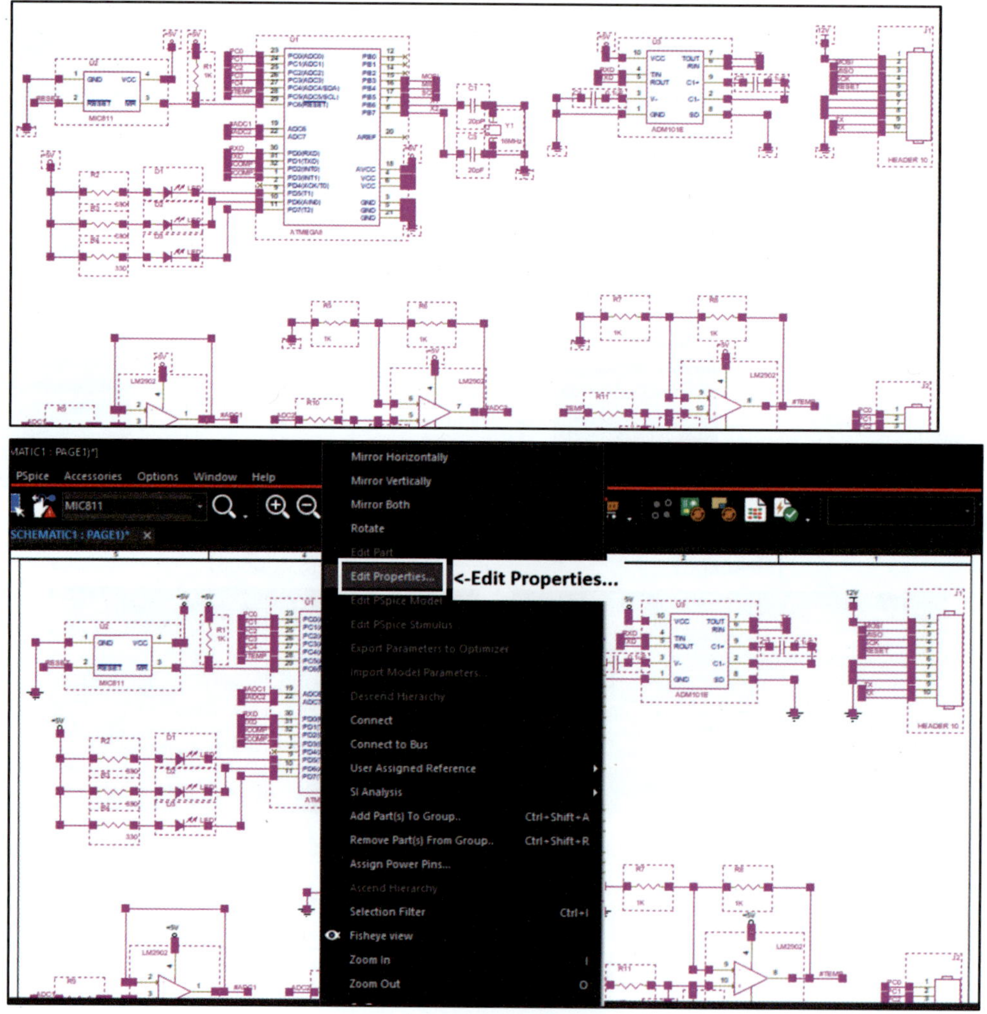

③ Property Editor 창이 생성되면 화면의 좌측 하단부에 Parts 탭을 클릭한다.

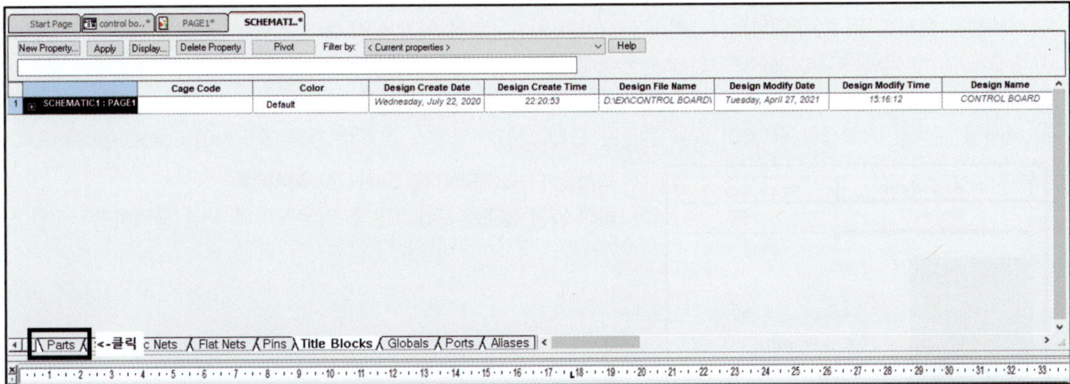

④ PCB Footprint에 'Footprint'를 입력한다(띄어쓰기 안 됨).

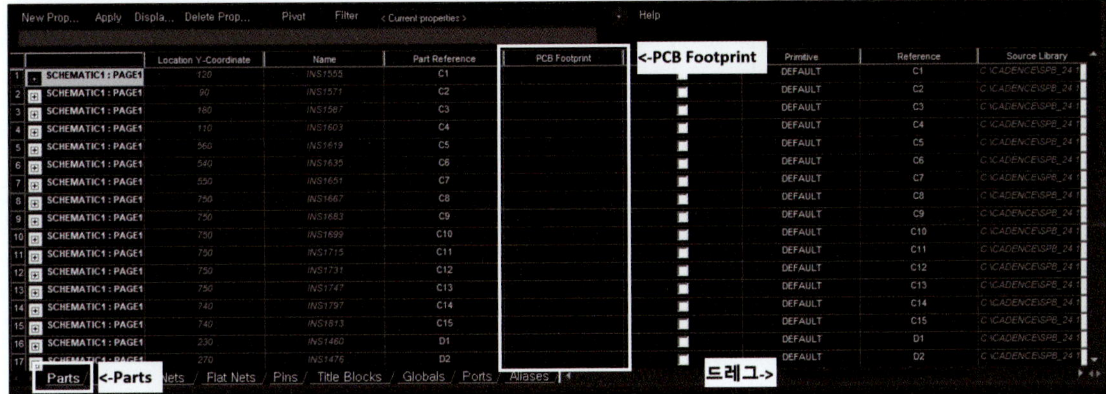

• 다음과 같은 방법으로도 Footprint 입력이 가능하다.

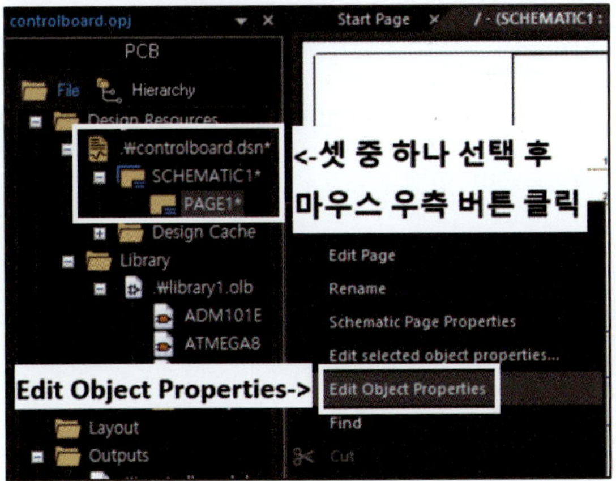

24.1 버전은 숫자로 끝나는 FOOTPRINT를 드래그하면 업카운트가 되어서 각 셀에 입력된다. 예를 들어 SMR0603을 입력하고 드래그하면 SMR0604, SMR0605, SMR0606과 같이 입력된다. 여러 Part의 Footprint를 한 번에 붙여넣기하는 방법은 다음과 같다.

① 복사할 내용을 Ctrl+C한 후 붙여 넣을 칸들을 드래그하고, 마우스 우측 버튼을 클릭하여 Edit로 편집한다.

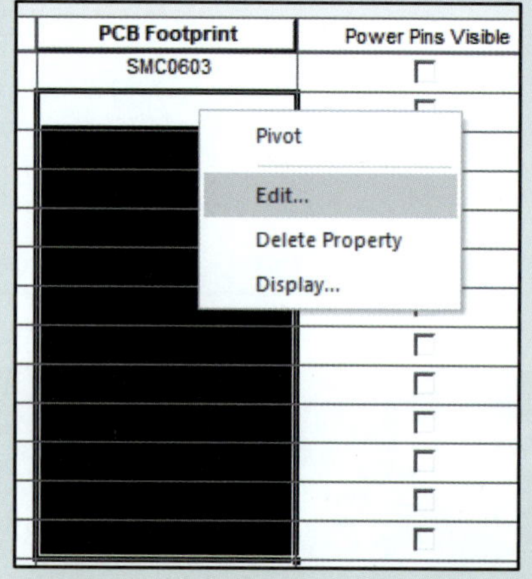

② 복사할 FOOTPRINT를 Ctrl+C로 복사한다.

③ 붙여 넣을 셀들을 드래그한 후 마우스 우측 버튼 클릭하고 Edit를 선택한다.

④ 셀에 'FOOTPRINT'를 입력한 후 OK를 클릭한다.

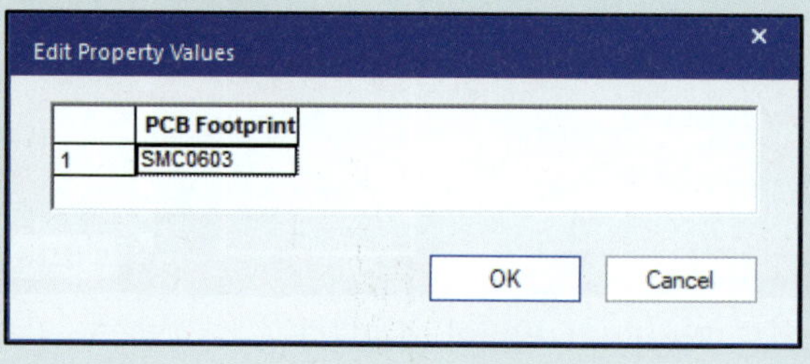

9) PCB Layout

OrCAD Capture에서 작성한 도면을 PCB Editor에서 작업할 수 있도록 보드파일(.brd)로 만들어 주는 과정이다.

① Menu → PCB → New Layout 선택

② OK를 클릭한다.

③ 이상 없이 보드 파일이 생성되면 PCB Editor가 실행된다.

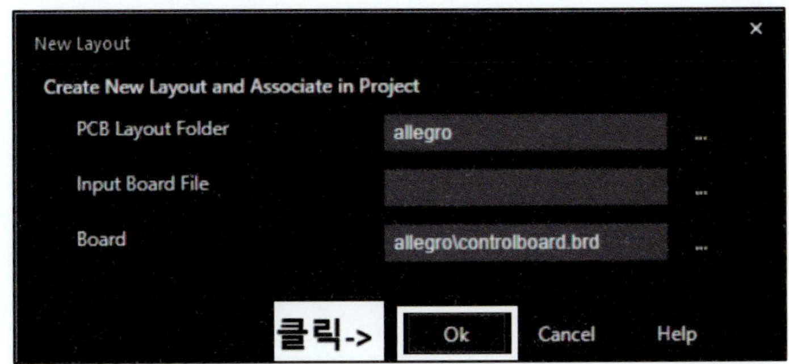

※ 반드시 Footprint 심벌을 그리고 Footprint 입력한 후에 수행해야 한다.

④ 이상이 없으면 PCB Editor가 실행된다. Capture의 세션 로그창에는 다음과 같은 메시지가 표시된다.

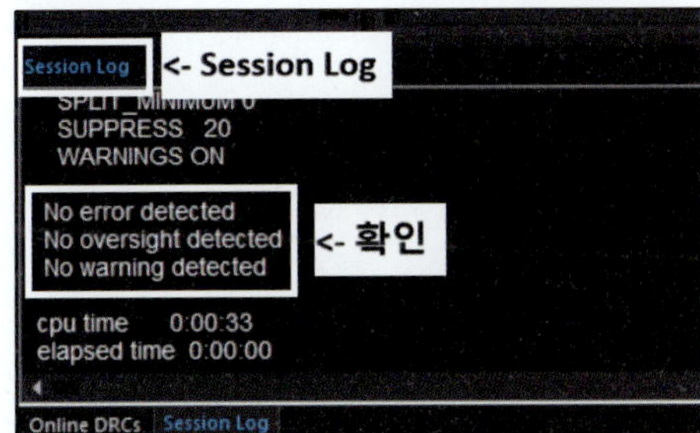

⑤ PCB Layout 수행 중 에러가 발생하면 세션 로그창에 다음과 같은 메시지가 표시된다. 이 메시지를 보고 잘못된 부분을 수정한다.

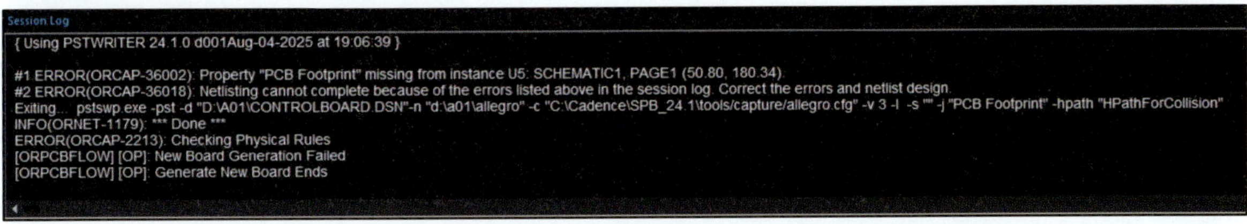

※ PCB Layout에서 에러가 발생하는 이유는 대부분 Footprint를 잘못 입력(오기입, 공백 발생, 특수문자 사용)하거나 Footprint가 있는 라이브러리 경로가 설정되지 않은 경우이다(라이브러리 경로 설정 330쪽 참조).

PCB Layout 시 자주 발생하는 ERROR 및 WARNING

① ERROR(SPMHNI-191) : Footprint 사용이 잘못된 경우

② ERROR(SPMHNI-195), ERROR(SPMHNI-196) : Part 핀 수와 Footprint 핀 수 불일치

> ERROR(SPMHNI-196): Symbol 'TO220AB' for device 'LED_TO220AB_LED' has extra pin '3'.

→LED(2핀) Footprint에 LM7805(3핀) Footprint(TO220AB)를 사용한다.

③ ERROR(ORCAP-36002) : Footprint가 누락된 경우

> #1 ERROR(ORCAP-36002): Property "PCB Footprint" missing from instance U3: SCHEMATIC1, PAGE1 (198.12, 15.24).

→U3 Footprint의 누락으로 발생한 에러이다.

④ ERROR(ORCAP-36040) : 핀의 NC 설정이 잘못된 경우

> #6 ERROR(ORCAP-36040): Pin Number "4" specified in "NC" property also found on Pin V+ of Package LM2902_4 , : SCHEMATIC1, PAGE1 (48.26, 124.46).

→LM2902에서 전원 핀으로 사용하고 있는 4번 핀을 NC로 설정하여 발생한 에러이다.

⑤ WARNING(SPMHNI-192) : 잘못된 속성의 Footprint를 입력한 경우

> #1   WARNING(SPMHNI-192): Device/Symbol check warning detected. [help]
>
> WARNING(SPMHNI-194): Symbol 'CRYSTOL' used by RefDes Y1 for device 'CRYSTAL, CRYSTOL, 16MHZ' not found.
> The symbol either does not exist in the library path (PSMPATH) or is an old symbol from a previous release.
>
> Set the correct library path if not set or use dbdoctor to migrate old symbols.

→CRYSTAL을 CRYSTOL로 입력하여 발생한 에러이다.

⑥ WARNING(ORCAP-36006) : Device명이 긴 경우(변경하지 않아도 됨)

⑦ ERROR(ORCAP-36071) : Footprint에 띄어쓰기 및 특수문자를 사용한 경우

> #1 ERROR(ORCAP-36071): Illegal character "White space" found in "PCB Footprint" property for component instance U4A: SCHEMATIC1, PAGE1 (48.26, 124.46) .
> #2 ERROR(ORCAP-36071): Illegal character "White space" found in "PCB Footprint" property for component instance U4B: SCHEMATIC1, PAGE1 (132.08, 116.84) .
> #3 ERROR(ORCAP-36071): Illegal character "White space" found in "PCB Footprint" property for component instance U4C: SCHEMATIC1, PAGE1 (213.36, 106.68) .

→Footprint 입력 시 공백(White space)이 발생하여 생긴 에러이다.

⑧ WARNING(ORCAP-36042) : 같은 핀의 이름이 변경된 경우(변경하지 않아도 됨)

> #1 WARNING(ORCAP-36042): Pin "VCC" is renamed to "VCC#4" as visible power pin of same name already exists in Package atmega8 , U1: SCHEMATIC1, PAGE1 (93.98, 15.24).
> #2 WARNING(ORCAP-36042): Pin "VCC" is renamed to "VCC#6" as visible power pin of same name already exists in Package atmega8 , U1: SCHEMATIC1, PAGE1 (93.98, 15.24).
> #3 WARNING(ORCAP-36042): Pin "GND" is renamed to "GND#3" as visible power pin of same name already exists in Package atmega8 , U1: SCHEMATIC1, PAGE1 (93.98, 15.24).
> #4 WARNING(ORCAP-36042): Pin "GND" is renamed to "GND#5" as visible power pin of same name already exists in Package atmega8 , U1: SCHEMATIC1, PAGE1 (93.98, 15.24).
> #5 WARNING(ORCAP-36042): Pin "GND" is renamed to "GND#21" as visible power pin of same name already exists in Package atmega8 , U1: SCHEMATIC1, PAGE1 (93.98, 15.24).

→U1에 같은 이름을 갖는 핀이 많으니 사용 시 주의하라는 메시지이다.

Padstack Editor

1 Padstack Editor 시작

Padstack Editor는 VIA나 Footprint에 사용되는 패드를 만들 때 사용하는 프로그램이다.

Window 시작 → Cadence PCB Utillitiese 24.1 → 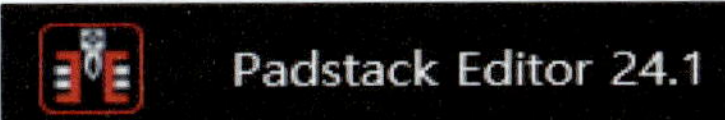

2 VIA 만들기

VIA는 PCB에 있는 Hole의 일종으로, 이 Hole의 내부는 금속으로 도금되어 있어 Layer와 Layer가 연결되어 있다. VIA의 이런 특성을 이용하여 서로 다른 Layer에 있는 패턴을 연결한다.

[공개문제 요구사항]		

10) 비아(VIA)의 설정

비아의 종류	속 성	
	드릴 홀 크기(Hole Size)	패드 크기(Pad Size)
Power VIA(전원선 연결)	0.4mm	0.8mm
Standard VIA(그 외 연결)	0.3mm	0.6mm

1) Standard VIA 만들기

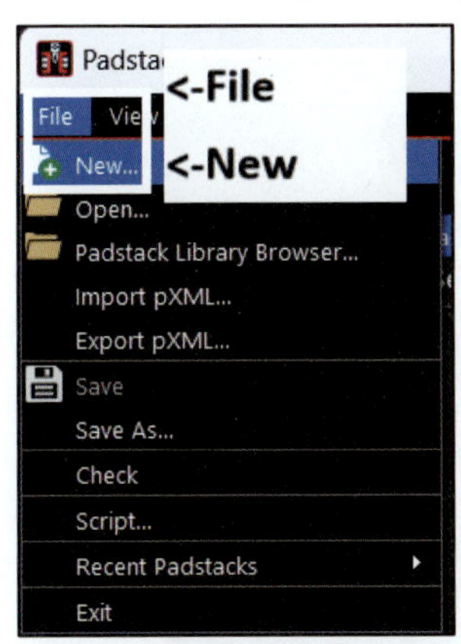

① Padstack Editor 24.1 을 실행한다.

② File → New

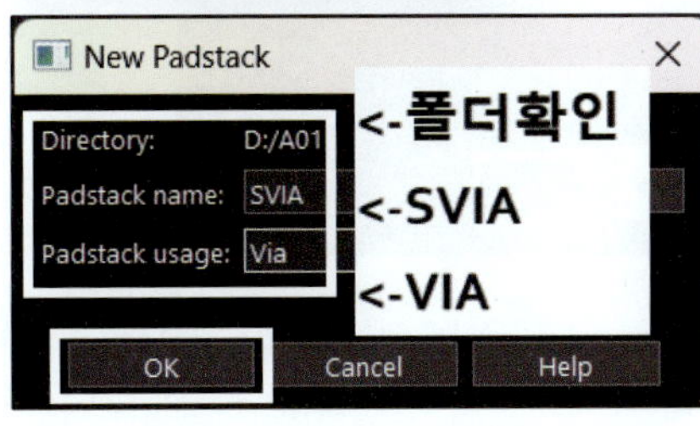

③ Directory에서 저장되는 경로를 확인한다.

④ Padstack name : SVIA

⑤ Padstack usage : VIA

⑥ OK를 클릭한다.

⑦ VIA 모양 : Circle

⑧ Units : Millimeter(단위 변경을 묻는 창이 뜨면 Yes를 클릭한다)

⑨ Decimal places : 1(사용할 소수점 자리는 4를 써도 무방하다)

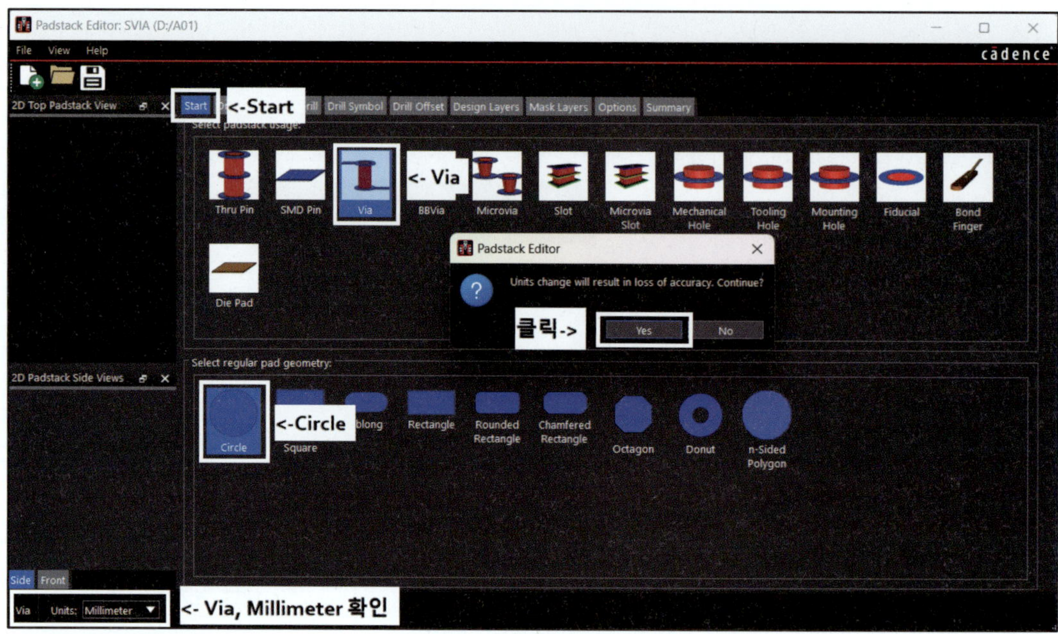

⑩ Drill 탭으로 이동한다.

- Hole type : Circle
- Finished diameter : 0.3

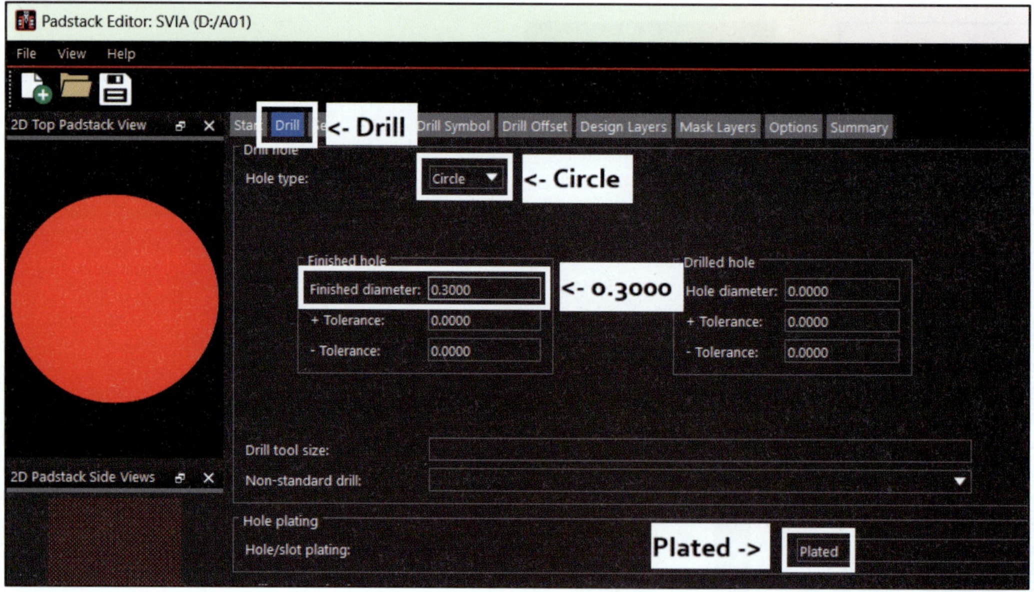

⑪ Design Layers 탭으로 이동한다.

- Geometry : Circle

- Diameter : 0.6

- 커서를 Circle 0.6000으로 이동한다.

- 마우스 우측 버튼을 클릭하여 Copy를 선택한다.

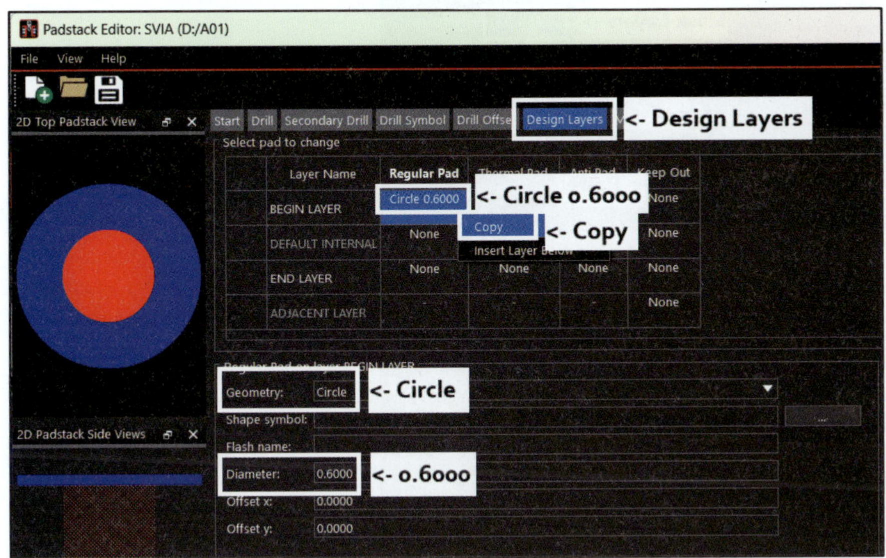

- Circle 0.6000이 입력된 셀을 END LAYER까지 드래그한다.

- 마우스 우측 버튼을 클릭하여 Paste를 클릭하면 Circle 0.6000이 END LAYER까지 복사된다.

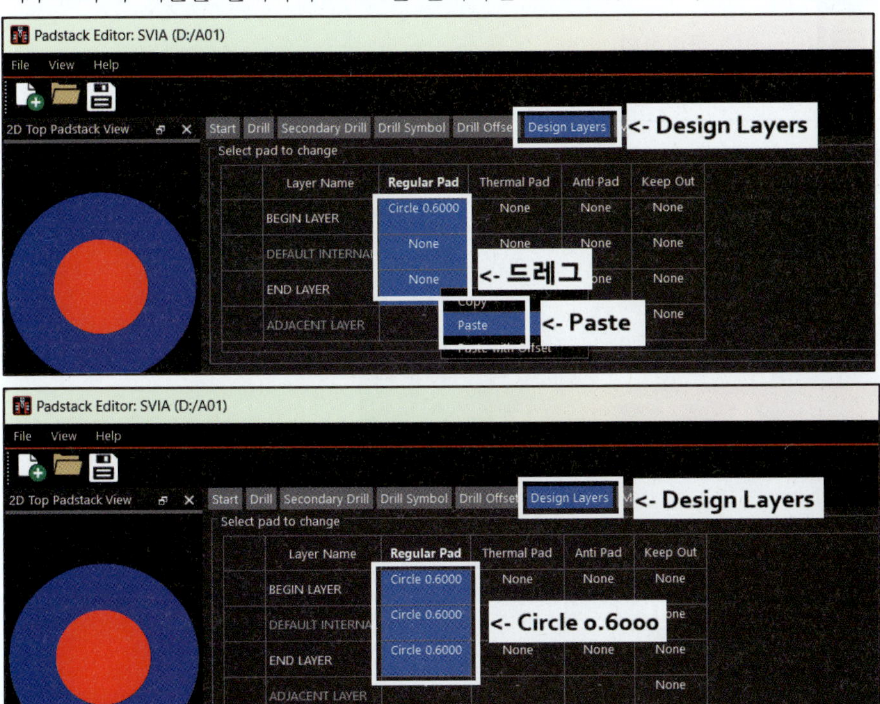

⑫ Mask Layers 탭으로 이동한다.

- SOLDERMASK_TOP의 None을 SOLDERMASK_BOTTOM까지 드래그한다.

- 마우스 우측 버튼을 클릭한 후 Paste를 선택한다.

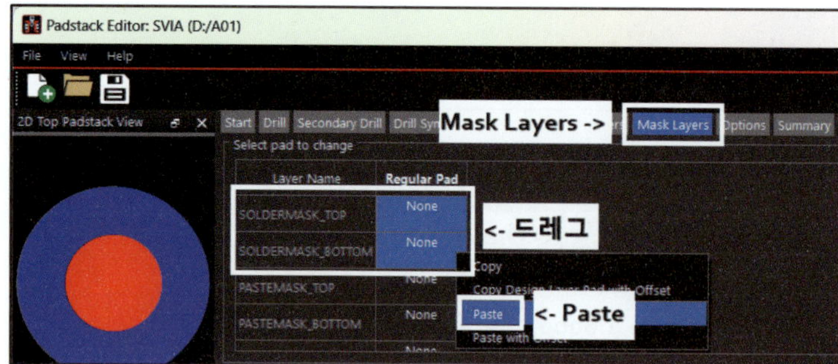

- Circle 0.6000이 SOLDERMASK_TOP과 SOLDERMASK_BOTTOM에 복사된다.

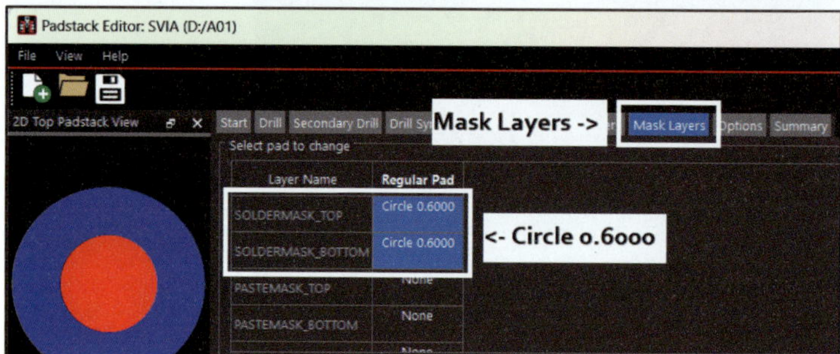

※ 실제 PCB를 제작할 때는 SOLDERMASK를 0.1 정도 크게 만들지만, 전자캐드기능사에서는 똑같이 해도 무방하다.

- File → Save 또는 (Save)를 클릭한다.

- 에러는 무시하고 Close를 클릭한 후 Yes를 클릭한다.

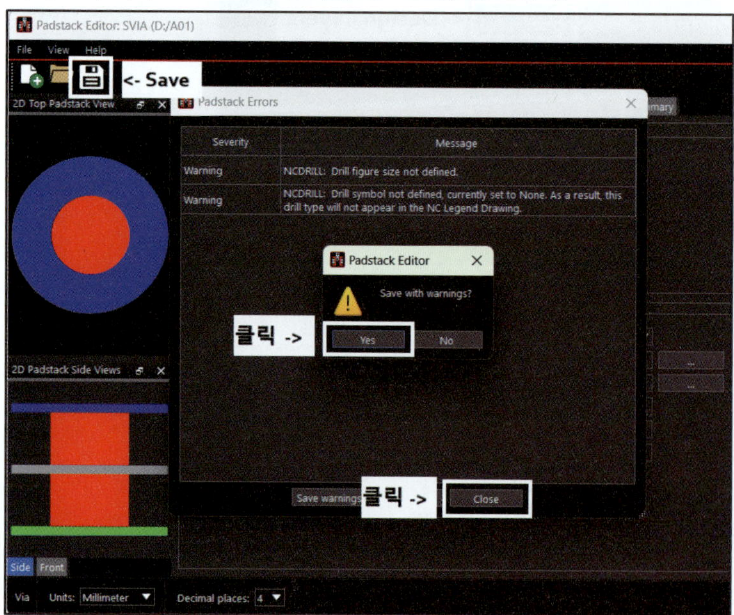

• 저장이 완료되면 화면 우측 하단에 'Padstack D:/A01/SVIA.pad saved' 메시지가 표시된다.

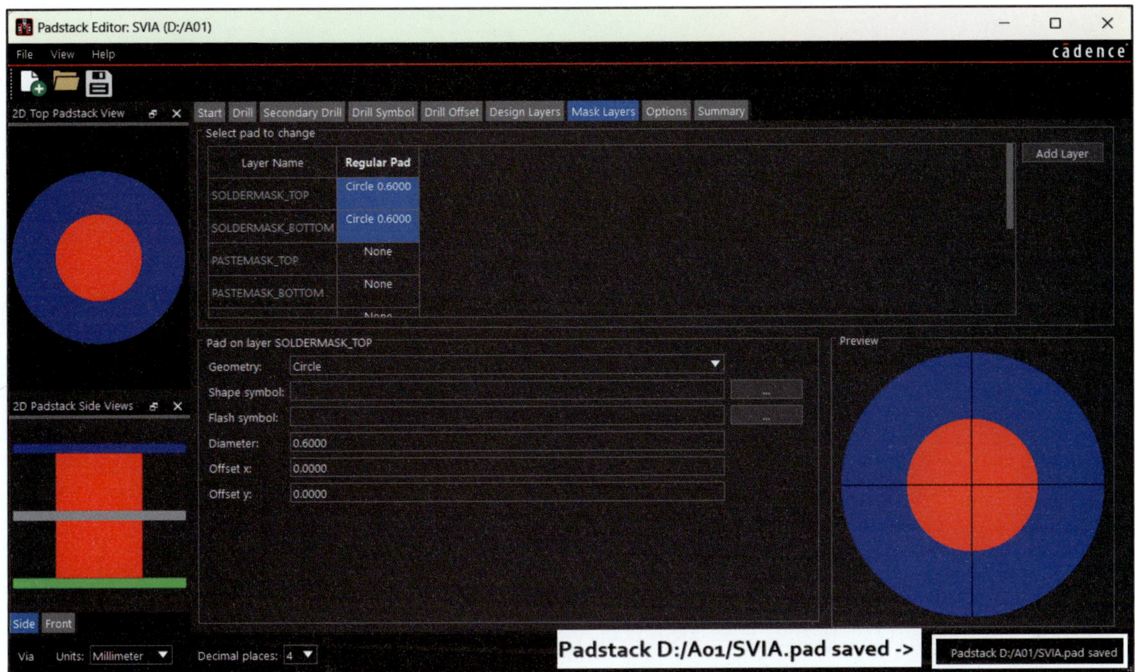

⑬ 프로젝트가 저장되는 폴더에 svia 파일이 생성된다.

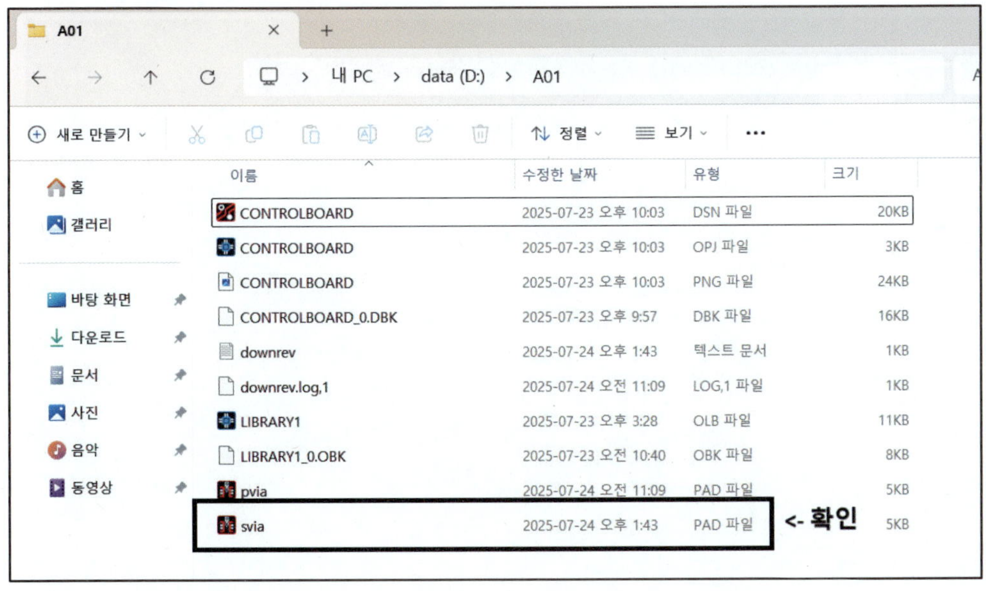

2) Power VIA 만들기

① File → New

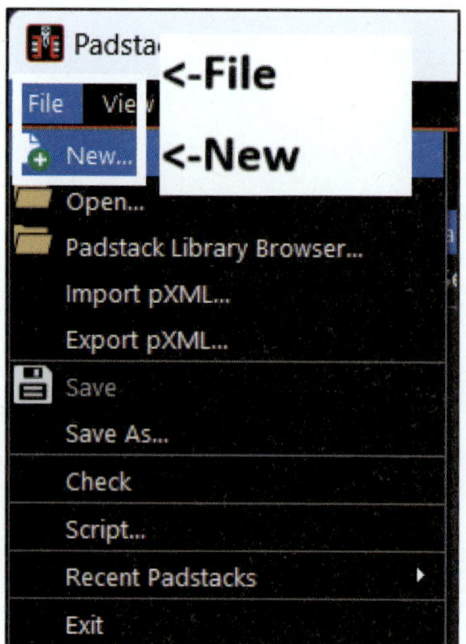

② VIA 모양 : Circle

③ Units : Millimeter(단위 변경을 묻는 창이 뜨면 Yes를 클릭한다)

④ Decimal places : 1(사용할 소수점 자리는 4를 써도 무방하다)

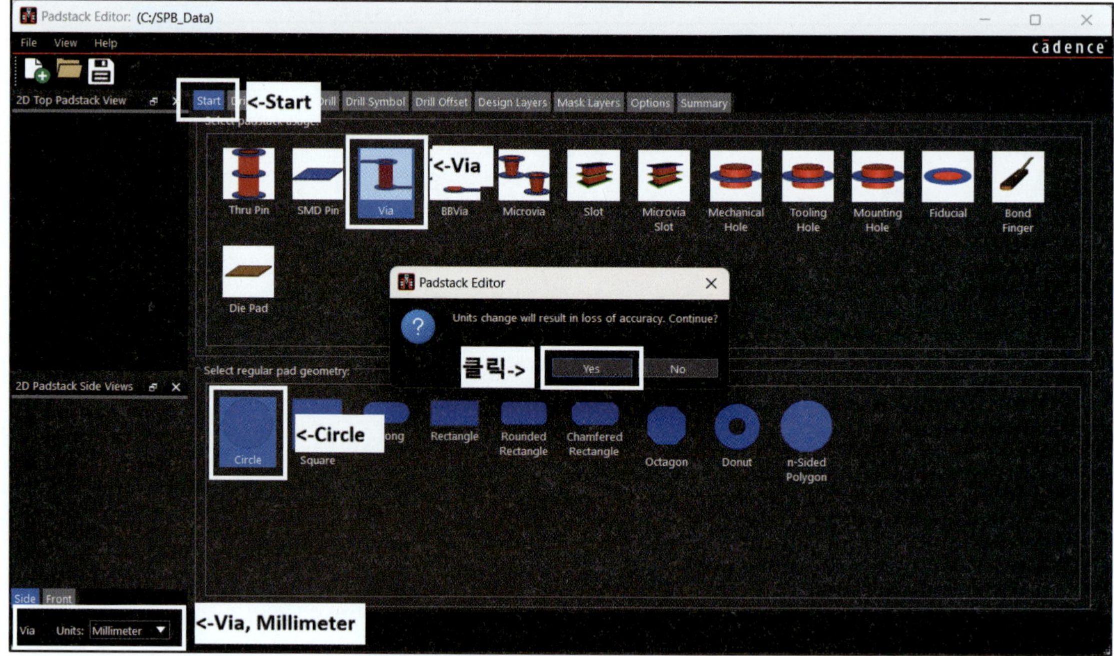

⑤ Drill 탭으로 이동한다.

- Hole type : Circle
- Finished diameter : 0.4

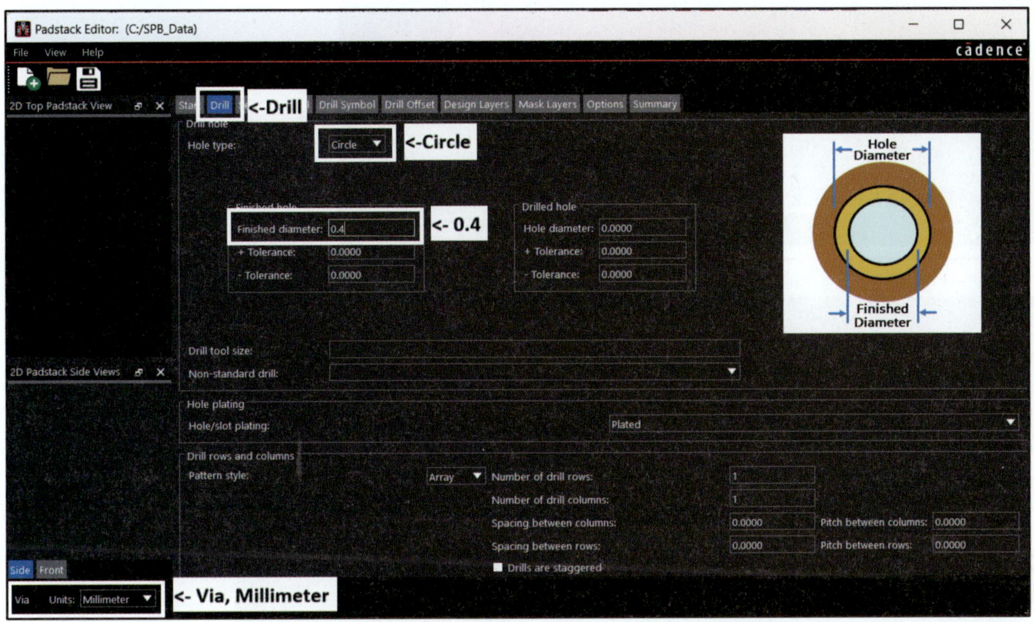

⑥ Design Layers 탭으로 이동한다.

- Geometry : Circle
- Diameter : 0.8
- 커서를 Circle 0.8000으로 이동한다.
- 마우스 우측 버튼을 클릭하여 Copy를 선택한다.

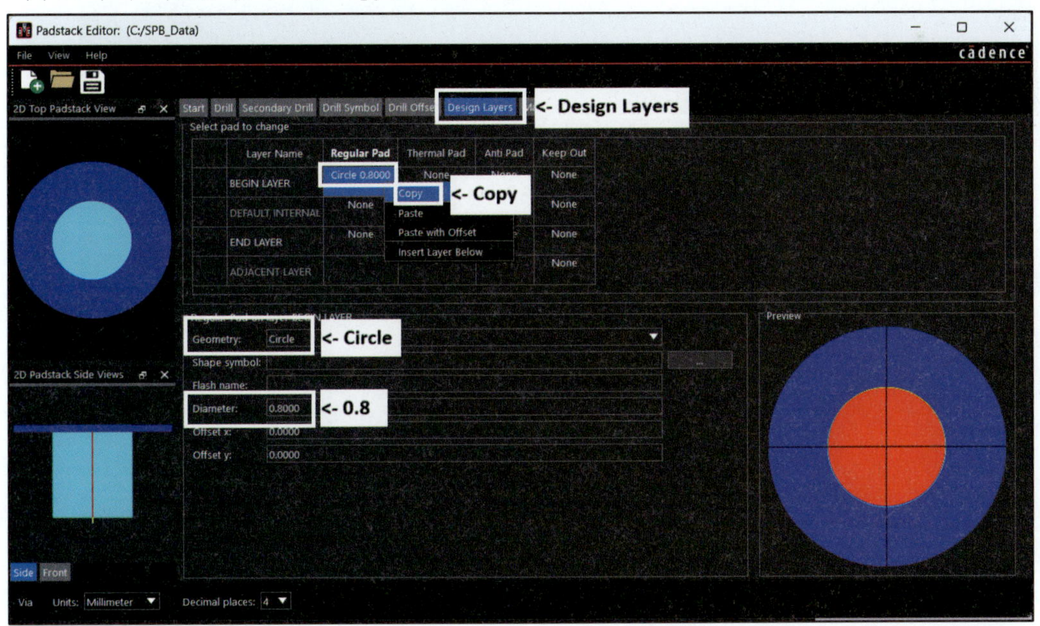

- Circle 0.8000이 입력된 셀을 END LAYER까지 드래그한다.
- 마우스 우측 버튼을 클릭하여 Paste를 클릭하면 Circle 0.8000이 END LAYER까지 복사된다.

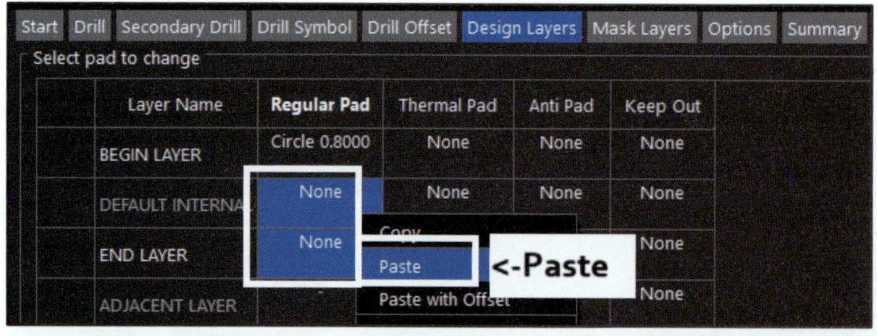
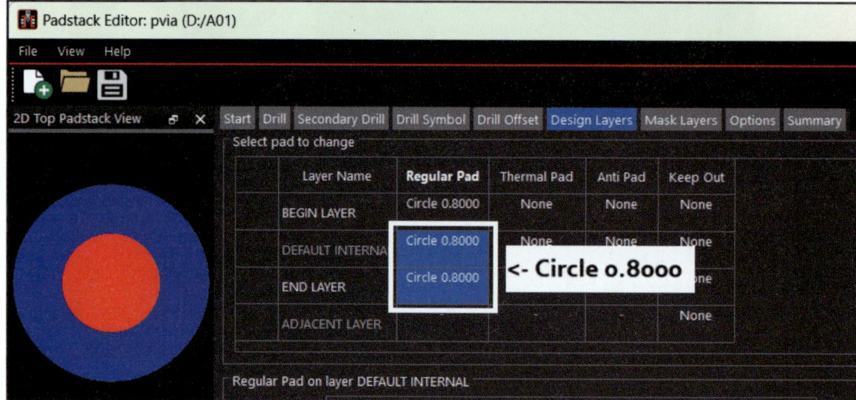

⑦ Mask Layers 탭으로 이동한다.

- SOLDERMASK_TOP의 None을 SOLDERMASK_BOTTOM까지 드래그한다.
- 마우스 우측 버튼을 클릭한 후 Paste를 선택한다.

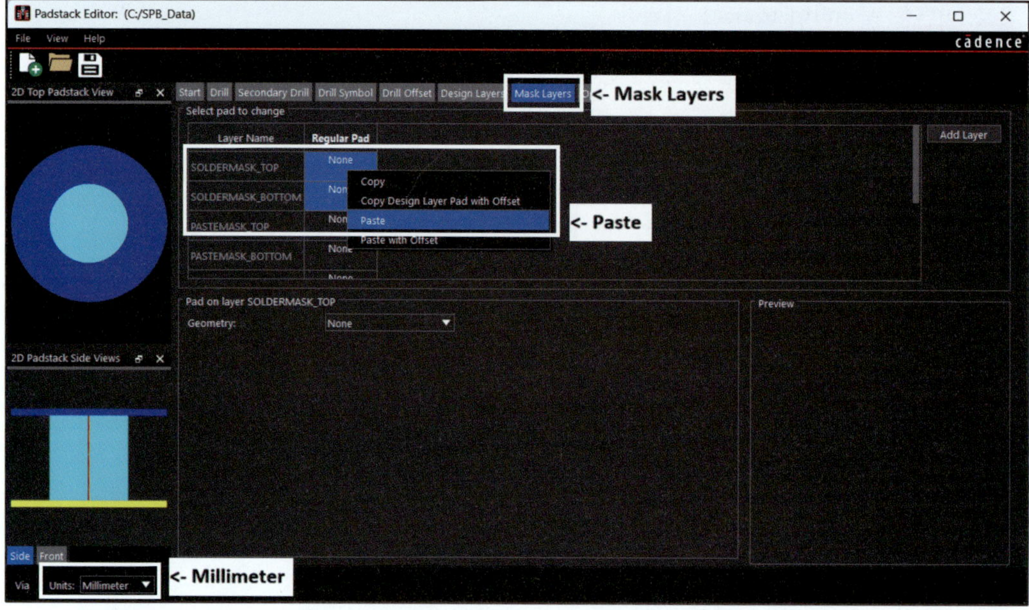

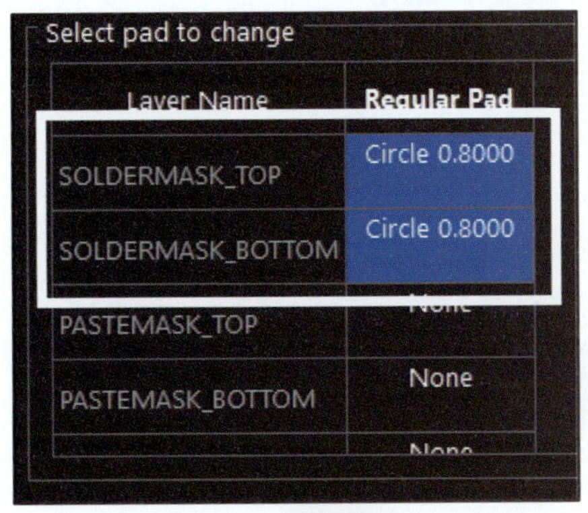

• Circle 0.8000이 SOLDERMASK_TOP과 SOLDERMASK BOTTOM
에 복사된다.

• File → Save 또는 💾 (Save)

• 저장이 완료되면 화면 우측 하단에 'Padstack D:/A01/pvia.pad saved' 메시지가 표시된다.

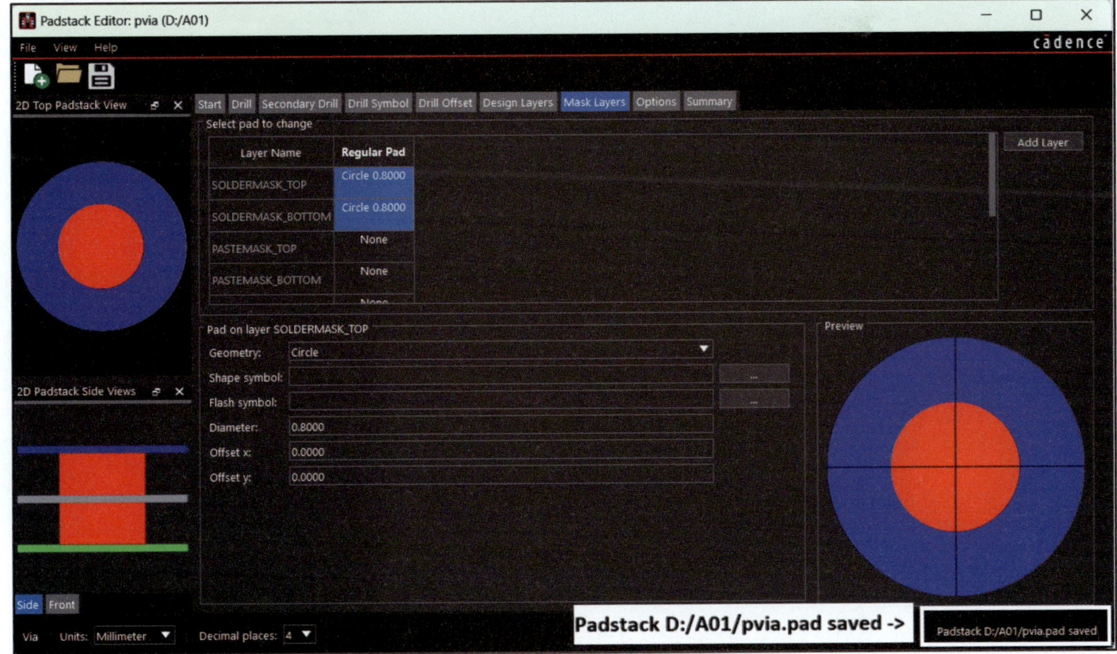

⑧ 프로젝트가 저장되는 폴더에 pvia 파일
이 생성된다.

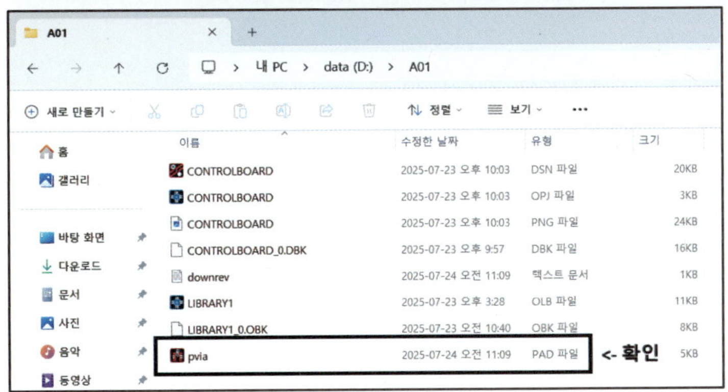

OrCAD PCB Editor

1 OrCAD PCB Editor 실행

시작 → Cadence OrCAD X and Allegro X24.1 → PCB Editor 24.1

2 OrCAD PCB Editor 화면 구성

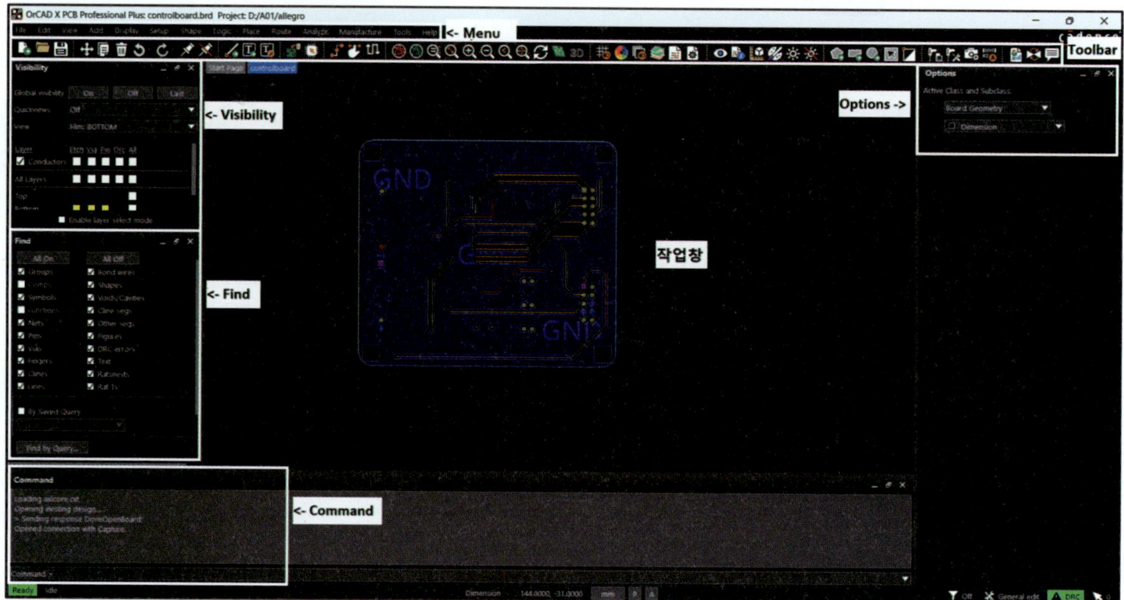

1) Menu

프로그램 실행 및 설정에 관한 메뉴로 구성되어 있다.

2) Toolbar

PCB를 설계하는 데 필요한 여러 아이콘으로 구성되어 있다.

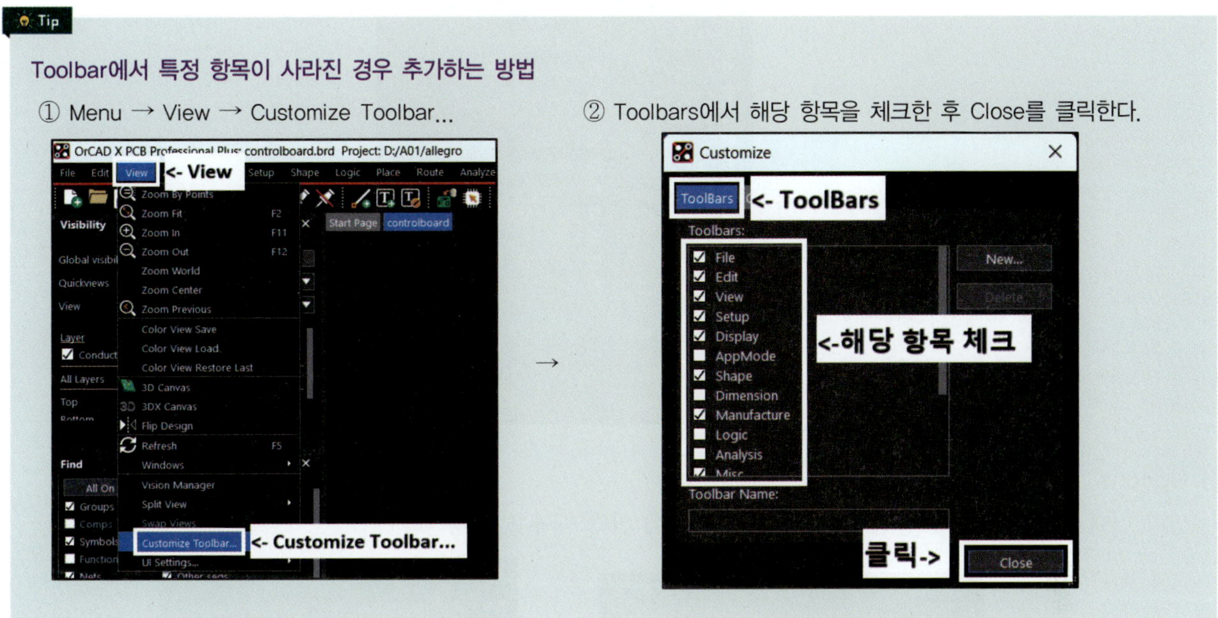

3) Visibility

PCB 설계 시 특정 부분을 보이게 하거나 숨긴다.

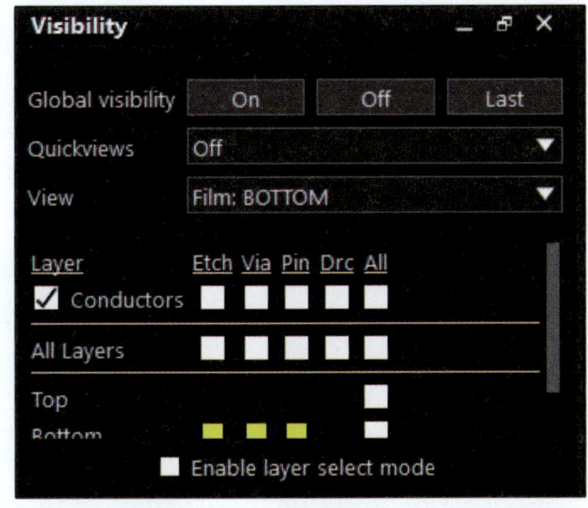

4) Find

명령 실행 시 실행 대상을 선택한다.

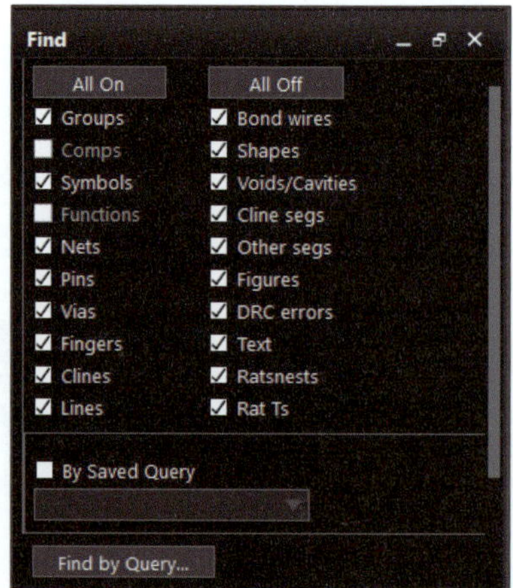

5) Options

명령 실행 시 세부사항을 설정하고 사용하는 명령에 따라 내용을 변경한다.

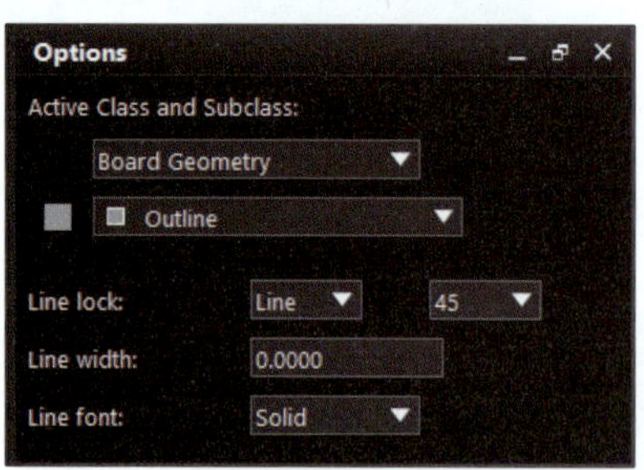

[Add Line]

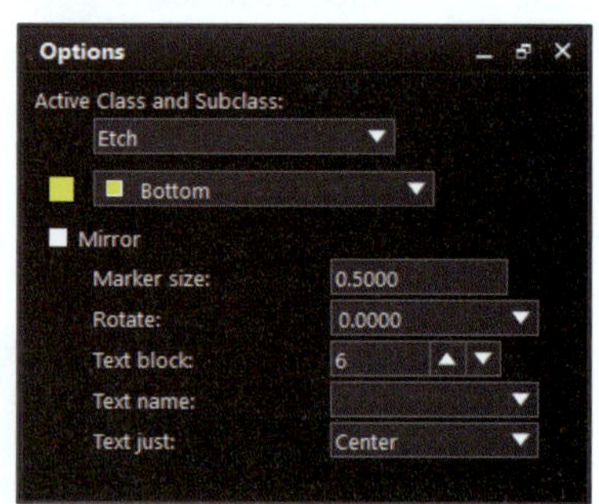

[Add Text]

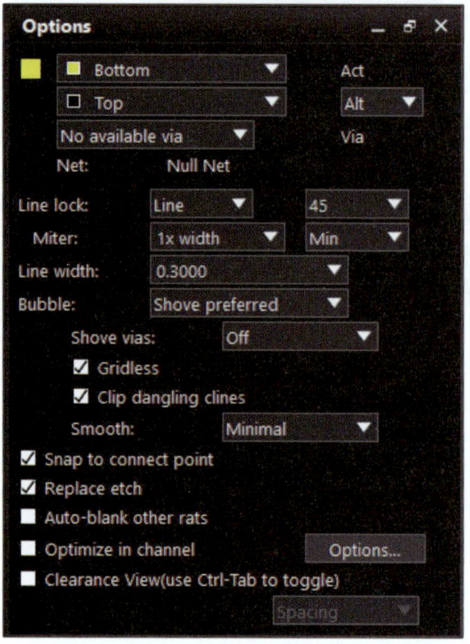

[Add Connect]

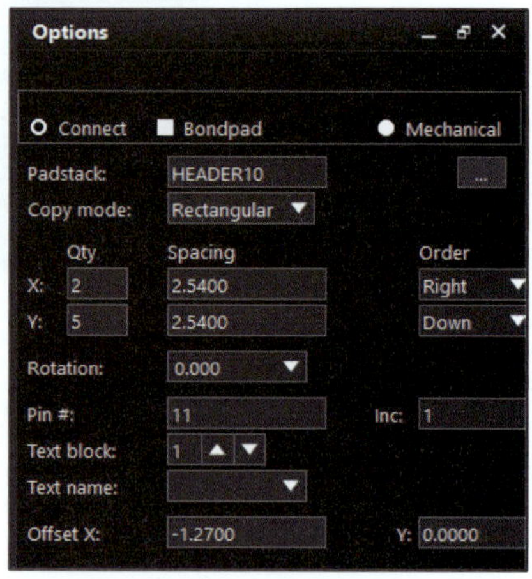

[Add Pin]

6) Command 창

명령어의 입력 및 실행 상태를 표시하는 창이다.

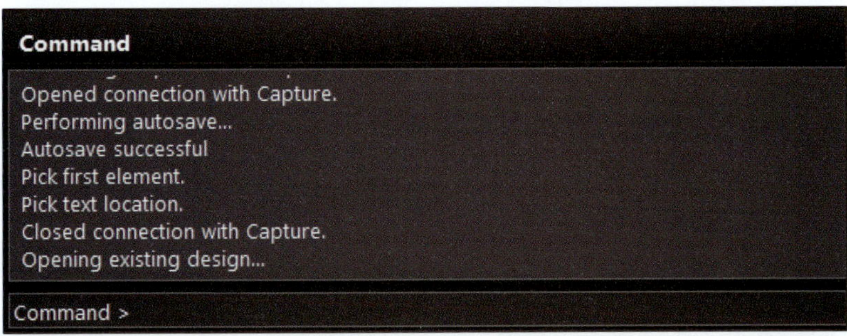

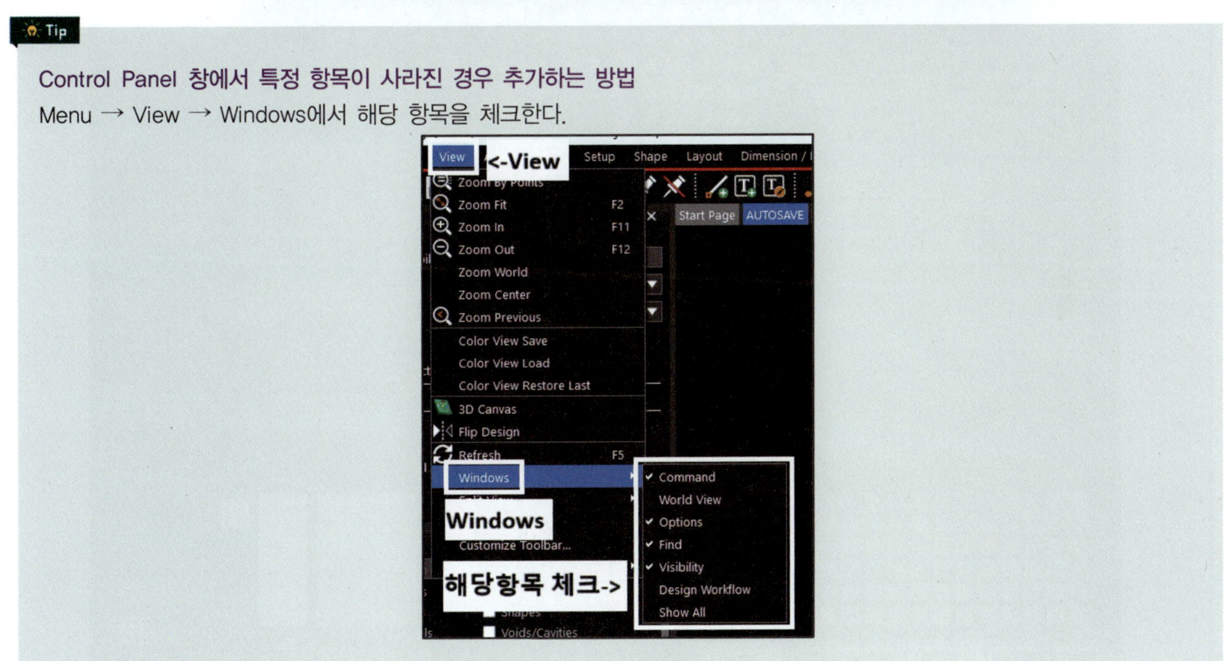

7) TQFP32 Reference 입력하기

Menu → Open → 로컬디스크(C:) → Cadence → SPB_24.1 → share → pcb → pcb_lib → symbols → 파일형식을 Symbol Drawing(*.dra)으로 변경한 후 tqpf32.dra를 선택한 후 열기를 클릭한다.

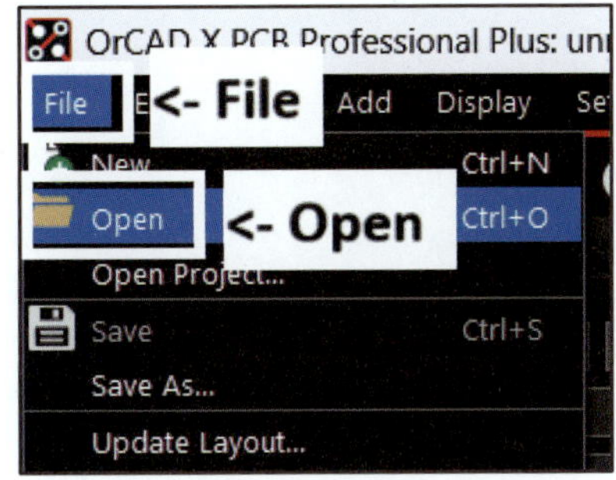

1번 핀을 나타내는 원과 리퍼런스가 보이지 않을 경우

① 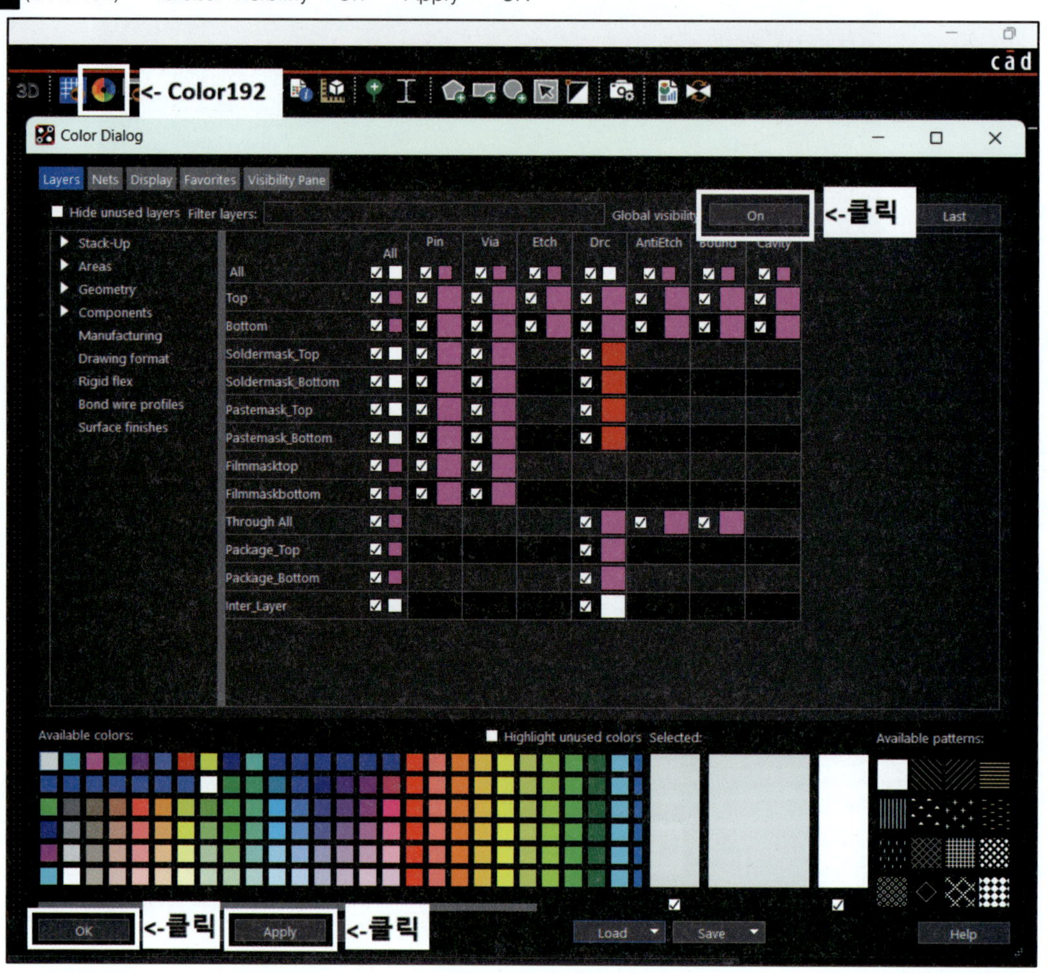 (Color192) → Global visibility : On → Apply → OK

② 1번 핀의 위치를 표시하는 원에 Package Geometry Assembly_Top이 작성되어 있기 때문에 Silkscreen_Top 필름에는 나타나지 않는다.

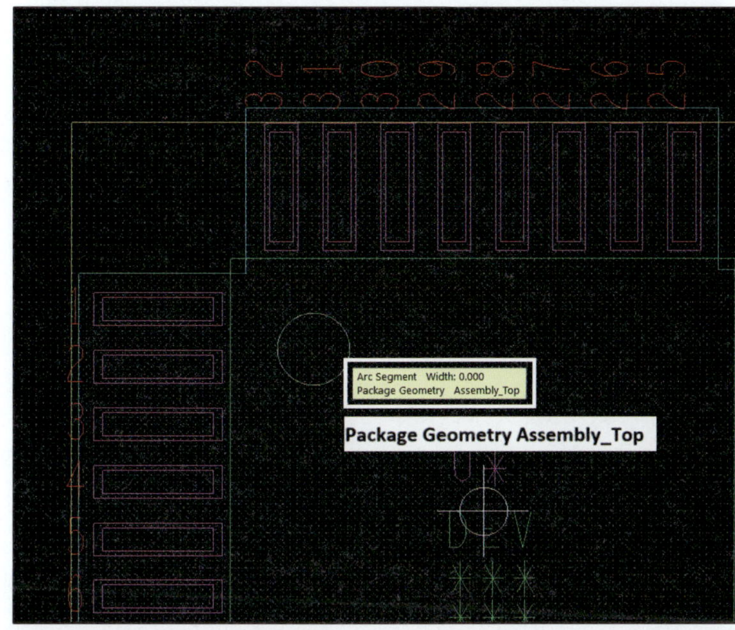

③ 커서를 원에 위치시킨 후 마우스 우측 버튼을 클릭한다.

④ Change class/subclass → PACKAGE GEOMETRY → SILKSCREEN_TOP

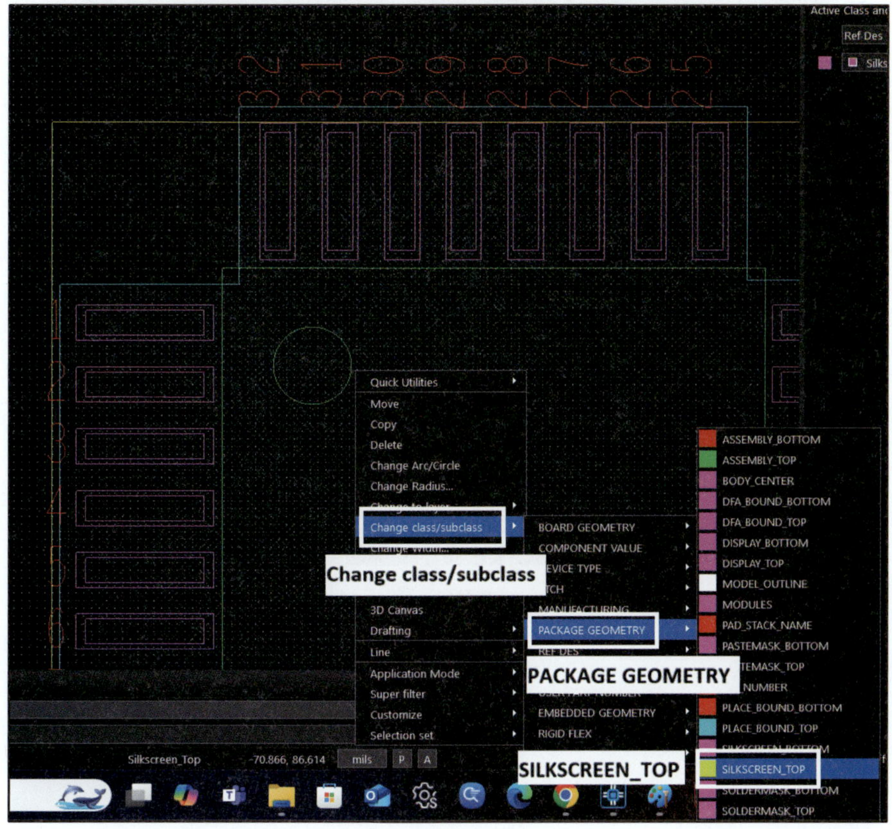

⑤ 1번 핀의 위치를 나타내는 원에 커서를 위치시키면 Package Geometry Silkscreen_Top으로 변경되었음을 알 수 있다.

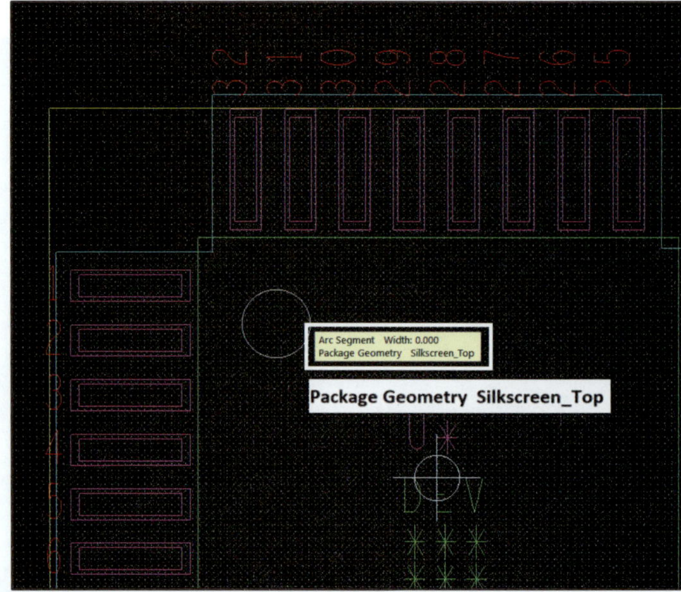

⑥ 리퍼런스 U*이 Ref Des Assembly_Top에 작성되어 있기 때문에 Silkscreen_Top 필름에는 나타나지 않는다.

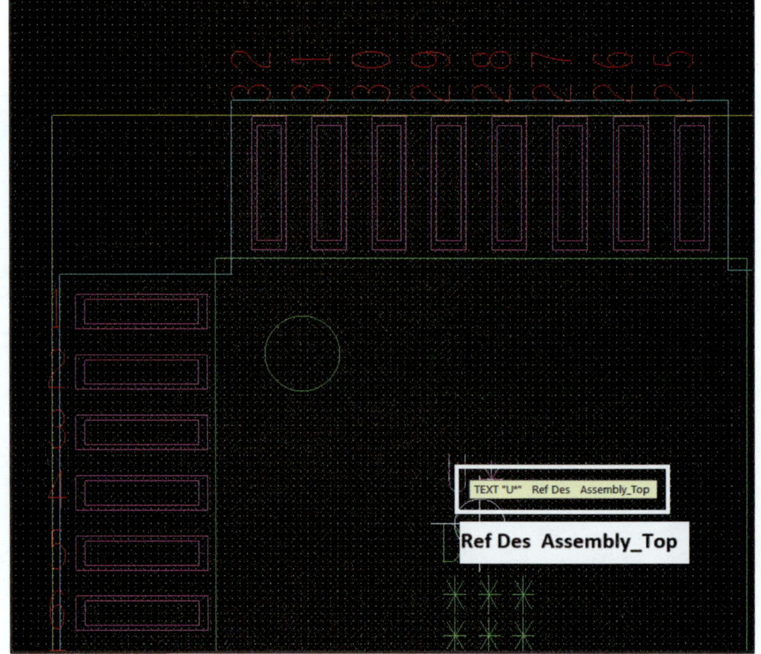

⑦ 커서를 원에 위치시킨 후 마우스 우측 버튼을 클릭한다.

⑧ Change class/subclass → REF DES → SILKSCREEN_TOP

⑨ U*에 커서를 위치시키면 Ref Des Silkscreen_Top으로 변경되었음을 알 수 있다.

⑩ File → Save

⑪ 저장 여부를 묻는 창이 뜨면 Yes를 클릭하여 저장한다.

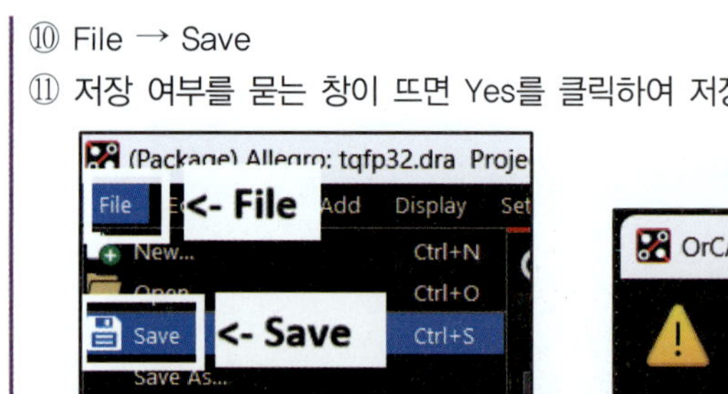
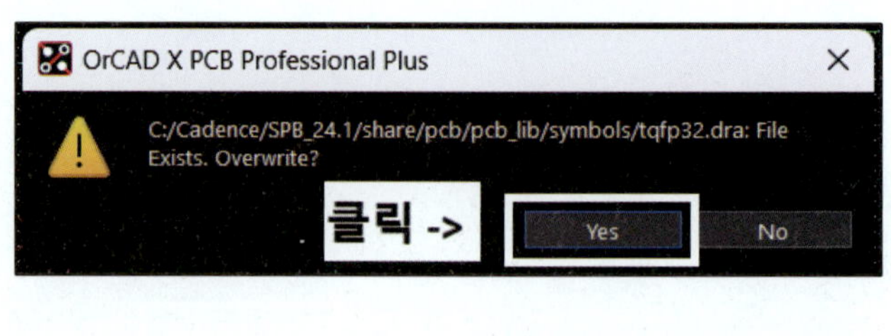

3 Footprint 만들기

2020년 제3회 시험부터 적용된 전자캐드기능사 공개문제에서는 4개(ADM101E, D55, HEADER10, CRYSTAL)의 Footprint를 직접 만들어야 한다. 만드는 순서는 다음과 같다.

① PAD 제작	.pad 파일 생성	
② PAD 배치	–	
③ 부품 외형 그리기	Silk screen top, Place bound top	
④ Ref 입력	Silk screen top	
⑤ 저장(Save)	.dra, .psm 파일 생성	

1) ADM101E

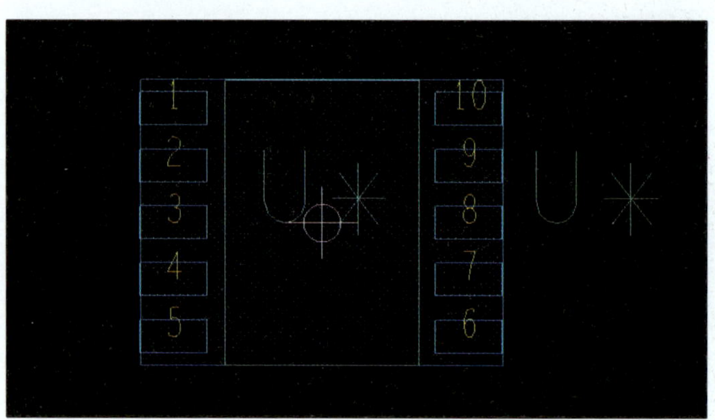

(1) PAD 만들기(ADM101E)

① 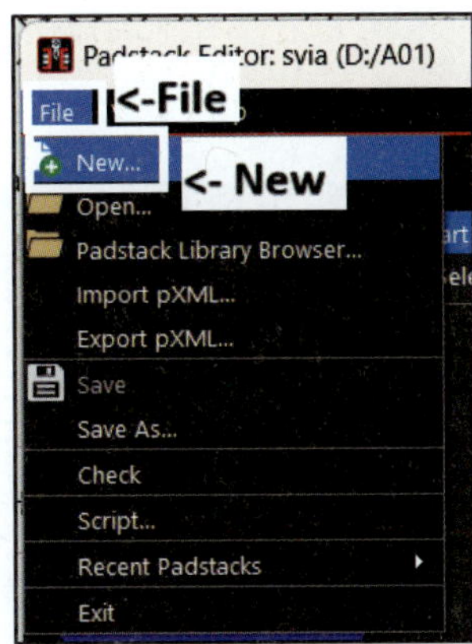 을 실행한다.

② File → New

③ Directory에서 저장되는 경로를 확인한다.

④ Padstack name : adm101e

⑤ Padstack usage : SMD Pin

⑥ OK를 클릭한다.

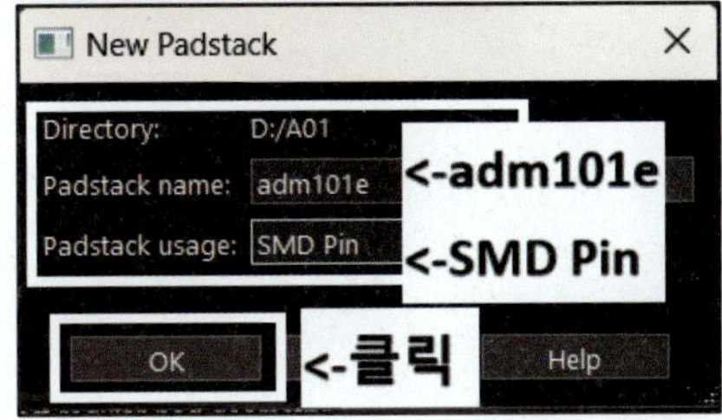

> **Tip**
>
> PAD 이름은 일반적으로 다음과 같이 명명한다.
> 예 • PAD09C15
>   − 홀 크기 : 0.9mm
>   − PAD 모양 : Circle
>   − LAND 크기 : 1.5mm
> • SMD15REC33
>   − SMD 패드 가로 : 1.5mm
>   − PAD 모양 : RECTANGLE
>   − 세로 : 3.3mm
> 이와 같이 PAD 이름을 명명하면 PAD의 크기와 모양을 대략적으로 알 수 있다. 필자는 PAD나 FOOTPRINT의 이름을 부품명으로 만든다. 이렇게 하면 PAD 이름이나 FOOTPRINT를 따로 숙지하지 않아도 되기 때문에 전자캐드기능사에 한하여 이렇게 명명한다.

⑦ 화면 좌측 하단부에 Unit을 Millimeter로 설정한다.

⑧ Unit의 변경을 묻는 창이 뜨면 Yes를 클릭한다.

⑨ Unit을 바꾸면 사용할 소수 자리가 4로 변경된다(수정 가능).

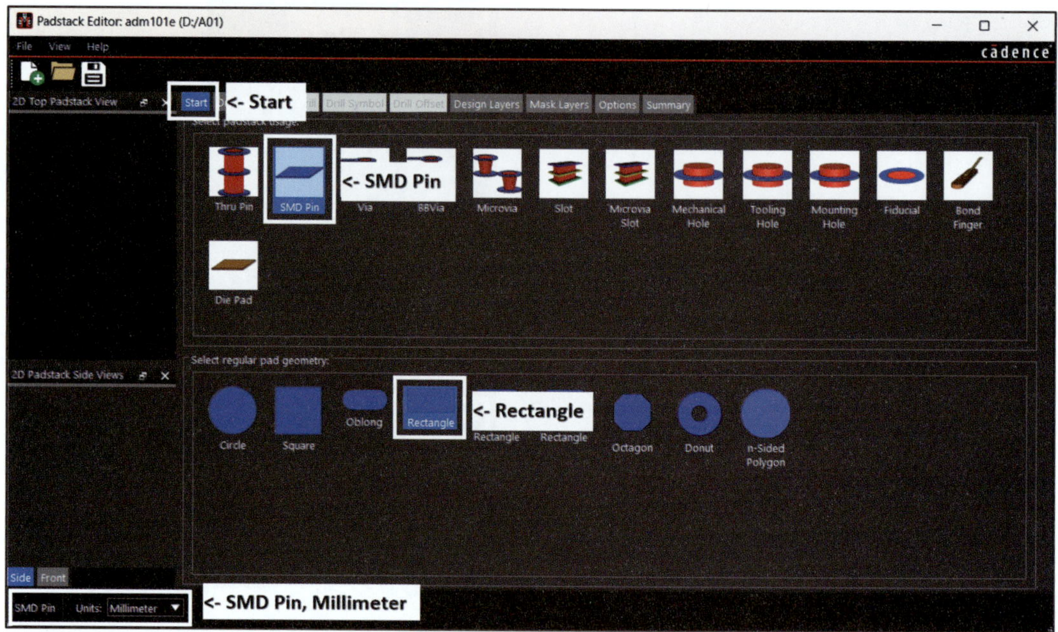

⑩ Design Layers 탭으로 이동하여 하단부의 Geometry를 Rectangle로 변경한다.

- Width : 1.18
- Height : 0.58

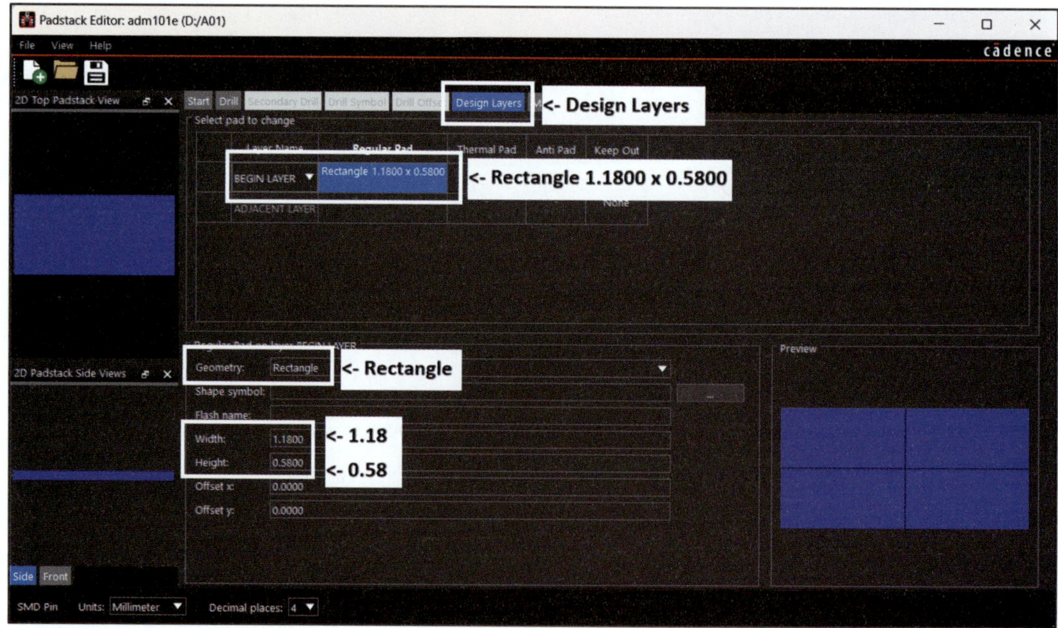

※ SMD Type의 부품은 DIP Type과 달리 구멍을 뚫지 않고 PCB 표면에 부품을 장착한다. 따라서 Drill에 관련된 항목은 입력하지 않는다.

[공개문제에서 제시된 ADM101E 데이터 시트 'RECOMMENDED SOLDERING FOOTPRINT']

공개문제에 제시된 ADM101E의 데이터 시트에서 RECOMMENDED SOLDERING FOOTPRINT를 참고한다.

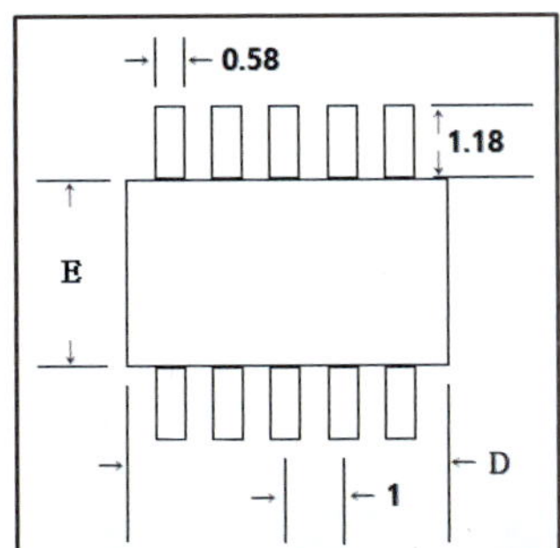

- Geometry : Rectangle
- Width : 1.18
- Height : 0.58

⑪ Rectangle 1.1800×0.5800을 클릭한 후 마우스 우측 버튼을 클릭하여 Copy를 선택한다.

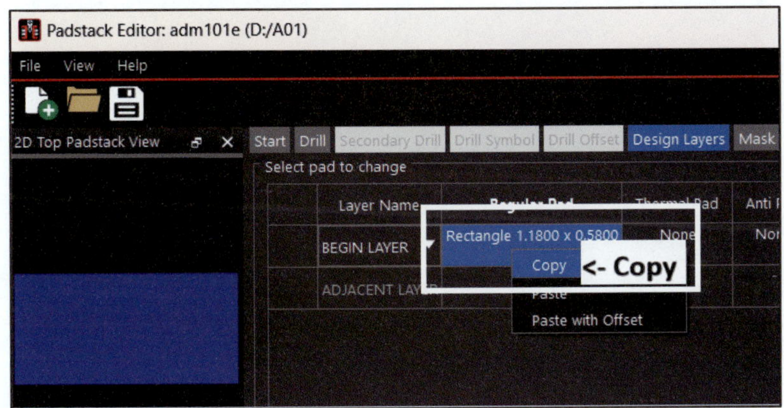

⑫ Mask Layers로 이동하여 다음과 같이 복사한 데이터를 SOLDERMASK_TOP과 PASTMASK_TOP에 붙여넣기를 한다(해당 항목 선택 후 마우스 우측 버튼을 클릭하여 Paste를 선택한다).

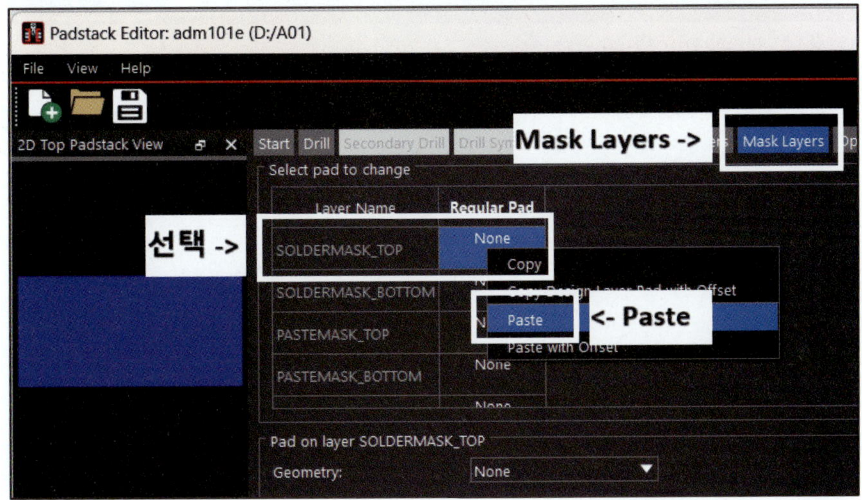

※ 실제 PCB를 제작할 때는 SOLDERMASK를 0.1 정도 크게 만들지만, 전자캐드기능사에서는 똑같이 해도 무방하다.

SMD PAD를 만들 때 SOLDERMASK_BOTTOM에 데이터가 입력되면 Artwork film제작 시 SOLDERMASK_BOTTOM film 에도 SMD PAD가 나오게 된다. 공개문제에서는 모든 부품을 TOP면에 배치하게 되어 있기 때문에 BOTTOM file, SOLDERMASK_BOTTOM film에 SMD PAD가 나오게 되면 BOTTOM면에 부품이 더 장착되어 있는 것으로 보고 실격처리 된다.

⑬ File → Save

⑭ 이상 없이 저장되면 화면 우측 하단에 adm101e.pad saved 메시지가 생성된다.

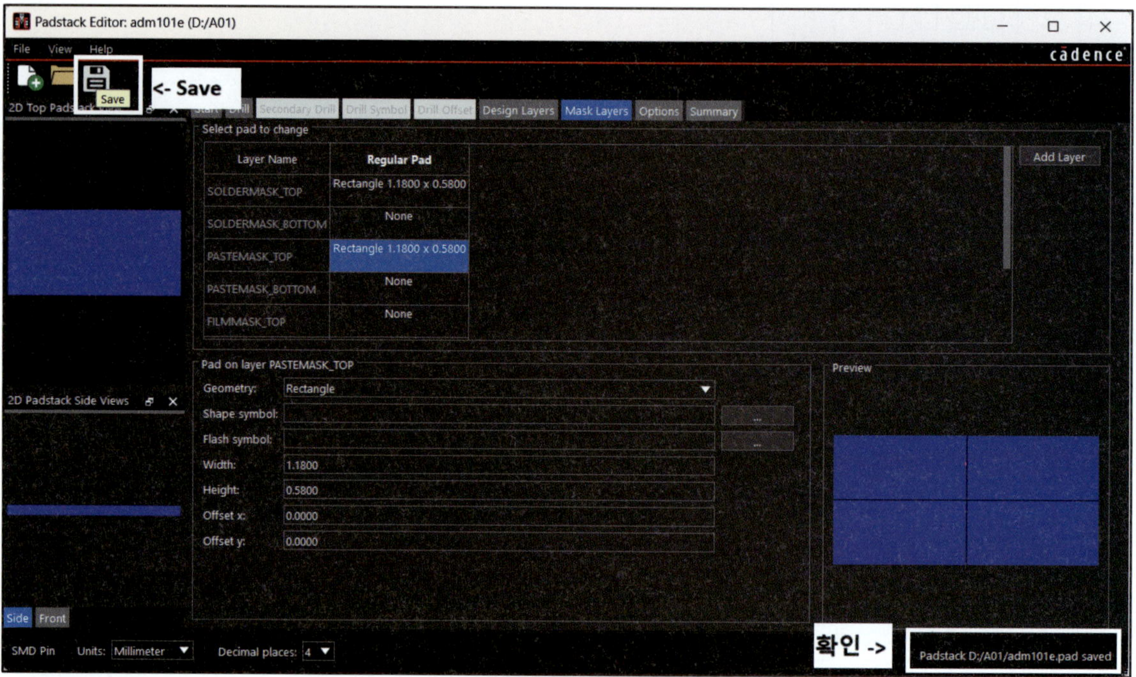

⑮ 저장되는 폴더에 PAD 파일이 생성되었는지 확인한다.

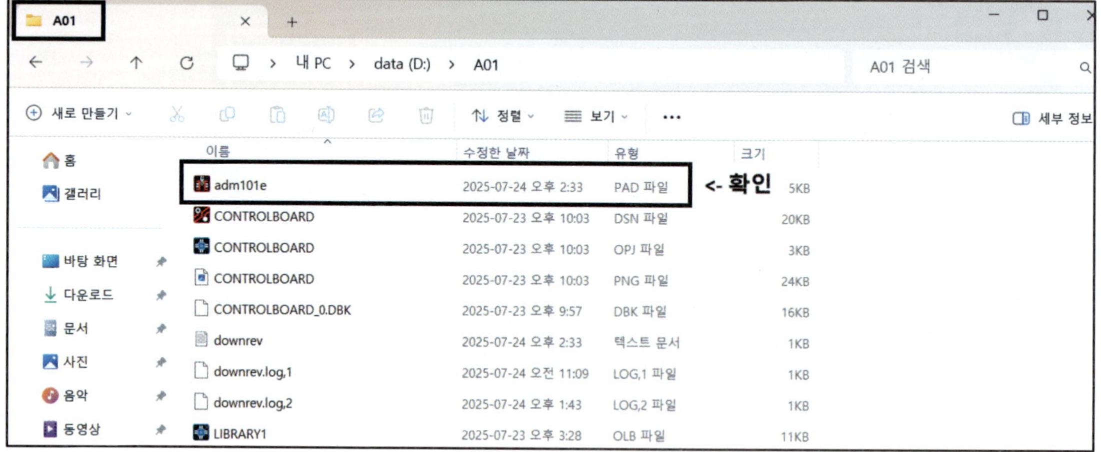

※ PAD가 정상적으로 만들어지면 pad 파일이 생성된다. 이 파일이 생성되지 않았다면 PAD를 다시 만들어야 한다.

(2) PAD 배치 및 외형 그리기

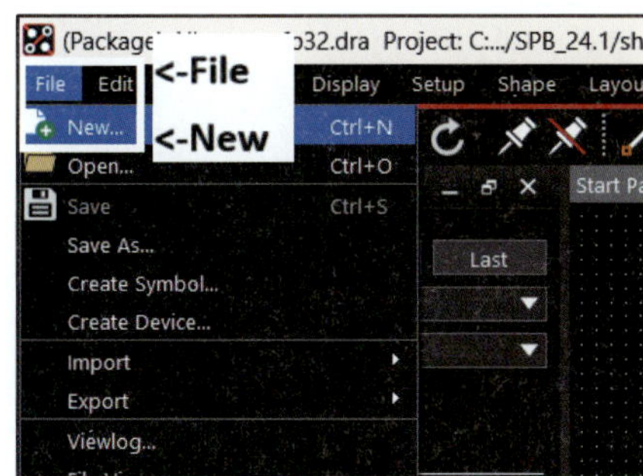

① PCB Editor 24.1 을 실행한다.

② File → New

③ 저장되는 경로를 확인(Browse… 클릭)한다.

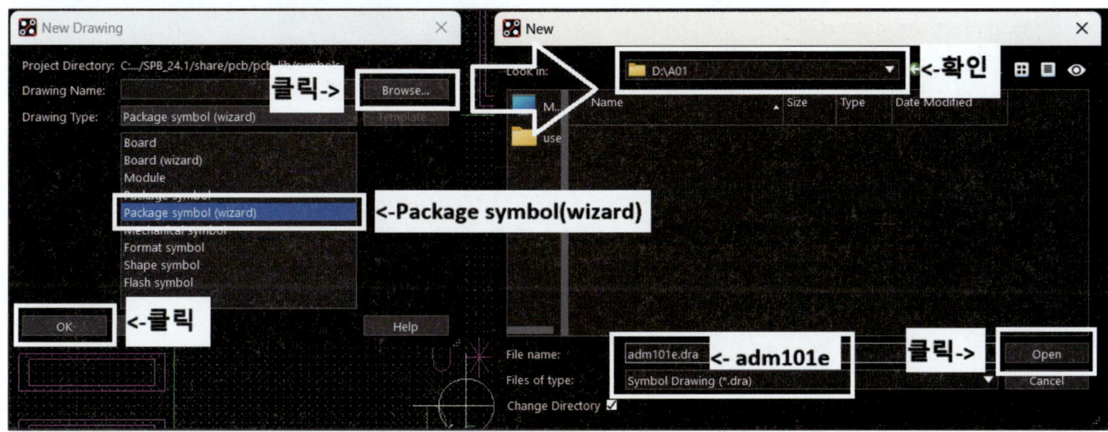

④ Drawing Name : adm101e

⑤ Drawing Type : Package symbol(wizard)

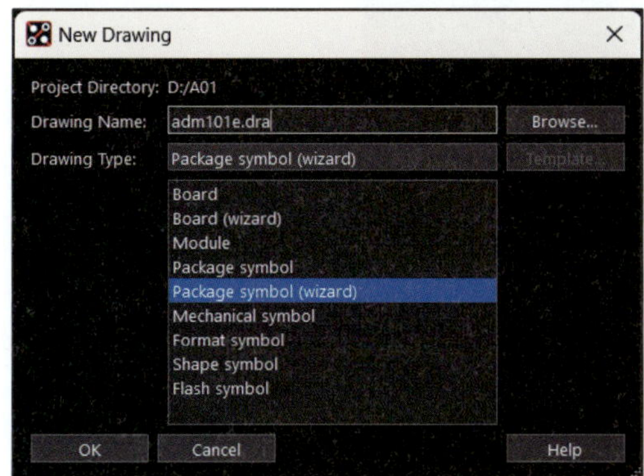

※ Drawing Name은 입력해야 하는 Footprint이므로, 반드시 메모해 둔다.

⑥ Package Type을 SOIC로 지정한 후 Next를 클릭한다.

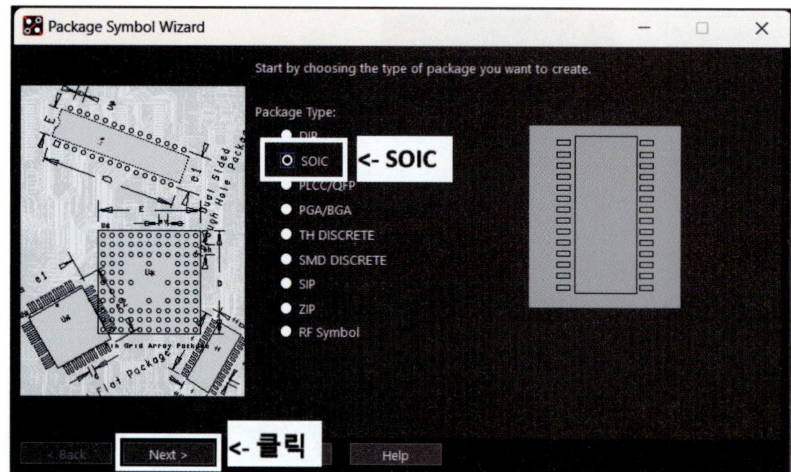

⑦ Load Template를 클릭한 후 Next를 클릭한다.

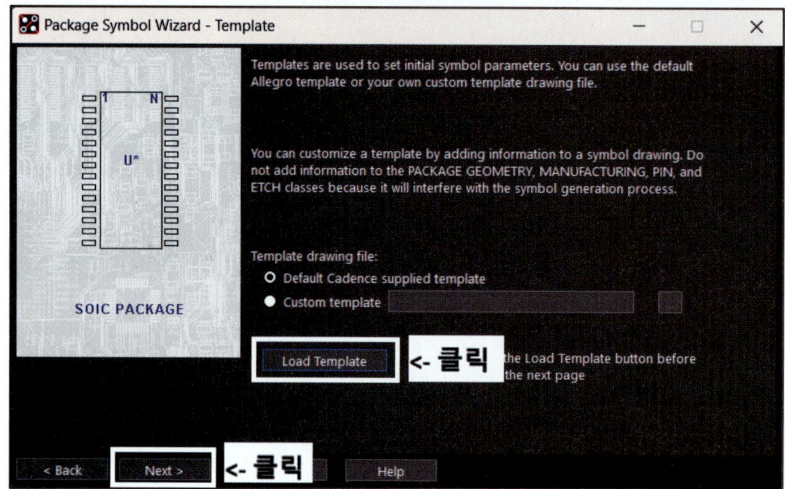

⑧ 단위를 Millimeter로 설정하고, IC이므로 Ref가 U*로 되어 있는지 확인한 후 Next를 클릭한다.

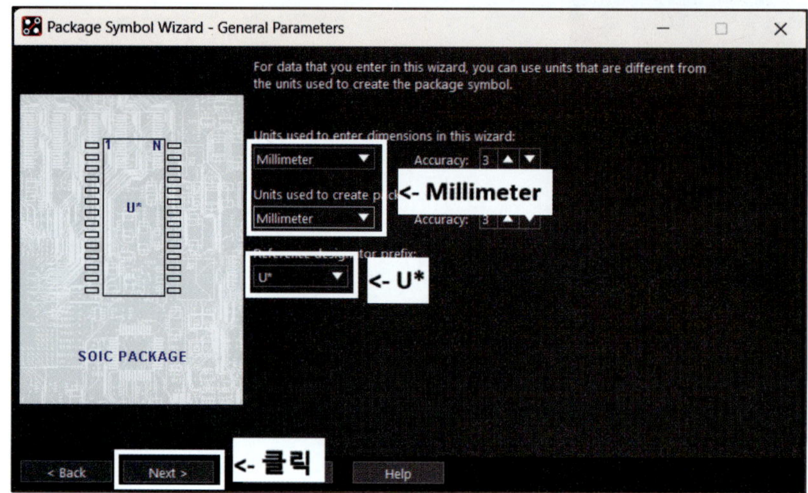

[공개문제에 제시된 ADM101E 데이터 시트]

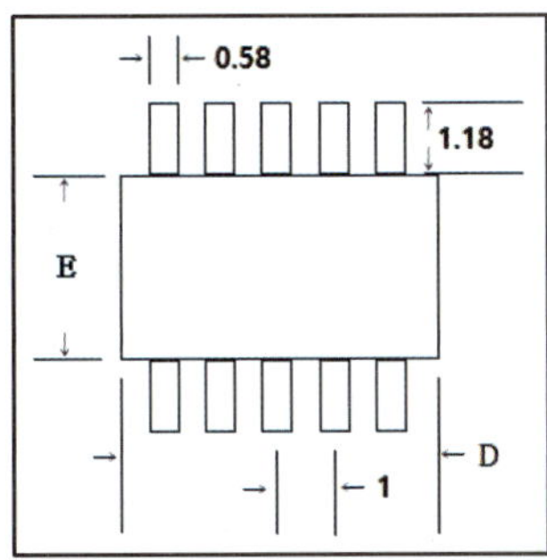

DIM	Millimeters	
	Min	Max
D	4.80	5.00
E	3.80	4.00

Min와 Max 사이의 값을 사용하면 된다. 계산의 편의를 위해 MAX 값을 사용한다.

⑨ 공개문제에 제시된 ADM101E의 데이터 시트를 참조하여 다음의 요소를 입력한 후 Next를 클릭한다.

- Number of pins(N) : 10 → 핀 수
- Lead pitch(e) : 1 → PAD와 PAD 간격
- Terminal row spacing(e1) : 5.18
- Package width(E) : 3.41
- Package length(D) : 5

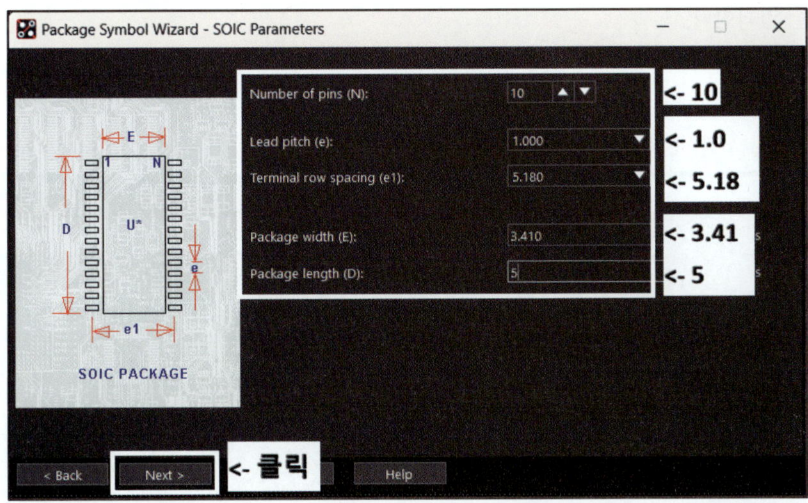

Terminal row spacing(e1), Package width(E) 계산방법

$$\text{Terminal row spacing(e1)} = E + \frac{PAD(W)}{2} + \frac{PAD(W)}{2} = E + PAD(W) = 4 + 1.18 = 5.18$$

$$\text{Package width(E)} = E - \frac{PAD(W)}{2} = 4 - \frac{1.18}{2} = 3.41$$

Package width(E)에서 데이터 시트에 있는 E(MAX)를 그대로 쓰지 않는 이유는 다음과 같이 PAD와 심벌의 실크라인이 겹치지 않게 하기 위해서이다(겹쳐도 무방하다).

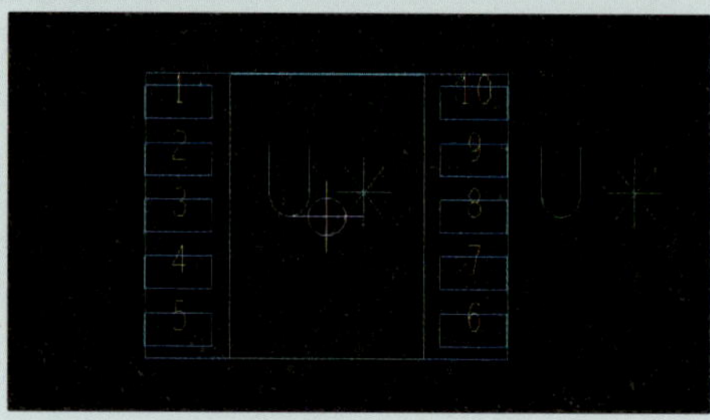

⑩ PAD 설정

- 검색창 옆의 …을 클릭한다.
- 검색창에 'adm101e'를 입력한다.
- adm101e를 선택한다.
- OK를 클릭한다.

※ 'adm*'을 입력하면 adm으로 시작되는 PAD가 모두 검색된다.

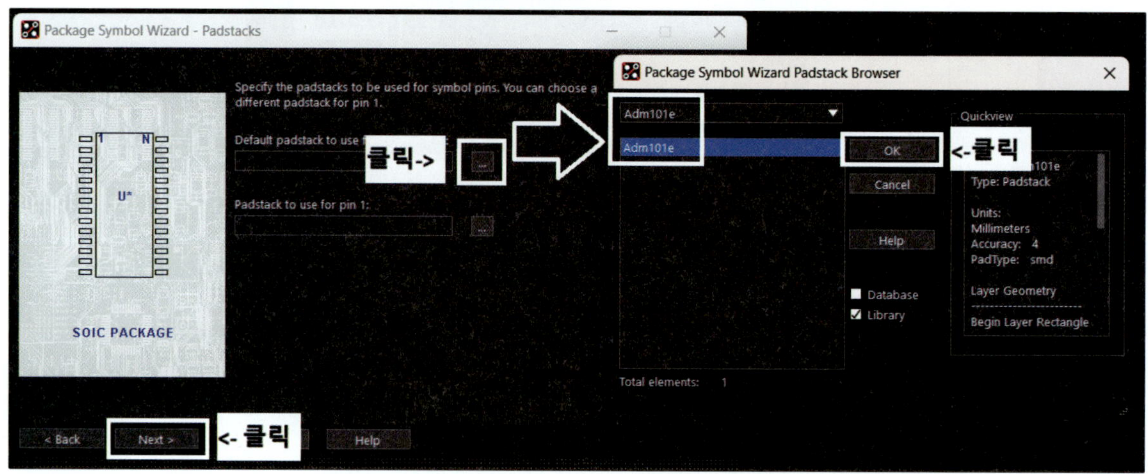

• NEXT를 클릭한다.

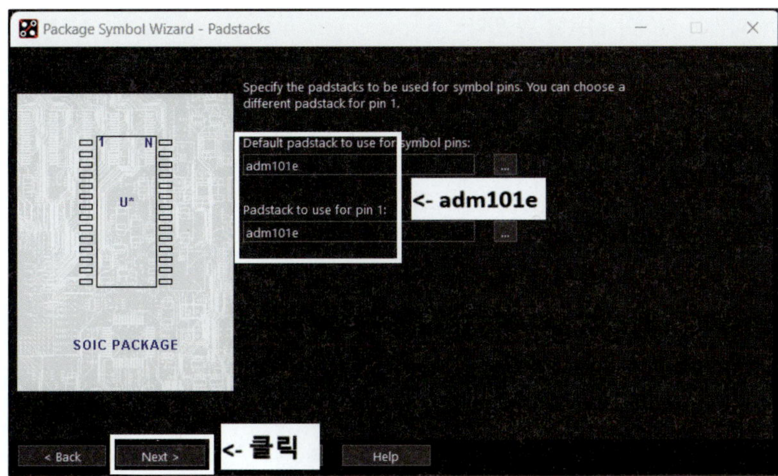

※ PAD가 검색되지 않으면 PAD가 저장된 폴더에 adm101e.pad 파일이 있는지 확인해 보고, 없으면 다시 만들어야 한다.
adm101e.pad가 있는데 검색되지 않으면 PCB Editor에서 padpath와 psmpath 경로를 설정해 주어야 한다(설정방법은
330쪽 참조).

⑪ 원점의 위치를 설정한다.

• 원점의 위치는 부품의 타입에 따라 다르다.

  – DIP 타입 : 1번 핀

  – SMD 타입 : 심벌의 중앙

• ADM101E는 SMD 타입이므로 원점을 심벌의 중앙으로 설정한 후 Next를 클릭한다.

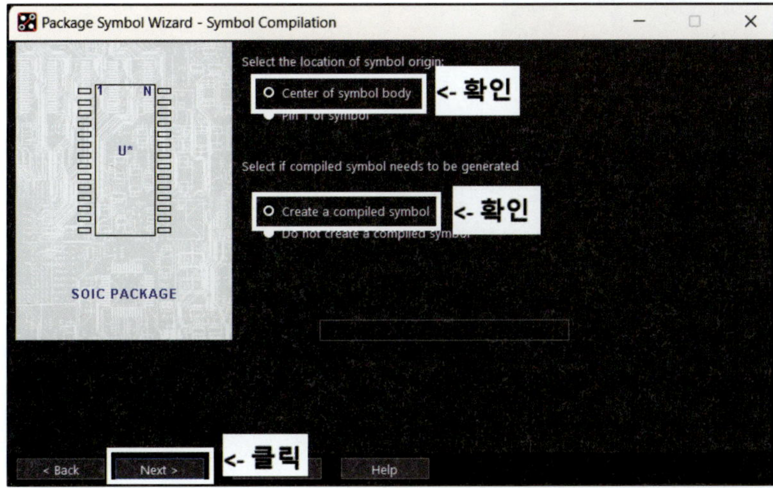

⑫ Finish를 클릭하면 adm101e.dra, adm101e.psm 파일이 생성된다.

※ 저장되는 폴더에 .dra, psm 파일이 있어야 사용할 수 있다.

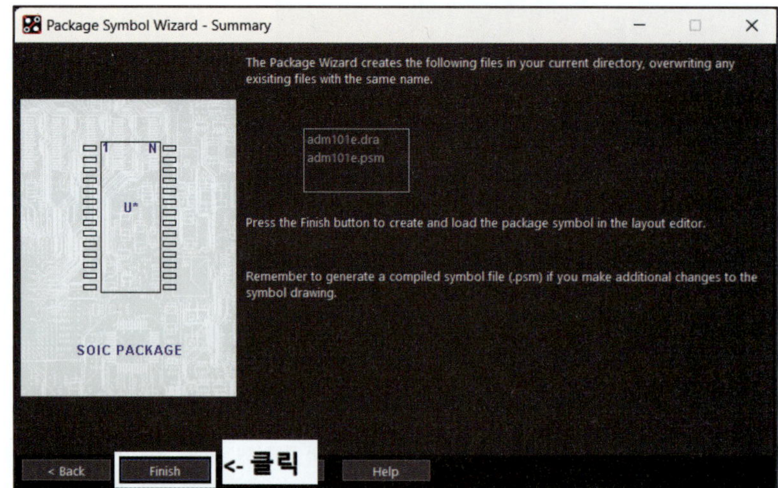

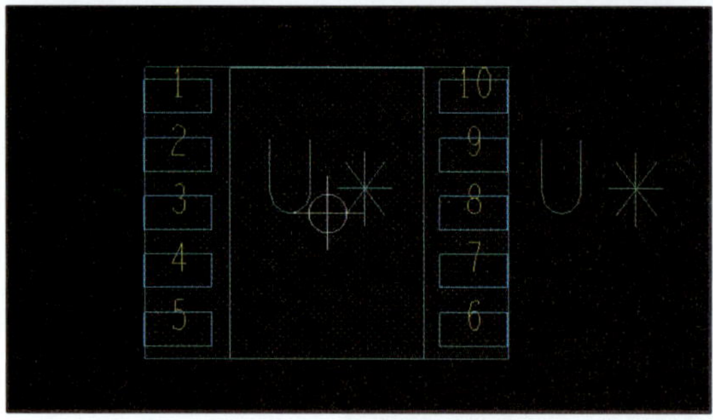

⑬ ADM101E의 Footprint가 완성된다.

(3) 1번 핀의 위치를 나타내는 원 그리기

1번 핀의 위치가 표시되어야 부품을 정확하게 장착할 수 있다.

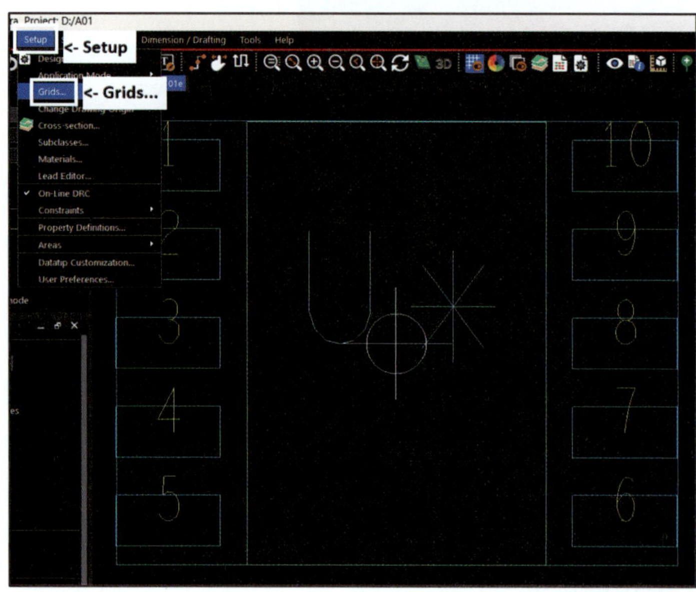

① Menu → Setup → Grids

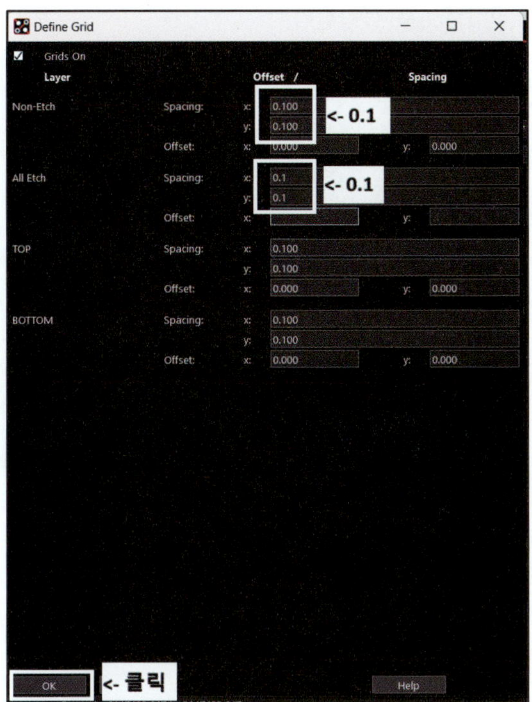

② Non-Etch와 All Etch를 0.1로 지정한다.

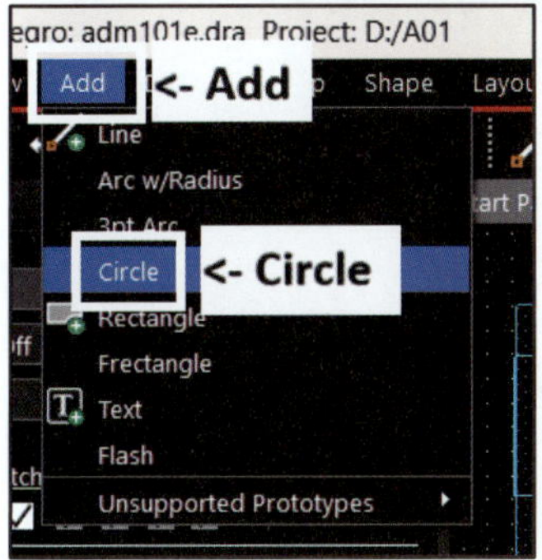

③ Menu → Add → Circle

④ Options에서 Active Class and Subclass를 Package Geometry, Silkscreen_Top으로 설정한다.

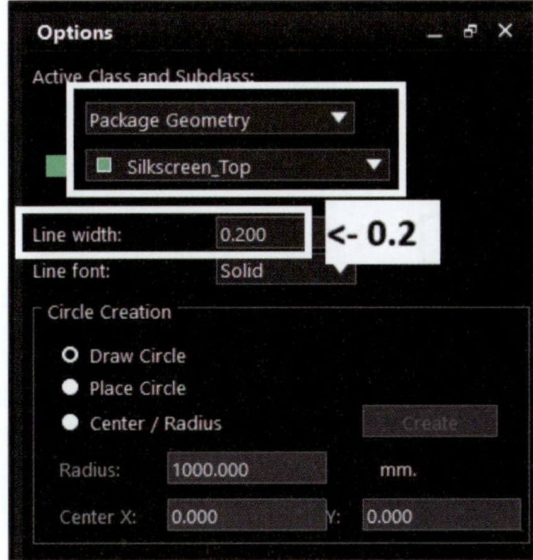

⑤ 1번 핀 옆에 원을 그리고 마우스 우측 버튼을 클릭한 후 Done을 클릭한다.

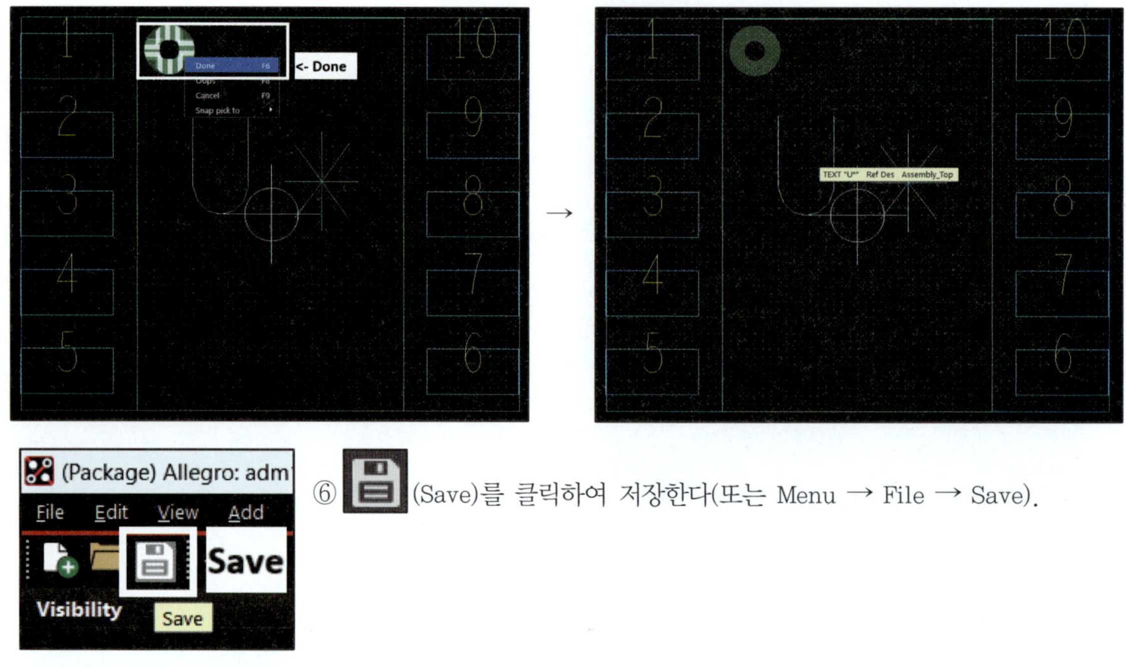

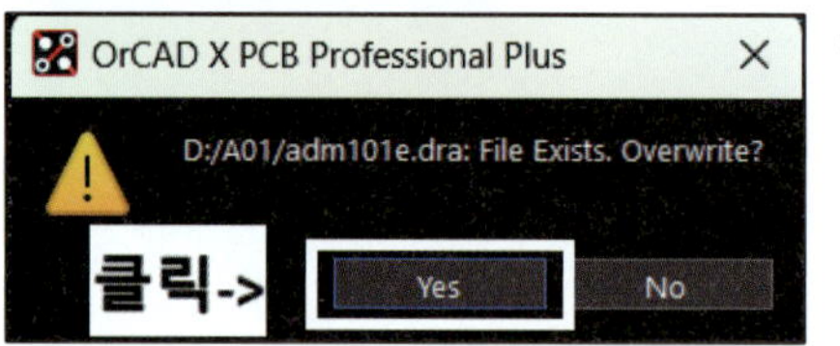

⑥ (Save)를 클릭하여 저장한다(또는 Menu → File → Save).

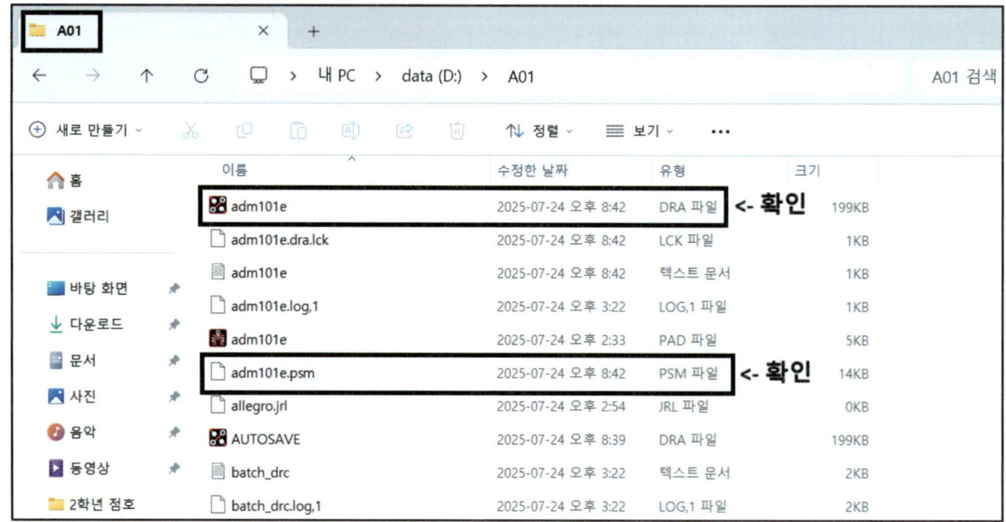

⑦ 저장 여부를 묻는 창이 뜨면 Yes를 클릭한다.

⑧ 폴더에 adm101e.dra 파일과 adm101e.psm 파일이 있는지 확인한다.

이름	수정한 날짜	유형	크기
adm101e	2025-07-24 오후 8:42	DRA 파일 <- 확인	199KB
adm101e.dra.lck	2025-07-24 오후 8:42	LCK 파일	1KB
adm101e	2025-07-24 오후 8:42	텍스트 문서	1KB
adm101e.log.1	2025-07-24 오후 3:22	LOG.1 파일	1KB
adm101e	2025-07-24 오후 2:33	PAD 파일	5KB
adm101e.psm	2025-07-24 오후 8:42	PSM 파일 <- 확인	14KB
allegro.jrl	2025-07-24 오후 2:54	JRL 파일	0KB
AUTOSAVE	2025-07-24 오후 8:39	DRA 파일	199KB
batch_drc	2025-07-24 오후 3:22	텍스트 문서	2KB
batch_drc.log.1	2025-07-24 오후 3:22	LOG.1 파일	2KB

2) D55

(1) PAD 만들기(D55)

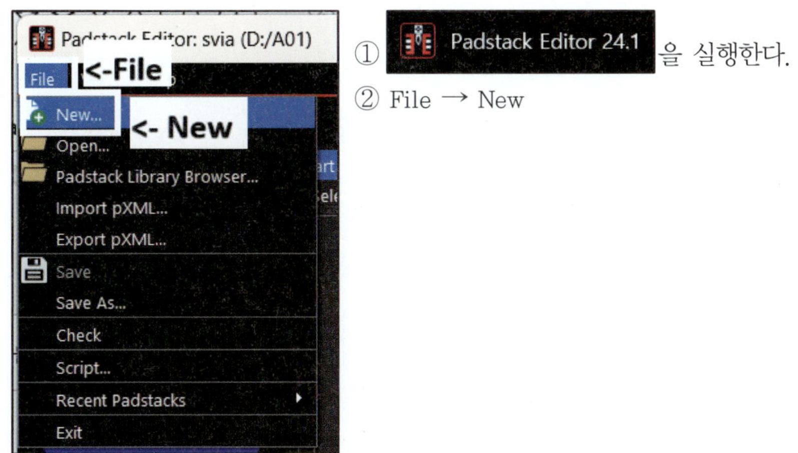

① 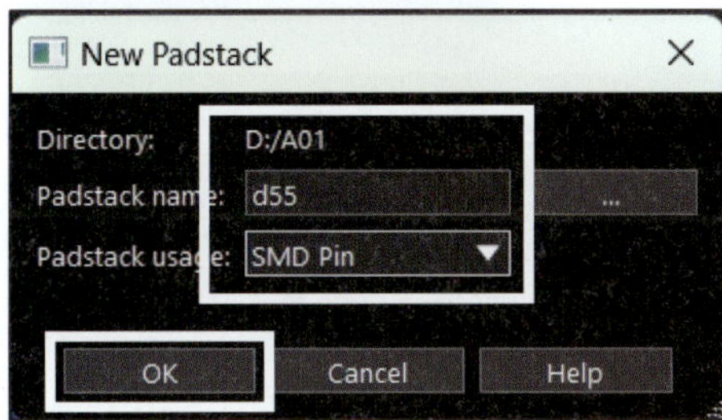 을 실행한다.

② File → New

③ Directory에서 저장되는 경로를 확인한다.

④ Padstack name : D55

⑤ Padstack usage : SMD Pin

⑥ OK를 클릭한다.

⑦ 화면 좌측 하단부에 Unit을 Millimeter로 변경한다.

⑧ Unit의 변경을 묻는 창이 뜨면 Yes를 클릭한다.

⑨ Unit을 바꾸면 사용할 소수 자리가 4로 변경된다(수정 가능하다).

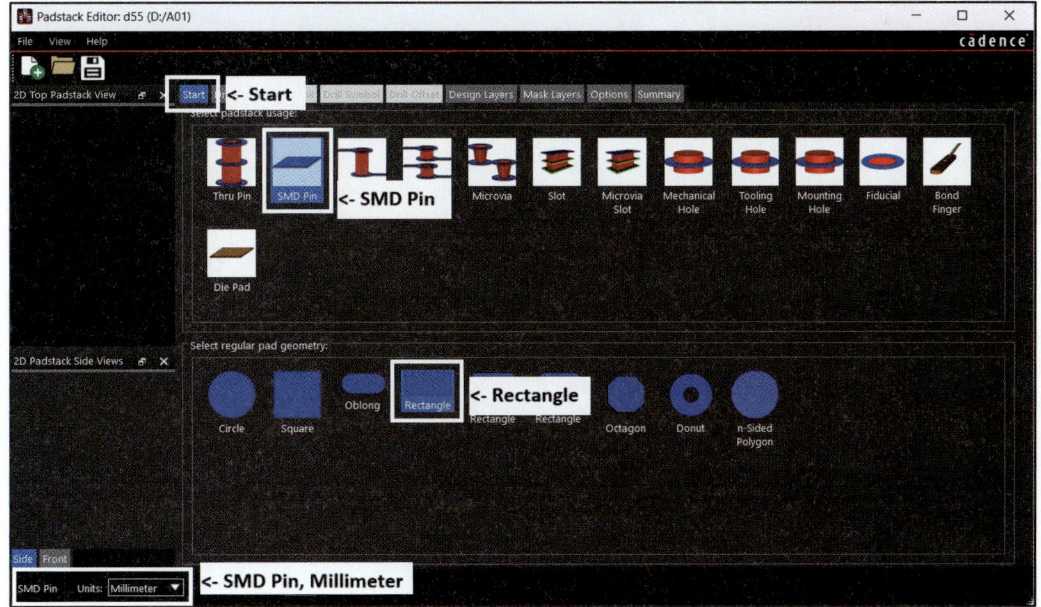

[공개문제에 제시된 D55 데이터 시트]

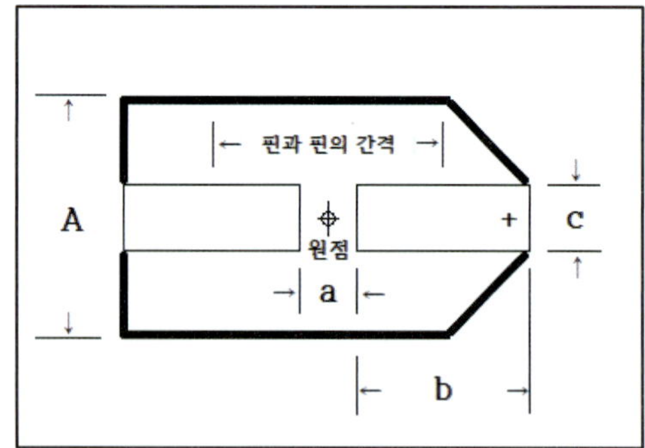

- a = 1.0, b = 2.6, c = 1.6
  - A(MAX) = A + 0.2 = 4.3 + 0.2 = 4.5
  - Width = b = 2.6
  - Height = c = 1.6

⑩ Design Layers 탭으로 이동하고 하단부의 Geometry를 Rectangle로 변경한다.

- Width : 2.6
- Height : 1.6

⑪ Rectangle 2.6000×1.6000을 클릭한 후 마우스 우측 버튼을 클릭하여 Copy를 선택한다.

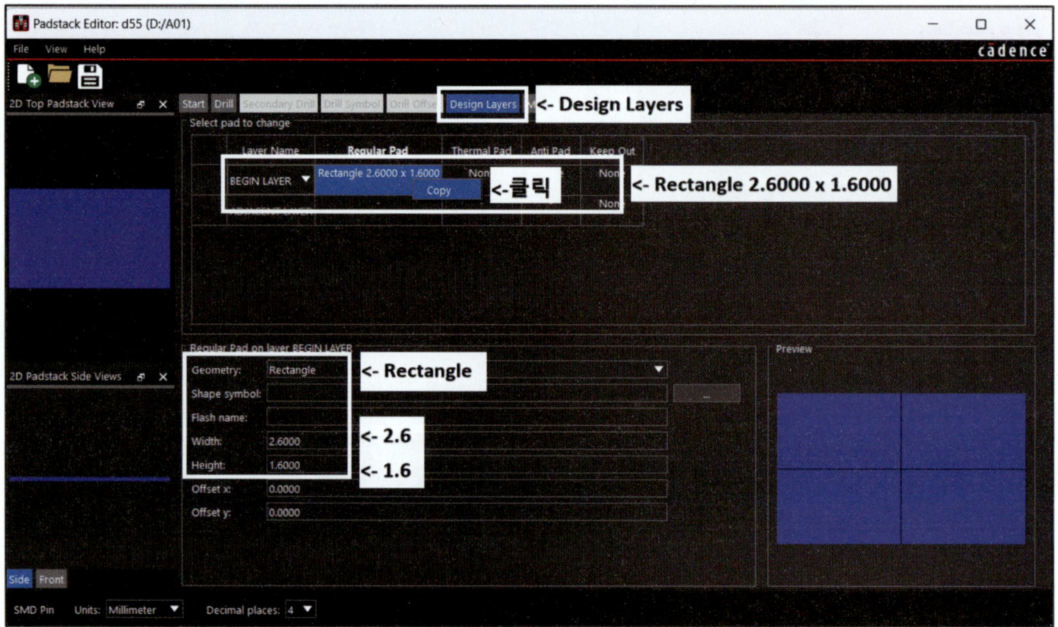

⑫ Mask Layers로 이동하여 다음과 같이 복사한 데이터를 SOLDERMASK_TOP과 PASTMASK_TOP에 붙여넣기를 한다(해당 항목 선택한 후 마우스 우측 버튼을 클릭한 후 Paste를 선택한다).

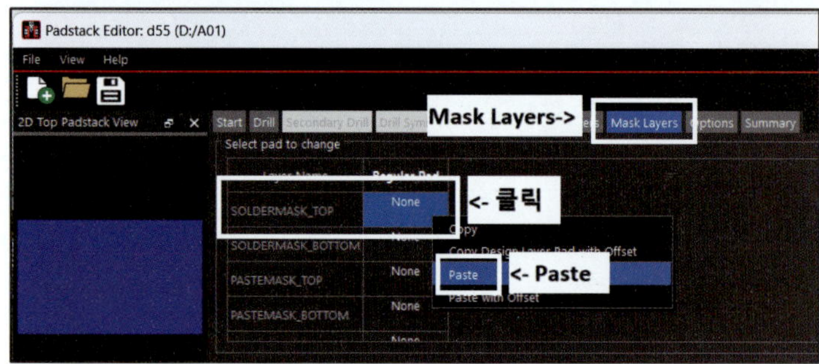

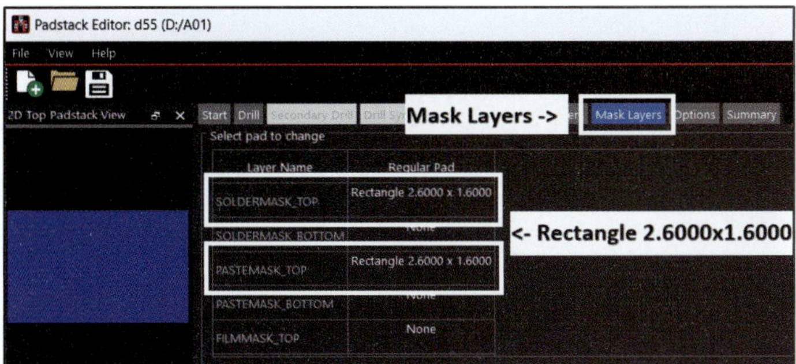

⑬ File → Save

⑭ 이상 없이 저장되면 화면 우측 하단에 d55.pad saved 메시지가 생성된다.

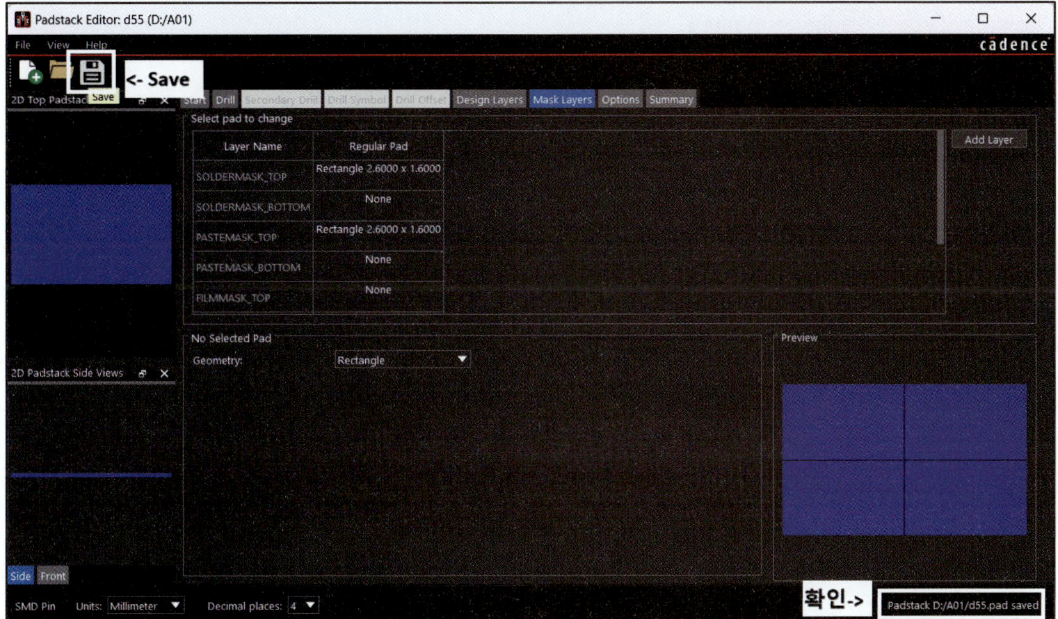

⑮ 저장되는 폴더에 PAD 파일이 생성되었는지 확인한다.

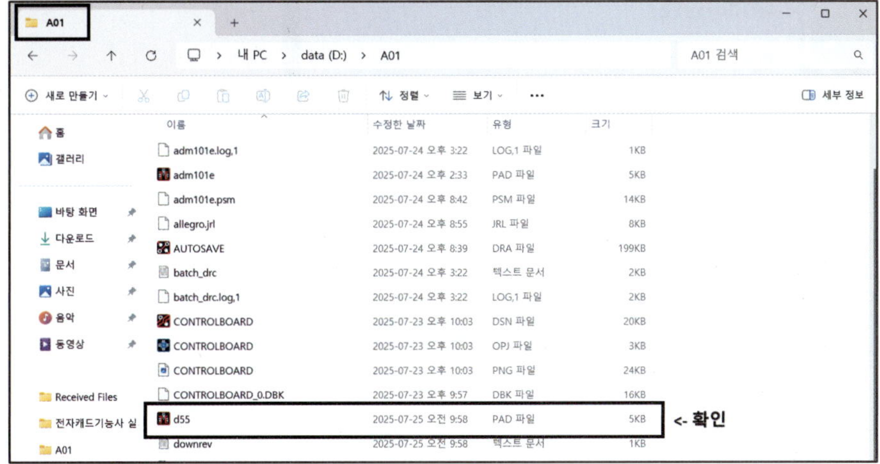

※ PAD가 정상적으로 만들어지면 PAD 파일이 생성된다. 이 파일이 생성되지 않았다면 PAD를 다시 만들어야 한다.

(2) PAD 배치 및 외형 그리기

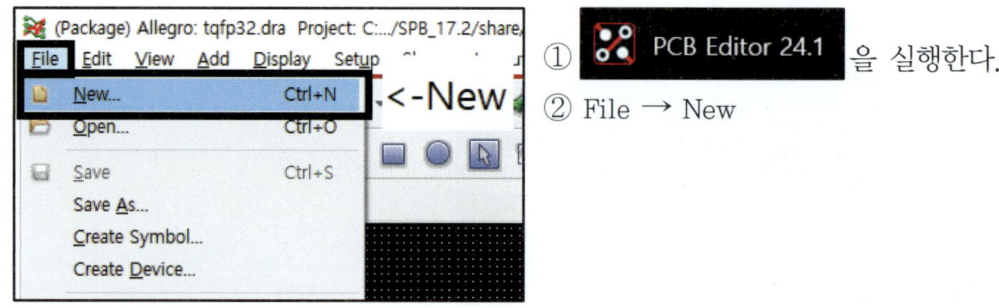

① 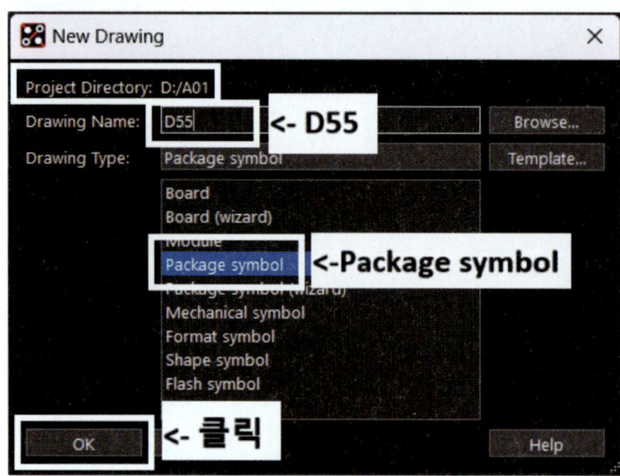 을 실행한다.

② File → New

③ 저장되는 경로를 확인한다.

④ Drawing Name : D55

⑤ Drawing Type : Package symbol

※ Drawing Name이 입력할 Footprint이므로, 반드시 메모해 둔다.

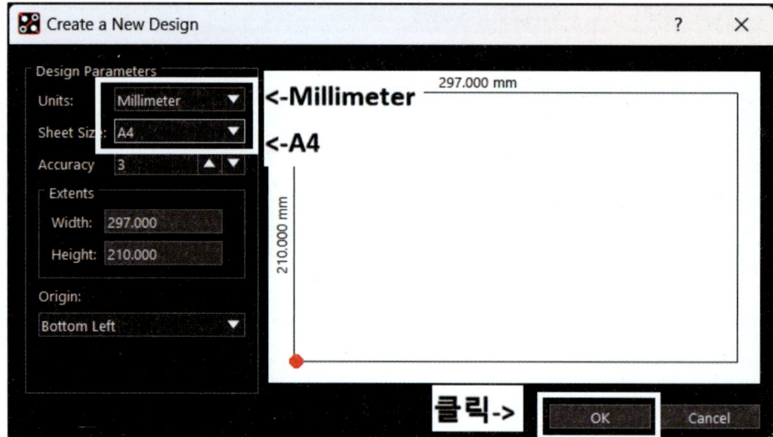

⑥ Units : Millimeter

⑦ OK를 클릭한다(Setup에서 변경 가능하다).

⑧ 초기 설정

• Menu → Setup → Grids…

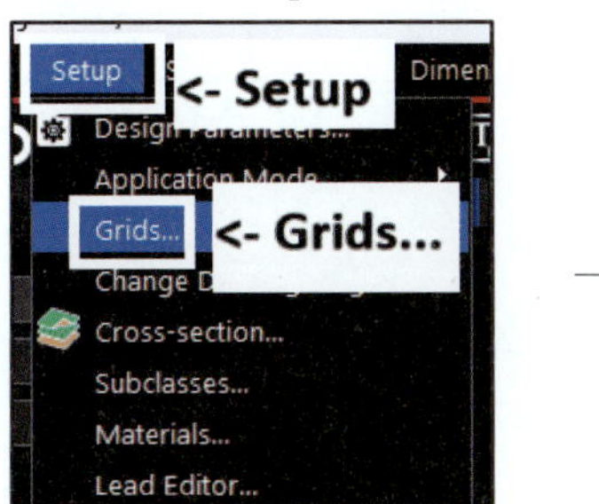

→

• Non-Etch와 All Etch를 0.1로 지정한 후 OK를 클릭한다.

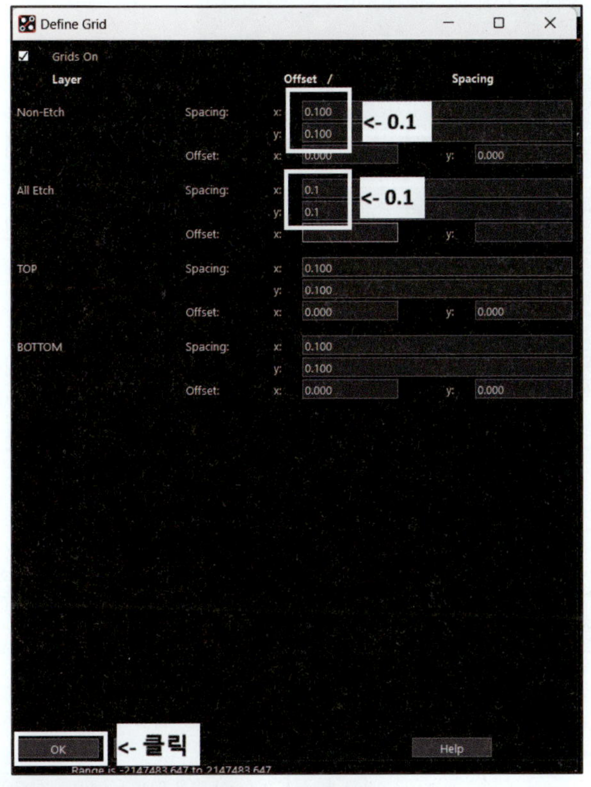

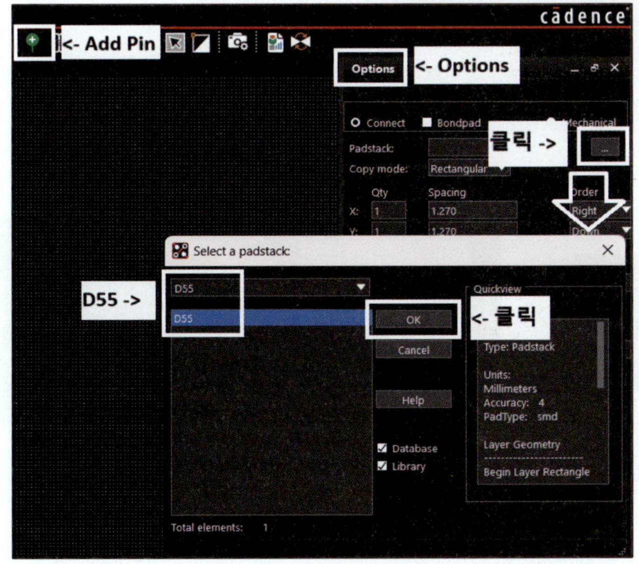

⑨ (Add Pin)을 클릭한 후 Options로 이
동한다.

⑩ Padstack 옆에 있는 ▢ 을 클릭한다.

⑪ Select a padstack 검색창에 'D55'를 입력한
후 Enter를 클릭한다.

⑫ D55를 선택한 후 OK를 클릭한다.

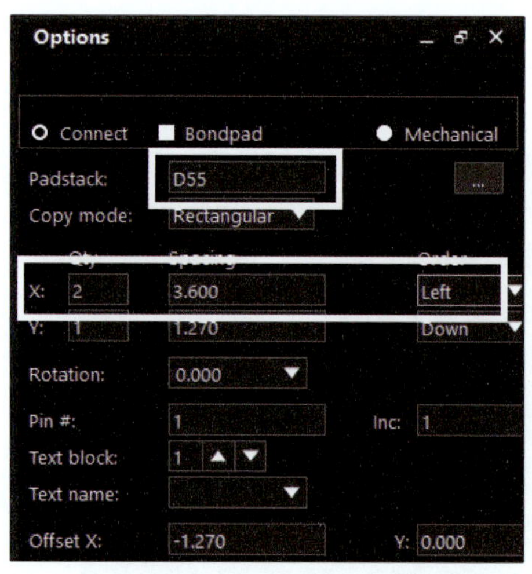

⑬ PAD 배치

	Qty	Spacing	Order
X	2	3.6	Left

- X : X축
- Y : Y축
- Qty : 핀의 개수
- Spacing : 핀과 핀의 간격
- Order : 핀 번호 증가 방향

핀과 핀의 간격 계산

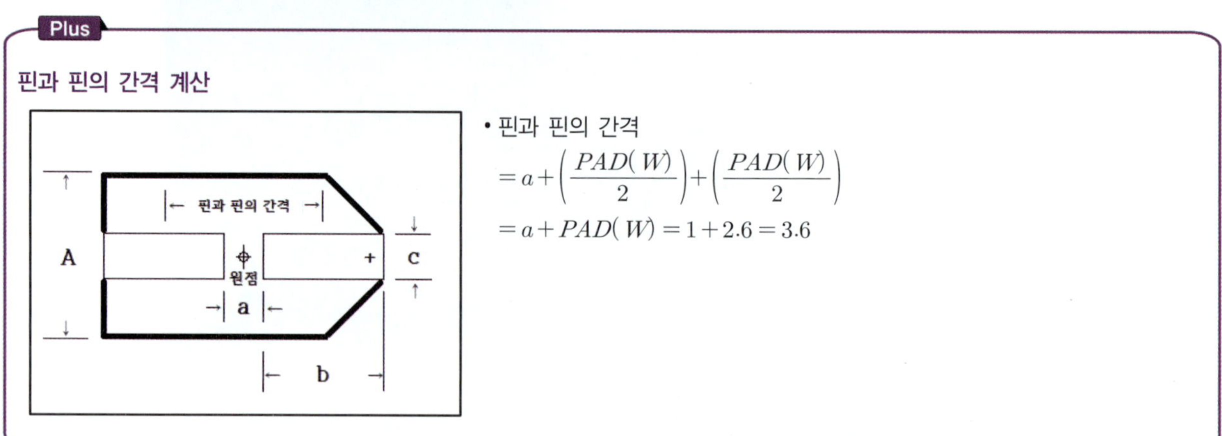

- 핀과 핀의 간격

$$= a + \left(\frac{PAD(W)}{2}\right) + \left(\frac{PAD(W)}{2}\right)$$
$$= a + PAD(W) = 1 + 2.6 = 3.6$$

⑭ Command 창에 1번 핀의 좌표 'x 1.8 0'를 입력한다(x는 소문자).

⑮ 다음과 같이 원점을 중심으로 좌우에 1번 핀과 2번 핀이 배치되면 마우스 우측 버튼을 클릭하여 Done을 선택한다.

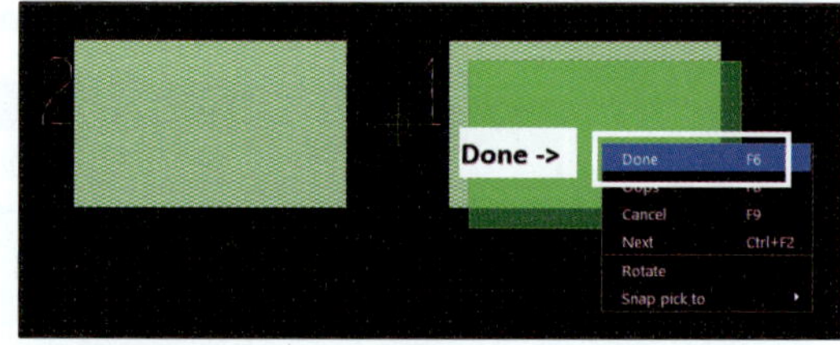

PAD 배치 좌표 계산

PAD의 중심을 기준으로 좌표를 계산한다. 따라서 1번 핀의 x축과 y축 좌표는 다음과 같다.

• 1번 핀의 x축 좌표 : $\dfrac{a}{2}+\dfrac{b}{2}=\dfrac{1}{2}+\dfrac{2.6}{2}=0.5+1.3=1.8$

• 1번 핀의 y축 좌표 : PAD의 중심이 원점과 같은 선상에 있으므로 y축 좌표는 '0' → 1번 핀 좌표 : x 1.8 0

PCB Editor에서 사용하는 좌표형식

• x로 시작하는 좌표형식

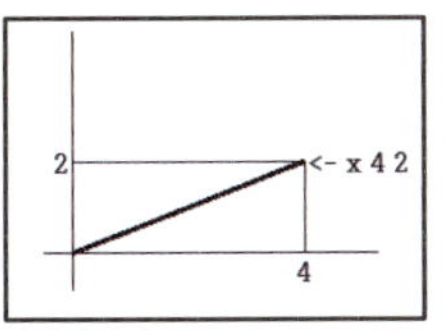

원점에서 떨어진 x축과 y축 만나는 지점으로, 형식은 'x x축 좌표 y축 좌표'이다.

• ix 또는 iy로 시작하는 좌표형식

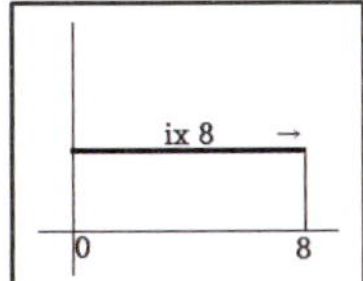 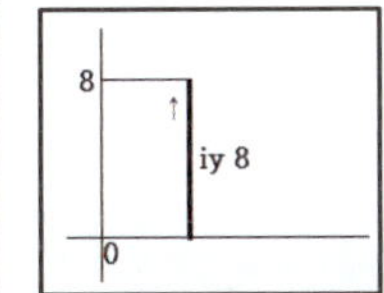

직전의 좌표에서 x축이나 y축으로 이동한 거리를 나타내는 형식이다.

예 1) ix 8 : 직전의 좌표에서 x축으로 8만큼 이동

예 2) iy 8 : 직전의 좌표에서 y축으로 8만큼 이동

※ 위의 두 좌표형식 모두 왼쪽이나 아래쪽으로 이동하면 좌표 부호는 '-'가 된다.

⑯ 심벌의 외형을 그린다(위쪽).

• (Add Line)을 클릭한다.

• Options 탭으로 이동하여 Active Class and Subclass를 Package Geometry, Silkscreen_Top으로 설정한다.

• Line width : 0.2

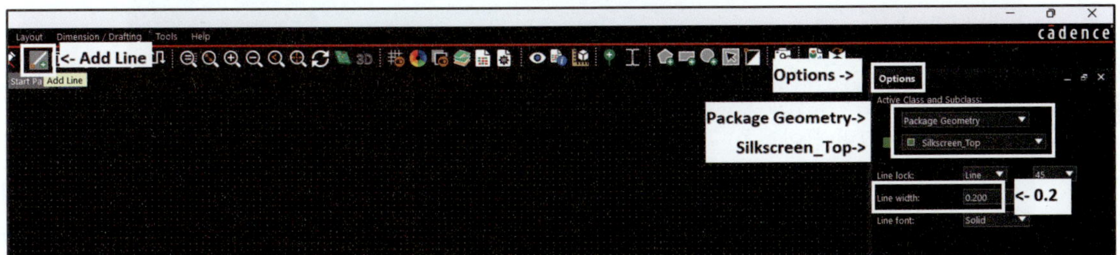

• 다음 그림에서 가리키는 곳을 클릭한다.

• Commend 창에 'iy 1.45'를 입력하면, 다음과 같이 위로 1.45만큼의 선이 그려진다.

• 선을 대각선으로 내린 상태에서 그대로 1번 핀의 끝까지 이동한다.

→

• 1번 핀 끝부분 바로 위쪽 그리드에서 클릭한다.
• 위쪽 라인이 완성되면 마우스 우측 버튼을 클릭하여 Next를 선택한다.

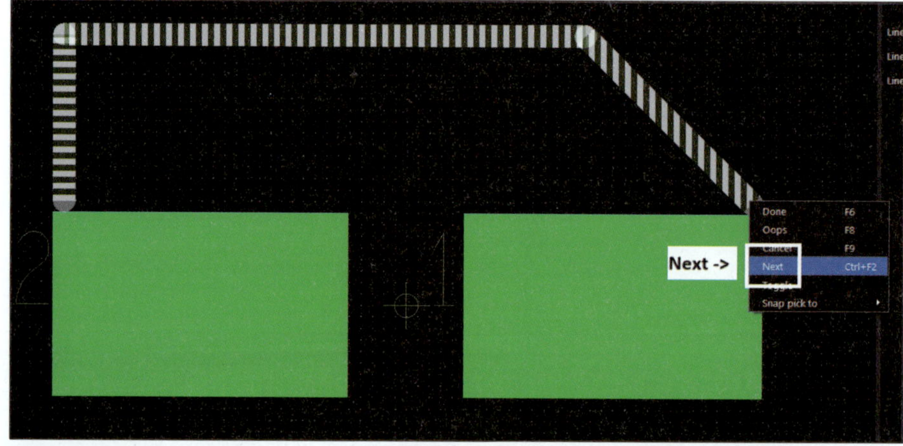

⑰ 심벌의 외형을 그린다(아래쪽).

• 왼쪽 그림에서 가리키는 곳을
클릭한다.

• Commend 창에 'iy -1.45'를 입력한 후 Enter를 클릭하면 다음과 같이 아래로 1.45 만큼의 선이 그려진다.

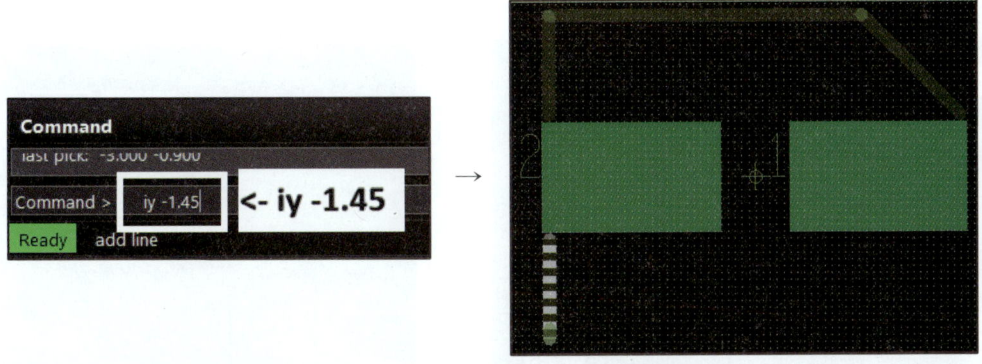

• 선을 대각선으로 올린 상태에서 그대로 1번 핀의 끝까지 이동한다.

• 1번 핀 끝부분 바로 아래쪽 그리드를 클릭하고, 마우스 우측 버튼 클릭 후 Done을 클릭하면 아래쪽 라인이 완성된다.

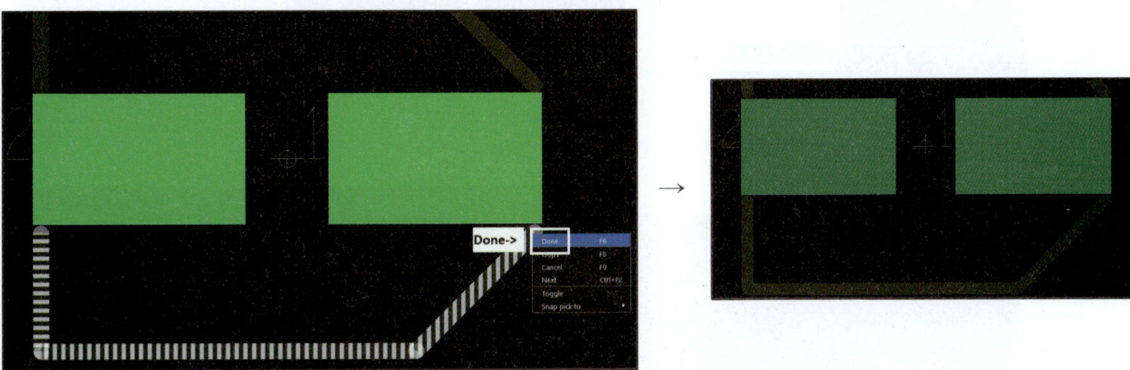

⑱ Place bound TOP을 그린다.

• 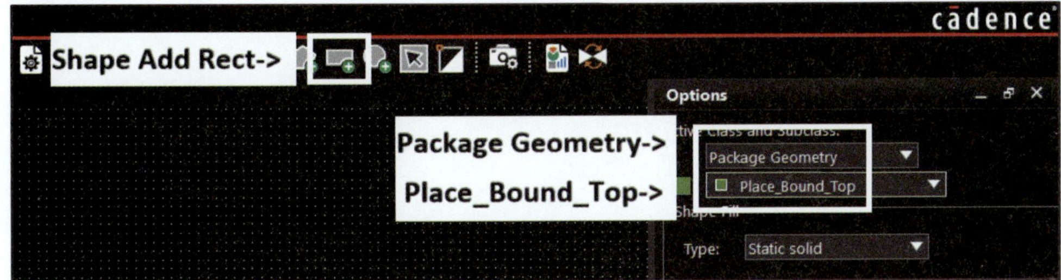 (Shape Add Rect)을 클릭한다.

• Options 탭에서 Active Class and Subclass를 Package Geometry, Place_Bound_Top으로 설정한다.

• 좌측 상단 모서리 클릭 후 우측 하단 모서리 부분을 클릭한다.

• 마우스 우측 버튼을 클릭한 후 Done을 클릭한다.

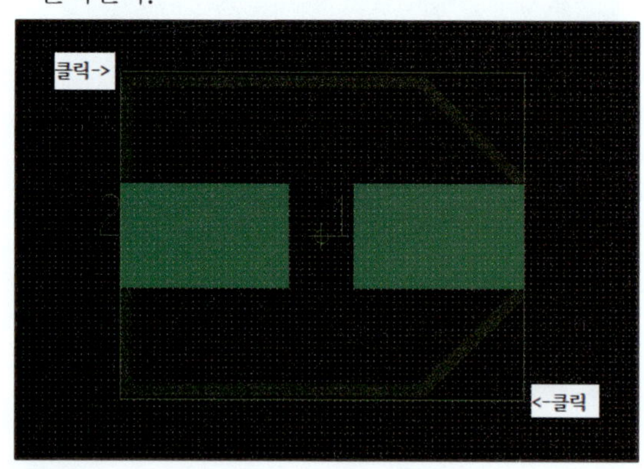

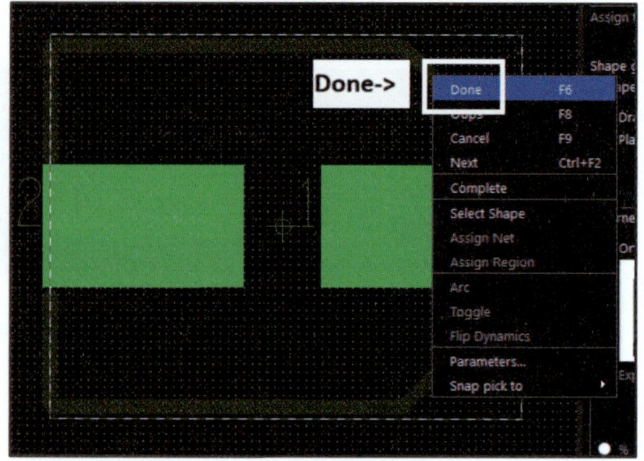

⑲ Reference를 입력한다.

• (Label Refdes)를 클릭한다.

• Options 탭으로 이동하여 Active Class and Subclass를 Ref Des, Silkscreen_Top으로 설정한다.

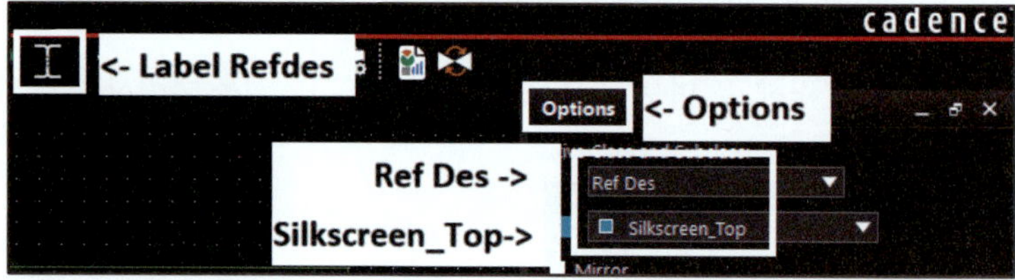

• 심벌 상단을 클릭한 후 'C?'를 입력한다.

• 입력 후 마우스 우측 버튼 클릭 후 Done을 클릭한다.

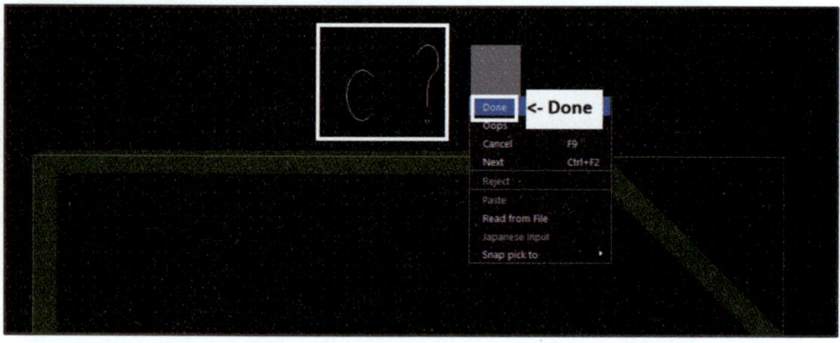

※ Reference를 입력하지 않으면 저장할 때 에러가 발생한다.

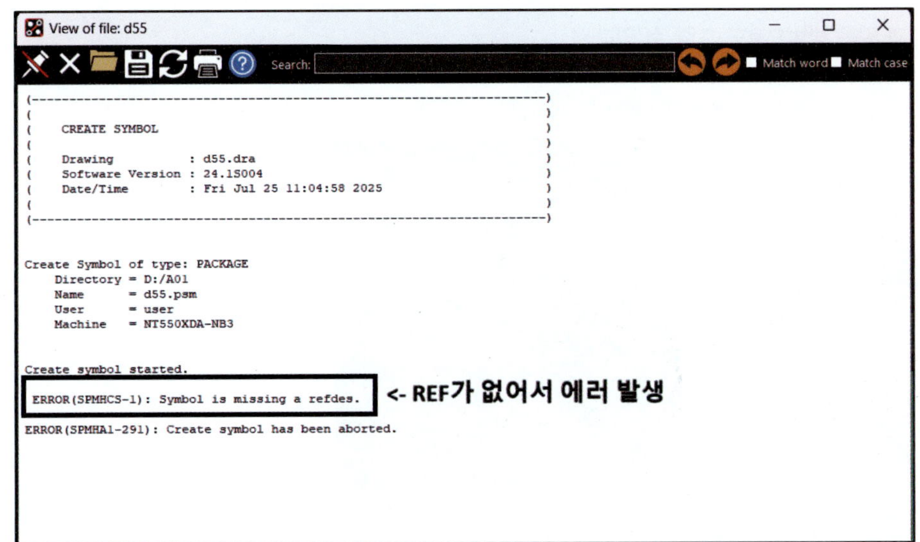

<- REF가 없어서 에러 발생

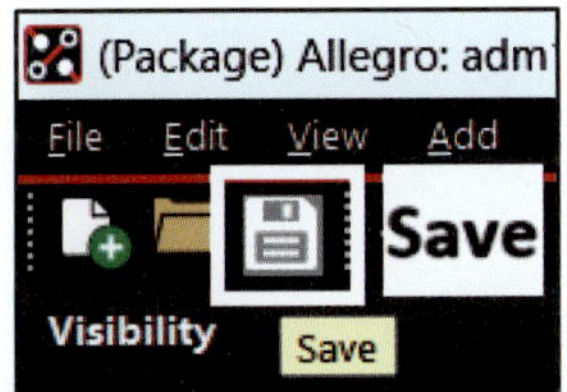

⑳ (Save)를 클릭하여 저장한다(또는 Menu → File → Save).

Tip

저장되는 폴더에 D55.dra, D55.psm 파일이 있어야 사용할 수 있다. 저장 후 확인해 본다.

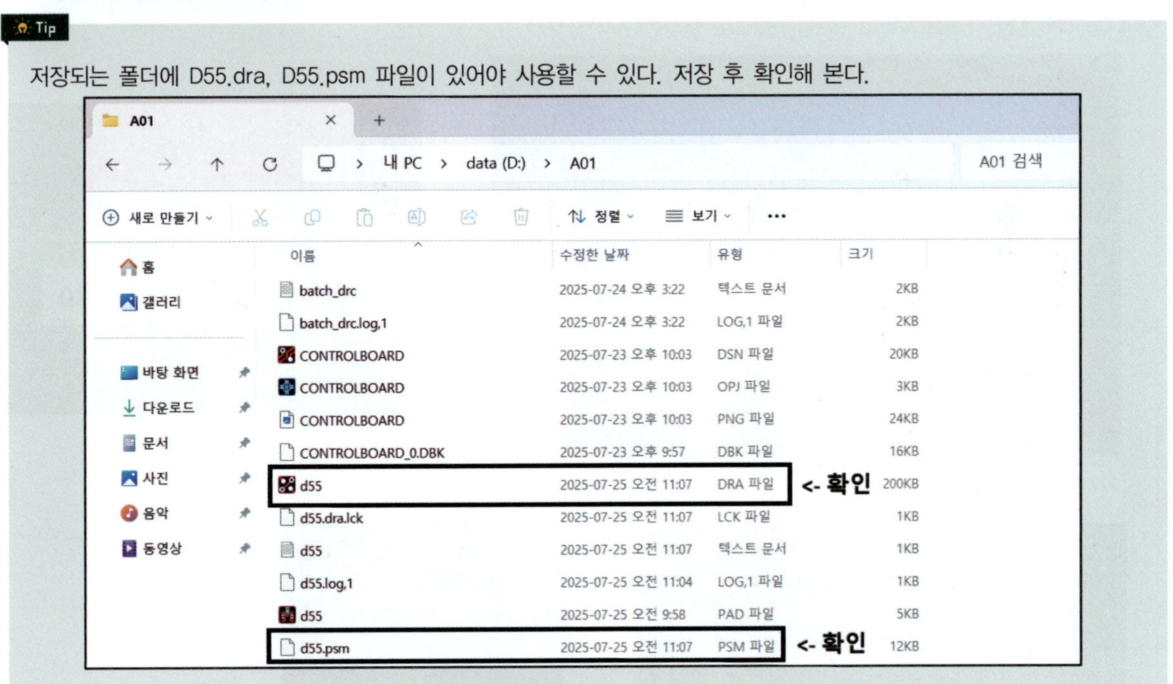

<- 확인 (d55 DRA 파일)

<- 확인 (d55.psm PSM 파일)

아래쪽 라인을 다음과 같은 방법으로도 그릴 수 있다.

① Edit → Copy

② Find에서 All Off를 클릭하여 체크 해제 후 Lines를 체크한다.

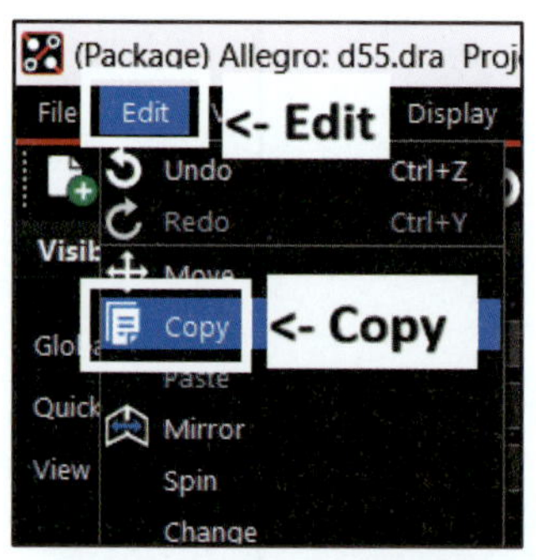

③ 선을 클릭하면 선이 복사된다.

④ 마우스 우측 버튼을 클릭한 후 Rotate를 선택한다.

⑤ Options 탭에서 Rotation angle을 180으로 설정한다.

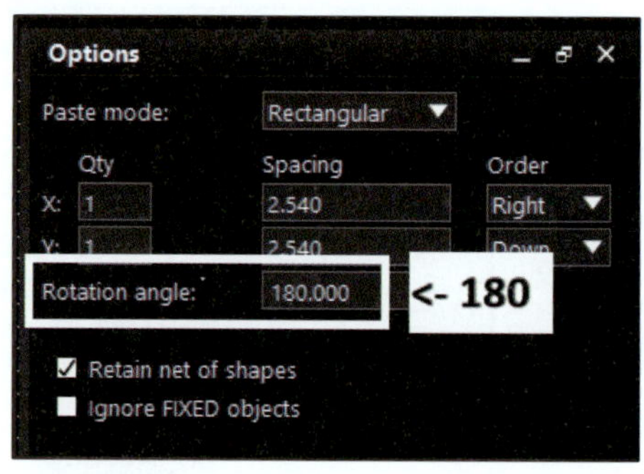

⑥ 커서를 이동시키면 복사한 선이 180°로 회전한다.

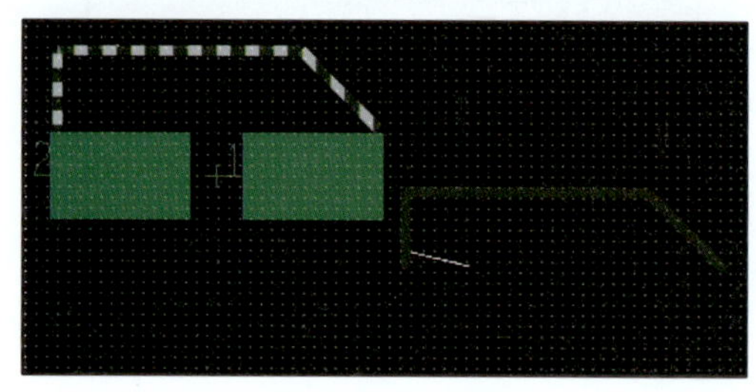
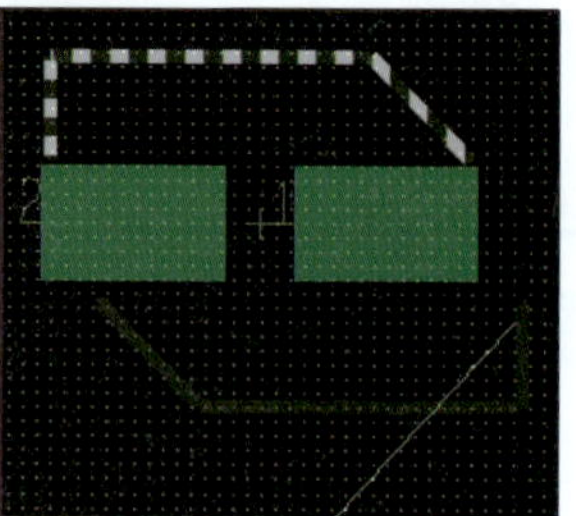

⑦ 복사한 선이 180° 회전했으면 다시 마우스 우측 버튼을 클릭하여 Mirror Geometry를 실행한다.

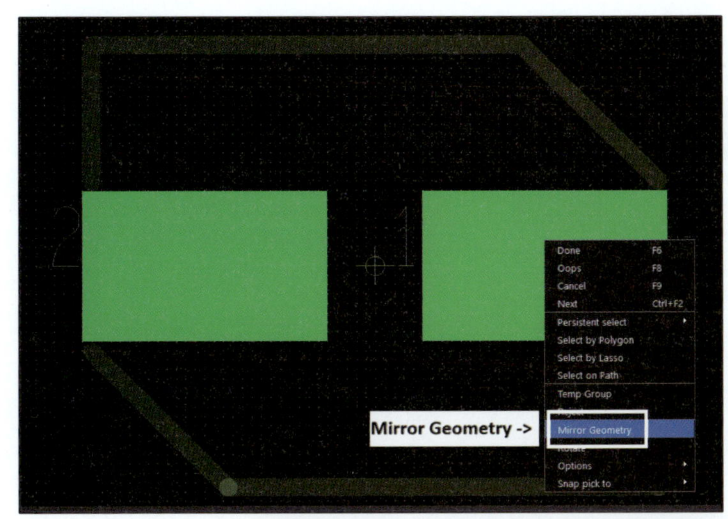

⑧ 선이 좌우 대칭으로 회전하였으면 한 번 더 마우스 우측 버튼을 클릭하여 Done을 선택한다.

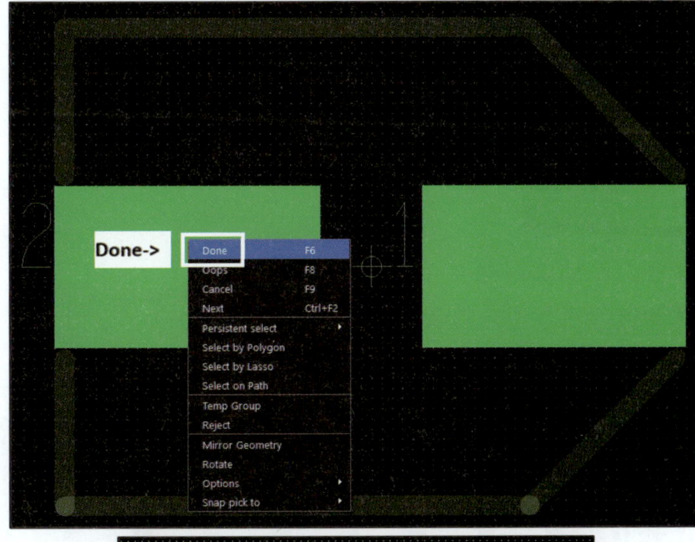

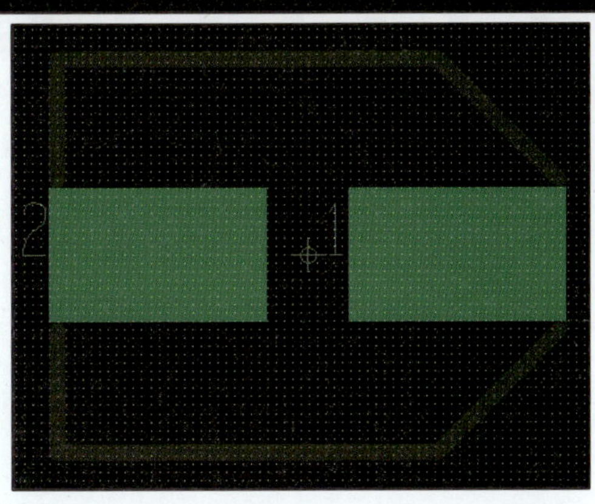

3) HEADER10

(1) PAD 만들기(HEADER10)

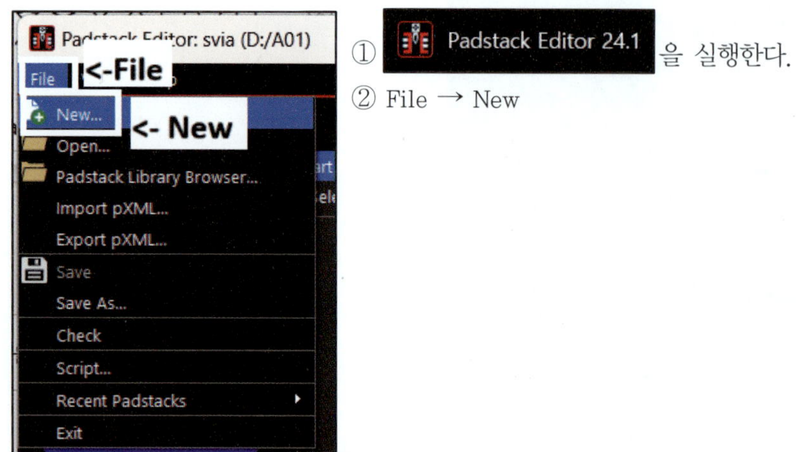

① 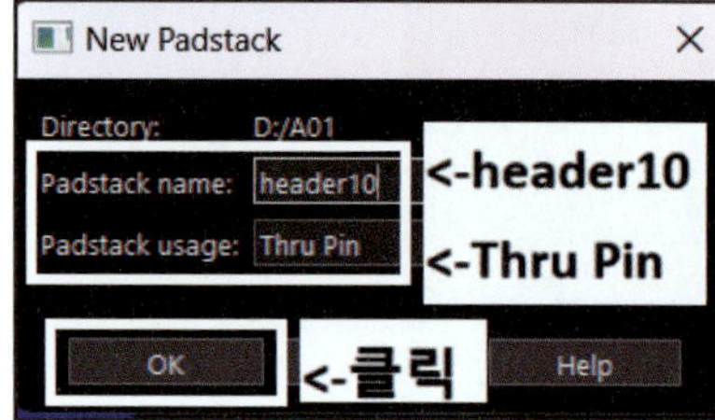 Padstack Editor 24.1 을 실행한다.

② File → New

③ Directory에서 저장되는 경로를 확인한다.

④ Padstack name : header10

⑤ Padstack usage : Thru Pin

⑥ OK를 클릭한다.

⑦ 화면 좌측 하단부에 Unit을 Millimeter로 변경한다.

⑧ Unit의 변경을 묻는 창이 뜨면 Yes를 클릭한다.

⑨ Unit을 바꾸면 사용할 소수 자리가 4로 변경된다(수정 가능하다).

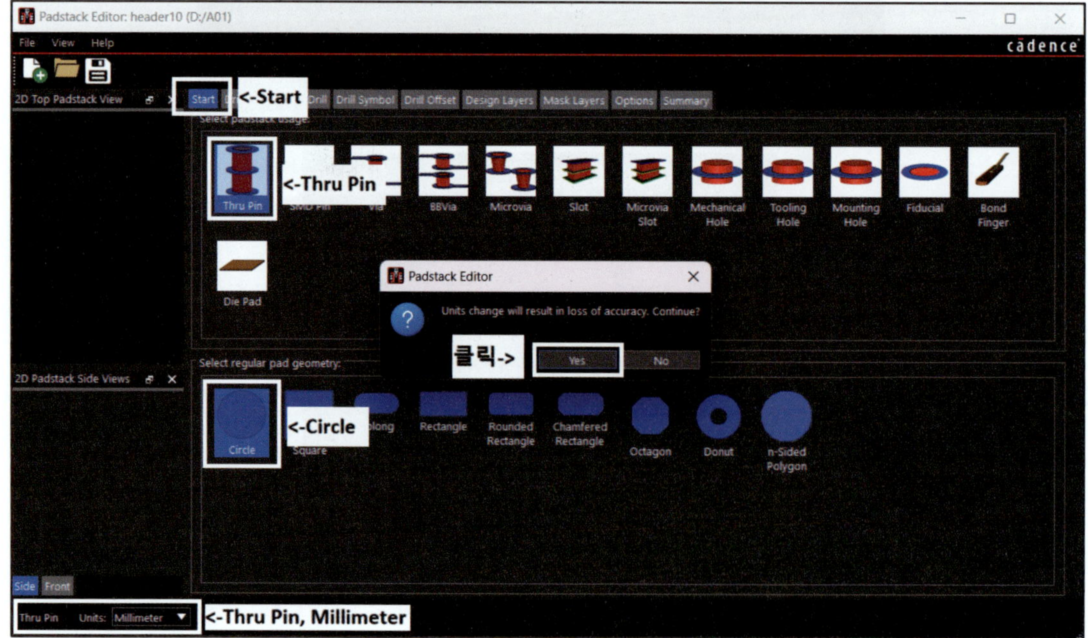

[공개문제에 제시된 HEADER10 데이터 시트]

PAD 제작을 위한 홀의 크기는 핀의 굵기(0.64)나 Recommand PCB Layout에 있는 값(1.0) 중 하나를 사용해야
한다(실제 PCB 제작은 Recommand PCB Layout 값을 사용한다).

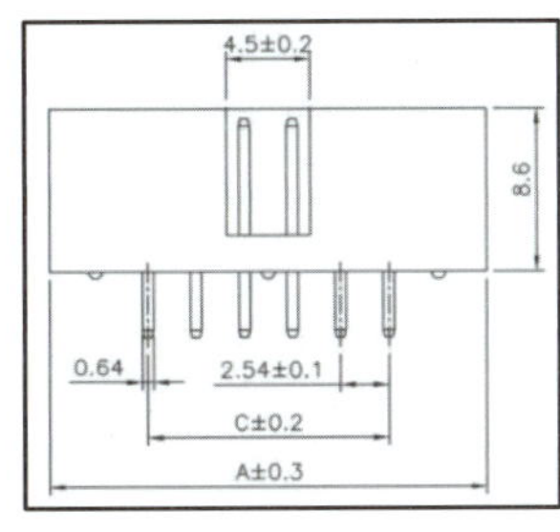
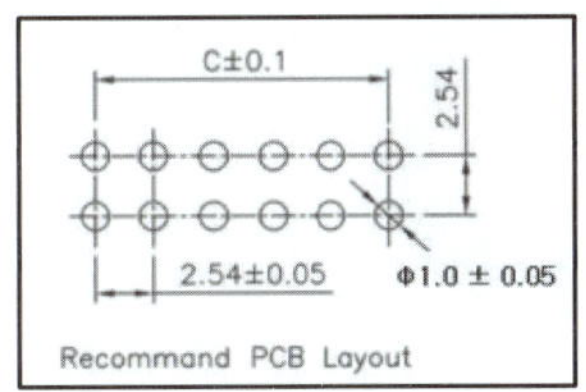

※ 참고로 필자는 Recommand PCB Layout 값을 사용한다.

※ Header10은 10핀이다. 데이터 시트에 나와 있는 그림은 12핀인데, 그림이 잘못된 것이다.

⑩ Drill 탭으로 이동한다.

⑪ Finished diameter : 1

⑫ Hole/slot plating : Plated

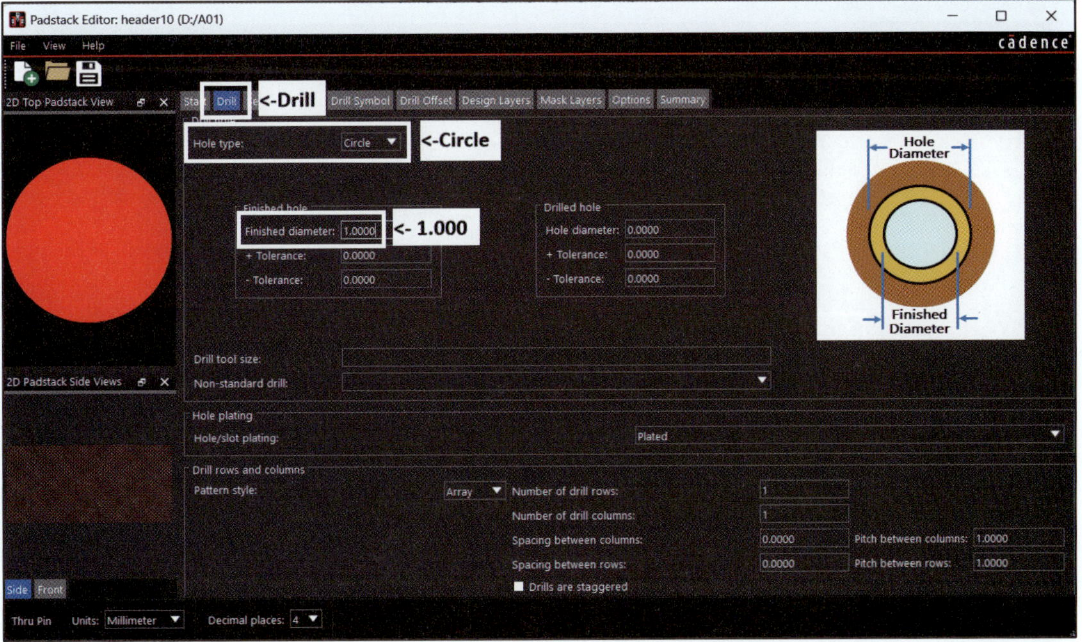

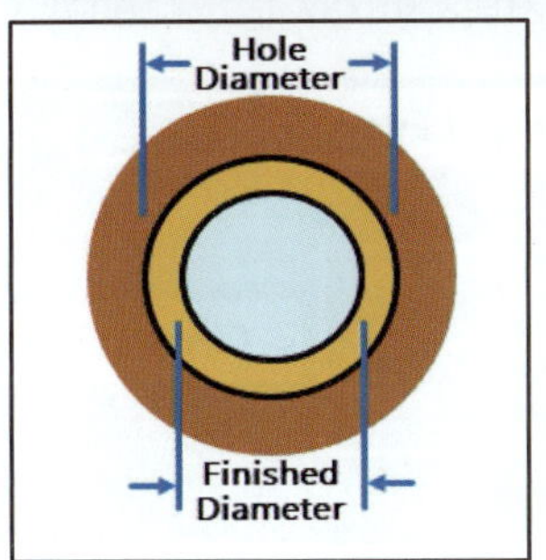

• Hole Diameter : Drill 작업만 진행되고, 도금되지 않은 구멍의 크기
• Finished Diameter : 도금된 후 최종적으로 만들어진 구멍의 크기
• PCB 제작 시에는 Finished Diameter 치수만 입력해도 무방하다.

Pad 지름 계산

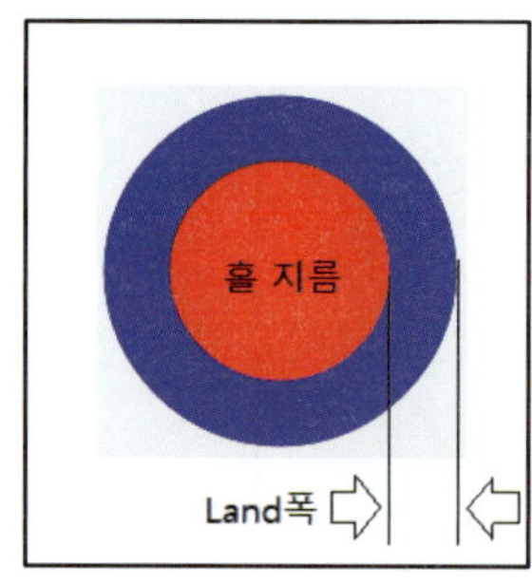

- Pad 지름 = 홀 지름 + (2 × Land 폭) = 1 + (2 × 0.3) = 1.6
- Land는 납이 묻는 부분으로, 필자는 Land 폭을 0.3으로 하였다. 위 계산식에서 Land 폭에 2를 곱해 준 이유는 홀을 기준으로 좌우에 Land가 있기 때문이다.

⑬ Design Layers 탭

- Geometry(화면 하단) : Circle
- Diameter : 1.6

⑭ Circle 1.6000을 클릭한 후 마우스 우측 버튼을 클릭하여 Copy를 선택한다.

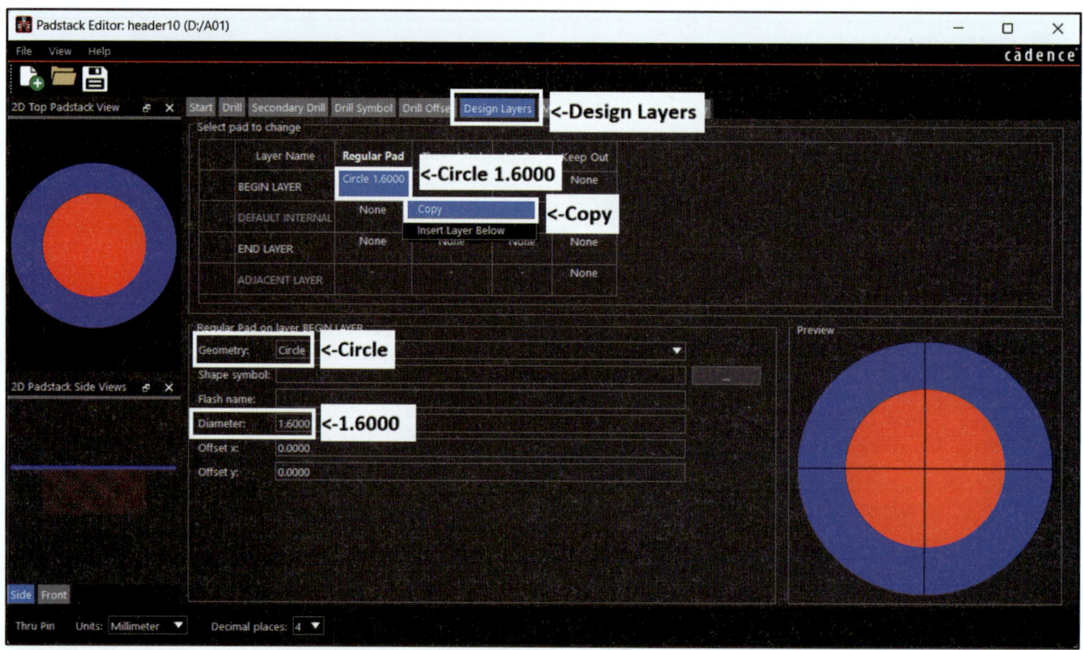

⑮ END LAYER까지 드래그한 후 마우스 우측 버튼을 클릭하여 Paste를 선택하면 Circle 1.6000이 입력된다.

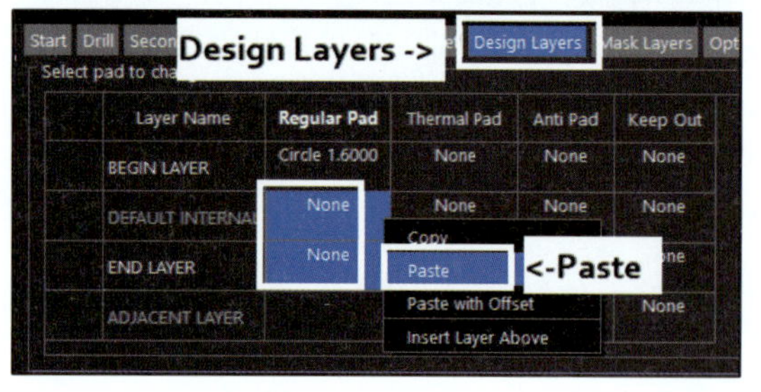

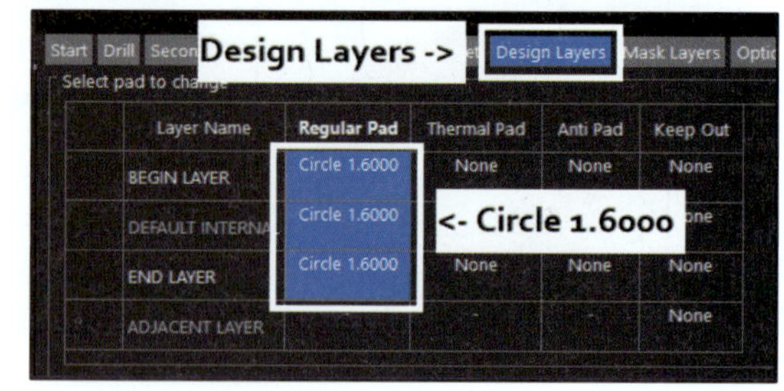

⑯ Mask Layers 탭으로 이동한다.

⑰ SOLDERMASK_TOP과 SOLDERMASK_BOTTOM의 Pad 셀을 드래그한 후 마우스 우측 버튼을 클릭하여 Paste를 선택한다.

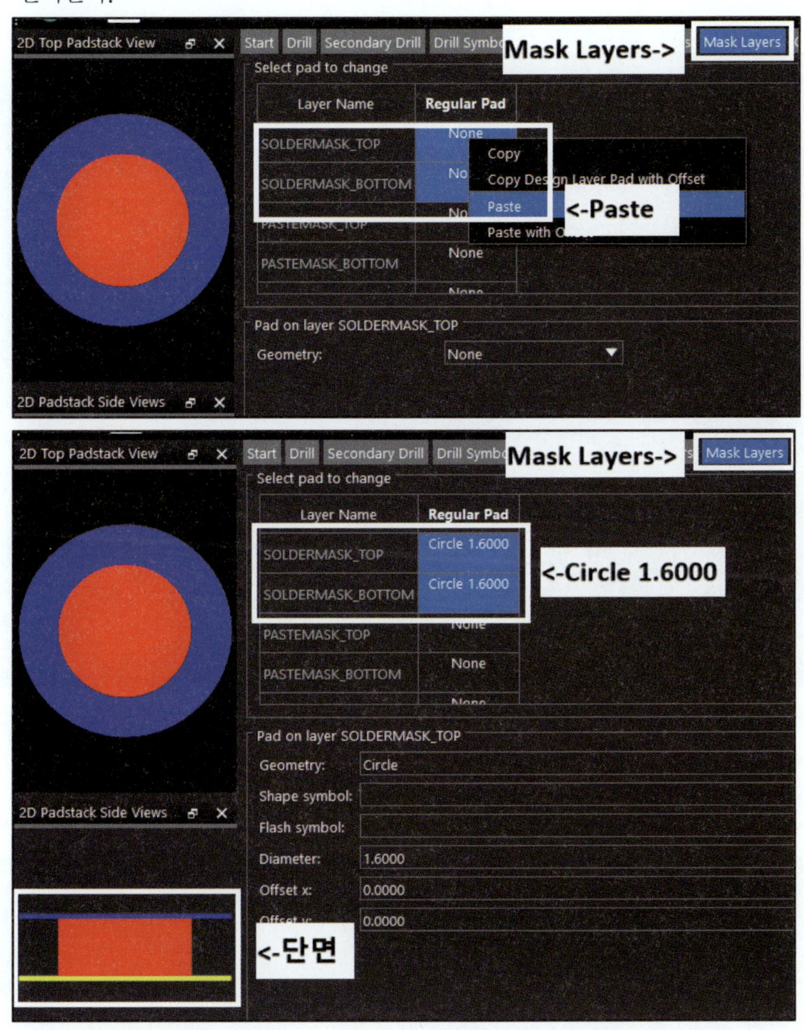

⑱ File → Save

⑲ Drill symbol이 지정되지 않았다는 에러 메시지가 뜨면 Close를 클릭한다.

⑳ 저장 여부를 묻는 창이 뜨면 Yes를 클릭한다.

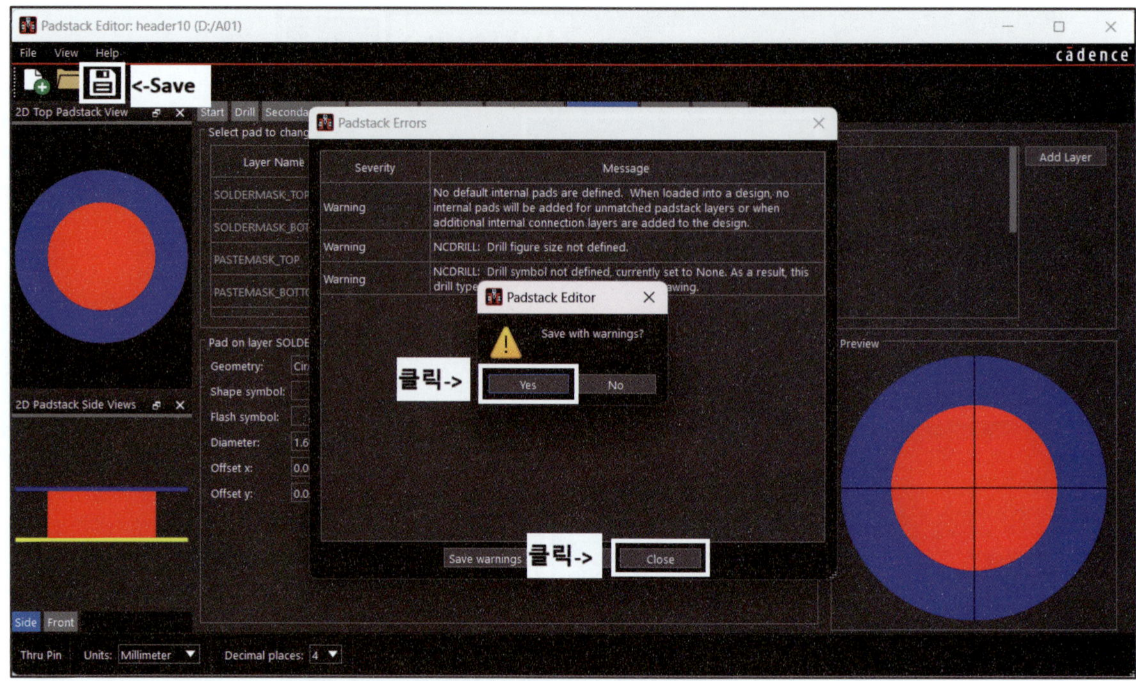

※ PCB Editor에서 Drill Customization → Auto generate symbols를 실행하면 Drill symbol이 자동으로 지정되므로 위와 같은 에러는 무시해도 된다.

㉑ 저장하면 화면 우측 하단에 'Padstack D:/A01/header10.pad saved' 메시지가 생성된다.

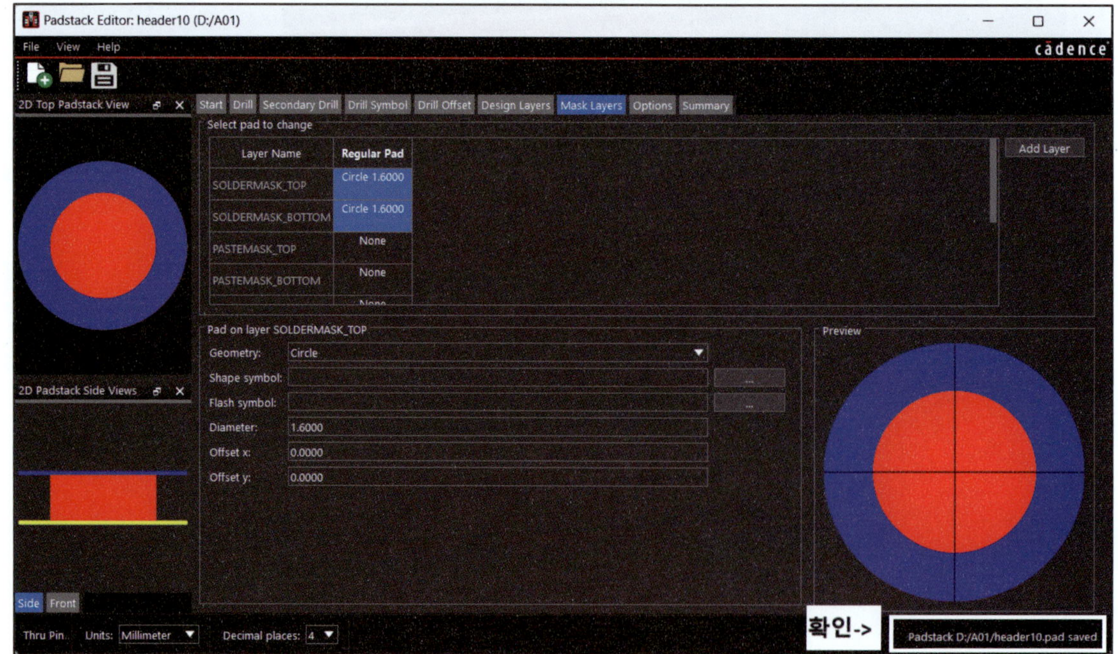

㉒ 저장되는 폴더에 PAD 파일이 생성되었는지 확인한다.

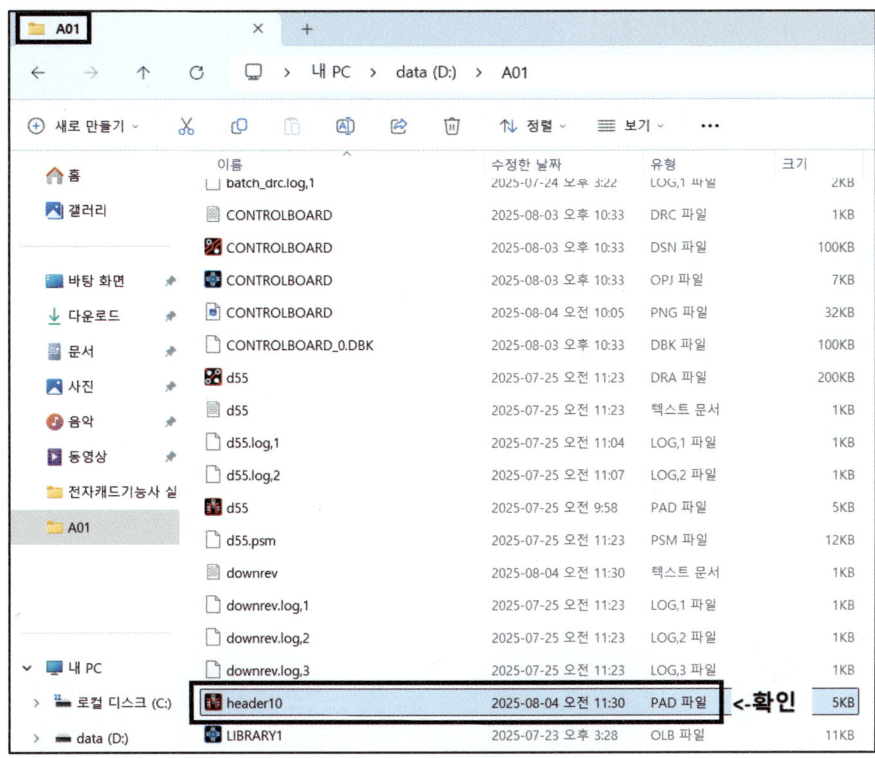

※ PAD가 정상적으로 만들어지면 PAD 파일이 생성된다. 이 파일이 생성되지 않았다면 PAD를 다시 만들어야 한다.

(2) PAD 배치 및 외형 그리기

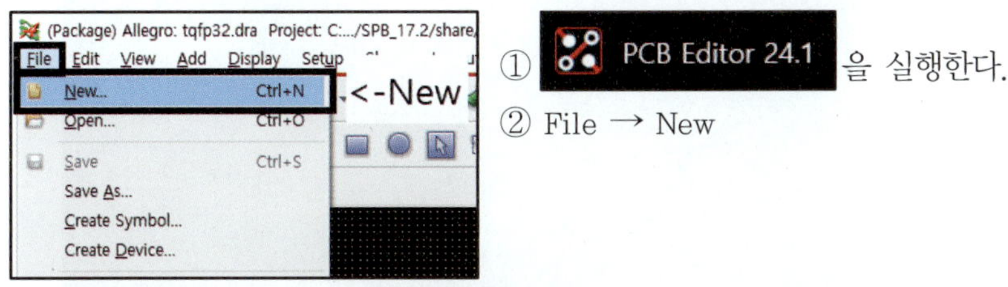

① 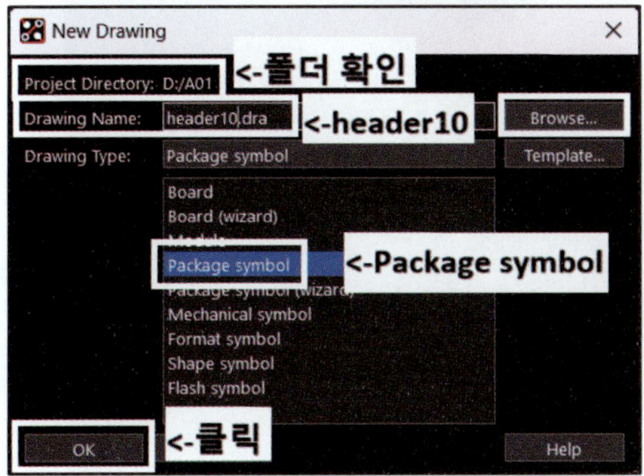 PCB Editor 24.1 을 실행한다.

② File → New

③ 저장되는 경로를 확인한다.

④ Drawing Name : header10

⑤ Drawing Type : Package symbol

※ Drawing Name이 입력할 Footprint이다. 반드시 메모해 둔다.

⑥ Units : Millimeter

⑦ OK를 클릭한다(Setup에서 변경 가능하다).

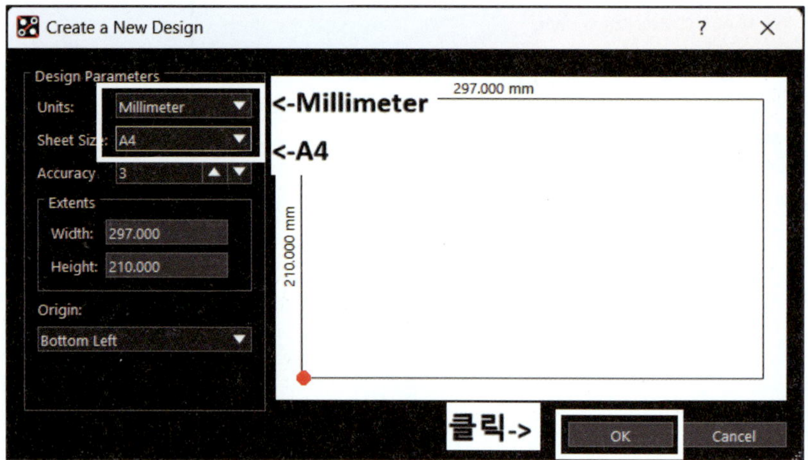

⑧ 초기 설정

• Menu → Setup → Grids…

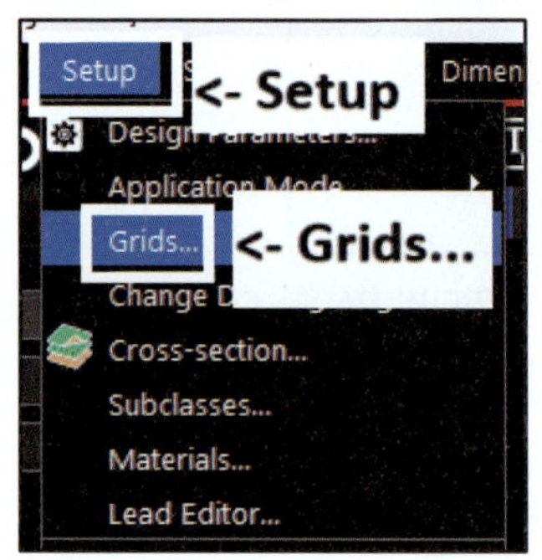

• Non-Etch와 All Etch를 0.1로 지정한 후 OK를 클릭한다.

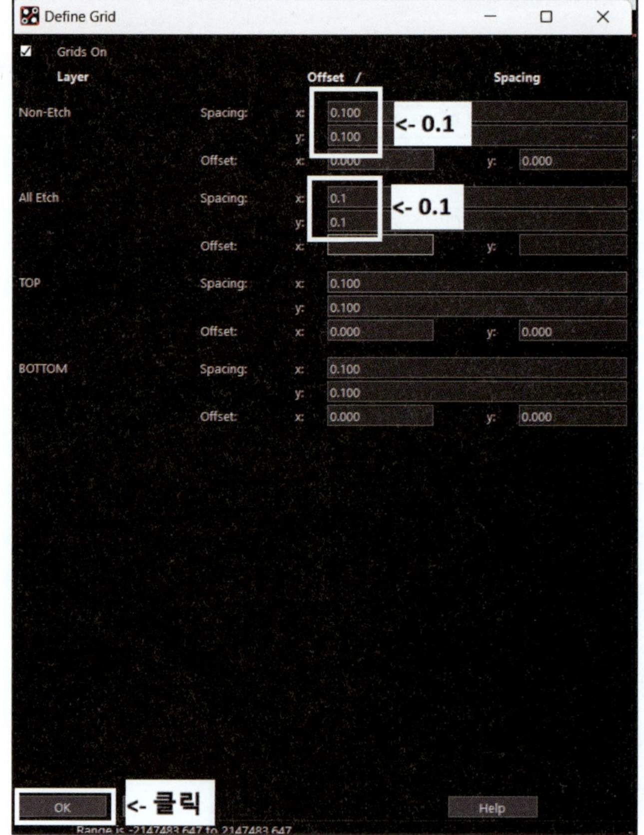

⑨ 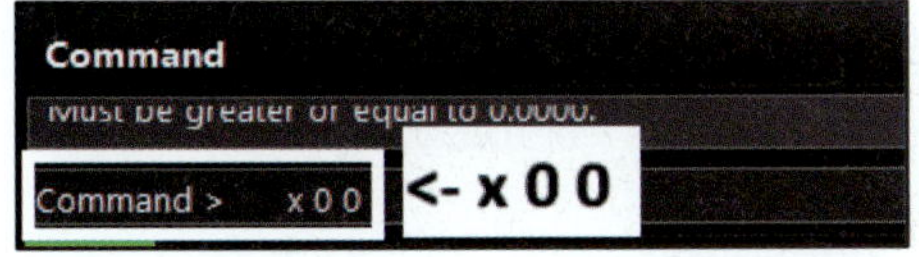(Add Pin)을 클릭한 후 Options로 이동한다.

⑩ Padstack 옆에 있는 █████을 클릭한다.

⑪ Select a padstack 검색창에 'Header10'을 입력한 후 Enter를 클릭한다.

⑫ Header10을 선택한 후 OK를 클릭한다.

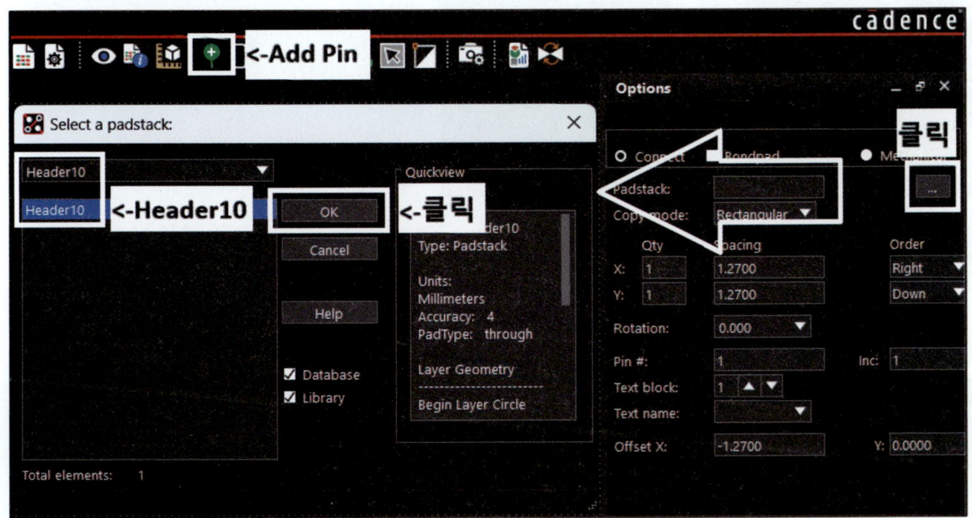

⑬ PAD 배치

	Qty	Spacing	Order
X	2	2.54	Right
Y	5	2.54	Down

• X : X축
• Y : Y축
• Qty : 핀의 개수
• Spacing : 핀과 핀의 간격
• Order : 핀 번호 증가 방향

⑭ Command 창에 1번 핀의 좌표 'x 0 0'을 입력한다(x는 소문자).

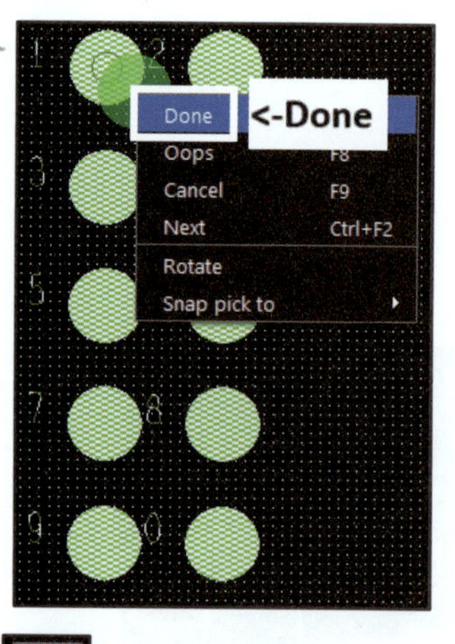

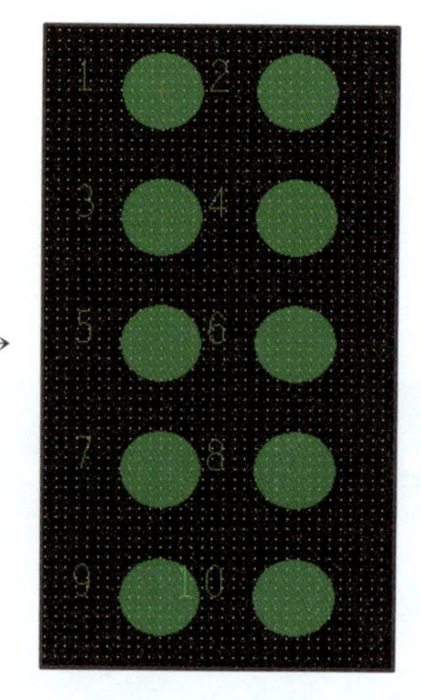

⑮ 10개의 핀이 다음과 같이 배치되면 마우스 우측 버튼을 클릭한 후 Done을 선택한다.

⑯ (Add Line)을 클릭한 후 Options 탭으로 이동한다.

⑰ Active Class and Subclass를 Package Geometry, Silkscreen_Top으로 설정한다.

⑱ Line width : 0.2

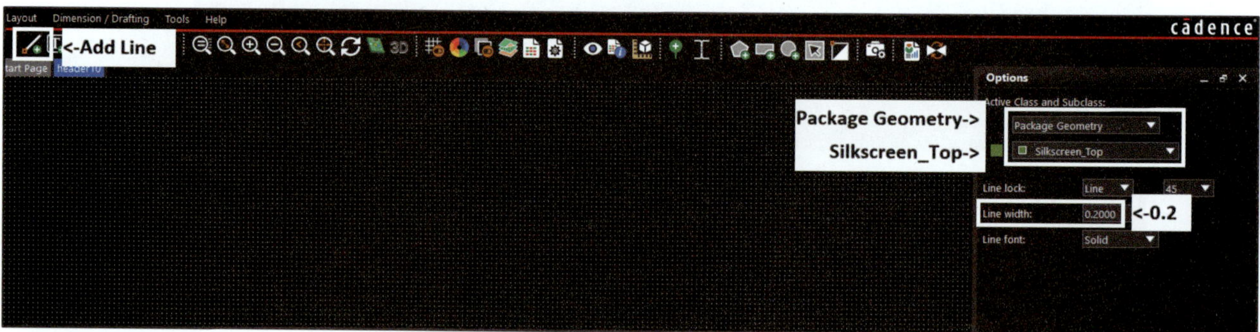

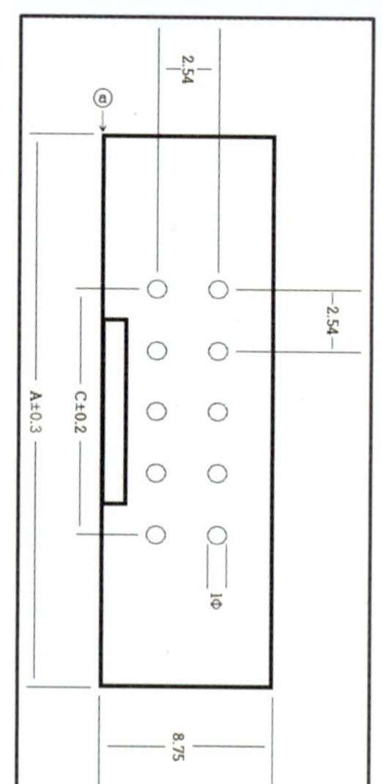

- ⓐ점을 시작점으로 설정한다.
- ⓐ점 좌표를 계산한다.

$$- \text{x축 좌표} = \frac{8.75 - 2.54}{2} = \frac{6.21}{2} = 3.105$$

$$- \text{y축 좌표} = \frac{A(MAX) - C}{2} = \frac{20.62 - 10.16}{2} = \frac{10.46}{2} = 5.23$$

$$- A(MAX) = 20.32 + 0.3 = 20.62$$

ⓐ점은 원점의 왼쪽에 위치하므로 x축 좌표는 -3.105이고, 원점에서 위쪽에 위치하므로 y축 좌표는 5.23이다. 따라서 ⓐ점의 좌표는 x -3.105 5.23이다.

⑲ Command 창에 시작점의 좌표 'x -3.105 5.23'을 입력한다.

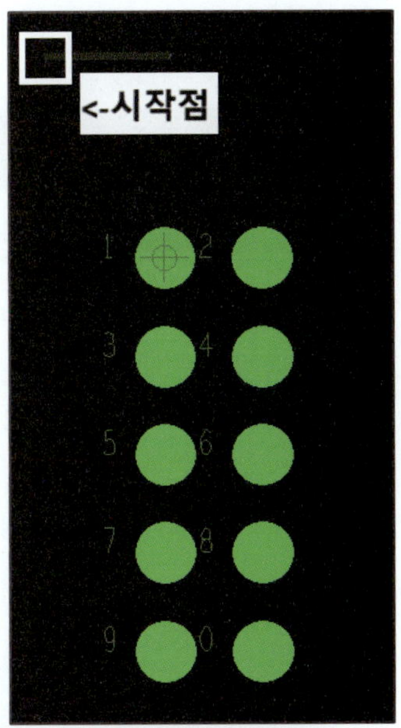

⑳ 시작점에서 x축(오른쪽)으로 8.75만큼 선을 그리기 위해
Command 창에 'ix 8.75'를 입력한다.

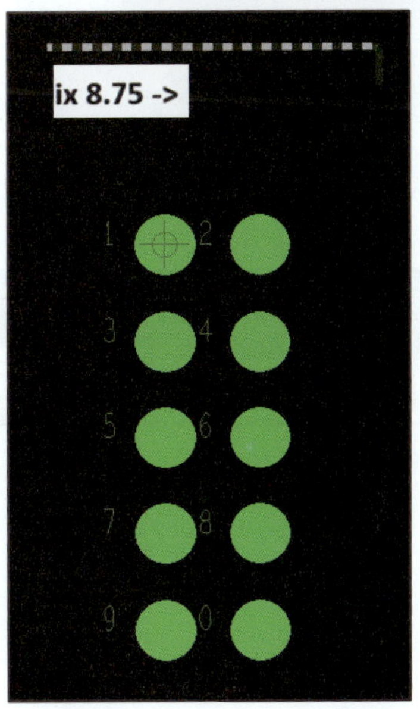

㉑ y축(아래쪽)으로 20.62만큼 선을 그리기 위해 Command
창에 'iy -20.62'를 입력한다.

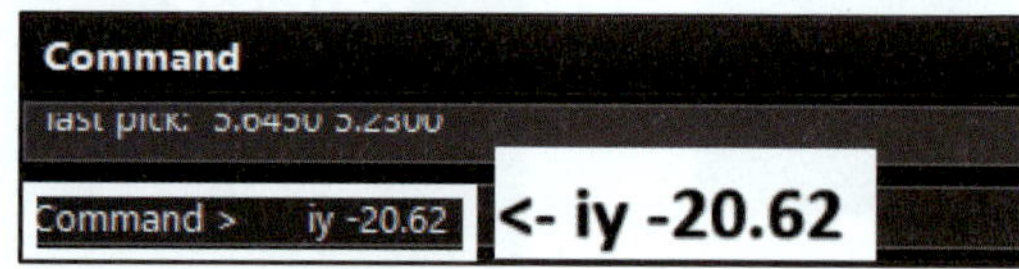

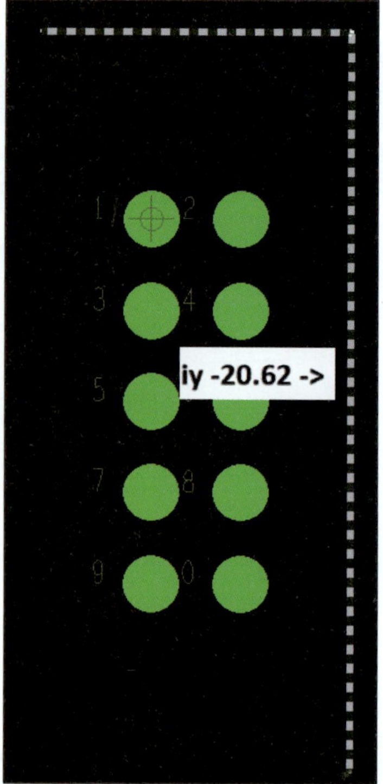

㉒ x축(왼쪽)으로 8.75만큼 선을 그리기 위해 Command 창에
'ix -8.75'를 입력한다.

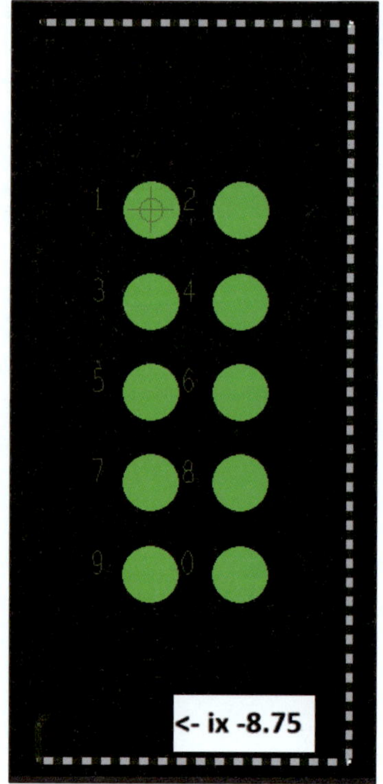

㉓ y축(위쪽)으로 20.62만큼 선을 그리기 위해 Command 창에
'iy 20.62'를 입력한다.

㉔ 외형이 모두 그려지면 마우스 우측 버튼을 클릭하여 Next를
선택한다.

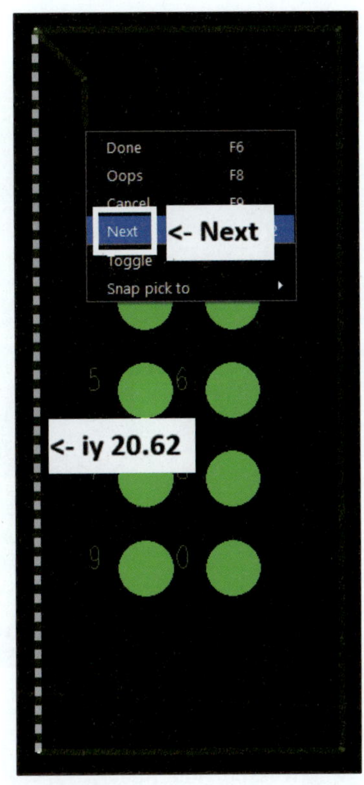

㉕ 다음과 같이 5번 핀 앞에 홈을 표시한다.

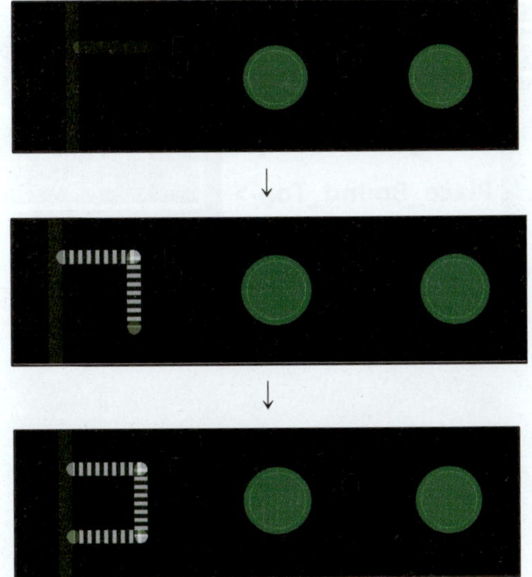

※ header의 홈은 PCB에 header를 장착할 때 방향을 나타낼 뿐이지 큰 의미를 갖지 않는다. 따라서 데이터 시트에 제시된
홈의 치수를 꼭 지키지 않아도 된다.

㉖ 홈이 완성되면 마우스 우측 버튼을 클릭한 후 Done을 클릭한다.

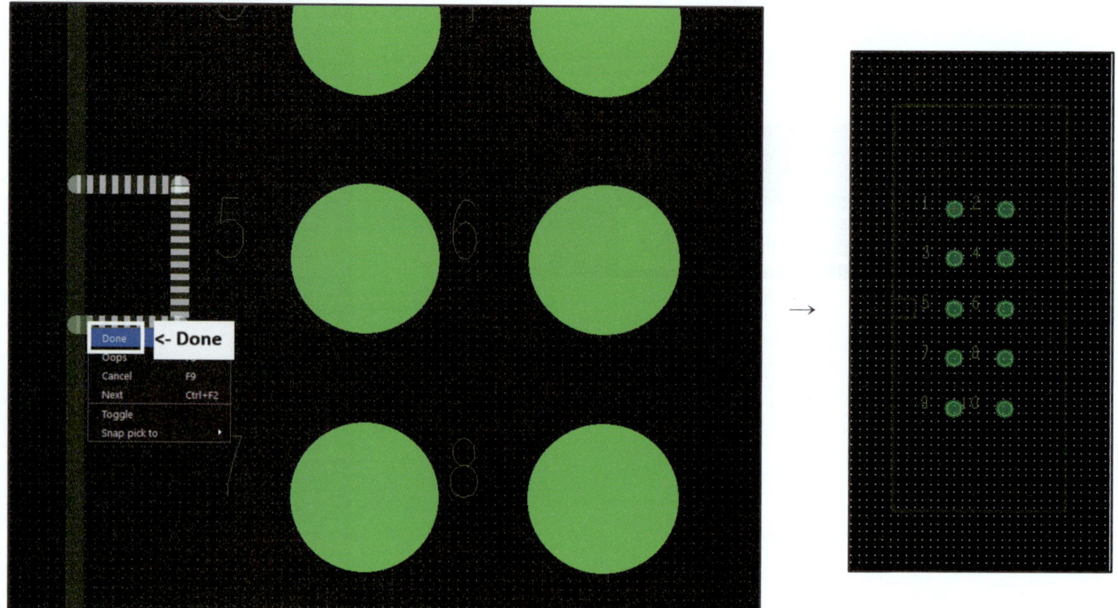

㉗ Place bound TOP을 그린다.

㉘ 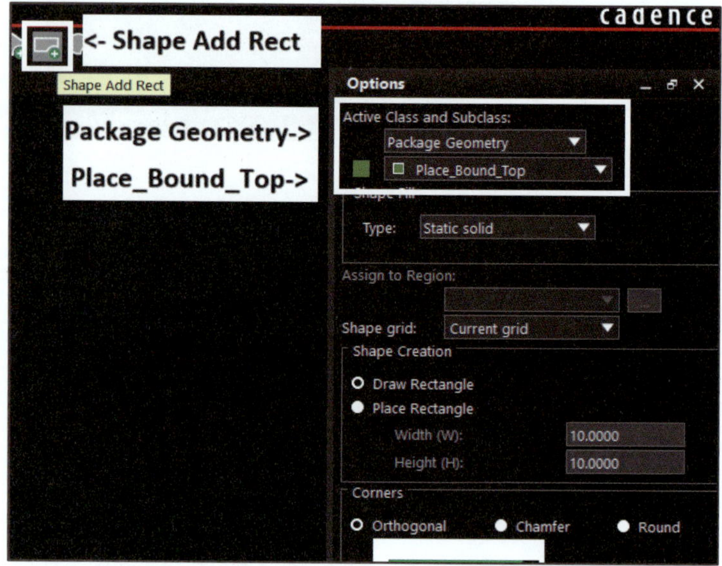 (Shape Add Rect)을 클릭한다.

㉙ Options 탭에서 Active Class and Subclass를 Package Geometry, Place_Bound_Top으로 설정한다.

㉚ 좌측 상단 모서리를 클릭한 후 우측 하단 모서리
부분을 클릭한다.

㉛ 마우스 우측 버튼 클릭한 후 Done을 클릭한다.

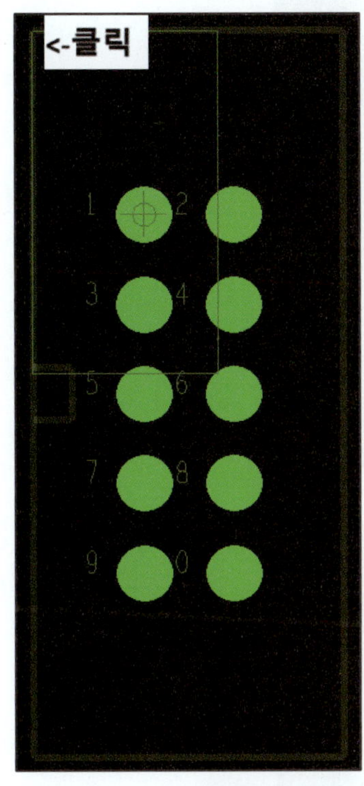

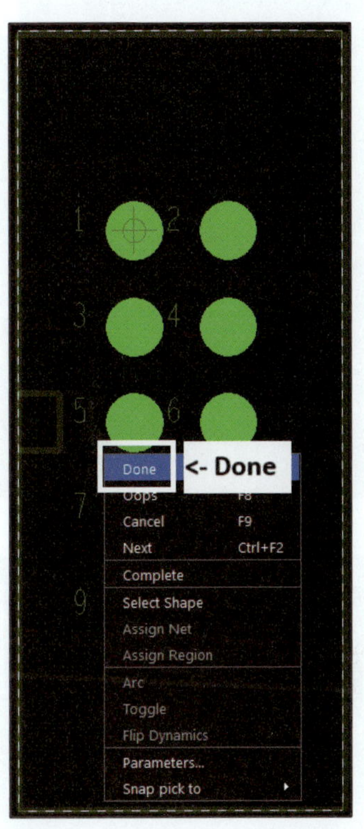

㉜ Reference를 입력하고 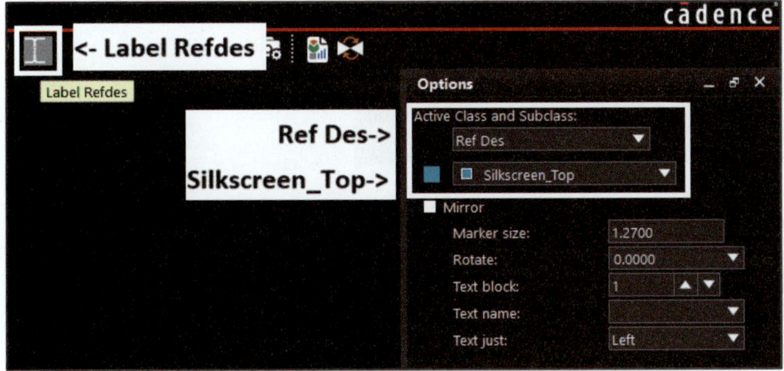(Label Refdes)를 클릭한다.

㉝ Options 탭으로 이동하여 Active Class and Subclass를 Ref Des, Silkscreen_Top으로 설정한다.

㉞ 심벌의 상단을 클릭한 후 'J?'를 입력한다.

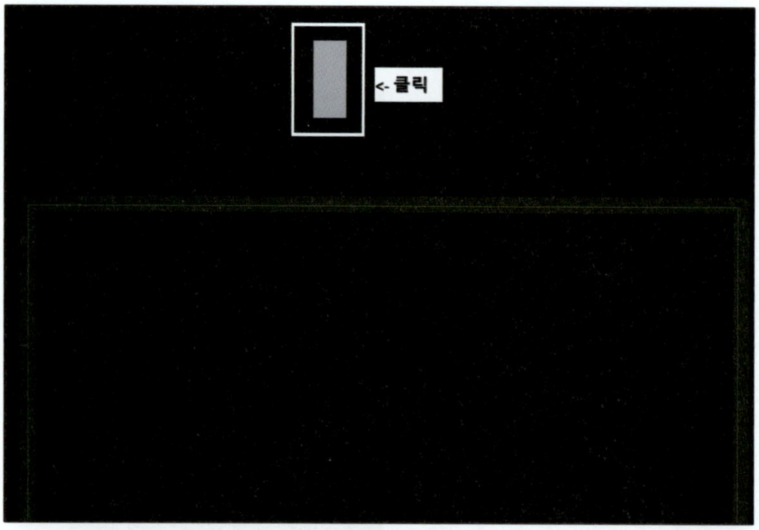

㉟ 입력 후 마우스 우측 버튼을 누른 후 Done을 클릭한다.

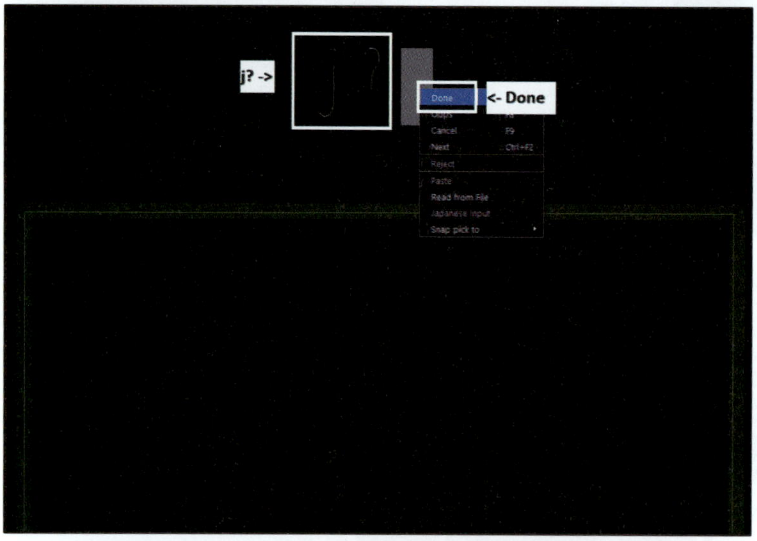

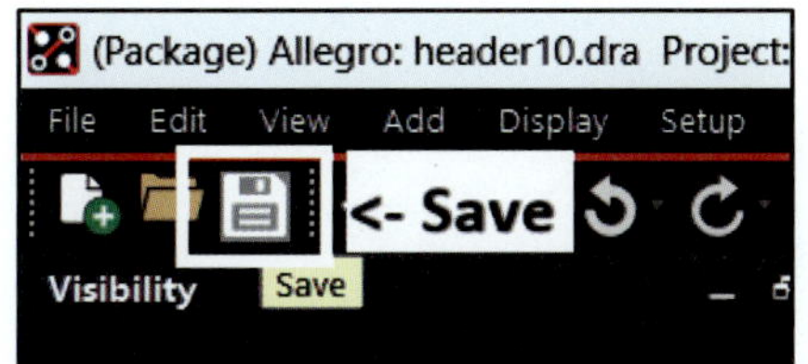

㊱ (Save)를 클릭하여 저장한다(또는 Menu → File → Save).

저장되는 폴더에 Header10.dra, Header10.psm 파일이 있어야 사용할 수 있다. 저장 후 확인해 본다.

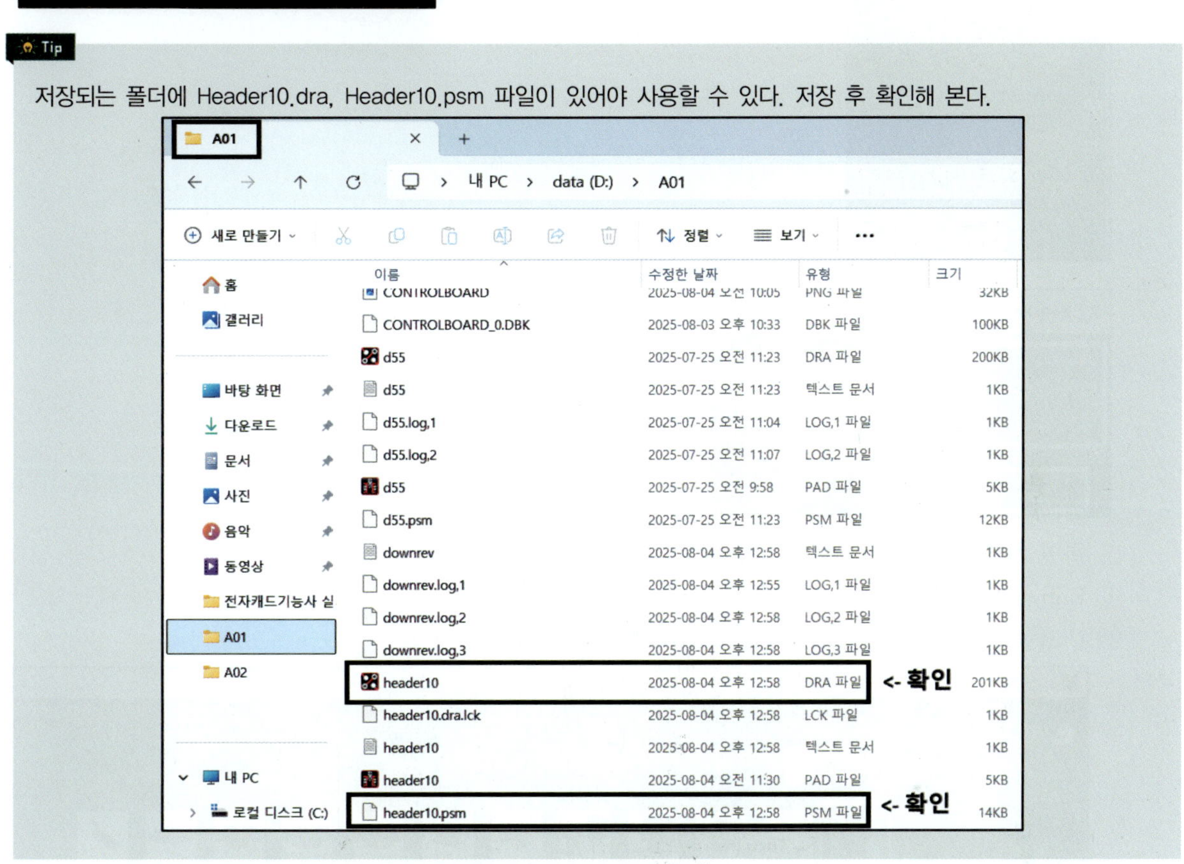

(1) PAD 만들기(CRYSTAL)

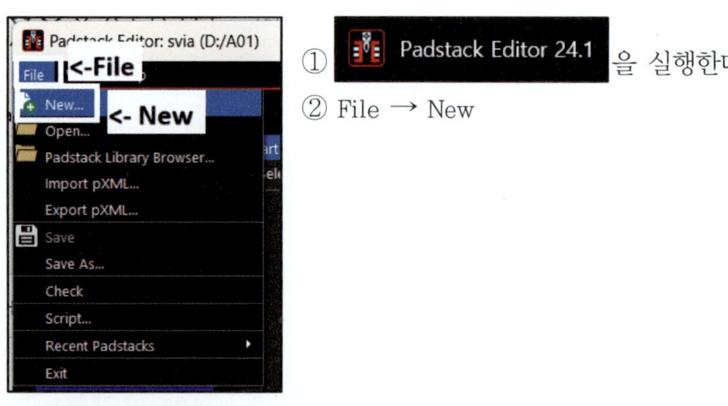

① 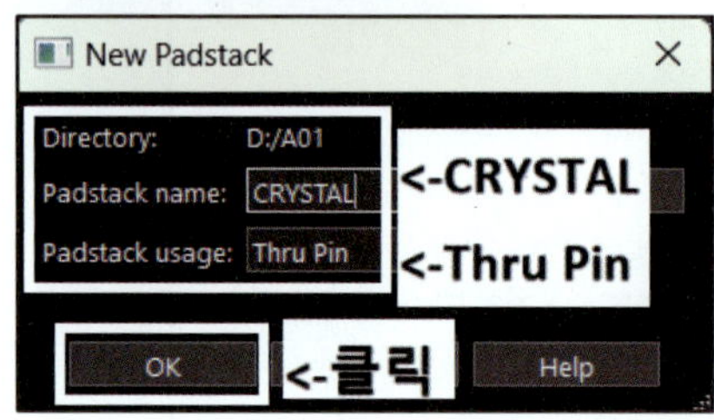 Padstack Editor 24.1 을 실행한다.

② File → New

③ Directory에서 저장되는 경로를 확인한다.

④ Padstack name : CRYSTAL

⑤ Padstack usage : Thru Pin

⑥ OK를 클릭한다.

⑦ 화면 좌측 하단부에 Unit을 Millimeter로 변경한다.

⑧ Unit의 변경을 묻는 창이 뜨면 Yes를 클릭한다.

⑨ Unit을 바꾸면 사용할 소수 자리가 4로 변경된다(수정 가능하다).

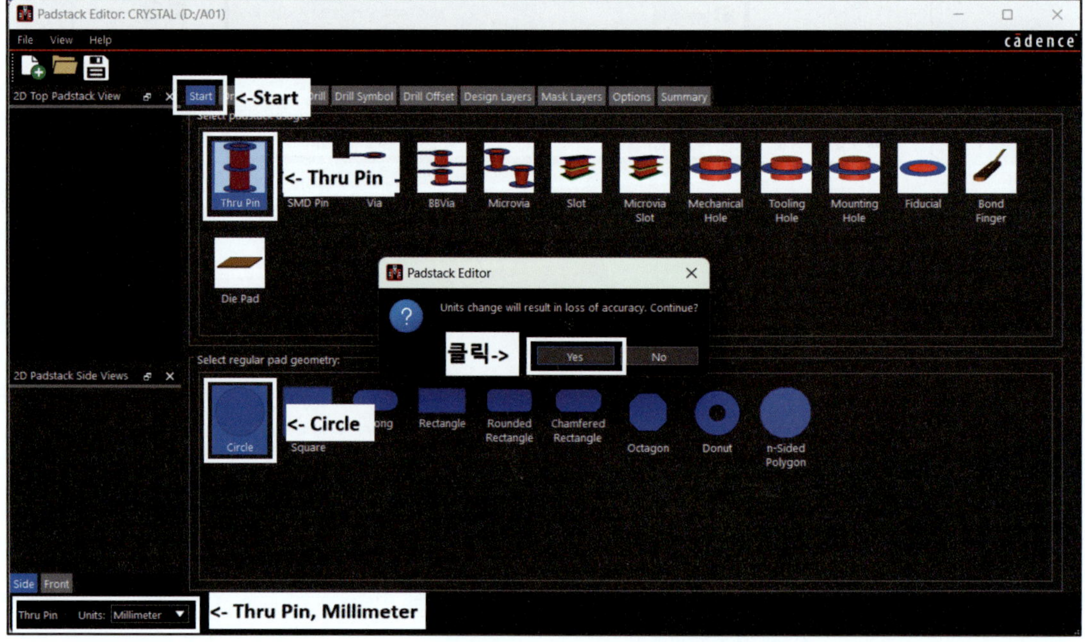

[공개문제에 제시된 CRYSTAL 데이터 시트]

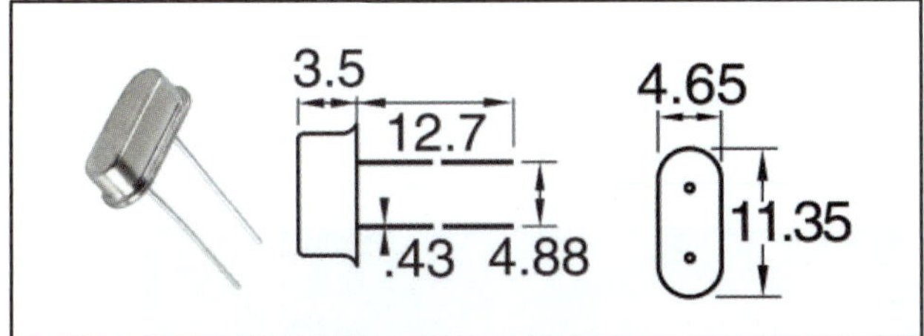

⑩ Drill 탭으로 이동한다.

⑪ Finished diameter : 0.63(홀 크기 = 핀의 굵기 + 0.2 = 0.43 + 0.2 = 0.63)

⑫ Hole/slot plating : Plated

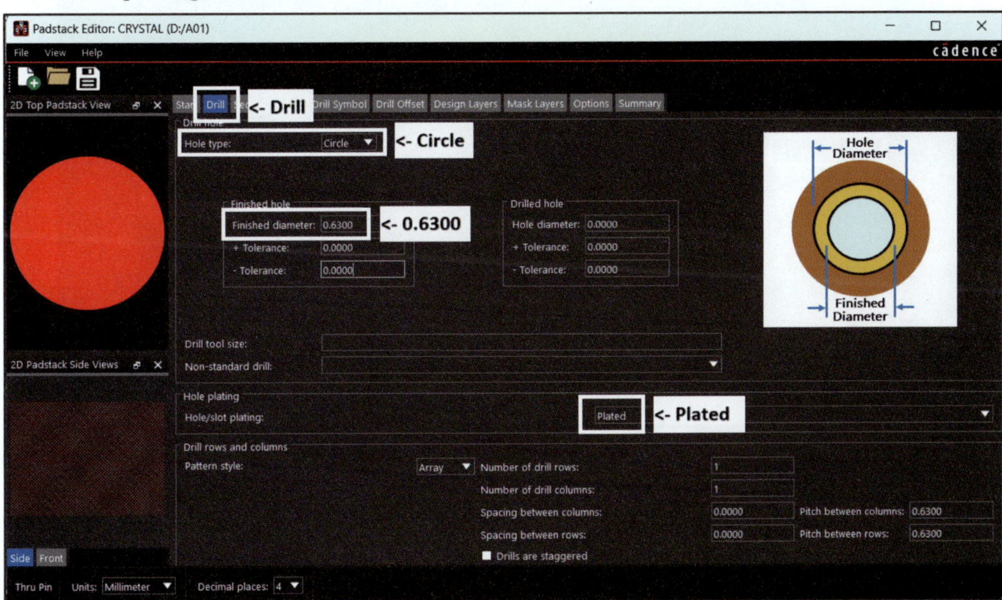

> **Tip**
>
> **홀 크기 = 핀의 굵기 + 0.2**
>
> 홀의 크기가 핀의 굵기와 같으면 부품을 장착할 때 부품이 잘 들어가지 않는다. 그리고 Hole plating을 Plated로 설정했을 경우 홀 주변을 금속으로 도금하는데, 그 두께가 0.1mm 정도 된다. 따라서 실제로 PAD를 제작할 때는 부품 장착의 편의와 홀 주변에 도금하는 금속 두께를 고려하여 홀의 크기는 핀의 굵기에 0.2mm 정도 더해 준 값을 사용한다.

⑬ Design Layers 탭으로 이동한다.

⑭ Geometry(화면 하단) : Circle

⑮ Diameter : 1.23

⑯ Circle 1.2300을 클릭한 후 마우스 우측 버튼을 클릭하여 Copy를 선택한다.

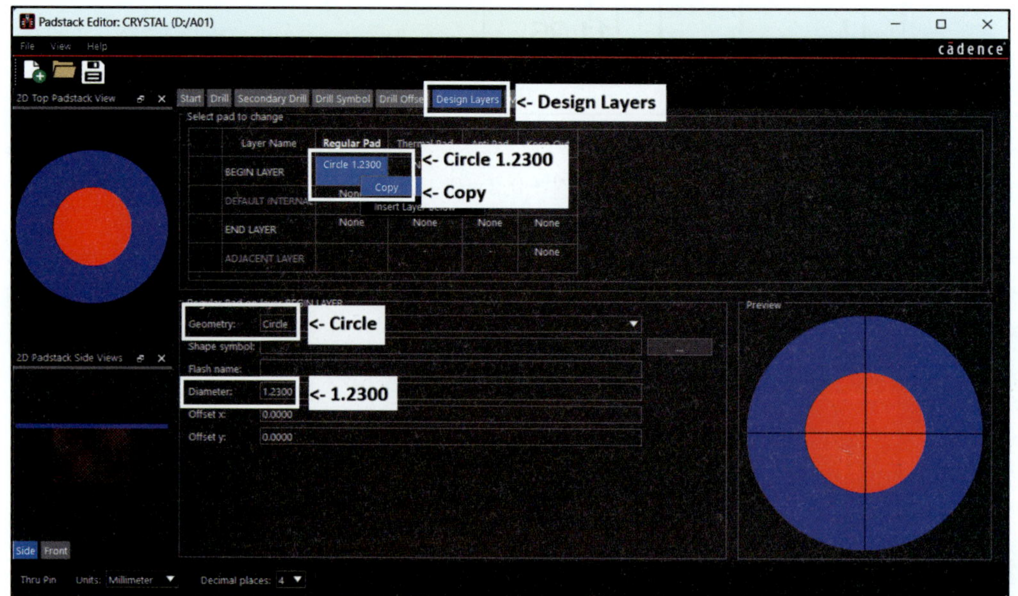

⑰ END LAYER까지 드래그한 후 마우스 우측 버튼을 클릭하여 Paste를 선택하면 'Circle 1.2300'이 입력된다.

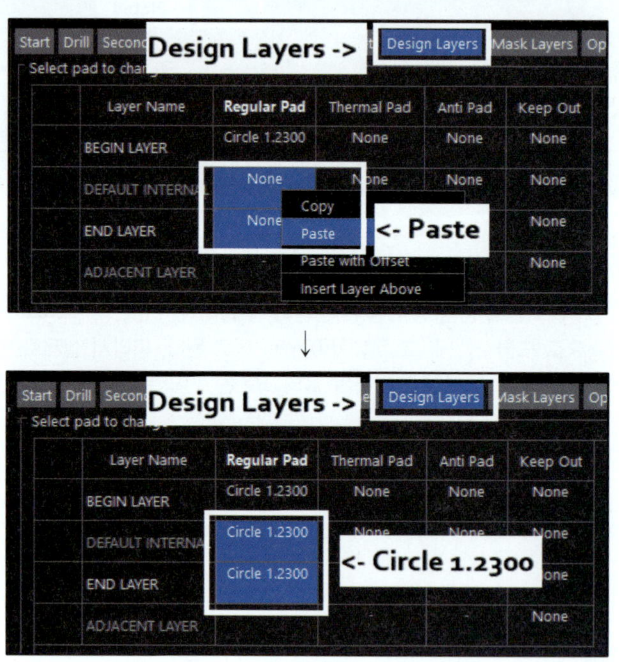

⑱ Mask Layers 탭으로 이동한다.

⑲ SOLDERMASK_TOP과 SOLDERMASK_BOTTOM의 Pad 셀을 드래그한 후 마우스 우측 버튼을 클릭하여 Paste를 선택한다.

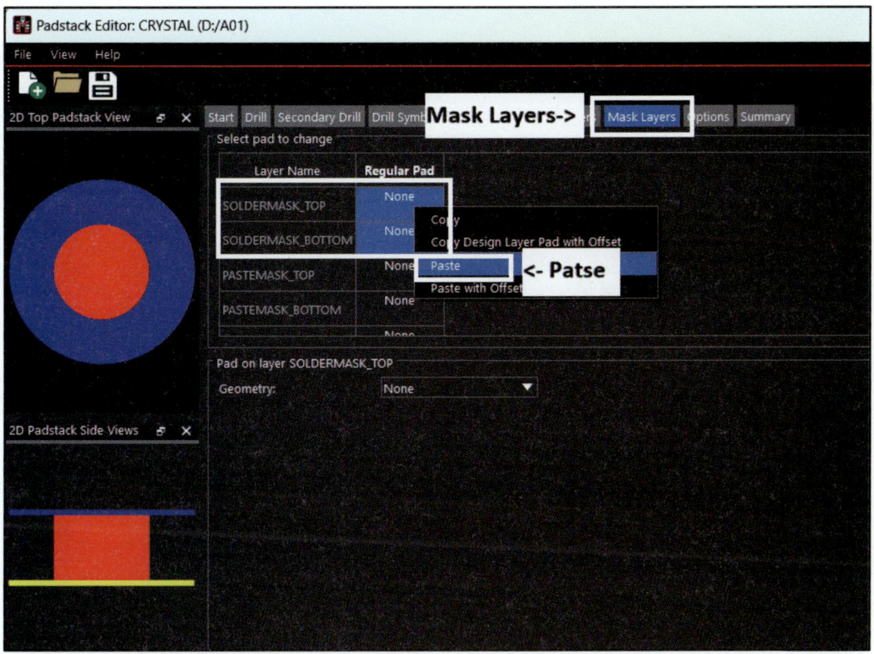

⑳ Circle 1.2300이 입력된다.

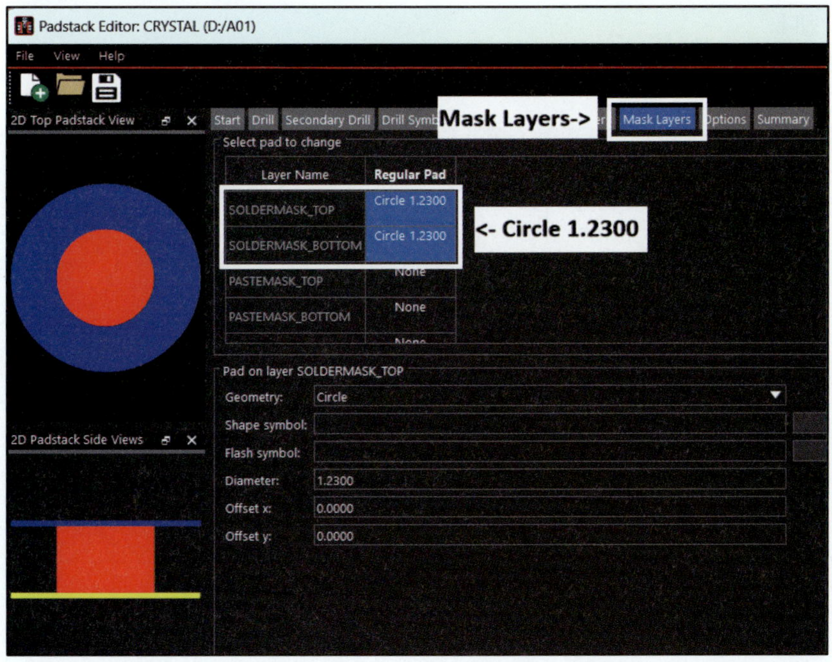

㉑ File → Save

㉒ Drill symbol이 지정되지 않았다는 에러 메시지가 뜨면 Close를 클릭한다.

㉓ 저장 여부를 묻는 창이 뜨면 Yes를 클릭한다.

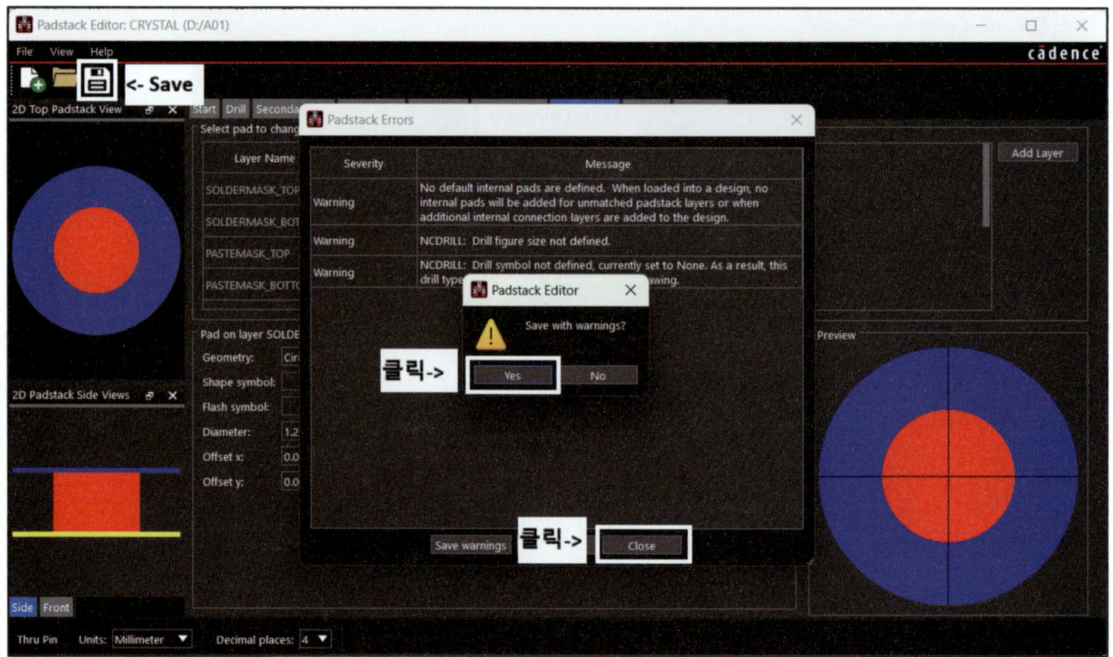

※ PCB Editor에서 Drill Customization → Auto generate symbols를 실행하면 Drill symbol이 자동으로 지정되므로 위와 같은 에러는 무시해도 된다.

㉔ 저장하면 화면 우측 하단에 'Padstack D:/A01/crystal.pad saved' 메시지가 생성된다.

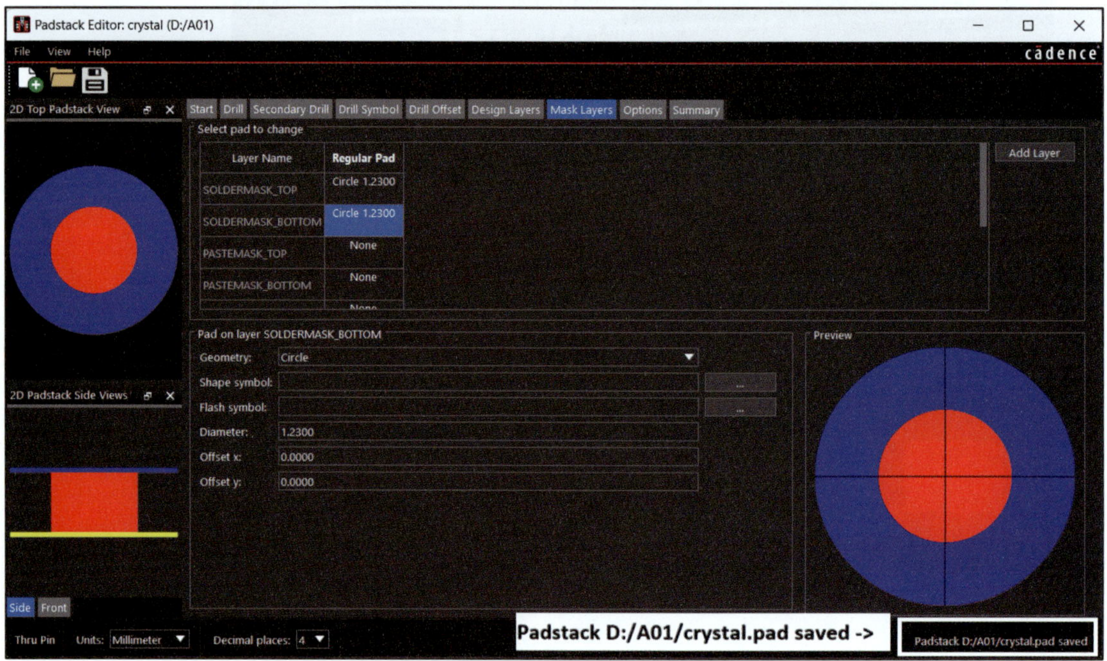

㉕ 저장되는 폴더에 PAD 파일이 생성되었는지 확인한다.

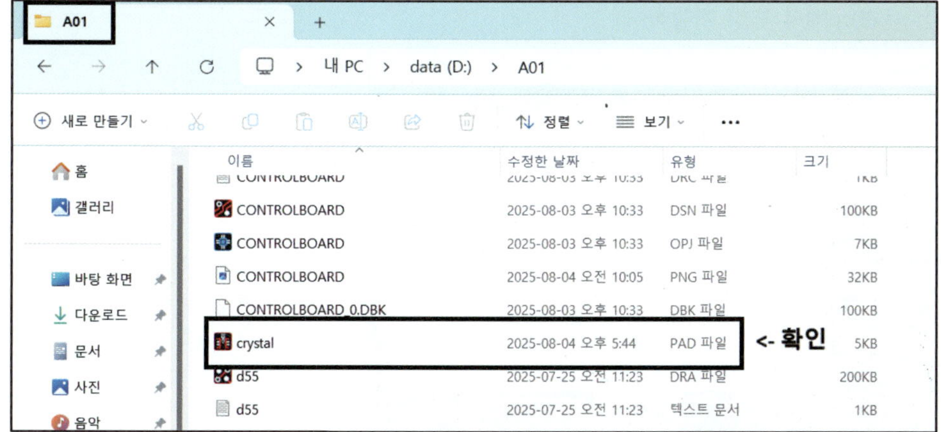

※ PAD가 정상적으로 만들어지면 PAD 파일이 생성된다. 이 파일이 생성되지 않았다면 PAD를 다시 만들어야 한다.

(2) PAD 배치 및 외형 그리기

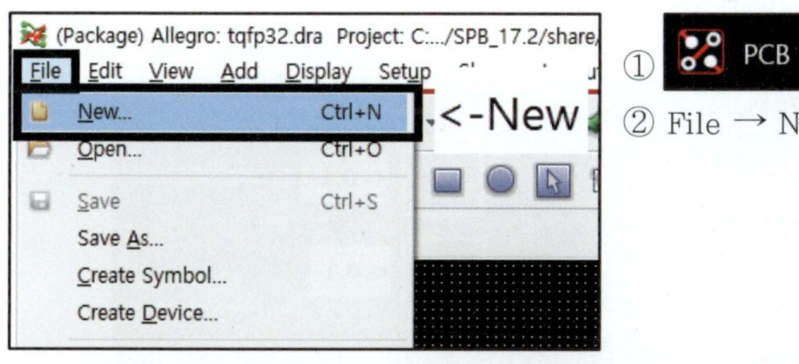

① 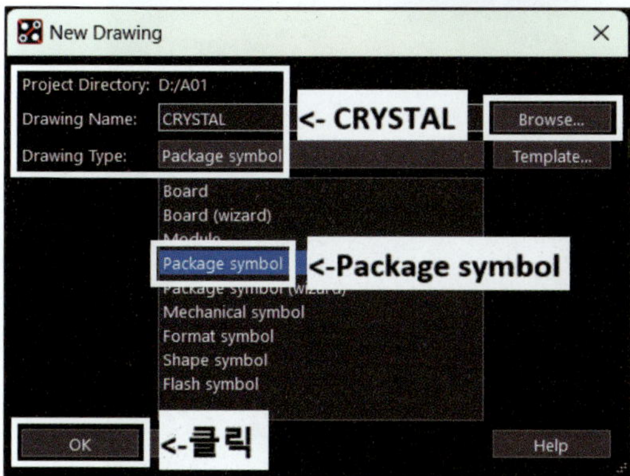 PCB Editor 24.1 을 실행한다.

② File → New

③ 저장되는 경로를 확인한다.

④ Drawing Name : CRYSTAL

⑤ Drawing Type : Package symbol

※ Drawing Name은 Netlist를 하기 전에 입력해야 할 Footprint이다.
반드시 메모해 둔다.

⑥ Units : Millimeter

⑦ OK를 클릭한다(Setup에서 변경 가능하다).

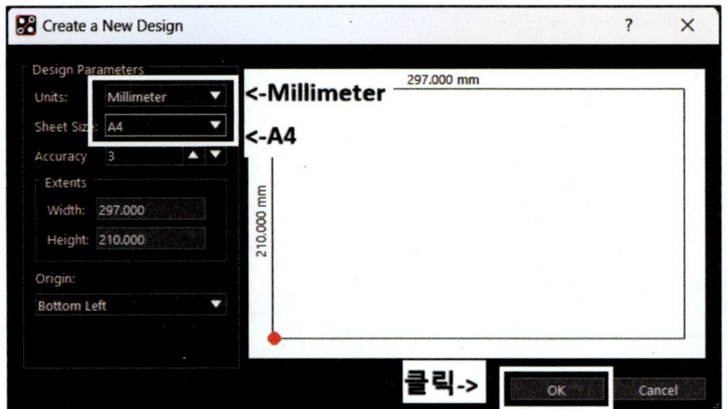

⑧ 초기 설정

• Menu → Setup → Grids…

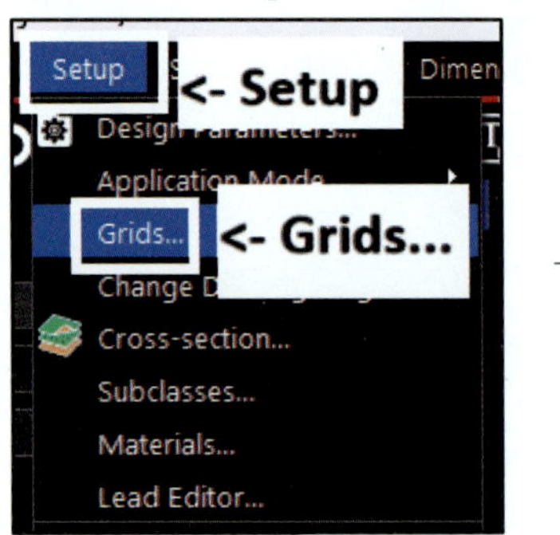

→

• Non-Etch와 All Etch를 0.1로 지정한 후 OK를 클릭한다.

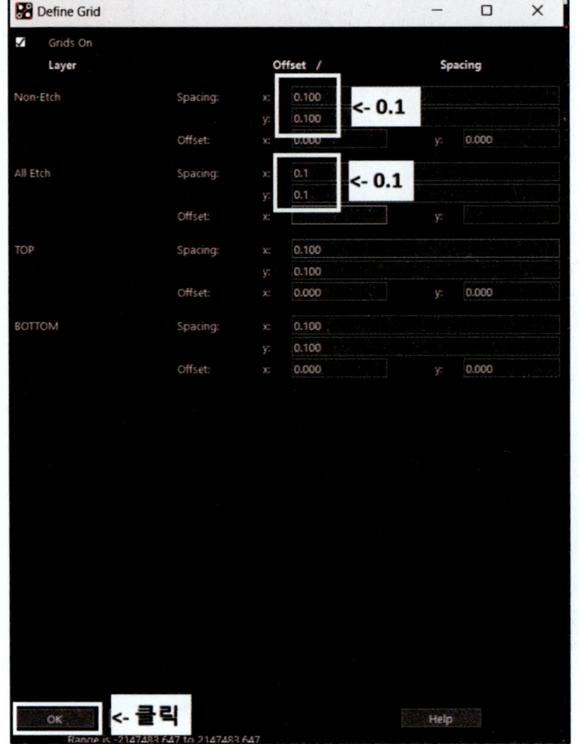

⑨ (Add Pin)을 클릭한 후 Options로 이동한다.

⑩ Padstack 옆에 있는 █을 클릭한다.

⑪ Select a padstack 검색창에 'CRYSTAL'을 입력한 후 Enter를 클릭한다.

⑫ Crystal을 선택한 후 OK를 클릭한다.

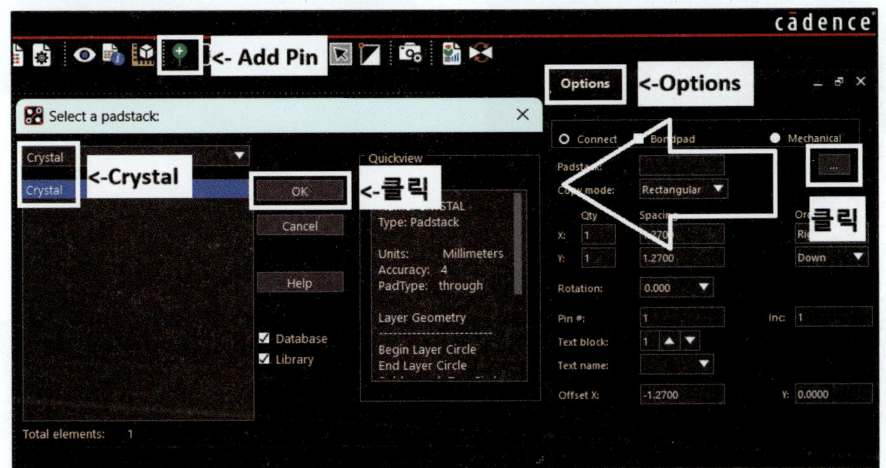

⑬ PAD 배치

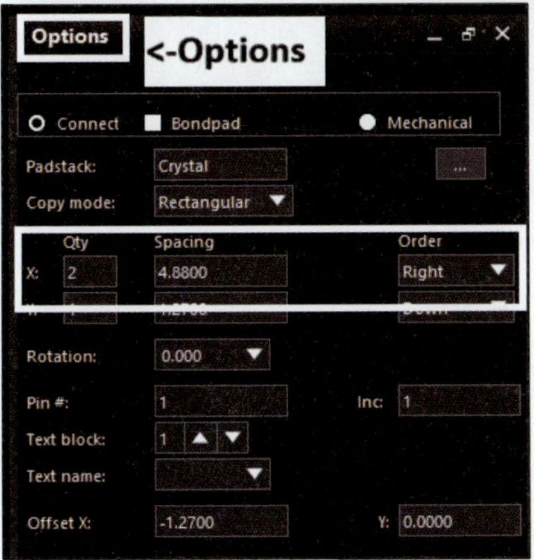

	Qty	Spacing	Order
X	2	4.88	Right

- X : X축
- Qty : 핀의 개수
- Spacing : 핀과 핀의 간격
- Order : 핀 번호 증가 방향

※ Spacing은 CRYSTAL 데이터 시트를 참조한다.

⑭ Command 창에 1번 핀의 좌표 'x 0 0'을 입력한다(x는 소문자).

※ DIP type 부품은 원점이 1번 핀에 있다.

⑮ 2개의 핀이 다음과 같이 배치되면 마우스 우측 버튼을 클릭한 후 Done을 선택한다.

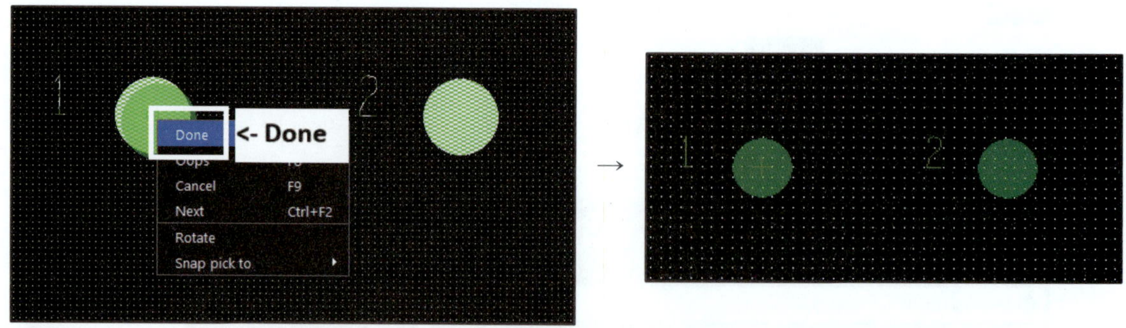

⑯ 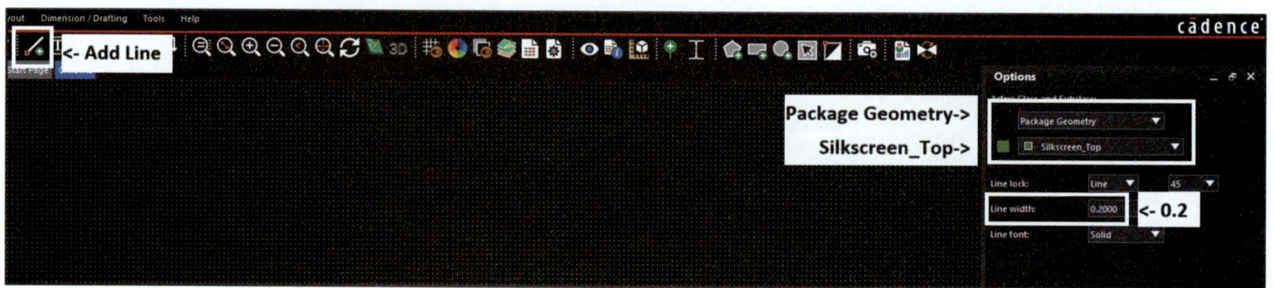 (Add Line)을 클릭한 후 Options 탭으로 이동한다.

- Active Class and Subclass를 Package Geometry, Silkscreen_Top으로 설정한다.
- Line width : 0.2

⑰ 먼저 다음과 같은 사각형을 ⓐ점에서부터 그린다.

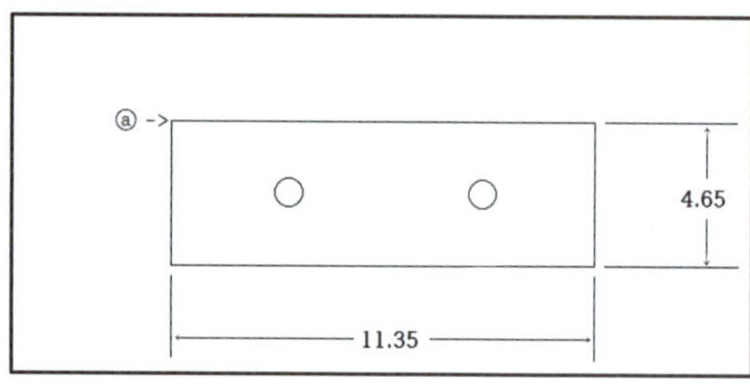

- ⓐ점 좌표 계산

  - x축 좌표 $= \dfrac{11.35 - 4.88}{2} = \dfrac{6.47}{2} = 3.235$

  - y축 좌표 $= \dfrac{4.65}{2} = \dfrac{10.46}{2} = 2.325$

ⓐ점은 원점으로부터 왼쪽에 위치하므로 x축 좌표는 -3.235이고, ⓐ점은 원점으로부터 위쪽에 위치하므로 y축 좌표는 2.325이다. 따라서 ⓐ점의 좌표는 x -3.235 2.325이다.

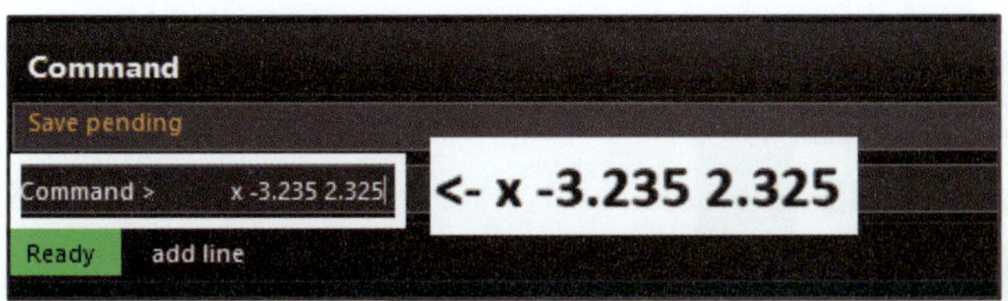

⑱ Command 창에 시작점 좌표 'x -3.235 2.325'를 입력하면 다음과 같이 시작점이 지정된다.

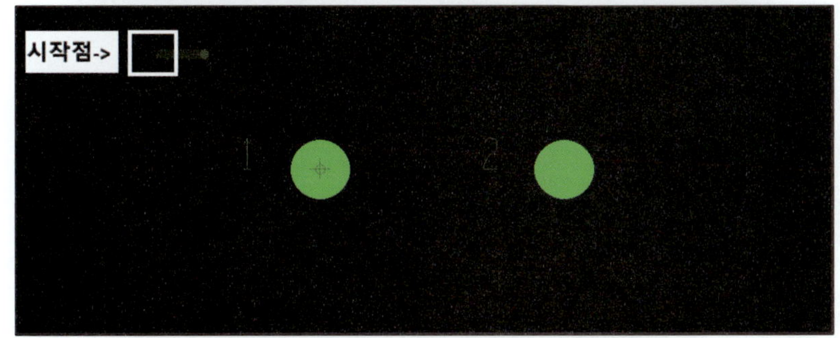

⑲ 시작점에서 x축으로 11.35만큼 선을 그리기 위해 Command 창에 'ix 11.35'를 입력한다.

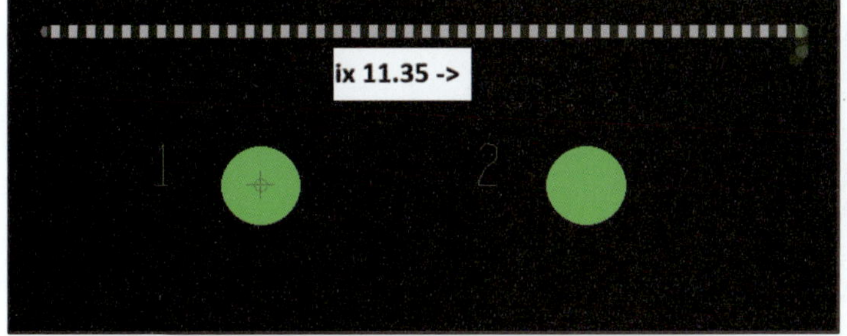

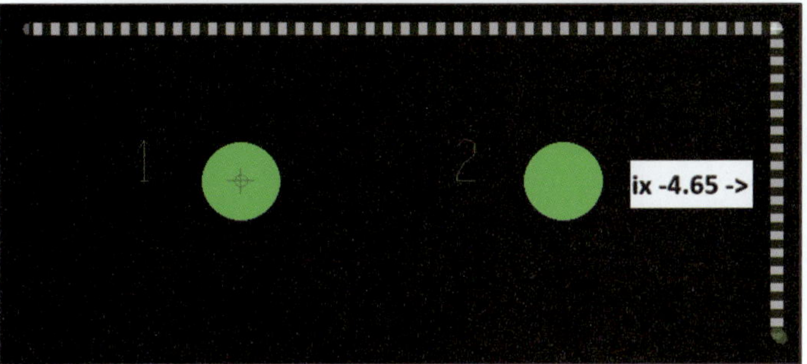

⑳ y축(아래쪽)으로 4.65만큼 선을 그리기 위해 Command 창에 'iy -4.65'를 입력한다.

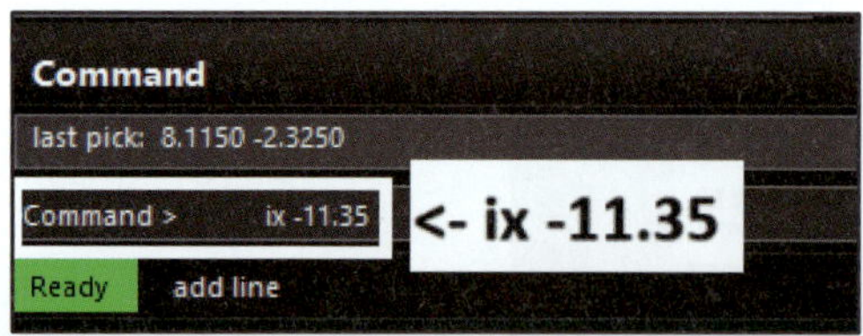

㉑ x축(왼쪽)으로 11.35만큼 선을 그리기 위해 Command 창에 'ix -11.35'를 입력한다.

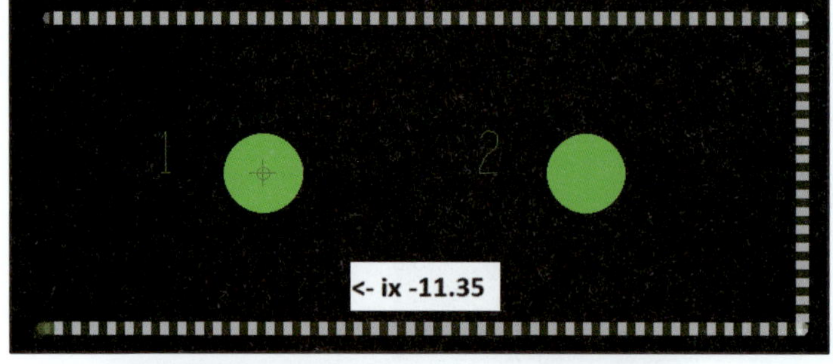

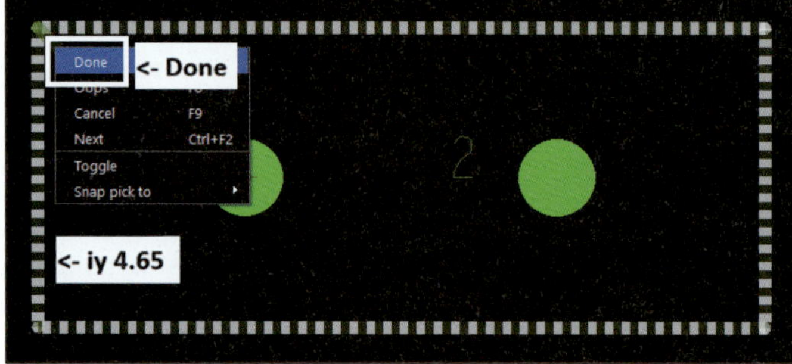

㉒ y축(위쪽)으로 4.65만큼 선을 그리기 위해 Command 창에 'iy 4.65'를 입력하고, 마우스 우측 버튼을 클릭한 후 Done을 클릭한다.

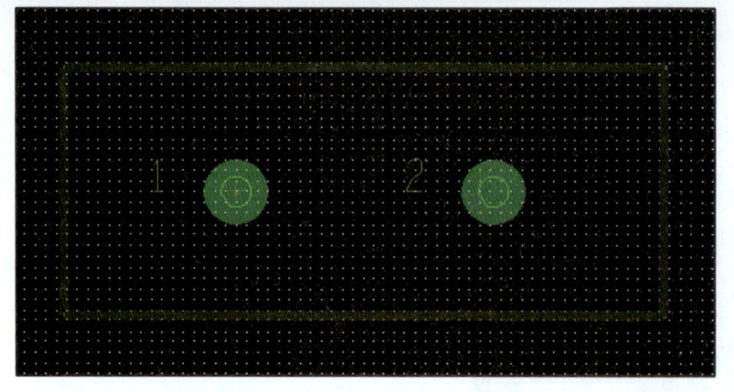

㉓ 사각형이 완성되면 모서리를 곡선으로 깎는다.

 ※ 모서리는 깎지 않아도 된다. 지금의 모양으로 사용해도 무방하다.

㉔ Menu → Dimension/Drafting → Fillet

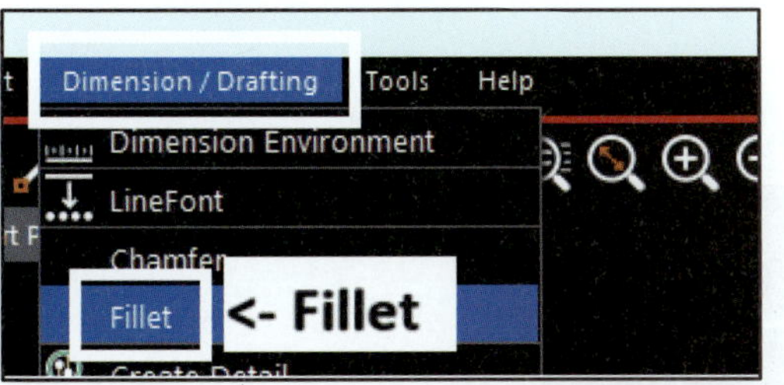

→

㉕ Options → Radius : 2

㉖ 마우스 좌측 버튼을 누른 상태에서 1부터 2까지 드래그한다.

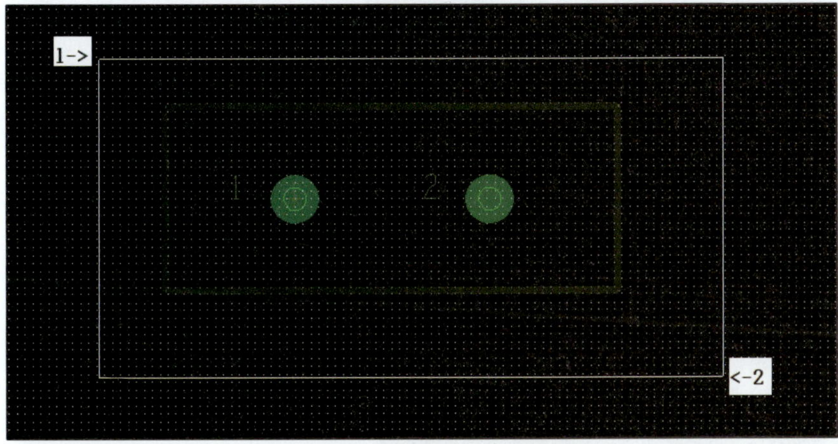

㉗ 모서리가 깎였으면 마우스 우측 버튼을 클릭한 후 Done을 클릭한다.

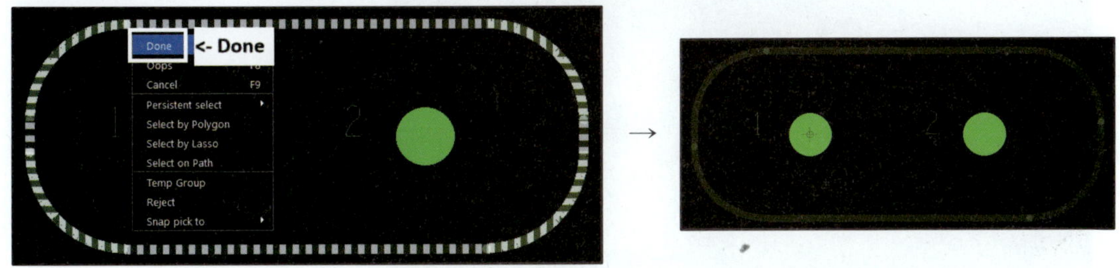

㉘ Place bound TOP을 그린다.

• 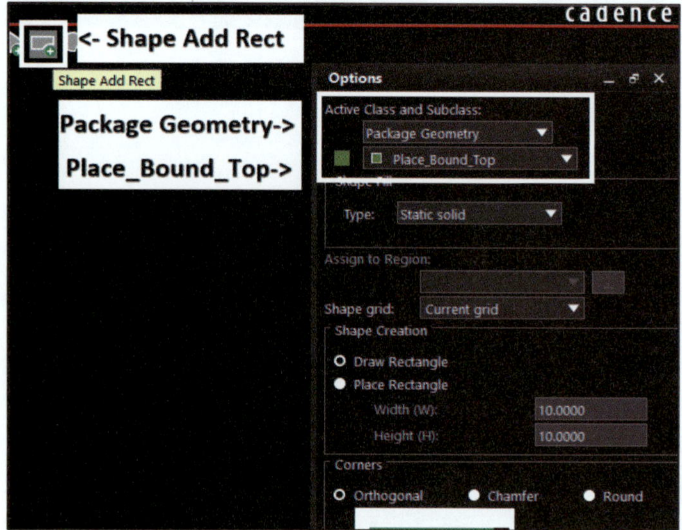 (Shape Add Rect)을 클릭한다.

• Options 탭에서 Active Class and Subclass를 Package Geometry, Place_Bound_Top으로 설정한다.

㉙ 대각선상의 두 모서리를 클릭한다.

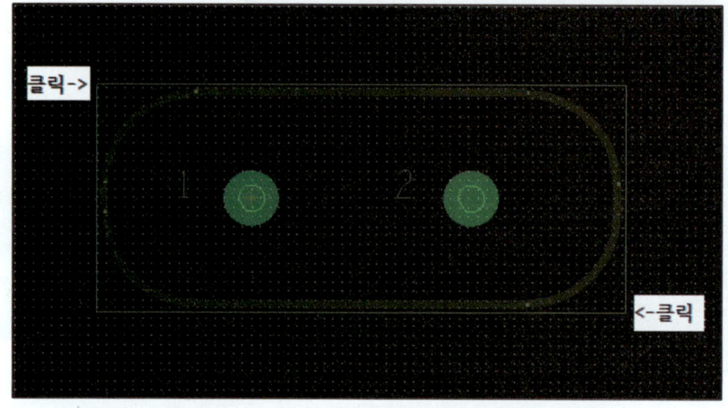

㉚ 마우스 우측 버튼을 클릭한 후 Done을 클릭한다.

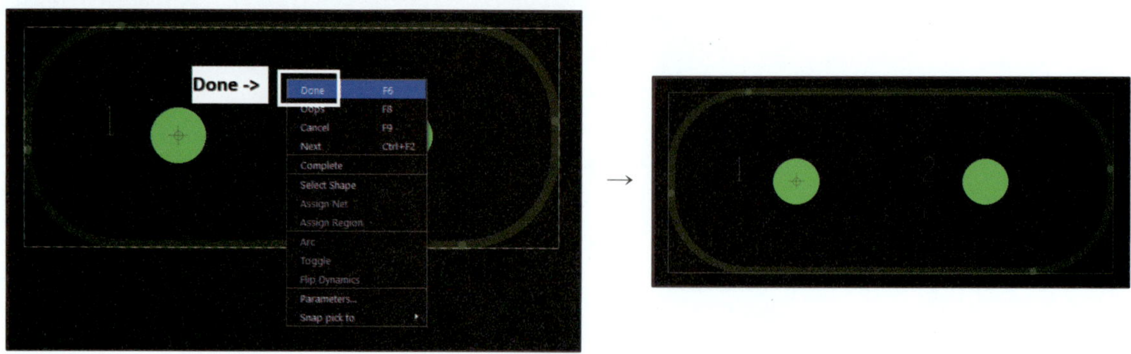

㉛ 'Reference'를 입력하고, 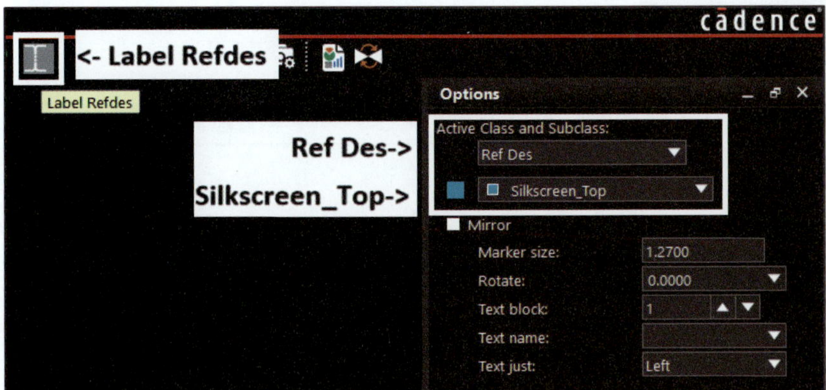(Label Refdes)를 클릭한다.

㉜ Options 탭으로 이동하고, Active Class and Subclass를 Ref Des, Silkscreen_Top으로 설정한다.

㉝ 심벌 상단을 클릭한 후 'Y?'를 입력(Reference는 대문자로 입력한다)하고, 마우스 우측 버튼을 클릭한 후 Done을 클릭한다.

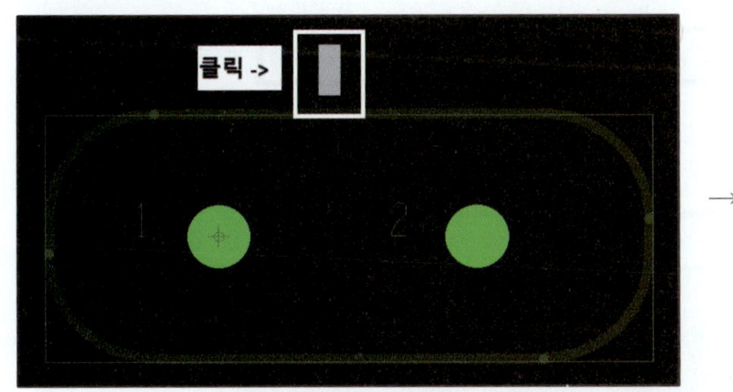

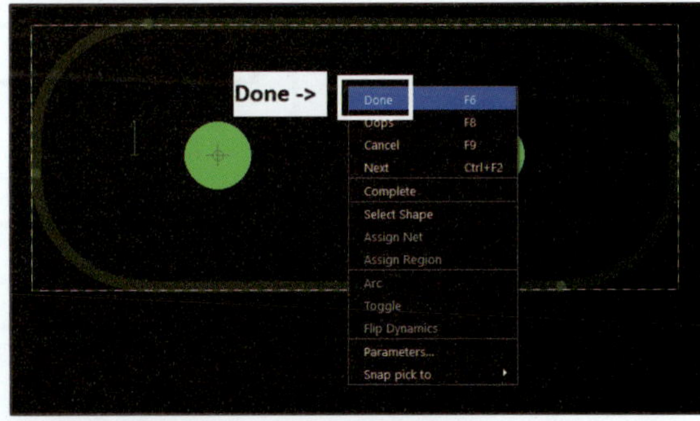

※ Reference를 입력하지 않으면 저장할 때 에러가 발생한다.

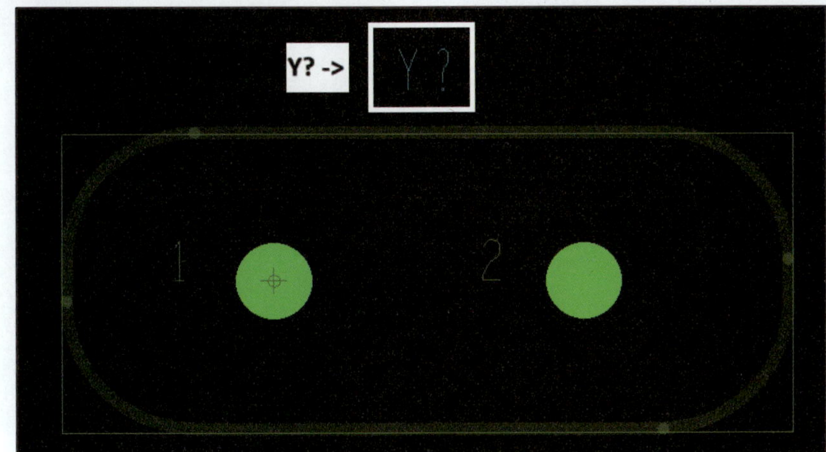

㉞ (Save)를 클릭하여 저장한다(또는 Menu → File → Save).

Tip

저장되는 폴더에 CRYSTAL.dra, CRYSTAL.psm 파일이 있어야 사용할 수 있다. 저장 후 확인해야 한다.

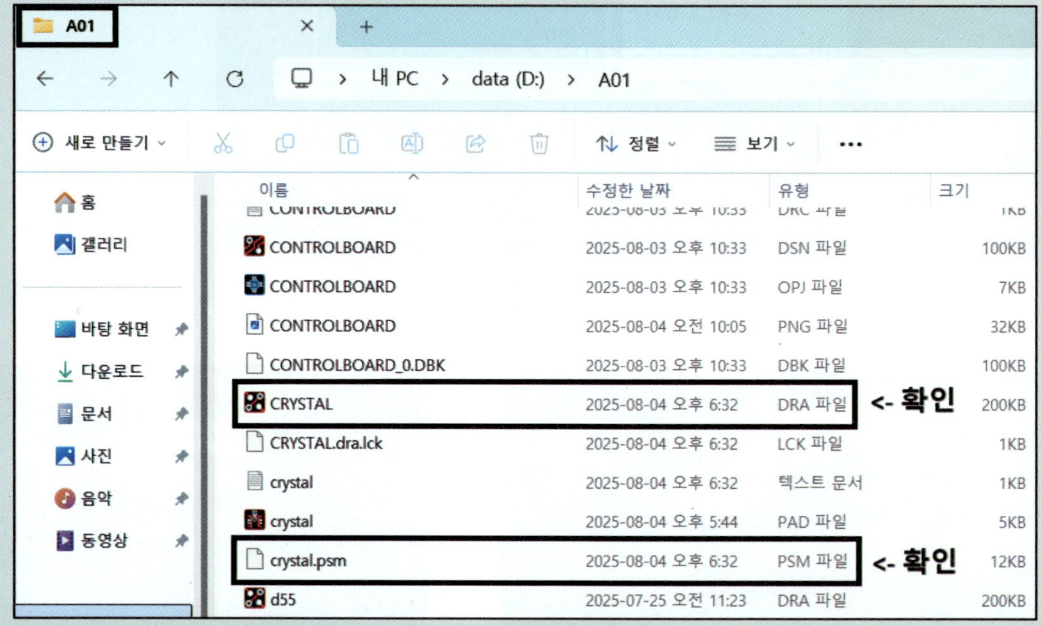

- Footprint 제작이 완료되면 OrCAD Capture에서 작성한 회로도의 Property Editor 창으로 이동하여 Footprint(Drawing Name)를 입력한다(Footprint는 237쪽 참조).

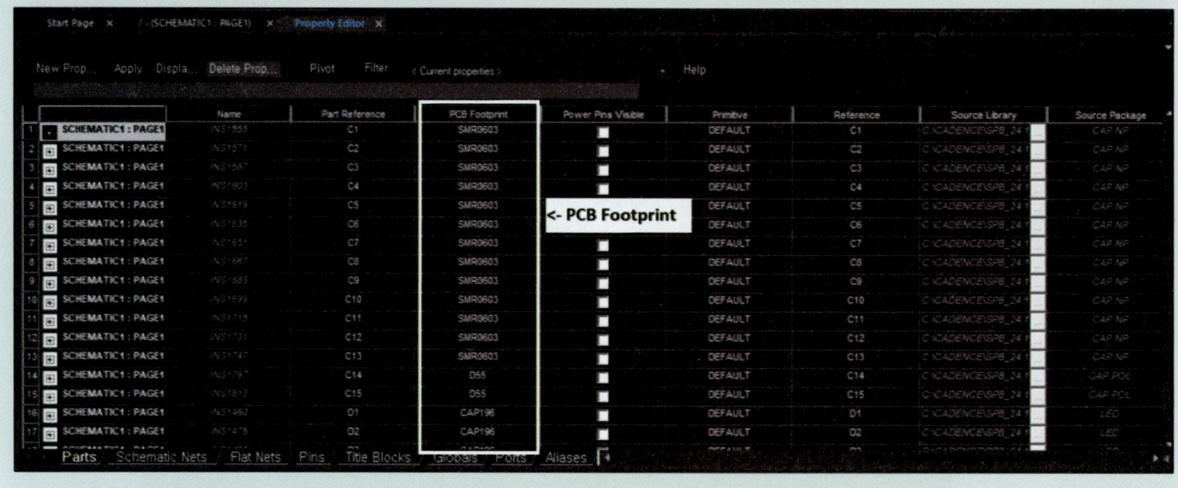

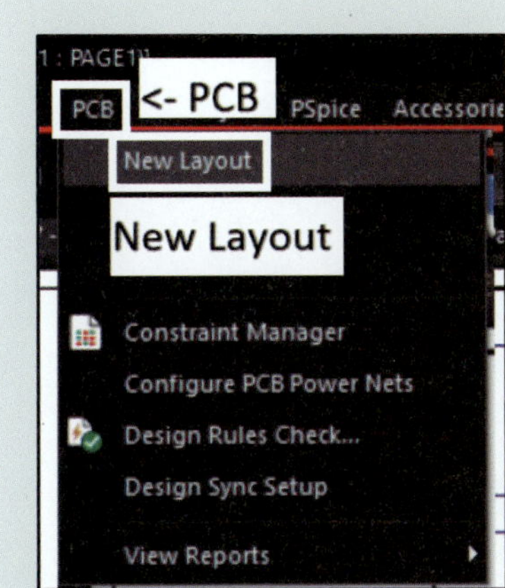

• Footprint 입력이 끝나면 Menu → PCB → New Layout을 수행한다(240쪽 참조).

• New Layout이 완료되면 Board 파일(.brd)이 생성되고, PCB Editor가 자동으로 실행된다.

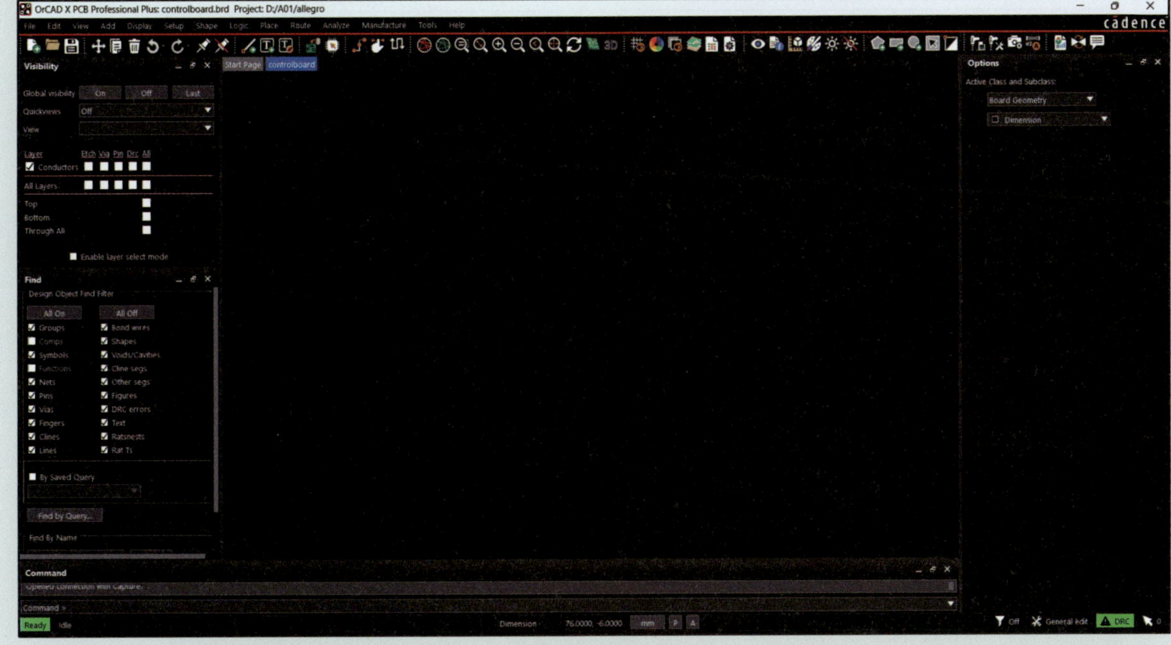

1) Setup

① Menu → Setup → Design Parameters…

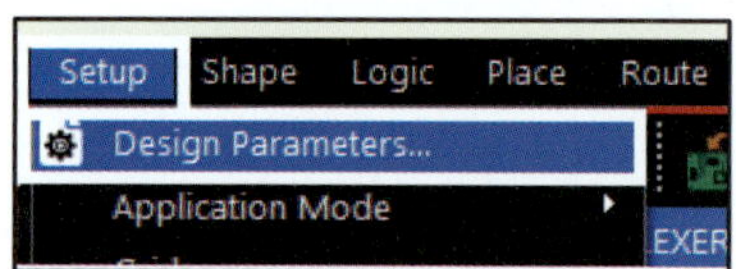

② Design 탭

- User units : Milimeter
- Left X : −80, Lower Y : −80
- Apply를 클릭한다.

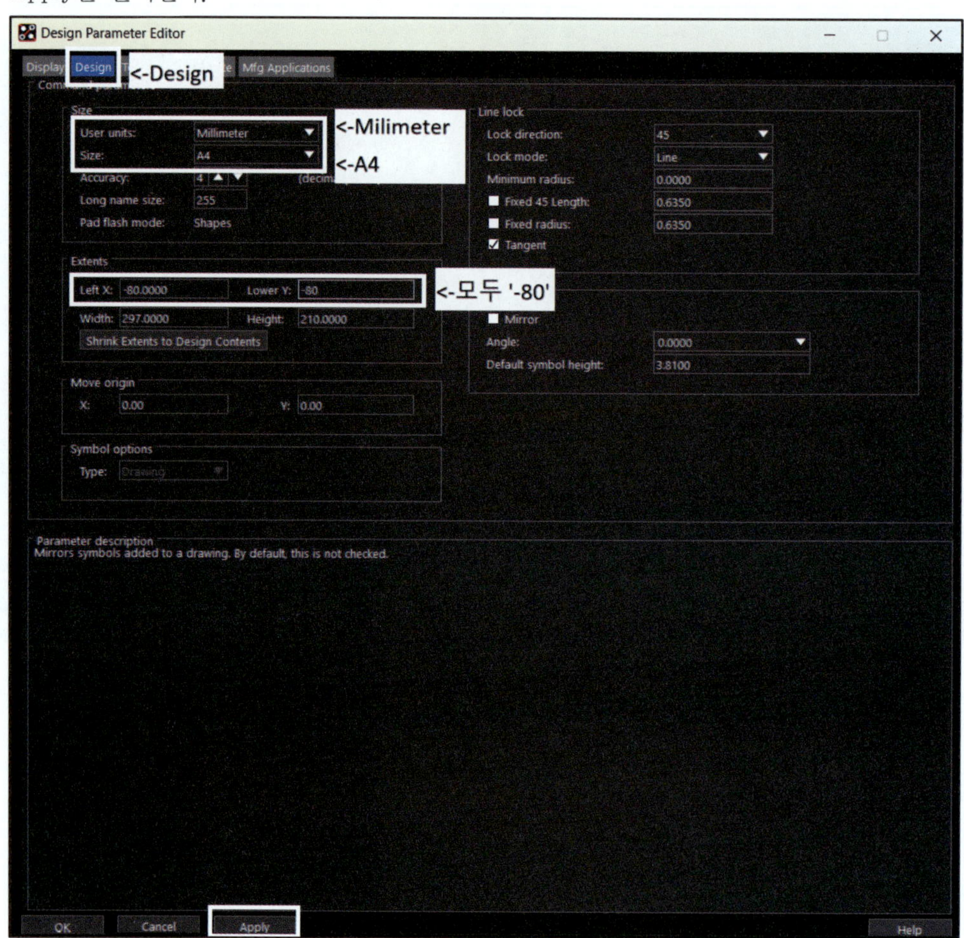

③ Display

• Grids on을 체크하고, Setup grids의 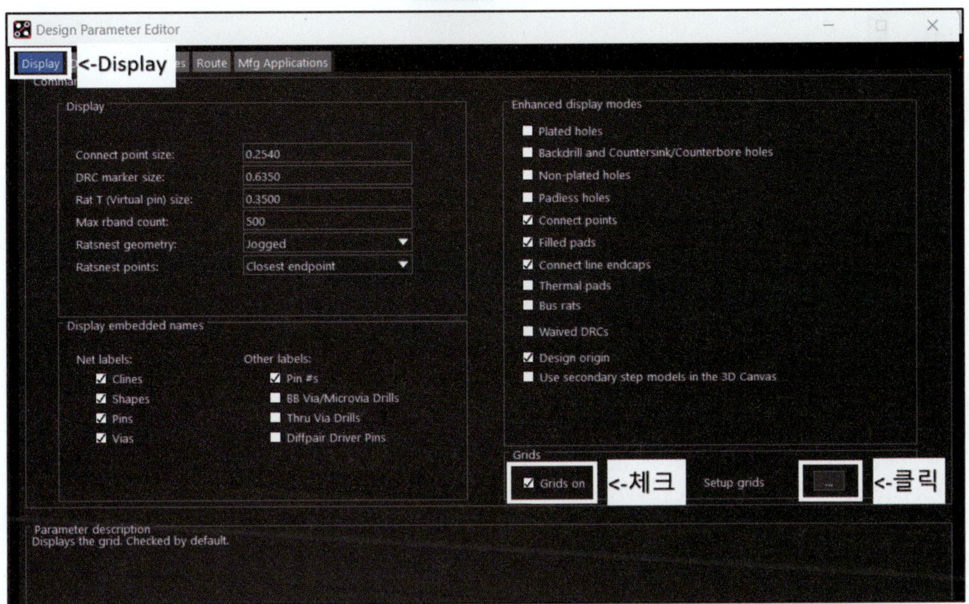 을 클릭한다.

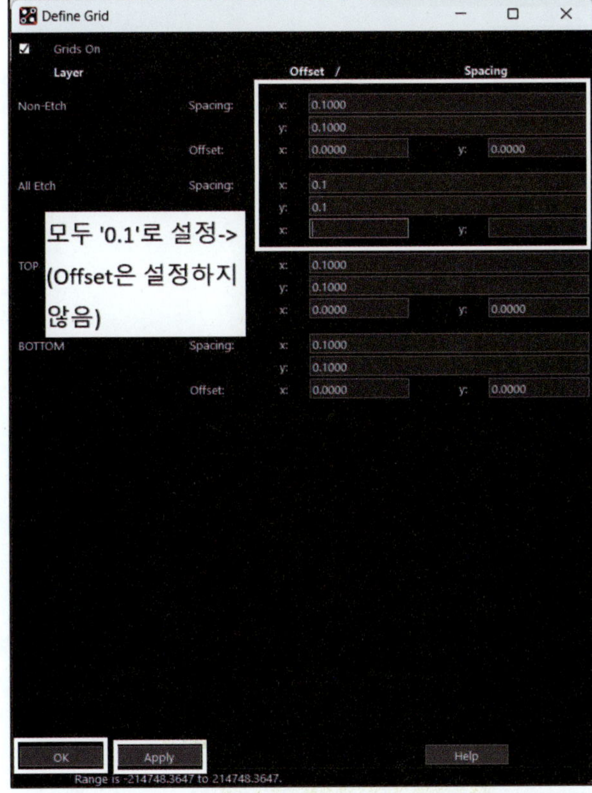

• Non-Etch와 All Etch를 0.1로 지정한다.
• Apply를 클릭한 후 OK를 클릭한다.

※ Setup → Grids...에서도 변경이 가능하다.

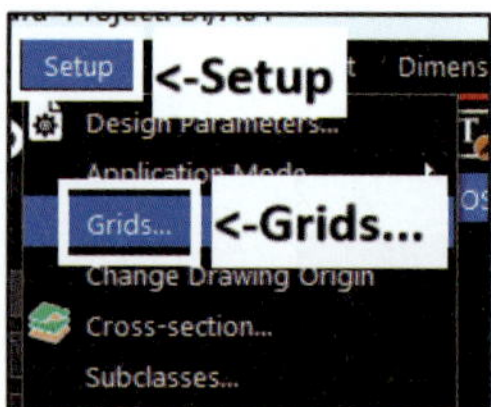

④ Shapes

• Edit global dynamic shape parameters...를 클릭한다.

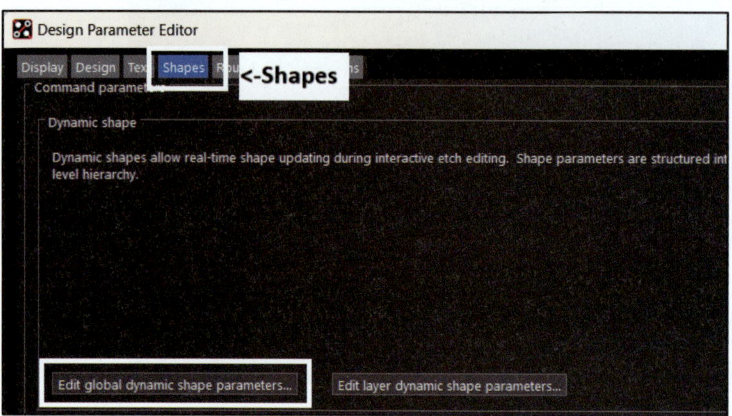

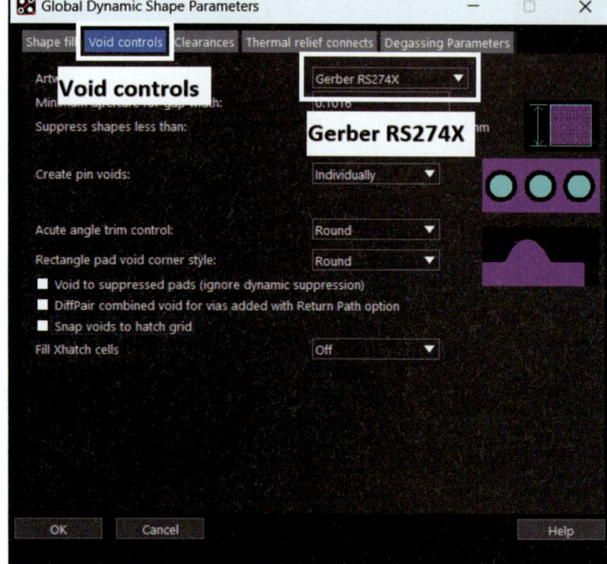

• Void controls 탭

– Artwork format : Gerber RS274X를 확인한다.

※ Use fixed thermal width of : 단열판과 GND 네트 사이 연결선의 두께를 설정한다. 공개문제에서는 0.5mm로 설정되어 있다(공개문제 9. 카퍼의 설정 참조).

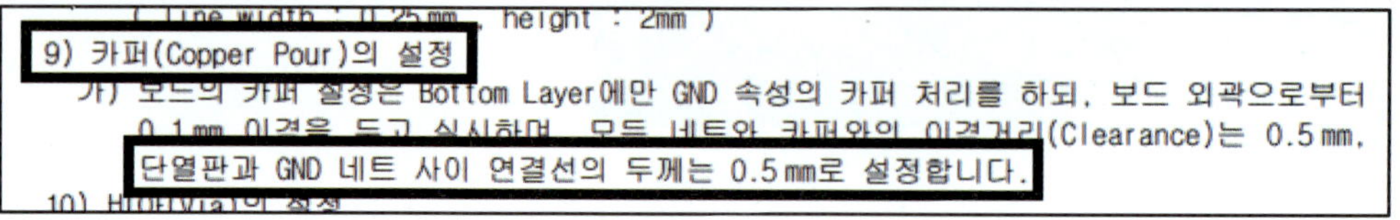

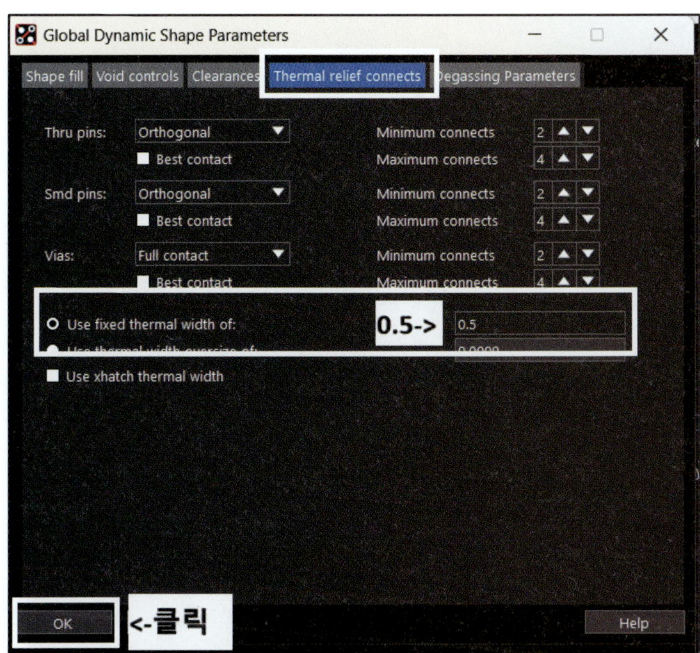

- Thermal relief connects 탭
  - Use fixed thermal width of : 0.5
  - OK를 클릭한다.

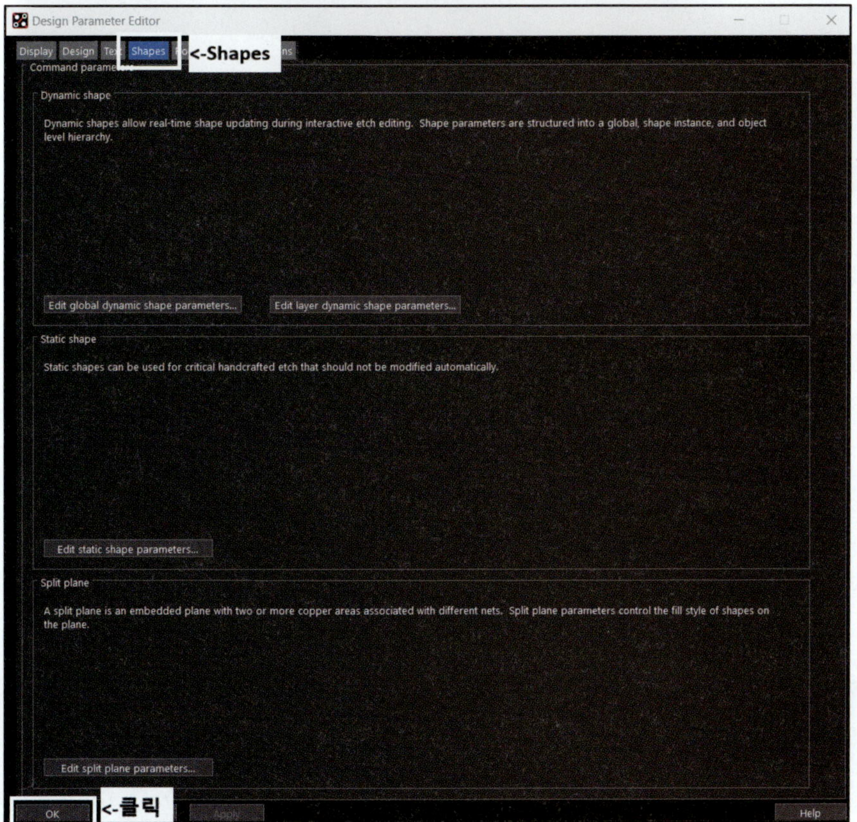

⑤ OK를 클릭한다.

2) Constraints Manager

- 네트의 폭, 여러 요소 간의 간격, VIA 설정 등과 관련된다.

- Menu → Setup → Constraints → Constraint Manager... 또는 (Cmgr)을 클릭한다.

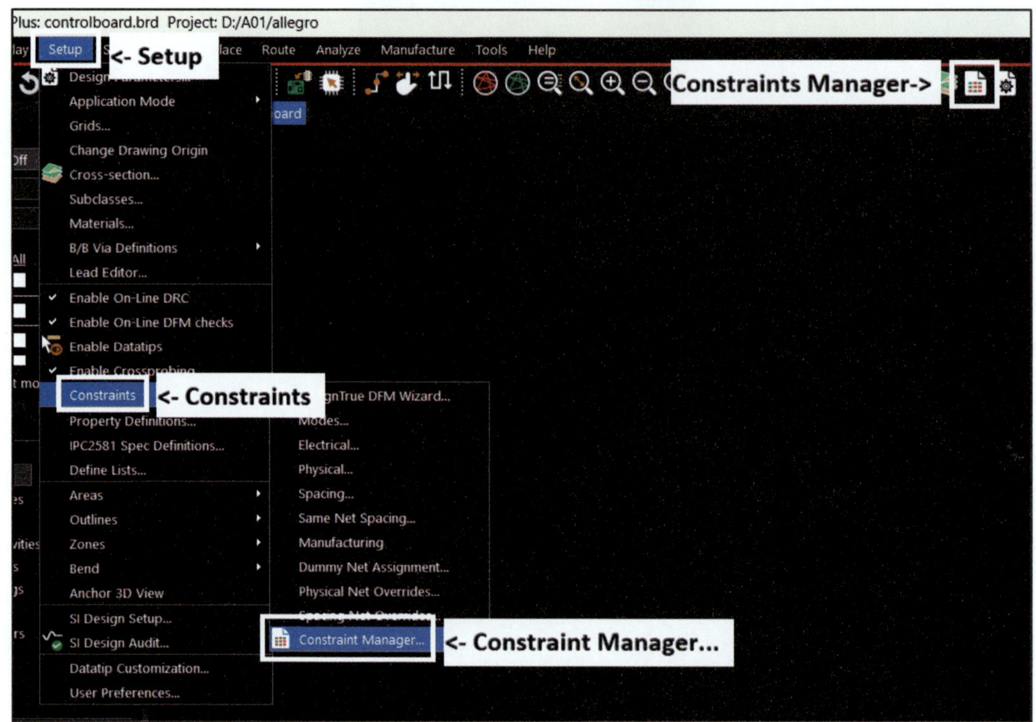

<table>
<tr><td colspan="2" align="center">[공개문제 요구사항]</td></tr>
</table>

5) 네트(NET)의 폭(두께) 설정

  (가) 정의된 네트의 폭에 따라 설계하시오.

네트명	두 께
+12V, +5V, GND, X1, X2	0.5mm
그 외 일반 선	0.3mm

(1) Physical

① Physical Cinstraint Set → All Layers

② DEFAULT → Line Width → Min : 0.3

③ VIA 셀을 클릭한다.

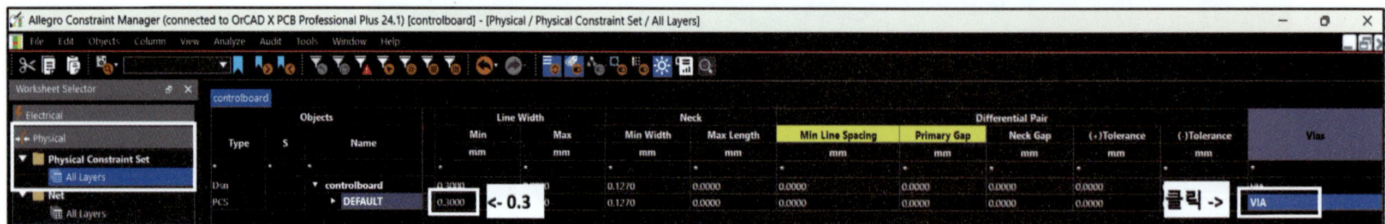

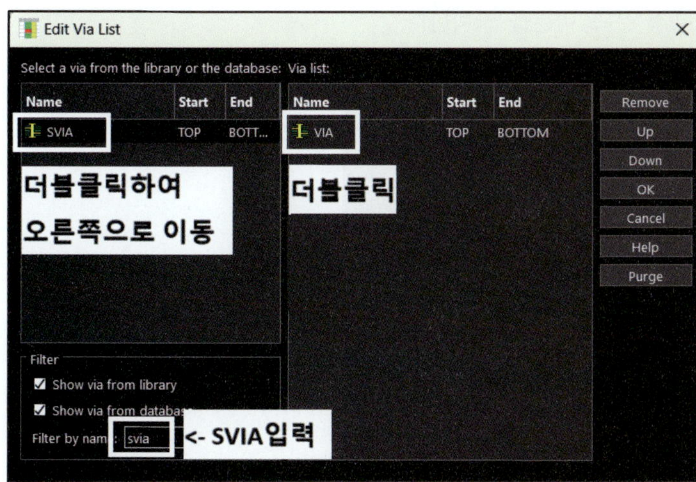

④ Filter by name에 'SVIA'를 입력한다.

⑤ 목록에서 SVIA를 더블클릭하여 오른쪽 (VIA list)으로 이동한다.

⑥ VIA list에서 VIA를 더블클릭하여 왼쪽 으로 이동한다.

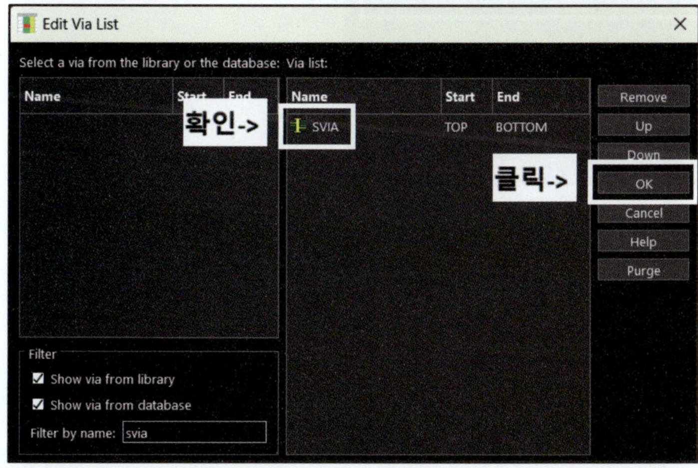

⑦ SVIA가 우측 VIA list로 이동했으면 OK를 클릭한다.

⑧ DEFAULT의 Vias 셀이 SVIA로 변경된다.

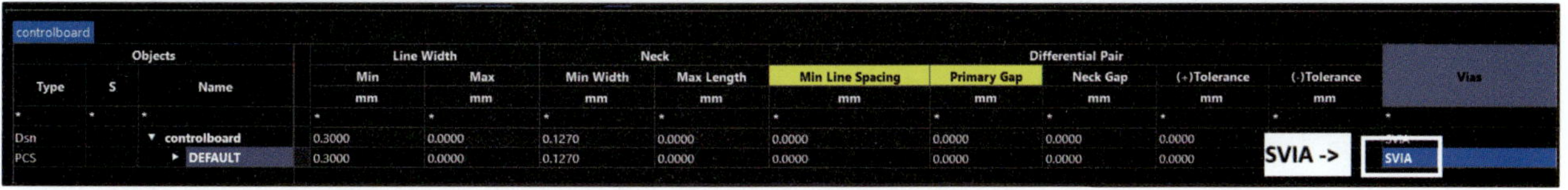

controlboard			Line Width		Neck		Min Line Spacing	Primary Gap	Neck Gap	(+)Tolerance	(-)Tolerance	Vias
Objects			Min	Max	Min Width	Max Length		Differential Pair				
Type	S	Name	mm	mm	mm	mm	mm	mm	mm	mm	mm	
Dsn		▼ controlboard	0.3000	0.0000	0.1270	0.0000	0.0000	0.0000	0.0000	0.0000		
PCS		▶ DEFAULT	0.3000	0.0000	0.1270	0.0000	0.0000	0.0000	0.0000	0.0000	SVIA ->	SVIA

⑨ 커서를 DEFAULT로 이동한 후 마우스 우측 버튼을 클릭한다.

⑩ Create → Physical CSet…를 클릭한다.

⑪ Physical CSet에 'POWER'를 입력한 후 OK를 클릭한다.

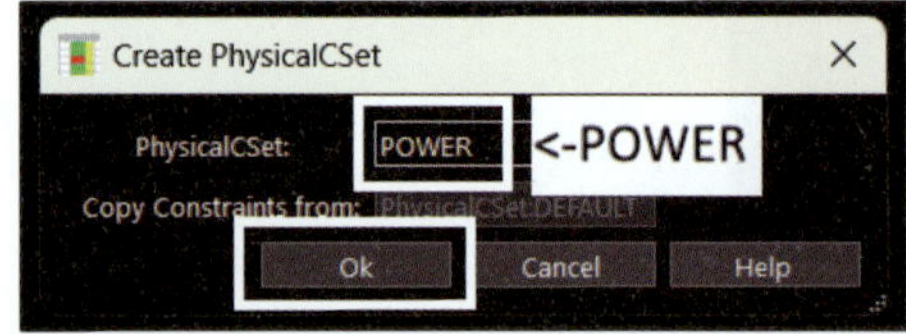

⑫ POWER → Line Width → Min : 0.5 → Vias : PVIA

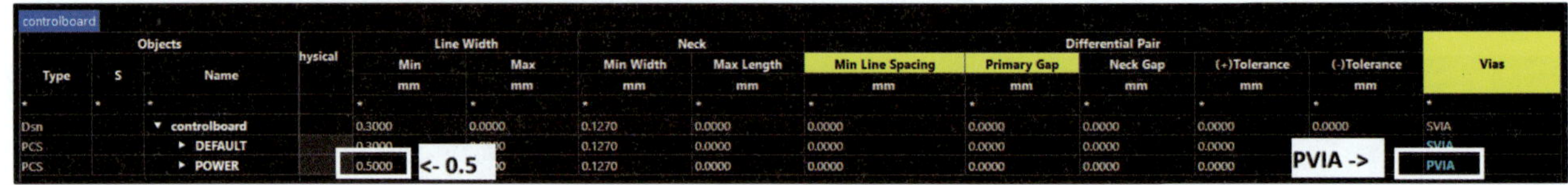

Type	S	Name	Physical	Line Width Min mm	Max mm	Neck Min Width mm	Max Length mm	Differential Pair Min Line Spacing mm	Primary Gap mm	Neck Gap mm	(+)Tolerance mm	(-)Tolerance mm	Vias
Dsn		▼ controlboard		0.3000	0.0000	0.1270	0.0000	0.0000	0.0000	0.0000	0.0000	0.0000	SVIA
PCS		▶ DEFAULT		0.3000	0.0000	0.1270	0.0000	0.0000	0.0000	0.0000	0.0000		SVIA
PCS		▶ POWER		0.5000		0.1270	0.0000	0.0000	0.0000	0.0000	0.0000		PVIA

⑬ 다음과 같이 DEFAULT를 POWER로 변경하면 Line Width의 Min은 0.5로, Vias는 PVIA로 변경된다.

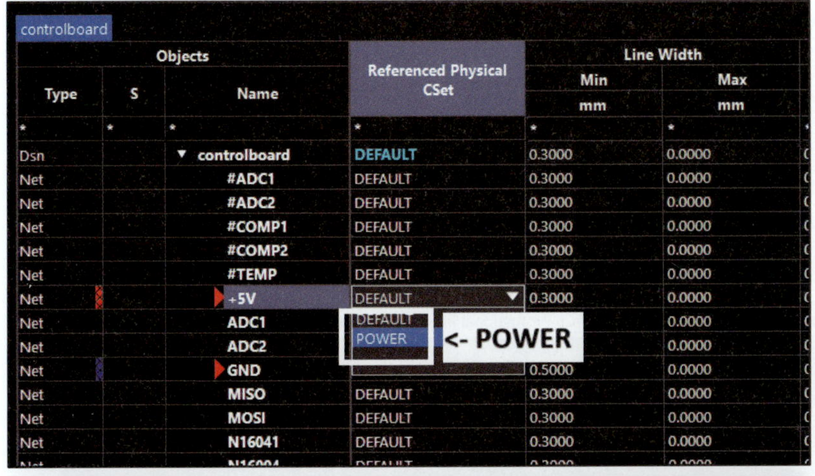

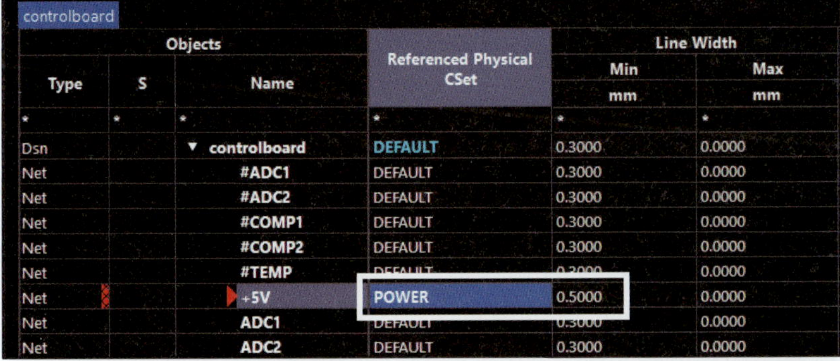

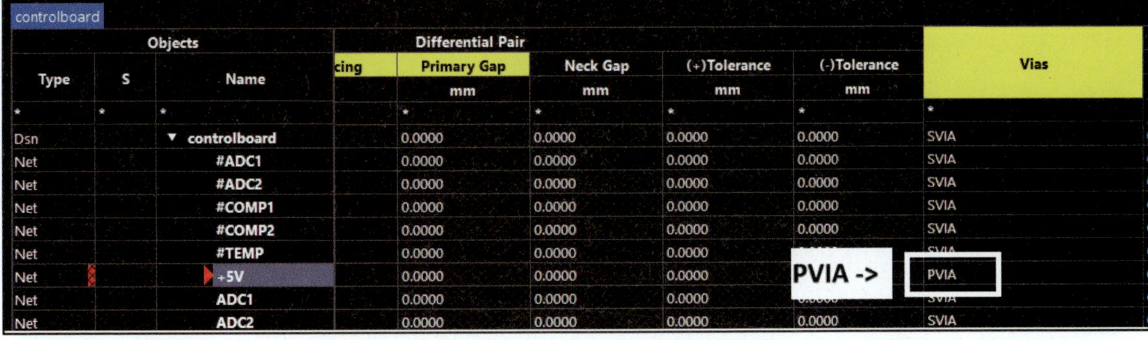

※ 이와 같은 방법으로 나머지 네트(+12V, GND, X1, X2)도 Line Width의 Min과 Vias를 변경한다.

[공개문제 요구사항]

11) DRC(Design Rule Check)

가) 모든 조건은 Default 값(Clearance : 0.254mm)에 위배되지 않아야 한다.
- Line, Pins, VIA의 spacing을 0.254로 설정한다

(2) Spacing

① Spacing Constraint Set → All Layers

② DEFAULT 셀을 클릭하면 모든 항목이 선택된다.

③ Line 셀에 '0.254'를 입력한 후 Enter를 클릭하면 나머지 항목에 자동으로 입력된다.

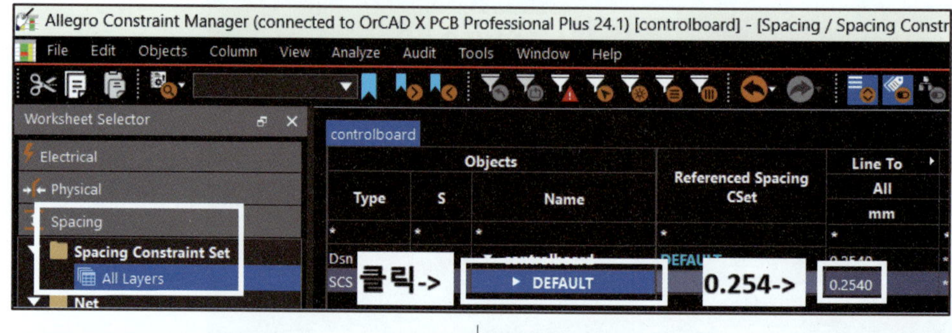

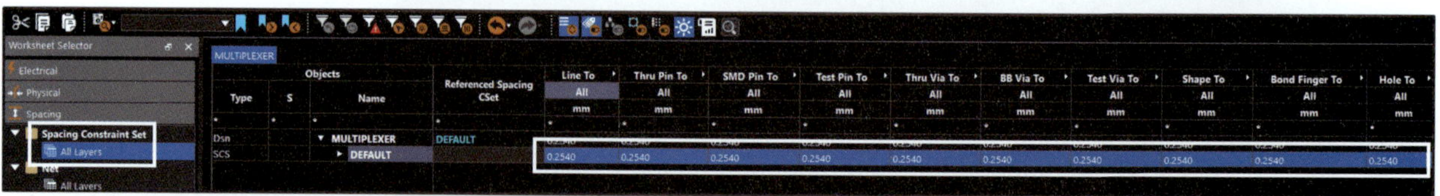

④ Shape에는 '0.5'를 입력한 후 Enter를 클릭한다.

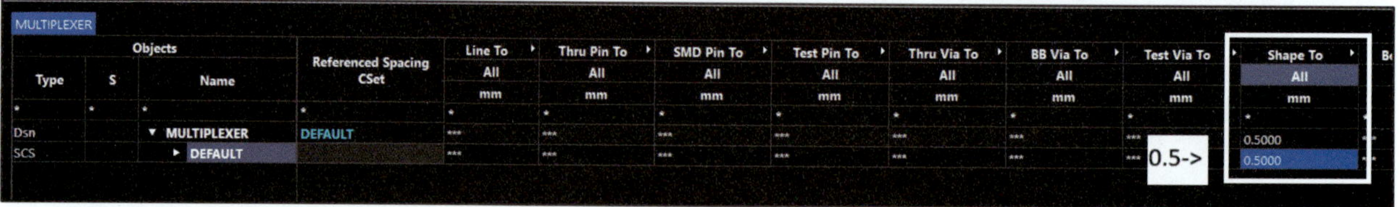

[공개문제 요구사항]

9) 카퍼의 설정

가. 모든 네트와 카퍼와의 이격거리(Clearance)는 0.5mm이다.

(3) Properties

① Net → General Properties

② GND의 No Rat → ON(GND 네트는 카퍼로 씌우기 때문에 배선할 필요가 없으므로 GND Ratnest를 보이지 않게 설정한다)

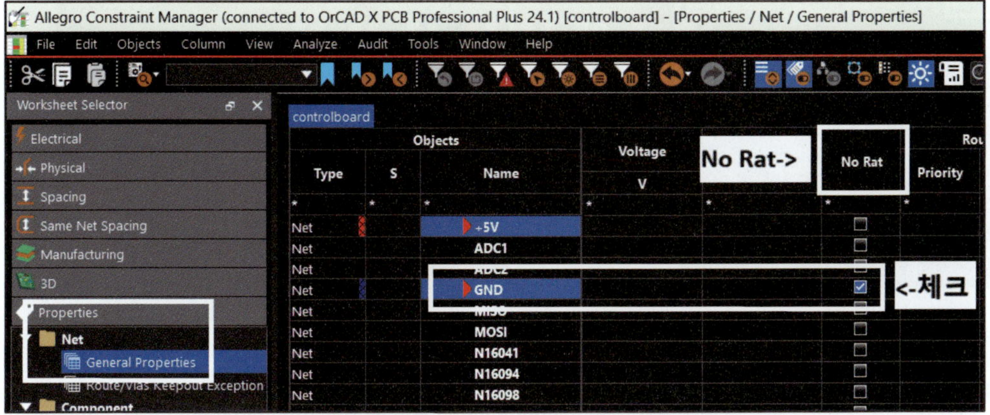

3) Color/Visibility

PCB Editor 작업 시 필요한 정보만 선별하여 보이게 하는 기능과 네트의 색을 지정한다.

① Menu → Display → Color/Visibility 또는  (Color192)를 클릭한다.

② Global Visibility : Off를 클릭하면 체크되었던 모든 항목이 해제된다.

③ Stack-Up → Pin, Via, Etch 체크

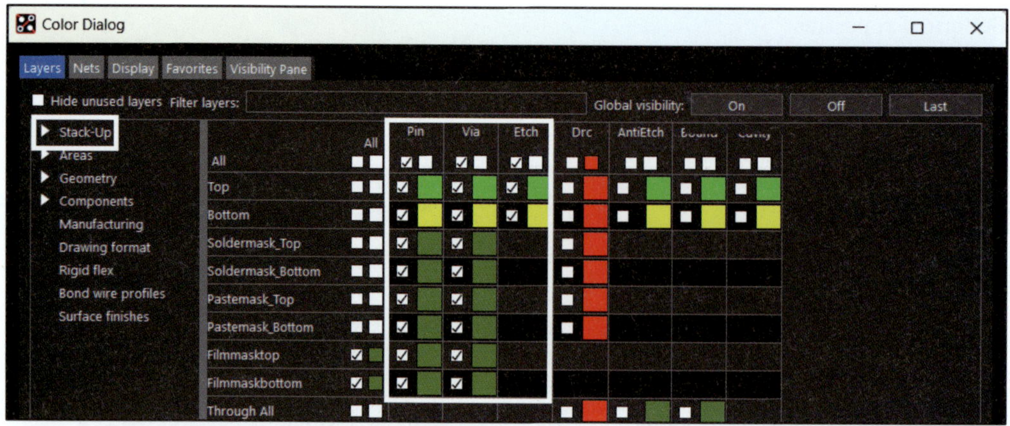

④ Areas → Through All → Rte KI 체크

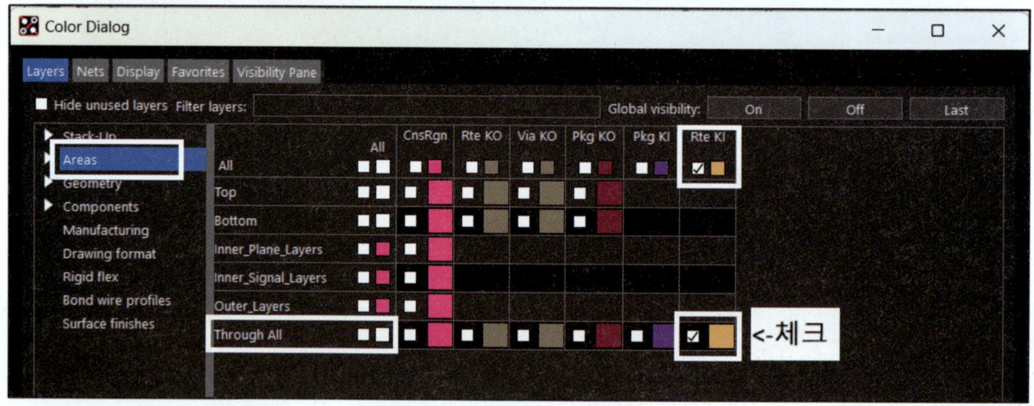

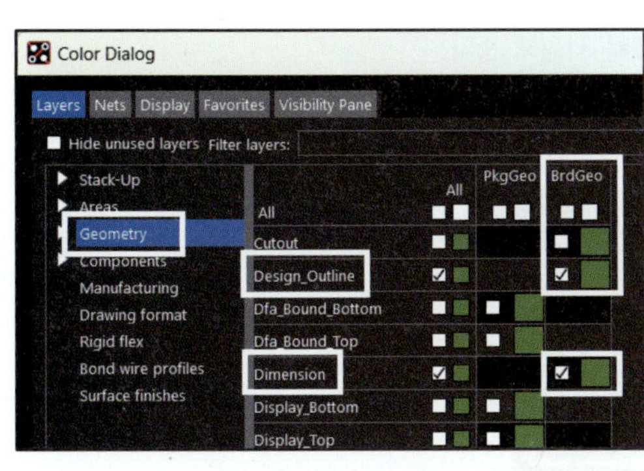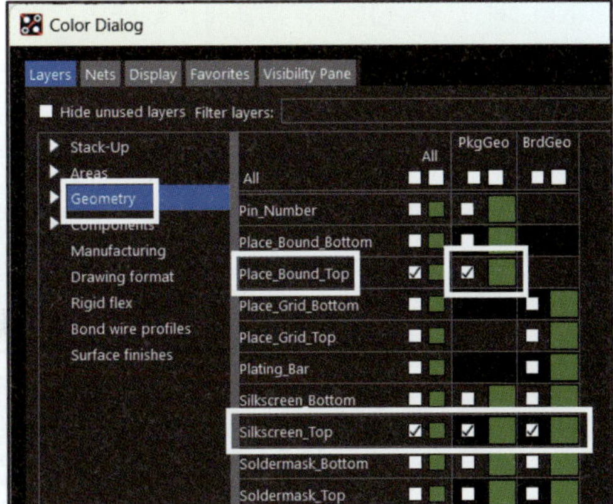

• Geometry

	PkgGeo	BrdGeo
Design_Outline		✓
Dimension		✓
Place_Bound_Top	✓	
Silkscreen_Top	✓	✓

⑤ Components → Silkscreen_TOP → RefDes 체크 → Apply

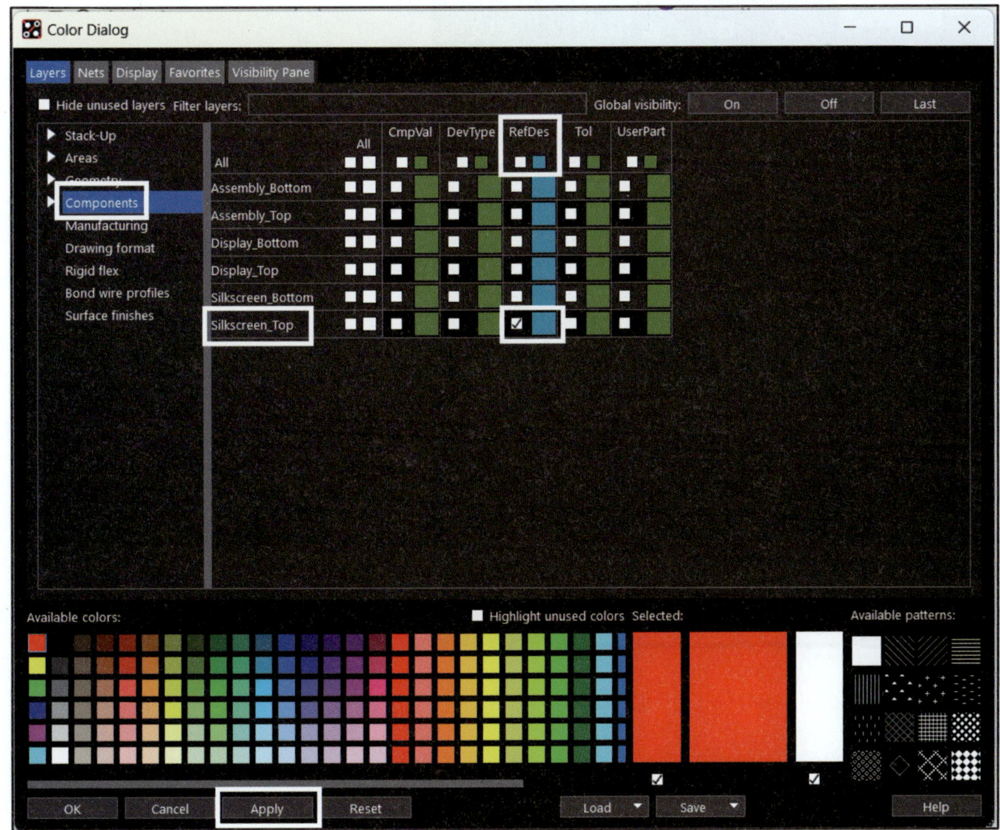

⑥ 네트 색 지정

- 좌측 상단 Net 체크 → +12V : 분홍색 → +5V : 빨간색 → GND : 파란색

  ※ 네트의 색을 지정해 주면 작업이 수월해지므로, 전원선은 반드시 지정해 준다.

- Apply → OK

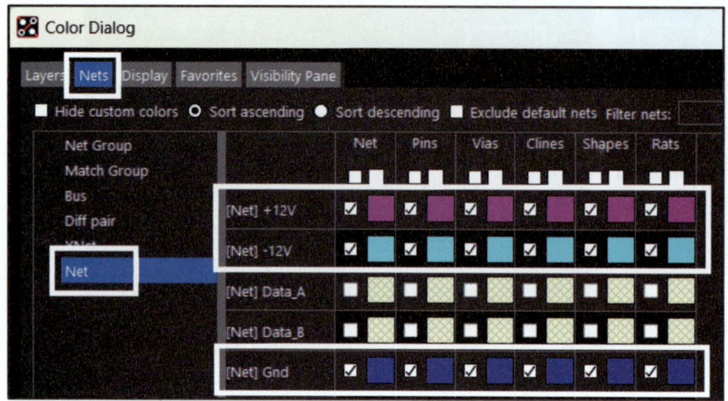

4) Footprint Library 경로 설정

① Menu → Setup → User Preferences…

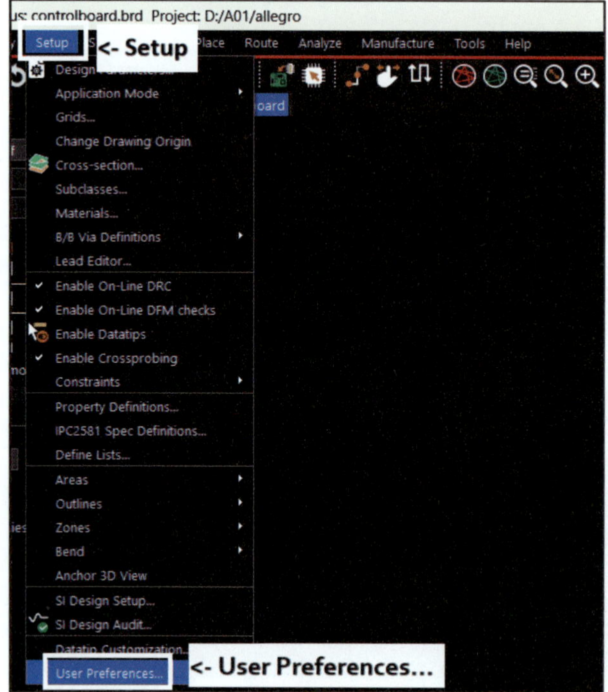

② Paths → Library → padpath → 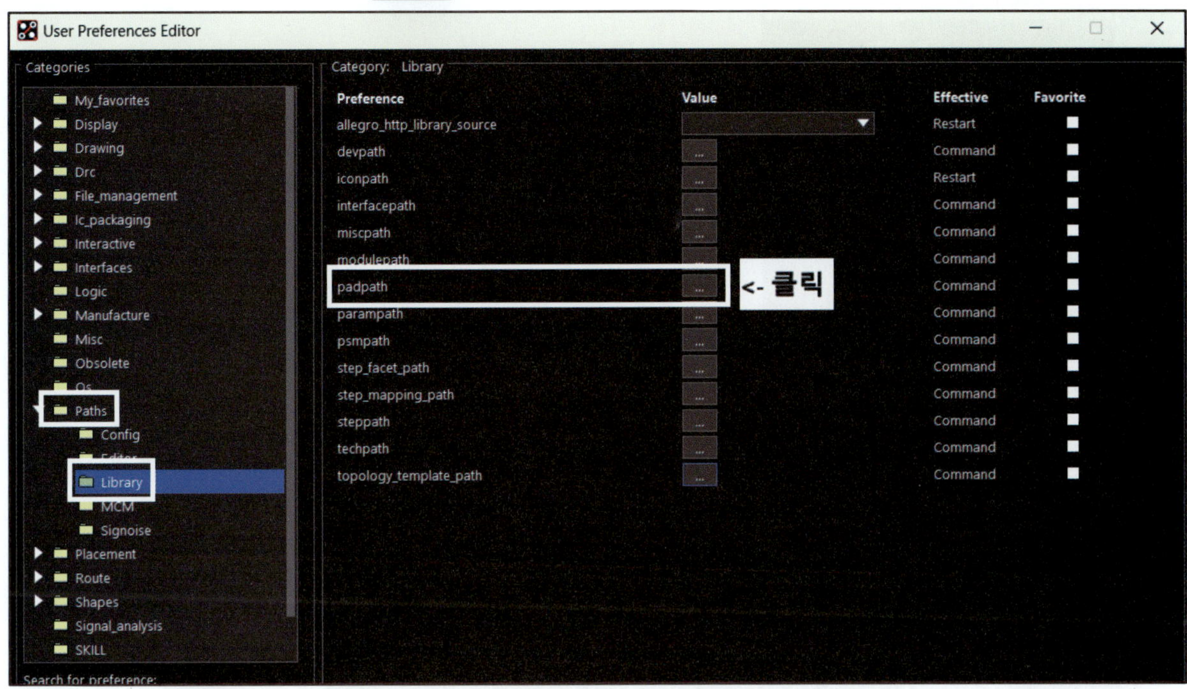 클릭

③ Directories → 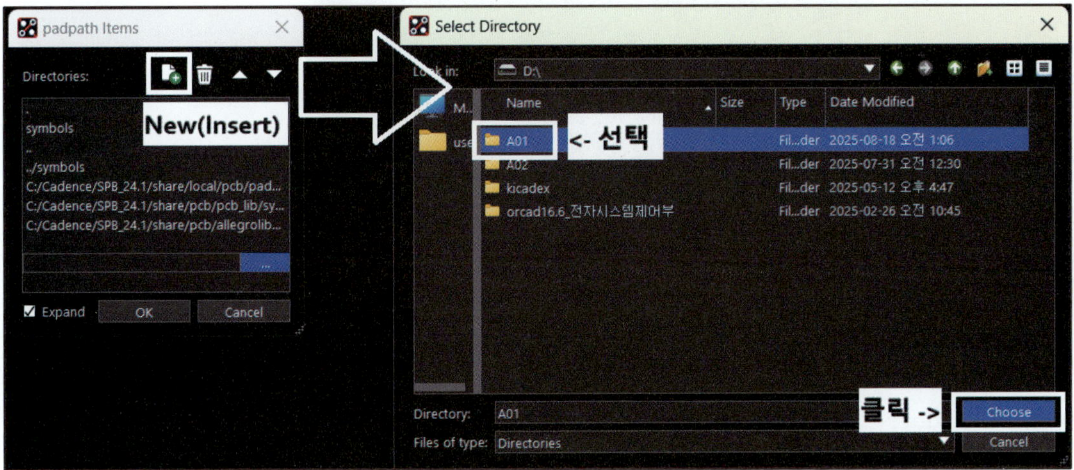 (New(Insert))

④ 경로 입력창 옆의 …를 클릭한다.

⑤ .pad 파일이 있는 폴더를 선택한다.

⑥ 선택된 폴더를 확인한 후 OK를 클릭한다.

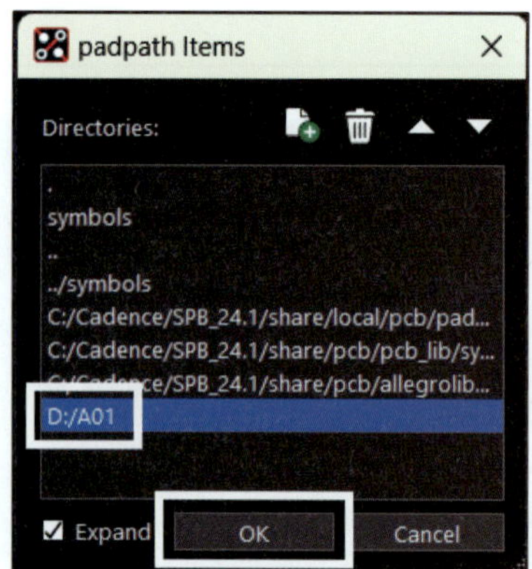

※ 이와 같은 방법으로 psmpath도 Library 경로를 설정한다.

⑦ Apply → OK

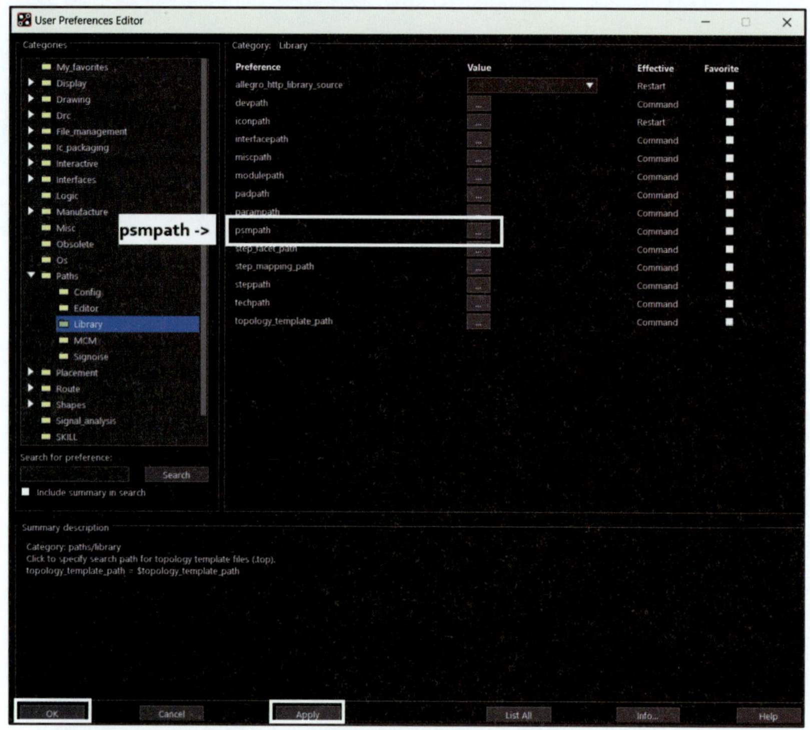

5) Cross section

Layer 설정, PCB Editor는 기본적으로 양면(TOP, BOTTOM)으로 설정되어 있기 때문에 생략해도 무방하다.

① Menu → Setup → Cross-section... 또는 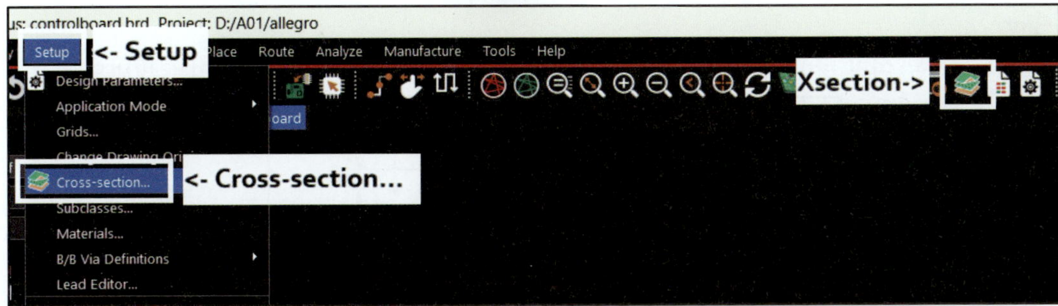 (Xsection)

② 양면(TOP, BOTTOM) Layer 확인 → Apply → OK

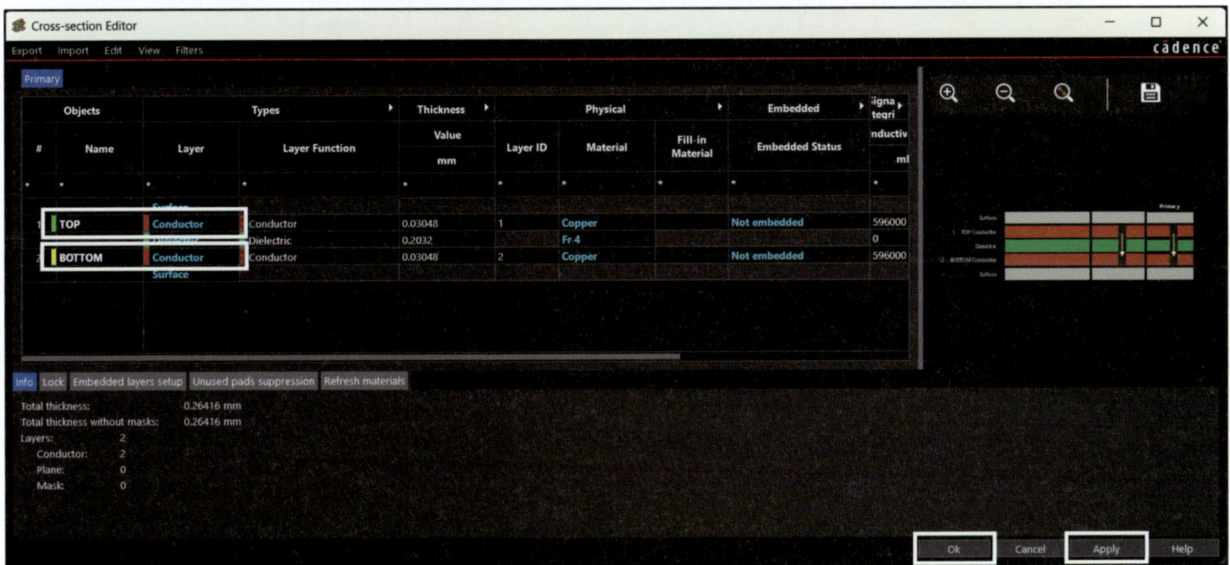

※ 공개문제 요구사항의 설계환경 : 양면 PCB(2-Layer)

1) Board Outline

Board Outline을 그리는 여러 방법 중 공개문제에 제시된 Board Outline을 가장 쉽게 그리는 방법으로 그려 본다.

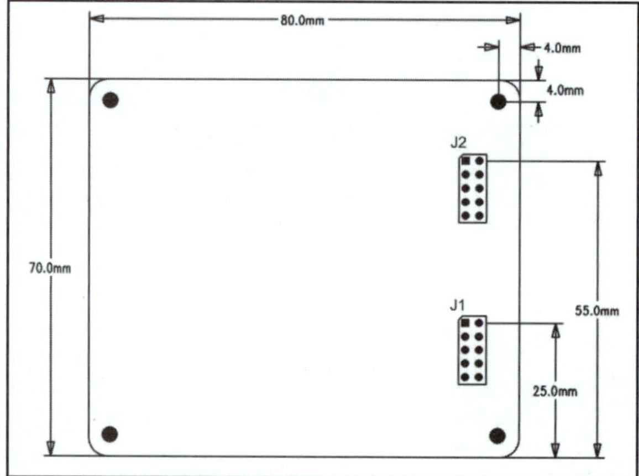

※ 공개문제에 제시된 보드 사이즈는 80mm(가로)×70mm(세로), 보드 외곽선 모서리는 라운드로 처리한다.

① Menu → Shape → Rectangular 또는 ▦ (Shape Add Rect)

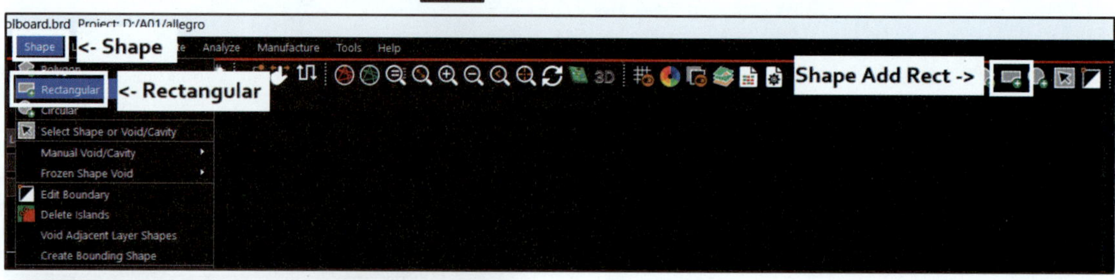

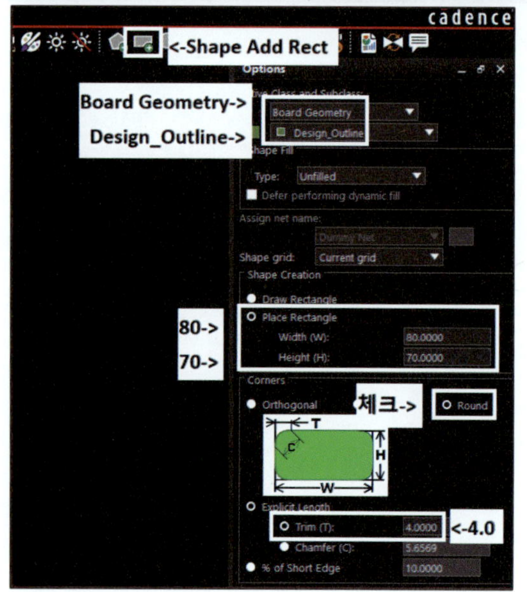

② Options
- Active Class and Subclass → Board Geometry → Design_Outline
- Place Rectangle 체크
  - Width(W) : 80
  - Height(H) : 70
- Corners
  - Round 체크
  - Trim(T) : 4

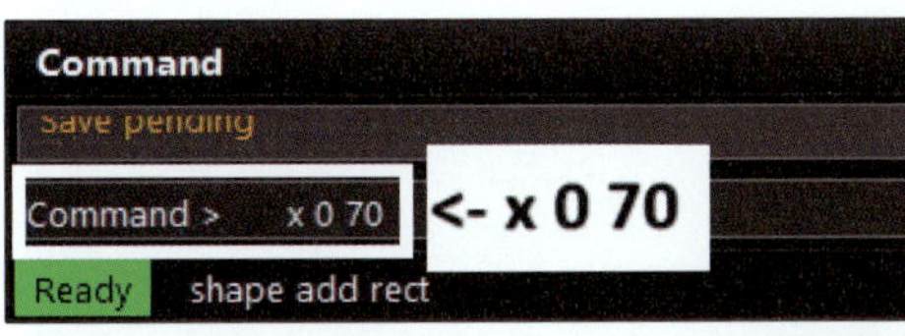

③ 좌표 'x 0 70'을 입력한다.

④ Board Outline이 그려지면 마우스 우측 버튼을 클릭한 후 Done을 클릭한다.

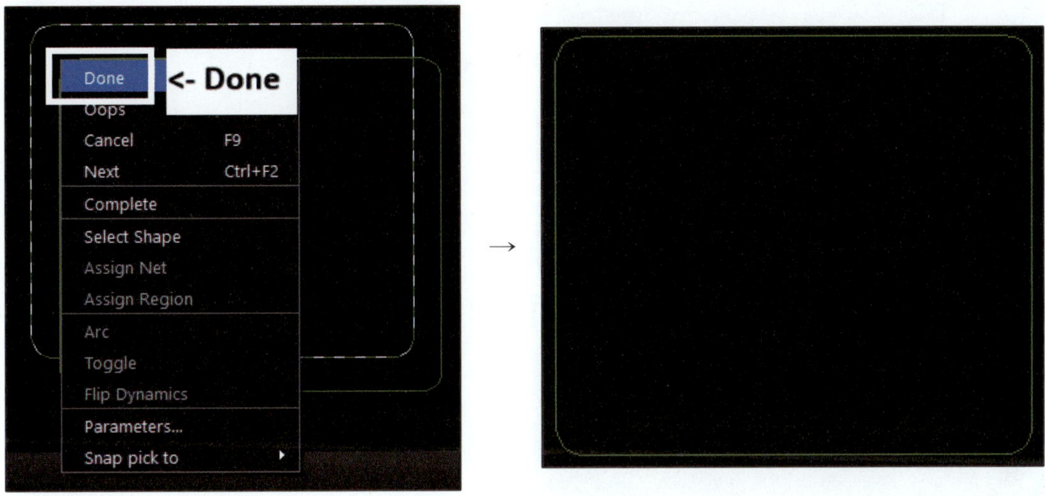

2) 부품 배치 및 배선

(1) 기구 홀 배치

[공개문제 요구사항]

7) 기구 홀의 삽입

　가) 보드 외곽의 네 모서리에 직경 3Φ의 기구 홀을 삽입하되 각각의 모서리로부터 4mm 떨어진 지점에 배치하고 비전기적 속성으로 정의하며, 기구 홀의 부품 참조값은 삭제한다.

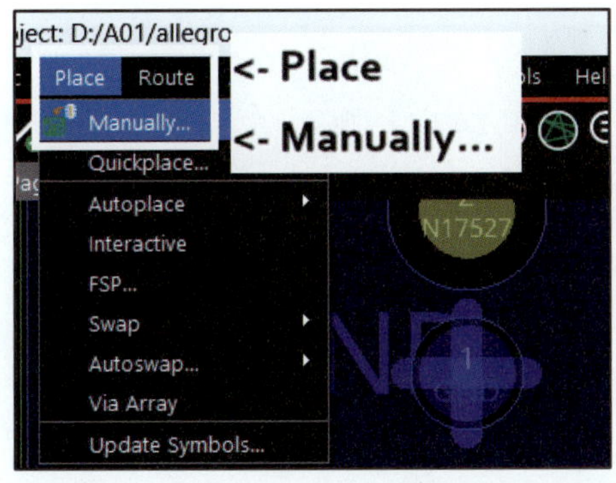

① 공개문제의 요구사항대로 기구 홀을 삽입한다.

② Menu → Place → Manually... 또는  (Place Manual)

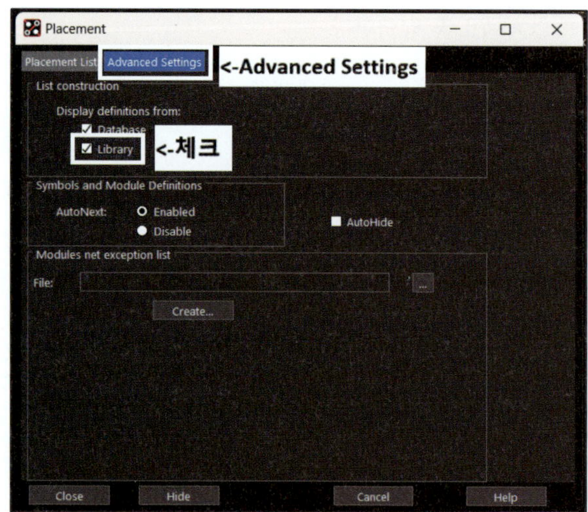

③ Advanced Settings 탭에서 Library를 체크한다.

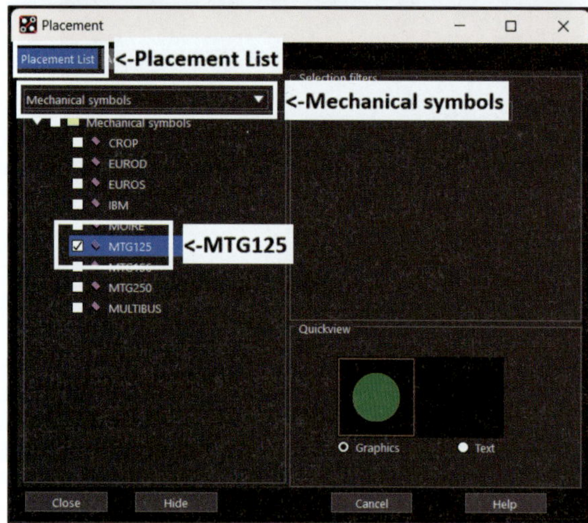

④ Placement List 탭으로 이동하여 Mechanical symbols 로 변경하고, MTG125를 체크한다.

⑤ Command 창에 'x 4 4'를 입력한 후 Enter를 클릭한다.

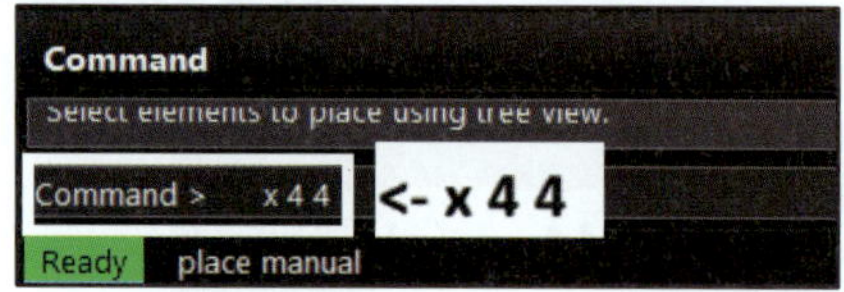

⑥ MTG125를 체크한다.

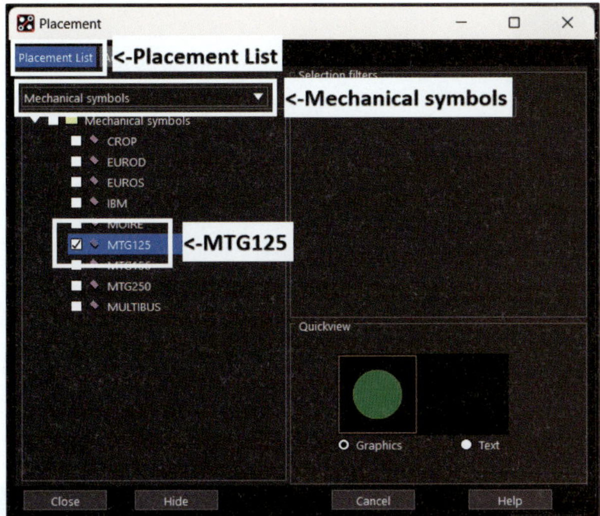

⑦ Command 창에 'x 4 66'을 입력한 후 Enter를 클릭한다.

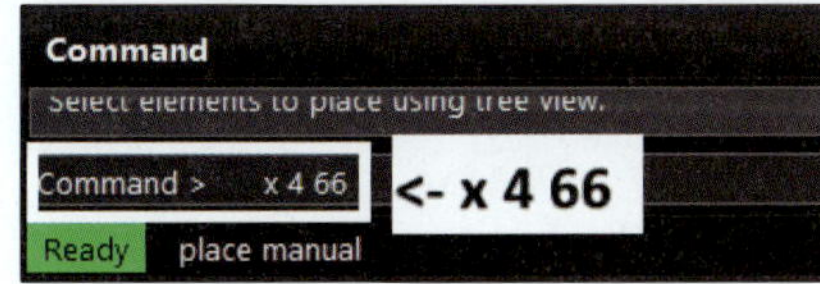

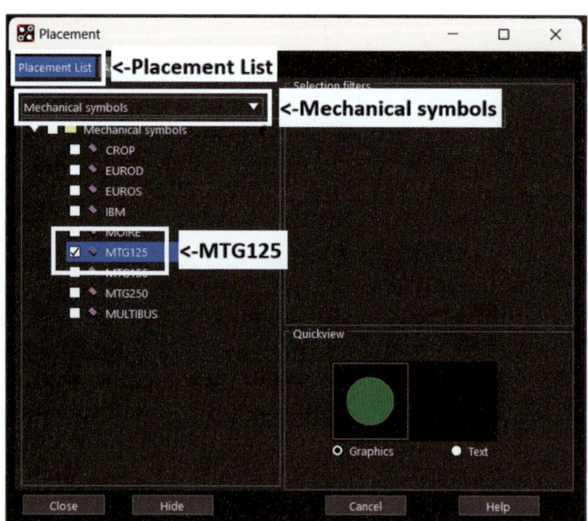

⑧ MTG125를 체크한다.

⑨ Command 창에 'x 76 4'를 입력한 후 Enter를
클릭한다.

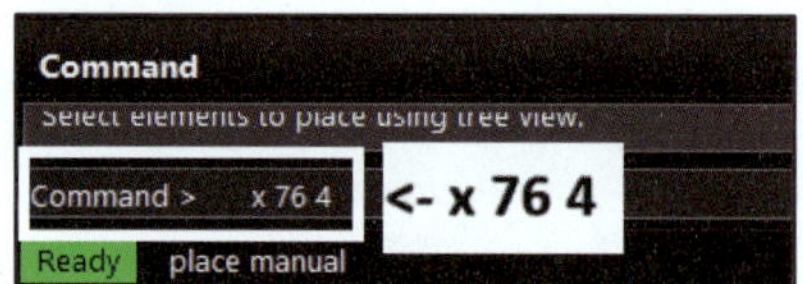

⑩ MTG125를 체크한다.

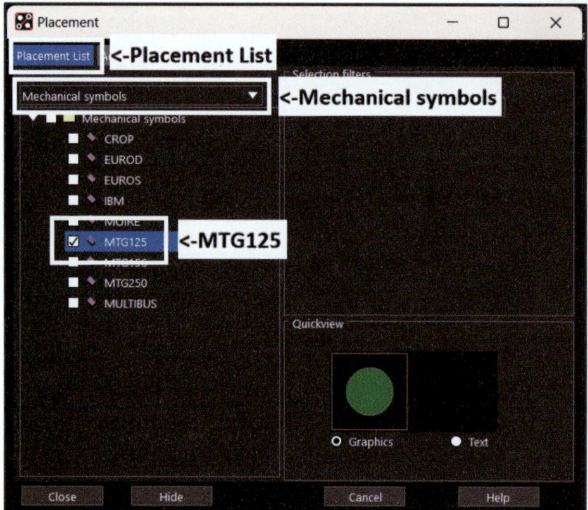

⑪ Command 창에 'x 76 66'을 입력한 후 Enter를 클릭한다.

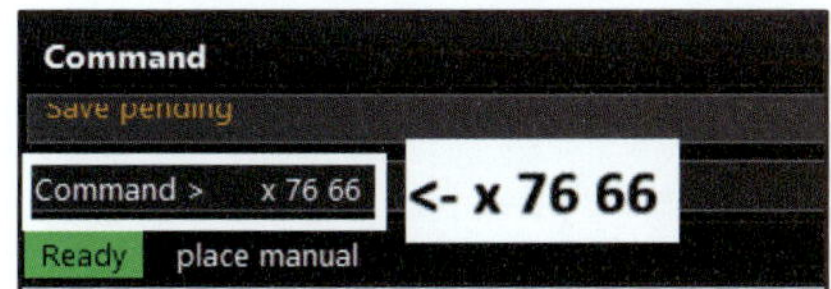

⑫ 기구 홀의 크기를 3Φ로 변경한다.

⑬ 기구 홀 중 하나에 커서 이동 → 마우스 우측 버튼 → Modify design padstack → All instances

※ 기구 홀의 크기를 모두 변경하므로 All instances를 클릭한다.

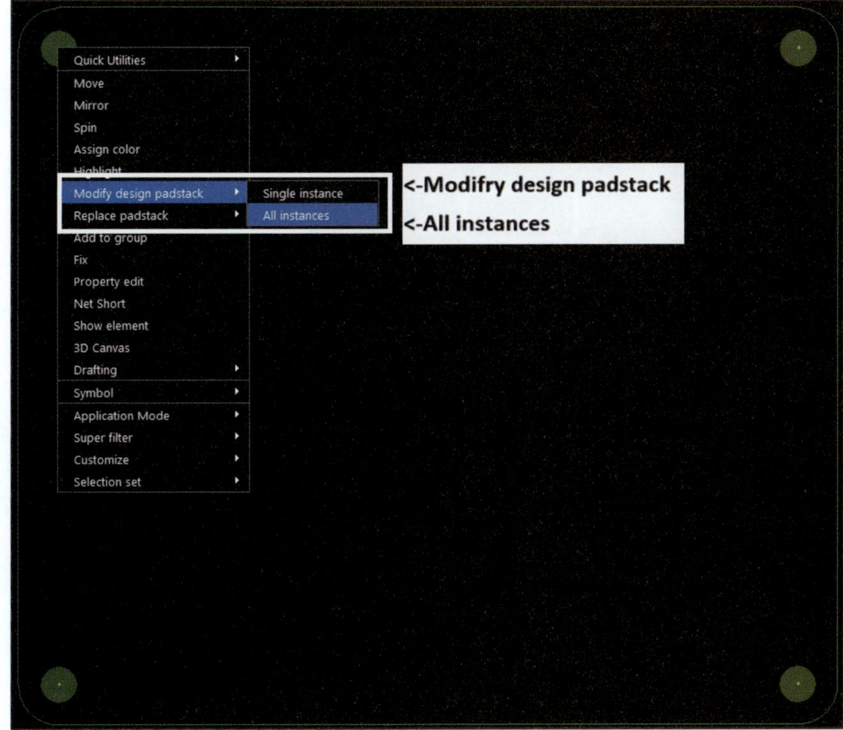

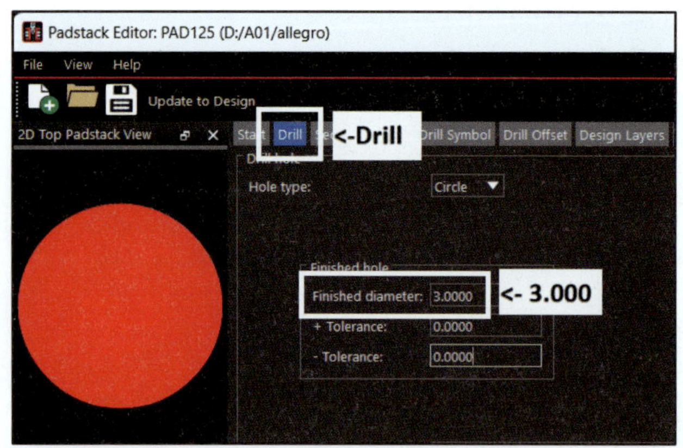

⑭ Drill 탭으로 이동한다.
- Finished hole
  - Finished diameter : 3
- File → Update to Design and Exit

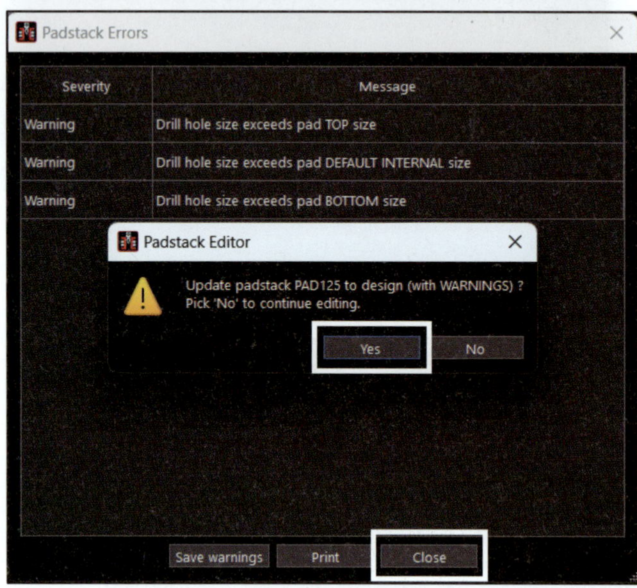

⑮ Warning Message는 무시하고 Close를 클릭한다.
⑯ Update 여부를 묻는 창이 뜨면 Yes를 클릭한다.

(2) 고정 부품 배치

[공개문제 요구사항]

3) 부품 배치 : 주요 부품은 다음 그림과 같이 배치하고, 그 외는 임의대로 배치한다.

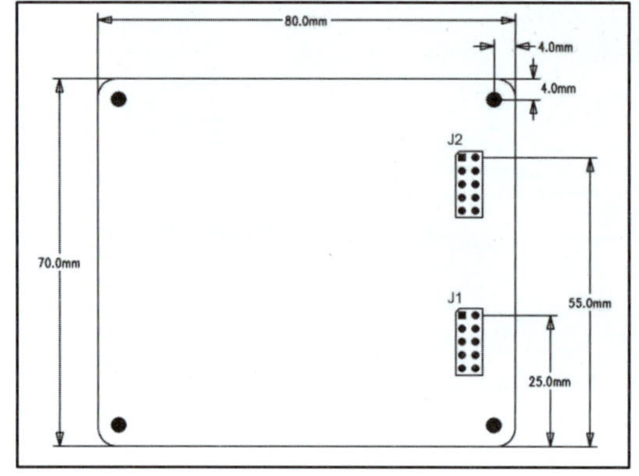

공개문제에서는 J1과 J2의 위치가 y축으로 25.0mm, 55.0mm로 고정되어 있다. x축의 좌표는 제시되지 않았기 때문에 대략 저 위치에 배치하면 되지만, y축의 좌표는 반드시 해당 좌표에 배치해야 한다.

※ Header의 1번 핀이 좌측에 있어야 하므로 Header 중간의 홈이 좌측을 향하게 배치한다.

① Placement List 탭에서 Mechanical symbols를 Components by refdes로 변경한다.

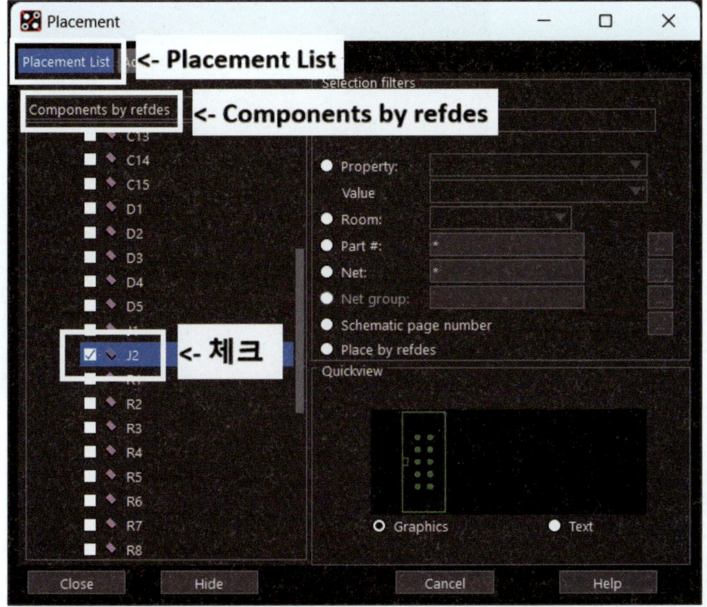

② J2를 체크한 후 커서를 Command 창으로 이동한다.

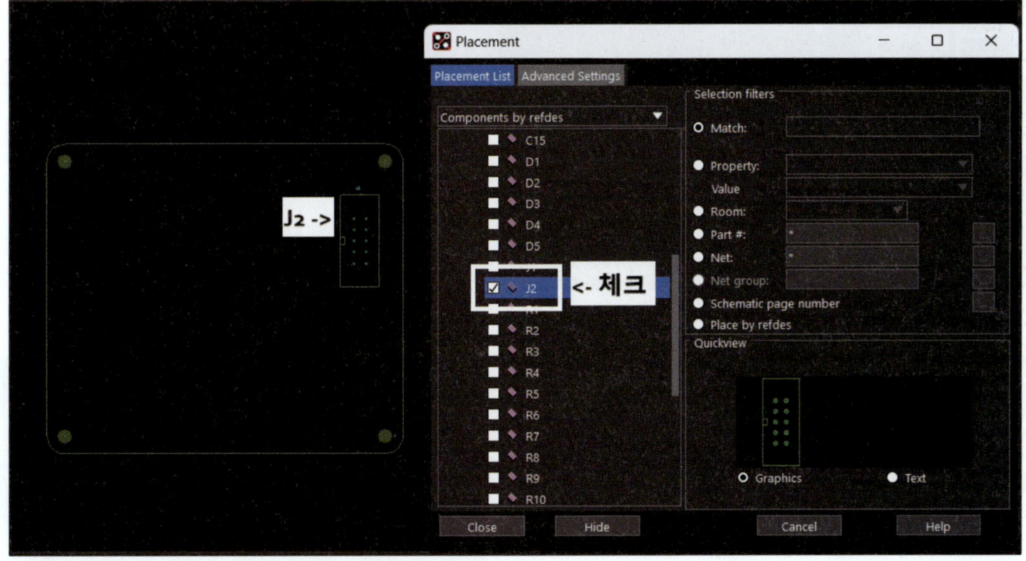

③ Command 창에 J2의 좌표 'x 70 55'를 입력한 후 Enter를 클릭한다.

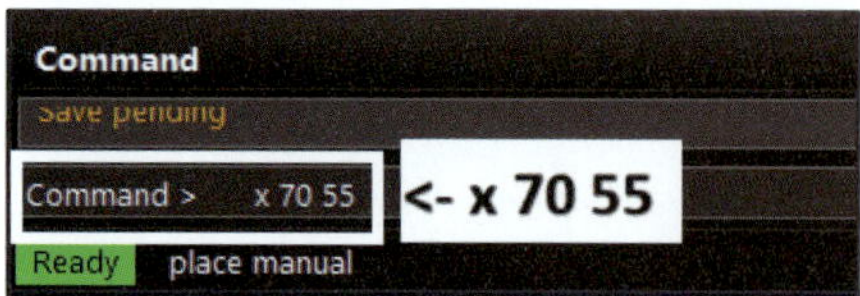

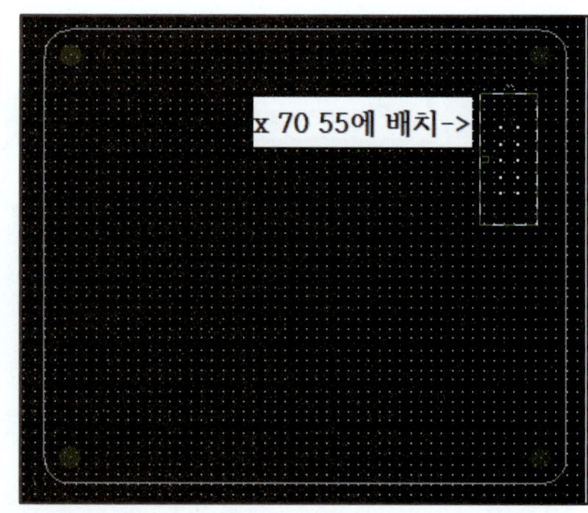

④ J1을 체크한 후 커서를 Command 창으로 이동한다.

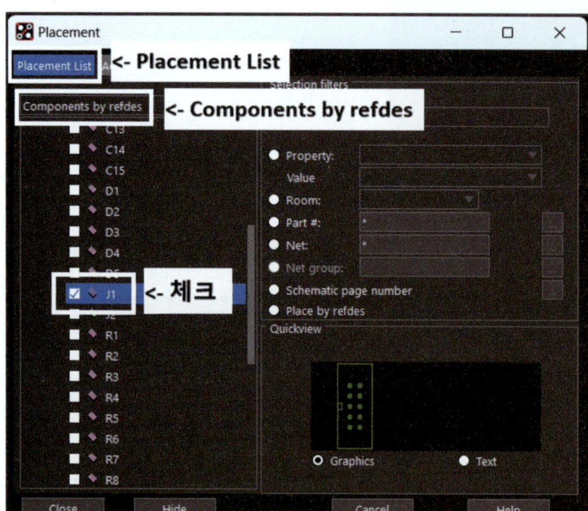

⑤ J1의 좌표 'x 70 25'를 입력한 후 Enter를 클릭한다.

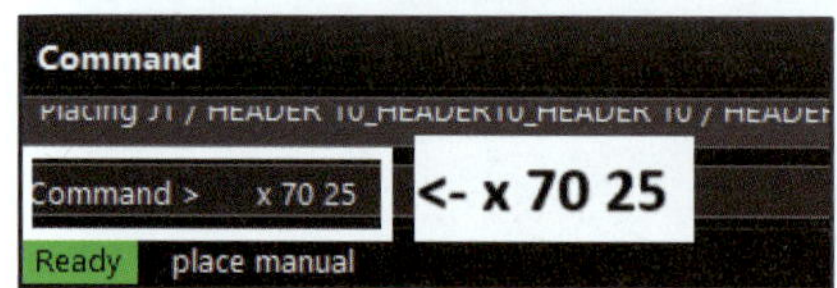

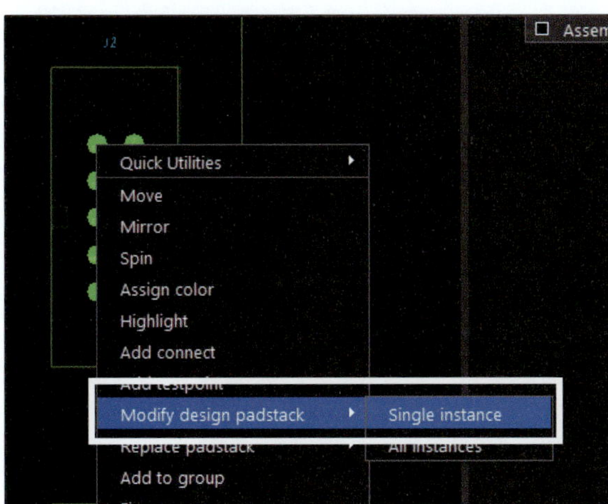

⑥ J2의 1번 핀 모양을 square로 수정한다.

⑦ J2의 1번 핀에 커서를 이동시킨 후 마우스 우측 버튼을 클릭한다.

⑧ Modify design padstack → Single instance

※ 1번 핀의 모양만 변경하므로 Single instance를 선택한다.

⑨ Design Layers 탭에서 Geometry를 Square로 변경한다.

⑩ Square 1.5999를 선택하여 마우스 우측 버튼을 클릭하여 Copy를 선택한다.

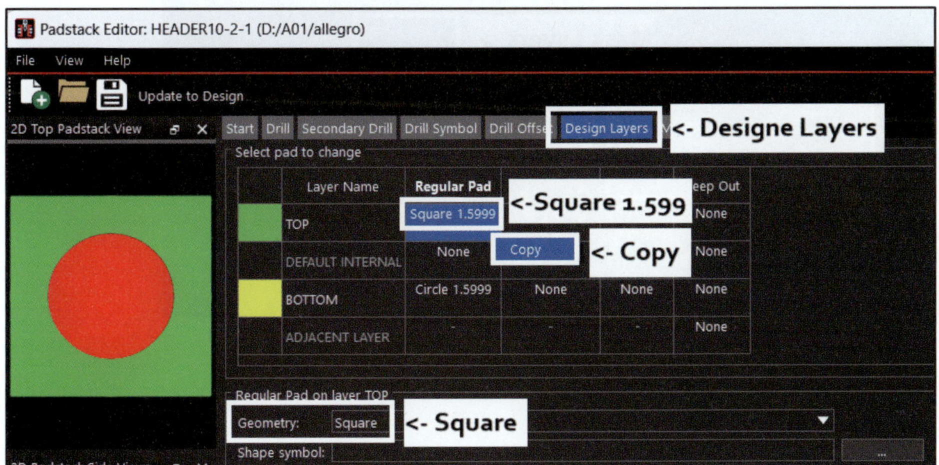

⑪ Circle 1.5999를 드래그하여 모두 선택한 후 마우스 우측 버튼을 클릭하여 Paste를 선택한다.

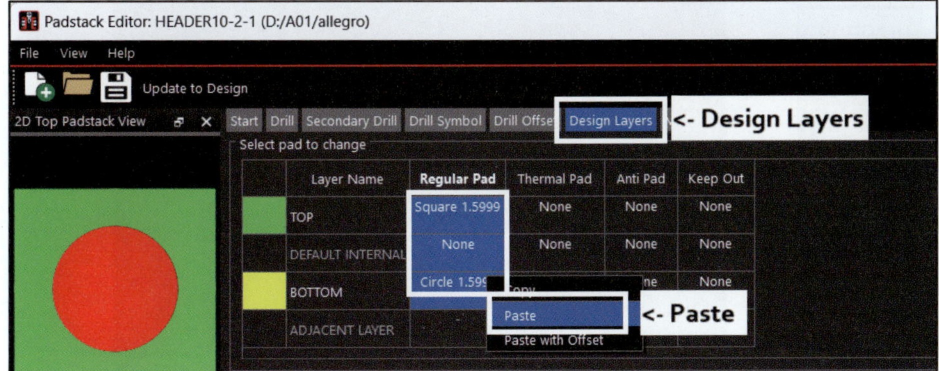

⑫ Paste를 클릭하면 Circle이 Square로 변경된다.

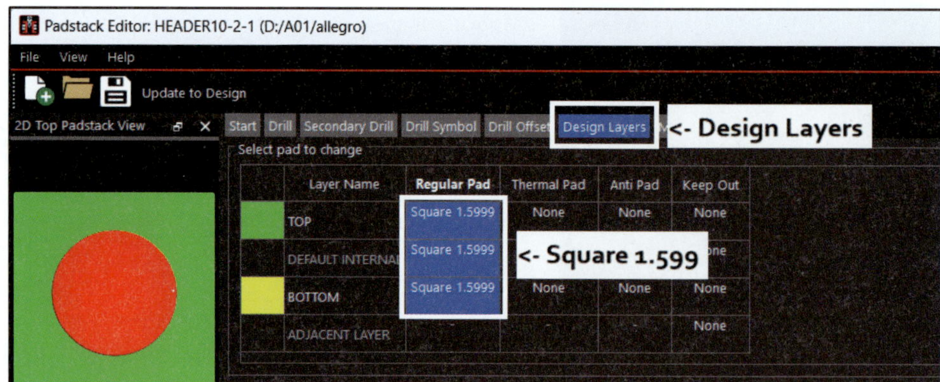

⑬ Mask Layers 탭에서 SOLDERMASK_TOP, SOLDERMASK_BOTTOM도 Square로 변경된다.

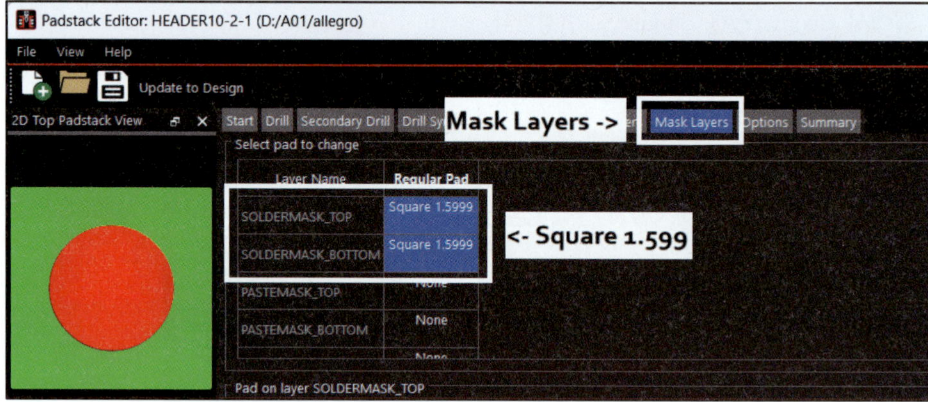

⑭ File → Update to Design and Exit

⑮ Warning Message는 무시하고 Close를 클릭한다.

⑯ Update 여부를 묻는 창이 뜨면 Yes를 클릭한다.

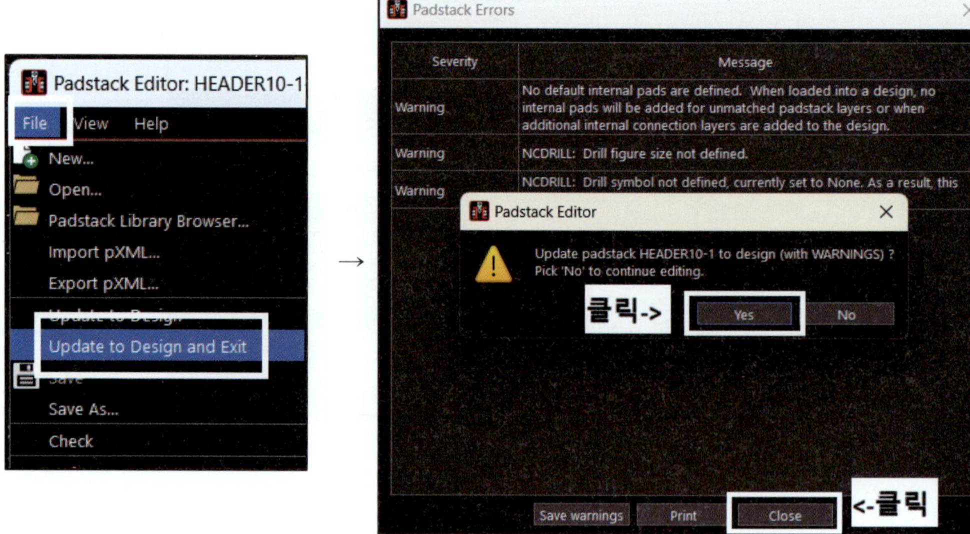

⑰ 1번 핀의 모양이 Square로 수정된다.
⑱ 같은 방법으로 J1의 1번 핀 모양을 Square로 수정한다.

(3) Board에 Text 작성하기

[공개문제 요구사항]

8) 실크데이터(Silk Data)
  (가) 실크데이터의 부품번호는 한 방향으로 보기 좋게 정렬하고, 불필요한 데이터는 삭제한다.

  (나) 다음의 내용을 보드 상단 중앙에 위치시킨다.
      (CONTOR BOARD)
      (Line Width : 0.25mm, Height : 2mm)

① Menu → Setup → Design Parameters…

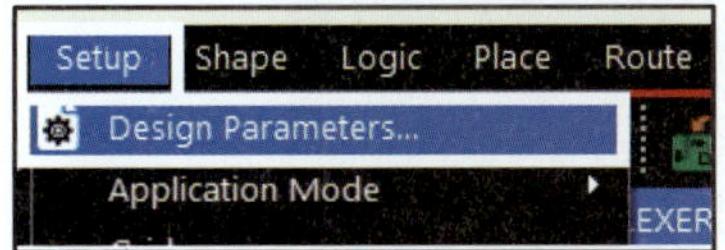

② Text 탭으로 이동한다.

③ Setup text sizes의 ▢ 을 클릭한다.

④ 공개문제에서는 Line width : 0.25mm, Height : 2mm로 제시한다.

⑤ 공개문제에 제시된 Height에 가장 가까운 값을 갖는 블록을 찾아서 그 블록의 Photo Width에 Line Width 값 0.25mm를 입력한 후 OK를 클릭한다.

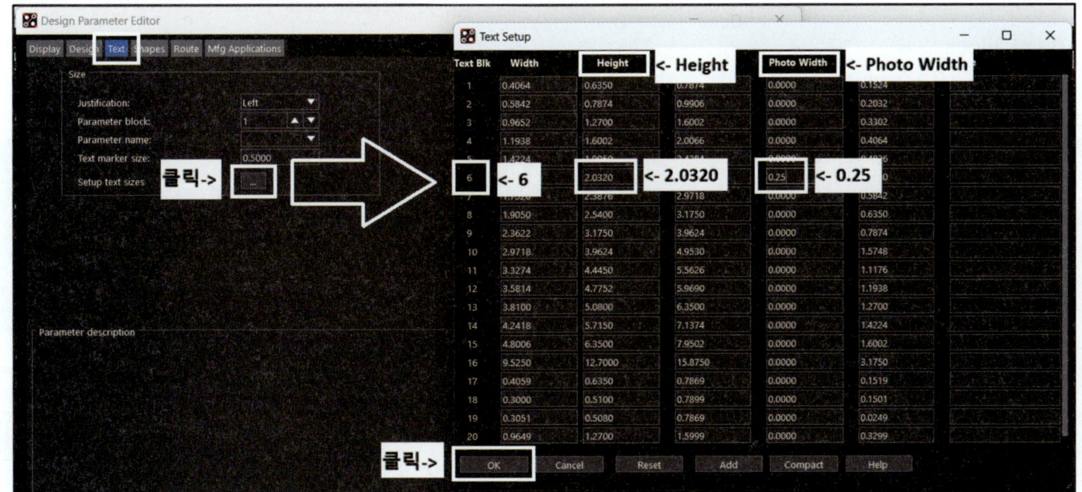

※ Options 탭에 Text block 번호(6)를 입력해야 한다. 잘 알아둔다.

⑥ OK를 클릭한다.

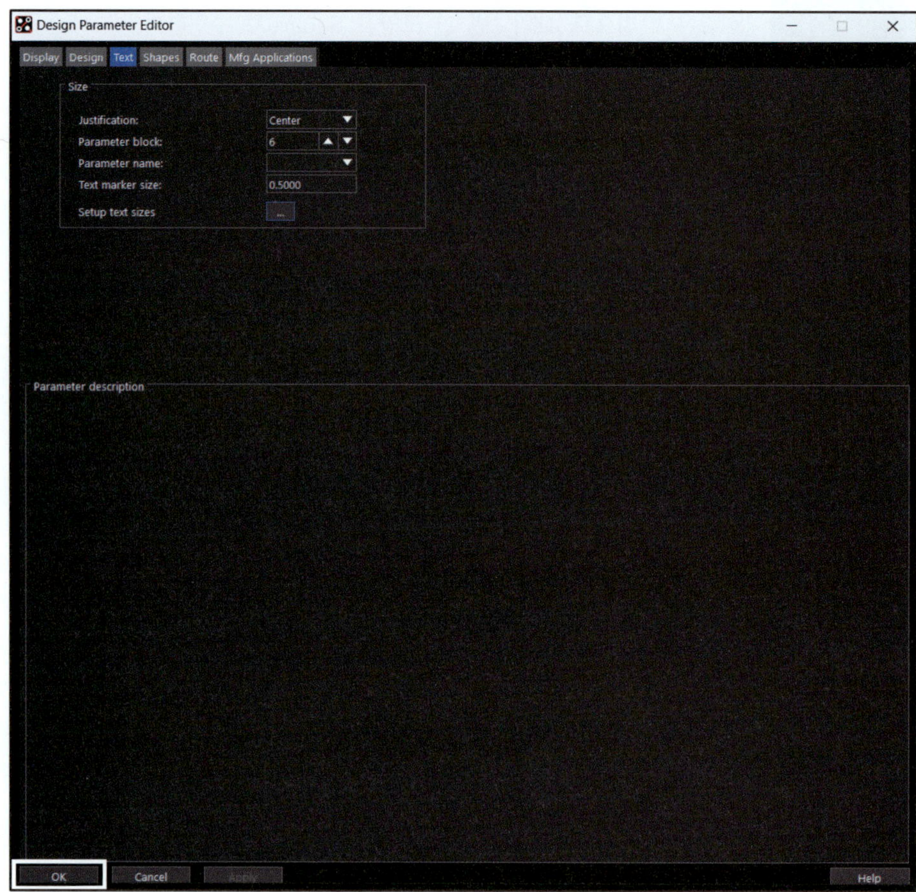

⑦ Menu → Add → Text 또는 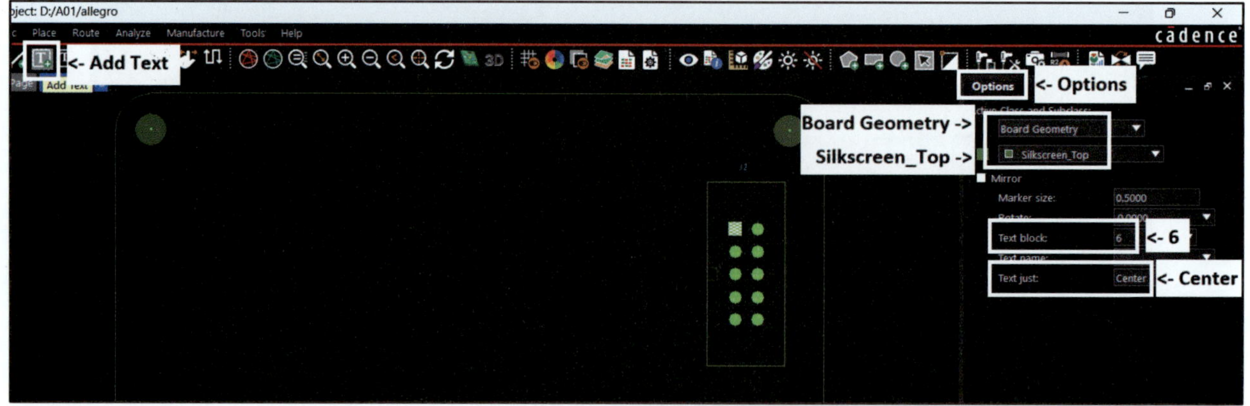 (Add Text)

⑧ Options 탭의 Active Class와 Subclass를 Board Geometry, Silkscreen_Top으로 설정한다.

⑨ Text block : 6

⑩ Text just : Center

⑪ 커서를 Board 상단으로 이동시켜 클릭한 후 'Text'를 입력한다.

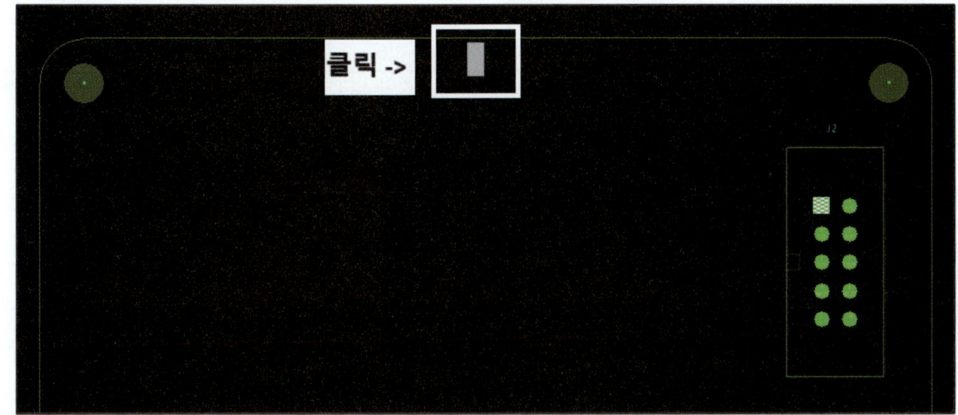

⑫ Text 입력이 끝나면 마우스 우측 버튼을 클릭한 후 Done을 클릭한다.

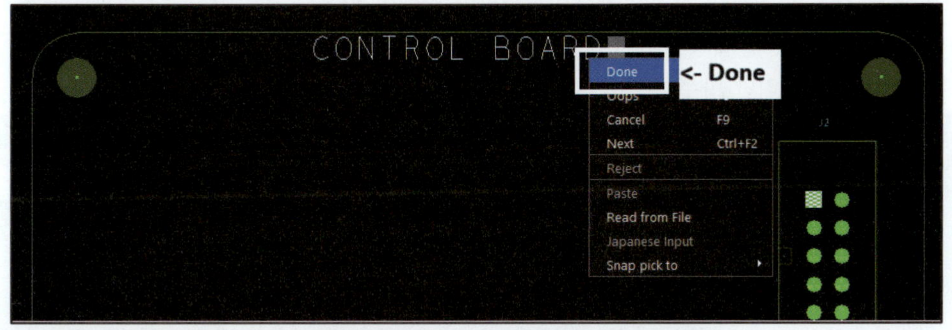

※ Board Outline을 그린 후 바로 Text를 입력해도 된다.

(4) 그 외의 부품 배치

- IC와 같은 중요한 부품을 먼저 배치한 후에 능동소자, 수동소자 순으로 배치한다.

- 다이오드, 커패시터, LED의 경우 동일한 방향으로 배치하며, 모든 부품은 TOP 면에 배치한다.

- 부품은 보드 전체에 고루 퍼지도록 배치하며, 바이패스 커패시터와 같은 특정 부품을 제외한 나머지 부품은 이격거리를 넉넉히 두고 배치한다.

[공개문제 요구사항]

3) 부품 배치 : 주요 부품은 다음 그림과 같이 배치하고, 그 외는 임의대로 배치한다.

  (가) 특별히 지정하지 않은 사항은 일반적인 PCB 설계 규칙에 준하며, 설계 단위는 mm이다.

(나) 부품은 TOP LAYER에만 실장하며, 부품의 실장 시 IC와 LED 등 극성이 있는 부품은 가급적 동일한 방향으로 배열하도록 하고, 이격거리를 계산하여 배치한다.

① Menu → Place → Manual… 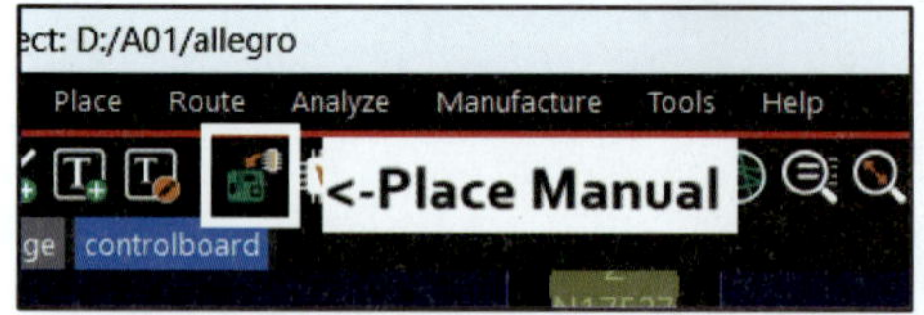 (Place Manual)

② U1(Atmega8)부터 배치한다.

③ U1을 체크한 후 커서를 작업창으로 이동시키면 심벌이 나온다.

④ 심벌을 원하는 곳에 배치한다(마이크로 컨트롤러는 되도록 중앙에 배치한다).

⑤ 부품을 회전시키려면 마우스 우측 버튼을 클릭한 후 Rotate를 선택한다.

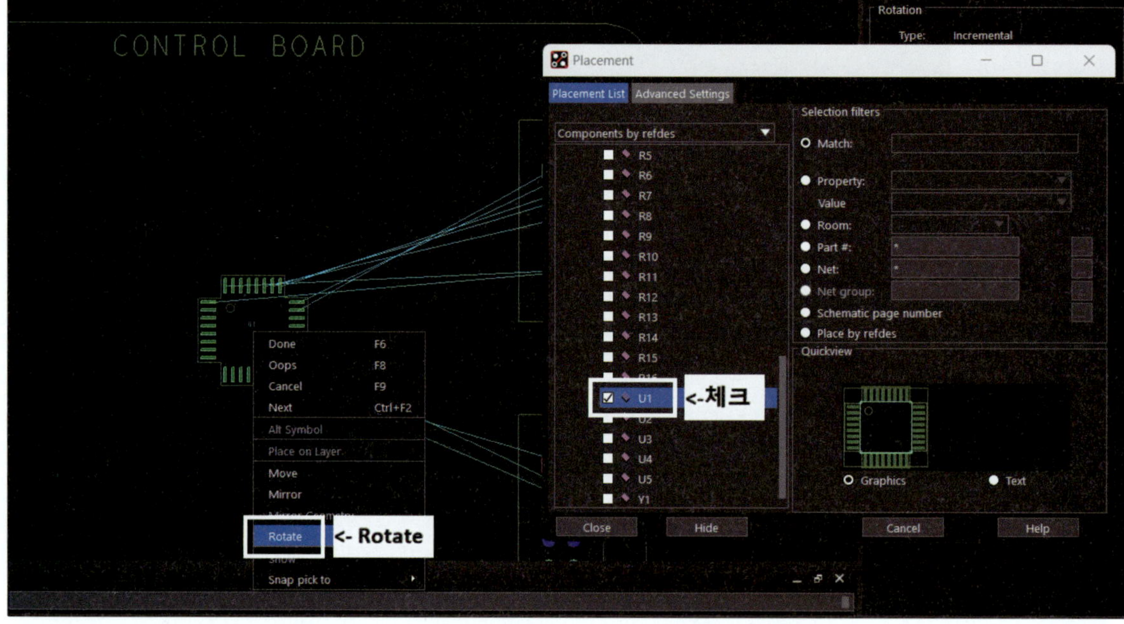

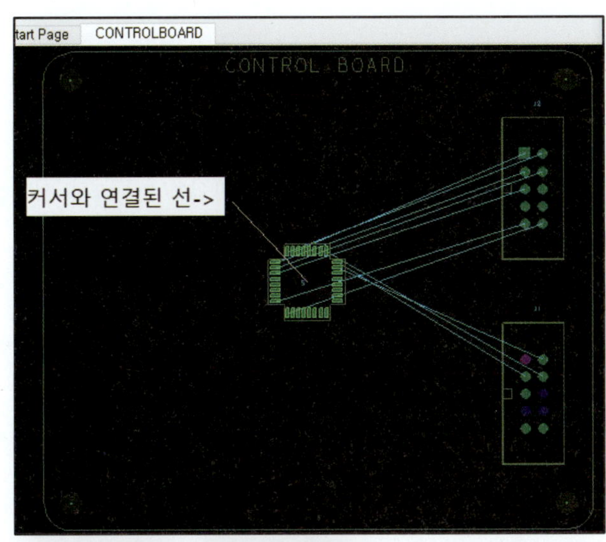

⑥ Rotate를 클릭하면 커서의 모양이 +로 바뀌면서 선이 생성된다.

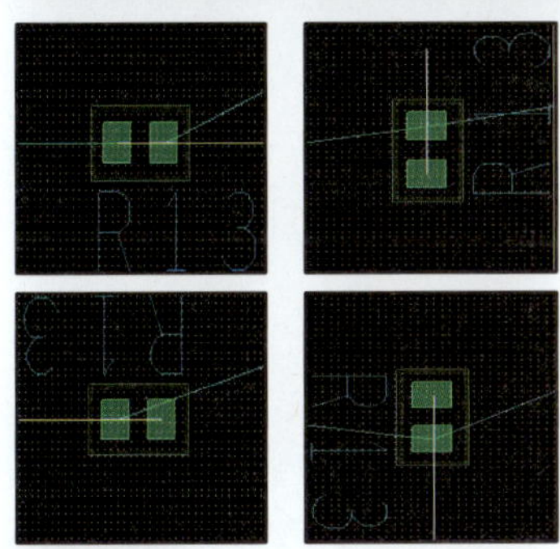

⑦ 커서를 회전시키면 심벌이 다음과 같이 90° 회전한다(부품의 회전은 90° 로 설정되어 있다).

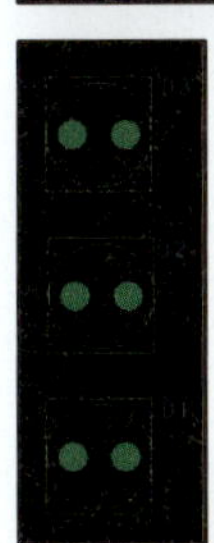

⑧ LED는 일렬로 배치한다.

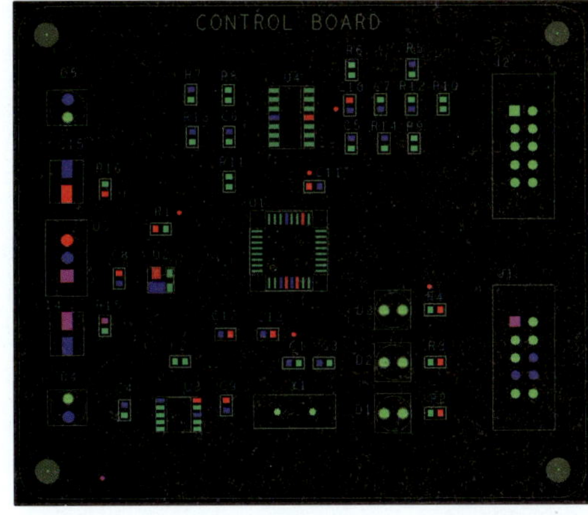

⑨ 보드 전체에 부품이 골고루 분포될 수 있게 배치하며, 부품 과 부품 사이의 이격거리는 되도록 넓게 한다(부품과 부품 사이의 이격거리가 넓을수록 배선이 용이하다).

(5) 배 선

① Menu → Route → Connect 또는  (Add Connect)

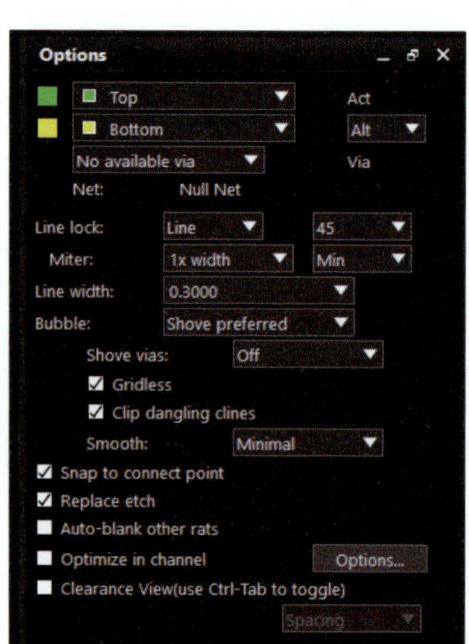

② Options 탭으로 이동한다.
- Act, Alt : 현재 작업 중인 Layer와 작업할 Layer를 설정한다(Top Layer는 녹색, Bottom Layer는 노란색).
- VIA : Net에 설정
- Line lock : Line과 Arc의 각도 설정(line, 45로 설정)
- Miter : Miter size 지정
- Line width : Net 폭
- Bubble : Off, Hug only, Hug Preferred, Shove Preferred

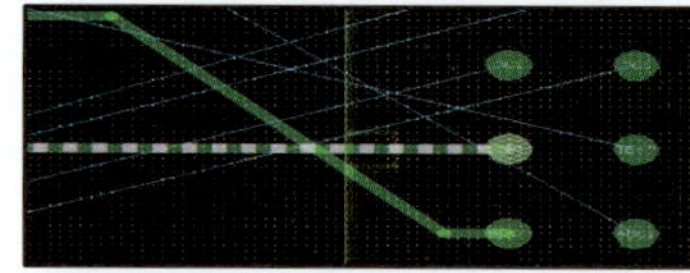

- Bubble Off : 선택한 지점을 무조건 연결한다(DRC error 무시).

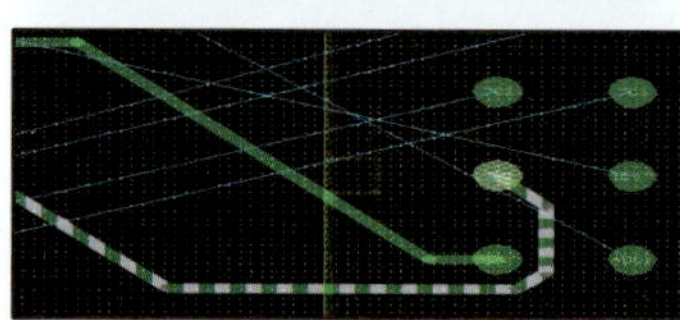

- Bubble Hug only, Hug Preferred : 기존의 배선을 우회해서 연결한다 (기존 배선 우선).

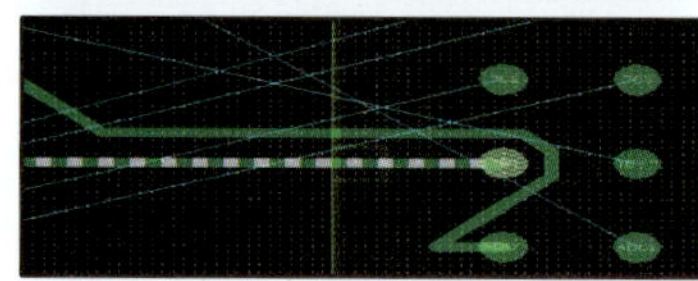

- Bubble Shove Preferred : 기존의 배선을 밀어내고 연결한다(현재 배선 우선).

[기본 배선]

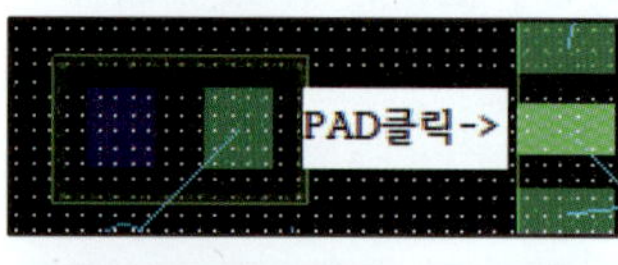

① Menu → Route → Connect 또는 (Add Connect)
② PAD를 클릭한다.

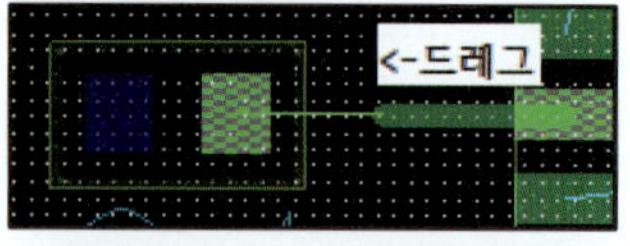

③ PAD와 PAD가 연결된 Ratnest를 따라 드래그한다.

④ PAD를 클릭하면 연결이 완료된다.
⑤ 연결이 완료되면 Ratnest가 사라진다.

[VIA 생성]

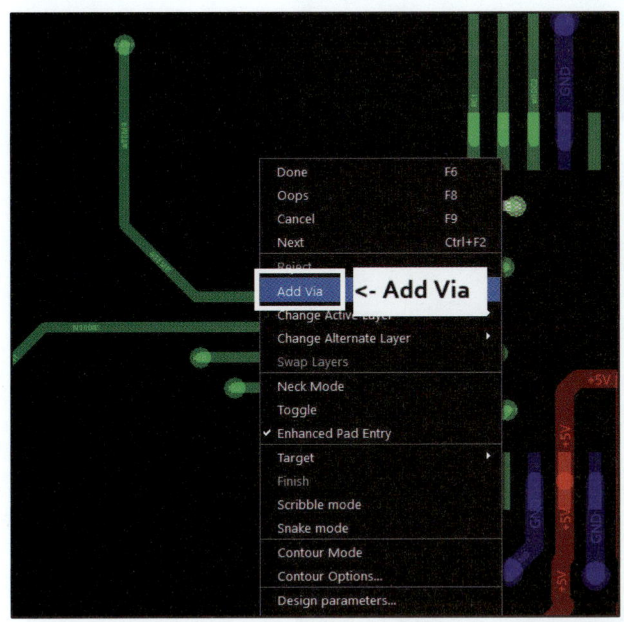

① VIA를 생성하고자 하는 곳에 더블클릭하거나 마우스 우측 버튼을 클릭한 후 Add Via를 클릭한다.

② VIA가 생성된다.

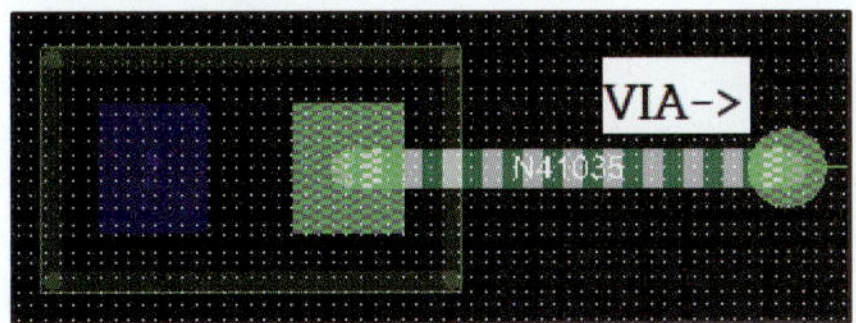

③ +를 누르면 BOTTOM Layer로 변환된다(+를 누르면 Layer 변환).

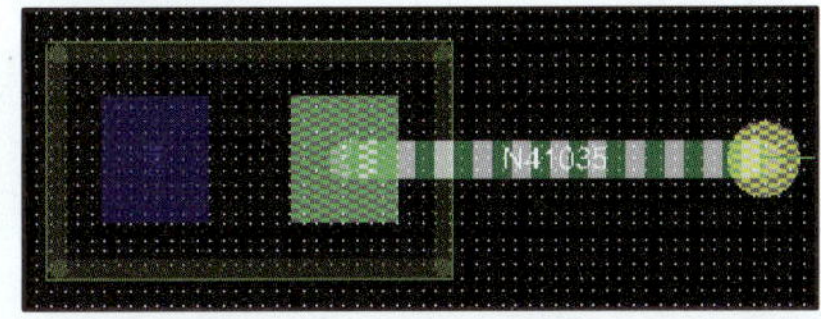

※ PCB Editor에서는 TOP Layer는 초록색, BOTTOM Layer는 노란색으로 설정되어 있다(사용자 편의에 따라 변경 가능하다).

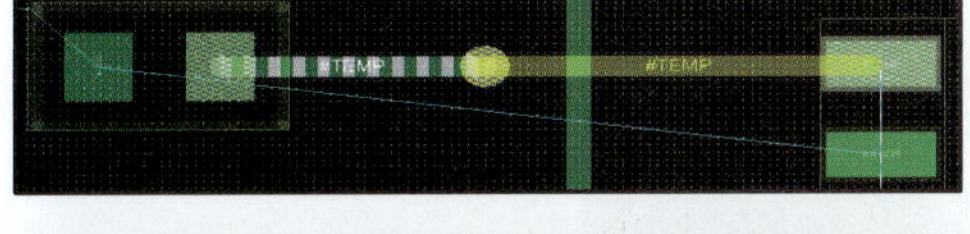

④ Net와 PAD가 다른 Layer에 있으므로 연결되지 않는다(Net : BOTTOM, PAD : TOP).

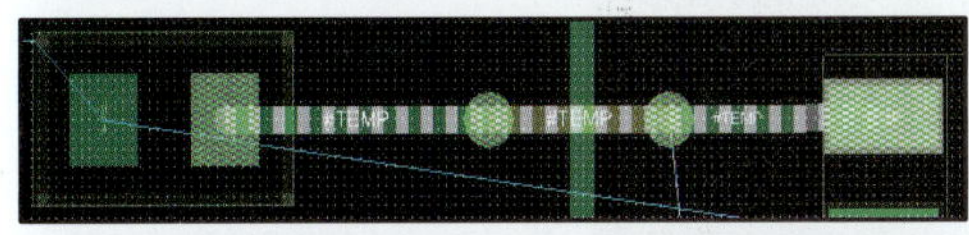

⑤ VIA를 한 번 더 생성하고, Net의 Layer를 TOP으로 변경하여 연결한다(Net : TOP, PAD : TOP).

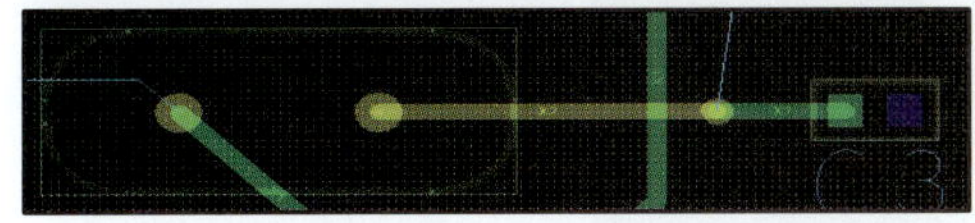

⑥ SMD Type 부품의 PAD와 DIP Type 부품의 PAD 연결 시에는 VIA를 하나만 생성시켜도 연결 가능하다.

※ DIP Type 부품의 PAD는 TOP Layer와 BOTTOM Layer가 연결되어 있다.

※ 배선은 가장 짧은 Ratnest를 먼저 연결하되 최단 거리로 한다(전원선은 나중에 배선한다).

※ TOP Layer를 수직(수평)으로 배선했으면 BOTTOM Layer는 수평(수직)으로 배선한다.

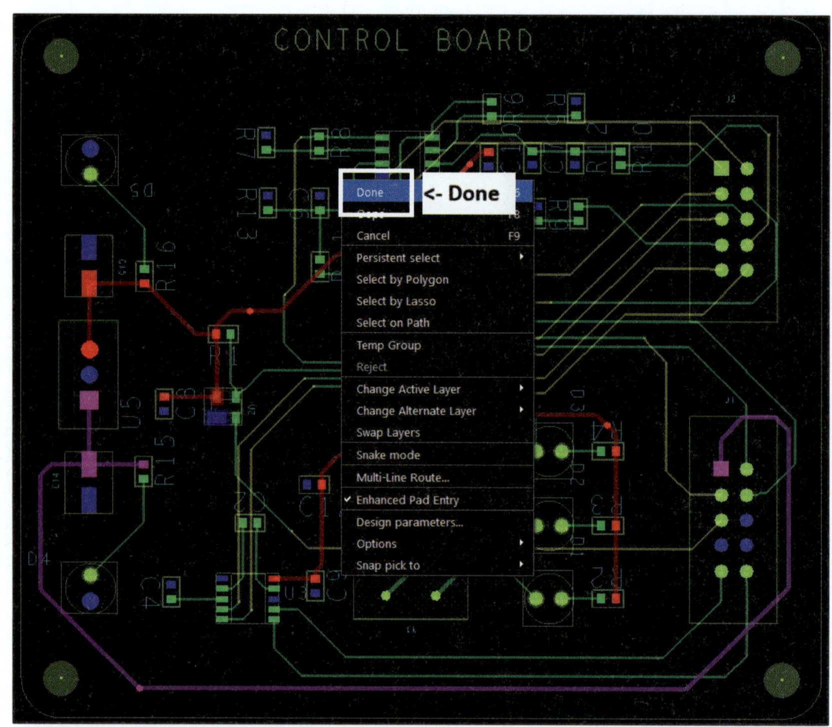

⑦ 배선이 모두 끝나면 마우스 우측 버튼을 클릭한 후 Done 을 클릭한다.

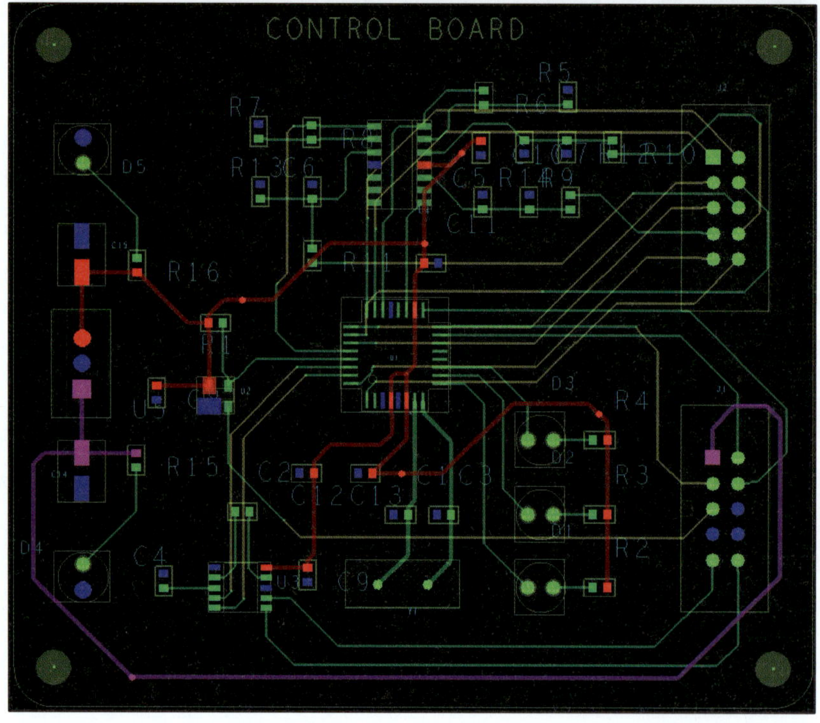

⑧ 배선작업 완료

3) Reference 정리

(1) Reference를 같은 방향으로 회전시키기

① Menu → Edit → Spin

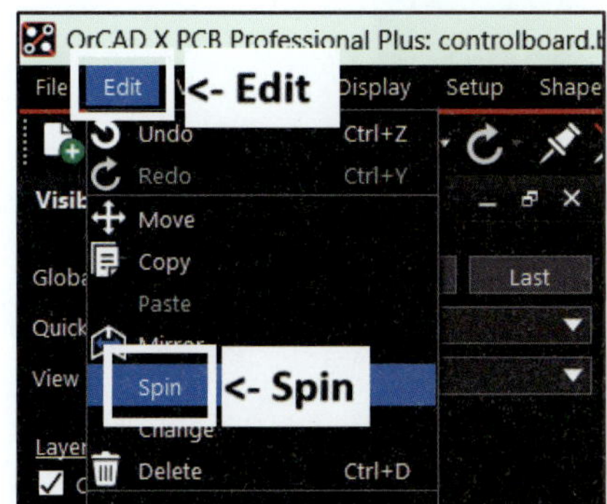

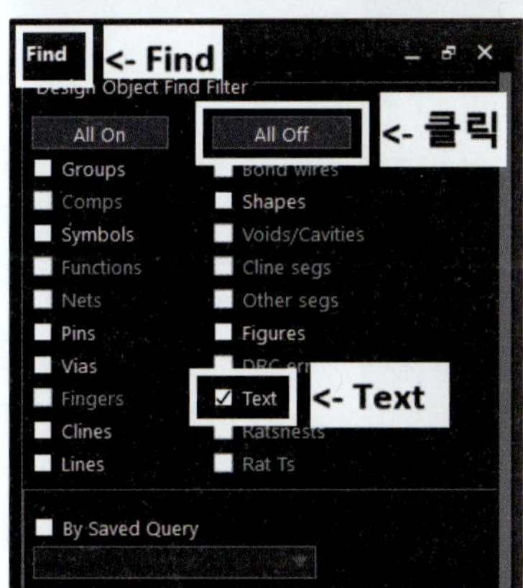

② Find 탭으로 이동한다.

③ All Off를 클릭한다.

④ Text를 체크한다.

※ Text 이외의 다른 요소가 체크되어 있으면 그 요소도 같이 Rotate된다.

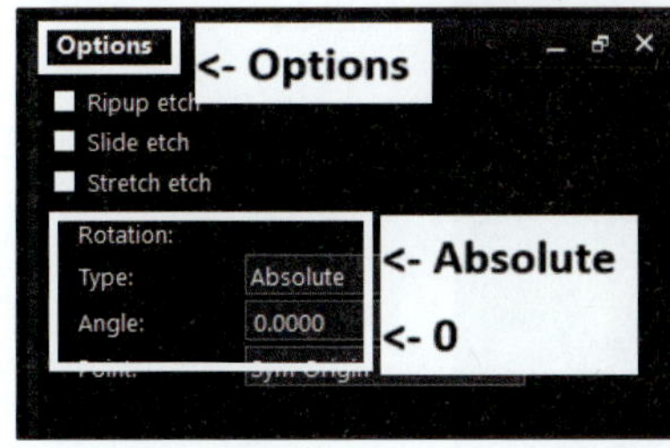

⑤ Options 탭으로 이동한다.

⑥ Type : Absolute

⑦ Angle : 0

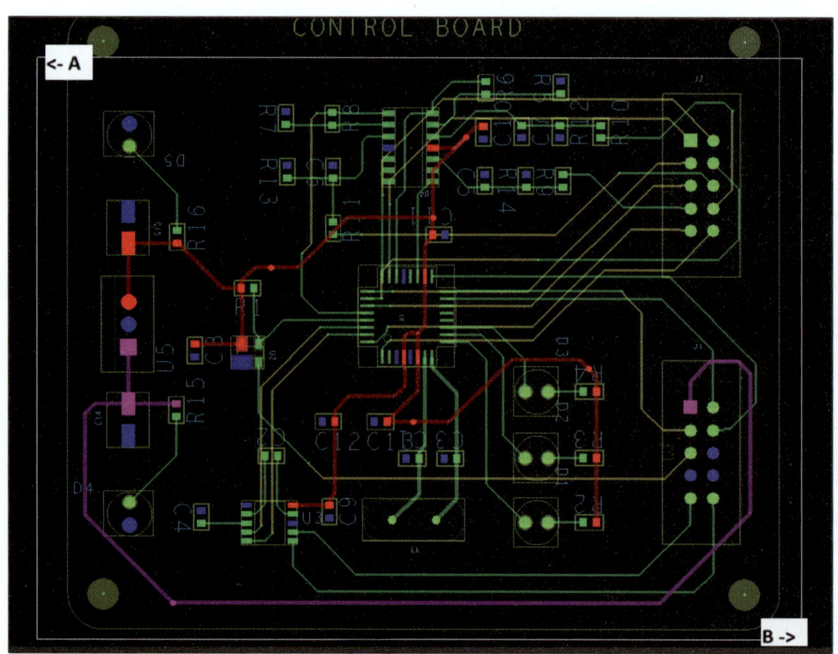

⑧ A를 클릭한 상태에서 B까지
드래그한다.

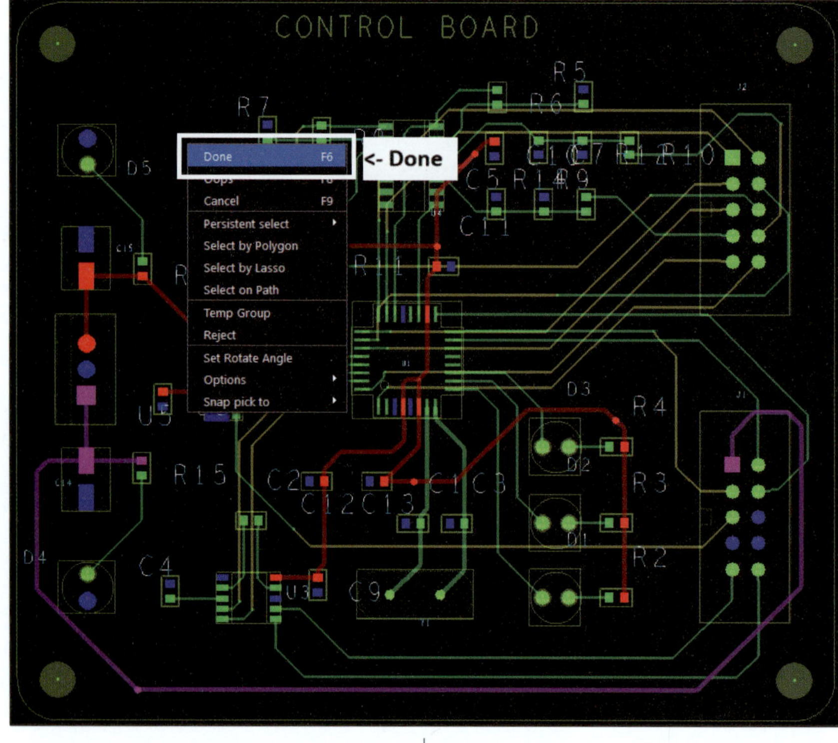

⑨ Reference 회전이 완료되면
마우스 우측 버튼을 클릭한
후 Done을 클릭한다.

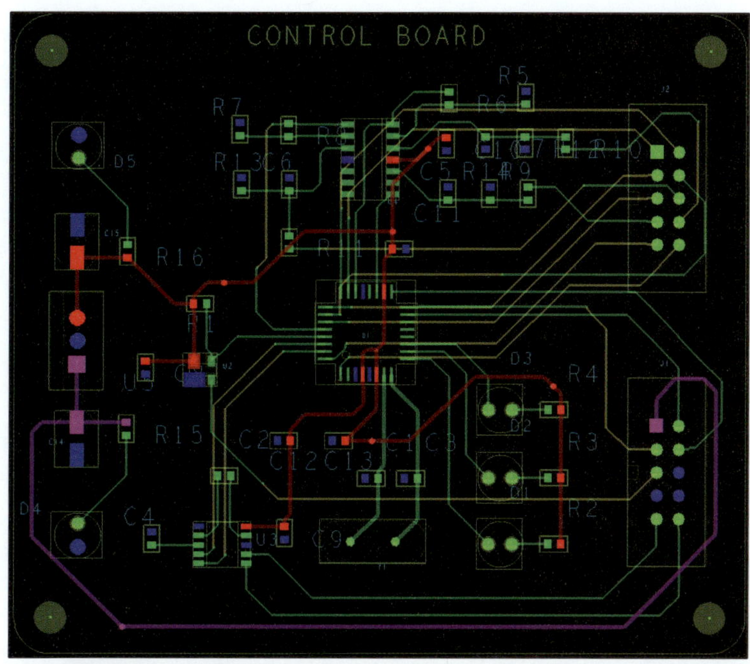

(2) Reference 크기 조정

① Menu → Edit → Change

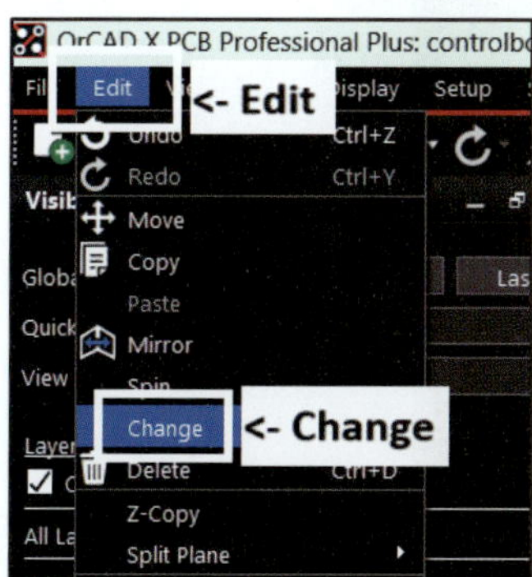

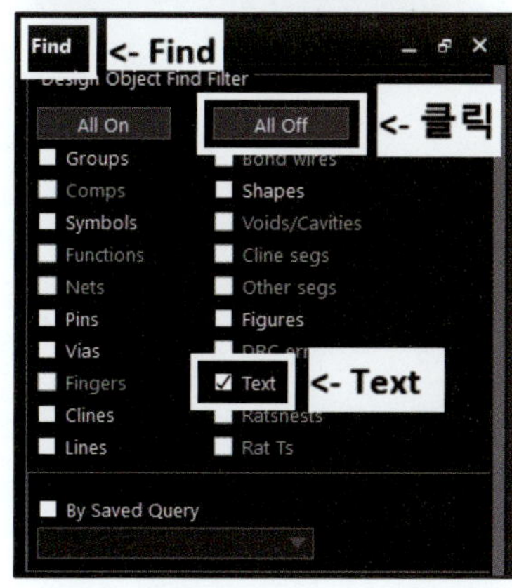

② Find 탭으로 이동한다.
③ All Off를 클릭한다.
④ Text를 체크한다.

※ Text 이외의 다른 요소가 체크되어 있으면 그 요소도 같이 Change된다.

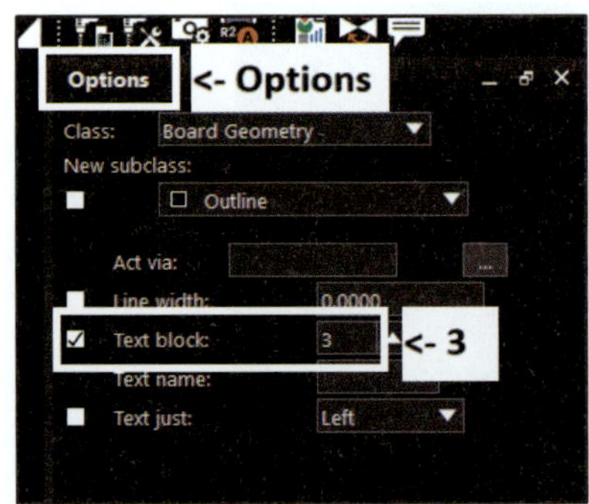

⑤ Options 탭으로 이동한다.

⑥ Text block을 3으로 설정한다(Text block은 2나 3이 적당하다).

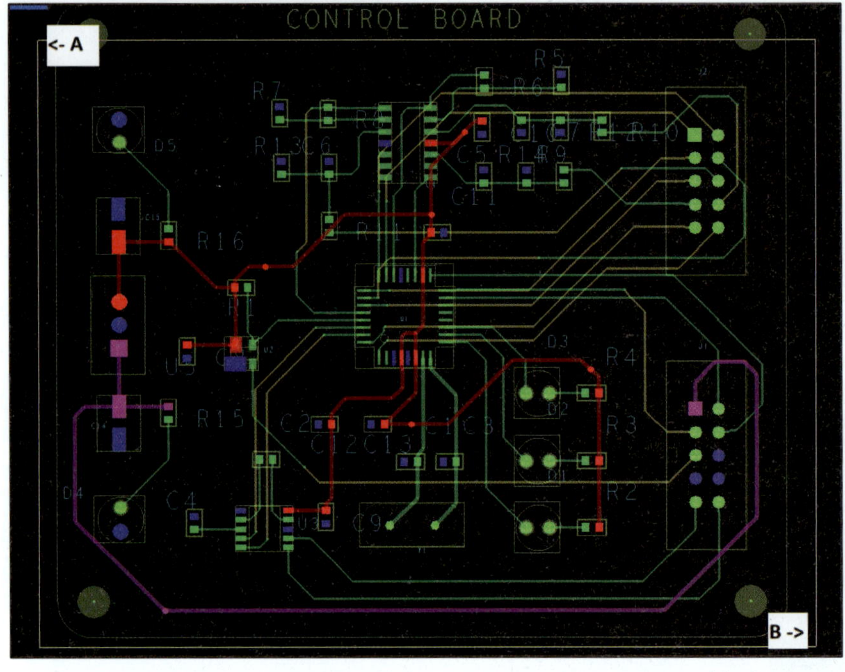

⑦ A를 클릭한 상태에서 B까지 드래그한다.

※ Board 상단에 작성된 CONTROL BOARD가 선택되면 block 3의 크기로 변하므로, 선택되지 않도록 주의해야 한다.

⑧ Reference 크기 변환이 완료되면 마우스 우측 버튼을 클릭한 후 Done 을 클릭한다.

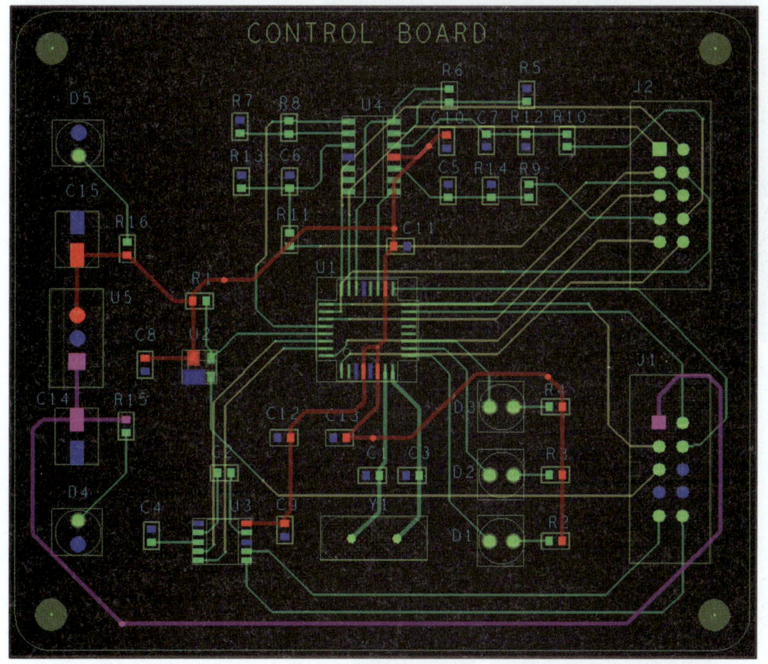

(3) Reference 위치 변경

① Reference를 클릭한 상태에서 위치를 변경한다.

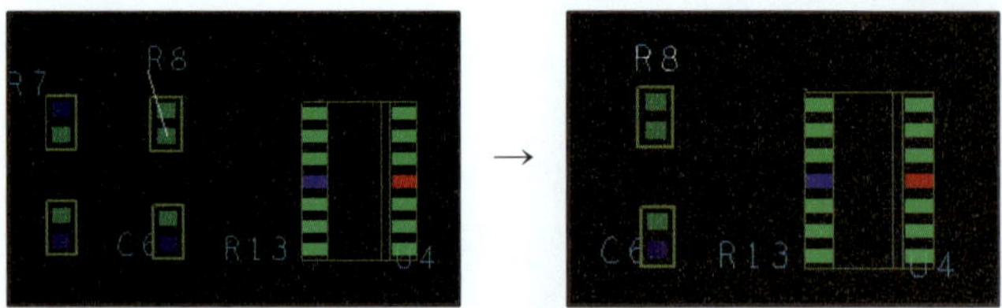

② 다음과 같이 Net와 PAD가 겹치지 않게 정리한다.

※ Reference와 PAD가 겹치면 실격되므로 주의해야 한다.

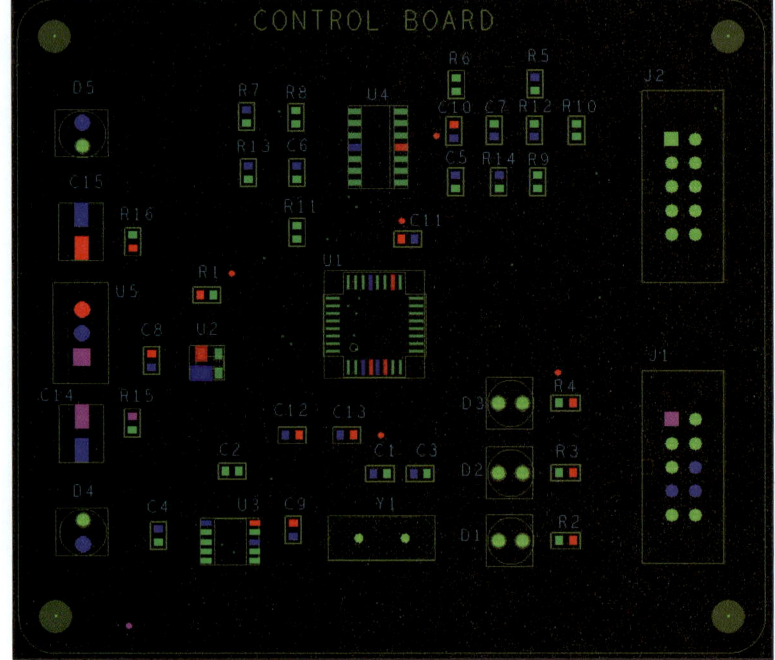

※ Visibility에서 Etch의 체크를 해제하면 위 그림과 같이 배선은 보이지 않는다.

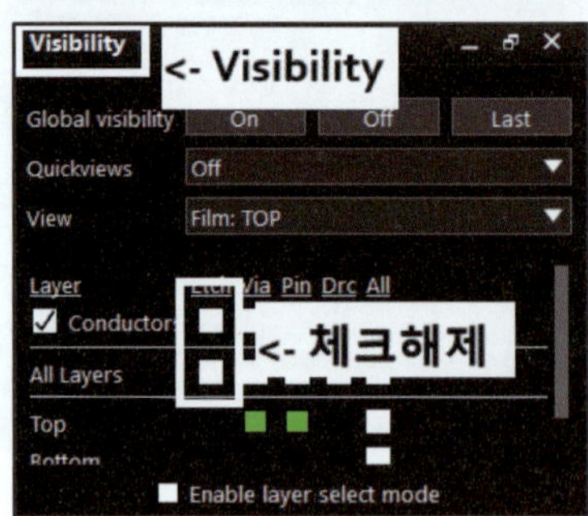

4) 카퍼(Copper Pour) 설정

<table>
<tr><td align="center">[공개문제 요구사항]</td></tr>
</table>

9) 카퍼(Copper Pour) 설정
  (가) 보드의 카퍼 설정은 Bottom Layer에만 GND 속성의 카퍼 처리를 하되, 보드 외곽으로부터 0.1mm 이격을 두고 실시하며,
       모든 네트와 카퍼의 이격거리(Clearance)는 0.5mm, 단열판과 GND 네트 사이 연결선의 두께는 0.5mm로 설정한다.

① Menu → Shape → Rectangular 또는 (Shape Add Rect)

② Options 탭으로 이동한다.

③ Active Class and Subclass를 Etch, Bottom으로 설정한다.

④ Assign net name의 을 클릭한다.

⑤ Select a net : Gnd → OK

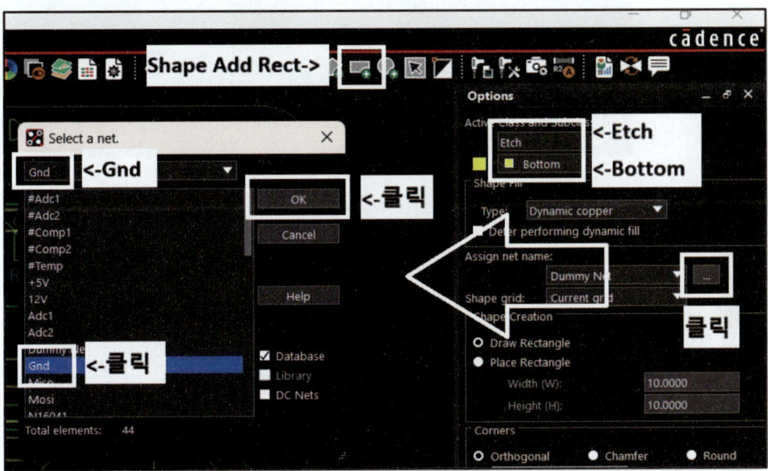

⑥ Corners : Round 체크

⑦ Trim : 4

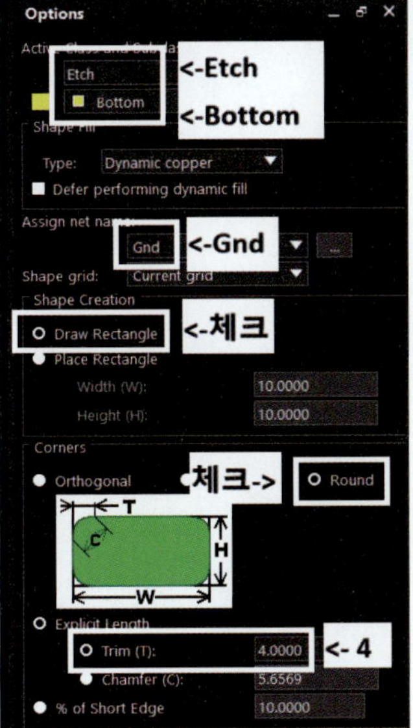

⑧ 커서를 Command 창으로 이동하고, 시작 좌표 'x 0.1 0.1'을 입력한다.

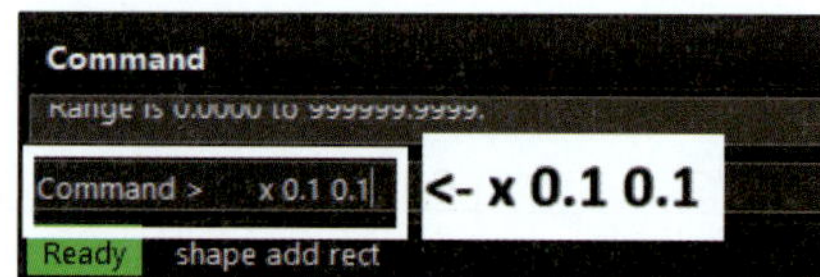

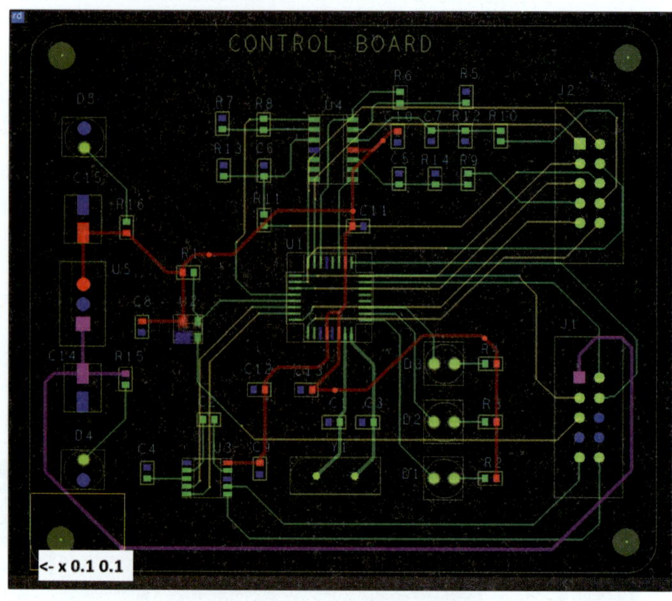

⑨ 커서를 Command 창으로 이동하고, 'x 79.9 69.9'를 입력한다.

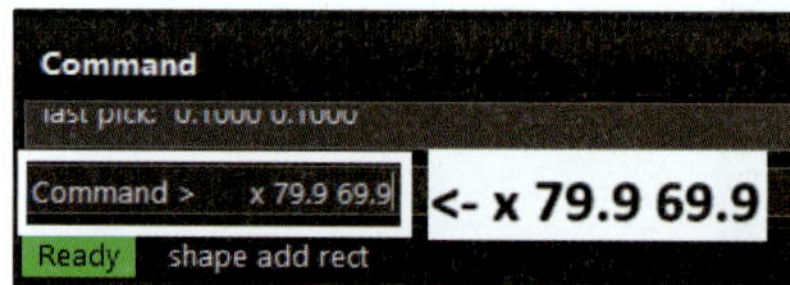

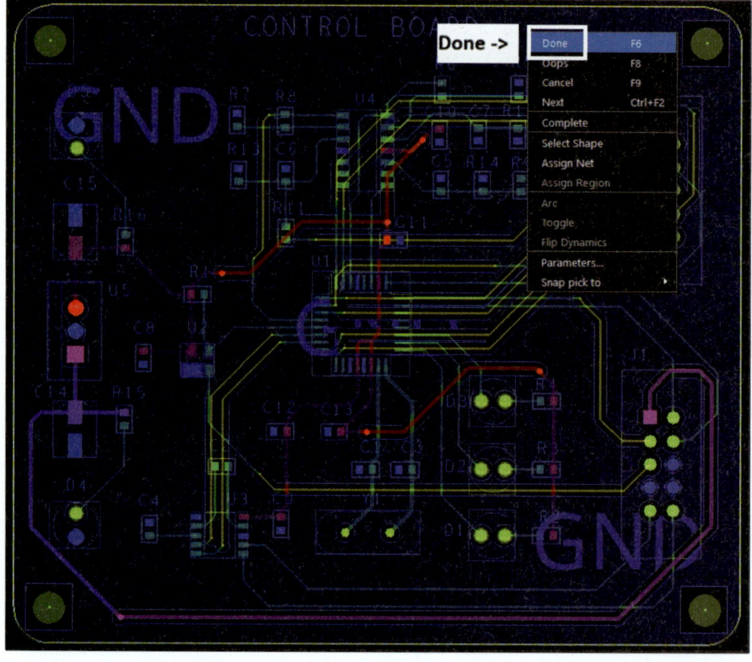

⑩ 카퍼가 씌워지면 마우스 우측 버튼을
   클릭한 후 Done을 클릭한다.

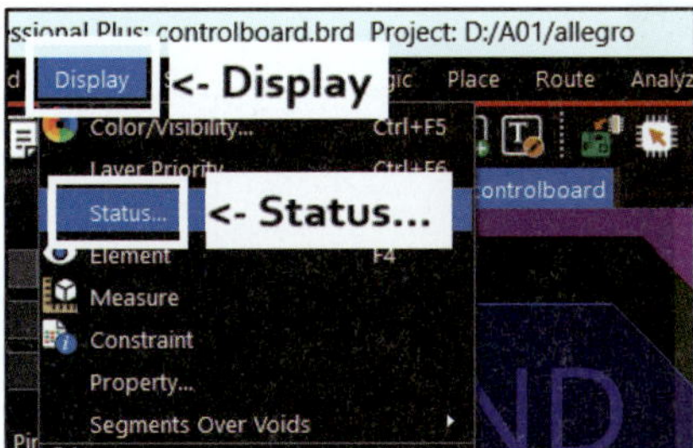

⑪ Menu → Display → Status…

⑫ Unrouted connections 앞에 있는 █ 을 클릭하면 연결되지 않은 네트 이름과 해당 부분의 좌표가 나온다.

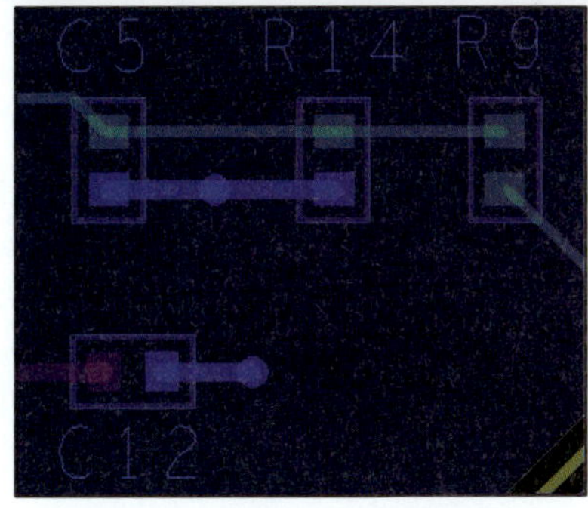

⑬ 카퍼가 BOTTOM Layer에 씌워져 있으므로 TOP Layer에서 GND와 연결되는 SMD PAD는 카퍼와 연결되지 않는다. 다음과 같이 PAD에서 선을 조금 뺀 후 VIA를 이용하여 BOTTOM Layer의 카퍼와 연결한다.

⑭ Isolated shapes 9개가 발생한다.

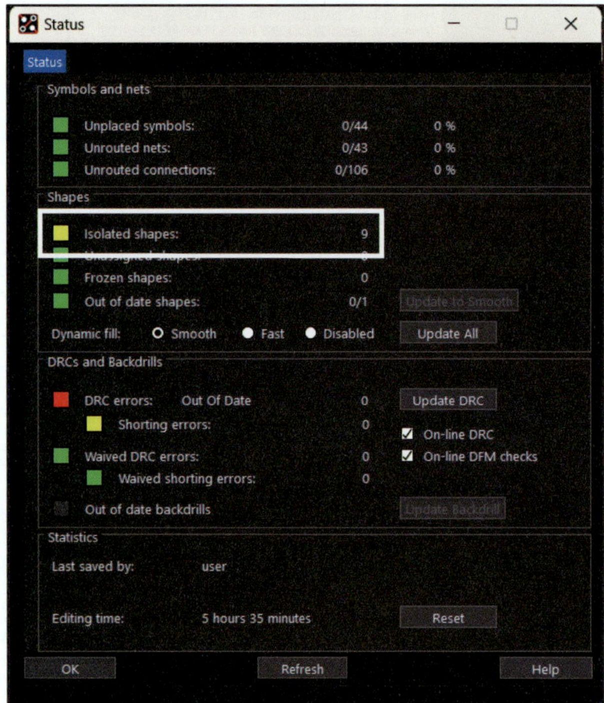

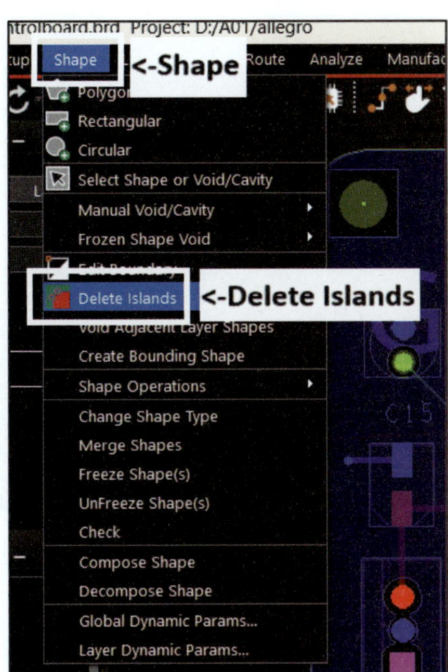

⑮ Menu → Shape → Delete Islands

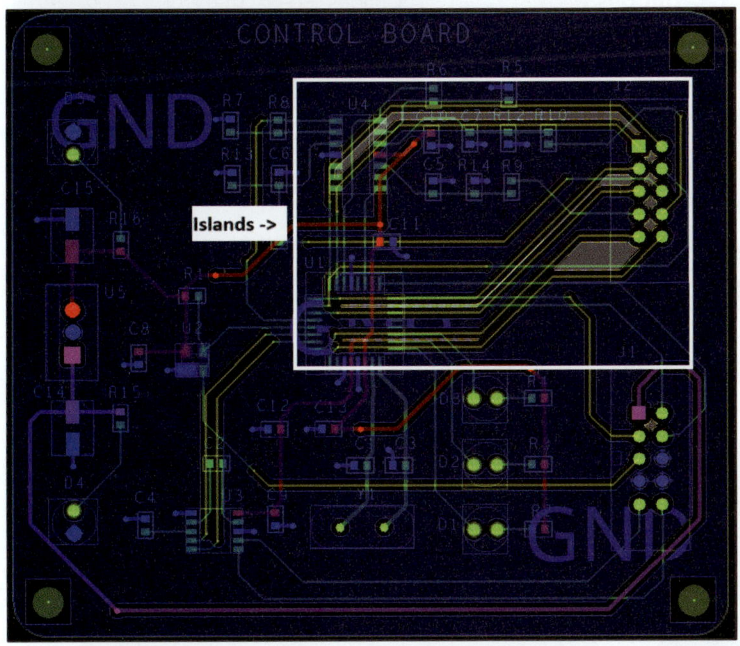

⑯ Island가 회색으로 표시된다.

※ Island : 네트와 연결되어 있지 않은 카퍼 영역

⑰ Board 전체를 드래그하거나 Isoland
를 개별적으로 클릭하여 제거한다.

⑱ Isoland가 모두 제거되면 마우스 우측
버튼을 누른 후 Done을 클릭한다.

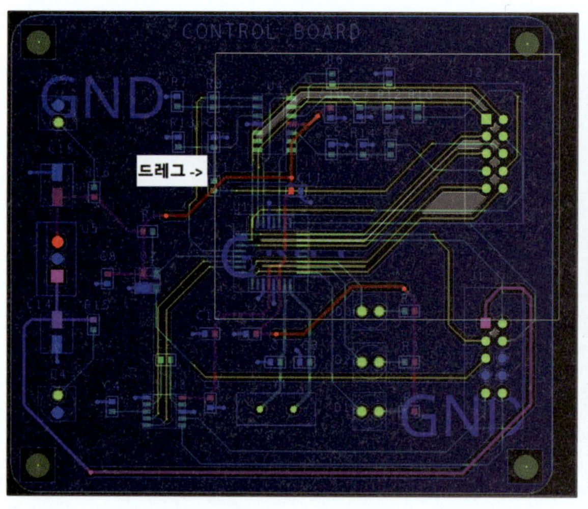

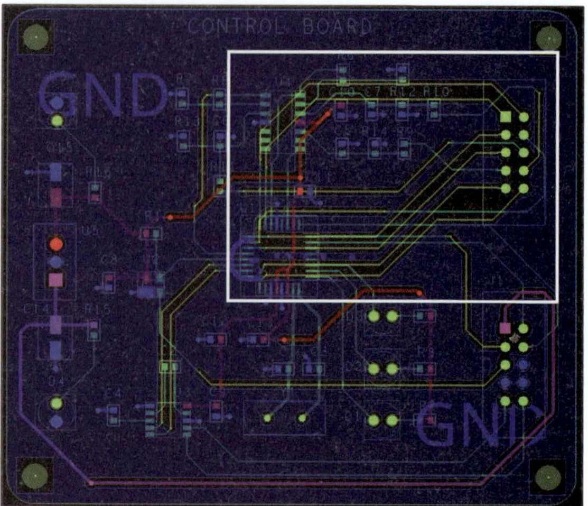

Z-Copy를 이용하여 카퍼 씌우기

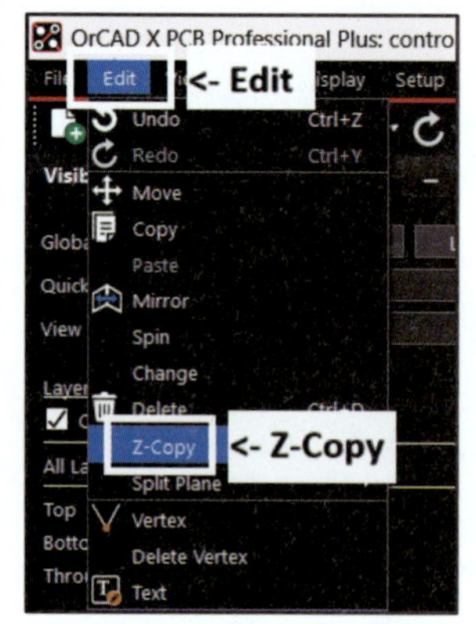

→

① Menu → Shape → Z-Copy
② Options 탭으로 이동한다.
- Copy to Class/Subclass
  → ROUTE KEEPIN → ALL
- Size : Contract
- Offset : 0.1

※ ROUTE KEEPIN : 해당 영역 안쪽에서만 배선이 가능하게 하는 기능

③ A를 클릭한 상태에서 B까지 드래그한다.

④ Board Outline 안쪽에 새로운 Outline이 생성된다.

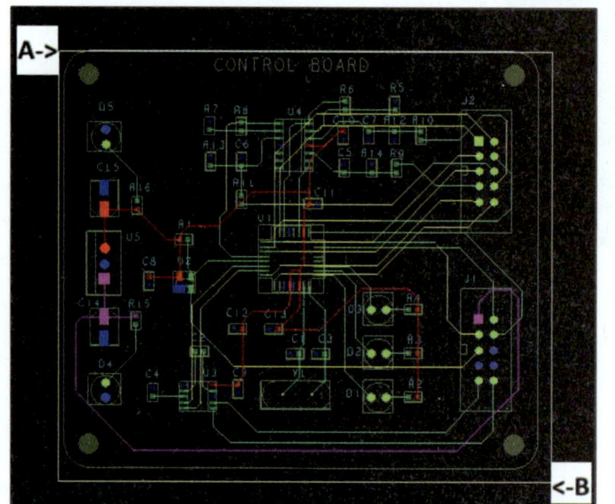

→

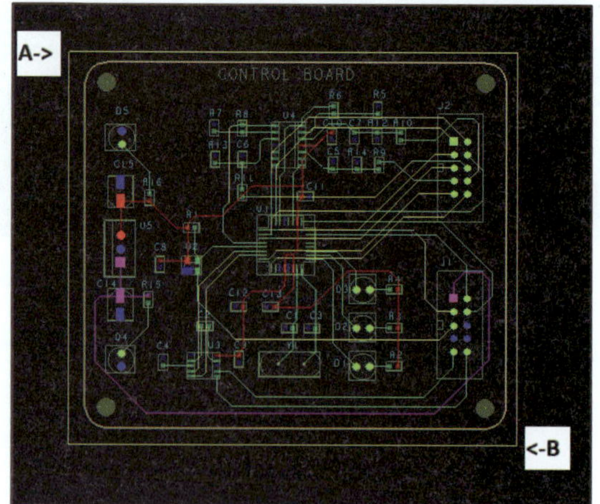

⑤ Board Outline 부분을 확대하면 다음과 같이 두 개의 Outline이 생성되어 있는 것을 확인할 수 있다.

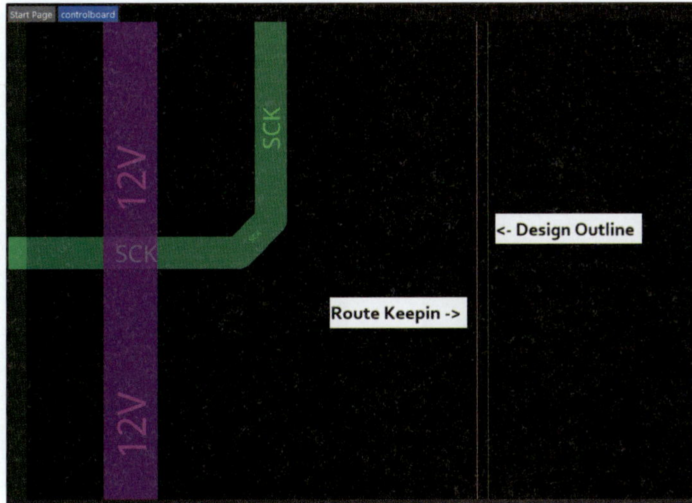

⑥ Menu → Shape → Rectangular 또는 (Shape Add Rect)

⑦ Options 탭으로 이동한다.

⑧ Active Class and Subclass를 Etch, Bottom으로 설정한다.

⑨ Assign net name의 을 클릭한다.

⑩ Select a net : Gnd → OK

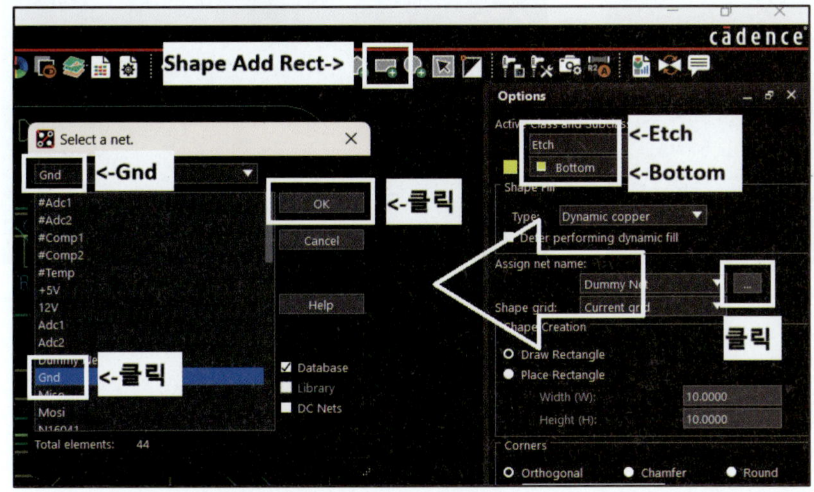

⑪ A를 클릭한 상태에서 B까지 드래그하면 다음과 같이 카퍼가 씌워진다.

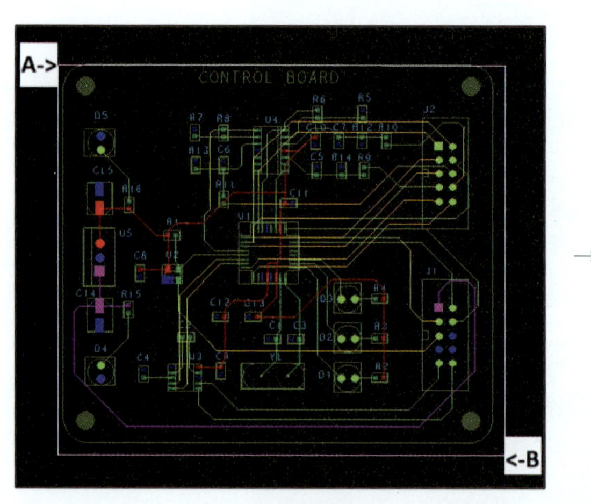
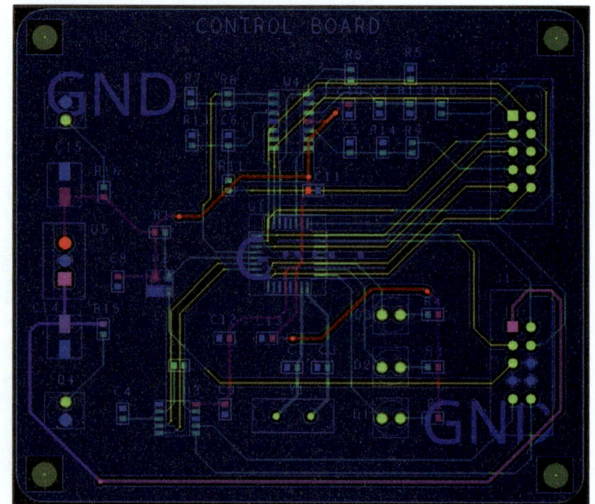

⑫ 카퍼가 씌워지면 마우스 우측 버튼을 클릭한 후 Done을 클릭한다.

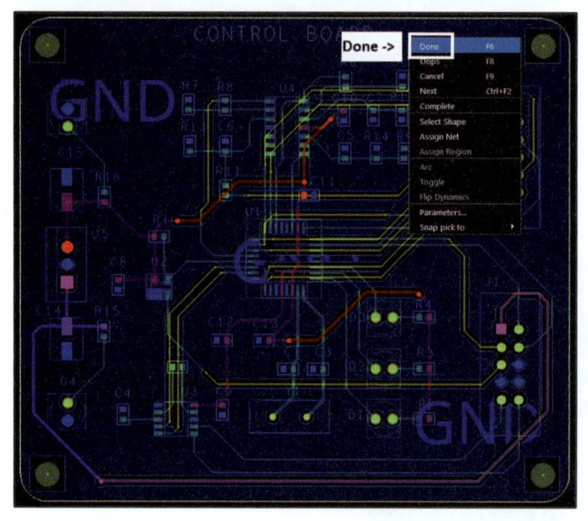

ROUTE KEEPIN을 이용하여 카퍼를 씌울 때 다음과 같이 배선이 ROUTE KEEPIN 영역을 벗어나게 되는 경우 에러가 발생하므로 주의해야 한다.

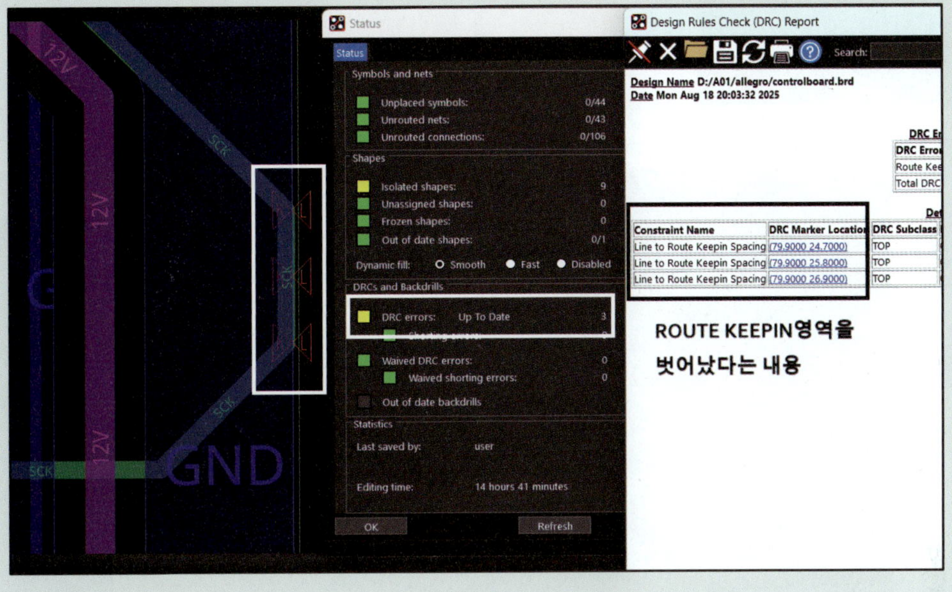

5) Dimension(치수보조선)

① Menu → Setup → Grids...

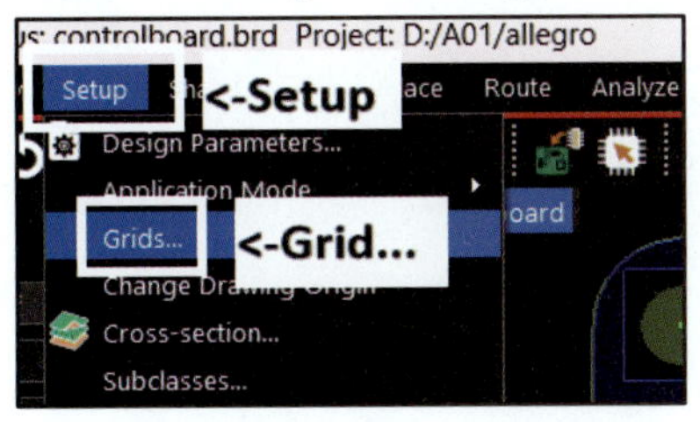

② Non-Etch와 All Etch를 모두 1로 설정한다.

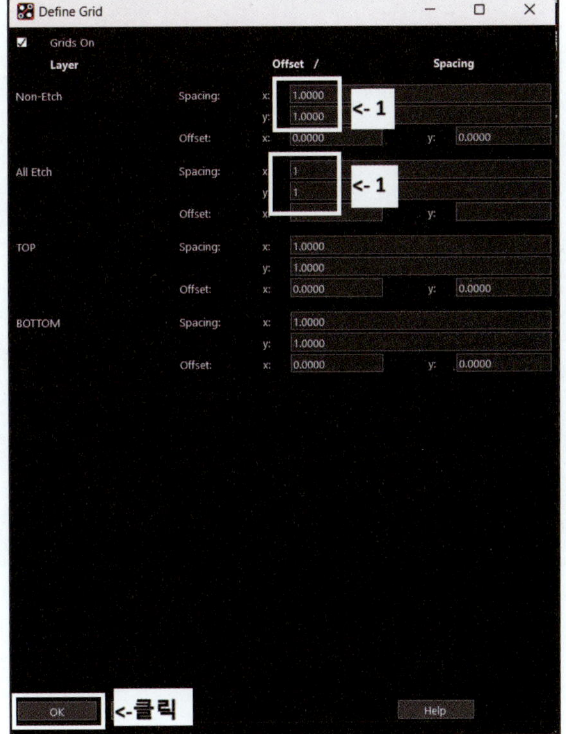

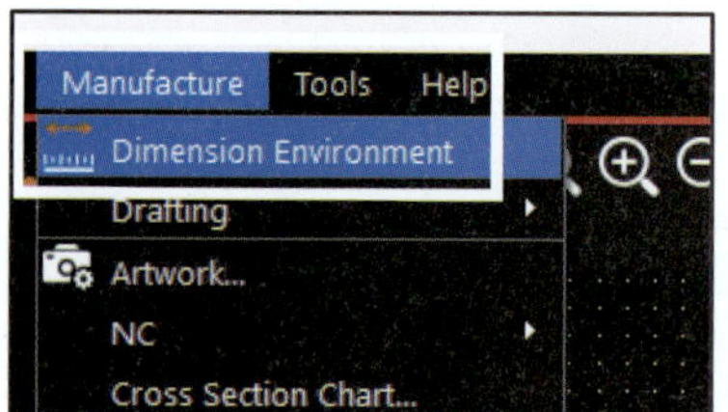

③ Menu → Manufacture → Dimension Environment

④ 커서를 작업창으로 이동하고, 마우스 우측 버튼을 클릭한 후 Parameters를 선택한다.

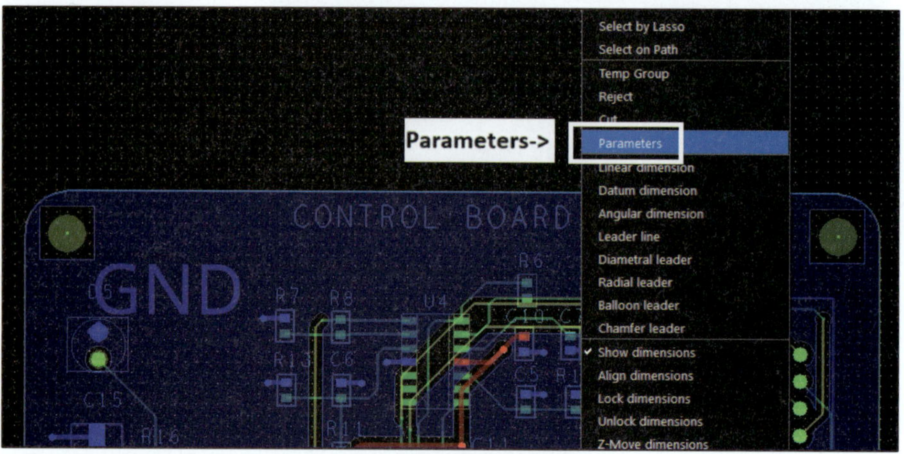

⑤ Units가 Milimeters인지 확인한다.

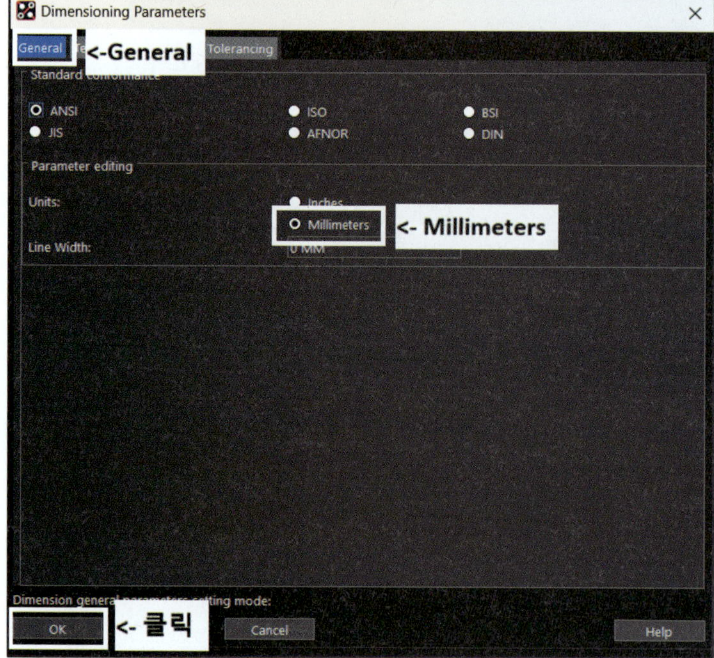

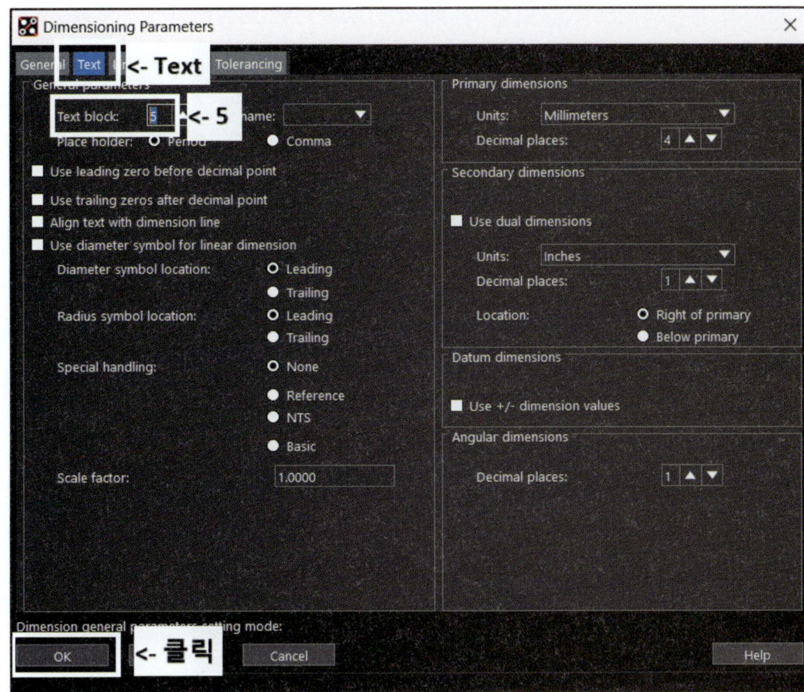

⑥ Text 탭

- Text block : 5 또는 6
- Apply를 클릭한다.

⑦ 다시 커서를 작업창으로 이동하고, 마우스 우측 버튼을 클릭한 후 Linear dimension을 선택한다.

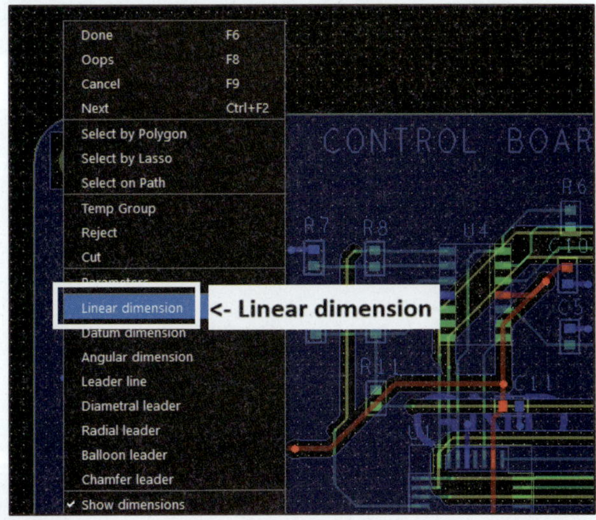

⑧ Options 탭으로 이동한다.

⑨ Active Class and Subclass를 Board Geometry, Dimension으로 설정한다.

⑩ Text에 '%v.0mm'를 입력한다.

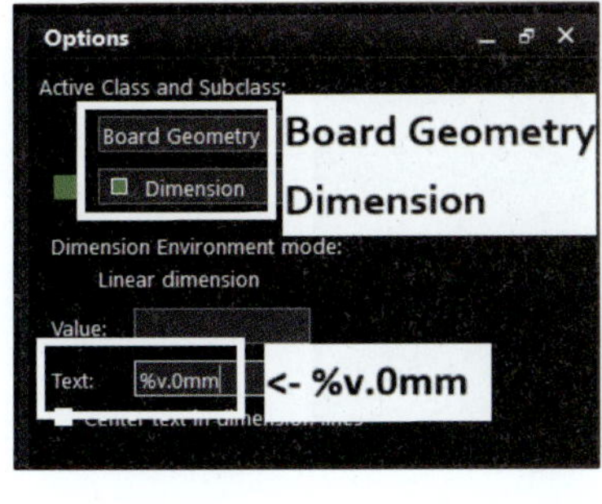

⑪ Board 상단의 좌측과 우측 모서리 부분의 dot를 클릭한 후 커서를 위쪽으로 이동한다.

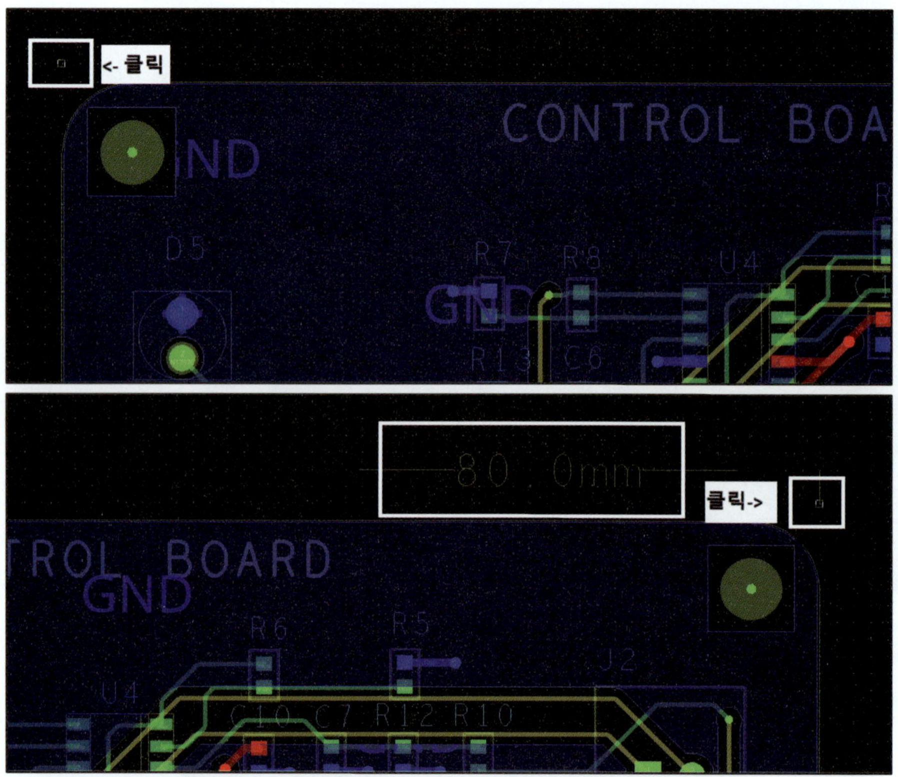

⑫ 적당한 위치로 이동시킨 후 클릭한다.

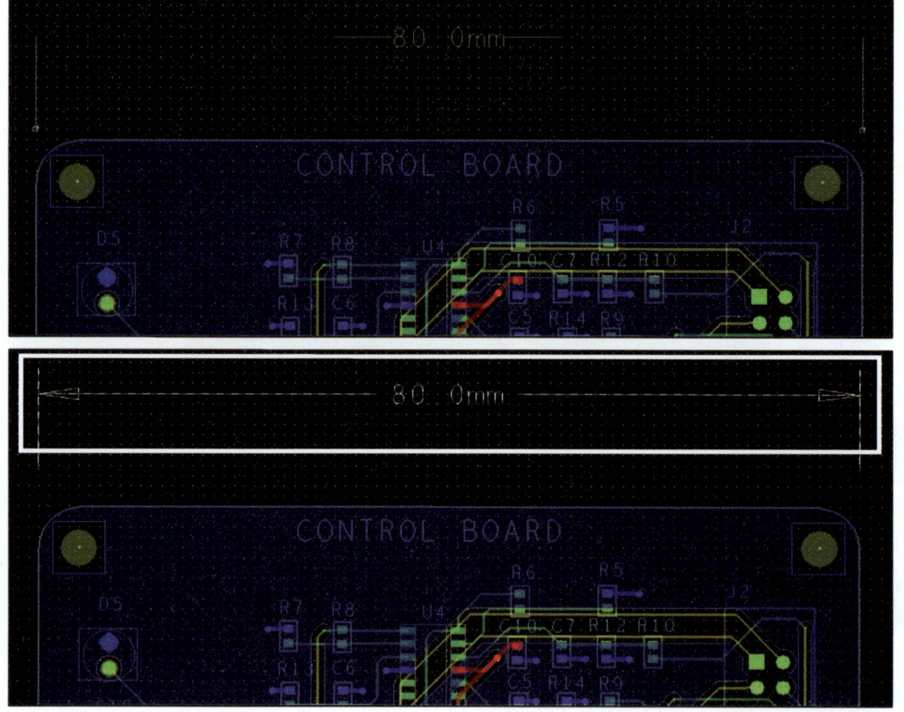

⑬ Dimension 작업이 끝나면 마우스 우측 버튼을 클릭한 후 Done을 선택한다.

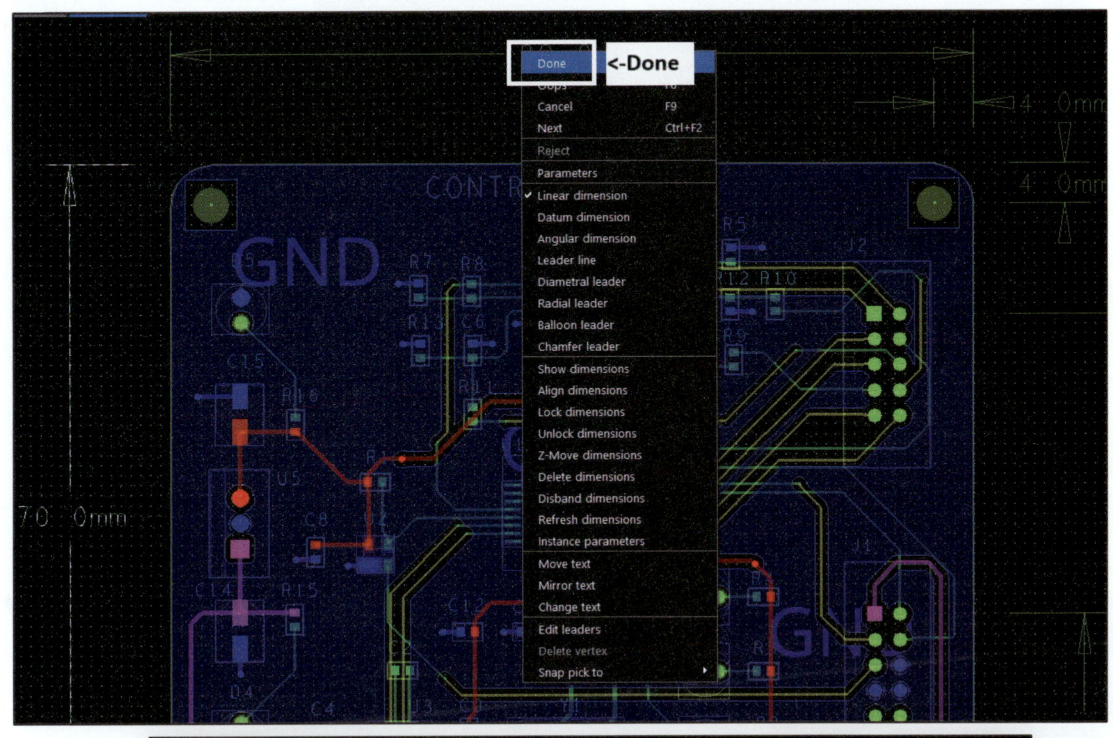

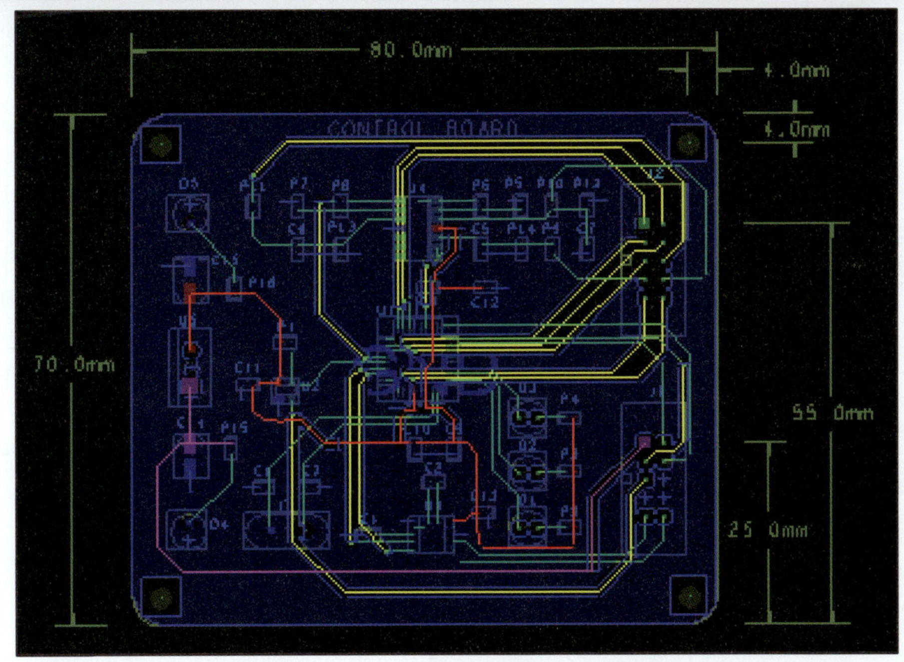

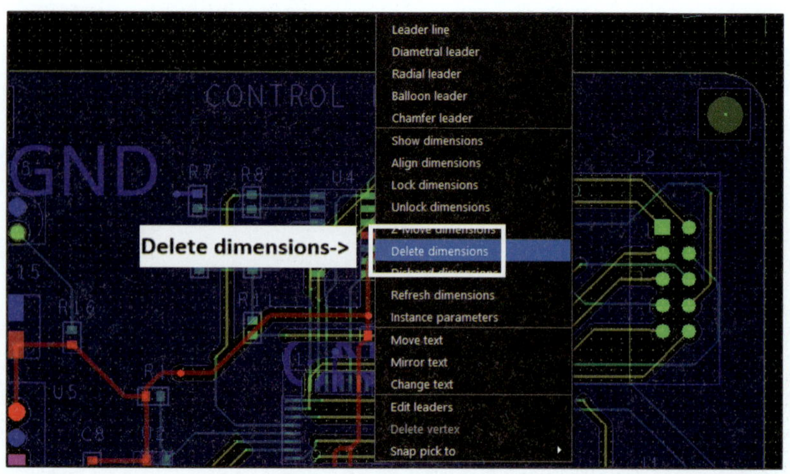

⑭ Dimension 삭제 시 Delete dimensions을 클릭한 후 삭제할 Dimension을 클릭한다.

6 Design Rule Check

1) DRC 실행

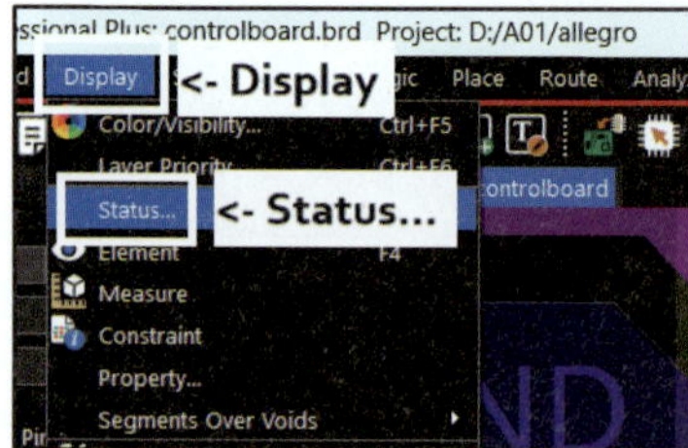

① Menu → Display → Status…

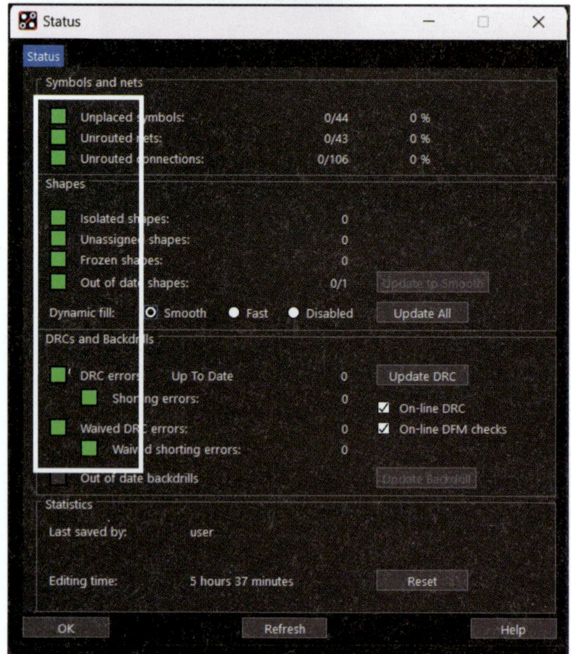

② Design Status
- Unplaced symbols : 배치되지 않은 symbol 수
- Unplaced nets : 연결되지 않은 Net 수
- Unplaced connections : 연결되지 않은 핀 수
- Isolated shapes : Net와 연결되지 않은 카퍼 수
- Unassigned shapes : Net 이름이 없는 카퍼 수
- Out of date shapes : 이격거리가 계산되지 않은 카퍼 수(Update to Smooth 클릭 시 제거)
- DRC errors Up To Date : 에러 수('0'인데 녹색이 아닐 경우 Update DRC 클릭)

※ 위의 화면은 반드시 감독관에게 확인받아야 한다.

2) DRC 에러 내역 확인

① 노란색 버튼을 클릭하면 DRC Report가 생성된다.

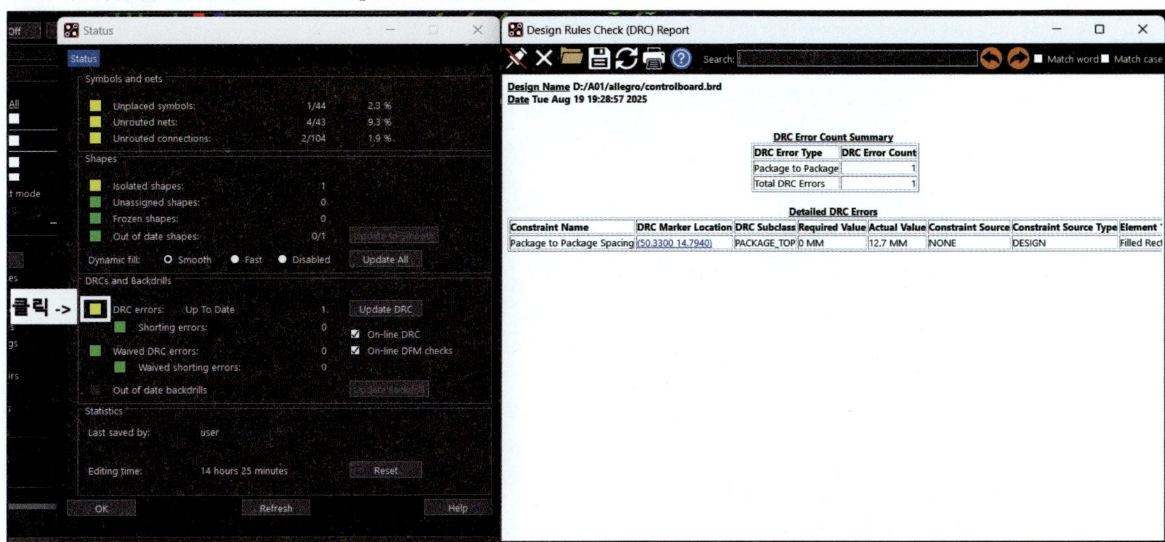

② DRC Report를 전체 화면으로 하여 에러 내용, 위치 에러와 관련된 요소들을 확인하고 에러를 수정한다.

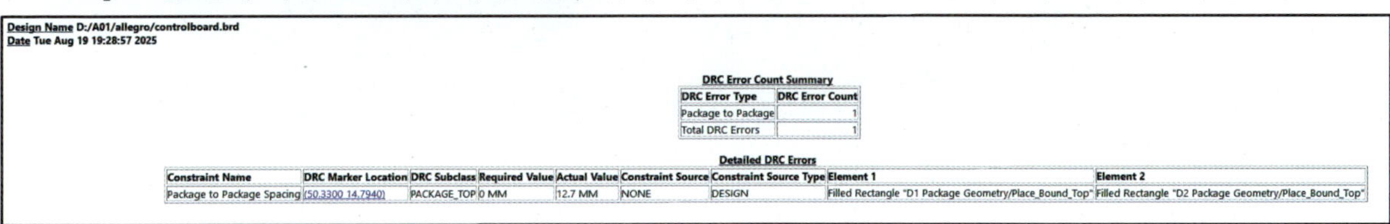

Tip

■ 아래와 같은 에러가 발생했을 때는 다음과 같이 해 본다.

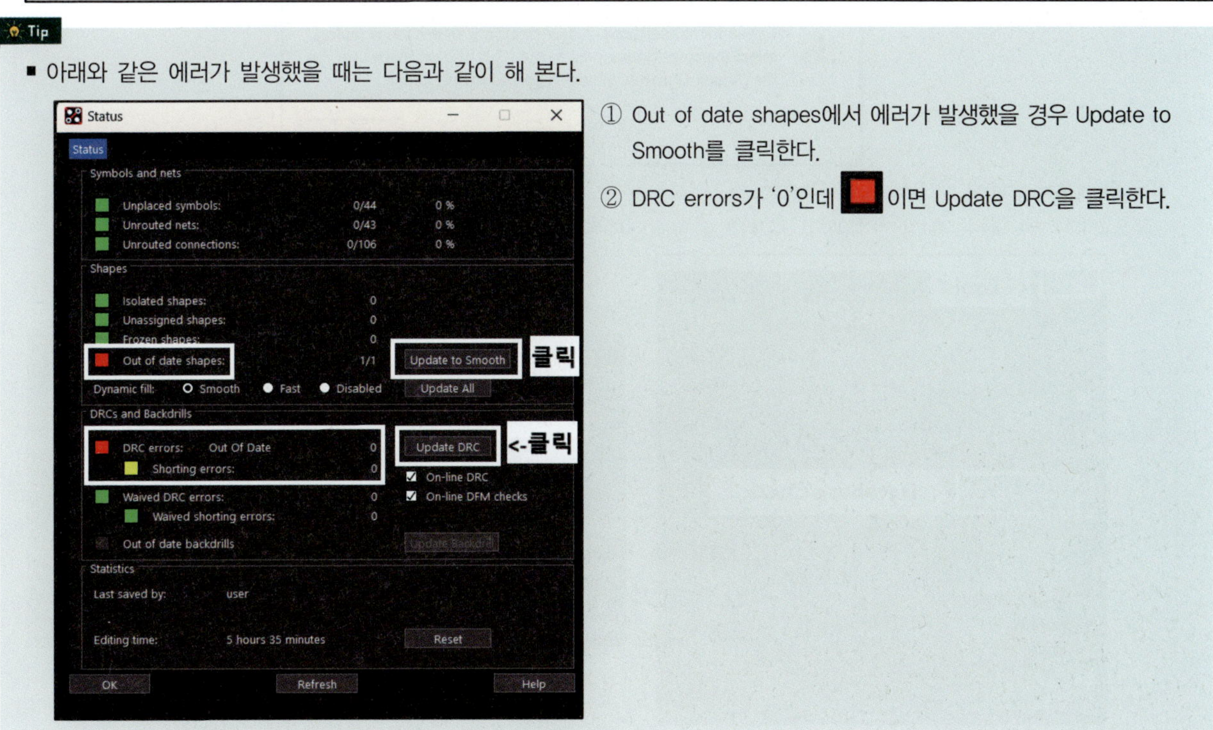

① Out of date shapes에서 에러가 발생했을 경우 Update to Smooth를 클릭한다.

② DRC errors가 '0'인데 ■ 이면 Update DRC을 클릭한다.

③ Update to Smooth를 클릭해도 에러가 수정되지 않을 경우 : Menu → Manufacture → Artwork 또는 (Artwork) →
Dynamic shapes need updating

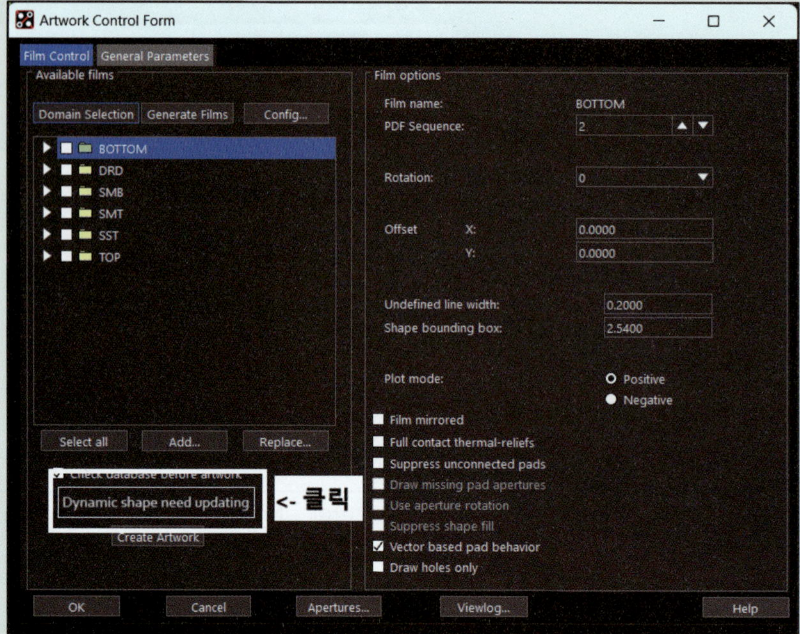
■ 아래와 같은 에러의 경우에는 다음과 같이 해 본다.

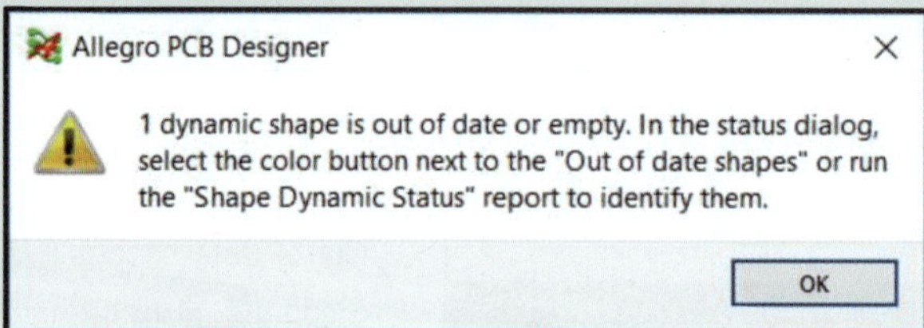

① Menu → Check → Database Check…
② Update all DRC(including Batch), Check shape outlines 체크 → Check

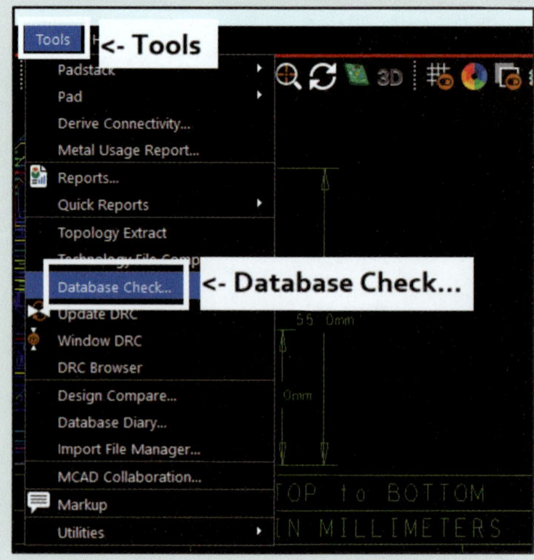
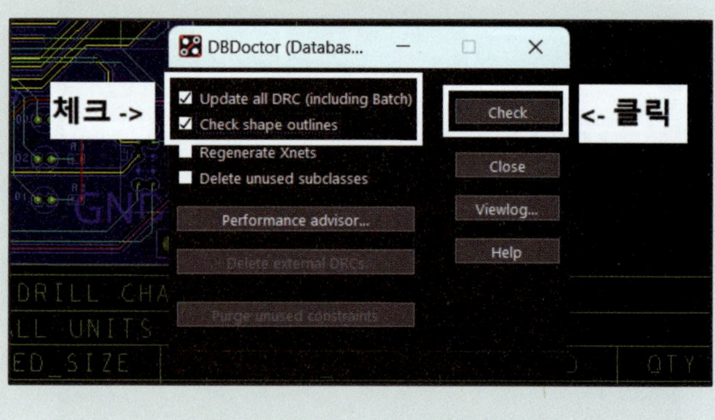

7 NC

1) Drill Customization

드릴 홀의 심벌을 자동으로 설정해 주는 기능이다.

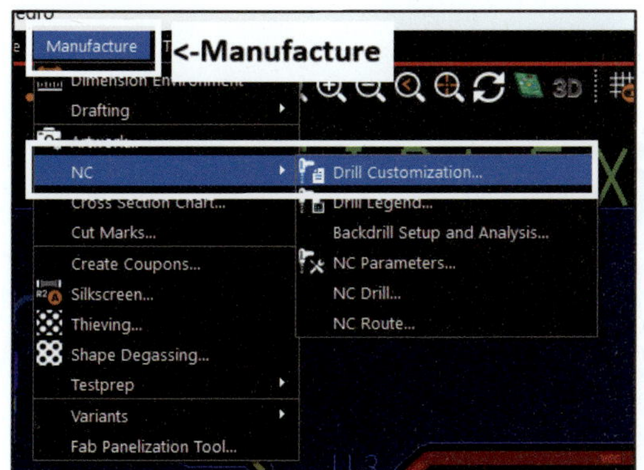

① Menu → Manufacture → NC → Drill Customization...

② Auto generate symbols → Yes

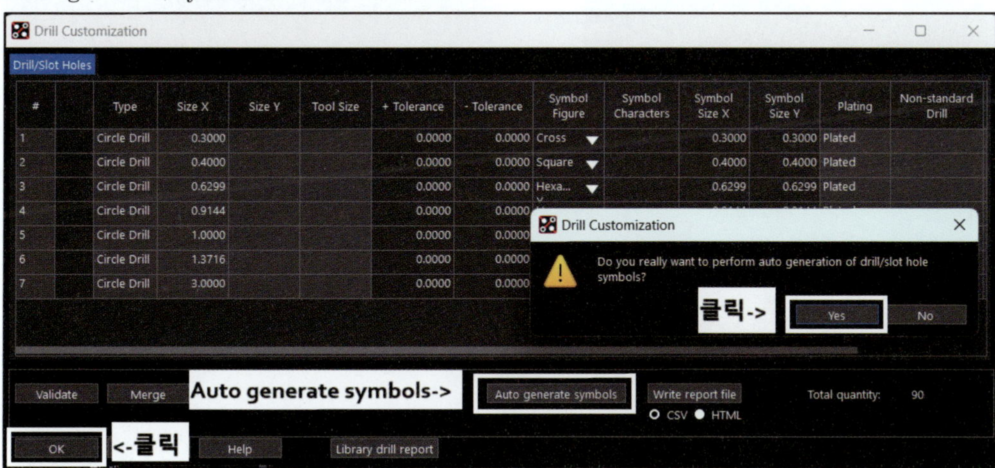

③ Drill Symbol 자동 설정(기구 홀 size : 3.0 확인)

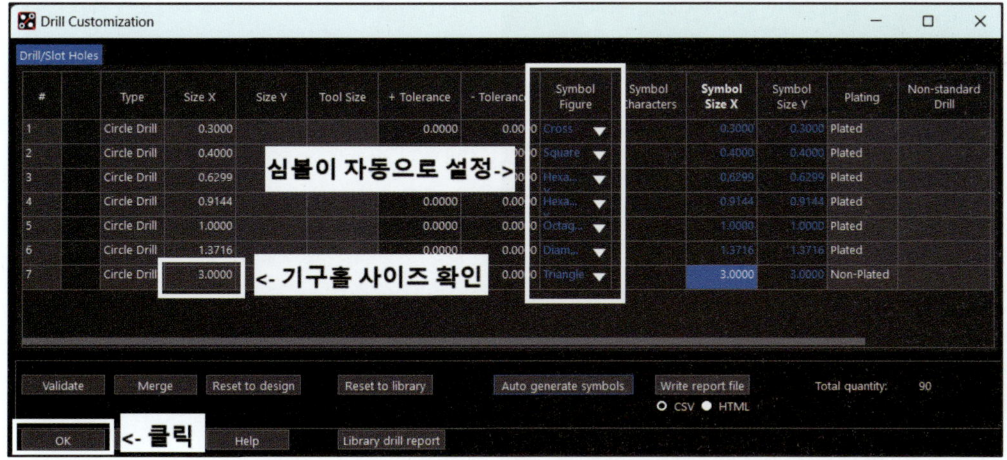

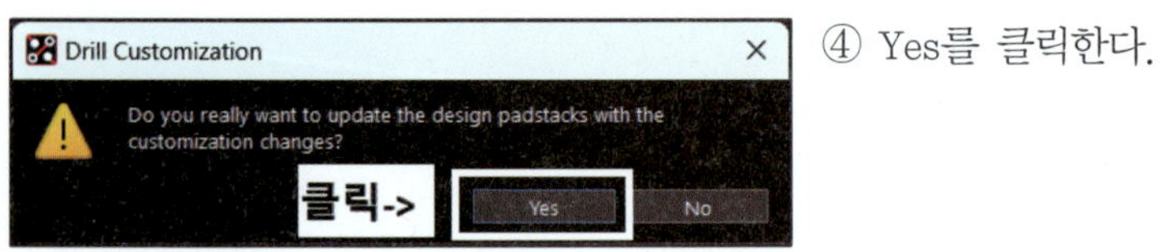
④ Yes를 클릭한다.

2) Drill Legend

드릴 차트를 생성해 주는 기능이다.

① Menu → Manufacture → NC → Drill Legend... 또는 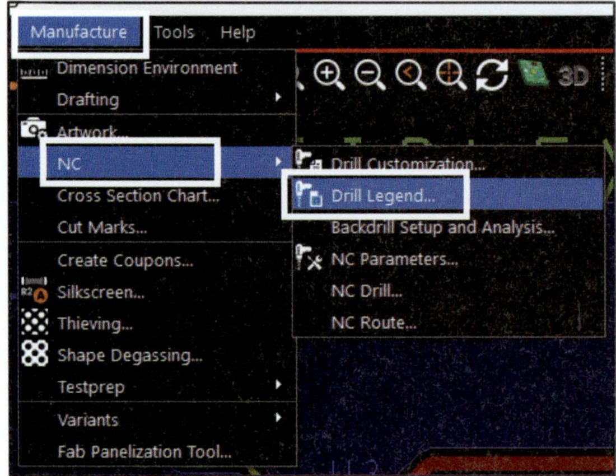(Drill Legend)

② OK를 클릭한다.

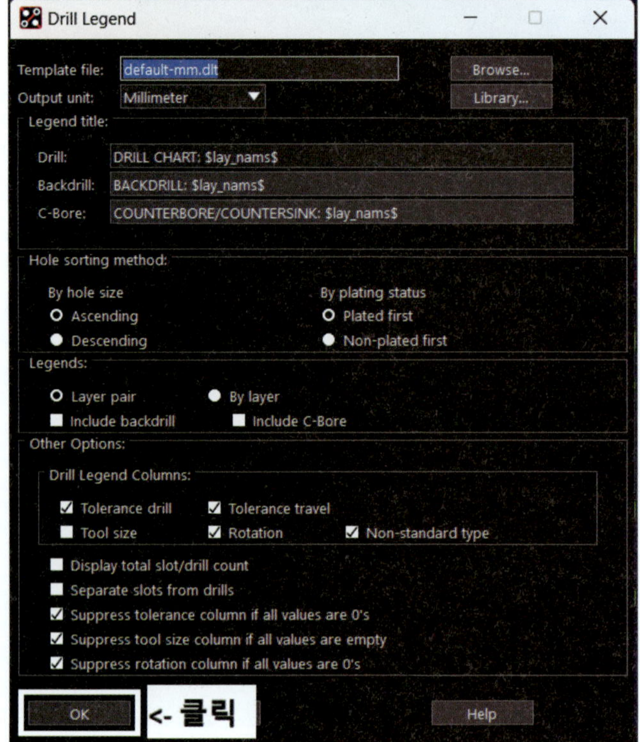

③ Board Outline과 겹치지 않게 아래쪽에 배치한다(기구 홀 size : 3.0 확인).

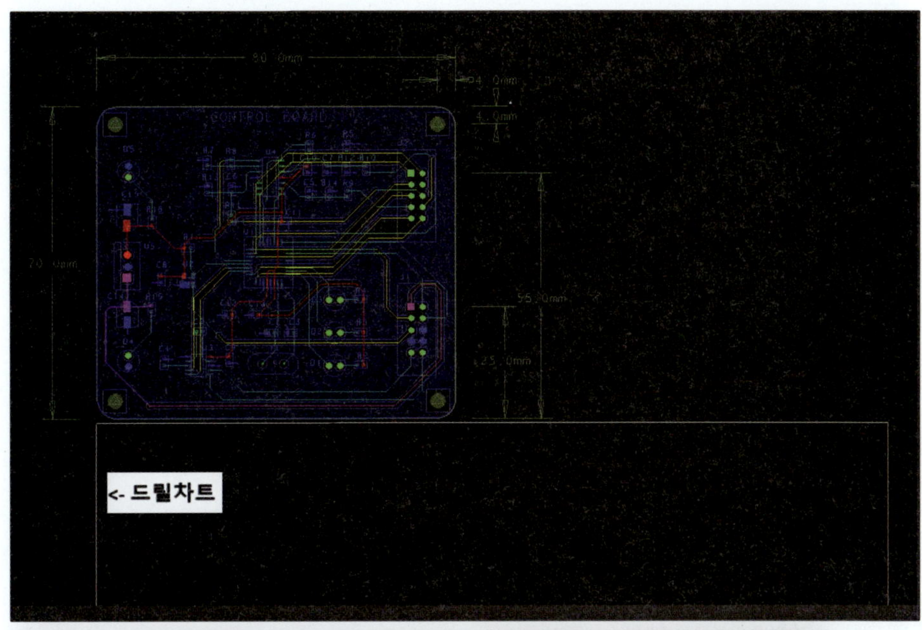

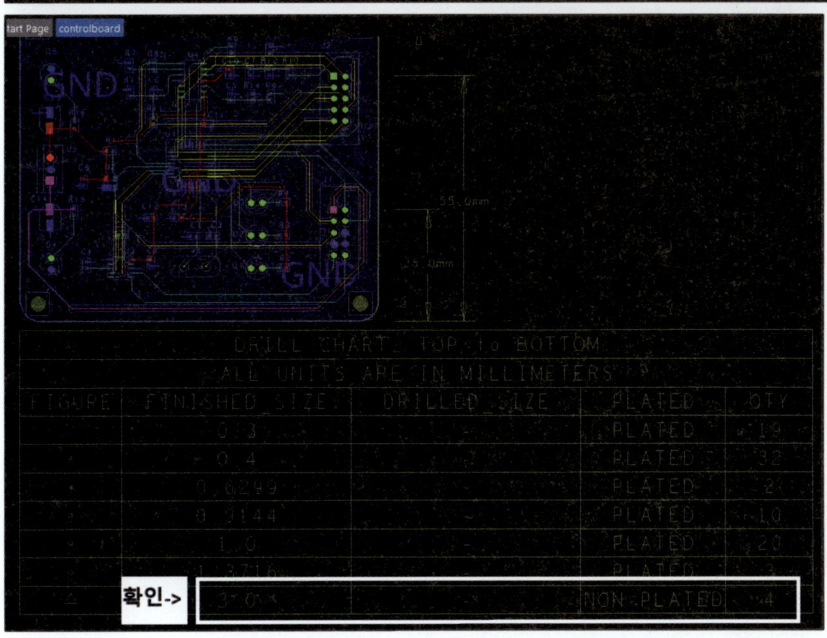

3) NC Parameters

① Menu → Manufacture → NC Parameters... 또는 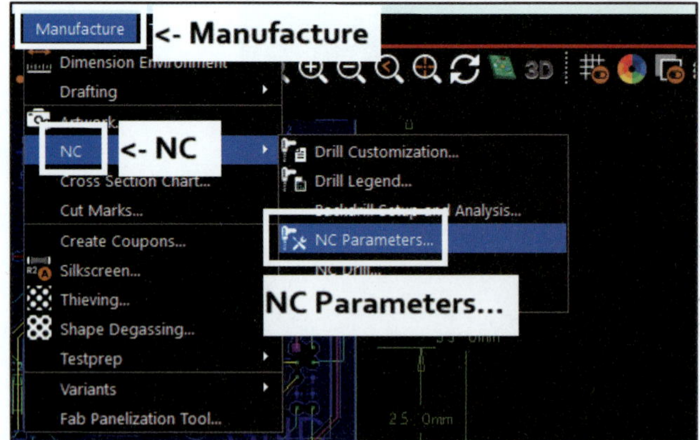 (NcDrill Param)

② Format : 2. 5

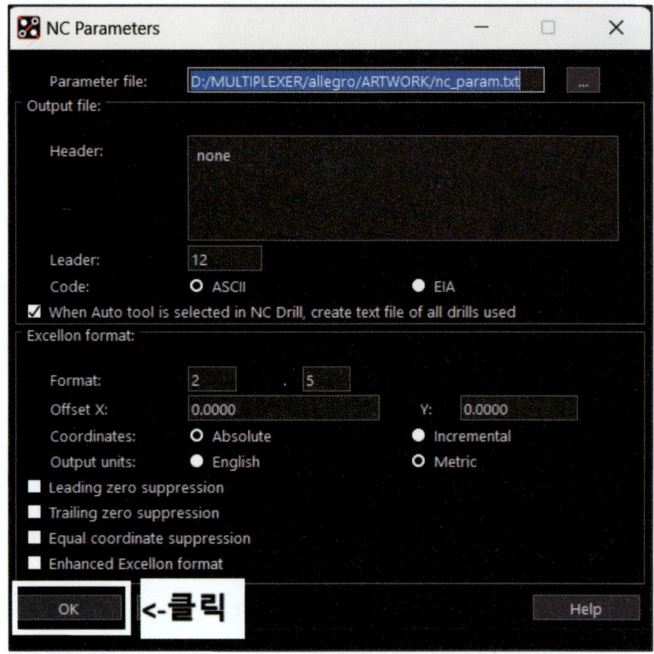

※ NC Drill 시 에러가 발생하는 경우, Format을 5. 5로 설정하면 에러가 발생하지 않는다.

4) NC Drill

① Menu → Manufacture → NC Drill

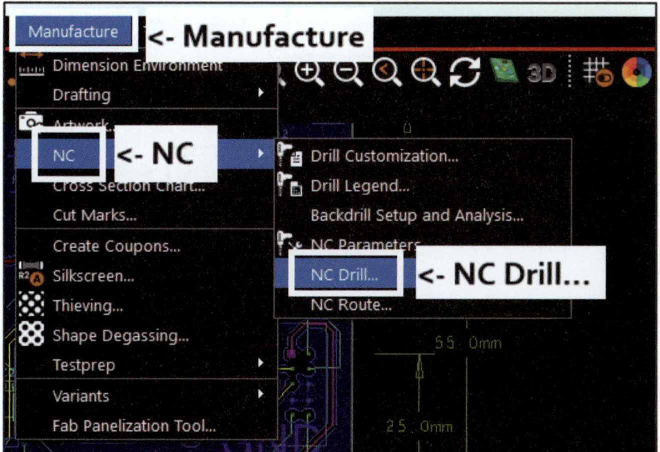

② Auto tool select, Repeat codes에 체크한다.

③ Drill을 클릭한다.

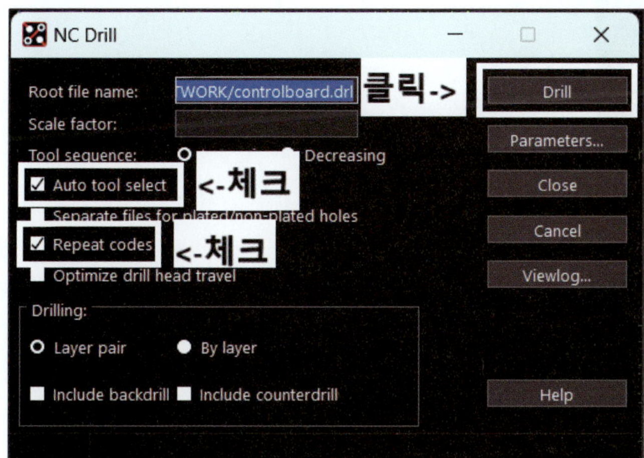

④ 진행창에서 Successfully Completed를 확인한 후 Close를 클릭한다.

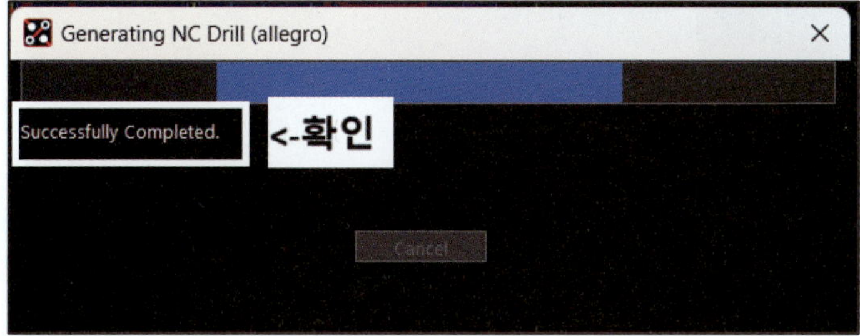

⑤ 프로젝트가 저장되는 폴더에 .drl 파일이 생성되었는지 확인한다.

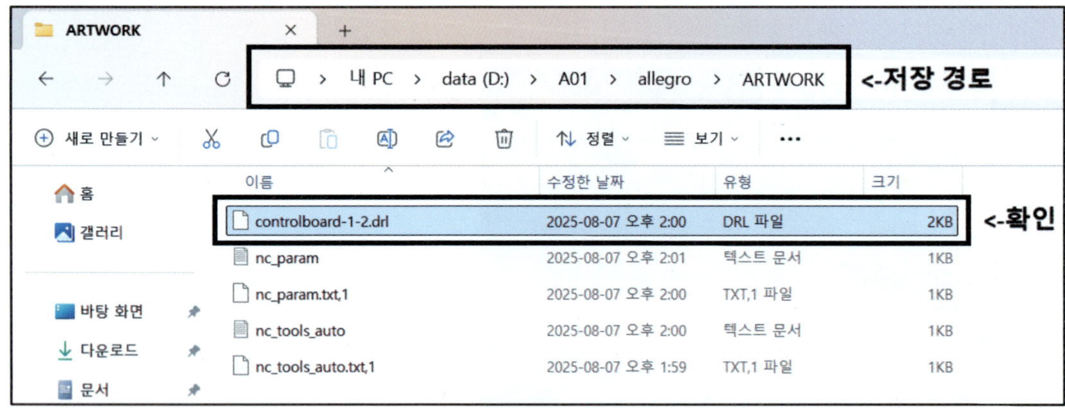

5) NC Route

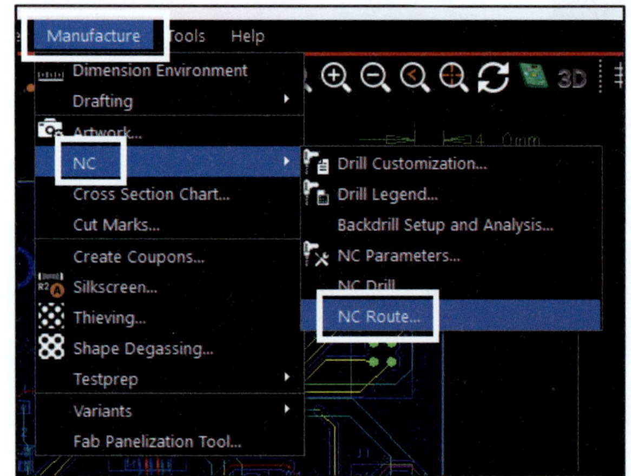

① Menu → Manufacture → NC Route

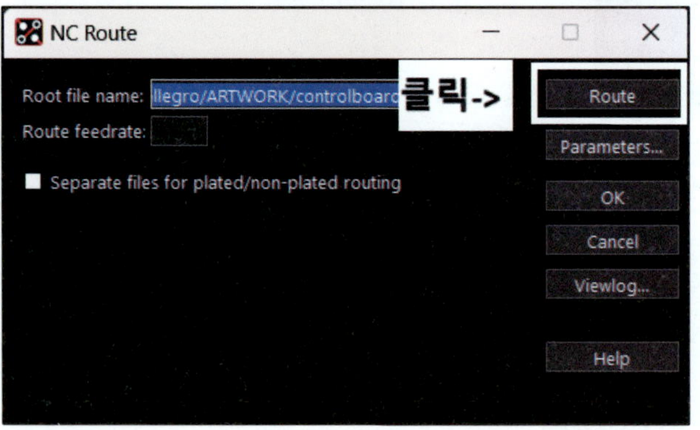

② Route → OK

8 Artwork

① Menu → Manufacture → Artwork... 또는 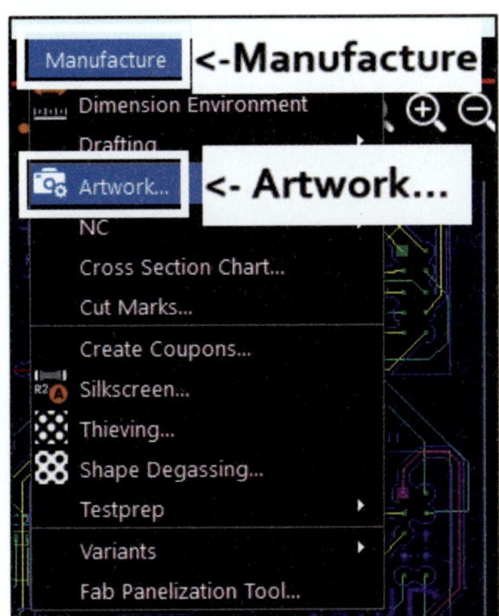 (Artwork)

※ TOP, BOTTOM, SMT(Solder_Mask_Top), SMB(Solder_Mask_Bottom), DRD(Drill draw), SST(Silk_Screen_Top) 총 6개의 필름을 만들어야 한다. 6개의 필름에는 공통으로 Board Geometry Outline이 들어간다(누락 시 실격). 그리고 SST 필름에는 반드시 Dimension을 추가해야 한다.

② BOTTOM, TOP 필름은 기본적으로 생성되어 있다.

③ 이 두 필름에 Board Geometry Design Outline을 추가한다.

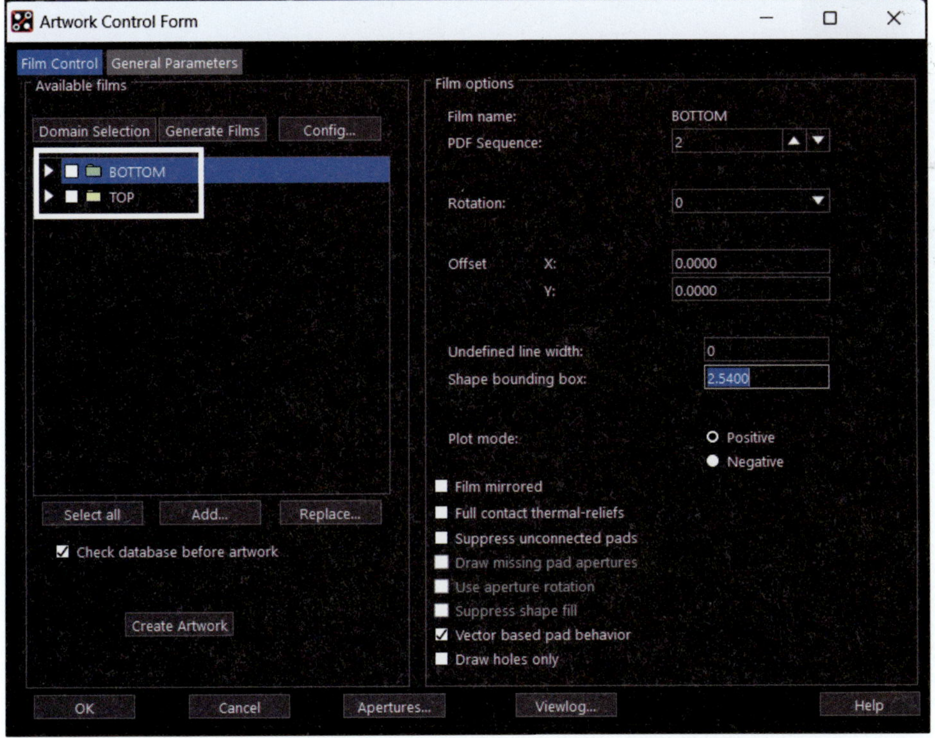

1) BOTTOM 필름

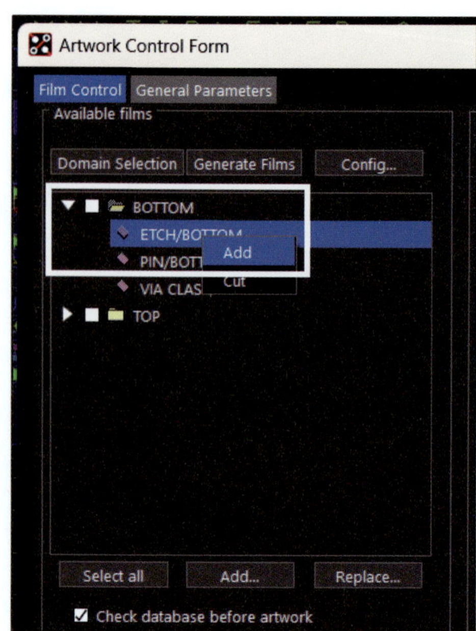

① BOTTOM 필름 제작 → BOTTOM 폴더 더블 클릭 → BOTTOM 폴더의
하위 요소 중 하나 선택 → 마우스 우측 버튼 → Add

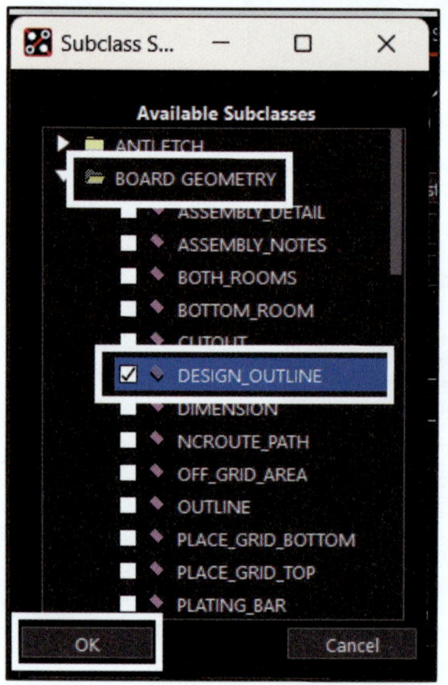

② BOARD GEOMETRY를 더블클릭한다.

③ DESIGN_OUTLINE을 체크한 후 OK를 클릭한다.

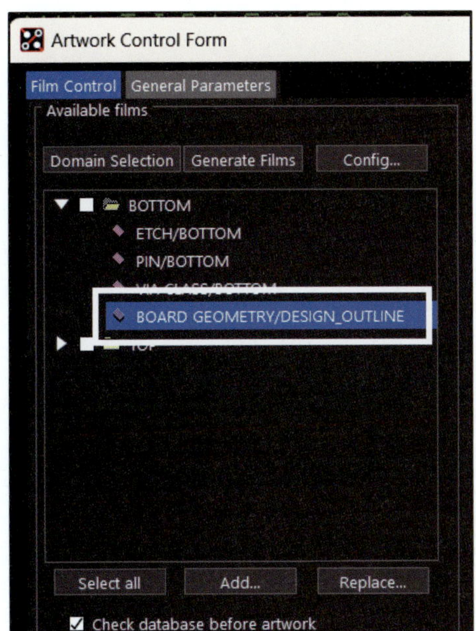

④ BOARD GEOMETRY/DESIGN_OUTLINE이 추가되었는지 확인한다.

⑤ BOTTOM 폴더를 선택한다.

⑥ 마우스 우측 버튼을 클릭한 후 Display for Visibillity를 클릭하면 필름 확인이 가능하다.

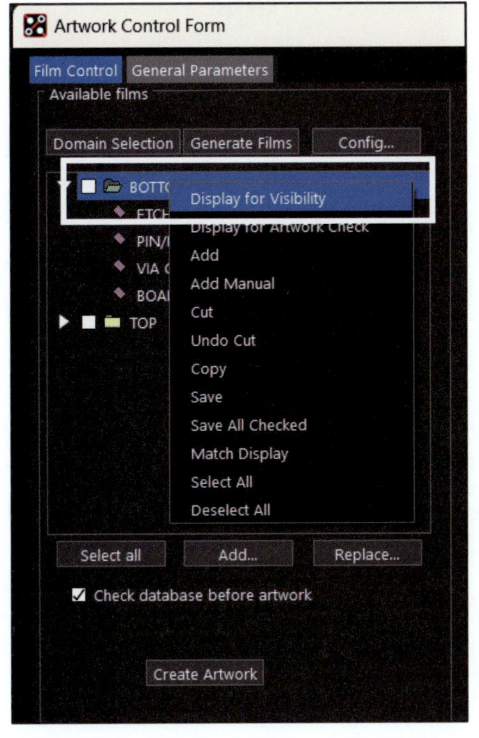

→

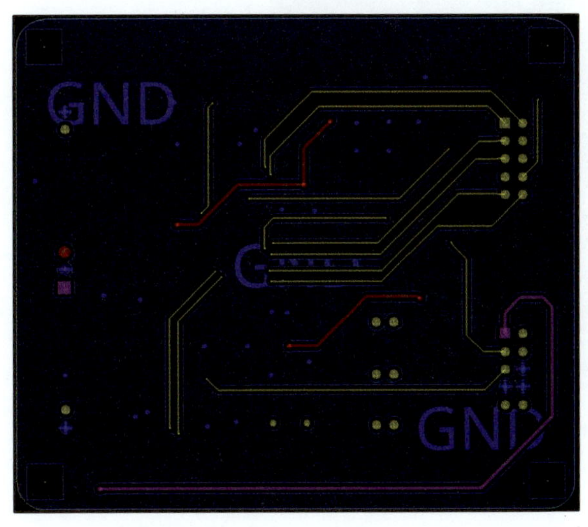

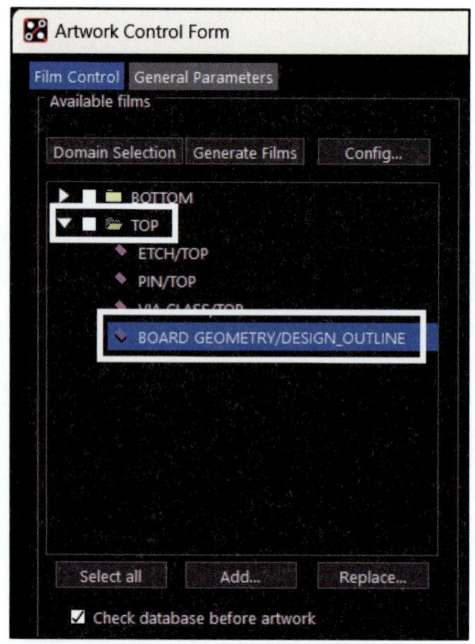

① TOP 필름 제작 → TOP 폴더 더블클릭 → TOP 폴더의 하위 요소 중 하나 선택 → 마우스 우측 버튼 → Add

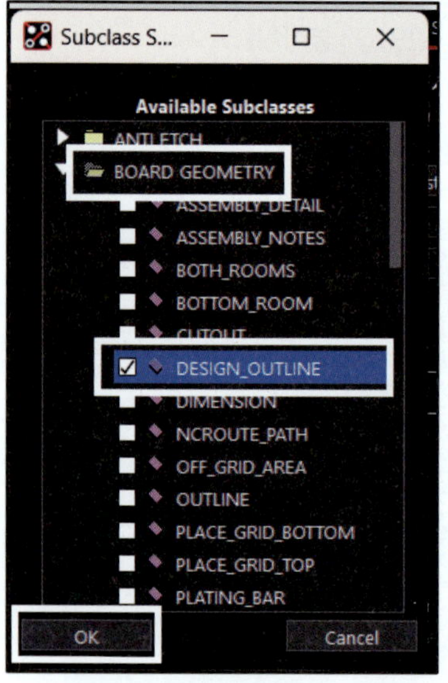

② BOARD GEOMETRY를 더블클릭한다.

③ DESIGN_OUTLINE을 체크한 후 OK를 클릭한다.

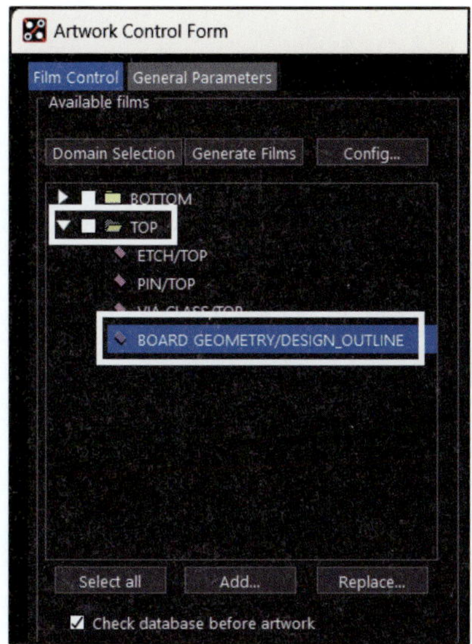

④ BOARD GEOMETRY/DESIGN_OUTLINE이 추가되었는지 확인한다.

⑤ Display for Visibillity로 필름을 확인한다.

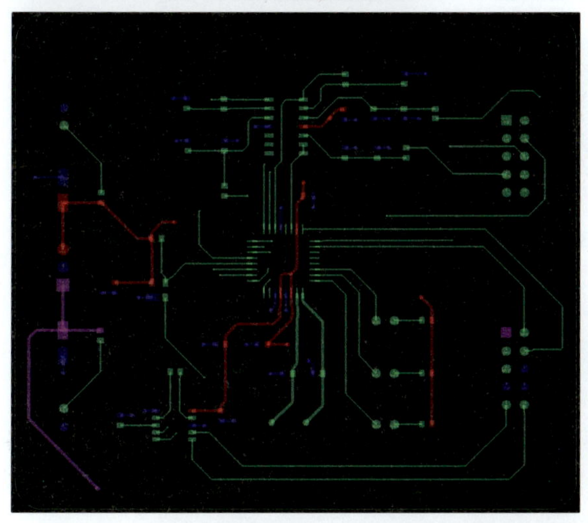

※ SMT, SMB, SST, DRD 필름은 Color192를 이용한다. Stack-Up부터 확인하여 만들고자 하는 필름의 이름이 있으면 체크한다(Board Geometry Design_outline은 모든 필름에 공통으로 들어가므로 반드시 체크한다).

3) Solder Mask Top 필름(SMT)

① Menu → Display → Colors/Visibility... 또는 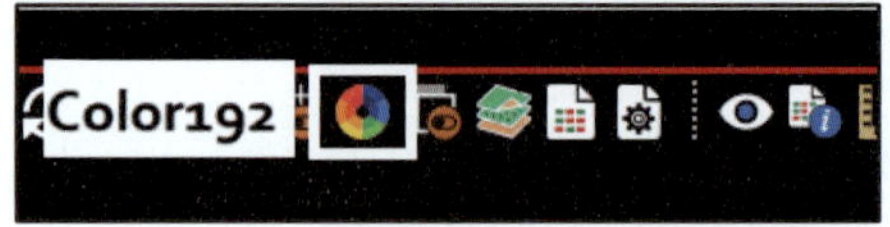 (Color192)

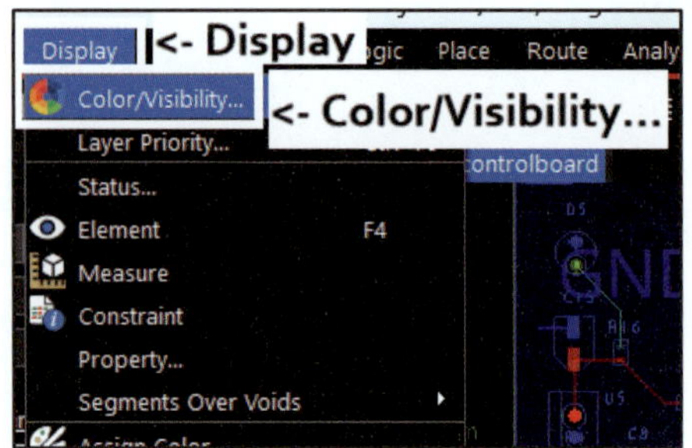

② Layers 탭으로 이동한다.

③ Global Visibillity off를 클릭한다.

④ Stack Up → Soldermask_Top → Pin, Via 체크

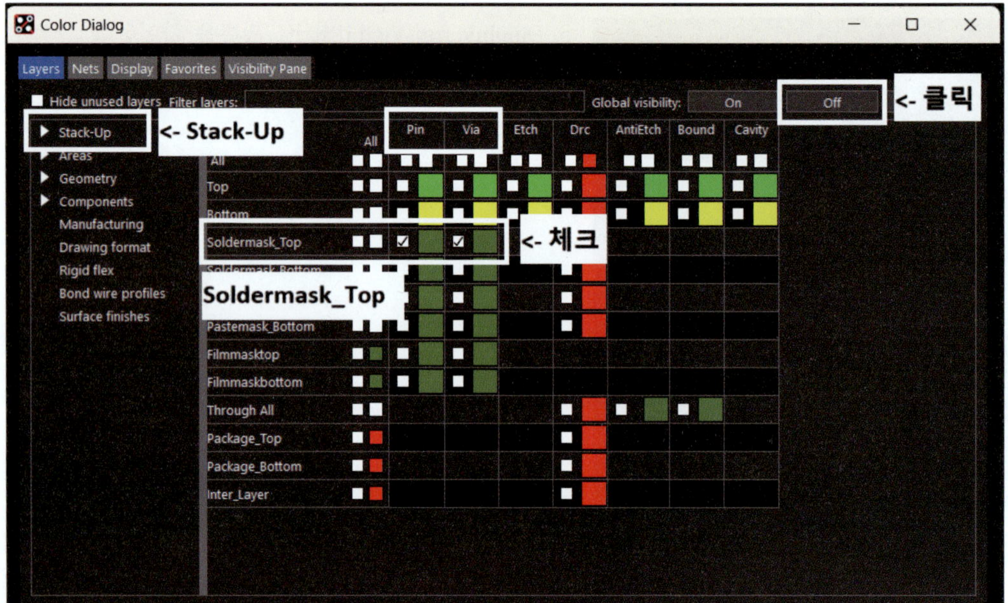

⑤ Board Geometry → Design_Outline, Soldermask_Top 체크

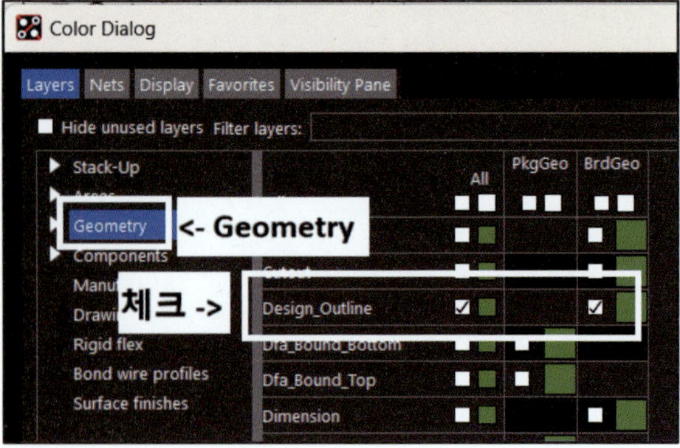

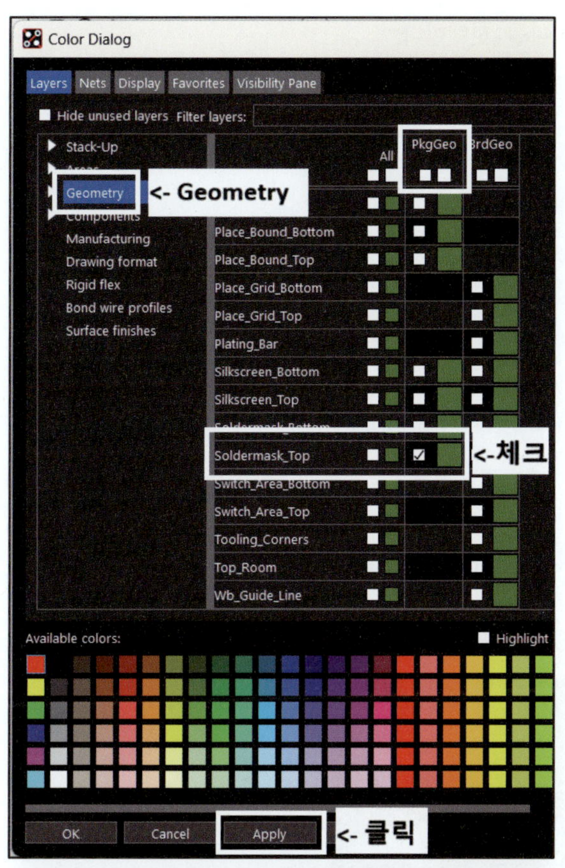

⑥ Geometry → PkgGeo : Soldmask_Top 체크 → Apply

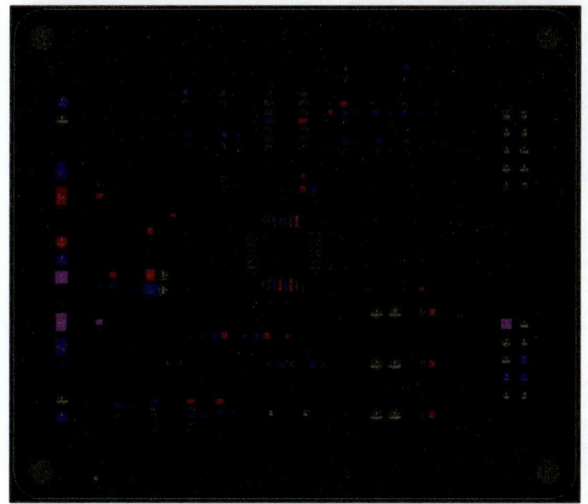

⑦ 작업창이 Soldermask_Top으로 바뀐다.

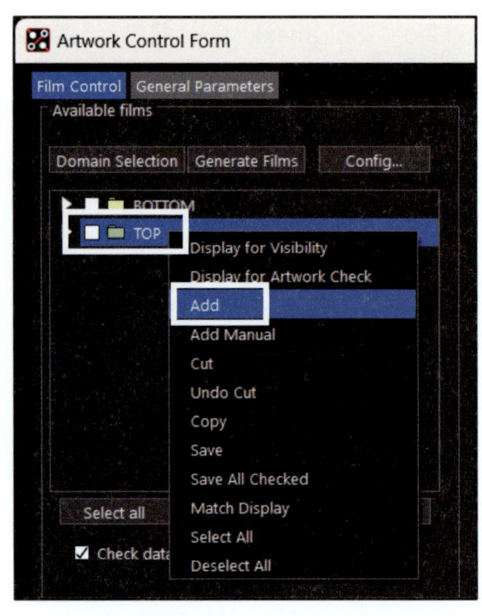

⑧ 여러 폴더 중 하나를 선택한다.

⑨ 마우스 우측 버튼을 클릭한 후 Add를 클릭한다.

⑩ Enter new film name : SMT

⑪ OK를 클릭한다.

⑫ SMT 폴더가 추가되었는지 확인한다.

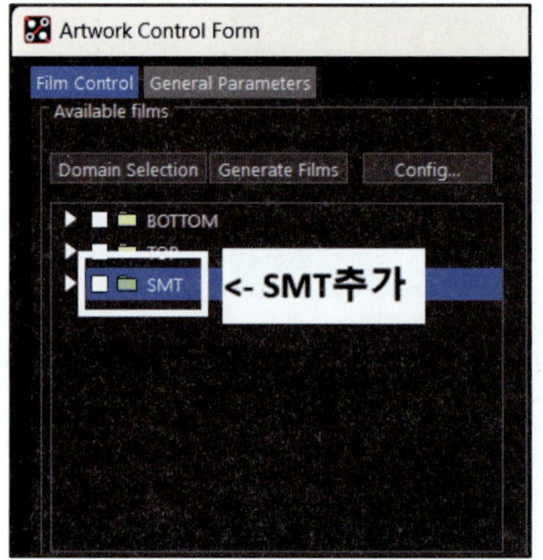

4) Solder Mask Bottom 필름(SMB)

① Layers 탭으로 이동한다.

② Global Visibillity off를 클릭한다.

③ Stack Up → Soldermask_Bottom → Pin, Via 체크

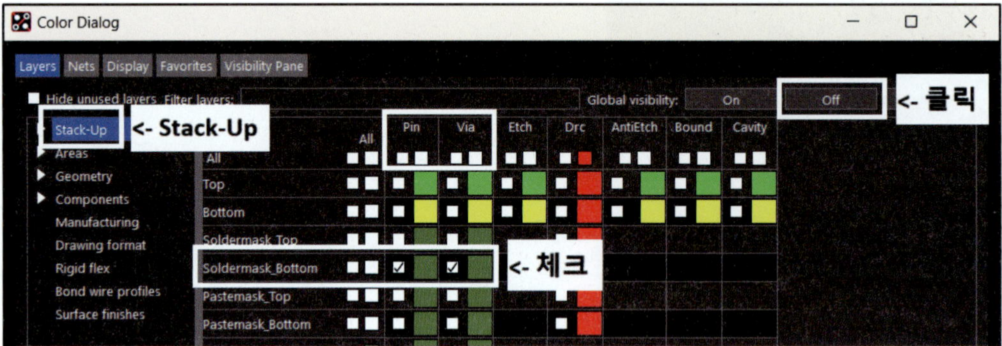

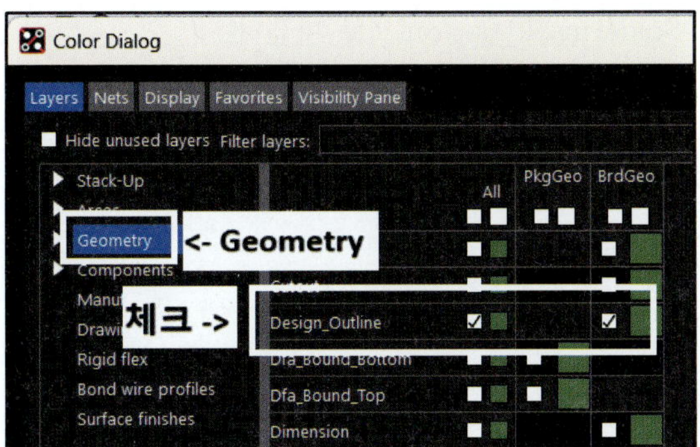

④ Board Geometry → Design_Outline 체크

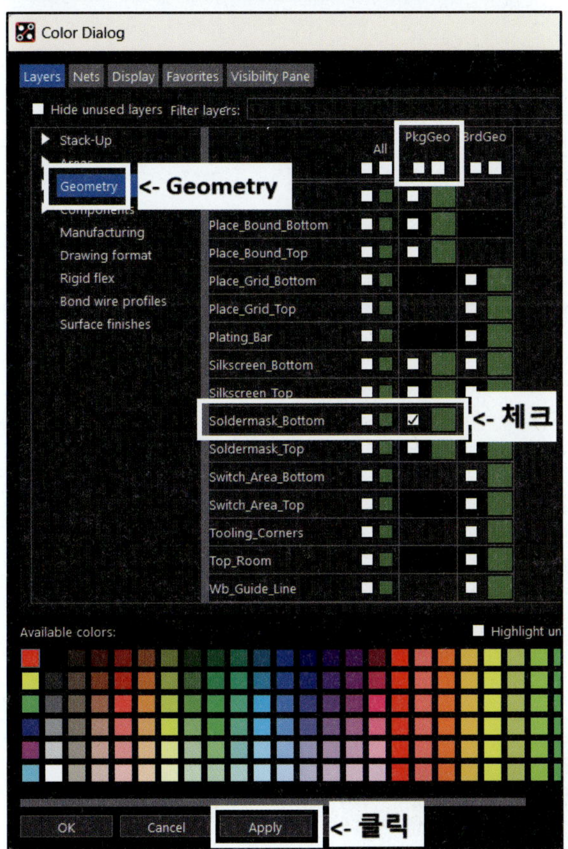

⑤ Package Geometry → Soldermask_Bottom 체크 → Apply

⑥ 작업창이 Soldermask_Bottom으로 바뀐다.

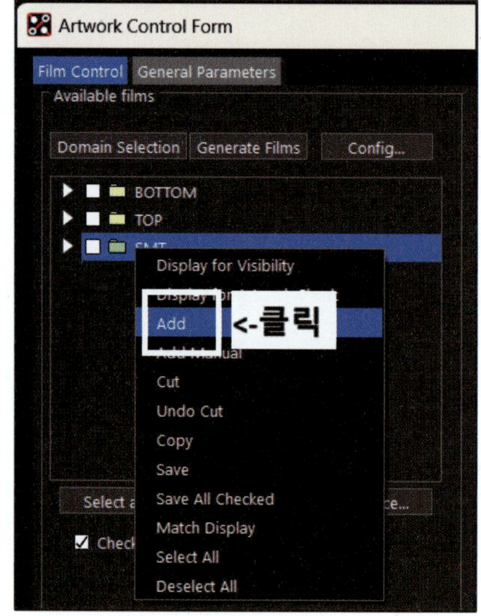

⑦ 여러 폴더 중 하나를 선택한다.
⑧ 마우스 우측 버튼을 클릭한 후 Add를 선택한다.

⑨ Enter new film name : SMB
⑩ OK를 클릭한다.

⑪ SMB 폴더가 추가되었는지 확인한다.

→

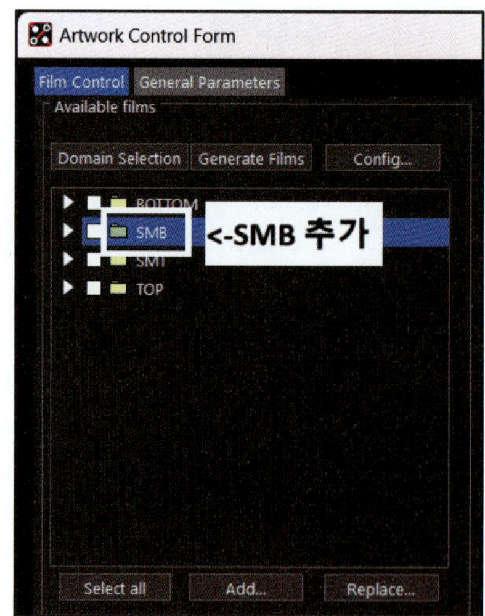

5) Silk Screen Top

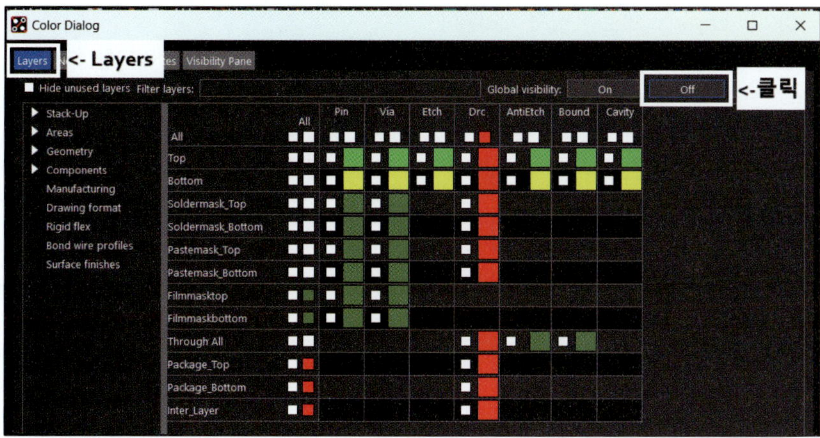

① Layers 탭으로 이동한다.

② Global Visibillity의 off를 클릭
한다.

③ Geometry

- BrdGeo : Design_Outline, Dimension, Silkscreen_Top 체크

- PkgGeo : Silkscreen_Top 체크

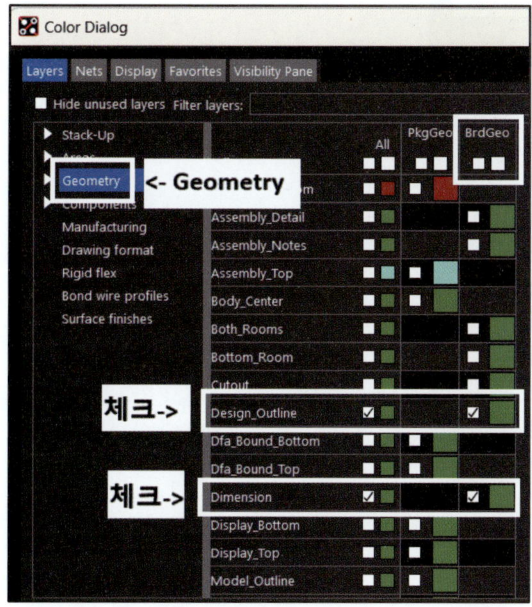

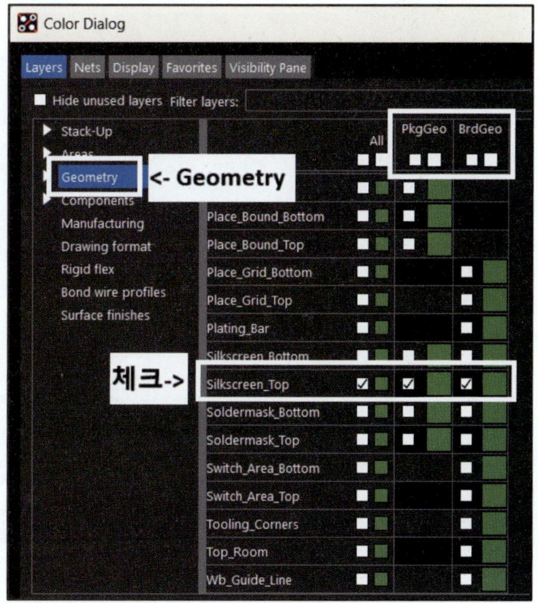

치수보조선(Dimension)이 Silkscreen 이외의 Layer에 있으면 실격 처리된다.

라. 수험자의 PCB 설계작업 파일 폴더 및 파일명은 **자신의 비밀번호로 설정**하여 다음의 요구사항에 준하여 PCB를 설계한다.

   1) 설계환경 : 양면 PCB(2-Layer)

   2) 보드 사이즈 : 80mm(가로)×70mm(세로)

> (치수보조선을 이용하여 보드 사이즈를 실크스크린 레이어에 표시해야 하며, **실크스크린 이외의 레이어에 표시한 경우 실격 처리된다**)

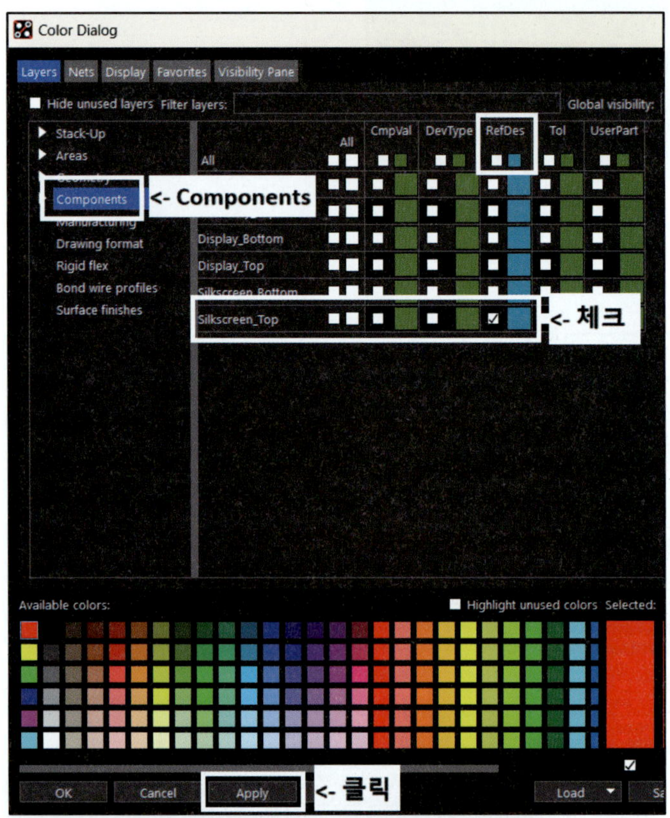

④ Components → Silkscreen_Top → RefDes 체크 → Apply

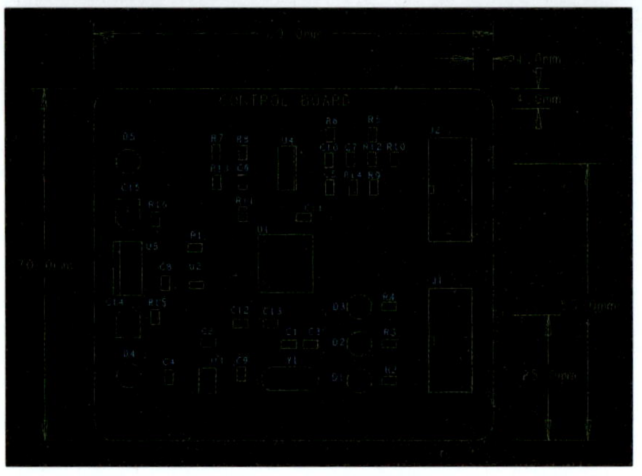

⑤ 작업창이 Silkscreen_Top으로 바뀐다.

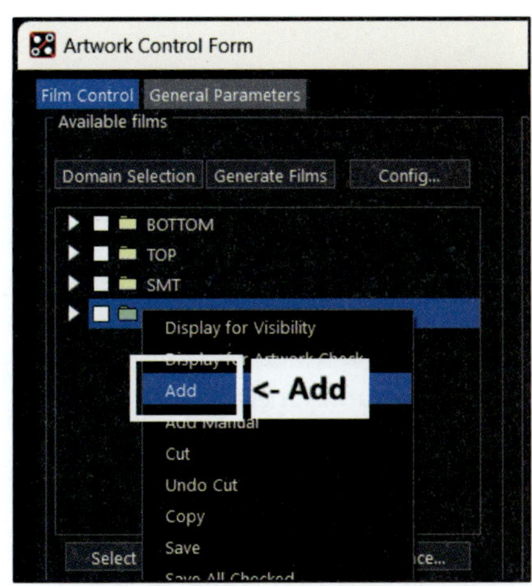

⑥ 여러 폴더 중 하나를 선택한다.

⑦ 마우스 우측 버튼을 클릭한 후 Add를 클릭한다.

⑧ Enter new film name : SST

⑨ OK를 클릭한다.

⑩ SST 폴더가 추가되었는지 확인한다.

→

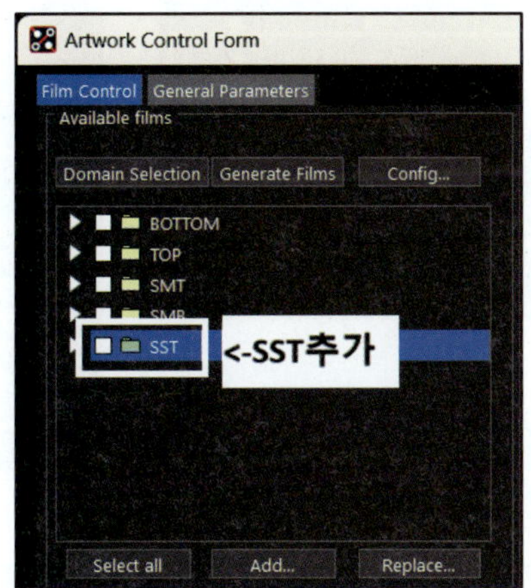

6) Drill Draw필름(DRD)

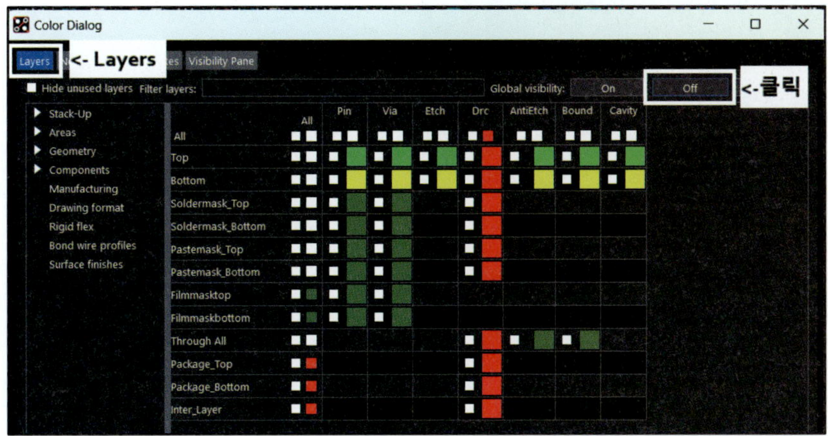

① Layers 탭으로 이동한다.

② Global Visibillity의 off를 클릭한다.

③ Geometry → BrdGeo : Design_Outline 체크

④ Manufacturing → Nclegend-1-2 체크 → Apply → OK

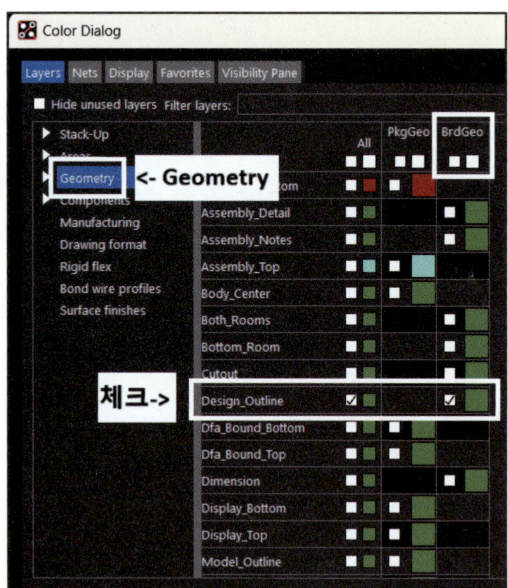

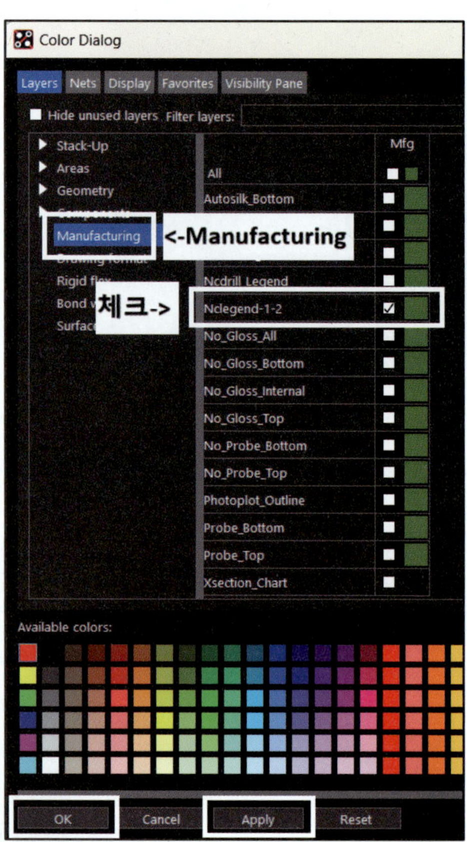

⑤ 작업창이 Drill_draw로 바뀐다.

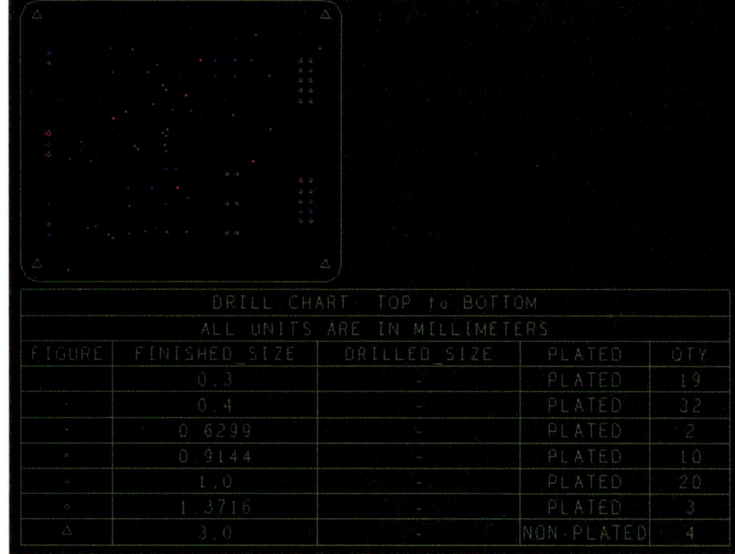

FIGURE	FINISHED_SIZE	DRILLED_SIZE	PLATED	QTY
	0.3	-	PLATED	19
	0.4	-	PLATED	32
	0.6299	-	PLATED	2
	0.9144	-	PLATED	10
	1.0	-	PLATED	20
	1.3716	-	PLATED	3
△	3.0	-	NON-PLATED	4

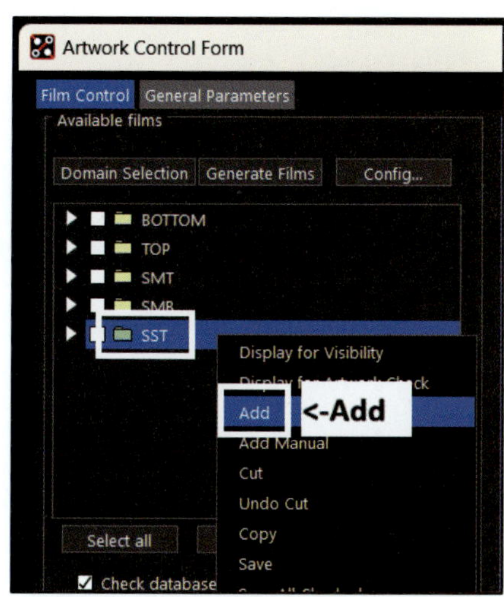

⑥ 여러 폴더 중 하나를 선택한다.

⑦ 마우스 우측 버튼을 클릭한 후 Add를 클릭한다.

⑧ Enter new film name : DRD

⑨ OK를 클릭한다.

→

⑩ DRD 폴더가 추가되었는지 확인한다.

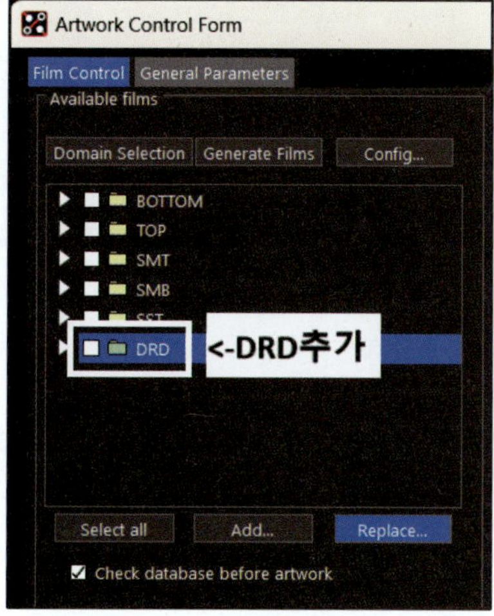

⑪ 6개의 필름을 확인한다.

⑫ 6개 필름의 Undefined line width를 0.2로 설정한다.

⑬ Select all을 클릭하여 6개의 필름을 모두 선택한다.

⑭ Create Artwork를 클릭한다.

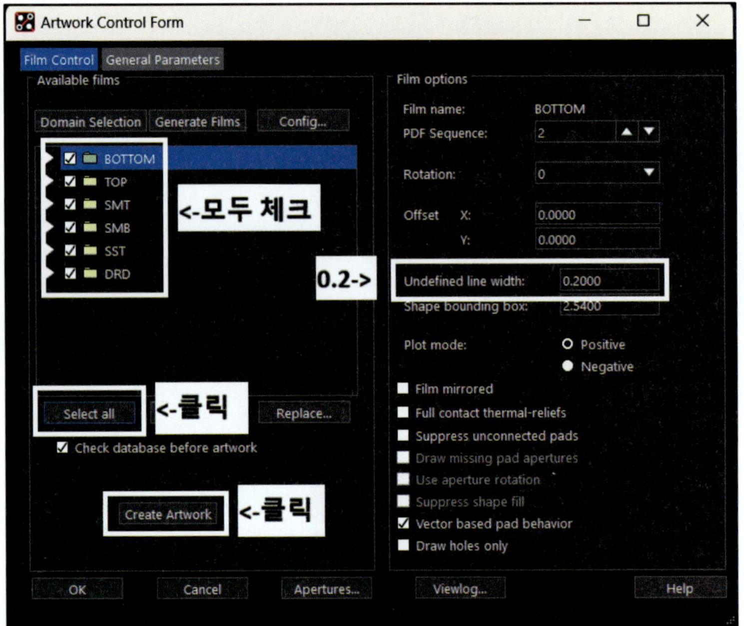

■ Create Artwork 시 발생한 에러는 무시해도 된다.

■ 다음과 같이 7개의 파일이 있는지 확인한다.

※ 6개의 .art 파일과 1개의 .drl 파일이 있어야 한다.

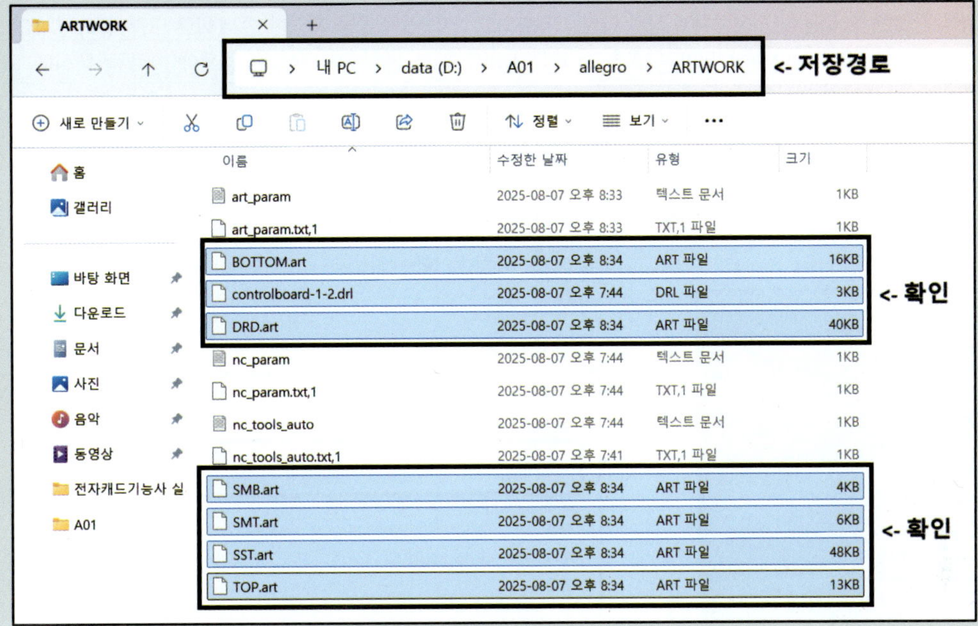

1) 회로도 출력

① OrCAD Capture를 실행한다.

② File Open → Project → 저장된 폴더 → CONTROL BOARD → PAGE1

③ Menu → File → Print Setup

④ 프린터 이름을 확인한다.

⑤ 방향 : 가로

⑥ 확인을 클릭한다.

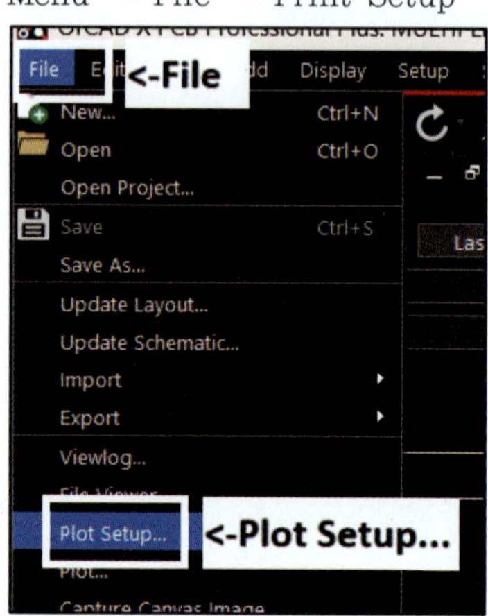

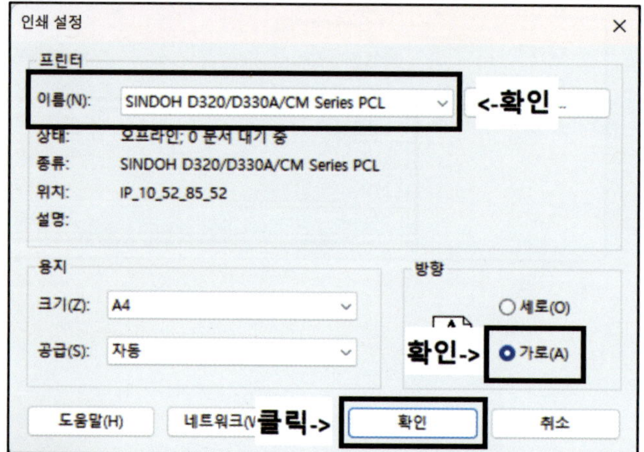

⑦ Menu → File → Print Preview

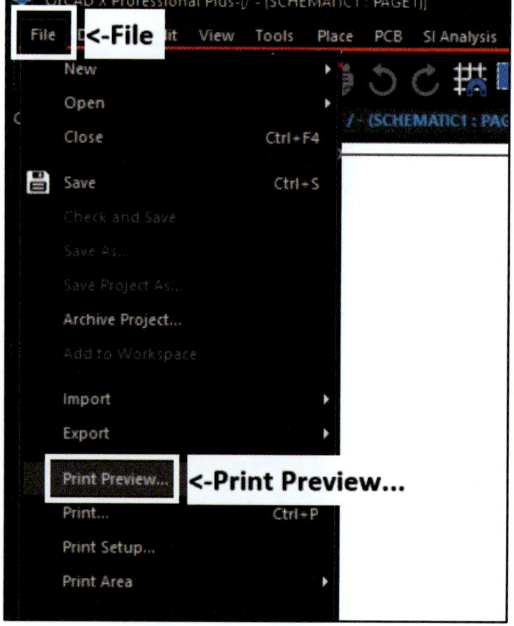

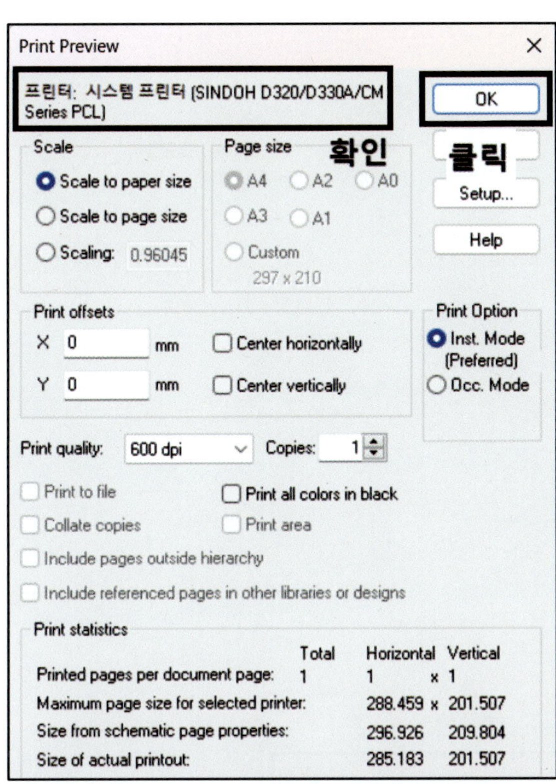

⑧ OK를 클릭한 후 회로가 가로로 표시되면 Print를 클릭하여 출력한다.

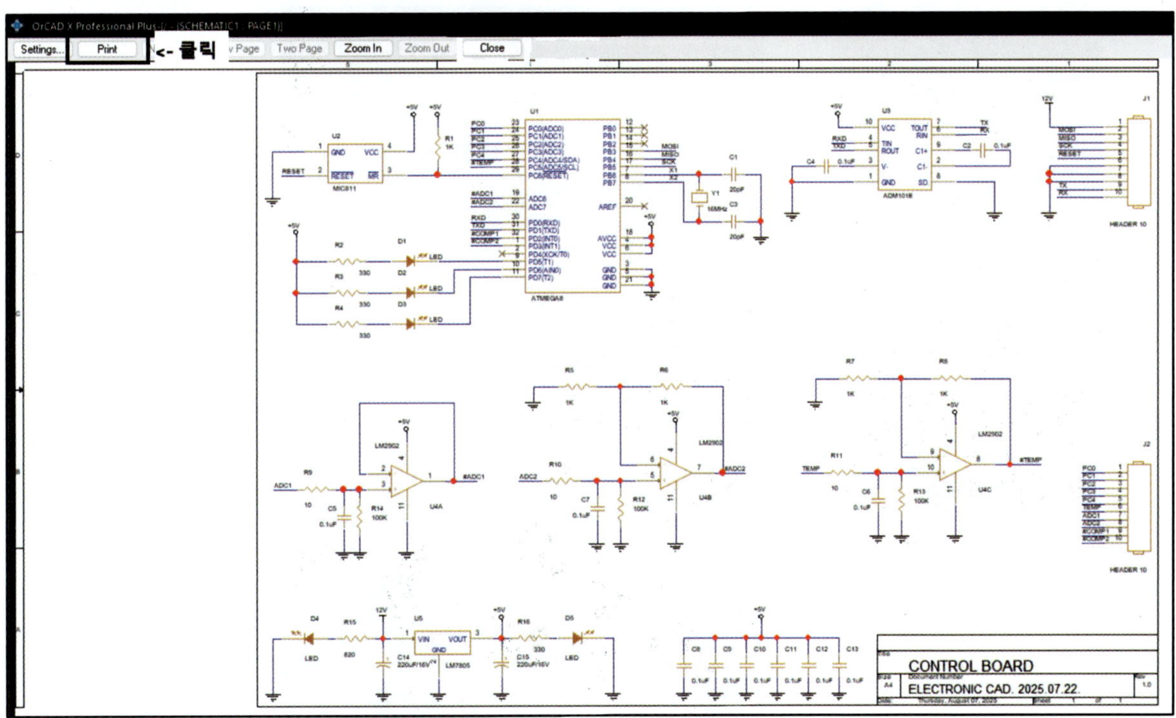

2) Artwork 필름 출력

① Visibility → Views → 출력하고자 하는 필름 선택

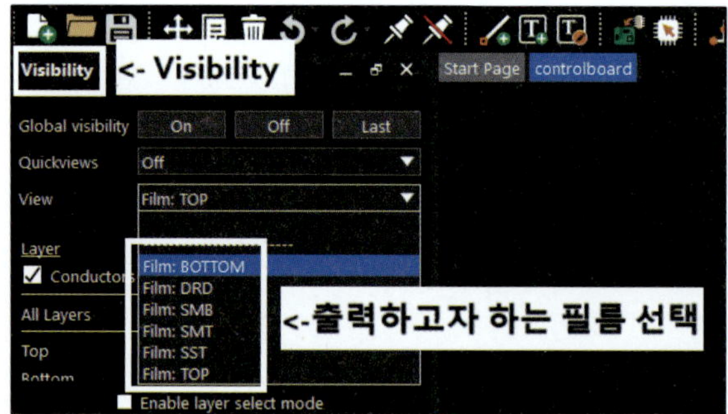

② Menu → File → Plot Setup

- Scaling factor : 1
- Default line weight : 1
- Auto center
- Black and white
- Sheet contents
- 위 항목을 체크한 후 OK를 클릭한다.

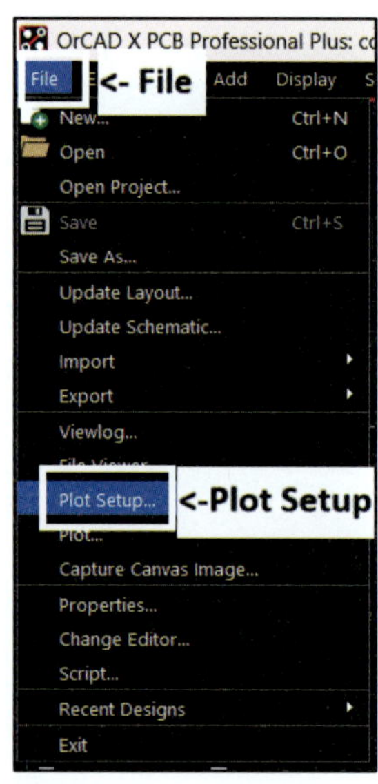

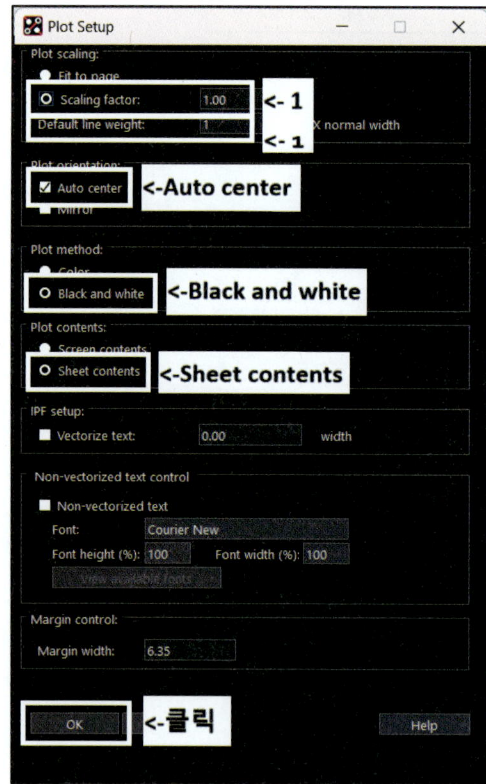

③ Menu → File → Plot Preview

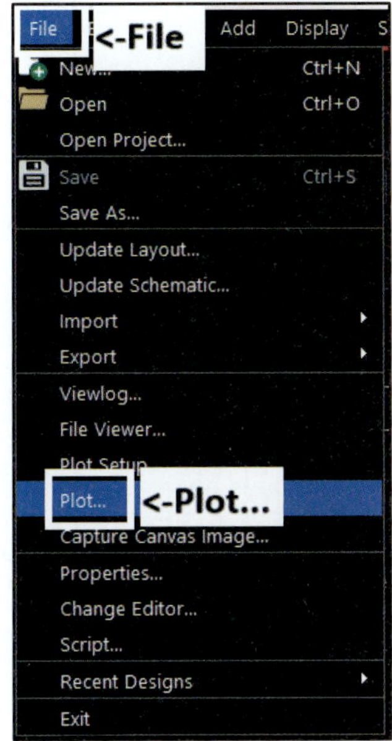

④ 필름이 중앙에 있으면 출력한다(용지 방향은 가로, 세로 상관없다).

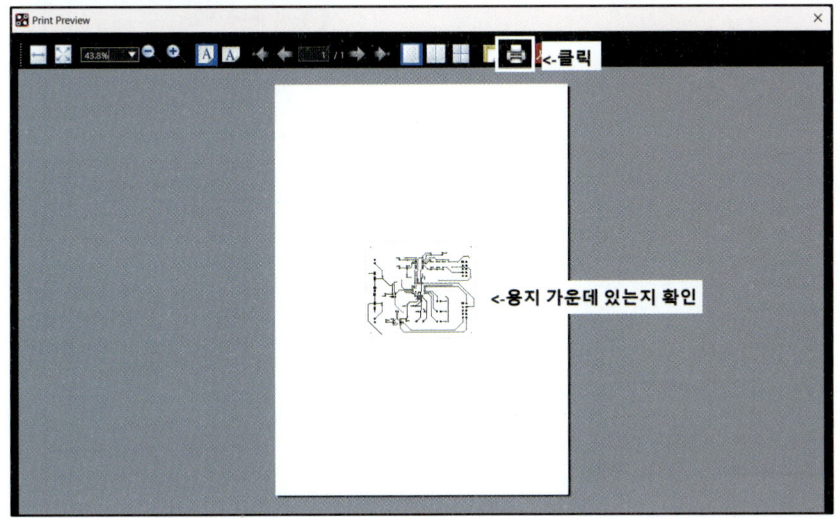

※ 이와 같은 방법으로 나머지 필름도 출력한다.

※ 회로 도면, 실크면, TOP면, BOTTOM면, Solder Mask TOP면, Solder Mask BOTTOM면, Drill Draw 순으로 정리하여 제출한다.

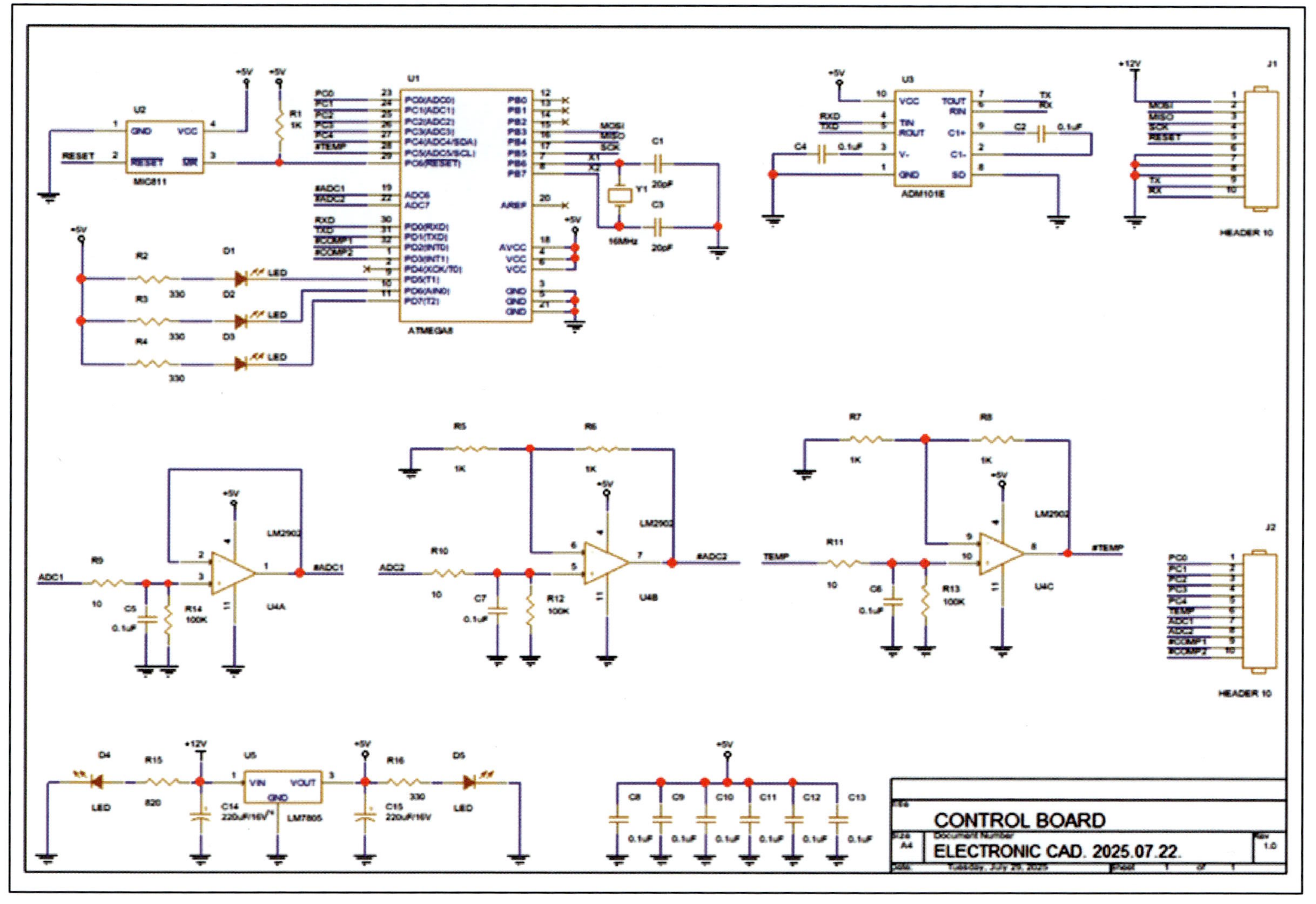

[회로도]

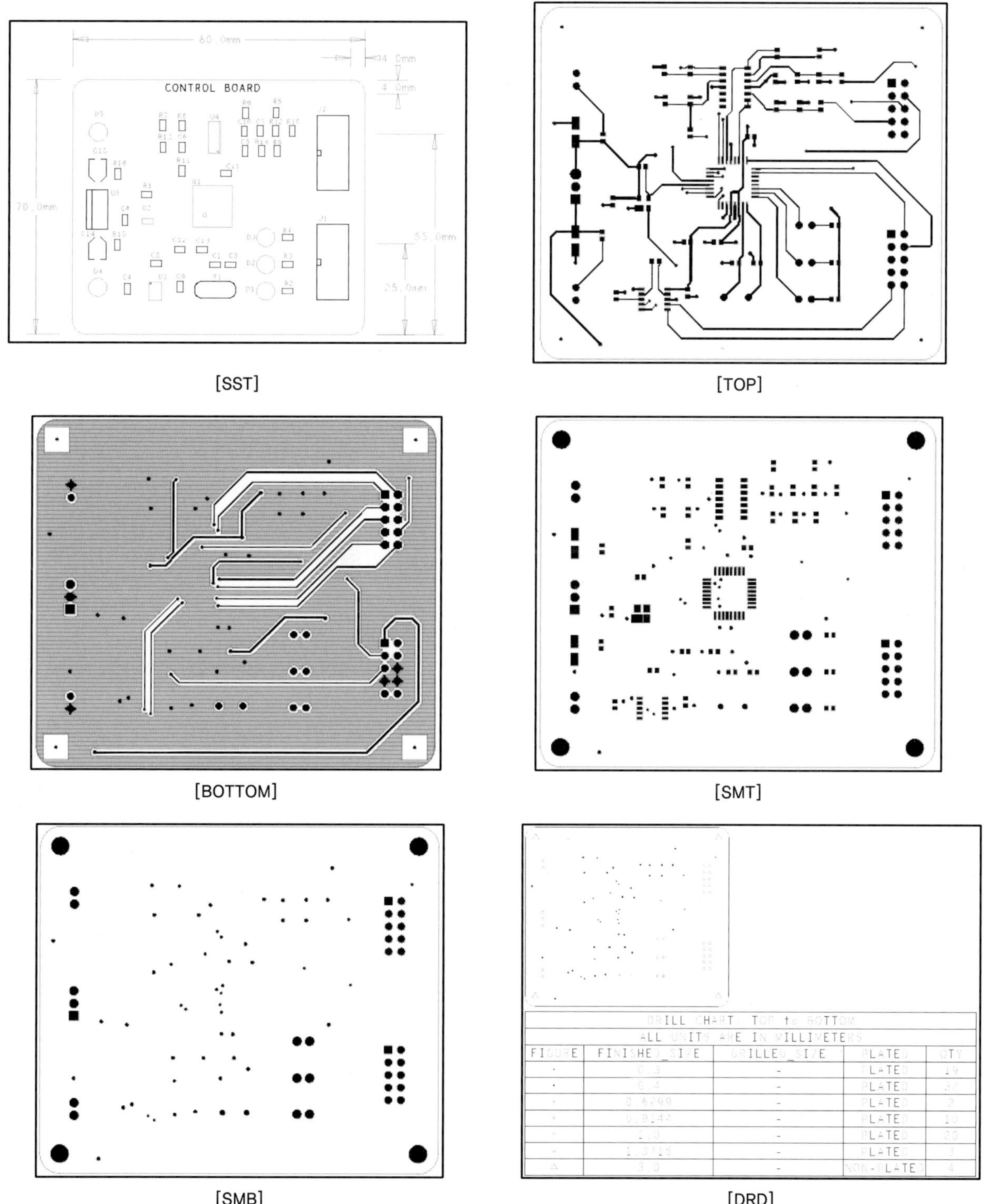

CONTROL BOARD
80.0mm
4.0mm
4.0mm
70.0mm
55.0mm
25.0mm
[SST]
[TOP]
[BOTTOM]
[SMT]
[SMB]
DRILL CHART: TOP to BOTTOM
ALL UNITS ARE IN MILLIMETERS
FIGURE | FINISHED_SIZE | DRILLED_SIZE | PLATED | QTY
0.3 | - | PLATED | 19
0.4 | - | PLATED | 32
0.6299 | - | PLATED | 2
0.9144 | - | PLATED | 10
1.0 | - | PLATED | 20
1.3716 | - | PLATED | 3
3.0 | - | NON-PLATED | 4
[DRD]

전자캐드기능사 공개문제 합격 체크리스트

1 OrCAD Capture

① 전원 심벌(VCC, GND) 확인	전원 심벌(VCC, GND)이 누락된 곳은 없는가?(GND : 28개, +12V : 2개, +5V : 10개)	
	J1과 U5 1번 핀은 +12V로 되어 있는가?	
② 네트 이름 확인	네트 이름이 정확하게 작성되어 있는가?	
③ LED 방향 확인	D1~D3의 캐소드 단자(화살표 있는 부분)가 ATMEGA8에 연결되어 있는가?	
	D4와 D5의 캐소드 단자(화살표 있는 부분)가 접지로 연결되어 있는가?	
④ LM2902 핀 확인	(−) : 2, 6, 9 (+) : 3, 5, 10	
	출력단자(1, 7, 8번 핀)가 (−)단자에 연결되어 있는가?	
	4번 핀과 11번 핀 확인 : 4번 핀(위), 11번 핀(아래)	
⑤ LM7805 확인	2번 핀 : GND, 3번 핀 : VOUT	
	접속점(Junction) 확인	+12V, 1번 핀, C14 ,R15
		+5V, 3번 핀, C15, R16
⑥ ATMEGA8	사용하지 않는 핀(2, 12, 13, 14, 20)은 (Place no connect)하였는가?	
⑦ Title block 확인	요구사항에 맞게 작성되어 있는가?	
⑧ Part Value 확인	Part Value가 정확히 작성되어 있는가?	

※ ①~⑤를 수정하였을 경우 PCB → Update Layout...을 수행하여 PCB에서 해당 부분이 수정되었는지 확인해야 한다.

1) 전원 심벌(VCC, GND) 확인

전원 심벌(VCC, GND)이 누락되거나 연결이 잘못되어 있으면, 네트 연결이 미완성인 경우 또는 네트 연결이 잘못된 경우에 해당되므로 채점 제외 대상에 해당된다.

2) 네트 이름 확인

네트 이름이 잘못되면 네트가 누락된 경우에 해당되므로 채점 제외 대상에 해당된다. 다음과 같이 형광펜으로 체크하여 확인하면 실수를 줄일 수 있다.

부품의 지정 핀	네트의 이름	부품의 지정 핀	네트의 이름
U1의 1번 연결부	#COMP2	U1의 27번 연결부	PC4
U1의 7번 연결부	X1	U1의 28번 연결부	#TEMP
U1의 8번 연결부	X2	U1의 30번 연결부	RXD
U1의 15번 연결부	MOSI	U1의 31번 연결부	TXD
U1의 16번 연결부	MISO	U1의 32번 연결부	#COMP1
U1의 17번 연결부	SCK	U2의 2번 연결부	RESET
U1의 19번 연결부, U4의 1번, 2번 연결부	#ADC1	U3의 4번 연결부	RXD

3) LED 방향 확인

LED는 다음 그림과 같이 접속되어 있어야 한다. 한 개라도 잘못 접속되어 있으면 부품 배치 및 네트 연결이 미완성인 경우에 해당되므로 채점 제외 대상이 된다.

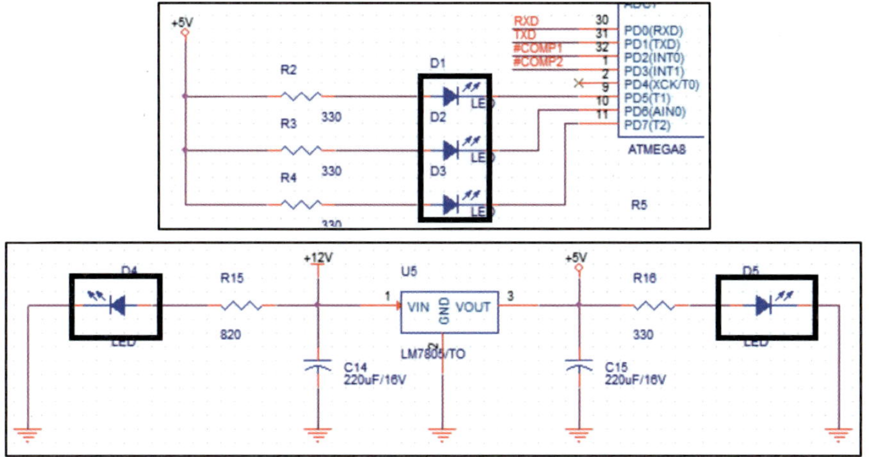

4) LM2902 핀 확인

① 가장 많이 틀리는 부분이다. 입력 단자와 전원 단자가 반드시 다음과 같이 되어 있는지 확인한다. 이 부분도 마찬가지로 부품 배치 및 네트 연결이 미완성인 경우에 해당되므로 채점 제외 대상이 된다.

② (−) : 2, 6, 9   (+) : 3, 5, 10, 4번 핀(위), 11번 핀(아래)

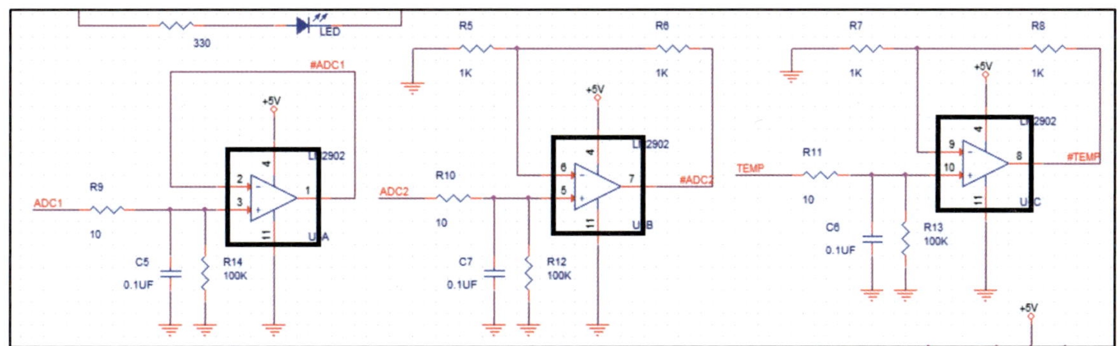

5) LM7805 확인

① 이 부분도 많이 틀리는 부분이다. LM7805의 2번 핀이 GND, 3번 핀이 VOUT이다.

② 다음과 같이 접속점(Junction)이 있어야 한다.

③ 이 부분이 틀리면 부품 배치 및 네트 연결이 미완성인 경우에 해당되므로 채점 제외 대상이 된다.

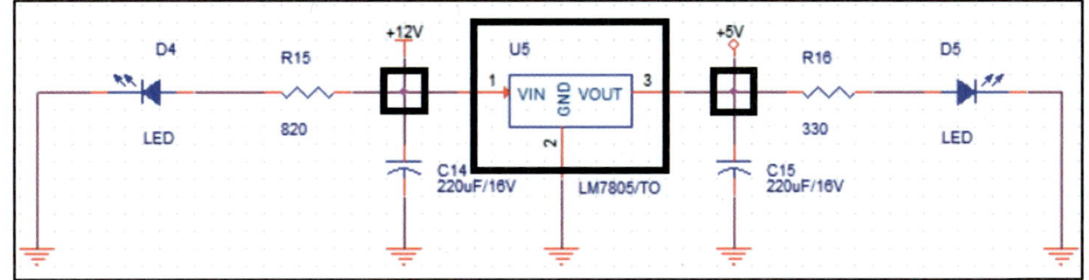

1)~5)를 수정하였을 경우 Netlist를 다시 수행하여 해당 부분을 수정해야 한다. 이때 Netlist를 수행하는 방법은 다음과 같다.

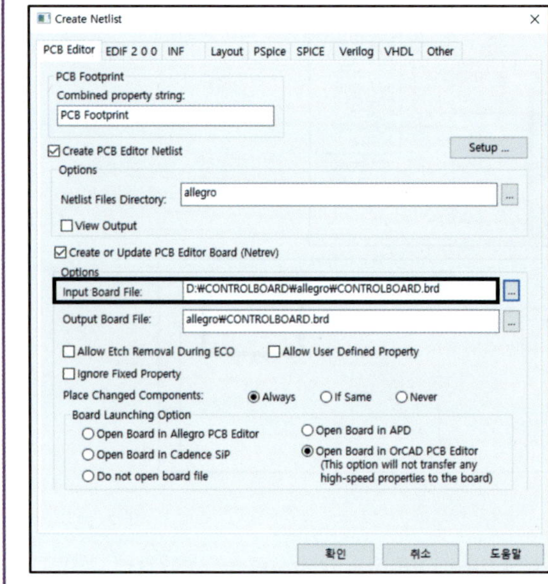

① 먼저 OrCAD PCB Editor에서 작업한 파일을 저장한 후 PCB Editor 를 종료한다.

② Input Board File 끝에 있는 ...을 클릭한다.

③ 프로젝트가 저장되어 있는 폴더로 이동한다.

④ Allegro 폴더에서 .brd 파일을 클릭한 후 확인을 클릭한다.

※ Netlist를 다시 수행할 때는 반드시 Input Board File을 기존에 작 업해 두었던 .brd 파일로 설정해야 한다. 그렇지 않으면 기존에 작업했던 파일이 모두 초기화되어 다시 작업해야 한다.

6) ATMEGA8

사용하지 않는 핀(2, 12, 13, 14, 20)은 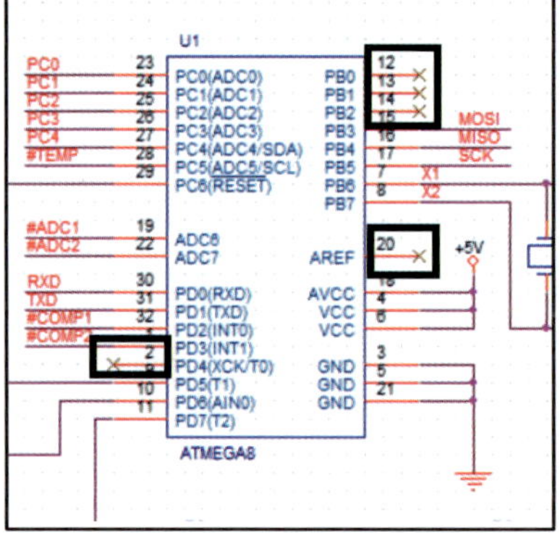(Place no connect)

7) Title block 확인

① Title : CONTROL BOARD(크기 : 14)

② Document Number : ELECTRONIC CAD, 시행일자 (크기 : 12)

③ Revison : 1.0(크기 : 7)

TOP	• 부품의 개수가 맞는가? (DIP : 9개, SMD : 35개) ※ DIP : D1~D5, U5, J1~J2, Y1 • 직각 배선이 되어 있는 곳은 없는가? • VIA와 배선이 나와 있는가?	− • 단열판의 두께가 0.5mm인가? • 카퍼는 보드 외곽으로부터 0.1mm 이격을 두고 있는가? • 카퍼의 모서리는 라운드 처리가 되어 있는가?
BOTTOM		
SMT	• 모든 부품의 PAD와 VIA가 나와 있는가?	
SMB	• DIP 부품의 PAD와 VIA가 나와 있는가?	
DRD	• 기구 홀, VIA, DIP 부품의 드릴 홀 심벌이 나와 있는가? • 드릴 차트에서 기구 홀의 사이즈가 3으로 되어 있는가?	
SST	• 치수보조선(Dimension)이 나와 있는가? • 모든 부품의 Ref가 나와 있는가?(U1) • 보드 상단에 text('CONTROL BOARD')가 나와 있는가? • Ref가 PAD와 겹치지 않는가? • 실크 데이터(Ref)가 정리되어 있는가? • J1과 J2는 정확한 위치에 배치되어 있는가?	

• TOP, BOTTOM, SMT, SMB, DRD, SST 모두 Board Outline이 있는가?
• TOP, BOTTOM, SMT, SMB, DRD, SST 모두 Board Outline이 라운드 처리되어 있는가?
• TOP, BOTTOM, SMT, SMB, DRD 모두 기구 홀이 나와 있는가?

DISPLAY	• Status가 모두 초록색인가?
(Cmgr)	• 네트 폭이 요구사항과 일치하는가? 　– 일반선 : 0.3mm 　– 전원선, X1, X2 : 0.5mm • Spacing : Shape(0.5)를 제외한 나머지는 모두 0.254mm로 되어 있는가? • VIA는 요구사항과 일치하는가? 　– 일반선 : SVIA 　– 전원선, X1, X2 : PVIA
VIA 크기 확인	• pvia–드릴 홀 : 0.4mm, 패드 : 0.8mm • svia–드릴 홀 : 0.3mm, 패드 : 0.6mm
undefined line width	• TOP, BOTTOM, SMT, SMB, DRD, SST 모두 0.2mm로 설정되어 있는가?
C14, C15	• 1번 핀의 위치는 심벌 외곽선의 기울어진 부분에 있는가?
파일 확인	• 6개의 .art 파일과 1개의 .drl 파일이 있는가?
출 력	• 필름이 모두 가운데 있는가?(용지의 가로, 세로 방향 무관)

[TOP, BOTTOM, SMT, SMB, DRD, SST 공통]

다음과 같이 6개의 필름 모두에 Board Outline과 기구 홀(SST 제외), 그리고 모서리가 라운드 처리되어 있는지 확인(한 개라도 누락되면 실격된다)한다.

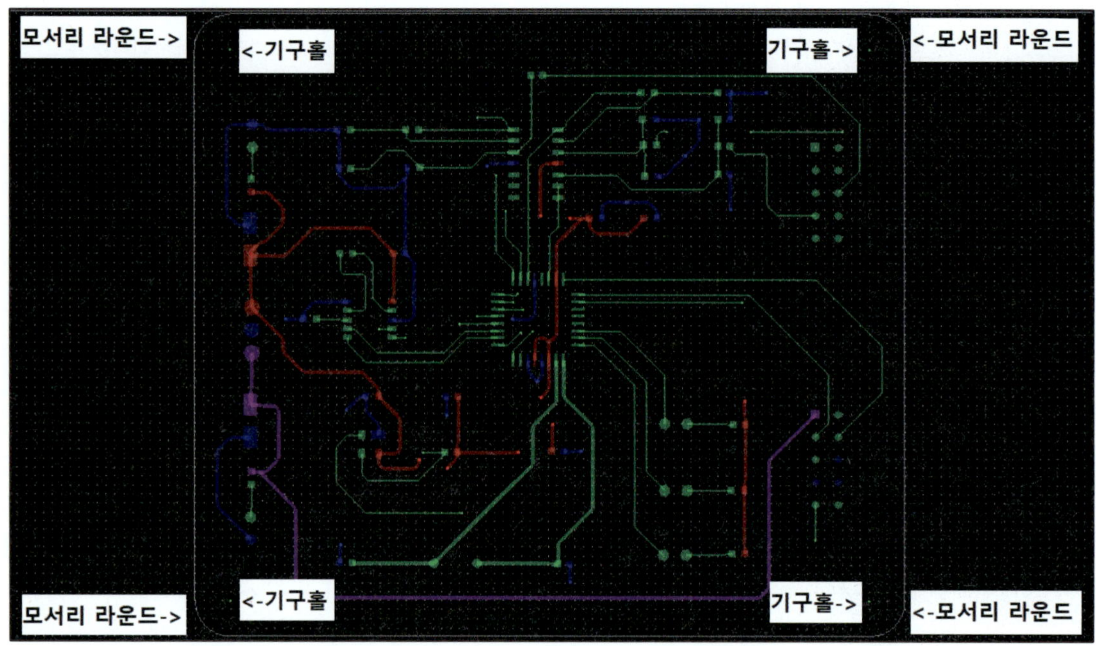

[TOP, BOTTOM 공통]

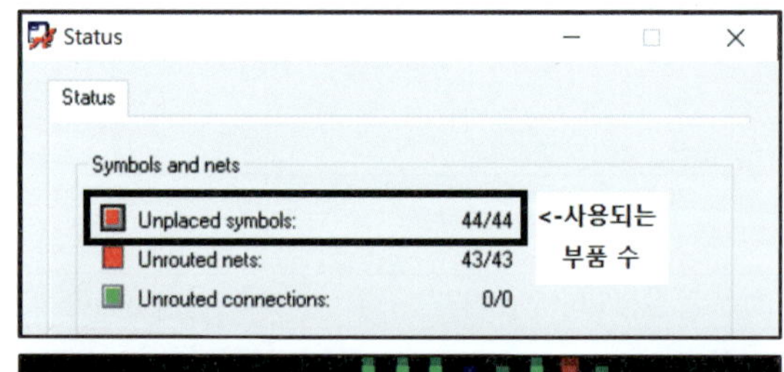

① 사용되는 부품의 개수 : 44개(DIP : 9개, SMD : 35개)
　※ DIP : D1~D5, U5, J1, J2, Y1
② 부품이 한 개라도 누락될 경우 부품 초과 및 누락으로 실격된다.

③ 사용된 VIA가 모두 표시되어야 한다.
④ 직각 배선이 있는지 확인한다.

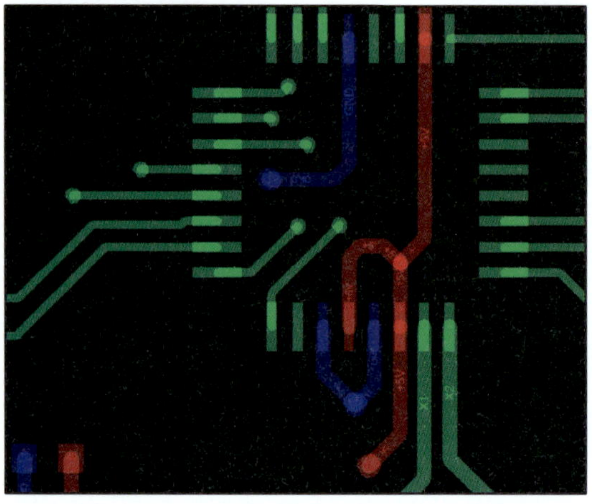

1) BOTTOM

① 단열판의 두께(0.5mm)를 확인한다.

② 그리드를 1로 설정했을 때 단열판이 그리드의 절반 크기면, OK를 클릭한다.

③ 단열판 크기 설정 : Menu → Setup → Design Parameters... → Shapes 탭 → Edit global dynamic shape parameters... → Thermal relief connects 탭 → Use fixed thermal width of에 '0.5'를 입력한다.

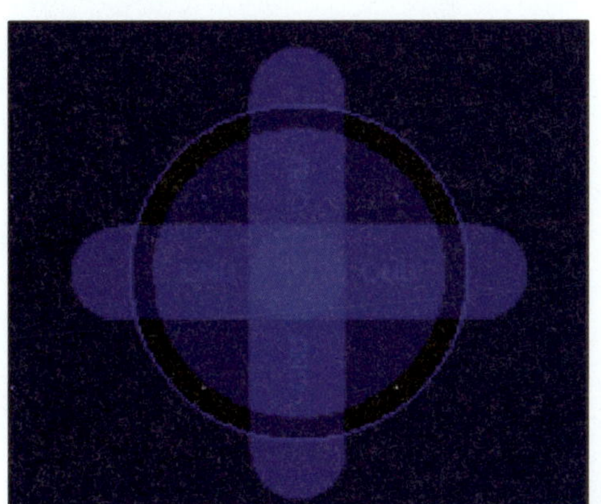

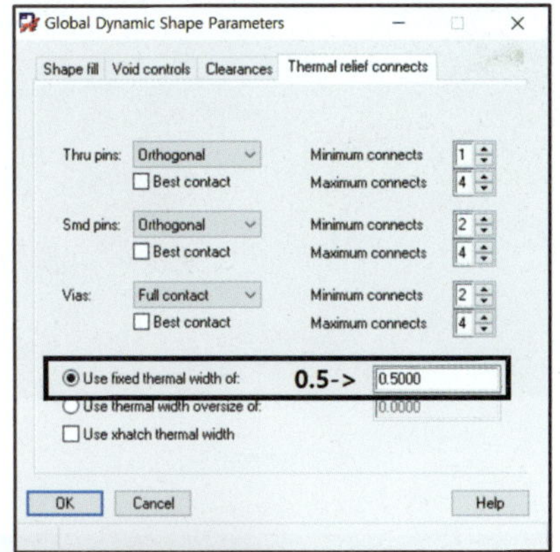

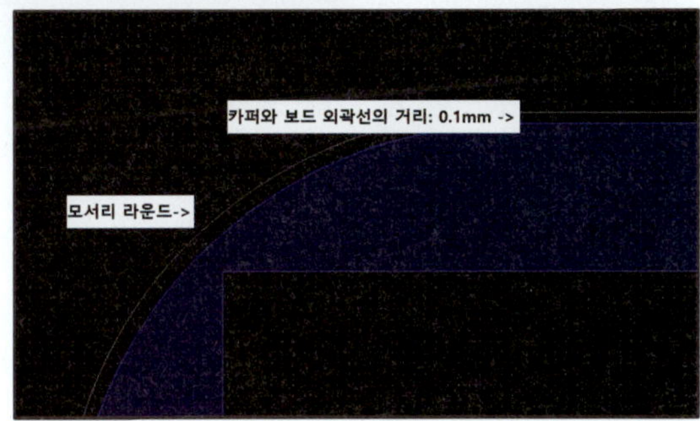

④ Board Outline의 모서리는 라운드 처리되어 있어야 한다.

⑤ 카퍼는 Board Outline으로부터 0.1mm 이격거리를 두어야 한다. 그리드를 0.1로 설정했을 때 Board Outline과 카퍼의 간격이 한 칸이면 정상이다.

2) SMT

① 왼쪽 그림처럼 모든 부품의 PAD와 VIA가 표시되어야 한다.

② 부품이 한 개라도 누락될 경우 부품 초과 및 누락으로 실격된다.

3) SMB

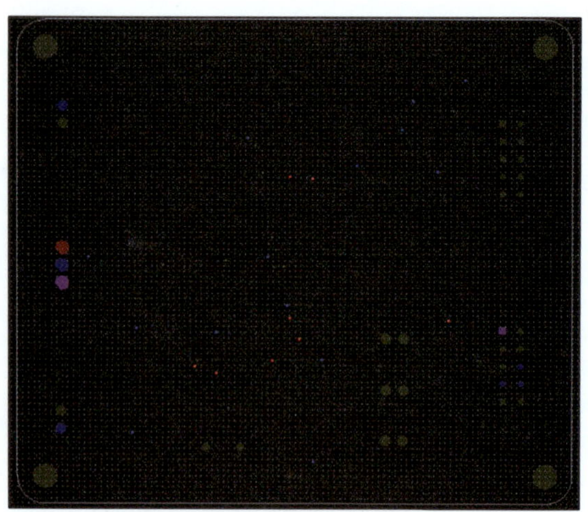

① DIP 부품의 PAD와 VIA가 표시되어야 한다.
② 부품이 한 개라도 누락 또는 SMD 부품의 PAD가 있을 경우
부품 초과 및 누락으로 실격된다(SMD 부품의 PAD는 반드시
SMT에만 있어야 한다).

4) DRD

① 기구 홀과 VIA, 그리고 DIP 부품의 드릴 홀 심벌이 표시되어
있어야 한다.

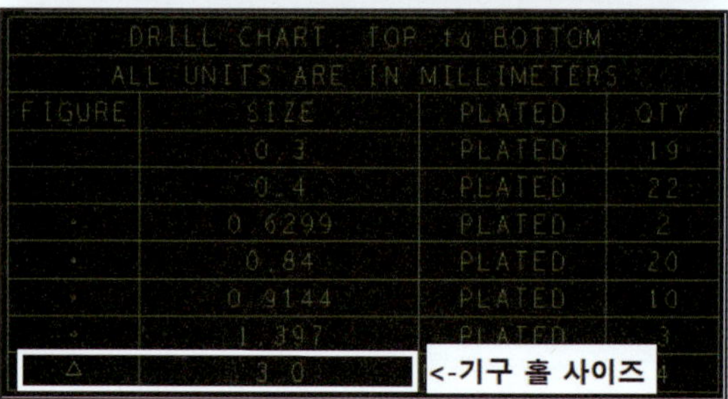

② 기구 홀 사이즈 : 3

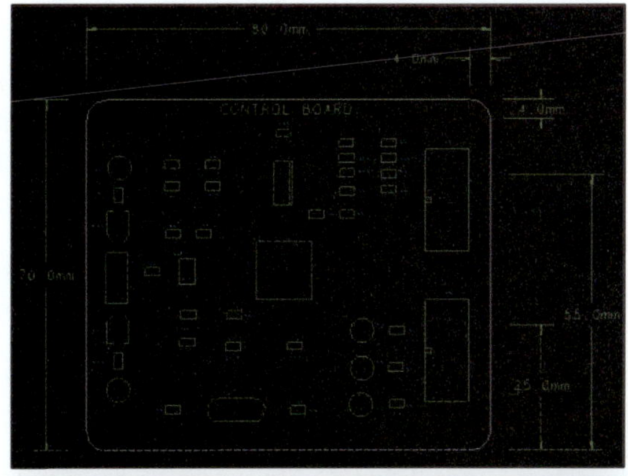

① 왼쪽과 같이 치수보조선이 표시되어 있는지 확인한다.
② 보드 상단의 TEXT(CONTROL BOARD)를 확인한다.
③ 모든 부품의 Ref가 표시되어 있어야 한다(특히 U1이 있는지 확인한다).
④ 고정 부품 위치를 확인한다.
  • J1 : Y축으로 25mm
  • J2 : Y축으로 55mm
  ※ **고정 부품의 배치가 정확하지 않는 경우 실격된다.**

⑤ Ref가 정리되어 있는지 확인한다. Ref가 PAD와 겹치지 않도록 정리한다. 왼쪽 그림의 J2처럼 PAD와 겹치게 되면 실격된다.

6) DISPLAY Status

DISPLAY Status의 모든 항목이 초록색이 되어야 한다. DRC errors가 초록색이 아닐 경우 거버파일이 생성되지 않는다.

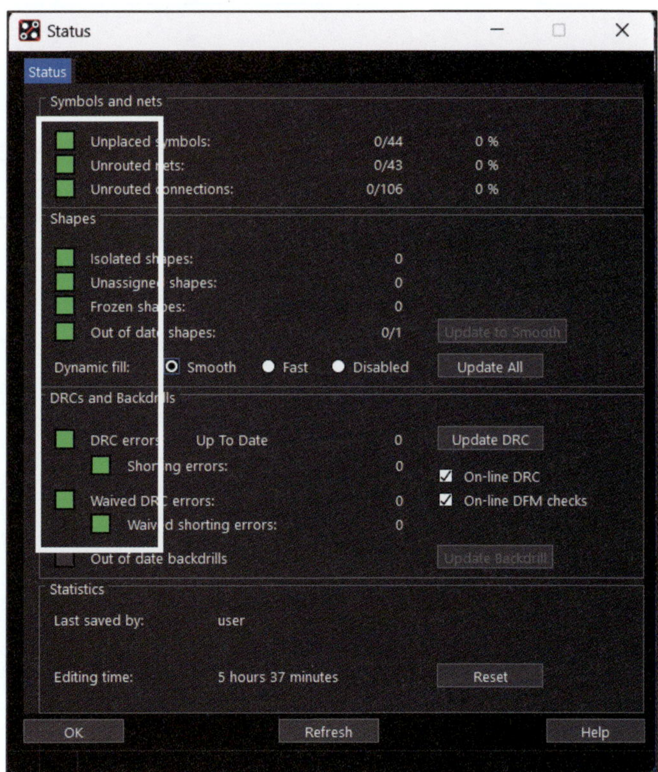

7) 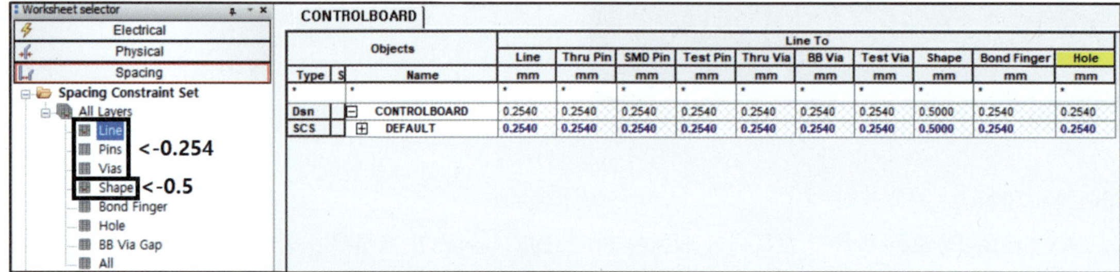 (Cmgr)

① 네트 폭이 요구사항과 일치하는지 확인한다.

- 일반선 : 0.3mm
- 전원선, X1, X2 : 0.5mm
- 일반선 : SVIA
- 전원선, X1, X2 : PVIA

Net													
Net			#ADC1	0.3000	0.0000	0.1270	0.0000			0.0000	0.0000	0.0000	0.0000	0.0000	SVIA
Net			#ADC2	0.3000	0.0000	0.1270	0.0000			0.0000	0.0000	0.0000	0.0000	0.0000	SVIA
Net			#COMP1	0.3000	0.0000	0.1270	0.0000			0.0000	0.0000	0.0000	0.0000	0.0000	SVIA
Net			#COMP2	0.3000	0.0000	0.1270	0.0000			0.0000	0.0000	0.0000	0.0000	0.0000	SVIA
Net			#TEMP	0.3000	0.0000	0.1270	0.0000			0.0000	0.0000	0.0000	0.0000	0.0000	SVIA
Net			+5V	0.5000	0.0000	0.1270	0.0000			0.0000	0.0000	0.0000	0.0000	0.0000	PVIA
Net			+12V	0.5000	0.0000	0.1270	0.0000			0.0000	0.0000	0.0000	0.0000	0.0000	PVIA
Net			ADC1	0.3000	0.0000	0.1270	0.0000			0.0000	0.0000	0.0000	0.0000	0.0000	SVIA
Net			ADC2	0.3000	0.0000	0.1270	0.0000			0.0000	0.0000	0.0000	0.0000	0.0000	SVIA
Net			GND	0.5000	0.0000	0.1270	0.0000			0.0000	0.0000	0.0000	0.0000	0.0000	PVIA
Net			MISO	0.3000	0.0000	0.1270	0.0000			0.0000	0.0000	0.0000	0.0000	0.0000	SVIA
Net			MOSI	0.3000	0.0000	0.1270	0.0000			0.0000	0.0000	0.0000	0.0000	0.0000	SVIA
Net			N02158	0.3000	0.0000	0.1270	0.0000			0.0000	0.0000	0.0000	0.0000	0.0000	SVIA

② Spacing : Shape(0.5)를 제외한 나머지 항목은 모두 0.254로 설정한다.

Worksheet selector		CONTROLBOARD										
Electrical							Line To					
Physical		Objects		Line	Thru Pin	SMD Pin	Test Pin	Thru Via	BB Via	Test Via	Shape	Bond Finger	Hole
Spacing				mm	mm	mm	mm	mm	mm	mm	mm	mm	mm
Spacing Constraint Set		Type	S	Name										
All Layers				*	*	*	*	*	*	*	*	*	*
Line		Dsn		CONTROLBOARD	0.2540	0.2540	0.2540	0.2540	0.2540	0.2540	0.2540	0.5000	0.2540	0.2540
Pins <-0.254		SCS		DEFAULT	0.2540	0.2540	0.2540	0.2540	0.2540	0.2540	0.2540	0.5000	0.2540	0.2540
Vias													
Shape <-0.5													
Bond Finger													
Hole													
BB Via Gap													
All													

8) VIA 크기 확인

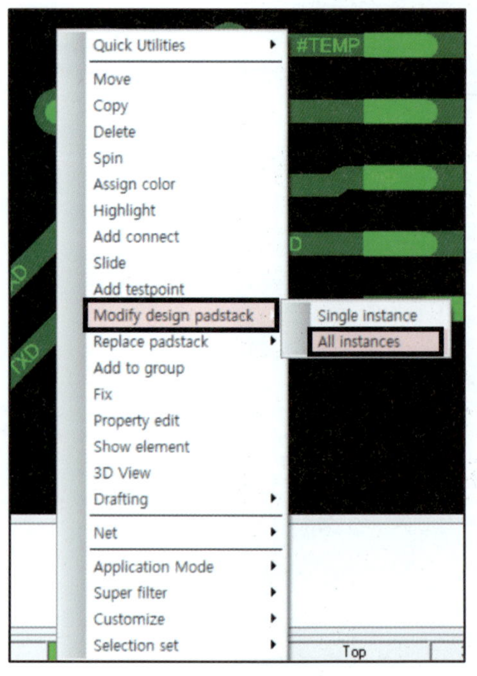

① VIA에 커서를 위치시킨 후 마우스 우측 버튼을 클릭한다. VIA가 활성화되지 않을 경우, 화면 우측에 Find → All On 클릭 또는 화면 상단의 ■ (GeneralEdit) 클릭한 후 다시 마우스 우측 버튼을 클릭한다.

② Modify design padstack → All instances

※ Single instances 실행시켜도 확인 가능하다.

③ Padstack Editor가 실행되면 VIA의 드릴 홀과 PAD 크기 확인이 가능하다(Padstack editor로 수정).

- pvia-드릴 홀 : 0.4mm, 패드 : 0.8mm
- svia-드릴 홀 : 0.3mm, 패드 : 0.6mm

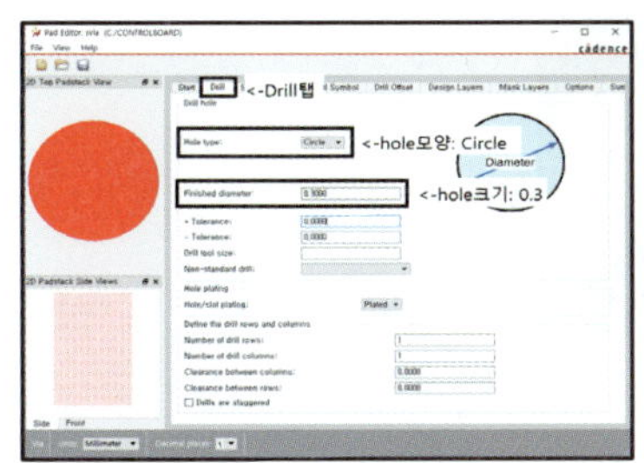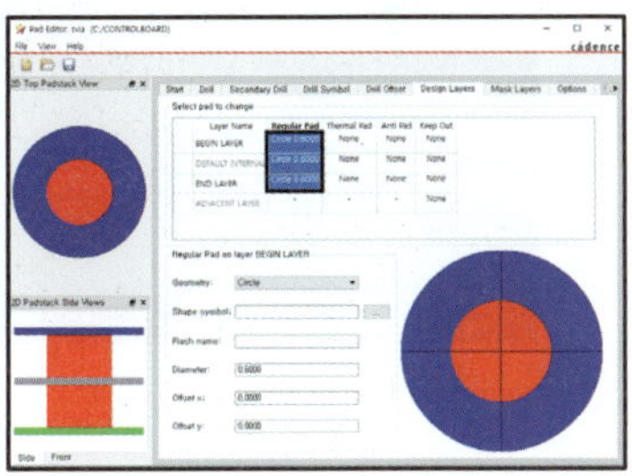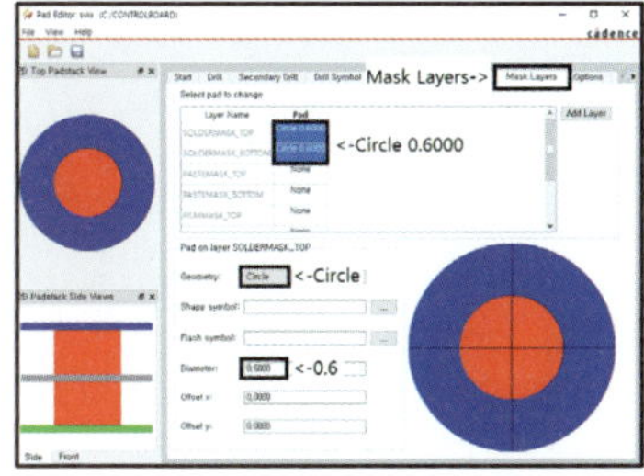

※ PVIA도 같은 방법으로 확인 가능하다.

9) Undefined line width

① Manufacture → Artwork 또는 (Artwork)

② 6개의 필름이 모두 Undefined line width가 0.2로 되어 있는지 확인한다.

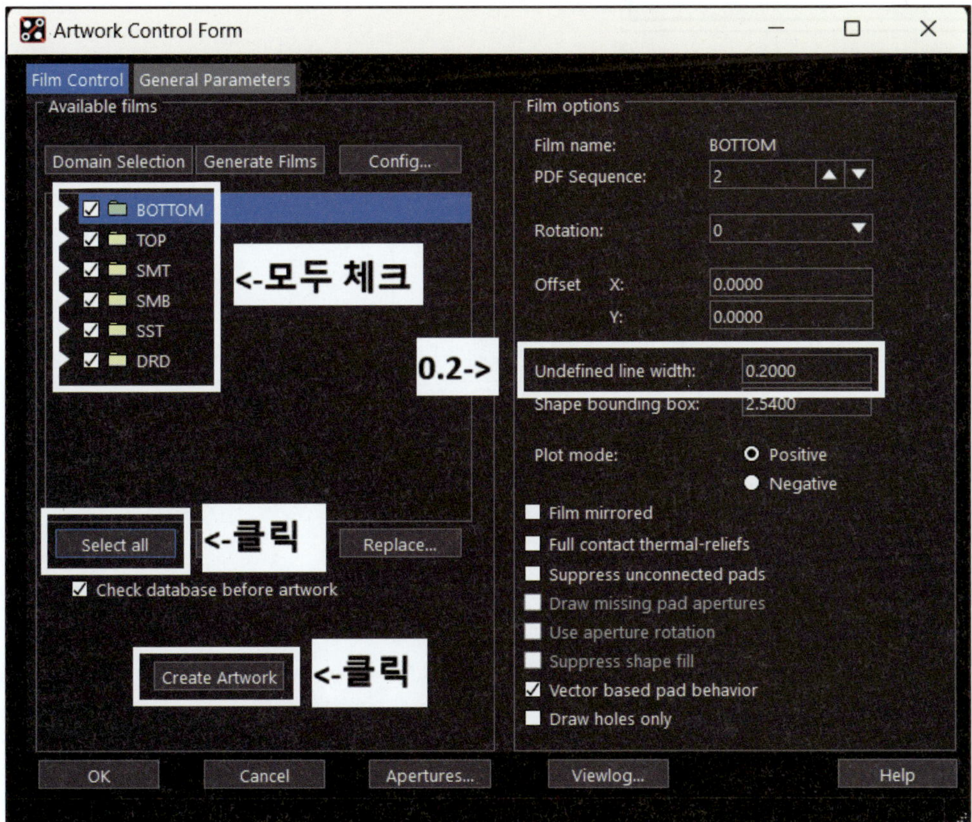

10) C14, C15 PAD 위치

심벌의 외형이 기울어진 부분에 1의 PAD가 위치한다. 바뀔 경우 부품 데이터와 핀의 배열이 다른 경우로 실격된다.

11) 파일 확인

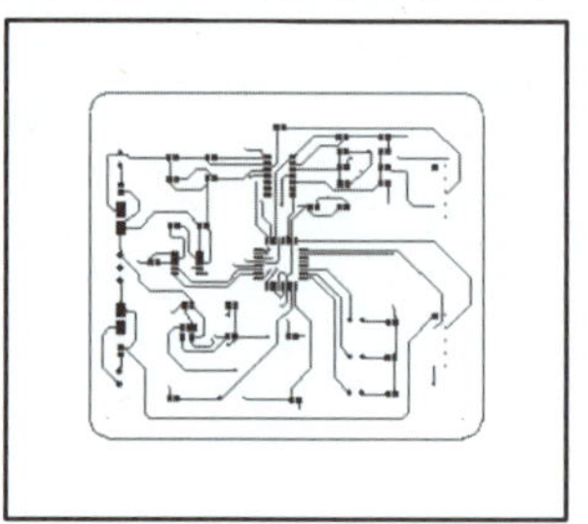

① 프로젝트가 저장된 폴더 → allegro → ARTWORK
② 6개의 .art 파일과 1개의 .drl 파일이 있어야 한다.

12) 출 력

Menu → File → Plot Preview…에서 다음과 같이 필름이 가운데에 있는지 확인한다(용지 방향은 가로, 세로 상관없다).

PCB Editor 초기 설정

1. Pad, Footprint 경로 설정

- Setup → User Preferences… → Paths → Library → padpath …
  → (New (Insert)) → → pad가 저장되어 있는 폴더 설정
  → OK(psmpath도 같은 방법으로 경로 지정) → 경로 지정이 끝나면
  Apply → OK

2. Setup → Design Parameters…

① Designe

User units : Millimeter → Size : A4 → Extents → Left X, Lower
Y : −80 → Apply

② Display

Grids on 체크 → Setup grids … → Non−Etch, All Etch : 0.1 → OK

※ 풋프린트 작성할 때는 여기까지

③ Shapes

Edit global dynamic shape parameters… → Void controls 탭
- Artwork format : Gerber RS274X 확인 → Thermal relief connects 탭
- Use fixed thermal width of : 0.5 → OK → OK

3. Setup → Constraints 또는 (Cmgr) 클릭

① Physical

- Physical Cinstraint Set → All Layers → DEFAULT → Line Width
  → Min : 0.3
- VIA 셀 클릭 → Filter by name에 'SVIA' 입력 → 목록 : SVIA 더블클
  릭한 후 오른쪽(via list)으로 이동 → via list : VIA를 더블클릭한
  후 왼쪽으로 이동

- Physical → Net → All Layers 클릭 → +5V, +12V, GND, X1, X2의
  네트 폭 : 0.5mm(클릭하여 변경)
- Vias 셀 이동: +5V, +12V, GND, X1, X2의 VIA를 PVIA → Filter
  by name : PVIA → 목록 : PVIA를 더블클릭한 후 오른쪽(via list)으
  로 이동 → via list : VIA를 더블클릭한 후 왼쪽으로 이동 → OK
  ※ VIA는 SVIA, PVIA 제작 및 등록 후 설정

② Spacing

- Spacing Constraint Set → All Layers → Line → DEFAULT의 Line
  을 클릭한 상태에서 항목의 끝까지 드래그 → Line 셀 : '0.254' 입력
  → Enter(Pins, Vias도 같은 방법으로 설정)
- Spacing Constraint Set → All Layers → Shape → DEFAULT의
  Line을 클릭한 상태에서 항목의 끝까지 드래그 → Line 셀 : '0.5'
  입력 →Enter

③ Properties

- Net → General Properties → GND의 No Rat → ON

4. Display → Color/Visbility 또는 (Color192)

- Global Visibility → Off → 예(Y)
- Stack−Up : Pin, Via, Etch
- Areas : Through All → Rte KI
- Board Geometry : Dimension, Outline, Silkscreen_TOP
- Package Geometry : Place_Bound_Top, Silkscreen_TOP
- Components : Silkscreen_TOP → RefDes → Apply
- 네트 색 지정 : 좌측 상단 Net 체크 → +12V : 보라색, +5V : 빨간색,
  GND : 파란색

FOOTPRINT 제작

1. FOOTPRINT 제작 순서

① PAD 제작	Padstack Editor Padstack Editor
② PAD 배치	
③ 부품 외형 그리기(Silk screen top, Place bound top)	OrCAD PCB Editor
④ Ref 입력(Silk screen top)	

2. PADstack Editor(Padstack Editor)를 이용한 VIA 및 PAD 제작

	Start(Unit : Millimeter)		Drill		Design Layers/Mask Layers		
	Select Padstack Usage	Select Pad Geometry	Finished Diameter	Hole Plating	Geo-metry	Dia-meter	Copy
svia	via	Circle	0.3	Plated	Circle	0.6	Soldermask_ Top
pvia	via	Circle	0.4	Plated	Circle	0.8	
header10	Thru Pin	Circle	1	Plated	Circle	1.6	Soldermask_ Bottom
crystal	Thru Pin	Circle	0.8	Plated	Circle	1.4	
d55	SMD Pin	Rectangle			Rec-tangle	W : 2.6 H : 1.6	Soldermask_ Top
adm101e	SMD Pin	Rectangle			Rec-tangle	W : 1.18 H : 0.58	Pastmask_ Top

3. ADM101E 만들기

① Number of pins(N) : 10

② Lead pitch(e) : 1

③ Terminal row spacing(e1) : 5.18

④ Package width(E) : 3.41

⑤ Package length(D) : 5

⑥ adm101e

⑦ Center of symbol body

4. D55 만들기

① OrCAD PCB Editor 초기 설정 후  (Add Pin)을 클릭한다.

② Options 이동 → Padstack … → 'd55' 입력 후 선택 → OK

③ PAD 배치

	Qty	Spacing	Order
X	2	3.6	Left

위와 같이 설정 후 Command 창에 'x 1.8 0' 입력 → 핀 배치 완료 후 마우스 우측 버튼 → Done

④ (Add Line) → Active Class and Subclass : Package Geometry, Silkscreen_Top → Line width=0.2

⑤ 2번 패드 좌측 상단 모서리 → iy 1.45 → 선을 대각선으로 내린 상태에서 1번 핀의 끝으로 이동 → 마우스 우측 버튼 → NEXT

⑥ 2번 패드 좌측 하단 모서리 → iy −1.45 → 선을 대각선으로 올린 상태에서 1번 핀의 끝으로 이동 → 마우스 우측 버튼 → DONE

⑦ Add Rect → Options 이동 → Active Class and Subclass : Package Geometry, Place_Bound_Top → Line font=Solid

⑧ 좌측 상단 모서리 → 우측 하단 모서리 → 마우스 우측 버튼 → Done

⑨ R1 (Label Refdes) → Options 이동 → Active Class and Subclass : Ref Des, Silkscreen_Top

⑩ 심벌 상단 클릭 후 'C?' 입력 → 마우스 우측 버튼 → Done → (Save)

5. HEADER10 만들기

① OrCAD PCB Editor 초기 설정 후 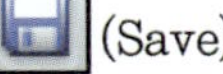(Add Pin)을 클릭한다.

② Options 이동 → Padstack … → 'header10' 입력 후 선택 → OK

③ PAD 배치

	Qty	Spacing	Order
X	2	2.54	Right
Y	5	2.54	Down

위와 같이 설정 후 Command 창에 'x 0 0' 입력 → 핀 배치 완료 후
마우스 우측 버튼 → Done

④ (Add Lin) → Active Class and Subclass : Package Geometry,
Silkscreen_Top → Line width=0.2

⑤ Command 창에 다음과 같이 좌표를 입력한다.

- x -3.105 5.26 → ix 8.75 → iy -20.62 → ix -8.75 → iy 20.62

⑥ 5번 핀 앞에 홈을 그린 후 마우스 우측 버튼 클릭 후 Done을 클릭한다.

⑦ Add Rect → Options 이동 → Active Class and Subclass : Package
Geometry, Place_Bound_Top → Line font=Solid

⑧ 좌측 상단 모서리 → 우측 하단 모서리 → 마우스 우측 버튼 → Done

⑨ (Label Refdes) → Options 이동 → Active Class and Subclass :
Ref Des, Silkscreen_Top

⑩ 심벌 상단 클릭 후 'J?' 입력 → 마우스 우측 버튼 → Done →
(Save)

6. CRYSTAL 만들기

① OrCAD PCB Editor 초기 설정 후 (Add Pin)을 클릭한다.

② Options 이동 → Padstack … → 'crystal' 입력 후 선택 → OK

③ PAD 배치

	Qty	Spacing	Order
X	2	4.88	Right

위와 같이 설정 후 Command 창에 'x 0 0' 입력 → 핀 배치 완료 후
마우스 우측 버튼 → Done

④ (Add Line) → Active Class and Subclass : Package Geometry,
Silkscreen_Top → Line width=0.2

⑤ Command 창에 다음과 같이 좌표를 입력한다.

- x -3.235 2.325 → ix 11.35 → iy -4.65 → ix -11.35 → iy 4.65 → 마
우스 우측 버튼 → Done

⑥ Menu → Dimension → Fillet → Options → Radius : 2 → 마우스 좌측
버튼을 누른 상태에서 CRYSTAL 외형 드래그 → 마우스 우측 버튼 →
Done

⑦ Add Rect → Options 이동 → Active Class and Subclass : Package
Geometry, Place_Bound_Top → Line font=Solid

⑧ 좌측 상단 모서리 → 우측 하단 모서리 → 마우스 우측 버튼 → Done

⑨ (Label Refdes) → Options 이동 → Active Class and Subclass :
Ref Des, Silkscreen_Top

⑩ 심벌 상단 클릭 후 'Y?' 입력 → 마우스 우측 버튼 → Done →
(Save)

7. TQFP32 Reference 및 1번 핀 Circle 입력하기

① File → Open → 로컬디스크(C:) → Cadence → SPB16_6 → share → pcb → pcb_lib → symbols → 파일형식 : Symbol Drawing(*.dra) → tqpf32.dra 선택 후 열기

② (Color192) → Global Visibility → ON → 예(Y) → Apply → OK

③ (Label Refdes) → Options → Active Class and Subclass : RefDes, Silkscreen_Top

④ 심벌의 윗부분 클릭 'U?' 입력 → 마우스 우측 버튼 → Done

⑤ Add → Circle → Options → Active Class and Subclass : Package Geometry, Silkscreen_Top

⑥ 1번 핀 옆에 Circle을 그리고, 마우스 우측 버튼 클릭 후 Done을 클릭한다.

⑦ File → Save 또는 (Save)

출력 설정

1. 회로도 출력 설정

• OrCAD Capture 실행

• File Open → Project → 저장된 폴더 → CONTROL BOARD 실행 → PAGE1

① Menu → File → Print Setup

② 프린터 이름을 확인한다.

③ 방향 : 가로

④ 확인을 클릭한다.

⑤ Menu → File → Print Preview

⑥ OK 클릭 후 회로가 가로로 표시되면 Print를 클릭하여 출력한다.

2. Artwork 필름 출력 설정

① Visibility → Views → 출력하고자 하는 필름 선택

② Menu → File → Plot Setup

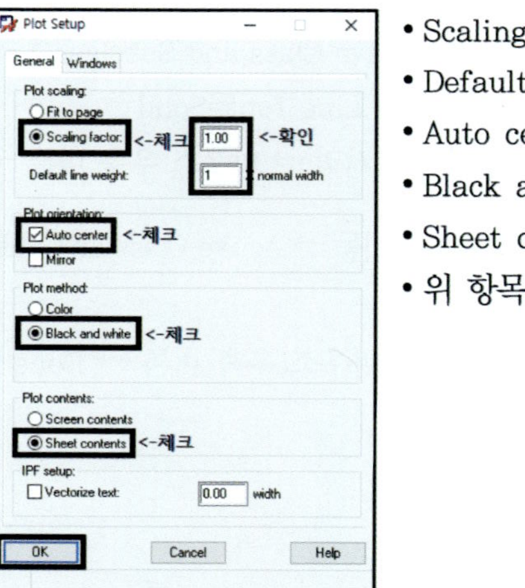

• Scaling factor : 1
• Default line weight : 1
• Auto center
• Black and white
• Sheet contents
• 위 항목 체크 후 OK를 클릭한다.

③ Menu → File → Plot Preview

④ 필름이 중앙에 있으면 출력한다(용지의 방향은 가로, 세로 상관없음).

※ 같은 방법으로 나머지 필름을 모두 출력한다.

PCB Editor 초기 설정

1. Pad, Footprint 경로 설정

- Setup → User Preferences… → Paths → Library → padpath …
→ (New (Insert)) → → pad가 저장되어 있는 폴더 설정 →
OK(psmpath도 같은 방법으로 경로 지정) → 경로 지정이 끝나면 Apply
→ OK

2. Setup → Design Parameters…

① Designe

User units : Millimeter → Size : A4 → Extents → Left X, Lower
Y : −80 → Apply

② Display

Grids on 체크 → Setup grids … → Non−Etch, All Etch : 0.1
→ OK

※ 풋프린트 작성할 때는 여기까지

③ Shapes

Edit global dynamic shape parameters… → Void controls 탭

- Artwork format: Gerber RS274X 확인 → Thermal relief
connects 탭
- Use fixed thermal width of : 0.5 → OK → OK

3. Setup → Constraints 또는 (Cmgr) 클릭

① Physical

- Physical Cinstraint Set → All Layers → DEFAULT → Line Width
→ Min : 0.3

- VIA 셀 클릭 → Filter by name에 'SVIA' 입력 → 목록 : SVIA 더블클
릭한 후 오른쪽(via list)으로 이동 → via list : VIA를 더블클릭한
후 왼쪽으로 이동
- Physical → Net → All Layers 클릭 → +12V, +5V, GND, X1, X2의
네트 폭 : 0.5mm(클릭하여 변경)
- 'Vias' 셀 이동 : +12V, +5V, GND, X1, X2의 VIA를 PVIA → Filter
by name : PVIA → 목록 : PVIA를 더블클릭하여 오른쪽(via list)으로
이동 → via list : VIA를 더블클릭하여 왼쪽으로 이동 → OK

※ VIA는 SVIA, PVIA 제작 및 등록 후 설정

② Spacing

- Spacing Constraint Set → All Layers → Line → DEFAULT의 Line
을 클릭한 상태에서 항목의 끝까지 드래그 → Line 셀 : '0.254' 입력
→Enter(Pins, Vias 같은 방법으로 설정)
- Spacing Constraint Set → All Layers → Shape → DEFAULT의 Line을
클릭한 상태에서 항목의 끝까지 드래그 → Line 셀 : '0.5' 입력 → Enter

③ Properties : Net → General Properties → GND의 No Rat → ON

4. Display → Color/Visbility 또는 (Color192)

- Global Visibility → Off → 예(Y)
- Stack−Up : Pin, Via, Etch
- Areas : Through All → Rte KI
- Board Geometry : Dimension, Outline, Silkscreen_TOP
- Package Geometry : Place_Bound_Top, Silkscreen_TOP
- Components : Silkscreen_TOP → RefDes → Apply 클릭
- 네트 색 지정 : 좌측 상단 Net 체크 → +12V : 보라색, +5V : 빨간색,
GND : 파란색

FOOTPRINT 제작

1. FOOTPRINT 제작 순서

① PAD 제작	**Padstack Editor** — Padstack Editor 24.1
② PAD 배치	
③ 부품 외형 그리기(Silk screen top, Place bound top)	**OrCAD PCB Editor** — PCB Editor 24.1
④ Ref 입력(Silk screen top)	

2. PAD stack Editor(Padstack Editor 24.1)를 이용한 VIA 및 PAD 제작

	Start (Unit : Millimeter)		Drill		Design Layers /Mask Layers		
	select padstack usage	select pad geometry	Finished diameter	Hole plating	Geometry	Diameter	copy
svia	via	circle	0.3	plated	circle	0.6	solder
pvia	via	circle	0.4	plated	circle	0.8	mask _top
header10	Thru pin	circle	1	plated	circle	1.6	solder
crystal	Thru pin	circle	0.8	plated	circle	1.4	mask _bottom
d55	SMD Pin	Rectangle			Rectangle	w : 2.6 h : 1.6	solder mask _top past
adm101e	SMD Pin	Rectangle			Rectangle	w : 1.18 h : 0.58	mask _top

3. ADM101E 만들기

① Number of pins(N) : 10

② Lead pitch(e) : 1

③ Terminal row spacing(e1) : 5.18

④ Package width(E) : 3.41

⑤ Package length(D) : 5

⑥ adm101e

⑦ Center of symbol body

4. D55 만들기

① OrCAD PCB Editor 초기 설정 후  (Add Pin)을 클릭한다.

② Options 이동 → Padstack … → 'd55' 입력 후 선택 → OK

③ PAD 배치

	Qty	Spacing	Order
X	2	3.6	Left

위와 같이 설정 후 Command 창에 'x 1.8 0' 입력 → 핀 배치 완료 후 마우스 우측 버튼 → Done

④ (Add Line) → Active Class and Subclass : Package Geometry, Silkscreen_Top → Line width = 0.2

⑤ 2번 패드 좌측 상단 모서리 클릭 → iy 1.45 → 선을 대각선으로 내린 상태에서 1번 핀의 끝으로 이동 → 마우스 우측 버튼 → Next

⑥ 2번 패드 좌측 하단 모서리 클릭 → iy −1.45 → 선을 대각선으로 올린 상태에서 1번 핀의 끝으로 이동 → 마우스 우측 버튼 → Done

⑦ Add Rect → Options 이동 → Active Class and Subclass : Package Geometry, Place_Bound_Top → Line font = Solid

⑧ 좌측 상단 모서리 → 우측 하단 모서리 → 마우스 우측 버튼 → Done

⑨ (Label Refdes) → Options 이동 → Active Class and Subclass : Ref Des, Silkscreen_Top

⑩ 심벌 상단 클릭 후 'C?' 입력 → 마우스 우측 버튼 → Done 클릭 → (Save)

5. HEADER10 만들기

① OrCAD PCB Editor 초기 설정 후 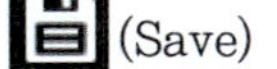(Add Pin)을 클릭한다.

② Options 이동 → Padstack … → 'header10' 입력 후 선택→ OK

③ PAD 배치

	Qty	Spacing	Order
X	2	2.54	Right
Y	5	2.54	Down

위와 같이 설정 후 Command 창에 'x 0 0' 입력 → 핀 배치 완료 후
마우스 우측 버튼 → Done

④ (Add Line) → Active Class and Subclass : Package Geometry,
Silkscreen_Top → Line width = 0.2

⑤ Command 창에 다음과 같이 좌표를 입력한다.
- x -3.105 5.26 → ix 8.75 → iy -20.62 → ix -8.75 → iy 20.62

⑥ 5번 핀 앞에 홈을 그린 후 마우스 우측 버튼 클릭 후 Done을 클릭한다.

⑦ Add Rect → Options 이동 → Active Class and Subclass : Package
Geometry, Place_Bound_Top → Line font = Solid

⑧ 좌측 상단 모서리 → 우측 하단 모서리 → 마우스 우측 버튼 → Done

⑨ (Label Refdes) → Options 이동 → Active Class and Subclass :
Ref Des, Silkscreen_Top

⑩ 심벌 상단 클릭 후 'J?' 입력 → 마우스 우측 버튼 → Done →
(Save)

6. CRYSTAL 만들기

① OrCAD PCB Editor 초기 설정 후 (Add Pin)을 클릭한다.

② Options 이동 → Padstack … → 'crystal' 입력 후 선택→ OK

③ PAD 배치

	Qty	Spacing	Order
X	2	4.88	Right

위와 같이 설정 후 Command 창에 'x 0 0' 입력 → 핀 배치 완료 후
마우스 우측 버튼 → Done

④ (Add Line) → Active Class and Subclass : Package Geometry,
Silkscreen_Top → Line width = 0.2

⑤ Command 창에 다음과 같이 좌표를 입력한다.
- x -3.235 2.325 → ix 11.35 → iy -4.65 → ix -11.35 → iy 4.65
→ 마우스 우측 버튼 → Done

⑥ Menu → Dimension → Fillet → Options → Radius : 2 → 마우스 좌
측 버튼을 누른 상태에서 CRYSTAL 외형 드래그 → 마우스 우측 버튼
→ Done

⑦ Add Rect → Options 이동 → Active Class and Subclass : Package
Geometry, Place_Bound_Top → Line font = Solid

⑧ 좌측 상단 모서리 → 우측 하단 모서리 → 마우스 우측 버튼 → Done

⑨ (Label Refdes) → Options 이동 → Active Class and Subclass :
Ref Des, Silkscreen_Top

⑩ 심벌 상단 클릭 후 'Y?' 입력 → 마우스 우측 버튼 → Done →
(Save)

7. TQFP32 Reference 및 1번 핀 circle 입력하기

① File → Open → 로컬디스크(C:) → Cadence → SPB16_6 → share → pcb → pcb_lib → symbols → 파일형식 : Symbol Drawing(*.dra) → tqpf32.dra 선택 후 열기

② 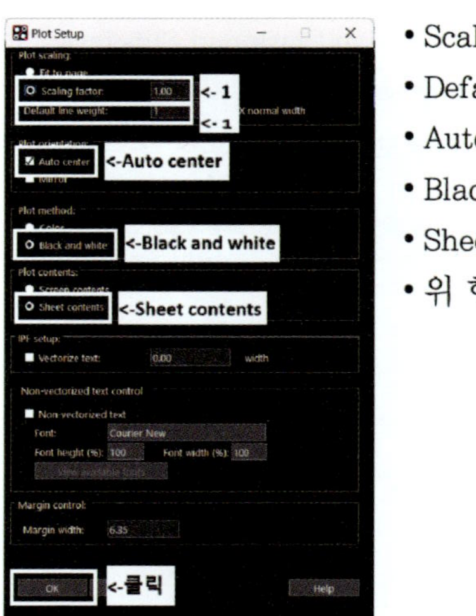(Color192)→Global Visibility → ON → 예(Y) → Apply → OK

③ U*에 커서를 위치시킨 후 마우스 우측 버튼→Change class/subclass →REF DES→SILKSCREEN_TOP

④ 1번 핀 옆에 Circle에 커서를 위치시킨 후 마우스 우측 버튼→Change class/subclass→Package Geometry→SILKSCREEN_TOP

⑤ File→Save 또는

출력 설정

1. 회로도 출력 설정

- OrCAD Capture를 실행한다.
- File Open → Project → 저장된 폴더 → CONTROL BOARD 실행 → PAGE1

① Menu → File → Print Setup

② 프린터 이름을 확인한다.

③ 방향 : 가로

④ 확인을 클릭한다.

⑤ Menu → File → Print Preview

⑥ OK 클릭 후 회로가 가로로 표시되면 Print를 클릭하여 출력한다.

2. Artwork 필름 출력 설정

① Visibility → Views → 출력하고자 하는 필름 선택

② Menu → File → Plot Setup

- Scaling factor : 1
- Default line weight : 1
- Auto center
- Black and white
- Sheet contents
- 위 항목 체크 후 OK를 클릭한다.

③ Menu → File → Plot Preview

④ 필름이 중앙에 있으면 출력한다(용지의 방향은 가로, 세로 상관없음).

※ 같은 방법으로 나머지 필름을 모두 출력한다.

Win-Q 전자캐드기능사 실기

개정4판1쇄 발행	2026년 03월 05일 (인쇄 2026년 01월 16일)
초 판 발 행	2022년 05월 10일 (인쇄 2022년 03월 25일)
발 행 인	박영일
책 임 편 집	이해욱
편 저	박정열
편 집 진 행	윤진영, 최 영
표지디자인	권은경, 길전홍선
편집디자인	정경일, 이현진
발 행 처	(주)시대고시기획
출 판 등 록	제10-1521호
주 소	서울시 마포구 큰우물로 75 [도화동 538 성지 B/D] 9F
전 화	1600-3600
팩 스	02-701-8823
홈 페 이 지	www.sdedu.co.kr

I S B N	979-11-434-0831-0(13560)
정 가	26,000원

베스트셀러 단기합격 국가기술자격도서!
NO.1
시대에듀
기능사 / 기사·산업기사 / 기능장 / 기술사
적중률!
선호도!
판매도!
1위
대자격시대(기술자격 학습카페) 응시료 지원 이벤트
NAVER 카페 https://cafe.naver.com/sidaestudy

Win-Q
위험물기능사
필기

Win-Q
환경기능사
필기+실기

Win-Q
화훼장식기능사
필기

Win-Q
원예기능사
필기+실기

Win-Q
공조냉동기계산업기사
필기

Win-Q
화학분석기사
필기

Win-Q
위험물산업기사
필기

Win-Q
소방설비기사[전기편]
필기

Win-Q
설비보전산업기사
필기+실기

Win-Q
가스산업기사
필기

Win-Q
에너지관리기사
필기

Win-Q
실내건축산업기사
필기

기출분석에 집중하여
합격을 현실로!

무조건 단기에 뽀개기

이런 분들에게 추천해요!

이론도, 문제 풀이도 막막해서 책 한 권으로 해결하고 싶은 분들	노베이스에 혼자 공부하기 어려워 동영상 강의 도움이 필요하신 분들	CBT 시험이 처음이라 시험 전 실전처럼 온라인 모의고사를 경험해 보고 싶은 분들

무단뽀 한권으로 한번에! 초단기 합격전략!
무단뽀가 곧 합격이다!